쉴드TBM 공법

日本地盤工学会出版「地盤工学・実務シリーズ29 シールド工法」
（初版発行：2012年2月）

쉴드TBM 공법

쉴드TBM(Shield TBM) 공법은
쉴드라 불리는 강철 외피로 지반을 지지하고
굴진면에서 이수나 이토에 의해 지반의 토압과 수압에 대응하여
막장의 안정을 도모하면서 안전하게 굴착하는 공법이다.
또한 세그먼트(Segment)라는 라이닝 부재를
강철 외피 내에서 조립하여 지반을 지지하고,
세그먼트로부터 반력을 얻으면서 쉴드TBM 잭으로 추진,
터널을 시공하는 공법이다.

일본 공익사단법인 지반공학회 저
삼성물산(주) 건설부문 ENG센터/토목ENG팀 역

씨
아이
알

서문

 지반공학회에서는 지반공학에 관한 기술보급과 정보제공을 통해 지반공학분야에서 활약하고자 하는 회원들에게 서비스를 제공하고 있다.

 그 일환으로서 지반공학적 지식을 가능한 쉽게 전달할 수 있는 서적이나 계획·조사·설계·시공의 각 단계에서 접하게 되는 각종 문제를 해결하기 위한 참고가 되는 서적 및 이론과 그 해설 서적을 제공해왔다. 이러한 서적은 입문서 기획위원회, 실무서 기획위원회 및 라이브러리 기획위원회에서 적절한 주제를 선정하여 기획하고 각 분야의 권위자와 경험자의 협조를 통해 출판된 것으로서 지금까지 호평을 받아왔다.

 그러나 지반공학분야에서 연구개발이나 기술의 눈부신 발전과 함께 폭넓은 요구에 부응할 수 있도록 새로운 출판기획이 요구되었다. 이에 많은 검토를 수행한 결과, 중견 기술자를 대상으로 하는 기존의 라이브러리 시리즈와 현장 시리즈를 대신하여, 지반공학을 실무에 관한 분야와 이론에 관한 분야로 분류하여 각각을 「지반공학·실무 시리즈」 및 「지반공학·기초이론 시리즈」로 출판하게 되었다.

 지반공학·실무 시리즈는 광범위한 실무의 개략적 파악과 검토를 진행하는 데 적합할 것, 실무를 수행하면서 특히 유의할 점과 그 대책에 대한 것, 실무를 수행하면서 발생할 수 있는 예측과 현실에 대한 것, 또는 사회정세에 부합하는 것 등 기존 현장 시리즈의 기획을 포함하여 실무자의 폭넓은 요구에 대응할 수 있도록 기획을 예정하고 있다.

 본 서적의 작성에서 집필자들은 당초보다 기획·편집을 담당했던 위원들에게 깊이 감사드리며, 본 서적이 여러분께 많은 도움이 되기를 다시 한번 기원합니다.

2012년 2월
일본 공익사단법인 지반공학회

머리말

    지반공학회에서 「쉴드공법입문」과 「쉴드공법의 조사·설계에서 시공까지」를 통합하여 쉴드공법의 서적을 제작하고 싶다는 부탁을 받았을 때는 2008년 초 즈음이었다. 그때의 의뢰로는 이두 서적의 기술을 재검토하고 새로운 설계법과 시공법, 새로운 사례를 수집하고 정리함과 동시에 추가적으로 유지관리와 환경문제도 포함해주기를 원했다. 같은 시기 5월에 8명의 편집위원회를 구성하여 13장으로 이루어진 목차와 각 장의 담당책임자를 결정하여 집필을 시작하였다. 집필자는 최종적으로는 40명으로 다소 많으나 각자의 위치에서 전문가들이 참가해주었다. 쉴드공법의 초보자부터 중견 기술자까지 폭넓은 독자를 대상으로 하므로 페이지 수의 증가는 당초부터 예상되었다. 따라서 포함시켜야 하는 것과 생략해도 되는 것 등의 선택에는 가장 주의를 기울였다. 또한 집필자가 많기 때문에 문장의 형식과 흐름을 맞추는 것에도 많은 시간을 할애하였다. 발간예정은 2011년 7월이었으나 반년 정도 늦게 발간한 배경에는 위원들의 적극적인 협력이 있었던 것은 말할 필요도 없다. 이에 깊은 감사를 드리는 바이다.

    최근의 쉴드공법을 보면, 대단면화와 원형 이외의 터널, 대심도화와 시공의 장거리화 및 고속화가 키워드로 되고 있다. 쉴드공법은 과거부터의 표준적인 공법에 더불어 보다 곤란한 조건을 극복해야 하는 새로운 기술이 요구되고 있다.

    본 서적은 이러한 상황을 염두에 두고 출판된 것으로, 토목학회 「터널표준시방서·쉴드공법·동해설」(2006년 개정판)에 제시된 일반적인 기술에 추가하여 아직 정해지지 않은 접근과 표준화되지 않은 기술도 소개하고 있다. 처음 쉴드공법에 관여하는 기술자에게는 입문서로서, 또한 중견 이상의 경험이 풍부한 기술자에게는 직면하고 있는 문제를 해결하기 위한 교과서로서 큰 도움이 될 것으로 확신하고 있다.

본 서적은 그림과 표를 많이 사용하여 쉴드공사의 전체 흐름을 나타냄과 함께 그중 각각의 부분에 대해서도 상세한 흐름을 명확하게 제시하고, 이러한 상호 관련을 파악할 수 있도록 노력하였다. 또한 선택사항이 많은 상호를 비교하고 검토하는 데 필요가 있을 사항에 대해서는 도표화하고 판단이 쉽도록 배려하였다. 그 외에도 제10장에는 환경대책, 제11장에는 쉴드터널의 유지관리에 대해서도 기술하였다. 본 서적이 쉴드공법에 관여하는 기술자에게 바이블이 될 수 있기를 기대한다.

2012년 2월
편집위원회
위원장 小泉　淳

역자
서문

한국의 산악(NATM) 터널기술은 Top level의 수준에 있지만, 쉴드TBM을 이용한 터널기술에 대해서는 실적은 적으나, Top 수준을 향해 한걸음씩 나아가고 있습니다. 최근 해외 프로젝트에 적극적인 참여로 실적이 쌓여가고 있고, 기술수준도 Top level을 요구하고 있는 실정입니다. 일본에서는 연약지반에 도시가 형성되어 왔기 때문에 쉴드TBM공사는 50년 전부터 본격적으로 적용되어 6,000건(2005년 현재) 이상의 실적이 있습니다.

본 서적은 이러한 일본의 많은 실적을 바탕으로 일본 지반공학회가 실무시리즈로서 2012년에 출판한 것으로, 과거에 출판된 입문시리즈 「쉴드공법입문」과 실무시리즈 「쉴드공법의 조사·설계부터 시공까지」를 통합하여 최근의 새로운 설계법과 시공법, 사례 등을 수집, 정리, 편집한 것입니다.

일본에서는 최근 대단면·장거리·급속시공에 관한 각종 기술, 원형 이외의 단면과 분기·합류기술 등 특수기술, 유지관리·보수기술 등이 개발되어 수행되고 있습니다. 또한 시공조건이 복잡해지는 현실과 더불어 비용절감과 환경에의 고려가 요구되고 있는 실정입니다. 본 서적에서는 이러한 새로운 기술을 비롯하여 현재 쉴드TBM의 주류인 토압식(EPB)과 이수식(Slurry)의 설계와 세그먼트 설계, 그리고 각 시공의 기본 등 쉴드TBM공사에 관한 기술을 망라하고 있습니다.

따라서 초보자부터 중급 이상의 경험이 풍부한 기술자까지 설계·시공의 문제해결에 도움이 되도록 편집하였고, 향후 쉴드TBM공사를 수행하는 한국의 건설회사와 기술자에게 효과적인 교과서가 될 것으로 기대합니다. 본 서적이 한국의 쉴드TBM공법 관련 기술자에게 참고가 되기를 기원합니다.

끝으로 본 서적은 삼성물산(주) 건설부문 ENG센터/토목ENG팀의 번역과 검수, 일본 지반공학회와 씨아이알의 협력으로 번역판을 출간하게 되었고, 이에 진심으로 감사드립니다. 본 서적이 많은 독자들에게 도움을 줄 수 있기를 바랍니다.

삼성물산(주) 건설부문
ENG센터/토목ENG팀

목 차 쉴드TBM공법

제6장 쉴드TBM의 발진도달

제1장

쉴드TBM공법의 개요

제1장

쉴드TBM공법의 개요

1.1 쉴드TBM공법

도시부의 지하에는 철도, 도로 등 교통시설과 상하수도, 가스, 전력, 공동구 등의 파이프라인과 지하하천(지하저류관) 등이 다수 존재한다. 이런 도시터널은 공공용지인 도로 하부의 한정된 공간에 설치된 경우가 많기 때문에 저심도 지하공간이 매우 복잡한 상황이다. 이로 인해 향후 도시터널의 건설은 지하 수십 m 이상의 깊은 위치에서 이루어지는 경향을 보일 것으로 사료된다.

한편 도시터널의 건설에 있어 붕괴하기 쉬운 지하수위 이하의 연약한 토사지반 중 지상 도로 교통 및 주변 건물과 구조물에 대한 영향을 최소화하기 위한 터널 굴착기술이 연구되어, 기존 도시터널 시공법의 주류였던 개착공법이 쉴드TBM공법을 주축으로 바뀌게 되었다. 사진 1.1.1은 쉴드TBM공법의 적용 예를 나타낸다.

(a) 지하철도(東京 지하철·부도심선)
東京 지하철 주식회사 제공

(b) 도로(首都 고속도로·中央環状新宿線)
수도고속도로 주식회사 제공

사진 1.1.1 쉴드TBM공법의 적용 예

(1) 쉴드TBM공법의 정의

쉴드TBM공법은 그림 1.1.1과 같이 쉴드(Shield : 방패, 보호물, 방어물)라 불리는 강철 외피로 지반을 지지하고 굴착면(막장)에서 이수나 이토에 의해 지반의 토압과 수압에 대응하여 막장의 안정을 도모하면서 안전하게 굴착을 수행한다. 또한 세그먼트(Segment)라고 하는 라이닝 부재를 강철 외피 내에서 조립하여 지반을 지지하고, 세그먼트로부터 반력을 얻으면서 쉴드TBM 잭으로 쉴드TBM을 추진하여 터널을 시공하는 공법이다.

쉴드TBM공법의 시공은 다음과 같은 작업을 반복하여 실시한다.

① 막장을 안정시켜 지반붕괴를 억제하면서 터널을 굴착한다.
② 쉴드TBM에서 주변 지반을 지지하고 안전한 작업공간을 확보한다.
③ 쉴드TBM 내에서 세그먼트를 조립한다.
④ 세그먼트에 반력을 전달하면서 쉴드TBM을 추진한다.

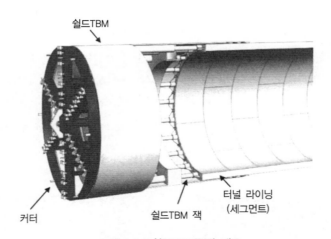

그림 1.1.1 쉴드TBM공법 개요

(2) 쉴 드

쉴드는 쉴드TBM공법에 의해 터널을 축조할 때 사용하는 기계로 쉴드TBM이라고도 불린다.

쉴드TBM공법의 초기에는 소분할한 굴착면을 토류판 등으로 지지하는 것으로 막장 안정을 도모하였으나 이후 토압에 의해 막장 안정을 도모하게 되었으며, 현재는 이수나 이토에 의해 굴착토사를 챔버 내에 충진시켜 토압과 수압에 대응하는 밀폐형 쉴드TBM이 주류를 이루게 되었다. 또한 쉴드TBM공법 초기에 인력으로 굴착했던 막장은 유압 쇼벨이나 붐 커터, 드럼 커터 등을 장착한 반기계 굴착방식으로 변화되었고, 커터비트를 쉴드TBM 전면에 배치하여 이것을 회전시켜 지반을 굴착하는 기계 굴착방식으로 변화하고 있다.

쉴드TBM 테일부에는 대용량 유압 잭을 원주상에 배치하고 복공으로부터 반력을 취하여 지반을 굴착하면서 쉴드TBM을 전방으로 추진함과 동시에 쉴드TBM의 자세나 추진방향을 제어한다. 이 굴진에 의해 생긴 공간에서 세그먼트를 조립한다. 쉴드TBM의 상세에 대해서는 제5장에서 기술한다.

(3) 복공(라이닝, Lining)

그림 1.1.2와 같이 쉴드TBM 터널의 복공은 1차 라이닝과 그 내측의 2차 라이닝으로 구성된다. 1차 라이닝은 공장에서 제작된 세그먼트라는 부재로 구성된다. 복공 재료는 콘크리트나 철강 등이 사용된다. 세그먼트는 쉴드TBM에 장착한 이렉터라는 조립장치를 사용하여 조립한다. 이런 세그먼트의 체결에는 일반적으로 볼트 조인트가 사용되고 있으며, 현재는 많은 조인트 구조가 개발되어 조인트 종류가 다양화되고 있다.

한편 2차 라이닝은 1차 라이닝 내측에 현장타설 콘크리트로 시공되는 경우가 많다. 최근 1차 라이닝에 2차 라이닝 기능을 추가하여 2차 라이닝을 설치하지 않는 경우도 증가하고 있다.

또한 세그먼트의 외경은 쉴드TBM의 외경보다 작기 때문에 세그먼트와 지반 사이에 테일보이드(Tail void)라는 수 cm의 공극이 발생한다. 이 테일보이드에는 조기에 주입재를 충진(주입)하여 주변 지반의 이완을 방지하고 세그먼트 링의 안정을 도모한다.

라이닝 상세에 대해서는 제4장에서, 주입에 관해서는 제7장에서 설명한다.

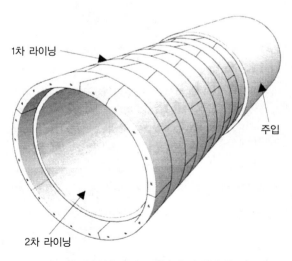

그림 1.1.2 쉴드TBM 터널의 라이닝 구조

(4) 시 공

쉴드TBM 터널을 시공하기 위해 굴진 시점에 발진 수직구, 종점에 도달 수직구를 설치하는 것이 일반적이다.

발진 수직구에서는 쉴드TBM의 투입과 발진, 굴진 중인 토사의 반출, 세그먼트 등 기자재의 반입 작업을 수행한다. 발진 수직구의 주위에는 세그먼트나 발생토의 야적, 자재 투입용 크레인, 주입 플랜트 등의 설비를 배치한 발진기지를 설치한다. 그림 1.1.3은 발진기지의 예이다. 이처럼 지상을 점용하는 것은 수직구와 발진기지뿐이고, 굴진작업은 지상의 교통과 일상생활에 영향을 주지 않으므로 도로뿐만이 아니라 지하구조물의 직하부에서도 터널을 시공할 수 있다.

또한 쉴드TBM공법은 굴진, 조립뿐만 아니라 거의 모든 작업이 기계화·시스템화되어 있어, 터널시공법 중에서 가장 효율적이며 자동화된 공법이다. 시공 상세는 제6~8장에서 설명한다.

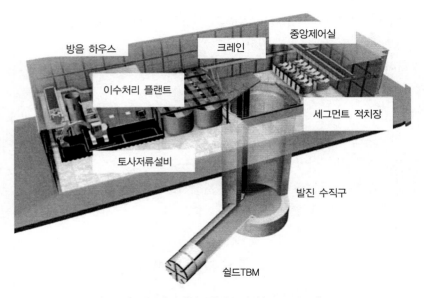

그림 1.1.3 발진기지 예(이수식 쉴드TBM공법)

(5) 쉴드TBM공법의 적용성

터널의 대표적 시공법으로는 쉴드TBM공법 외에 암반 등 경질 지반을 대상으로 하는 산악공법, 지상부터 굴착하는 개착공법이 있으며, 이들에 대한 개요는 표 1.1.1을 참고하자. 쉴드TBM공법은 연약지반에 적용할 수 있으며 수직구를 제외하고는 지상을 거의 사용하지 않기 때문에 지하매설물과 지하구조물이 복잡하거나, 도로교통이 혼잡한 과밀화된 도시부의 터널 건설에 적합하다(그림 1.1.4 참조). 또한 시공속도가 월 수백 m로 빠르기 때문에 수 km에 달하는 장대터널을 비교적 단기간에 시공할 수 있으며, 높은 지수성을 가지므로 주변 지하수 영향에서 비교적 자유롭기 때문에 주요한 하천과 영불해협, 동경만 등 해저를 횡단하는 터널의 건설에도 적용되고 있다.

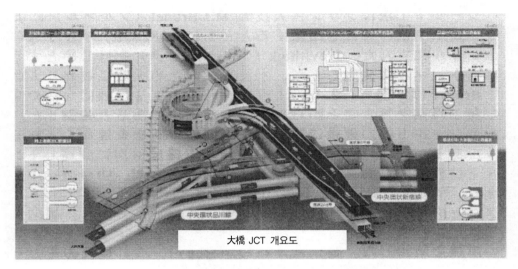

그림 1.1.4 도로터널에 대한 적용 예(首都고속도로·大橋 JCT)
首都고속도로 주식회사 제공

표 1.1.1 주요 터널공법 비교표

공법명	쉴드TBM공법	산악공법	개착공법
공법 개요	이토 또는 이수로 막장의 토압과 수압에 대항하여 막장 안정을 도모하면서 쉴드TBM을 추진하고, 세그먼트를 조립, 지반을 지지하여 터널을 축조하는 공법	주변 지반의 지반 아치 형성과 막장자립이 가능한 경질지반을 대상으로 굴착 후, 숏크리트, 록볼트, 지보공 등에 의해 지반안정을 확보하는 공법	지표면으로부터 토류벽과 지보공으로 지반을 지지하면서 소정의 위치까지 굴착, 구조물을 축조한 후 되메움하여 지표면을 복구하는 공법
적용지반(표준적인 과거사례, 지반조건 등의 변화에 대한 대응성)	일반적으로 초연약 충적층에서 홍적층, 신생대 제3기 연암지반까지 적용됨. 지반변화에 대한 대응이 비교적 용이하며 최근에는 경암에 대한 사례도 있음	일반적으로 경암부터 신생대 제3기 연암까지의 경질지반에 적용되며, 보조공법을 병용하여 홍적층에도 적용됨. 지반변화에는 지보강성, 굴착공법, 보조공법의 변경을 통해 대응	기본적으로 지반에 대한 제한은 없음. 일반적으로 충적층부터 홍적층, 신생대 제3기의 연암지반까지 적용됨. 각 지반에 적절한 토류판, 굴착, 보조공법 등을 선정함
지하수 대책(막장 자립성, 굴착면 안정)	밀폐형 쉴드TBM에는 대수층에 대해서도 발진부 및 도달부를 제외하고 일반적으로 보조공법을 필요로 하지 않음	대수층 외 막장의 자립성, 지반의 안정성에 영향을 미치는 용수가 있는 경우에는 지반주입 등에 의한 지수, 지하수위 저하 등의 보조공법 필요	대수층에서는 차수성 토류벽을 적용하나 굴착 시 안정을 확보하기 위해 지하수위 저하나 지반개량 등 보조공법이 필요한 경우도 있음

표 1.1.1 주요 터널공법 비교표(계속)

공법명	쉴드TBM공법	산악공법	개착공법
터널 심도(최소 토피, 최대심도)	최소 토피 사례는 쉴드TBM 직경의 1/2 정도임. 최대심도는 지하수압에 대한 쉴드TBM 및 라이닝의 지수성능 등에 의해 결정(1MPa 정도)	미고결 지반에서는 토피/터널 직경비(H/D)가 작은 경우(2 미만 정도) 천단침하량 억제를 위한 보조공법 필요	시공상 최소 토피에 대한 제한은 없음. 최대굴착심도는 40m 정도이며, 심도가 깊을수록 비용과 공기 증가
단면 형상	원형이 표준이며 특수쉴드TBM을 사용하여 복원형, 타원형, 사각형 형태도 가능함. 일반적으로 시공 중 형상변경은 곤란	굴착단면 천단부는 아치형상을 띄는 것이 일반적이나 경우에 따라 자유로운 단면시공도 가능하며, 시공 중 단면 형상 변경도 가능	사각단면이 일반적이나 복잡한 형상도 가능
단면 크기 (최대단면적 변화에 대한 대응)	터널 외경 사례는 최대 15m 정도임. 일반적으로 시공 중 외경변경은 곤란하나 직경을 확대 또는 축소하는 공법 사례도 있음	일반적으로 150m² 정도까지 가능하며 200m² 이상의 사례도 있음. 지보와 굴착공법의 변경을 통해 시공 중 단면변경 가능	단면 크기 및 변화에 대해 시공상 제한은 특별히 없음
선형 (급곡선에 대한 대응)	곡선반경과 외경비가 3~5 정도의 급곡선인 사례 있음	시공상 제약은 거의 없음	시공상 제약은 없음
주변환경에 대한 영향(근접시공, 노상교통, 소음진동)	미고결 지반의 굴착에 따른 지반영향은 거의 없음. 비개착 공법이기 때문에 노상교통에 대한 영향은 매우 적음. 소음, 진동은 일반적으로 수직구 부근에 한정되며 방음벽, 방음 하우스 등으로 대처	굴착에 의한 지반영향이 비교적 큼. 또한 도시부 등에서는 지하수위 저하에 따른 영향도 유념해야 함. 따라서 도시부 도로 하부에 적용하는 경우는 드묾. 소음과 진동은 갱구부근에 한정되며 일반적으로 방음벽, 방음 하우스 등으로 대처	굴착에 의한 지반영향이 비교적 큼. 지상에서 굴착하기 때문에 노상교통과 도로에 대한 영향이 크고 매설물 처리도 필요함. 시공단계별 소음·진동대책 필요

1.2 쉴드TBM공법의 역사와 현재

쉴드TBM공법은 프랑스 기술자 M.I.Brunel이 고안하였다. Brunel은 쉴드TBM공법의 특허를 출원하고 1825년 영국 템스 강을 횡단하는 하저터널에 도입하였다. Trevithick를 필두로 한 기술자들이 이 횡단터널에 도전하였으나, 수몰사고로 인해 실패하였으며 인명피해 또한 많이 발생하였다.

Brunel은 그림 1.2.1과 같이 쉴드TBM공법은 강고한 주철제 프레임 내부에서 굴착작업 및 라이닝 작업을 실시하기 때문에 매우 안전한 공법이라고 강조하였다. 시공 도중 몇 차례 누수사고와 쉴드TBM 기계 파손이 발생하여 7년간 중단을 거듭하는 등 공사는 난항을 겪었으나, 1841년 드디어 터널을 관통하였다. 이 쉴드TBM 기계는 외측 높이 6.78m, 폭 11.43m로 막장 면을 분할 굴착하여 막장 붕괴를 방지하고, 작업 인부의 안전을 확보하기 위한 철제 블록 12개로 구성되어 있다. 각 블록은 각각 3단 칸(compartment)으로 나뉘며 굴착을 완료한 칸은 보링보드라는 판을 스크류 잭으로 막장 면에 압착하여 막장 붕괴를 방지한다. 라이닝에는 조적을 이용하여 반력을 얻어 스크류 잭으로 쉴드TBM을 전진시킨다.

1869년에 이르러 Greathead와 Barlow에 의해 템스 강에 인도용 쉴드TBM 터널이 건설되었다. 이 터널은 원형 단면으로 라이닝에는 세그먼트(주철재)를 사용하였다. Greathead는 1886년 남런던 철도터널에 최초로 압기공법을 적용하였다. 압기에 의해 막장 안정을 도모하면서 굴착하고 쉴드TBM 내부에서 세그먼트를 조립하고 이것에 반력을 전달하여 쉴드TBM을 전진시키는 현재의 쉴드TBM공법의 기본이 완성되었다. 그 후 쉴드TBM공법은 각종 개량을 거듭하여 영국, 프랑스, 독일, 미국, 구소련 등에서 성행하였으며, 강을 횡단하는 하저터널 등을 시공하는 특수공법으로서의 위치를 확고히 하였다.

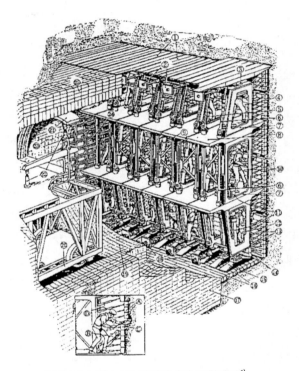

그림 1.2.1 템스 강 하저터널의 굴착공법 [1]

일본과 비교하여 지반이 좋은 나라에서는 개량 방향이 '막장 안정'보다도 '굴착 효율화'에 중점을 두었다. 이것이 Mechanical 쉴드TBM의 발전과 TBM(Tunnel Boring Machine)으로 연결되어 있다.

일본에서 처음 쉴드TBM공법이 사용된 것은 Brunel의 쉴드TBM 이후 약 100년이 경과한

1920년이었다. 奧羽 본선 折渡 터널의 굴착에 사용되었으나 큰 지압을 견디지 못하여 도중에 단념할 수밖에 없었다. 1926년에는 旧国鉄의 丹那 터널에서 물빼기용 파일롯 터널 굴착에 적용되었으나 이 또한 충분한 성과를 얻지 못했다. 성과를 얻은 최초의 쉴드TBM은 1936년 関門 철도터널이다. 여기에는 주철제 세그먼트와 철자원 절약을 위해 철근 콘크리트 세그먼트를 사용하였다. 제2차 세계대전 후인 1956년 関門 도로터널 및 1957년 旧営団地 지하철 中田町 터널에 루프쉴드TBM이 적용되었으며, 1961년에는 名古屋 시 지하철 覚王山 터널에 쉴드TBM공법이 적용되어 전후 최초의 본격적 적용 사례로 꼽히고 있다.

충적평야에 전개된 일본의 대도시부는 외국에 비해 지반이 그다지 좋지 않다. 따라서 하저나 해저터널을 축조하는 특수공법인 쉴드TBM공법은 일본에서는 1960년 이후 지하철도를 시작으로 상하수도, 전력구, 통신구 등 지하 인프라를 구축하는 일반적인 도시터널공법으로 정착하여 급속히 보급되었다. 일본의 쉴드TBM공법은 지반특성, 특히 '막장 안정'을 중시하여 초기에는 압기쉴드TBM, 한정 압기쉴드TBM, 블라인드 쉴드TBM 등이 사용되었다. 또한 프랑스에서 1966년에 이수식 쉴드TBM이 개발되고 곧바로 다음 해에는 일본에서도 적용되었다. 일본이 독자적으로 개발한 토압식 쉴드TBM도 적용이 늘어남에 따라 현재에는 이수식 쉴드TBM과 토압식 쉴드TBM의 한 종류인 이토압 쉴드TBM이 주류가 되었다.

이수식 쉴드TBM 및 토압식 쉴드TBM인 밀폐형 쉴드TBM의 적용에 따라 '막장 안정'은 매우 향상되었으며, 뒤채움 주입재와 실(Seal)재의 진보에 의해 지표면 침하와 터널 내 누수도 대폭 억제할 수 있게 되었다. 그 후 '굴착 정밀도의 향상'과 '쉴드TBM 공사의 효율화'로 눈을 돌려 각종 자동화 기술이 개발되었고, 그에 따라 굴진연장 및 세그먼트 폭도 확대되는 추세이다. 최근에는 유지관리가 중요한 키워드가 되어 균열과 누수 억제방안, 공용 후 유지관리 편의성도 중요시되고 있다. 대심도, 대단면화, 다양한 단면 형상에 대응하기 위한 기술과 확폭기술 등의 개발 또한 확대되고 있다.

한편 최근 유럽을 비롯한 외국에서도 철도를 시작으로 한 인프라 재건설이 시행되고 있어 네덜란드에서는 초연약 지반에 외경 14.5m의 고속철도 쉴드TBM 터널이 건설된 사례도 있으며, 밀폐모드와 개방모드를 갖춘 듀얼모드 TBM도 실용화되었다.

외국에 비해 사회자본의 정비가 늦은 일본은 1945년대부터 고도성장기에 돌입하여 유럽과 미국을 추월하는 것을 목표로 필사적으로 몰두하였다. 도시터널의 시공법 중 하나인 쉴드TBM공법은 이러한 배경을 바탕으로 급속히 보급되었고, 개량을 거듭하여 현재에 이르렀다. 현재 이런 도시시설의 정비도 일단락되어 공사량이 감소하는 경향이나 이후 발전한 기술을 활용하여 해외 진출과 더불어 기술을 후세에 전승하는 것이 중요할 것이다. 또한 쉴드TBM공법의 변천에 따라 그 설계법도 변모하고 있으며, 이에 대해서는 4.4 세그먼트의 설계에서 상세히 기술한다.

쉴드TBM공법의 연혁은 표 1.2.1과 같다. 표 중의 연도는 굴진 개시연도를 의미한다.

표 1.2.1 쉴드TBM공법의 연혁

연도	사항	비고
1818	Brunel의 쉴드TBM특허	원형 단면
1825	세계 최초의 쉴드TBM 공사 (Brunel)	사각단면, 조적, 스크류 잭, 150m, 2차선, 6.78m×11.43m(외측)
1860년대	프랑스에서 실용화	
1869	Greathead & Barlow(타워 T)	원형 단면, 주철 세그먼트, 411.5m, 내경 2.18m, 인도용 T, 일진량 2.59m/일
1870년대	미국에서 실용화	
1886	남런던 철도	압기, 유압 잭, 주철 세그먼트, 내경 3.2m, 일진량 3.96m/일
1890년대	독일에서 실용화	
1890년대	Mechanical 쉴드TBM의 여명기	Thomson, Carpenter, Anderson, Price, 드럼 디커
1891	볼티모어의 측벽도갱용 T	사각단면
1892	최초의 루프쉴드TBM	볼티모어
1892	콘크리트 세그먼트 사용	파리
1896	목재 세그먼트 사용	리프리이(미국)
1896	타원형 쉴드TBM	파리, 하수도
1896	강재 세그먼트 사용	베를린
1902	허드슨강 횡단 T	뉴욕, 블라인드 쉴드TBM의 원형
1908	로저 하이스 T(템스 강)	압기 쉴드TBM, 주철 세그먼트, 콘크리트 2차 라이닝, 보도용 차량용 T
1909	형강 세그먼트 사용	에르베(독일)
1913	마제형 쉴드TBM	에르베
1920	奧羽 본선 折渡 T	도중 단념
1926	旧国鉄 丹那 T	물빼기갱, 외경 3.05m, 불충분한 성과
1930년대	구 소련에서 실용화	
1936	関門 T	주철 세그먼트, 726m, 외경 7m(단선병렬), 중자형 세그먼트
1945~	Mechanical 쉴드TBM의 개량, 완성기	구 소련(레닌그라드형, 카루우에르진형, 메무코형, 로빈스형, 아루카쿠형)
1953	関門 도로 T	현장타설 콘크리트, 푸쉬로드, 루프 쉴드TBM
1957	지하철 中田町 T	루프 쉴드TBM
1960	유압 잭 사용	그라스고(외경 10m), 뉴욕
1961	名古屋 지하철 覚王山 T	중자형 세그먼트, 외경 6.6m, 압기, 연암
1962	압기 쉴드TBM	東京, 하수도 石神井川 하행 간선, 충적 東京, 旧羽田 모노레일, 충적
1963	기계 굴착 쉴드TBM	大阪, 상수도 大淀 송수관
1965	블라인드 쉴드TBM	東京, 하수도 浮間 간선
1966	반기계 굴착 쉴드TBM	名古屋, 하수도
1967	이수식 쉴드TBM	埼玉浦和, 유역하수도
1974	토압식 쉴드TBM	東京, 하수도 水本 간선
1976	중절식 쉴드TBM	東京, 하수도 井の頭 상행 간선
1977	한정압기 쉴드TBM	東京, 수도 神谷町 新田 간선
1978	현장타설 라이닝 공법(해외)	함부르크, 하수도(1910, 독일 1911, 프랑스 1912, 러시아) 특허

표 1.2.1 쉴드TBM공법의 연혁(계속)

연도	사항	비고
1981	현장타설 라이닝 공법(일본)	東京, 하수도 本田 간선
1984	확대 쉴드TBM	東京, 전력, 清洲橋通り 관로
1987	현장타설 라이닝 공법(일본)	栃木 (小山), 통신, 레진몰탈
1988	타원형(MF) 쉴드TBM(이련)	東京, JR 京葉(케이요)선
1988	세그먼트 자동조립	横浜, 神奈川通り공동구
1991	타원형(DOT) 쉴드TBM(이련)	広島, 신교통 시스템
1993	밀폐형 타원형 쉴드TBM	東京, 하수도 新大森 간선
1993	구체 쉴드TBM(종횡연속굴진)	川崎, 하수도 観音川 우수체수지
1993	밀폐형 사각 쉴드TBM	千葉習(志野), 하수도 菊田川 간선
1994	東京만 횡단도로 T	당시 세계 최대단면(원형, 쉴드TBM 외경 14.14m) 이수식 쉴드TBM, 각종 자동화 기술
1994	구체 쉴드TBM(종횡단 연속굴진)	東京, 하수도 足立区花畑 기선공사
1995	타원형(MF) 쉴드TBM(삼련)	大阪, 지하철역 쉴드TBM
1995	직각 쉴드TBM	횡단, 하수도 能見台 우수간선
1996	터널직경 변화(이단식) 쉴드TBM	東京, 전력, 환7 東海松原橋 관로, 터널 외경 7.1m와 4.95m
1997	親子 쉴드TBM	東京,旧営団 지하철, 쉴드TBM 외경 14.18m(일본 최대)
1999	정면접합 쉴드TBM(MSD 공법)	東京, 臨海 부도심선 大井町 역
2004	현장타설 라이닝 공법 (SENS 공법)	東京 新幹線三本木原 터널
2008	양자강 횡단 도로터널	상하이, 쉴드TBM 외경 15.4m(세계 최대)

1) (주) T : 터널

1.3 쉴드TBM 터널의 조사 · 계획에서 완성 · 공용까지

쉴드TBM 터널의 조사 · 계획에서 준공 · 공용까지의 개략적 순서를 일례로 정리하면 표 1.3.1과 같다. 기본적으로는 이 순서에 따라 각 단계에서 관계 기관, 기업, 설계회사, 시공회사 및 제작사 등이 각각의 역할을 분담하여 쉴드TBM 터널의 준공을 목표로 한다. 또한 각각의 순서에 대한 내용은 제2장에서 상세히 설명한다.

1.3.1 조사 · 계획

(1) 조 사

쉴드TBM 터널의 계획에 앞서 조사를 실시한다. 쉴드TBM 터널의 조사결과는 터널 선형의 선정 등에 대한 계획, 쉴드TBM과 세그먼트의 설계 및 시공에 필요한 기초자료뿐만 아니라 환경보전대책의 검토 및 터널 공용 중 유지관리를 위한 자료가 된다. 따라서 조사는 제반사항을 충분히 고려하여 수행되어야만 한다.

주요 조사항목은 입지조건 조사, 지장물 조사, 지형 및 지반조사, 환경보전을 위한 조사, 관계 기관 및 그 외 기업의 장래계획 등에 관한 조사이다. 이 항목에 대해서는 제2장 쉴드TBM공법의 조사에서 기술한다.

(2) 계 획

쉴드TBM 터널의 계획은 터널의 내공단면, 선형, 토피, 라이닝, 쉴드TBM 형식, 공사계획 및 환경보전계획 등을 배려하여 결정한다. 또한 공용 중 유지관리 등에 대해서도 고려하여 계획을 정정할 필요가 있다.

쉴드TBM 터널의 계획순서는 표 1.3.1과 같다. 일반적으로 개요를 검토하는 기본계획과 기술적 평가와 관계 기관과의 협의 등을 통해 상세검토를 수행하는 실시계획의 2단계로 구분한다. 터널 내공단면에 대해서는 3.1 터널계획, 선형에 대해서는 3.2 터널 선형에서 서술한다.

표 1.3.1 쉴드TBM 터널의 조사·계획에서 완성·공용까지의 순서

순서	내용
사업계획 입안	• 필요성·규모·시종점 등에 착안하여 계획을 입안 • 사업개요 검토
예비조사 (대안선형 도출)	(1) 기존자료의 수집·정리 (2) 현지조사 (3) 개략선형 검토
기본조사	(1) 입지조건 조사 (2) 지형 및 지반조사 (3) 기설 매설물 조사 (4) 환경보전을 위한 조사
기본계획의 책정	(1) 평면도, 종단면도, 횡단면도 작성 (2) 시공법·공정 등 시공계획 검토 (3) 공사상 문제점 도출 (4) 기설 매설물 대책 등 검토 (5) 개략공사비 산출
기본계획의 결정 (대안선형의 비교검토)	(1) 쉴드TBM공법의 시공법 선정에 관한 경제성 분석 (2) 자연환경, 주민·문화재 등 지역환경, 교통상황, 소음, 진동 등에 관한 환경조건 평가 (3) 지질, 지하수위, 도로상황, 기설 매설물 대책개소, 교통상황·작업시간대 규제 등의 작업환경에 관한 기술적 평가 (4) 도시계획·공동구 계획·그 외 기업 장래계획 등과의 적합성, 도로점용 등의 인허가 취득 가능성, 용지확보 가능성 등에 관한 사회조건 평가

표 1.3.1 쉴드TBM 터널의 조사·계획에서 완성·공용까지의 순서(계속)

순서	내용
실시계획의 책정과 결정 (최적선형 선정)	상기 경제성 평가, 환경조건 평가, 기술적 평가, 사회조건 평가 등의 결과에 기반하여 대안선형 특징 및 문제점을 파악한 후 종합적 비교판단에 의한 최적선형 선정 및 관계 기관 협의
실시계획의 상세검토 (쉴드TBM 터널의 설계)	(1) 터널 내공단면 결정 (2) 터널 선형 결정 (3) 라이닝 선정과 설계 (4) 쉴드TBM 선정과 설계 (5) 수직구 설계와 쉴드TBM 발진·도달방법 설계 (6) 기설 매설물에 대한 영향 검토에 기반한 보강대책 및 계측계획 (7) 상세공사비 산출 (8) 필요에 따라 상세조사 실시
시공준비	(1) 공사용지 등 확보 (2) 도로점용·사용 등에 대한 인허가 취득 (3) 주민 등에 대한 현장설명 실시 (4) 기설 매설물에 대한 근접 협의 실시 (5) 시공설비 설계 (6) 시공계획 입안 (7) 쉴드TBM 및 세그먼트 등 제작
시공	(1) 선형관리, 굴진관리, 공정관리 및 안전관리 등 시공관리 실시 (2) 안전·환경대책 실시 (3) 계측실시
완성	• 공사기록 등 작성 및 재검토 • 공용개시
공용	점검, 유지관리, 개보수

1.3.2 설 계

(1) 개 요

세그먼트 설계는 터널 횡단방향과 종단방향으로 구분한다. 통상 세그먼트 단면은 횡단방향에 대한 설계로 결정되며, 지진과 지반침하 영향 등 필요에 따라 종단방향 검토를 수행하는 것이 일반적이다.

세그먼트의 설계 흐름은 그림 1.3.1에 나타낸 것과 같다.

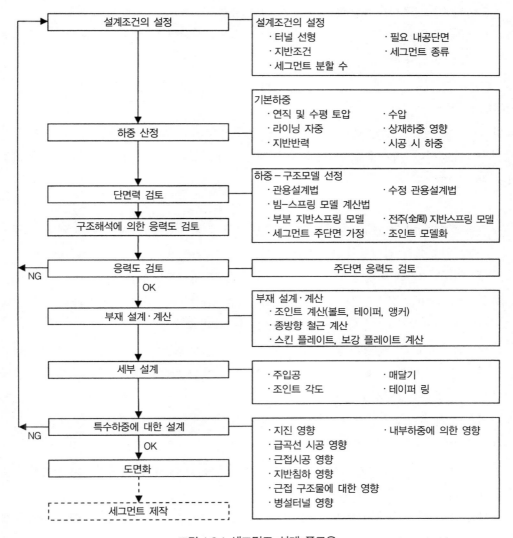

그림 1.3.1 세그먼트 설계 플로우

(2) 설계조건 설정

① 내공단면, 선형 : 쉴드TBM 터널의 용도에 맞추어 내공단면을 결정하고 근접 구조물, 필요한 토피 등의 조건을 고려하여 평면선형 및 종단선형을 결정한다. 상세한 설명은 제3장 쉴드TBM 터널계획에서 서술한다.

② 세그먼트의 종류, 세그먼트의 분할 수 : 1차 라이닝에는 콘크리트계 세그먼트, 강재 세그먼트, 덕타일 세그먼트 및 합성 세그먼트가 있으며, 쉴드TBM 터널의 형상, 하중조건 등을 고려하여 세그먼트 종류를 결정한다.

운반과 조립 용이성, 곡선부 시공성, 제작비, 시공속도, 지수성 등을 고려하여 세그먼트 분할 수를 결정한다. 세그먼트 계획방법에 대해서는 4.1 라이닝 구조 및 4.2 세그먼트의 종류와 특징에서 서술한다.

(3) 하중산정

세그먼트에는 토압, 수압, 자중, 지반반력 등 영구적 하중과 지진 영향, 시공 시 하중 등 일시적 하중이 작용한다. 여기에서는 이런 하중에 관하여 설명한다. 하중 산정방법은 4.4.2 (3) 하중산정에서 설명한다.

① 연직토압 : 터널 천단에 작용하는 연직토압은 지반과 토피조건에 따라 차이가 있다. 조밀한 사질토와 단단한 점성토의 경우 토피가 터널 굴착외경에 비해 충분히 크면 굴착에 의한 터널 천단부 지반의 이완에 따른 연직토압이 아칭효과에 의해 경감된다.
② 흙과 물의 취급 : 토압을 산정하는 경우 물과 흙을 분리하는 방법(토수분리)과 물을 흙의 일부로 보는 방법(토수일체)의 2가지 방법이 이용된다.
③ 지반반력 : 세그먼트 링은 일반적으로 연직토압에 의해 횡방향이 긴 타원형으로 변형되고 이 변형에 의해 터널 측면부에는 수평방향 지반반력이 발생한다. 최근 주입기술의 진보 등에 의해 지반 안정성을 확보하게 된 것 이상으로, 최근에는 컴퓨터에 의한 해석기술도 발달하였기 때문에 터널에 작용하는 수평방향 지반반력을 지반 스프링으로 평가하는 경우도 많다.
④ 상재하중 : 지표면에 작용하는 하중(자동차 하중 등)과 구조물 기초반력 등은 지중응력으로서 깊이에 따라 넓게 분포하며 전파된다. 설계에서는 이런 하중을 토압으로 환산하여 계산한다.
⑤ 시공 시 하중 : 시공 시에는 세그먼트에 잭 추력, 주입압 등이 작용하므로 이런 하중에 대해서도 검토할 필요가 있다. 특히 급곡선부 시공 시에는 잭 추력이 세그먼트 단면 도심으로부터 크게 떨어져 작용하기 때문에 종방향 철근과 스킨 플레이트를 검토할 필요가 있다.

(4) 단면력 산정

쉴드TBM 터널을 구성하는 세그먼트 링은 몇 개의 세그먼트를 볼트 등으로 결합하여 조립되기 때문에 세그먼트 한 개와 같은 강성의 강성일체 링에 비해 변형되기 쉽다. 이 평가방법으로 다음의 4가지 모델화가 제안되어 단면력 산정에 이용되고 있다.

① 세그먼트 링을 휨강성 일체 링으로 보는 방법

② 세그먼트 링을 다힌지계링으로 보는 방법

③ 세그먼트 링을 회전 스프링을 가지는 링으로 보는 방법

④ 세그먼트 링을 회전 스프링을 가지는 링으로 가정하고 구속효과를 선단 스프링으로 평가하는 방법

③, ④의 계산에 이용하는 회전 스프링 정수에 대해서는 많은 산정방법이 산재하고 있는 실정이다. 단면력 산정방법은 4.4.2 (4) 단면력 산정에서 서술한다.

(5) 세그먼트 설계

설계방법에는 허용응력 설계법과 한계상태 설계법이 있으며, 부재단면을 결정하기 위한 계산에 이용된다. 최근에는 국제표준화기구(ISO)에 준하여 성능조사형 설계법의 설계 체계화 검토가 이루어지고 있다. 각 설계법에 대해서는 4.4.2 허용응력 설계법, 4.4.3 한계상태 설계법 및 4.4.4 성능조사형 설계법에서 설명한다.

(6) 구조세목 설계

조인트는 내하중성, 내구성, 지수성을 충분히 확보해야 할 뿐만 아니라 시공성도 확보하는 것이 중요하다. 최근 각종 조인트 구조가 개발되어 사용용도에 따라 적용되고 있다. 조인트의 종류와 선정방법은 4.3 조인트의 종류와 특징에서 설명한다.

(7) 특수하중에 대한 설계

특수하중에는 지진 영향, 급곡선 영향, 지반침하 영향, 근접 구조물에 대한 영향 등이 있으며, 여기에서는 지진 영향에 대해 소개한다.

터널은 주변 지반보다 가볍거나 비슷한 정도의 중량을 가진 구조물이기 때문에 터널이 균일한 지반 내에 위치하며, 토피가 큰 경우에는 지반과 거의 유사하게 진동하여 일반적으로 큰 영향을 받지 않는 것으로 생각할 수 있다.

그러나 경질지반과 연약지반의 경계에 있는 터널의 경우 지반의 국소적 변형이 터널에 작용하기 때문에 응답변위법을 이용한 내진성 조사를 수행하여 중규모 지진동에 대해서는 성능 저하를 일으키지 않도록, 대규모 지진에 대해서는 복구 가능한 손상에 저항할 수 있도록 설계하는 것이 일반적이다.

쉴드TBM 터널과 수직구 접속부나 골짜기 등 지반이 급변하는 곳에서는 터널 종단방향 내진설계를 실시하고 필요에 따라 Expansion 조인트 구조를 설치하는 등 대책을 수립한다. 내진설

계에 대해서는 4.6 내진설계에서 서술한다.

1.3.3 시 공

쉴드TBM 공사의 대표적 흐름은 다음과 같다. 각 항목의 개요를 서술하고 각 장에서 상세히 설명한다.

① 발진 수직구 축조
② 쉴드TBM 및 세그먼트 제작
③ 발진용 지반개량 : 수직구 축조와 병행 혹은 굴착종료 후 수행
④ 쉴드TBM 반입·조립 : 발진 수직구 축조 후, 쉴드TBM 반침을 설치하여 지상으로부터 쉴드TBM을 투입한다. 소구경인 경우를 제외하고는 본체를 분할하여 반입하고 수직구 내에서 조립한다.
⑤ 발진기지 설치 : 쉴드TBM 투입·조립에 전후에서 발진 수직구 주위에 굴착토사 스톡설비, 세그먼트 야드, 크레인 설비, 각종 플랜트를 위한 발진기지를 설치한다.
⑥ 쉴드TBM 발진 : 쉴드TBM 및 발진기지가 완성된 후 발진갱구의 가벽을 철거하고 수직구 내에 설치된 가설 세그먼트, 반력설비를 이용하여 쉴드TBM을 발진갱구로부터 지반으로 관입시킨다.
⑦ 초기굴진 : 발진 후 쉴드TBM 굴진에 필요한 후속설비 연장 이상으로 굴진이 진행될 때까지 가설 세그먼트와 반력설비를 설치한 채로 굴진한다. 또한 진행에 따라 부분적 설비투입 등 소규모 교체작업을 반복한다. 임시 굴진설비에 의한 세그먼트 반입·토사반출으로 인해 일 굴진량 등 시공속도가 본 굴진에 비해 크게 저하된다.
⑧ 단계별 교체작업 : 초기굴진 완료 후 가설 세그먼트와 반력설비 등 발진용 설비를 철거하고 수직구 내 스테이지 설치와 궤도, 굴착토사 반출설비, 후속대차 등 본 굴진용 설비로 교체하는 작업을 실시한다.
⑨ 본 굴진 : 단계별 교체작업 완료 후 소정의 굴진설비에서 굴진·조립을 반복한다.
⑩ 도달 수직구 축조 : 발진 수직구와 동일하게 쉴드TBM 도달용 수직구를 축조한다.
⑪ 도달용 지반개량 : 쉴드TBM 도달용 지반개량을 도달할 때까지 수행한다.
⑫ 도달굴진 : 도달 수직구까지 굴진 후 도달 수직구 가벽 철거, 쉴드TBM 주위를 지수하면서 수직구 내로 추진한다.
⑬ 쉴드TBM 해체 : 도달한 쉴드TBM을 해체·철거한다. 또한 후속대차, 갱내 설비·배관 등

을 철거하고 갱내 청소와 세그먼트 방수처리 등을 실시한다.

⑭ 2차 라이닝 : 방식, 방화, 보강 등을 목적으로 세그먼트 내면에 이동식 거푸집을 사용하여 콘크리트를 타설한다. 최근에는 생략하는 경우도 많다.

1.3.4 유지관리

쉴드TBM 터널은 완성한 후 철도, 도로, 상하수도, 전력, 통신, 가스 공동구 등 도시 내 사회기반의 일익을 담당하는 구조물로서 장기간 사용된다. 혹시 누수, 열화, 변형 등에 의한 소정의 기능을 발휘할 수 없게 되면 사회에 미치는 영향이 크기 때문에 적절한 유지관리가 중요하다.

쉴드TBM 터널 공법은 산악터널과 개착터널에 비교하여 비교적 신공법으로서 열화와 변형에 의해 교체가 필요한 경우는 지금까지 거의 없었으나 건설 후 40년을 경과한 터널이 증가함에 따라 유지관리의 중요성이 점차 높아지고 있다. 따라서 미래에 대비한 유지관리계획을 수립하여 점검, 조사, 보수 · 보강을 적절히 수행할 필요가 있으며, 설계 시 단면설정이 유지관리 편의성에 관계되거나, 시공 시 발생한 균열이 누수의 원인이 되는 경우도 있기 때문에 설계 · 시공 시 장래 유지관리 대책을 수립하는 것이 중요하다.

쉴드TBM 터널의 유지관리에 대해서는 제11장에서 서술한다.

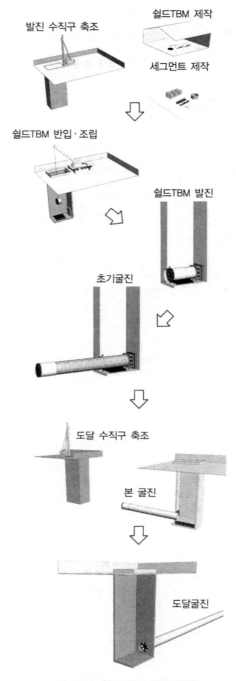

발진 수직구 축조

쉴드TBM 제작

세그먼트 제작

쉴드TBM 반입·조립

쉴드TBM 발진

초기굴진

도달 수직구 축조

본 굴진

도달굴진

그림 1.3.2 쉴드TBM 시공 흐름

참고문헌

1) 菅建彦：英雄時代の鉄道技師たち，山海堂，1987.

제2장

쉴드TBM공법의 조사

쉴드TBM공법의 조사

제2장

2.1 조사의 목적과 흐름

쉴드TBM 공사에 따른 조사는 공사를 안전하고 경제적으로 실시하기 위해 필요한 자료(정보)를 얻는 것을 목적으로 한다. 쉴드TBM공법의 경우 NATM공법 등과 비교하여 시공개시 후에는 공법과 사양의 변경이 어렵기 때문에 여러 각도의 조사가 실시된다.

계획, 설계, 시공 및 유지관리 각 단계에서 실시하는 조사의 종류 및 그 방법은 표 2.1.1과 같다. 조사결과는 터널 선형계획, 쉴드TBM공법의 적용 가능성, 터널설계, 환경보전 대책의 검토, 완성 후 유지관리를 위한 중요한 자료가 되므로 충분히 고려하여야 한다.

표 2.1.1 조사의 종류 및 방법

단계		조사종류	조사방법
기본계획		예비조사(예비적 조사)	자료조사, 현장답사
설계	기본설계	기본조사(기본적 조사)	현 위치시험, 실내시험, 현장답사
	실시설계	상세조사(상세한 조사)	현 위치시험, 실내시험, 현장답사
시공	보조공법	확인을 위한 조사, 시험	현장조사, 실내시험, 현장계측
	쉴드TBM 시공	시공관리를 목적으로 하는 조사, 시험	현장조사, 실내시험, 현장계측
유지관리		자료조사, 환경조사, 갱내조사	현장조사, 실내시험, 현장계측

(1) 예비조사

쉴드TBM 터널의 선형결정을 주요 목적으로 하고, 노선의 전반적 지반상황을 파악하기 위한 조사이다. 지층구조가 단순한지 복잡한지, 문제가 되는 불량한 지반이 존재하는지 여부 등 전반적 지반상황은 이 단계에서 대략적으로 알 수 있다. 이 조사결과에 근거하여 다음 실시하는 기본조사의 규모와 내용이 결정된다.

(2) 기본조사

기본조사는 설계단계의 조사이며 일반적으로 표준관입시험에 의한 보링을 주체로 지반조사를 실시한다. 보링공 수, 간격, 깊이 등은 예비조사로 추정한 지반조건, 터널 토피 및 근접 환경조건 등에 의해 결정되며, 일반적으로 200m 간격으로 실시하는 경우가 많다. 이 조사결과에 따라 지반 종단도를 작성하기도 한다.

또한 보링 등과 같은 각종 조사공은 쉴드TBM 공사 중 이토의 용탈, 분출, 출수 및 누기 등의 원인이 되기 쉬우므로 폐공에 충분히 주의하여야 한다.

(3) 상세조사

상세조사는 예비조사와 기본조사를 보충하는 것으로 기본설계 단계에서 추정된 문제점을 해결하기 위해 상황에 따라 조사지점을 추가할 수 있다.

(4) 시공단계의 조사

발진·도달부의 보강에 관한 조사와 쉴드TBM 터널의 시공에 관한 조사로 구분되며 전자는 지반개량 등 효과를 판정하기 위한 현장조사와 실내시험이며, 후자는 쉴드TBM 공사의 시공관리를 목적으로 하는 현장조사와 현장계측 등이다.

(5) 유지관리 단계의 조사

쉴드TBM 터널의 유지관리에서는 터널에서 발생하는 열화와 이상 원인을 파악하는 것이 중요하다. 이를 위해서는 설계자 및 시공이력, 주변환경, 터널갱내 상황조사가 경우에 따라 필요하다. 이것에 대해서는 '11.2.2 조사'에서 설명한다. 이상 쉴드TBM 터널공사에 따른 조사목적과 그 흐름을 설명하였다. 본 장에서는 중요한 조사항목인 입지조건 조사, 지장물 조사, 지형 및 지반조사, 환경보전을 위한 조사에 대해 설명한다.

2.2 입지조건 조사

입지조건 조사는 터널 통과지역 부근의 환경을 조사하는 것으로서 선형계획, 쉴드TBM 형식의 선정, 터널규모와 단면 형상 선정 등 계획에서부터 설계·시공·유지관리까지를 종합적으로 판단하기 위해 실시한다. 특히 도시부에서는 입지조건 조사결과가 선형계획을 위해 중요한 기초자료가 되며, 조사가 미비한 경우에는 공사의 중단 가능성도 있는 등 그 영향이 매우 크다. 따라서 계획단계 시 정밀한 조사가 요구된다. 조사항목 및 목적은 표 2.2.1과 같다.

또한 공용기간 중 터널의 구조적 안정성을 확보하기 위해 그 주변에 적당한 범위의 보강 및 제한하중을 결정하고 구분 지상권을 설정하는 경우도 있다. 일반적인 터널의 보강범위는 그림 2.2.1과 같다.

표 2.2.1 입지조건 조사의 조사항목과 목적

조사항목	조사목적
토지이용 상황 및 권리관계	• 시가지, 농지, 산림, 하천, 바다 등 용도별 토지이용 현황 및 소음, 진동 규제값 등의 파악 • 공공용지와 사유지로 구분하여 조사를 실시하고 토지에 관한 각종 권리 파악 • 문화재, 천연기념물, 유적 등의 유무 파악
장래계획	• 토지계획 및 그 외 제반시설 계획 등의 규모, 공기, 규제사항 등의 장래계획 파악
도로 종류와 노상 교통상황	• 도로 종류와 중요도 파악 • 노면 굴착 규제 등 파악 • 도로 교통상황 파악(기자재 반입·반출)
공사용지 확보의 난이도	• 수직구 부지 파악 • 가설 용지(굴착토 가적치장 등) 파악 • 발생토 처리장, 운반경로 파악
하천, 호수, 바다 등의 상황	• 하천 등 단면, 지반, 제방의 구조 등 파악 • 하천과 교량의 개보수 계획 파악 • 하천 등의 수문, 항해, 이수 상황 파악 • 하천 등의 유량, 계절 변동 등 파악
공사용 전력 및 급배수 시설	• 기설 송배전선 계통, 용량, 전압, 수변전 상황 파악 • 예비전원 확보 • 취수 가능한 상수도 위치, 관경, 유량 파악 • 방류원(하수도, 하천, 바다 등), 방류 가능량, 수질기준 등 파악

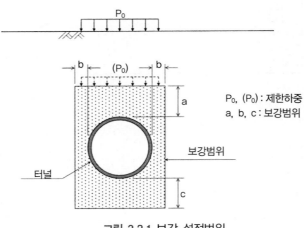

P_0, (P_0) : 제한하중
a, b, c : 보강범위

그림 2.2.1 보강 설정범위

2.3 지장물 조사

　지장물 조사는 노선 선정에 선행하여 직접 지장이 되는 구조물 또는 영향범위 내에 있는 제반 구조물에 대한 조사이다. 이 조사는 터널 주변에 있는 제반 시설의 보호와 쉴드TBM 공사의 안전성 확보를 목적으로 실시한다. 조사항목 및 목적은 표 2.3.1에 나타낸 바와 같다.

　쉴드TBM 공사에서는 굴진 시 말뚝과 토류벽 등의 기설 지장물과 조우하는 경우 굴진이 불가능하여 큰 트러블이 발생할 가능성이 높다. 일반적으로 기설 구조물과 가설 구조물 조사는 용이하지 않으나 가능한 한 관리자 등으로부터 상황을 청취해둘 필요가 있다. 실제로 인근 주민들에 대한 탐문결과 쉴드TBM 노선상에서 전쟁 중 불발탄이 발견된 사례도 있다.

　지상에서 시험굴착 등이 불가능한 경우가 많기 때문에 쉴드TBM 통과위치의 지장물 확인에는 물리탐사 방법을 이용하는 경우가 많다. 쉴드TBM 통과위치의 지장물 조사에 이용되는 대표적인 물리탐사 방법은 표 2.3.2와 같다. 각 방법 및 그 외 방법에 관한 상세한 설명 등은 「물리탐사 핸드북」,[1) 「물리탐사 적용 가이드」[2)와 문헌 3)~6)을 참조하기 바란다.

표 2.3.1 지장물 조사의 조사항목과 목적

조사항목	조사목적
지상 및 지하구조물	• 지상 구조물은 구조형식, 기초구조, 지하실 유무, 기초 근입 깊이 등 파악 • 지하구조물은 구조형식, 구조물 하부 깊이 등 파악 • 구조물 용도와 공용상황 파악, 특히 정밀기기 등이 설치된 곳은 면밀한 조사 필요
매설물	• 매설물(상하수도, 전력구, 통신구, 가스관 등) 위치, 구조, 규모, 열화상태 파악
우물 및 옛 우물	• 우물 및 옛 우물 위치, 깊이, 이용현황, 산소결핍 정도 등 파악 • 연간 수위 변화와 수질 파악
기존 구조물, 구조물과 가설 구조물	• 구조물과 가설 구조물 등 상황 파악 • 공사 이력과 공사 상황 파악(토지 관리자, 도로 관리자, 매설기업, 시공 담당자에게 확인) • 기존 구조물 파악(도로 직하부는 도로 관리대장 확인)
그 외	• 구조물, 매설물 등 장래계획 파악 • 불발탄 등 잔존물 파악

표 2.3.2 쉴드TBM 통과위치의 지장물 조사에 이용되는 대표적 물리탐사 방법

물리탐사 방법	개요	대상
탄성파 탐사	지하로 전파된 탄성파가 물성이 바뀌는 경계에서 굴절 및 반사되는 현상을 이용하여 지하구조를 탐사하는 방법	공동, 매설물
지표면 레이더 탐사	지표면에서 비파괴 탐사에 의해 지하 얕은 곳의 공동, 금속, 비금속을 탐사하는 방법	공동, 매설관, 매설물 및 유적 탐사
지하 레이더 탐사	보링공을 이용하여 주변 지반구조와 공동, 매설물(금속, 비금속) 등을 탐사하는 방법	공동, 매설관, 매설물
지하 자기탐사	보링공을 이용하여 주변 철재 매설물, 기존 구조물, 잔존 구조물을 탐사하는 방법	토류강재, 매설관, 기초말뚝, 어스앵커, 불발탄 등

2.4 지형 및 지반조사

지형 및 지반조건은 쉴드TBM 형식 및 보강공법 선정 등 설계 및 시공에 큰 영향을 미치기 때문에 특별히 세밀한 조사를 필요로 한다. 조사항목 및 목적을 표 2.4.1에 정리하였다.

또한 설계 및 시공에 필요한 지반정수, 지반시험법 및 이용방법은 표 2.4.2와 같다.

표 2.4.1 쉴드TBM 공사에서의 지형 및 지반조사

구분	예비조사	기본조사	상세조사
조사목적	• 지형, 지반, 지층구성 파악 • 문제가 되는 지반의 예측 및 이후 조사자료	• 노선 전체의 지반특성 및 지반 상황 파악 • 지반공학적 성질 파악 • 지반 종단면도 작성	• 지반조사 보충 • 설계 시공상 문제가 되는 지반 상세조사 • 지진, 그 외 특수조건에 대한 설계자료

조사방법	• 기존자료의 수집, 정리
	• 인근 유사공사에 관한 자료 수집, 정리
	• 문헌조사
	• 현지답사에 의한 관찰
		• 보링조사
		• 샘플링
		• 표준관입시험
		• 지하수위 조사
		• 간극수압 측정
		• 실내토질시험
		  (흙의 물리시험·역학시험)
			• 보링조사
			• 샘플링
			• 표준관입시험
			• 지하수위 조사
			• 간극수압 측정
			• 실내토질시험
			  (흙의 물리시험·역학시험)
			• 산소결핍 공기, 유해가스, 가연성 가스 조사
			• 깊은 기초 굴착
			• 공내 수평재하시험
			• PS 검층
			• 지오토모그래피
			• 소형 동적관입시험
			• 회전압입시험

조사내용	• 지도 등 문헌조사 (지형·지질·지반도) • 지반조사 기록 • 기설 구조물 공사기록 • 우물, 지하수 • 현지 지형, 지반, 주변 상황 관찰 • 지반침하	• 지층구성 • N값 • 투수계수 • 지하수위, 간극수압 • 단위중량 • 함수비 • 토립자 밀도 • 입도분포 • 액성 및 소성한계 • 점착력 • 내부마찰각 • 압밀특성	• 상세한 지층구성 • N값 • 투수계수 • 지하수위, 간극수압 • 지하수 유속, 유향(지하수 검층) • 단위중량 • 함수비 • 토립자 밀도 • 입도분포 • 액성 및 소성한계 • 점착력 • 내부마찰각 • 압밀특성 • 자갈, 호박돌 직경 • 지반반력계수 • 흙의 동적 특성

표 2.4.2 토질시험 및 이용방법

토질정수	토질시험법	이용방법
단위중량(γ)	※ 습윤밀도시험	• 하중(토압) 산정
내부마찰각(ϕ)	※ 표준관입시험 • 삼축압축시험	• 하중(이완토압) 산정
점착력(C)	※ 표준관입시험 ※ 일축압축시험 • 삼축압축시험 • 콘관입시험 • 베인전단시험	• 하중(이완토압) 산정 • 예민비
측압계수(λ)	• 평판재하시험 • 공내수평재하시험 • 표준관입시험	• 측방토압 산정
지반반력계수(κ)	※ 표준관입시험 ※ 일축압축시험 • 삼축압축시험 • 평판재하시험 • 공내수평재하시험	• 지반반력 산정
압밀계수(Cv)	※ 단계 재하에 의한 압밀시험	• 점성토의 압밀침하량·압밀시간 산정
간극비(e)	※ 습윤밀도시험	• 점성토의 과압밀비 산정 • 포화토인 경우 토립자 밀도시험결과와 함수비 시험결과에 의해 산정 가능
입경 · 입도	※ 입도시험	• 사질지반 액상화, 투수계수 판정 • 막장 자립성 검토 • 주입 난이도 판정
함수비(ω)	※ 함수비 시험	• 시공 시 안정성 검토
액성한계(ω_L) 소성한계(ω_P)	※ 액성한계·소성한계 시험	• 압밀침하량 계산 • 시공 시 안정성 검토
투수계수(k)	※ 투수시험(현장·실내) ※ 압밀시험 • 입도시험	• 배수량 산정 • 주입 난이도 판정 • 투수계수 계산값
투수계수(ka)	• 투수시험(현장·실내)	• 공기 소비량 산정

※ : 일반적으로 실시하는 중요도 높은 시험
주 1 : 지하수 관련 조사는 지하수위, 지하수 함양원, 수질 등 필요에 따라 조사한다.
주 2 : 지진의 영향을 평가할 경우에는 동적 시험을 실시하고 동적 하중에 대한 흙의 거동을 조사할 필요가 있다. 흙의 동적 특성을 얻기 위한 시험으로는 동적 삼축압축시험, 동적 단순전단시험, 공진주시험, 상시미동측정, PS 검층 등이 있다.

(1) 지반조사

느슨한 대수사질토층, 자갈 섞인 사력층, 붕괴성 지반, 연약한 점성토층 등에서는 쉴드TBM 굴진 시 막장 안정성이 문제되기 때문에 지반조사 계획에 주의하여야 한다.

느슨한 대수사질토층, 자갈 섞인 사력층에서는 밀도시험, 함수비시험, 입도시험(균등계수, 곡률계수, 모래 함유율), 컨시스턴시시험 등 물리시험과 강도시험, 양수시험, 투수시험을 실시할 필요가 있다. 또한 밀폐형 쉴드TBM에서는 커터비트의 재질과 형상, 배치, 커터 슬릿의 형상, 스크류 컨베이어의 설계 등을 위해 자갈의 최대 치수, 역률(礫率), 경도 등을 조사하여야 한다.

N값이 1~2 정도 이하인 연약한 점성토층이 존재하는 경우에는 비교란 시료를 이용하여 일축압축강도와 변형 특성을 파악해둘 필요가 있다.

(2) 지하수 조사

지하수위는 라이닝 설계에 이용하는 수압 이외에도 불포화 사력층을 쉴드TBM 굴진하는 경우 커터비트의 설계에도 이용된다.

지하수위는 보링조사 시에 측정하며 지표면 부근의 지하수면에 대응하는 정수압 분포라고는 할 수 없다. 그래서 각 대수층의 간극수압을 측정하여 지하수압의 심도방향 분포를 파악할 필요가 있다. 간극수압은 계절변동 유무에 대해서도 확인해두는 것이 바람직하다. 또한 주변 지반 압밀침하 예측을 위해서는 용수량, 수질, 유로, 유속, 압밀특성 등을 조사하여야 한다.

(3) 오염지반 조사

공업지역 등에서는 유해물질의 누출로 인해 지반이 오염될 가능성이 있으며, 공업지역에서 유출된 오염물질이 지하수를 따라 운반되어 공업지역 주변에서도 지반이 오염되는 경우가 있다. 또한 공업지역에서의 오염물질 유출과는 달리 자연상태에서 비소, 중금속 등을 포함한 지반이 존재하는 경우도 있기 때문에 주의가 필요하다.

유해물질을 포함한 지반을 굴착하는 경우 발생토는 그 물성, 농도 등에 따라 정화가 필요하거나 잔토 처리장이 제한되거나 하는 경우도 있으므로 시공 전 오염물질 조사에 유념하여야 한다.

(4) 산소결핍 공기, 유독가스 조사

깊은 우물, 과잉양수 등에 의해 지하수가 완전히 고갈된 사질토층과 사력층이 불투수층 아래에 존재하는 경우에는 지반중 철분이나 유기물의 산화작용에 의해 간극 중에 산소결핍 공기가 충만할 가능성이 있다. 또한 유화수소 가스나 질소산화 가스 등이 충만한 경우도 있어 세그먼트 방식의 대책이 필요하기도 하며, 이런 가스가 시공 시 주변으로 누출되는 경우에는 인체에 해를 입힐 우려가 있으므로 세밀한 조사가 필요하다.

메탄 가스가 용출되는 경우 방폭대책 등이 필요하므로 유전지대나 해저, 이탄지대에서는 메탄 가스의 용출에 유의하여야 한다.

(5) 지반정수 설정방법

터널측방에 작용하는 수평토압은 연직토압에 측압계수를 곱하여 구한다. 수평토압에 대해 세그먼트 링의 변형에 따른 지반반력을 고려하여 측압계수를 정지토압계수로 취급하면 위험측 설계가 되는 경우도 있다.

측압계수는 지반조건과 터널규모, 뒤채움 주입상황 등에 따라 다르며 근본적으로 이를 고려하여 산정하는 것은 어렵다. 따라서 측압계수는 주동토압계수와 정지토압계수 사이의 값을 사용하는 것이 일반적이다. 측압계수의 설정방법은 제4장 라이닝 선정과 설계에서 설명한다.

(6) 내진성 확보를 위한 조사

고결토 단층과 연약층의 경계, 토피의 급격한 변화부 등에 쉴드TBM 터널이 위치하는 경우, 현저한 급곡선부, 수직구와의 접속부 등 단면강성이 극단적으로 변화하는 장소에서는 내진성능 조사가 필요하다. 조사를 위해서는 내진설계상 기반면, 지반 탄성파속도, 전단탄성계수 등을 파악할 필요가 있다.

또한 토피가 얕은 쉴드TBM 터널인 경우에는 지반 액상화 검토를 위해 입도분포나 N값을 파악하여야 한다.

2.5 환경보전을 위한 조사

환경보전을 위한 조사는 쉴드TBM공법에 의한 주변환경에 미치는 영향을 예측하는 것으로 시공 전후 실시하며 설계 및 시공 관리에 필요한 자료를 얻기 위한 조사이다. 각 지자체에서 「공해방지조례」나 「환경영향평가제도」에 의거한 규정항목에 대한 보고의무가 있으므로 해당 조사항목을 정확히 설정하여야 한다. 조사항목 및 목적은 표 2.5.1과 같고 환경보전 대책에 관한 관련 법규와 환경대책에 대해서는 10.2 환경보전대책에서 기술한다.

2.6 환경영향평가제도

환경영향평가제도는 대규모 사업을 수행할 때 사전에 그 사업의 실시로 인해 환경에 미치는 영향을 예측하고 평가함과 더불어 그 결과를 공표하여 주민과 관계 자치단체의 의견을 사업계획에 반영시켜 환경보전을 확보하기 위한 일련의 단계이다. 이 제도는 국가와 지자체 및 지방공공단체 등에 의해 결정되며, 주체별로 차이가 있을 수 있으므로 유의해야 한다.

표 2.5.1 환경보전을 위한 조사항목과 목적

조사항목	조사목적
소음 및 진동	• 소음규제법, 진동규제법, 각 지자체의 공해방지조례 등의 규제와 권고기준 파악 • 병원, 학교 등 정온을 요하는 시설 파악
지반변형	• 법령에 의한 규제 파악 • 지반침하 예측(제9장 지반변형과 기설 구조물의 방호에서 설명) • 가옥조사, 지반변형 등 계측실시
지하수	• 강우량과 지하수위 파악 • 유동저해 영향 파악
약액주입, 이수 및 뒤채움 주입 등에 의한 지하수 영향	• 영향 예측범위의 우물, 하천의 수질 파악 • 이수의 일니(逸泥)와 약액·뒤채움 주입의 누출에 의한 수질오염 감시와 영향 파악 • 분산 유무 감시와 영향 파악
건설 부산물의 처리방법 및 재이용	• 굴착토의 발생시기, 스톡 야드, 재자원화 시설, 최종 처리장 위치, 운반경로, 처리방법 등 파악 • 배수시설 위치, 양, 수질규제 등 파악 • 발생량 억제와 재이용 추진
토양오염	• 휘발성 유기화합물, 중금속 등 26종의 특정유해물질 파악 • 토양오염 대책의 명확화
그 외	• 교통량 등의 주변환경 파악 • 공사용 차량의 주변환경에 대한 영향 정도 파악

쉴드TBM 공사의 경우 철도터널과 도로터널 등 비교적 규모가 큰 경우가 많다. 표 2.6.1에 東京 환경영향평가제도의 대상 사업을 일례로 들었다. 조사항목으로는 대기오염, 소음, 진동, 지반침하, 악취, 일조저해, 전파장해, 그 외 공해, 식물, 동물, 그 외 자연환경, 사적, 문화재, 그 외 역사적 환경, 경관, 지하수 유속과 유향 등이 있다.

환경영향평가제도는 도시의 건전한 발전과 질서 있는 정비를 도모하기 위해 제정된 도시계획법과 밀접한 관련이 있으므로 도시계획법에 대해서도 충분한 이해가 필요하다. 환경영향평가제도와 도시계획법의 관련은 그림 2.6.1과 같으며, 이 그림으로부터 해당 사업은 사업자가 단독으로 진행하는 것이 아니고 주민, 자치단체가 일체로 진행하여야 함을 알 수 있다.

표 2.6.1 환경영향평가제도 대책사업 일람(東京都 사례)

사업 종류	요건(내용 · 규모)의 개요
1. 도로의 신설 또는 개축	• 고속자동차국도, 자동차전용도로 : [신설] 전부, [개량] 1km 이상 • 그 외 도로(4차선 이상) : [신설] 1km 이상, [개량] 1km 이상 • 대규모 임도 신설 : [신설] 폭원 6.5m 이상, 길이 15km 이상
2. 댐의 신축, 방수 등의 신설	• 댐 : [신설] 높이 15m 이상이며 침수면적 75ha 이상 • 방수로 : [신설] 하천구역 폭 30m 이상이며 길이 1km 이상, 또는 75ha 이상의 토지형상을 변경하는 경우
3. 철도, 궤도 또는 모노레일의 신설 또는 개량	• 철도(전용철도 포함), 궤도, 모노레일 : [신설] 전부, [개량] 1km 이상
4. 발전소 또는 송전선(가공선)로의 설치 또는 변경	• 발전소 : [설치] 화력 11.25만 kW 이상, 수력 2.25만 kW 이상, 지열 7,500kW 이상, 원자력 전부 • 송전선로 : [설치 · 연장 · 승압] 17만 V 이상이며 1km 이상
5. 가스 제조소의 설치 또는 변경	• [설치 · 변경] 제조능력 150만m³/일 이상
6. 석유 파이프라인 또는 석유 정제소의 설치 또는 변경	• 석유 파이프라인 : [설치] 도관이 15km를 초과하는 경우(지하매설 부분 제외). [연장] 연장이 7.5km 이상이며 연장 후 15km 이상 • 석유정제소 : [설치] 정제능력 3만 kL 이상
7. 종말처리장 설치 또는 변경	• [설치] 부지면적 5ha 이상, 또는 오염 처리능력 100t/일 이상
8. 그 외 쉴드TBM 시공과 관계없으나 우측에 표시한 항목도 환경영향평가제도 대책사업에 포함	• 비행장 설치 또는 변경, 폐기물처리시설의 설치 또는 변경, 매립 또는 간척, 부두 신설, 주택단지 신설, 고층건축물 신설, 자동차 주차장 신설 또는 변경, 도매시장 설치 또는 변경, 유통업무단지 조성사업, 토지구획 정리사업, 신주택 시가지 개발사업, 공장 설치 또는 변경, 주택가구 정비사업, 제2종 특정공작물 설치 또는 변경, 건축물용 토지조성, 토석채취 또는 광물 채석

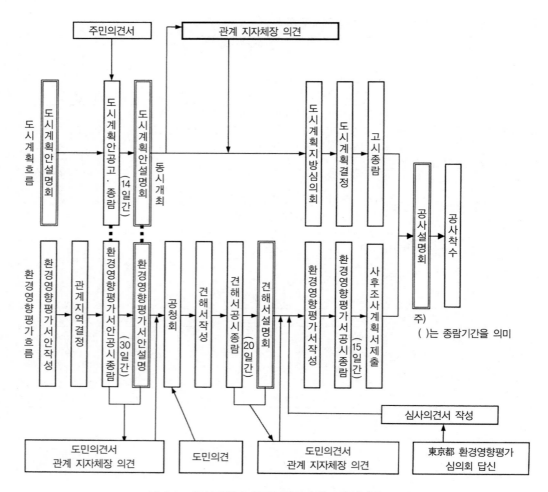

그림 2.6.1 도시계획과 환경영향평가의 흐름(東京都 사례)

참고문헌

1) 物理探査学会：物理探査ハンドブック, p.1336, 1998.

2) 物理探査学会：物理探査適用の手引き(特に土木調査への適用), p.309, 2000.

3) 地盤工学会：地盤工学への物理探査の適用と事例, p.445, 2001.

4) 佐々木宏一, 芦田讓, 菅野強：建設防災技術者のための物理探査, 森北出版, p.219, 1993.

5) 狐崎長琅：応用地球物理学の基礎, 古今書院, p.297, 2001.

6) 伊藤芳朗, 楠見晴重, 竹内篤雄編：傾斜調査のための物理調査－地すべり·地下水·地盤評価－, 吉井書店, p.445, 1998.

제3장

쉴드TBM 터널계획

쉴드TBM 터널계획

3.1 터널계획

3.1.1 쉴드TBM 터널의 실적

터널을 계획할 때에는 터널의 내공단면, 선형, 토피, 쉴드TBM 형식, 라이닝, 공사계획, 환경보전계획 등을 결정해야만 한다. 또한 계획에 있어서는 공용기간 중 터널 내공단면의 확보, 구조 및 사용상 안전성 확보, 수밀성 확보 등 터널 용도에 따라 보유해야 할 성능 등에 대해서도 고려하여야 한다.

최근 사회기반을 정비함에 있어 쉴드TBM 터널의 적용이 증대하고 있으며, 그림 3.1.1과 같이 외경 10m 이상의 대구경 쉴드TBM 시공실적도 증가하고 있다. 지하철과 도로터널에서는 東京지하철 南北線과 東京만 횡단도로에서 직경 14m 이상의 대구경 실적이 있다. 그림 3.1.2는 1984년부터 2009년 및 최근 10개년간 쉴드TBM 직경별 공사 건수를 나타낸다. 그림에 따르면 최근 도시부 도로터널에서 적용실적이 증대하고 있으며, 외경 10m 이상의 대구경 쉴드TBM 시공실적의 비율이 증가하고 있음을 알 수 있다.

또한 도시부에서는 공사부지를 확보하기 곤란하고 지하구조물이 폭주하고 있으므로 장거리화와 대심도화가 추진되고 있다. 장거리 시공에서는 그림 3.1.3과 같이 5km 이상 시공실적도 증가하고 있으며, 東京만을 횡단하는 東京전력 동서연계 가스도관 신설공사의 굴착연장은 약 9km에 달한다. 그림 3.1.4는 1984년부터 2009년 및 최근 10개년간 쉴드TBM 굴착연장 별 공사 건수를 나타낸다. 그림에 따르면 최근 10개년간 굴착연장은 15% 이상이 2km 이상으로서 장거리화가 진행되고 있음을 알 수 있다. 또한 5km 이상 장거리 굴착실적 비율도 세 배로 증가하였다. 굴착심도에 대해서는 그림 3.1.5와 같이 50m 이하가 대다수를 차지하나 최근에는 200m 이상 대심도 시공실적도 있다. 奈良県竜田川 간선 관거 제6호 공사에서는 최대토피가 350m에 이른다.

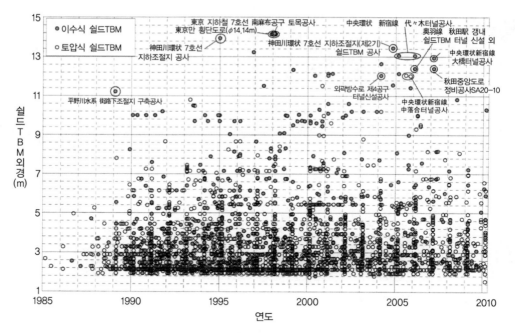

그림 3.1.1 쉴드TBM 외경 실적

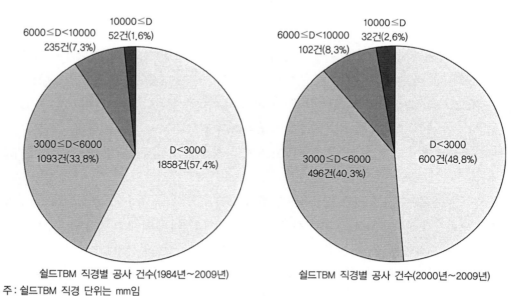

쉴드TBM 직경별 공사 건수(1984년~2009년)

주 : 쉴드TBM 직경 단위는 mm임

쉴드TBM 직경별 공사 건수(2000년~2009년)

그림 3.1.2 쉴드TBM직경별 공사 건수

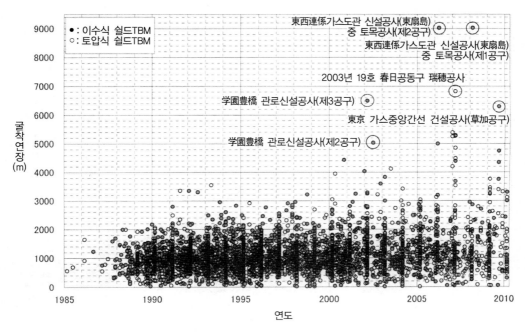

그림 3.1.3 쉴드TBM 굴착연장 실적

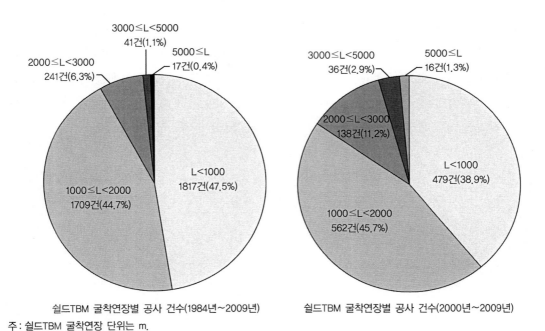

쉴드TBM 굴착연장별 공사 건수(1984년~2009년)

쉴드TBM 굴착연장별 공사 건수(2000년~2009년)

주 : 쉴드TBM 굴착연장 단위는 m.

그림 3.1.4 쉴드TBM 굴착연장별 공사 건수

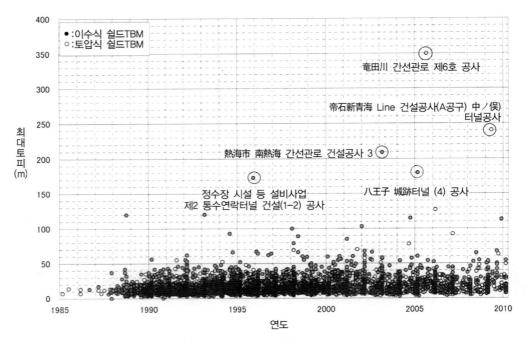

그림 3.1.5 쉴드TBM 최대토피 실적

　한편 입지조건, 지장물건, 근접 구조물 등 조건에 의해 급곡선 시공이 부득이한 경우도 있다. 최소 곡선반경에 대해서는 '3.2.1 평면선형', 그림 3.1.6에 쉴드TBM 외경과 최소 곡선반경의 관계, 그림 3.1.7에서는 쉴드TBM 외경에 대한 최소 곡선반경비의 실적을 소개한다. 종래에는 대구경 쉴드TBM의 급곡선 시공은 곤란하다고 여겨져 왔으나 최근 외경 10m 이상의 대구경 쉴드TBM의 경우에도 최소 곡선반경 100m 이하의 시공실적이 다수 보고되고 있다.

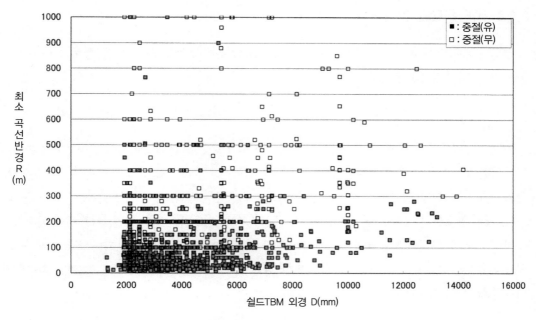

그림 3.1.6 쉴드TBM 외경과 최소 곡선반경 실적(1984년~2009년)

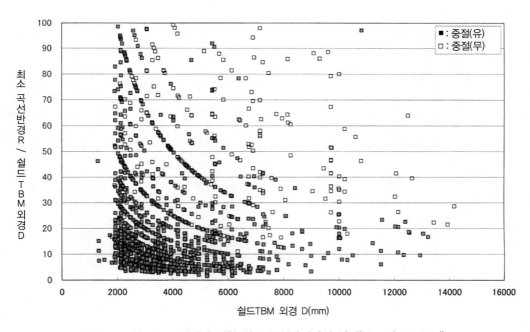

그림 3.1.7 쉴드TBM 외경에 대한 최소 곡선반경비의 실적(1984년~2009년)

3.1.2 터널 용도와 면적

쉴드TBM 터널의 용도는 지하공간에서 선형 시설(상하수도, 전력구, 통신구, 철도, 가스관로, 도로 및 지하하천 등) 모두를 대상으로 한다.

(1) 터널크기

터널 내공단면은 용도에 따라 형상과 크기를 가지며 시공상 요건도 고려하여 결정하여야 한다. 내공단면 구성은 공간 전부를 시설공간으로 사용하는 경우(하수도, 지하하천 등)와 시설 유지관리나 설비 및 피난통로 등에 필요한 공간을 고려하는 경우(전력, 통신, 철도, 가스, 도로 등)가 있다. 또한 통로설치 및 2차 라이닝 유무는 터널 용도 또는 사업자가 정한 방침, 기준 등에 따른다.

따라서 터널크기(원형 단면에서는 터널 외경)는 다음 항목에 따른다. 1차 라이닝 두께와 세그먼트 외경의 관계는 그림 3.1.8과 같다. 또한 최근 도로터널 등에서는 대구경 쉴드TBM에서도 세그먼트 링 외경에 대한 2차 라이닝 두께비가 4%를 하회하는 실적도 있다.

$$D = 2 \times (R_1 + t_1 + t_2 + t_3) \tag{3.1.1}$$

여기서, D : 터널 외경

R_1 : 용도별 필요 내공단면 반경

t_1 : 2차 라이닝 두께(목적에 따라 일반적으로 20~30cm 정도, 표 3.1.1 참조)

t_2 : 시공여유(쉴드TBM 굴진 시 사행 및 조립오차 등, 2차 라이닝을 시공하는 경우에는 이런 여유를 2차 라이닝 두께에 포함하는 경우도 있음)

t_3 : 1차 라이닝 두께(그림 3.1.8 참조)

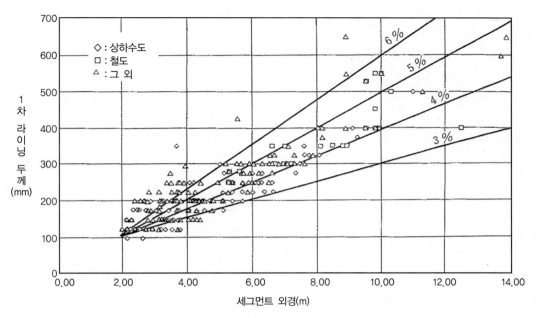

그림 3.1.8 세그먼트 링 외경과 1차 라이닝 두께 실적

표 3.1.1은 터널 용도에 따른 내공단면의 개요 및 2차 라이닝 목적을 나타낸다. 또한 2차 라이닝은 상기 목적 이외에 세그먼트를 보강하기 위한 용도로 사용되는 경우도 있다.

표 3.1.1 용도별 내공단면 개요와 2차 라이닝의 주요 목적

용도 \ 항목	내공단면 개요	2차 라이닝의 주요 목적
하수도	거의 내공단면 전체를 공용공간으로 사용	• 내면을 완성하여 조도계수 확보 • 터널내면의 누수 방지와 1차 라이닝 열화 방지 • 쉴드TBM의 사행 수정
상수도	내공단면 내에는 수도관과 관리용 통로(점검 통로 방식인 경우) 설치	• 터널내면의 누수 방지 • 쉴드TBM의 사행 수정
전력	케이블, 케이블 랙 및 관리용 통로 설치	터널내면의 누수 방지
통신	케이블, 케이블 랙 및 관리용 통로 설치	터널내면의 누수 방지
철도	차량의 건축한계 외에 관리용 통로, 가선·전기설비·통신설비 등 설치	• 터널내면의 누수 방지 • 열차에 의한 진동·소음 방지 • 쉴드TBM의 사행 수정
가스	가스도관이 설치되며, 내공단면과 간극은 몰탈, 모래, 에어밀크 등으로 충진되는 경우가 많음	기본적으로는 몰탈 등으로 충진

표 3.1.1 용도별 내공단면 개요와 2차 라이닝의 주요 목적(계속)

용도＼항목	내공단면 개요	2차 라이닝의 주요 목적
도로	차량의 건축한계 외에 환기 덕트·환기용 설비, 피난·관리용 통로, 전기·통신·방재설비 등 설치	• 1차 라이닝을 화재로부터 방호 • 터널내면의 누수 방지 • 쉴드TBM의 사행 수정
지하하천 (지하저류관)	거의 내공단면 전체를 공용공간으로 사용	• 터널내면의 누수 방지 • 쉴드TBM의 사행 수정 • 유하능력을 필요로 하는 경우에는 내면을 완성하여 조도계수 확보

최근 계획 또는 시공된 철도, 도로 및 지하하천(지하저류관) 등 비교적 대단면 터널에서는 다음과 같은 이유로 인해 공사비 절감을 목적으로 2차 라이닝이 생략되는 사례가 늘고 있으며, 전력에서는 수압을 지표로서 2차 라이닝 유무를 결정한 사례도 있다.

① 2차 라이닝을 생략함에 따라 터널 단면 축소와 공기단축, 공사비의 대폭절감이 가능하다.
② 1차 라이닝의 방수기술 향상에 따라 2차 라이닝 기능을 대체하는 각종 기술이 연구·개발되었다.
③ 무볼트 세그먼트의 개발로 인해 내면 평활성 확보가 가능해졌다. 그러나 이런 신기술은 실적이 적고 공용 후 경과 연수가 아직 짧기 때문에 공사비만이 아니라 보수 및 런닝 코스트 등 유지관리비도 포함한 종합적 평가를 통해 2차 라이닝 유무를 결정할 필요가 있다.

다음은 원형 단면 터널의 용도별 내공단면 및 일반적 시설배치 계획에 대한 설명으로서, 단면 결정은 여기에 부가적으로 쉴드TBM 공사의 시공오차(상하좌우 사행, 변형 및 침하 등)를 감안하여 결정한다. 시공오차는 일반적으로 터널 중심으로부터 상하좌우 50~150mm 정도로 예측하나 굴착단면의 크기, 지반조건, 쉴드TBM 조종성, 2차 라이닝 유무 및 터널 선형 등 시공조건을 고려하여 결정하여야 한다.

i) 철도인 경우

내공단면은 차량한계, 건축한계 외 2차 라이닝 유무, 유지관리를 위한 여유, 궤도구조, 점검원 대피공간, 전차선, 신호통신, 조명, 환기 및 배수 등 설비에 필요한 공간을 고려한다(그림 3.1.9 참조). 2차 라이닝을 설치하지 않는 경우는 터널 단면의 축소가 가능하나 터널의 내구연한 확보의 관점에서 장래 보수와 보강 스페이스로서 계획단계에서 2차 라이닝 공간을 확보해두는 경우도 있다.

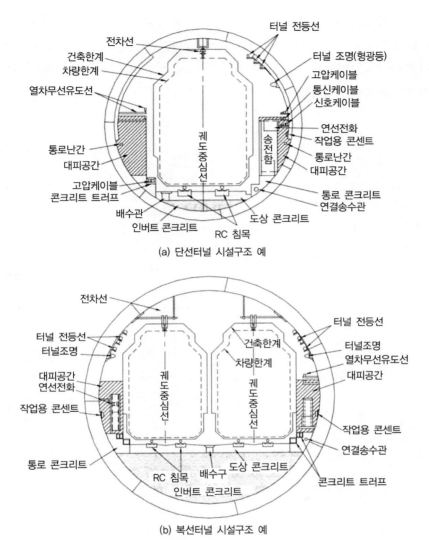

전차선

건축한계
차량한계

열차무선유도선

통로난간
대피공간

고압케이블
콘크리트 트러프

배수관

인버트 콘크리트

터널 전등선

터널 조명(형광등)

고압케이블
통신케이블
신호케이블

연선전화
작업용 콘센트

통로난간
대피공간

궤도중심선

송전함

통로 콘크리트
연결송수관

도상 콘크리트

RC 침목

(a) 단선터널 시설구조 예

전차선

터널 전등선
터널조명

대피공간
연선전화

작업용 콘센트

통로 콘크리트

건축한계
차량한계

터널 전등선

터널조명
열차무선유도선
대피공간

작업용 콘센트

연결송수관

콘크리트 트러프

궤도중심선

궤도중심선

RC 침목

배수구

인버트 콘크리트

도상 콘크리트

(b) 복선터널 시설구조 예

그림 3.1.9 철도터널 단면 예 [1], [2]

ii) 도로인 경우

내공단면은 도로구조령에서 정하는 도로 구분에 따라 건축한계와 도로시설(피난통로와 비상구, 검사원 통로, 환기덕트 및 젯트팬 또는 환기관 설치용 공간, 소화전, 비상전화 등 방재안전설비, 케이블 설치 등 파이프 스페이스, 조명설비, 표지설치 등 정보제공 공간, 부대설비 등)에 따라 결정되는 내공단면에 쉴드TBM 공사의 시공오차, 내장과 내화재의 설치 스페이스 등 여유와 더불어 장래 보수와 보강 스페이스를 고려하여 결정한다.

일반적으로 도로터널에서는 도로구조령에 따라 경제성을 고려하기 위해 길어깨를 축소하고 일정 간격으로 비상주차대를 설치하는 경우가 많다. 이 경우 부분적인 단면확폭이 필요하나 단면확폭이 용이한 산악터널공법과 달리 쉴드TBM 터널에서는 건설 코스트, 시공성, 공기 등에 따른 제약이 많다. 따라서 비상주차대 상당 공간에 상응하는 길어깨를 가진 단면에 대해서도 검토하여 종합적으로 터널 내공단면을 결정할 필요가 있다(그림 3.1.10 참조).

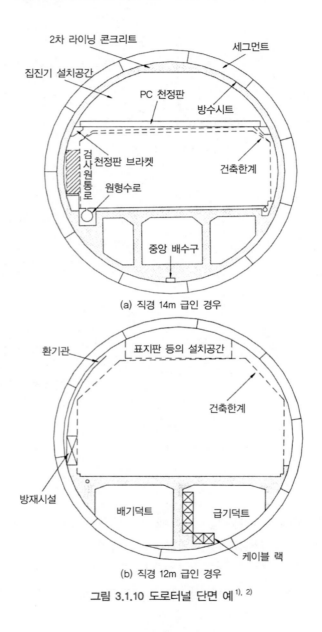

(a) 직경 14m 급인 경우

(b) 직경 12m 급인 경우

그림 3.1.10 도로터널 단면 예[1], [2]

또한 최근 도로터널에서도 경제성 등의 관점에서 굴착단면을 축소하기 위해 2차 라이닝을 설치하지 않는 사례가 증가하고 있다. 이 경우 터널화재 시 1차 라이닝에 대한 내화대책, 누수 등에 대한 대책, 이음·볼트 등에 대한 방식대책 등 내구성 확보 및 건축한계와 도로시설에 따라 결정된 내공단면 확보를 위한 여유공간을 고려하여야 한다.

iii) 하수도인 경우

내공단면은 허용된 유속하에 계획유량을 지연하지 않고 유하시킬 수 있도록 결정한다. 또한 하수도 터널에서는 2차 라이닝을 설치하는 것이 일반적이다[그림 3.1.11 (a) 참조]. 2차 라이닝은 거푸집을 사용하여 콘크리트를 타설하는 방법과 FRPM관(강화플라스틱 복합관) 등 삽입관을 설치하여 세그먼트 내면과 삽입관 외면이 공극에 에어몰탈 등 주입재를 충진하는 방법이 있다. 또한 오수, 우수의 분리 등을 위해 내공단면을 분할할 필요가 있는 경우에는 막이벽을 설치하여 복단면으로 한다[그림 3.1.11 (b) 참조].

최근 쉴드TBM공법의 시공기술이 비약적으로 발전함에 따라 일반 쉴드TBM 터널에서는 2차 라이닝을 설치하지 않는 경우도 많다. 그러나 하수도 터널에서는 유화수소나 약품류 등 특수한 환경조건에 대한 방식대책이 필요하기 때문에 2차 라이닝을 설치하지 않는 경우에는 특히 주의하여야 한다. 현장타설 2차 라이닝을 설치하지 않는 경우에는 1차 라이닝에 방식층을 두지 않는 방법[그림 3.1.11 (c) 참조]과 1차 라이닝에 방식층을 두는 방법[그림 3.1.11 (d) 참조]이 있다. 적용은 하수도 터널의 사용환경에 따라 결정한다. 또한 1차 라이닝에 방식층을 두는 방법에는 철근 피복과 더불어 구조계산상 내하력을 기대하지 않으나 장래 보수 가능한 방식층을 환경조건에 따라 설치하는 경우와 세그먼트 내면에 방식성 피복재를 설치하는 경우 등이 있다. 또한 1차 라이닝에 방식층을 두지 않는 방법을 사용하는 경우에도 내구성을 확보하기 위해 필요한 철근 피복은 확보해야만 한다.

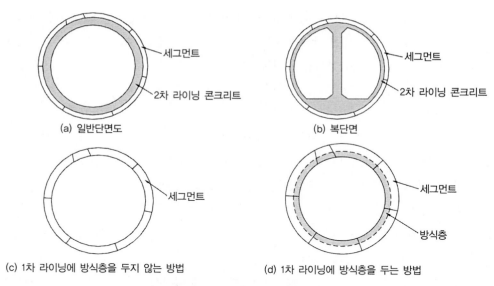

(a) 일반단면도	(b) 복단면
(c) 1차 라이닝에 방식층을 두지 않는 방법	(d) 1차 라이닝에 방식층을 두는 방법

그림 3.1.11 하수도 터널의 단면 예[1), 2)]

iv) 상수도인 경우

일부 도수로를 제외한 압력관이 대부분이며, 1차 라이닝 내측에 콘크리트로 2차 라이닝을 설치하는 것만으로는 수압에 저항할 수 없기 때문에 터널 내에 덕타일 주철관 또는 강관을 배관하는 방식이 적용된다. 그 대표적 방식을 다음에 소개한다.

충진방식은 1차 라이닝 내에 수도관을 배관한 후 1차 라이닝과 수도관의 공극에 콘크리트 등을 충진하는 방식이다[그림 3.1.12 (a) 참조]. 내공단면은 수도관 직경보다 650~700mm 정도 큰 단면이 되는 경우가 많다. 단 내공단면은 배관작업 공간 이외에 곡선부 궤도설비나 가연성 가스대책용 풍관 스페이스 등의 조건에 따라 결정되는 경우도 있으므로 시공상 요건을 고려하여 결정할 필요가 있다.

점검통로 방식은 터널 내에 수도관과 점검통로를 병설하는 방식이다[그림 3.1.12 (b) 참조]. 1차 라이닝 시공 후 두께 200~300mm 정도의 콘크리트로 2차 라이닝을 타설한다. 2차 라이닝 내공단면은 점검통로 폭을 750mm 이상 확보하기 위해 수도관 직경보다 1.5~2.0m 정도 크게 한다. 또한 내부에 설치된 수도관은 어느 방식이나 진동과 부력방지대책으로 관고정 밴드 등으로 고정시키는 경우가 많다.

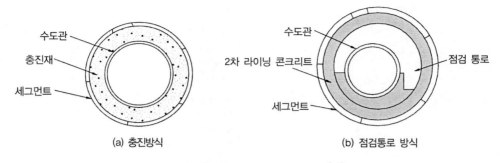

(a) 충진방식　　　　　　　　　(b) 점검통로 방식

그림 3.1.12 상수도 터널의 단면 예[1], [2]

v) 전력인 경우

쉴드TBM 터널의 이용 형태로는 공동구식과 관로식이 있다. 공동구식의 내공단면은 전력 케이블, 전력 케이블에서 발생한 열을 방열하는 수냉관 또는 환기 스페이스 및 조명이나 배수설비 등의 공간과 통로 스페이스를 고려하여 결정한다. 관로식 내공단면은 케이블을 수용하는 관로의 조수, 배치 및 수용작업 스페이스에 따라 결정한다(그림 3.1.13 참조).

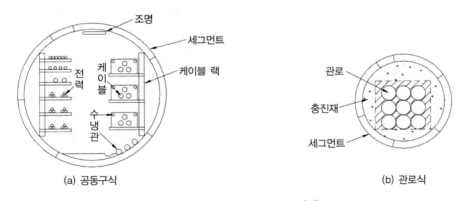

(a) 공동구식　　　　　　　　　(b) 관로식

그림 3.1.13 전력 터널 단면 예[1], [2]

vi) 통신인 경우

내공단면은 수용 케이블의 수, 케이블 설치용 랙, 조명, 환기, 배수 등 설치 스페이스와 점검통로, 케이블 매설 및 접속용 작업 스페이스를 고려하여 결정한다(그림 3.1.14 참조).

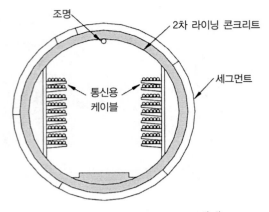

그림 3.1.14 통신 터널 단면 예[1], [2]

vii) 가스도관인 경우

터널 내에 강관 등 내압관을 배관하는 방법이 적용되며, 대표적으로 충진방식과 점검통로 방식이 있다.

충진방식은 배관용접 스페이스와 터널 사행 여유를 고려하여 가스도관 구경보다 1,300~1,500mm 정도 큰 내경으로 1차 라이닝을 시공 완료한 후 용접강관 등 가스도관을 순차 반입하여 터널 내에서 배관하고 1차 라이닝과 가스도관과의 공극을 몰탈, 모래, 에어밀크 등으로 충진하는 방식이다[그림 3.1.15 (a) 참조]. 내공단면은 배관용접 스페이스를 고려하여 쉴드TBM 터널이 사행하여도 가스도관을 소정의 위치에 설치할 수 있도록 결정한다.

점검통로 방식은 가스도관의 구경보다 반경이 1,900~2,100mm 정도 큰 내경으로 1차 라이닝을 시공하고 내장 부대설비를 설치하기 위한 2차 라이닝을 시공한 후 용접강관 등의 가스도관을 배관하는 방식이다[그림 3.1.15 (b) 참조].

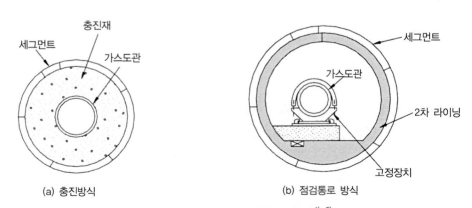

(a) 충진방식　　　　　　　　　(b) 점검통로 방식

그림 3.1.15 가스도관 터널 단면 예[1], [2]

viii) 공동구인 경우

내공단면은 전력 케이블의 전압과 수, 통신케이블 수, 상하수도관이나 가스도관의 관경 등 각 공익사업자의 수용물건을 조합하여 결정하며, 터널본체 및 점유물건의 유지관리용 스페이스(통로 폭, 환기와 조명, 부대설비 등)와 장래 보수용 작업 스페이스도 고려하여야 한다(그림 3.1.16 참조).

일반적으로는 터널 내 막이벽을 구조체로 보지 않으며, 2차 라이닝을 설치하지 않는 경우에는 공익사업자 간의 공간을 프리케스트 판 등으로 분리하는 경우가 있다. 또한 가스도관을 병설하는 경우에는 격벽으로 분리하는 것을 원칙으로 하고 부대설비는 방폭형을 사용한다.

(a) 2차 라이닝을 설치하는 경우

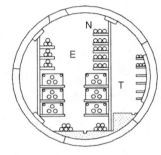

(b) 1차 라이닝만 설치하는 경우

T, N : 1종 통신사업자
E : 전력사업자
G : 가스사업자
W : 수도사업자
S : 공공하수도 관리자

그림 3.1.16 공동구 단면 예[1], [2]

(2) 터널 형상

1980년대까지 쉴드TBM 터널의 단면 형상은 다음 ① ~ ③의 이유로 대부분 원형이었다.

① 터널에 작용하는 외력에 대하여 역학적으로 유리하다.
② 면판 등에 의한 기계 굴착에서는 여굴이 없는 원형이 유리하다.
③ 세그먼트의 제작과 조립에 유리하다.
④ 시공 시 발생하는 쉴드TBM 머신의 롤링(쉴드TBM 머신이 원주방향으로 회전하는 것)에 대하여 대처하기 쉽다.

그러나 최근에는 표 3.1.2와 같이 각종 단면 형상의 터널이 계획 또는 시공되고 있다.

표 3.1.2 쉴드TBM공법의 단면형상 종류와 특징

항목	원형	사각형	타원형	2련	3련
단면형상	(원형)	(사각형)	(타원형)	(2련)	(3련)
특징 – 장점	• 원형이므로 역학적으로 안정한 구조이며, 라이닝 두께도 기타 형상에 비해 얇다. • 볼링에 대해 수정이 쉽다.	• 볼필요한 단면이 가장 적다. • 토피가 적어도 가능하다.	• 사각형과 비교하여 발생단면 등이 작아 라이닝 두께를 얇게 할 수 있다. • 원형과 비교하여 볼필요한 단면이 적고 고유폭도 작다.	• 원형 트윈터널과 비교하여 고유폭이 작다. • 종래의 원형을 복합시킨 것으로서 비교적 안정한 굴착이 가능하다.	• 지하철역 등에 적용할 수 있다. • 종래의 원형을 복합시킨 것으로서 비교적 안정한 굴착이 가능하다.
특징 – 단점	• 볼필요한 단면이 커지는 경우가 있어 고유폭도 커질 가능성이 있다.	• 우각부에 응력이 집중하므로 라이닝 두께가 두꺼워진다. • 굴착이 복잡하여 막장압 관리가 어렵다. • 볼링에 대한 수정이 어렵다.	• 굴착이 복잡하여 막장압 관리가 어렵다. • 볼링에 대한 수정이 어렵다.	• 볼링에 대한 수정이 어렵다.	• 볼링에 대한 수정이 어렵다.
실적	• 이수식 및 토압식 쉴드TBM이 있다. 각 기종의 최대 적정은 다음과 같다. • 지하철 南北線南麻布 공구 (이수식, φ14.18m) • 中央震状線山手 터널 (이토압, φ12.02m)	• 習志野菊田川 2호간선 (이토압, 4.38m×3.98m)	• 新大森 간선 4공구 (이토압, 3.16m×4.66m) • 小田井山田 공동구 (이토압, 5.42m×7.95m) • 지하철 13호선 神宮前 공구 (이토압, 9.96m×8.66m)	• 京葉線京橋 터널 (이수식, 12.19m×7.42m) • 習志野간선 (이토압, 7.65m×4.5m) • 広島市 신교통 (이토압, 10.69m×6.09m) • 有明 북지구 공동구 (이토압, 15.86m×9.36m)	• 大阪市 지하철 7호선 오사카 비즈니스파크역 (이수식, 17.3m×7.8m) • 營団 7호선 白金역 (이수식, 15.84m×10.04m) • 지하철 12호선 飯田橋 역 (이수식, 17.10m×8.506m) • 지하철 11호선 溝鑿 공구 (이수식, 16.4m×7.4m)

비원형 단면 터널 형상이 적용되는 주요인은 다음과 같이 원형 단면에서는 대처할 수 없는 경우나 3련 쉴드TBM공법 쪽이 종래의 개착공법보다 유리한 경우가 있기 때문이다.

① 선형상 원형 단면에서는 터널 단면의 일부 또는 전부가 사유지하를 통과하는 등과 같이 용지점용에 제한이 있는 경우
② 선형상 원형 단면에서는 지장이 있는 교각이나 건물기초 등 근접 구조물과의 이격거리를 확보할 필요가 있는 경우
③ 철도역 등을 깊은 위치에 축조할 때 3련 쉴드TBM공법 쪽이 개착공법보다 경제적·시공적으로 유리한 경우

이상 원형 이외의 단면 형상은 터널의 용지점용이나 근접 구조물과의 이격거리에 제한이 있는 경우 등에 적용된다. 그러나 이런 특수한 단면 형상을 적용하는 경우에는 쉴드TBM과 세그먼트의 강도와 형상 및 시공상 문제점에 대해 충분한 검토가 필요하다.

한편 굴착토량의 감소에 의한 환경부하의 저감과 공사비의 절감을 목적으로 용도에 따라 필요 단면 형상에 대응할 수 있는 이형 단면의 설계·시공기술의 발전이 더욱 기대된다.

3.2 터널 선형

터널 선형에는 평면선형과 종단선형의 2종류가 있으며 이런 선형은 터널의 사용목적, 사용조건, 시공성 및 주변 기설구조물에 대한 영향, 막장 안정과 유독 가스의 존재 등 다양한 문제를 고려하여 적절히 결정할 필요가 있다. 또한 터널 주변의 장래계획과 터널 완성 후 유지관리에 대해서도 충분히 고려하여야 한다.

특히 쉴드TBM 터널에서 선형은 그 전체 공사비에 대한 영향이 크므로 신중한 검토가 필요하다.

3.2.1 평면선형

쉴드TBM 터널을 시가지에 건설하는 경우 그 목적이 공공성이 높기 때문에 도로 밑에 계획하는 경우가 많다.

평면선형을 결정하는 경우에는 도로시설과 매설물, 시공 시·공용 개시 후의 주변에 대한 영향, 완성 후 용도 등을 고려해야 하며, 터널 선형은 가능한 한 직선으로 하고 곡선을 사용하는

경우에도 가능한 한 곡선반경을 크게하는 것이 바람직하다.

그러나 쉴드TBM 터널은 입지조건, 지장물건, 근접 구조물에 대한 영향을 감안하는 것만이 아니라 용지보상이나 장래 건물하중의 변경가능성에 대한 제약, 혹은 기존 건물 하부를 통과함에 따른 공사비 증가 등의 관점에서 사유지 통과를 가능한 한 회피할 수 있도록 계획하고 있는 현실이다. 또한 발진·도달 수직구의 위치에 대해서도 그 사용용도에 따라 어느 정도 설치 위치를 한정해야만 하는 경우가 많다.

이상과 같은 다양한 요인 때문에 평면선형은 복잡한 곡선의 조합으로 이루어지는 경우가 많다. 도로교차점 밑을 곡선으로 통과하는 경우 상하수도나 전력, 통신 등 터널에서는 가능한 한 작은 곡선반경을 설치하거나 쉴드TBM을 상호 접속하는 경우도 있다.

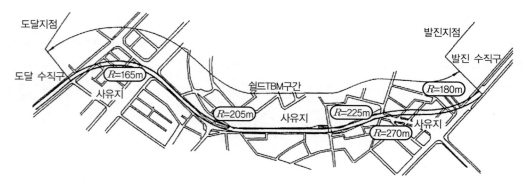

그림 3.2.1 철도터널의 평면선형 예

한편 철도에서는 열차운행상 곡선반경이 제한되기 때문에 그림 3.2.1과 같이 사유지를 통과하는 경우가 많고 이 경우 용지취득, 기존건조물 하부 통과에 따라 공사비가 증가한다. 또한 철도터널에서는 열차운행상 최소 곡선반경은 160m(Linear식인 경우 100m)로 규정하고 있다.

또한 철도터널 이상 대단면인 도로터널에서도 설계속도나 도로 등급에 따라 차선·길어깨 폭원, 최소반경 등이 규정되어 있으며, 한 예로 설계속도 120km/h인 경우 최소반경은 2,000m이다.

곡선시공의 경우 시공성에 영향을 미치는 요인으로는 다음 항목을 들 수 있다.

① 쉴드TBM이 통과하는 지반의 특성
② 굴진방법(쉴드TBM 형식, 굴진속도, 굴진관리)
③ 쉴드TBM의 형상·기구(외경, 길이, 중절 유무, 그 외 부속설비 유무)
④ 세그먼트 링의 폭, 테이퍼 양 및 테이퍼 각도

⑤ 경사의 완급

⑥ 보조공법의 적용 유무

　최소 곡선반경으로 시공하는 경우에는 중절 사용, 적절한 보조공법이나 방호공법의 적용, 테이퍼 링의 사용, 지중 확폭 공법 또는 특수 쉴드TBM의 적용 등 신중한 계획이 필요하다. 특히 테이퍼 양, 테이퍼 각은 세그먼트의 종류, 세그먼트 폭, 세그먼트 외경, 곡선반경 및 곡선구간에서 테이퍼 링의 사용비율, 세그먼트 제작성 외 테일 클리어런스 등을 감안하여 결정하여야 한다.

　또한 그림 3.2.2는 중절과 보조공법 등의 병용을 필요로 하지 않고 시공된 곡선반경 실적을 나타낸 것으로 밀폐형인 경우 최소 곡선반경은 대체로 다음과 같다.

① 소구경(쉴드TBM 외경 4m 이하)　R=80m

② 중구경(쉴드TBM 외경 4~7m)　　R=120m

③ 대구경(쉴드TBM 외경 7~10m)　R=165m

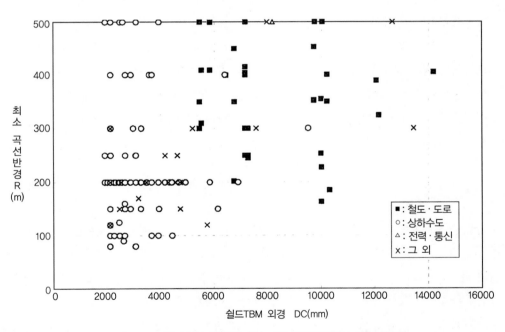

그림 3.2.2 쉴드TBM 외경과 최소 곡선반경(중절이 없는 경우)

　최근 중절이나 세그먼트 폭·외경의 축소 및 보조공법과의 병용에 의해 급곡선 시공도 가능하게 되었다. 또한 중절이 있는 경우에는 쉴드TBM 외경 5m 이하에서 최소 곡선반경 R=15~

20m, 쉴드TBM 외경 5~9m에서 $R=20~30m$, 쉴드TBM 외경 10m 이상에서 $R=70m$ 정도이다 (그림 3.1.7 참조). 예를 들어 하수도 쉴드TBM의 경우 쉴드TBM 외경 3m 급에서 $R=10m$, 외경 5~6m 급에서 $R=20m$ 정도의 실적이 있으며 적절한 검토를 통해 평면선형의 자유도는 꽤 높아 질 것으로 사료된다.

다음으로 쉴드TBM 터널을 병렬하는 경우에 대해 설명한다. 터널 상호 간의 이격은 통과위치 의 지반특성, 터널 외경, 쉴드TBM 형식 등에 의해 차이가 있으며, 후속 쉴드TBM의 굴진에 따라 일시적인 하중이나 단독터널과는 다른 토압이 작용하기 때문에 인접터널의 변형을 방지하고 후 속 터널의 시공을 안전하게 수행하기 위해 $1.0D$ 이상을 확보하는 것이 일반적이다.

그러나 발진 직후의 구간이나 도로 폭, 지장물 등 제약 때문에 이격을 $1.0D$ 이상 확보할 수 없는 경우도 많아 철도터널에서는 30cm 정도의 이격거리로 시공한 실적도 있다.

병렬터널에서는 시공 시 영향에 의해 단독터널과는 다른 세그먼트 링의 변형과 응력이 발생하 고 상황에 따라서는 터널의 안전성에 영향을 미치는 경우도 있다. 병렬터널에서 선형을 결정하 는 경우에는 시공 시 안정성이나 완성 후 편리성을 확보하는 관점에서 이런 영향에 대해서도 충 분히 검토하여야 한다. 또한 병렬의 영향으로 철도터널에서는 터널이격의 크기에 따라 세그먼트 설계에 사용하는 지반정수를 변화시킨 예가 있다.

또한 교각, 교대, 건조물 또는 철도나 지하매설물 등에 근접하여 시공하는 경우에도 이런 구조물 에 편토압이나 침하 및 진동 등 악영향을 미치지 않도록 이격거리를 확보하는 것이 바람직하다.

그러나 충분한 이격거리를 확보하지 못한 경우에는 구조물 설계조건이나 현황조사 결과를 기 초로 이런 구조물에 대한 영향을 검토하고 필요에 따라 약액주입 등에 의한 지반강화나 언더피 닝에 의한 구조물 방호 등의 대책을 수립하는 경우도 있다.

3.2.2 종단선형

터널의 종단선형은 그 사용목적에 따라 결정하여야 한다. 터널의 사용상 혹은 시공상 터널 내 누수 등을 자연유하하여 수직구로 배수할 수 있는 정도의 경사를 확보하는 것이 바람직하다. 이 를 위해 적어도 0.2% 이상의 경사를 확보하는 것이 일반적이다. 또한 경사가 5% 이상이 되면 굴 착토사의 반출과 재료운반 등 작업효율이 저하되는 문제가 발생한다.

하수도의 경우 오수, 우수를 자연유하하고 관로 내 유속이 최저 0.6~0.8m/sec, 최고 3.0m/sec 로 결정되기 때문에 완성 후 내경과 경사에 유의하고, 수리검토를 실시하여 종단선형을 결정한 다. 또한 전력구에서는 경사에 따른 에너지 로스가 거의 없으므로 상행 20%, 하행 27%의 급경사 시공실적도 있다.

철도의 경우 그림 3.2.3과 같이 일반적으로는 열차의 운전효율을 고려하여 역출발의 가속 시에 하향경사, 역도착의 감속 시에 상향경사가 되도록 배려한다. 그러나 본선부 최급경사는 35/1,000(부득이한 경우 40/1,000)로 규정되어 있으므로 다른 구조물과의 위치관계에 따라서는 그림 3.2.3과 같이 이상적인 경사를 설정하는 것이 곤란한 경우도 많다. 또한 최급경사 범위나 종단곡선 범위에서는 평면적인 급곡선은 최대한 피하도록 선형을 계획할 필요가 있다.

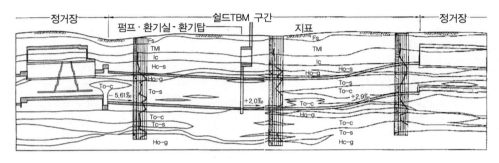

그림 3.2.3 철도터널의 종단선형 예

「노동안전위생규칙」에서는 동력 차를 사용하는 구간에서 궤도 경사를 5% 이하로 규정하고 있기 때문에 이것을 초과하는 경사를 사용하는 경우에는 통상 궤도와의 마찰에 자유로운 구동설비를 적용할 필요가 있으므로 일반적으로 터널 종단선형은 5% 미만이 된다. 그러나 시가지에서는 기설구조물이나 하천 등의 제약 때문에 최근 대심도화되는 경향이 있으므로 터널의 사용목적만으로 종단선형을 설정할 수 없어 종단선형을 급경사로 하여 시공하는 경우도 늘고 있다.

최근 쉴드TBM 터널에서는 대심도화되는 경향이 있으나 시공 시 작업효율(굴착토사, 재료 반출입, 작업원의 승강 등), 수직구 구조의 용이성, 수처리 용이성, 혹은 완성 후 유지관리나 운영상 편이성 등을 위해 터널 종단선형은 가능한 한 낮게 하는 것이 바람직하다. 그러나 종단선형을 너무 낮게 하면 터널의 부상, 막장 안정, 지표면 침하 및 융기 등의 문제가 발생하기 때문에 주변 환경에 영향을 미치지 않도록 토피를 확보할 필요가 있다. 일반적으로는 $1.0 \sim 1.5D$ 최소 토피로 하는 경우가 많으며, $1.0D$ 이하의 시공실적도 증가하고 있으나 $1.5D$ 이상인 경우에도 사고가 발생한 사례가 있으므로 시공조건을 고려하여 지반개량 등 보조공법을 검토하고 적절한 토피를 확보할 필요가 있다.

한편 대심도인 경우에는 고결지반이나 고수압에 대한 설계, 시공 등 기술적 과제뿐만 아니라 지상으로부터의 접근거리가 증대하기 때문에 공용 후 방재상 문제에도 충분히 유의하여야 한다.

참고문헌

1) 土木学会：2006年制定トンネル標準示方書シールド工法・同解説, pp.12〜17, 2006.

2) 土木学会：セグメントの設計 [改訂版]トンネルライブラリー２３号－許容応力度設計法から限界状態設計法まで－, pp.47〜50, 2010.

제4장

라이닝의 선정과 설계

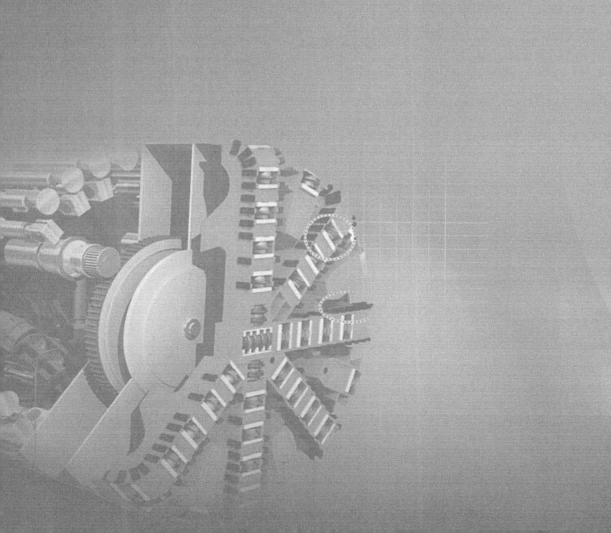

제4장

라이닝의 선정과 설계

4.1 라이닝 구조

쉴드TBM 터널의 라이닝은 일반적으로 그림 4.1.1과 같이 1차 라이닝과 2차 라이닝으로 구성
된다. 1차 라이닝은 세그먼트라고 불리는 원호 형태의 공장에서 제작된 프리케스트 부재를 볼트
등으로 사용하여 조인트에서 체결하고 세그먼트 링을 구축하는 것이 일반적이다. 한편 2차 라이
닝은 1차 라이닝 내측에 콘크리트 등을 현장타설하여 구축하는 경우가 많다.

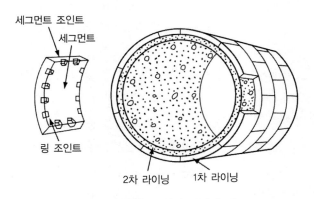

그림 4.1.1 쉴드TBM 터널 라이닝 개요

4.1.1 1차 라이닝

(1) 1차 라이닝의 역할

1차 라이닝은 완성 후 장기간에 걸쳐 쉴드TBM 터널에 작용하는 토압과 수압, 자중, 상재하중,
지반반력 등에 견디면서 지반을 지지하고, 지하수 유입을 방지하는 주요 구조물인 동시에 시공

중에는 쉴드TBM을 전진시키기 위해 필요한 잭 추력과 뒤채움 주입압 등의 시공 시 하중에도 견디는 구조이다.

(2) 세그먼트의 종류

지금까지 사용되어 온 세그먼트 종류는 재질에 따라 콘크리트계 세그먼트, 강제 세그먼트, 구상흑연주철제 세그먼트(덕타일 세그먼트) 및 이를 합성한 세그먼트로 분류할 수 있다. 현재는 강제 세그먼트, 콘크리트계 세그먼트가 주로 이용된다. 또한 각 세그먼트의 상세에 대해 '4.2 세그먼트의 종류와 특징'에서 설명한다.

콘크리트계 세그먼트는 경제성이 뛰어나기 때문에 일반적으로 중대구경 터널에 대해 사용실적이 많다. 또한 강성이 크고 내압축성이 우수하기 때문에 토압과 수압, 잭 추력과 뒤채움 주입압 등에 의한 좌굴이 발생하기 어렵고, 내구성이 뛰어나 시공에 유의하면 수밀성에 대해서도 우수하다. 반면 중량이 크고 인장에 대한 강도가 작기 때문에 세그먼트 단부가 파손되기 쉬워 탈형, 운반 및 시공 시 취급에 주의하여야 한다.

강제 세그먼트는 일반적으로 소구경 터널에서 경제성이 뛰어나 사용실적이 많다. 중대구경 터널에서는 콘크리트계 세그먼트의 적용이 곤란한 급곡선부나 개구부 등 특수부에 적용된다. 장점은 재질이 균일하여 강도가 보장되므로 안정된 품질이다. 또한 우수한 용접성을 가지며 비교적 경량이므로 시공성이 좋고 현장에서 가공 또는 수정이 용이하다. 그러나 콘크리트계 세그먼트에 비해 변형되기 쉽고 잭 추력이나 뒤채움 주입압 등이 큰 경우에는 좌굴이 발생할 우려가 있다.

덕타일 세그먼트는 비교적 고가이나 재료가 균일하여 안정된 품질이 된다. 또한 연성(延性)이 뛰어나고 강도가 높으며 제품 정밀도가 양호하여 방수성이 우수하다. 그러나 강제 세그먼트와 같이 좌굴이나 방식에 대한 고려가 필요하다. 철도터널을 중심으로 중대구경 터널의 하중이 큰 구간, 급곡선부, 개구부 등 특수하중이 작용하는 개소 등 콘크리트계 세그먼트 적용이 곤란한 구간에 적용된다. 또한 덕타일 세그먼트 적용 시에는 현재 일본 내 생산이 중지되어 있으므로 제조업체 확보에 주의하여야 한다.

합성 세그먼트는 평판형 세그먼트로 분류되며, 강재와 철근 콘크리트 또는 강재와 무근 콘크리트를 조합한 것이 일반적으로 사용되고 있다. 합성 세그먼트는 콘크리트계 세그먼트에 비해 고가이나, 동일 단면에서 높은 내력과 강성을 가지기 때문에 건축물 하부의 하중이 큰 구간 등에서 세그먼트의 두께를 제한할 필요가 있는 경우 등에 적용된다.

(3) 세그먼트의 형상치수

(a) 세그먼트 두께

세그먼트 두께는 터널 단면의 크기와 세그먼트 종류에 대하여 주로 토질조건, 토피 등에 의해 산정되는 하중조건에 따라 결정되나, 터널의 사용목적과 내구성, 2차 라이닝 유무에 따라 결정되는 경우도 있다. 현재까지의 시공실적에 따르면 콘크리트계 세그먼트의 두께는 세그먼트 외경의 4% 전후이나(그림 3.1.8 참조), 최근 경질지반의 시공에서는 4%보다 낮은 경우도 있다. 이 경우 내구성이나 시공 시 잭 추력, 뒤채움 주입압 등의 시공 시 하중에 대해 과대한 응력과 변형이 발생하지 않는 두께가 필요하다. 특히 콘크리트계 세그먼트에서 두께가 극단적으로 얇은 경우에는 시공 시 균열, 손상이 발생하기 쉬워 구조적으로 불안정하게 되므로 주의하여야 한다.

(b) 세그먼트 폭

세그먼트 폭은 운반, 조립 용이성, 곡선부 시공성, 쉴드TBM 테일의 길이 등에 의해 작은 편이 유리하나, 세그먼트 제작비 저감, 조립횟수 저감에 의한 시공속도의 향상 및 누수원인이 되는 조인트의 저감에 의한 지수성 향상의 관점에서는 큰 편이 유리하다. 세그먼트 폭의 결정은 이러한 조건과 쉴드TBM의 길이에 대한 고려가 필요하다. 과거의 실적에 따르면 세그먼트 폭은 터널 단면의 크기에 따라 750~1200mm가 많았으나, 최근에는 세그먼트 폭을 확대하는 경향으로 1300~1600mm의 실적이 증가하고 있다. 최근 터널 외경이 ϕ12m, 연장이 2km를 초과하는 대단면·장거리 시공 도로터널에서는 세그먼트 폭 2000mm의 광폭 세그먼트가 적용된 사례도 있다. 세그먼트 폭을 확대하는 경우에는 세그먼트의 비틀림강성이 충분히 확보되지 않으면 응력집중 등의 영향이 커져 세그먼트 폭 방향으로 일정한 응력분포가 되지 않고 빔부재로서 평가할 수 없는 경우도 있기 때문에 설계상 충분한 주의가 요구된다. 또한 치수뿐만 아니라 폭에 비례하여 중량도 커지기 때문에 세그먼트 제조설치, 현장 운반방법, 갱내 운반이나 이렉터에 대해서도 검토가 필요하게 된다.

(c) 세그먼트 링

통상 1차 라이닝을 형성하는 세그먼트 링은 그림 4.1.2과 같이 A, B 및 K 세그먼트로 구성된다. A 세그먼트는 양단 세그먼트 조인트에 이음각도를 주지 않는 세그먼트이다. B 세그먼트는 한쪽 세그먼트 조인트에 이음각도 혹은 삽입각도 또는 양측 모두를 가지는 세그먼트이다. K 세그먼트는 양측 세그먼트 조인트에 이음각도 혹은 삽입각도 또는 이를 모두 가지는 것으로서 세그먼트 링을 폐합시키는 세그먼트이다. 또한 A, B 및 K 세그먼트의 중심각도는 각각 θA, θB, θK로 표시한다. 또한 강제 세그먼트와 콘크리트계 세그먼트는 제작방법의 차이로 B 및 K 세그먼트의 중심각을 측정하는 위치가 외경측과 내경측이 다른 점에 주의하여야 한다.

K 세그먼트는 형상과 조립방법에 따라 터널 반경방향에 테이퍼(이음각도 αr)를 두고 터널 내측에서 반경방향으로 삽입하는 것 [반경방향 삽입형 K 세그먼트 그림 4.1.3 (a) 참조] 및 터널 축방향에 테이퍼(삽입각도 αl)를 두고 막장 측에서 터널 축방향으로 삽입하는 것[축방향 삽입형 K 세그먼트 그림 4.1.3 (b) 참조)]이 있다. 반경방향 삽입형 K 세그먼트는 과거부터 많이 이용되어온 형식으로서 실적이 많으나, B-K 간 조인트에 휨모멘트를 동반하는 전단력이 가해지며, 반경방향 테이퍼에 의해 조인트에 작용하는 축력의 분포가 전단력으로 작용하고 K 세그먼트가 터널 내측으로 탈락되기 쉬운 문제점이 있다. 이 때문에 2차 라이닝을 설치하지 않는 터널의 보급, 토피증가에 의한 축력 증대, 그리고 시공 고속화에 따라 최근에는 K 세그먼트의 터널 내면 측으로 탈락이 어렵고, 또한 정원도를 확보하기 쉽고 조인트부의 지수성이 높으며, 축방향으로 삽입하는 볼트가 없는 이음과도 부합하는 점에서 축방향 삽입형의 적용이 늘고 있는 경향이다. 그러나 축방향 삽입형 K 세그먼트를 적용하면 삽입부가 통상 분할되는 세그먼트 폭의 1/3 정도, 또는 등분할인 경우에도 1/2 정도 필요하다. 이에 따라 쉴드TBM 길이가 길어지고 곡선부 시공이나 사행 수정 등 조종성이 떨어지는 경우나 쉴드TBM과 세그먼트와의 간섭 등으로 세그먼트 손상 리스크도 커진다. 그래서 삽입부를 짧게 하기 위해 K 세그먼트의 축방향과 반경방향 모두 테이퍼를 두는 방법도 고려되고 있다. 반경방향 삽입형 K 세그먼트는 이음각도 αr을 작게 하기 위해 A, B 세그먼트의 1/3~1/4 정도로 길이를 작게 하는 것이 일반적이다. 분할 수 및 조인트 개소수를 줄일 목적으로 축방향 삽입형 K 세그먼트의 길이를 A, B 세그먼트와 동일하게 하는 등분할 세그먼트도 사용되고 있다. 이 경우 K 세그먼트 중량이나 치수가 커지기 때문에 시공방법 검토와 함께 B 세그먼트 단부가 예각이 되어 손상받기 쉬우므로 B 세그먼트 조립정밀도에 주의하여 K 세그먼트를 삽입할 필요가 있다.

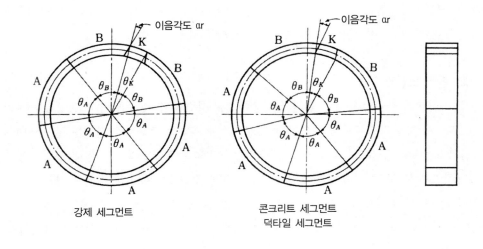

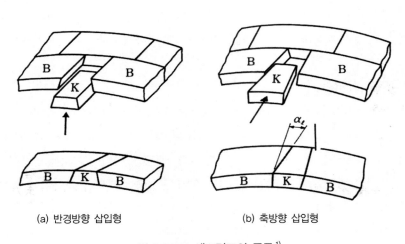

이음각도 αr

B
K
B
A
θ_B θ_K
θ_A θ_B
θ_A θ_A
θ_A
A
A

강제 세그먼트

이음각도 αr

B
K
B
A
θ_B θ_K
θ_A θ_B
θ_A θ_A
A
A

콘크리트 세그먼트
덕타일 세그먼트

(a) 횡단면

(b) 측면

그림 4.1.2 세그먼트 링의 구성 예[1]

B
B
K
B K B

B
K
B
α_t
B K B

(a) 반경방향 삽입형

(b) 축방향 삽입형

그림 4.1.3 K 세그먼트의 종류[1]

(d) 세그먼트 분할 수

세그먼트 분할 수는 1링을 구성하는 세그먼트의 수를 말한다. 외경 2150~6000mm인 소위 '표준 세그먼트'까지는 5 혹은 6분할, 외경 6300~8300mm인 '참고 표준 세그먼트'에서는 강제 세그먼트가 7 또는 8분할, 콘크리트계 세그먼트가 6 또는 7분할을 하고 있다. 이보다 단면이 큰 철도·도로터널에서는 8~11분할을 적용하고 있다. 제작비 절감이나 조립속도 향상, 지수성 향상 등 분할 수는 적은 편이 유리하나, 극단적으로 분할 수를 적게 하면 세그먼트의 중량이나 치수가 증가하기 때문에 세그먼트 제작성, 운반성, 터널 갱내에서의 취급 및 조립성에 영향을 미친다. 분할 수를 결정할 때는 이러한 영향을 충분히 검토할 필요가 있다.

(e) 세그먼트 조인트 구조

쉴드TBM 터널의 라이닝 구조는 연약지반 중에서는 자립할 수 있도록 높은 강성을 부여하는 경향이 있다. 이 경우 세그먼트를 강성이 높은 조인트에 의해 견고하게 연결하는 것이 일반적이다. 그 결과 조인트가 무겁고 두꺼워지거나, 조인트 제작비는 조인트의 종류나 내력의 영향도 있지만 콘크리트계 세그먼트에서는 제작비의 약 20~30% 정도를 점유하는 경우도 있으므로 조인트 구조가 세그먼트의 경제성에 미치는 영향은 크다. 한편 큰 지반반력을 기대할 수 있는 양호한 지반에서는 간편한 조인트를 적용할 수 있다. 이러한 지반특성에 적합한 조인트의 선택이 중요하다.

또한 과거부터 사용되어 온 볼트 조인트와 더불어 세그먼트 조립 효율화나 고속화를 목적으로 하는 맞대기 조인트, 쐐기 조인트, 핀 삽입형 조인트 등 각종 체결방식, 체결장치나 내면이 평활하여 볼트가 필요없는 세그먼트 조인트가 개발·실용화되어 그 적용이 늘어나고 있다. 조인트 구조의 상세에 대해서는 '4.3 조인트의 종류와 특징'에서 서술한다.

(4) 세그먼트의 합리화

쉴드TBM 공사비에서 세그먼트 제작비가 점유하는 비율은 쉴드TBM 시공연장과 사용하는 세그먼트의 종류에 따라 다르지만 약 30~40% 정도이다. 최근에는 장거리화에 따라 약 50% 정도가 되었던 사례도 있다. 이 때문에 세그먼트의 합리화가 건설공사비에 미치는 영향이 크다. 최근 쉴드TBM공법의 적용범위 확대나 터널의 대심도화가 진행됨에 따라 홍적층이나 제3기층 등 양호한 지반에 쉴드TBM 터널을 구축하는 설계가 늘고 있다. 이러한 양질지반에서는 지반특성을 잘 활용한 라이닝 구조, 조인트 구조와 설계방법을 적용하여 세그먼트의 합리화나 제작비 절감을 도모할 수 있다.

한편 큰 토피와 고수압 조건의 콘크리트계 세그먼트는 완성 시 토압과 수압, 큰 지반반력에 의해 축압축력이 탁월하기 때문에 구조계산상 세그먼트 두께를 얇게 할 수 있다. 그러나 시공 시에는 잭 추력이나 뒤채움 주입압이 그 이상으로 커지기 때문에 시공 시 하중의 검토가 보다 중요한 요소가 되며, 이에 따라 세그먼트 두께가 결정되는 경우도 있다. 각종 터널 용도에 따라 공용기간 중 보유해야하는 안전성, 내구성, 유지관리성 등을 고려하여 결정하는 것 또한 중요하다.

4.1.2 2차 라이닝

(1) 2차 라이닝의 역할

2차 라이닝은 1차 라이닝 구축 후 터널내면의 평활성 확보, 사행수정에 의한 선형 확보, 세그먼트 방수, 터널 방식, 방진·방음, 부상방지대책, 마모대책, 보강, 내화 등을 목적으로 시공된다. 일반적으로 터널 구조체로서의 역학적인 역할을 기대하지 않으며, 무근 콘크리트로 시공하는 사례가 많다. 그러나 철도 등 터널에서는 장기적 내구성이나 안전성 확보 관점에서 콘크리트 박리, 박락을 방지할 목적으로 최소 철근량을 배치하거나 와이어매쉬를 이용하는 경우가 많다. 또한 내수압이 작용하는 터널인 경우나 터널에 작용하는 하중의 변동이 명확한 경우 등에는 2차 라이닝을 구조부재로 평가하여 설계하는 경우가 있고, 철근 콘크리트 구조로 하는 경우가 많다.

(2) 2차 라이닝의 종류

일반적으로 2차 라이닝은 현장타설 콘크리트 등으로 구축하는 경우가 많다. 그러나 최근 2차 라이닝을 얇게 하여 터널 단면을 축소함에 따라 공사비 절감, 공기 단축 등을 목적으로 하는 새로운 2차 라이닝 재료나 시공법 등이 실용화되고 있다. 그 예는 다음과 같다.

① FRPM관이나 강관 등을 내부 삽입관으로 설치하고 1차 라이닝과의 공극에 에어 몰탈 등 주입재를 충진하는 방법
② 1차 라이닝 내측에 숏크리트 등을 타설하는 방법
③ 분할된 쉬트형의 피복재를 1차 라이닝 내측에 붙이고 패널형의 피복재를 1차 라이닝 내측을 따라 조립하여 1차 라이닝과의 사이를 메우는 방법

이러한 새로운 2차 라이닝 적용에 있어서 각각의 성능을 대상으로 터널 용도에 따른 기능을 충분히 만족하는지, 공사비뿐만 아니라 유지관리, 보수나 보강 비용을 대표하는 터널 라이프사이클 코스트 등을 고려한 신중한 검토가 필요하다.

(3) 2차 라이닝의 생략

최근에는 시공정밀도의 향상과 더불어 품질이 높은 쉬트재의 개발에 의해 조인트의 지수성이 향상되는 등 철도, 전력, 도로터널 등을 중심으로 공기단축과 공사비 절감을 목표로 2차 라이닝을 설치하지 않는 경우가 늘고 있다. 예를 들어 도로터널에서는 2차 라이닝을 생략하고 규산 칼슘이나 세라믹계 내화재를 세그먼트 내측에 설치한다든가 폴리프로필렌 등 유기 단섬유를 혼입

시켜 세그먼트 자체에 내화기능을 부여한 새로운 콘크리트 세그먼트가 개발되어 실용화되고 있다.

2차 라이닝을 설치하지 않는 경우에는 터널 사용목적, 사용환경 조건, 터널 주변 지반환경 조건, 터널 내하중성이나 안정성, 특수구조부에 대한 대책이나 터널 라이프사이클 코스트 등을 고려하여 1차 라이닝에 주요 구조로서의 역학적 역할과 더불어 2차 라이닝이 담당해야하는 기능을 부여하는 것에 대한 가능여부를 충분히 검토하여야 한다. 이것이 곤란한 경우에는 공사비 절감 등 경제성만을 고려하지 말고 과거와 같이 2차 라이닝을 시공할 필요가 있다.

4.2 세그먼트의 종류와 특징

세그먼트 종류는 그 재질에 따라 콘크리트계 세그먼트, 강제 세그먼트, 덕타일 세그먼트 및 이것들을 합성한 합성 세그먼트 등으로 분류할 수 있다.

세그먼트의 적용은 대상이 되는 터널의 용도, 토피, 수압의 크기를 고려하고 강도, 변형성능, 내구성, 시공성 및 경제성 등을 충분히 검토하여 선정하는 것이 중요하다. 다음에서 각 세그먼트에 대해 설명한다.

(1) 콘크리트계 세그먼트

중대구경 터널에서 일반적으로 경제성이 우수하여 가장 사용실적이 많은 세그먼트이다. 형상은 일반적으로 평판형이 사용되며 상자형(박스형)이 적용된 실적도 있다.

강성이 크고 내압축성이 우수하여 토압과 수압, 잭 추력이나 뒤채움 주입압 등에 대해 좌굴발생이 적다. 또한 내구성이 뛰어나 시공에 유의한다면 우수한 수밀성을 확보할 수 있다. 그 반면 중량이 크고 인장강도가 작기 때문에 세그먼트 단부가 파손되기 쉬우므로 탈형, 운반 및 시공 시 취급에 충분한 주의가 필요하다. 그래서 균열 저항성을 높이고 박락을 방지하기 위해 강섬유를 혼입한 강섬유보강 콘크리트(SFRC) 세그먼트나 내알카리 유리섬유 시트 등으로 내면을 보강한 세그먼트 등이 개발되어 실용화되고 있다.

| (a) 평판형 | (b) 상자형(박스형) |

사진 4.2.1 콘크리트계 세그먼트 [2)]

(2) 강제 세그먼트

소구경 터널에서 일반적으로 경제성이 우수하며, 중대구경 터널에서는 콘크리트계 세그먼트의 적용이 곤란한 급곡선부나 개구부 등 특수부에 적용된다. 장점은 재질이 균일하여 강도가 보장되고 우수한 용접성을 가지며 비교적 경량이므로 시공성이 뛰어나고 현장에서 가공 또는 보강이 용이하다. 그러나 콘크리트계 세그먼트에 비해 변형되기 쉽고 잭 추력이나 뒤채움 주입압 등이 큰 경우에는 좌굴의 우려가 있다.

또한 방식이나 내면 평활성을 목적으로 2차 라이닝을 시공하는 경우가 일반적이며, 공장제작 단계에서 내면 측에 콘크리트를 타설하는 콘크리트 속채움 강제 세그먼트를 적용한 사례도 있다.

| (a) 상자형 [3)] | (b) 평판형(속채움 강제 세그먼트) |

사진 4.2.2 강제 세그먼트

(3) 덕타일 세그먼트

재질이 구상흑연주철(덕타일)인 세그먼트를 덕타일 세그먼트라고 한다. 단면 형상은 상자형 외 파형단면으로 배면의 오목한 부분에 속채움재를 충진하는 콜게이트형이 있다.

비교적 고가이나 연성(延性)이 뛰어나고 강도도 높으며, 제품 정밀도가 양호하여 방수성이 우수하다. 그러나 강제 세그먼트와 같이 좌굴이나 방식에 대한 고려가 필요하다.

철도터널을 중심으로 중대구경 터널의 특수하중이 작용하는 개소나 급곡선부 등 콘크리트계
세그먼트의 적용이 곤란한 구간에 사용된다.

(a) 콜게이트형   (b) 상자형

사진 4.2.3 덕타일 세그먼트 [4)

(4) 합성 세그먼트

강재와 철근 콘크리트 또는 강재와 무근 콘크리트를 조합한 세그먼트를 합성 세그먼트라고 한
다. 철근 대신 래티스 트러스(lattice truss)나 평강, 형강 등을 사용한 철골 콘크리트 세그먼트도
개발되고 있다.

철근 콘크리트에 비해 고가이나 동일 단면에서 높은 내력과 강성을 부여할 수 있으므로 세그
먼트 높이를 저감할 수 있는 장점이 있다.

(a) 강재+철근 콘크리트   (b) 특수형강+철근 콘크리트

사진 4.2.4 합성 세그먼트 [5)

각 세그먼트의 특징을 표 4.2.1에 정리하였다.

표 4.2.1 세그먼트의 종류와 특징

종류	재질	구조특성	시공성	주요 사용범위
콘크리트계	• 철근 콘크리트 • 프리스트레스트 콘크리트 • 강섬유 보강 콘크리트	• 재료강도가 타 재질보다 낮아 세그먼트 두께가 두꺼워진다. • 내압축성이 뛰어나고 좌굴에 강하다. • 링간의 볼트수가 적기 때문에 접합효과가 낮다. • 국부응력에 대한 내력이 낮다.	• 중량이 크기 때문에 양중설비 등을 고려해야 한다. • 운반, 조립, 추진 시에 우각부 등에 균열, 파손 등이 발생하는 경우가 있으므로 취급에 주의한다.	• 중·대구경 단면
강 제	• 강재 • 강재+콘크리트	• 재료강도가 높고 비교적 경량으로서 소정의 내력을 확보할 수 있다. • 주단면이 강성이 작고 부재의 좌굴이나 변형에 주의가 필요하다. • 링 조인트의 볼트수가 많기 때문에 접합효과가 높다. • 터널 축방향에 대해 지반에 대한 추종성이 있다. • 방식이나 내면평활을 위해 2차 라이닝을 설치하는 경우가 많다.	• 경량이므로 취급이 용이하다. • 운반, 조립 시 손상은 거의 없다. • 현장에서 보강 등 가공이 용이하다. • 제 추진이나 뒤채움 주입 등에 의해 부재가 변형되는 경우가 있다.	• 소·중구경 단면 • 개구부나 급곡선부 등 특수부
덕타일	• 구상흑연주철 • 구상흑연주철+콘크리트	• 파괴강도가 크고 큰 하중에 대해 신뢰성이 높다. • 재료강도가 커서 형고를 낮출 수 있다. • 링 조인트의 볼트 수가 많기 때문에 접합효과가 높다. • 터널 축방향에 대해 지반에 대한 추종성이 있다. • 2차 라이닝을 설치하지 않는 경우 타른 에폭시 수지에 의한 방식포장을 하는 경우가 있다.	• 경량이므로 취급이 용이하다. • 운반, 추진, 조립 시 손상 우려가 적다. • 현장에서 가공은 강제 세그먼트만큼 용이하지는 않다.	• 중·대구경 단면 • 개구부나 급곡선부 등 특수부
합 성	• 강재+철근 콘크리트 • 강재+무근 콘크리트	• 재료의 강성 및 강도가 커서 형고를 낮출 수 있다. • 힘에 대해 고강도를 나타낸다. • 내압축성이 우수하여 좌굴에 강하다. • 링간의 볼트 수가 적기 때문에 접합효과가 낮다.	• 중량이 크기 때문에 양중설비 등을 고려해야 한다. • 운반, 추진, 조립 시 손상 우려가 적다.	• 중·대구경 단면 • 전문하중 등 특수 하중부 지하하천

4.3 조인트 종류와 특징

4.3.1 조인트에 요구되는 성능

세그먼트의 조인트에는 세그먼트를 원주방향으로 결합하는 세그먼트 조인트와 터널 종단방향으로 결합하여 터널 1차 라이닝체를 형성하는 링 조인트가 있다. 터널의 용도, 설계하중 외 세그먼트 형상, 조립상황, 조인트 체결구조 등에 따라 다르나 세그먼트 조인트에 요구되는 성능은 다음과 같다.

① 시공 중 및 완성 후 하중에 대해 안전성, 내구성을 잃지 않을 것
② 확실히 조립할 수 있으며, 조립 후 형상을 유지할 것
③ 체결작업 등 시공성이 우수할 것
④ 조인트 면에 작용하는 수압에 대해 조인트의 벌어짐과 단차를 고려했을 때 확실한 지수가 가능할 것
⑤ 시공 시 작용하는 뒤채움 주입압 등 일시적 하중에 대해서도 확실한 지수가 가능할 것

4.3.2 조인트의 종류와 특징

1990년대까지는 일반적으로 조인트 판을 볼트로 연결하는 방식이 적용되었으나 2000년대 이후에는 쉴드TBM 공사의 장거리화·대심도화가 가속되어 세그먼트 조립 자동화·효율화·고속화, 2차 라이닝 생략, 내면평활, 특수하중에 대한 대응 등을 목적으로 다양한 종류의 조인트가 개발·실용화되었다.

주요 조인트 구조로는 볼트 조인트 구조, 맞대기 조인트 구조, 쐐기 조인트 구조, 핀삽입형 조인트 구조 등이 있다. 각종 조인트를 분류하여 표 4.3.1에 정리하였다.

표 4.3.1 주요 조인트의 종류와 특징

조인트 구조	종류	적용 조인트		개념도	특징
		세그먼트 조인트	링 조인트		
볼트 조인트 구조	볼트	○	○		• 강재 또는 덕타일제 조인트판 일체를 짧은 볼트로 체결하는 방법 • 볼트 및 조인트판이 인장력이나 전단력에 저항한다. • 가장 일반적인 체결방법이며, 실적이 매우 많다.
	정볼트·곡볼트	○	○		• 콘크리트 조인트판 일체를 장볼트 혹은 곡볼트로 체결하는 방법 • 볼트 및 콘크리트 우각부가 인장력이나 전단력에 저항한다. • 볼트방식에 비해 볼트구멍의 클리어런스를 크게 할 필요가 있으며, 조립 오차가 크면 체결이 곤란하다.
	경사 볼트	○	○		• 콘크리트 조인트면에 대해 경사로 한쪽에서 삽입하는 구조로 된 장볼트로 체결하는 방법 • 조립용 볼트로서 사용하는 경우가 많고 이 경우 구조적 평가는 하지 않는다. • 볼트방식에 의해 비해 볼트구멍의 클리어런스를 크게 할 필요가 있으며, 조립 오차가 크면 체결이 곤란하다.
	너트식	○	○		• 사전에 매설된 너트에 볼트를 체결하는 방법 • 볼트, 조인트판 및 너트가 인장력이나 전단력에 저항한다. • 체결작업시간이 짧아 조립작업 효율화를 도모할 수 있다. • 볼트 박스가 반감되기 때문에 볼트 박스 완성리가 정감된다.

표 4.3.1 주요 조인트의 종류와 특징(계속)

조인트 구조	종류	적용 조인트		개념도	특징
		세그먼트 조인트	링 조인트		
볼트 조인트 구조	인서트 매입식	○	○		• 사전에 조인트면에 묻힌 인서트 볼트로 체결하는 방법 • 볼트, 조인트판, 조인트면의 앵커 및 인서트가 인장력이나 전단력에 저항한다. • 체결작업시간이 짧아 조립작업 효율화를 도모할 수 있다. • 볼트 박스가 반감되기 때문에 볼트 박스 완성처리가 경감된다.
	관통 볼트	○	○		• 세그먼트 전주에 걸쳐 관통하는 장볼트로 체결하는 방법 • 볼트가 인장력이나 전단력에 저항하나 높은 체결효과는 얻을 수 없다. • 볼트방식에 비해 볼트구멍의 클리어런스를 크게 할 필요가 있으며, 조립 오차가 크면 제겹이 곤란하다. • 터널내면에 조인트철물이 드러나지 않기 때문에 내구성, 내면평활성이 우수하다.
맞대기 조인트 구조	돌출 조인트	○	○		• 조인트 요철에 맞춰 맞대기하는 방법으로 돌출에 의한 전단력 전단효과를 기대할 수 있다. • 돌출을 조인트면 전체에 설치하는 형태와 부분적으로 설치하는 형태가 있다. • 조립용 볼트나 그 외 체결부재 병용하는 경우도 있다. • 시공 시 손상대책(돌출부의 보강 등)이 필요하다.
	너글 조인트	–	○		• 조인트면을 구면형으로 돌출시키는 방법 • 작극적으로 조인트 면에 근접한 구조이며, 핀으로 계산한 것에 맞춘 것 • 특히 반경방향 조립오차에 의한 힘의 작용점 변동이 영향을 받기 쉬우므로 높은 조립정밀도가 요구된다. • 핀 구조로서 강성이 작기 때문에 작용지반에 주의하여야하며, 뒤채움 주입이 경화될 때까지 형상유지가 필요하다.

표 4.3.1 주요 조인트의 종류와 특징(계속)

조인트 구조	종류	적용 조인트		개념도	특징
		세그먼트 조인트	링 조인트		
쐐기 조인트 구조	반경방향 삽입식	○	–	 C형 철물, H형 철물	• 쐐기를 터널 내면 축에서 반경방향으로 삽입하여 체결하는 방법 • 쐐기가 인장력과 전단력에 저항한다. • 조인트철물이 소형화되어 세그먼트 단부의 배근이 용이하다. • 쐐기장치의 탈락방지 기구에 유의하여야 한다.
	축방향 삽입식	○	–	 H형 철물, C형 철물, 앵커	• 쐐기를 터널 종단방향으로 삽입하여 체결하는 방법. 조인트 자체가 쐐기형상인 것도 있다. • 쐐기가 인장력과 전단력에 저항한다. • 조인트철물이 소형화되어 세그먼트 단부의 배근이 용이하다. • 터널내면에 조인트철물이 없기 때문에 내면평활성이 우수하다.
핀 삽입형 조인트 구조	콘크리트계 세그먼트 타입	–	○	 핀	• 사전에 조인트면에 암수 체결부를 매설하여 체결하는 방법 • 요철이 전단력에 저항한다. • 볼트 체결이 불필요하므로 조립작업 효율화를 도모할 수 있다. • 터널내면에 조인트철물이 드러나지 않기 때문에 내구성 내면평활성이 우수하다.
	철강제 세그먼트 타입	–	○	 핀	• 사전에 주요 부재에 암수 체결부가 설치되어 있는 구조로서 이것을 체결하는 방법 • 요철이 전단력에 저항한다. • 볼트 체결이 불필요하므로 조립작업 효율화를 도모할 수 있다. • 터널내면에 조인트철물이 드러나지 않기 때문에 내면평활성이 우수하다.

표 4.3.1 주요 조인트의 종류와 특징(계속)

조인트 구조	종류	적용 조인트		개념도	특징
		세그먼트 조인트	링 조인트		
	메카니컬 삽입체결 타입	○	○	삽입 조인트	• 주형 플랜지부가 상호 삽입 체결하는 구조 기계식 삽입에 의한 전단력 전달효과가 크다. • 조립 여유대 설정에 유의한다. • 씰재의 배치나 지수네체에 유의한다. • 조인트부의 공극에 충진제를 주입할 필요가 있다. • 강재가 노출되므로 방식처리가 필요하다.
그 외 구조	PC 체결 타입	○	○	PC 강재	• PC 강재를 이용한 프리스트레스 도입에 의해 체결하는 방법 프리스트레스 도입에 의해 접근력 증가로 균열발생 억제를 도모 한다. • 링에 축력이 도입되므로 내수압이 작용하는 터널에 유효하다. • 프리스트레스 도입 시 체결력 관리와 콘크리트의 손상에 유의 한다. • 쉬스관의 배치나 피복, 프리스트레스 긴장력 분포양종에 유의한다.

4.3.3 조인트의 선정

전술한 바와 같이 일반적으로 터널 라이닝의 주요 구조가 되는 조인트 구조는 터널 공용 후 필요한 기능은 물론 시공 중에도 안전성을 만족해야만 한다.

조인트의 구조특성이나 터널 공용 후 및 시공 중에 요구되는 각종 성능에 대해 조인트 종류별 그 적용성을 평가하여 표 4.3.2에 정리하였다. 이처럼 조인트 구조에는 각각의 특징이 있으므로 조인트의 선정에 있어서 소요 내력이나 강성뿐만 아니라 조립 확실성이나 작업성에 대해서도 충분한 검토가 필요하다.

표 4.3.2 조인트의 각종 조건에 대한 검토

분류		적용 조인트		지반조건		구조조건		시공조건			특수조건		경제성
		세그먼트 조인트	링 조인트	연약지반	경질지반	휨강성	전단내력	체결용이성	조립정밀도	자동조립대응	특수하중	내면평활	
볼트 조인트		○	○	○	○	○	○	○	△	△	△	△	○
핀 삽입형 조인트		-	○	○	○	-	○	○	○	○	△	○	△
메카니컬 삽입체결 타입		○	○	○	○	○	○	○	○	○	△	○	△
PC 체결 타입		○	△	○	○	△	△	△	○	-	△	△	○
쐐기 조인트	반경방향삽입식	○	△	○	○	○	○	○	○	○	△	△	△
	축방향삽입식	○	-	○	○	○	○	○	○	○	△	○	△
맞대기 조인트		△	○	△	○	△	△	○	△	○	△	○	○

[범례] ○ : 적용성이 높다. △ : 적용 시 검토 필요, - : 적용 외

4.4 세그먼트의 설계

4.4.1 세그먼트의 설계법

(1) 설계현황과 최근 동향

쉴드TBM 터널의 세그먼트 링의 설계는 라이닝 구조 모델에 이와는 독립적으로 설정한 하중을 재하하여 세그먼트 링의 단면력을 산정하여 실시한다.

설계에 사용하는 토압은 토질, 토피, 터널 외경 등 요인에 따라 이완토압 또는 전토피 토압으로 적절히 설정한다. 또한 토압과 수압의 작용형태는 흙/물(토수)를 분리 또는 토수일체로 취급한다. 지반중 물의 거동을 확실히 파악하는 것은 일반적으로 곤란하므로, 토수분리 또는 토수일체의 선택은 쉴드TBM 터널에서뿐만 아니라 지하구조물 설계에 있어 항상 중요한 검토사항이며, 어떤 설계법을 사용하는 경우에도 공통 과제이다.

세그먼트 링에 발생하는 단면력의 설계법은 세그먼트 조인트나 링 조인트가 존재하기 때문에 구조특성이나 지반과의 상호작용의 표현방법 등에 따라 몇 가지 방법이 제안되어 실용되고 있다. 현재는 관용설계법 또는 수정관용설계법으로 대표되는 휨강성 일체 링에 의한 계산법 및 빔-스프링 모델이 주 계산법이다.

세그먼트 설계는 과거부터 허용응력설계법을 기본으로 하고 있다. 그러나, 터널 이외의 구조물에서는 설계의 합리성을 확보하려는 관점에서 한계상태설계법이나 성능조사형 설계법으로 이전되고 있고, 일본에서 최초로 시방서의 수준에서 한계상태설계법이 언급된 1986년판 콘크리트 표준시방서의 발간 이래 벌써 20년 이상이 경과하였다.

쉴드TBM 터널에서도 이런 사회적 추세와 보다 합리적인 설계체계로의 발전 요청에 따라 2006년판 터널 표준시방서에 허용응력설계법과 병기하는 형태로 한계상태설계법이 기술되었다. 성능조사형설계법은 설계의 국제표준 성능규정화의 흐름을 배경으로 넓은 활용범위와 이를 이용한 건설 공사비 절감 등의 효과가 기대되고 있다.

이러한 설계법은 아직 적용실적이 적고 이후 연구성과 등 새로운 지식을 축적해가는 단계이나 서서히 설계실무에 적용되고 있다. 따라서 본 절에서는 과거의 허용응력설계법과 더불어 한계상태설계법, 성능조사형설계법에 대해 설계법의 기본과 설계실무에 대해 설명한다.

(2) 해외 설계법과의 비교

표 4.4.1[6), 7]은 해외 쉴드TBM 터널 설계법 개요를 나타내었으나, 쉴드TBM 터널 설계현황을 거의 세계 규모로 망라하고 있다고 사료된다.

영국 및 구소련에서 이용된 Muir Wood의 방법[8]은 지반과 라이닝을 연속체로 해석한 탄성이론해에 근거한 근사해이다. 아울러 지반과 라이닝 사이의 경계조건은 전단방향을 Free로 해석하고 있어 그 해는 간단하다. 또한 지반의 초기응력은 전토피압을 바탕으로 설정하고 있다.

모델링의 상세는 불명확하나 유럽 설계법 중에서는 FEM을 설계법으로 이용한 사례도 다수 존재하는 듯하다.

Muir Wood의 방법에서 이론해, FEM과 같은 지반과 라이닝의 연속체 지지 모델에서는 터널의 굴착에 따른 해방응력을 지반과 라이닝 모두가 분담하는 거동을 재현한다. 한편 독일, 프랑스 등에서 대심도 터널에 적용하는 전주 지반 스프링 모델[9]은 일본의 구조-하중계와 마찬가지로 구조모델과 설계하중을 독립적으로 평가하나, 라이닝에 대해 압축측(수동측) 거동만을 유효하게 보는 일본의 지반 스프링에 대해 인장 측(주동측)에 작용하는 지반 스프링도 작용시켜 라이닝에 도입되는 힘은 설계하중에 비해 작고, 마치 지반자체에 의한 설계하중의 분담을 모식하듯이 라이닝의 발생 단면력이 저감되어 있다.

표 4.4.1 해외 쉴드TBM 터널 설계법 비교(문헌 7 요약, 가필)

국가	설계모델	설계토압 · 수압
영국	통상, 스프링 모델 Muir Wood의 방법	σv=전토피 하중(+수압) σH=(1+λ)/2 · σv(+수압), λ=K0 (초기하중은 전토피 하중)
오스트레일리아	전주 스프링 모델 (Muir Wood · Curtis 법)	σv=전토피 하중 σH=λσv+정수압, λ=v/(1-v)
독일	토피≤2D : 부분 스프링 모델(천단부 제외) 토피≥2D : 전주 스프링 모델 : Schulze-Duddeck 법, 단 접선 방향 하중은 고려하지 않음.	σv=전토피 하중 σH=λσv(λ=0.5)
오스트리아	전주 스프링 모델	얕은 터널 : σv=전토피 하중 σH=λσv(지하수압 고려) 깊은 터널 : Terzaghi 이완하중
벨기에	Schulze-Duddeck 법 FEM에 의한 체크	Schulze-Duddeck 법
프랑스	전주 스프링 모델 또는 FEM	σv=전토피 하중 또는 Terzaghi 이완하중 σH=λσv, λ : 경험값
스페인	지반과 라이닝의 상호작용을 고려한 Buqera 방법	점착력을 무시한 Terzaghi 이완하중 λ=1.0
미국	탄성지지 링	σv=전토피 하중 σH=λσv(λ=0.4~0.5) 및 수압

표 4.4.1 해외 쉴드TBM 터널 설계법 비교(문헌 7 요약, 가필)(계속)

국가	설계모델	설계토압 · 수압
중국	경험적 방법	σv=전토피 하중 σH=λσv, λ : 경험값
일본	관용계산법 또는 수정관용계산법 또는 빔-스프링 모델에 의한 계산법	σv=전토피 하중 또는 Terzaghi 이완하중 σH=λσv, λ : 흙의 종류 및 지반과 물의 취급 에 따른 규정

여기서, σv : 연직토압, σH : 측방토압, v : 포아송비, λ : 측방토압계수, K0 : 정지토압계수

일본에서 1960년대부터 쉴드TBM공법이 본격적으로 적용되기 시작하여 현재 설계법의 기본적인 부분도 그즈음에 확립되었다. 주로 충적평야에 발전한 대도시부에서의 시공은 연약지반에 대한 대응을 기본으로, 터널 구조 측면에서도 지반 자체의 지지력에 크게 기대지 않고 이른바 산악터널과는 다른 설계 · 시공 이념으로 발전해왔다. 한편 유럽의 상기 국가들에서는 도시부 지반이 일반적으로 경질이고, 지반자체의 지지력도 고려한 설계법을 바탕으로 하고 있는 듯하다.

최근 쉴드TBM공법은 지반이 연약한 도시부에서 지반조건이 양호한 교외 구릉지에도 적용되며, 지반 자립성이 높은 대심도 지하에서의 계획도 이루어지고 있다. 이러한 양질의 지반에서 쉴드TBM 터널의 설계 합리성을 어떻게 확보하는가 하는 과제의 해결을 위해서는 상기와 같은 해외의 설계방식을 참조하는 것이 유효할 것이다.

4.4.2 허용응력설계법

(1) 허용응력설계법의 역사적 변천

1969년 쉴드TBM 터널설계법의 표준으로 「쉴드공법 지침」이 제정되어 허용응력설계법이 도입되었다. 그 후 1977년 「터널 표준시방서(쉴드 편) · 동해설」로 격상되어 수차례 개정을 거쳐 현행 시방서에 이르렀다.

관용설계법은 1960년경 제안된 것이다. 관용설계법은 도시 내 터널의 본격적인 쉴드TBM공법으로서 1961년 4월에 시공된 名古屋市營地下鉄 覚王山隧道터널의 설계방법 재평가를 시작으로 그림 4.4.1[10]에 나타낸 현행의 하중체계가 이용되었다. 단, 측방 지반반력은 고려되지 않았다. 또한 측방 토압계수는 1.0이 적용되었다. 측방 토압계수를 토압이론에 따라 설정하면 지반이 연약할수록 토압계수가 커져 연직토압과 수평토압의 비율이 1에 가까워지고, 휨모멘트가 작고 축력이 지배적인 단면력이 되기 때문에 라이닝 두께가 작아진다. 연약지반의 경우는 터널변형이 커진다는 시공 경험과는 반대이므로 여기에 도입된 것이 측방지반반력이다.[11] 이러한 방식의 도입으로 관용설계법의 형태가 갖추어졌다. 그 후 관용설계법은 山本[12]에 의해 정리되어 1969년

「쉴드공법 지침」이나 1973년 「쉴드공사용 표준 세그먼트」에 소개되었다.

또한 1977년에 제정된 「터널 표준시방서(쉴드 편)·동해설」에서는 조인트에 의한 강성저하의 영향을 평가할 수 있는 평균강성 일정 링 방식이 상세히 서술되었다. 이른바 수정관용설계법이라 는 것이다. 수정관용설계법에서 이용되는 평균강성이라는 개념을 나타낸 것은 熊谷組[13]이나 세 그먼트 간 조인트부의 휨강성 저하에 대한 평가였다. 이에 山本[14]는 인접하는 링에 의한 지그재 그조립에 따른 접합효과로 휨모멘트의 할증율 개념을 도입하여 수정관용설계법을 제안하였다.

(2) 설계방법

허용응력설계법은 재료, 하중, 구조계산법 등의 다양성이나 불확실성 모두를 허용응력이라는 재 료강도에 대한 안전율로서 종합적으로 평가하는 방법이다.[15] 구조물의 내하성(耐荷性)에 대한 작 용하중을 설정하고 그것들에 의해 구조물에 발생하는 응력이 허용응력 이하인 경우 안정성을 확보 하는 설계법이며,[15] 설계실무의 간편화가 도모되어 일정 이상의 성능을 검토하고 확보하는 설계 법으로서 유익하다. 또한 구조해석은 관용계산법, 수정관용계산법, 빔-스프링 모델에 의한 계산법이 이용되며, 구조계 산은 선형해석이 기본이다.

이러한 역사적 변천을 밟은 허용응력 설계법에 의한 라이닝 설계의 흐름은 그 림 4.4.2[16]와 같다. 구조계산은 횡단방 향을 주로 수행하며 종단방향 구조계산 은 다음과 같은 경우 필요에 따라 수행 한다. 아래의 경우는 작용하중이나 변위 에 의한 터널 거동, 발생 단면력을 횡단 방향 구조계산만으로 평가하는 것이 곤 란한 예이다.[17]

① 급곡선 시공이나 급경사 시공인 경우
② 지진의 영향을 받는 경우
③ 근접시공의 영향을 받는 경우
④ 지반침하의 영향을 받는 경우
⑤ 병렬 터널의 영향을 받는 경우

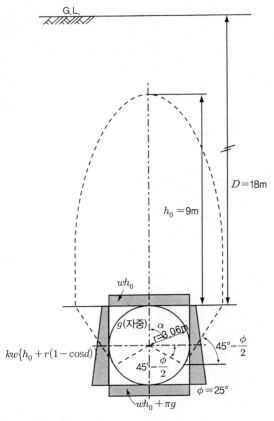

그림 4.4.1 설계하중체계(覺王山 터널)[10]

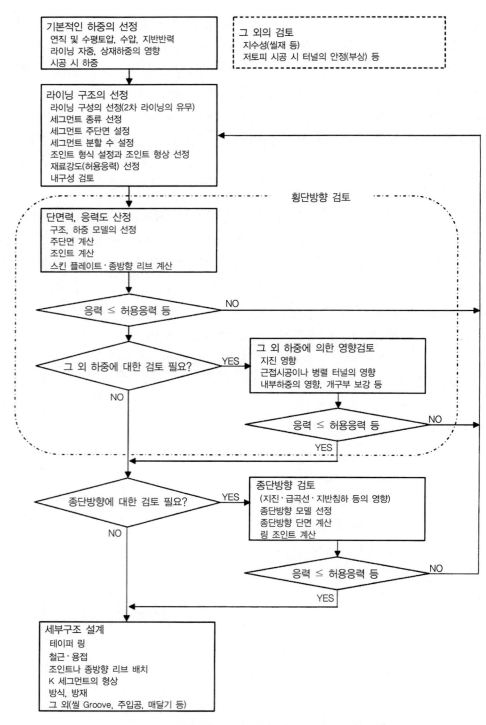

기본적인 하중의 선정
　연직 및 수평토압, 수압, 지반반력
　라이닝 자중, 상재하중의 영향
　시공 시 하중

그 외의 검토
　지수성(씰재 등)
　저토피 시공 시 터널의 안정(부상) 등

라이닝 구조의 선정
　라이닝 구성의 선정(2차 라이닝의 유무)
　세그먼트 종류 선정
　세그먼트 주단면 설정
　세그먼트 분할 수 설정
　조인트 형식 설정과 조인트 형상 선정
　재료강도(허용응력) 선정
　내구성 검토

횡단방향 검토

단면력, 응력도 산정
　구조, 하중 모델의 선정
　주단면 계산
　조인트 계산
　스킨 플레이트·종방향 리브 계산

응력 ≤ 허용응력 등　　NO

그 외 하중에 대한 검토 필요?　YES

그 외 하중에 의한 영향검토
　지진 영향
　근접시공이나 병렬 터널의 영향
　내부하중의 영향, 개구부 보강 등

NO

응력 ≤ 허용응력 등　　NO

YES

종단방향에 대한 검토 필요?　YES

종단방향 검토
(지진·급곡선·지반침하 등의 영향)
　종단방향 모델 선정
　종단방향 단면 계산
　링 조인트 계산

NO

응력 ≤ 허용응력 등　　NO

YES

세부구조 설계
　테이퍼 링
　철근·용접
　조인트나 종방향 리브 배치
　K 세그먼트의 형상
　방식, 방재
　그 외(씰 Groove, 주입공, 매달기 등)

그림 4.4.2 허용응력설계법에 의한 라이닝 설계 플로우[16]

(3) 하중산정

라이닝은 터널의 사용목적은 물론 시공 중에 대해서도 그 안전성과 기능을 만족하도록 설계되어야 한다. 이 관점에서 터널 표준시방서『쉴드공법』·동해설에서는 설계상 고려해야 하는 하중을 표 4.4.2에 분류하였다.

이 중 연직토압과 수평토압, 수압, 라이닝 자중, 상재하중의 영향, 지반반력, 잭 추력이나 뒤채움 주입압 등 시공 시 하중은 설계 시 항상 고려하여야 하는 기본적인 하중이다. 이에 비해 지진 영향, 근접시공의 영향, 지반침하 영향, 병렬터널 영향, 내수압 등을 포함한 내부하중 등은 터널의 사용목적, 시공조건 및 입지조건 등에 따라 고려해야 하는 하중이다.

통상 이러한 하중은 설계 시 정적하중으로 처리하나 지진 영향에 대해서는 동적 해석방법을 도입하여 그 결과를 고려하는 경우도 있다.

이러한 하중의 대분류는 일반적으로 쉴드TBM 터널에 대한 것이다. 하중과 구조계를 종합적으로 충분히 검토하여 터널 용도에 따라 적절하게 하중을 고려할 필요가 있다.

표 4.4.2 하중의 분류

기본적 하중	1. 연직토압 및 수평토압	2. 수압	3. 라이닝 자중
	4. 상재하중의 영향	5. 지반반력	6. 시공 시 하중
고려해야 할 하중	7. 지진 영향	8. 근접시공의 영향	9. 지반침하 영향
	10. 병렬 터널의 영향	11. 내부하중	12. 그 외

그림 4.4.3[18]은 횡단방향 단면력 계산에 사용되는 하중계의 예를 나타낸 것이다. 토압과 자중에 대해서는 어떤 방식이건 거의 유사하나 수압, 지반반력에 대해서는 각종 방식이 제안되고 있다.

각종 하중을 산정함에 있어 기본적인 방식 및 특징을 표 4.4.3에 표시하였다. 측방토압계수 λ나 지반반력계수 κ의 값은 토질조건이나 터널 용도 등에 의해 달라지기 때문에 이러한 조건을 충분히 고려하여 정확히 설정하는 것이 중요하다. 각각의 예는 터널 표준시방서『쉴드공법』·동해설 등의 자료를 참고하기 바란다.

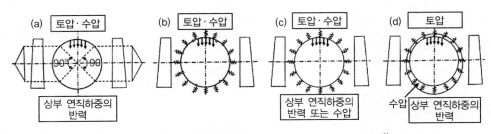

그림 4.4.3 횡단방향 단면력 계산에 사용되는 하중계 예[18]

표 4.4.3 하중의 방식

(a) 기본적인 하중

하중분류		기본적인 방식 및 산정 시 유의점

토압		• 토압산정 시
		  1) 토수분리(흙과 물을 분리하여 취급하는 방식)
		  2) 토수일체(물을 흙의 일부로 포함시키는 방식)
		• 일반적으로 1)은 사질토에서, 2)는 점성토에서 적용하는 경향이 있으나 자립성이 높은 경질 점토나 고결 실트에서는 토수분리로 취급하는 경우도 있다. 흙의 단위중량은 1)에서는 지하 수위 이상에서는 습윤중량, 지하수위 이하에서는 수중중량을 적용한다. 2)에서는 지하수위 이상에서는 1)과 같으나, 지하수위 이하에서는 물을 포함한 단위체적중량을 적용한다.

	연직 토압	• 연직토압은 라이닝 천단부에 작용하는 등분포 하중을 기본으로 하며 그 크기는 터널 토피, 터널 단면 형상, 외경 및 지반조건 등을 고려하여 결정한다.
		• 연직토압의 산정방식
		  1) 전토피 토압
		  2) 이완토압
		• 일반적으로 1)은 토피가 터널 외경에 비해 작은 경우, 아칭효과를 기대할 수 없는 연약~중 간 정도 점성토의 경우에 적용하는 경우가 많다. 토피가 터널 외경에 비해 커지면 흙의 아칭 효과를 비교적 기대할 수 있기 때문에 아칭효과를 기대할 수 있는 다져진 사질토, 단단한 점성토인 경우에는 2)를 적용할 수 있다. 이완토압의 산정은 일반적으로 테르자기 (Terzaghi) 식을 사용하나, 발주처에 따라 $2D_0$(D_0는 세그먼트 외경) 등 이완토압 하한값을 설정하고 있다.

	수평 토압	• 수평토압은 라이닝 양측에 그 횡단면의 도심직경에 걸쳐 수평방향으로 작용하는 등변분포 하중을 기본으로 한다. 크기는 깊이에 따른 연직토압에 측방토압계수를 곱하여 산정한다.
수압		• 수압은 터널 시공 중 및 장래 지하수위 변동을 감안하여 안전한 설계가 되도록 지하수위를 설정하여 결정한다. • 연직방향 수압은 등분포하중으로 하고, 크기는 라이닝 천단부에서는 정점에 작용하는 정수 압, 저부에서는 저점에 작용하는 정수압을 표준으로 한다. 상기 수압 산정방식에 따르면 저부수압이 「천단부 연직토압+수압+자중」보다 큰 경우 겉보기에는 천단부에 지반반력이 발생한다. 그러나 이것은 안전측으로 쉴드TBM 터널 외경을 한변으로 하는 정방형 단면적에 작용하는 부력에 대해 천단부에 지반반력을 고려하는 것이기 때문에 대구경 쉴드TBM 등에 서는 하중 설정이 과대지는 경우가 있다. 이런 경우는 수압을 법선방향으로 작용시키는 방법[표 4.4.2.1 (b)] 등을 적용하여 부력에 대한 천단부 지반반력을 정밀도 높게 산정할 수 있다. 수평방향 수압은 등변분포하중으로 하고, 크기는 정수압으로 한다.
라이닝 자중		• 라이닝 자중은 라이닝의 도심선을 따라 등분포하는 연직방향 하중으로 산정한다.
상재하중의 영향		• 상재하중의 영향은 지표면에 직접 재하하는 노면교통하중이나 건물하중, 또는 구조물 기초 하중 등의 실제상황을 재현할 수 있도록 재하하는 것으로 하고, 지중 응력전달을 고려하여 결정한다. • 전달하중은 Boussinesq나 Westergard의 식으로 산정한다. • 터널이 대심도에 위치하는 경우는 도시계획법 제1종 및 제2종 저층주거전용지역의 경우와 그 외의 경우로서 건축물 하중을 평가하는 방법이 있다.
지반반력		• 지반반력의 발생범위, 분포형상 및 크기는 측방토압계수 및 단면력 산정법과의 관계로부터 결정한다.

시공 시 하중		• 고려하는 시공 시 하중
		  1) 잭 추력
		  2) 뒤채움 주입압
		  3) 이렉터 조작하중
		  4) 그 외(테일 씰(seal) 반력, 쉴드TBM 테일과 세그먼트 접촉 등). 이들은 지반조건이나 시공조건, 특히 터널의 대단면화나 대심도화에 유의하면서 시공 시 하중에 대한 부재의 검토를 수행하여야 한다.

(b) 고려해야 할 하중

하중분류	기본적인 방식 및 산정 시 유의점
지진 영향	• 지진 영향을 고려하는 경우는 터널 사용목적이나 그 중요도에 따라 입지조건, 지반조건, 지진동 규모, 터널 구조와 형상 및 그 외 필요한 조건을 고려하여 검토한다.
근접시공의 영향	• 쉴드TBM 터널 시공 시 또는 완성 후에 기타 구조물이 근접하여 시공되는 것을 사전 예측되는 경우는 그 영향을 충분히 검토하여야 한다. 특히 다음과 같은 영향을 충분히 검토할 필요가 있다. 1) 터널 상부 또는 인접하여 새로운 구조물이 건설되어 상재하중이 크게 변화하는 경우 2) 터널 상부, 하부 또는 인접에서 굴착에 의해 연직토압이나 수평토압 등 하중조건 및 지반물성이 크게 변화하는 경우 3) 터널의 측방지반이 교란되어 측방토압 또는 지반반력이 크게 변화하는 경우 4) 터널에 작용하는 수압이 크게 변화하는 경우
지반침하의 영향	• 연약지반 중에 터널을 구축하는 경우는 필요에 따라 지반침하 영향을 검토해야 한다.
병렬 터널의 영향	• 터널에 근접하여 병렬하는 경우에는 지반조건, 터널상호 간 위치관계, 후속 터널의 시공시기, 시공조건 등을 고려하여 필요에 따라 터널의 상호간섭 및 시공 시 영향에 대해 검토해야 한다.
내부하중	• 내부하중은 터널 완성 후 라이닝 내측에 작용하는 하중으로서 라이닝에 큰 영향을 미치는 경우는 필요에 따라 결정해야 한다. 예를 들어 철도터널에서는 철도차량, 전력에서는 케이블 등의 중량이 이에 해당한다. 이러한 하중은 뒤채움 주입재가 충분히 경화된 후에 작용하고 주변 지반에 의해 지지된다고 보기 때문에 일반적으로 검토는 생략되고 있다. 내수압을 받는 터널의 경우 2차 라이닝을 포함한 적절한 구조모델을 선정하고 하중이력이나 터널에 발생하는 응력이력을 충분히 고려하여 필요에 따라 내부하중의 영향에 대해 검토하여야 한다.
그 외	• 라이닝에서 영향을 고려해야 하는 기타 하중을 받는 경우는 각각의 상황에 따라 하중을 설정하여 필요한 검토를 수행한다.

(4) 단면력 산정

세그먼트 설계에서는 우선 세그먼트 조인트와 링 조인트의 2종류 조인트를 역학적으로 모델링할 필요가 있다. 다음으로 이것을 터널 라이닝 전체구조 모델링에 어떻게 반영할 것인지가 문제가 된다. 세그먼트 링의 모델링은 터널 주변 지반의 평가, 즉 터널에 작용하는 하중이나 터널 지지상태 등과 밀접한 관련이 있다.

따라서 세그먼트 설계는 본래 세그먼트 링 및 하중 모델링과 더불어 터널 주변 지반도 적절히 평가하는 '터널 전체계(全體系)'로 수행되어야 하나, 이러한 상세내용이 불명확하고 복잡하기 때문에 터널 횡단방향과 종단방향으로 분리하여 취급할 수밖에 없는 상황이다.

세그먼트 링은 세그먼트 본체와 동일 강성을 가진 일정한 링에 비해 변형되기 쉽다. 이러한 조인트 부분의 강성저하 영향을 어떻게 평가하는가는 세그먼트 링의 단면력을 산정하는 데 있어 중요하다.

한편 일본에서는 세그먼트 링을 '지그재그조립 구조'로 조립하여 이에 의한 접합효과를 기대하는 경우가 대부분이다. 이 경우에는 접합효과를 어떻게 평가하는가가 세그먼트 링의 역학적 거동을 고려하는 데 중요한 과제 중 하나이다.

과거부터 단면력 산정에 이용된 세그먼트 링의 구조 모델은 조인트의 역학적 평가의 차이에 따라 그림 4.4.4[19]와 같은 구조 모델의 개념으로 대별된다. 아래에 이러한 단면력 산정법에 대해 그 개요와 특징을 설명한다.

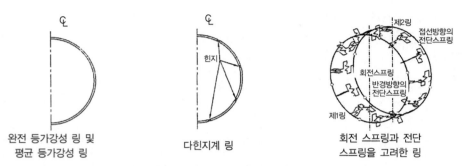

완전 등가강성 링 및   다힌지계 링   회전 스프링과 전단
평균 등가강성 링   스프링을 고려한 링

그림 4.4.4 세그먼트 링의 구조 모델 개념도 [19]

i) 세그먼트 링을 휨강성이 일정한 링으로 검토하는 방법
a) 완전 등가강성 링

완전 등가강성 링은 세그먼트 조인트 부분의 휨강성 저하를 고려하지 않고 세그먼트 링은 전 주에 걸쳐 일정하게 세그먼트 주단면과 동일한 휨강성 EI를 가지는 휨강성이 동일한 링으로 검토하는 방법이다. 연약지반에서는 단면력을 과소평가하는 경향이 있으며, 양호한 지반에서는 단면력을 과대평가하는 경향이 있으므로 주의할 필요가 있다.

b) 평균 등가강성 링

평균 등가강성 링은 조인트의 존재에 의한 휨강성 저하를 링 전체의 휨강성 저하로 평가하고, 세그먼트 링의 휨강성이 ηEI(휨강성의 유효율 $\eta \leq 1$)인 링으로 검토하는 방법이다. 또한 지그재그조립에 의한 조인트부의 휨모멘트의 배분을 고려하여 휨강성 ηEI가 동일한 링으로 산정된 단면력 중 휨모멘트 M을 ζ(휨모멘트 할증율 $\zeta \leq 1$)만큼 증감하여 $(1+\zeta)M$을 주단면 설계용 휨모멘트, $(1-\zeta)$M을 세그먼트 조인트 설계용 휨모멘트로 한다. 조인트에 의한 휨모멘트의 전달은 그림 4.4.5와 같다.

η와 ζ는 상호 관련이 있으며, η가 1에 근접하면 ζ는 0에, η가 작아지면 ζ는 1에 근접하는 것으

로 추정할 수 있다. 즉 조인트의 휨강성이 세그먼트 주단면과 동일(η=1)하게 되면 인접하는 세그먼트에 대한 휨모멘트의 전달은 없고(ζ=0), 반대로 조인트가 힌지이면 인접하는 세그먼트가 100% 휨모멘트를 분담(ζ=1)하게 된다. 단, η와 ζ의 합이 1이 되는 검토방법은 잘못된 것이며 세그먼트 본체, 세그먼트 조인트, 링 조인트의 강성 밸런스나 세그먼트 분할 수, 지반 스프링 등의 조건에 따라, 예를 들어 η=0.8일 때 ζ는 0부터 1까지 어떠한 값도 될 수 있는 점에 주의할 필요가 있다.

지반으로 둘러싸인 실제의 세그먼트 링에서는 지상에서 재하실험한 경우보다 큰 축력이 작용하기 때문에 일반적으로 η는 실험값보다 커지고, ζ는 작아지는 경향이 확인되었다. 또한 하중의 설정에 있어서도 불확실 요소가 있기 때문에 η=1, ζ=0인 경우를 주로 다루며, η=0.8, ζ=0.3인 경우를 예로 들었다. 이것은 지상에서 지그재그조립한 세그먼트의 재하실험 결과, 대략 η= 0.8~0.6 및 ζ=0.3~0.5 정도였다. η와 ζ의 설정에는 충분한 검토가 필요하다.[1]

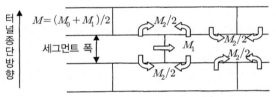

그림 4.4.5 조인트에 의한 휨모멘트의 전달

a) 방법은 간편하고, 실용적인 하중계를 이용하는 것을 '관용설계법'이라 한다. b)는 a) 방법의 수정법이며, b) 중에서 관용계산법과 동일한 관용적 하중계를 이용하는 것을 '수정관용설계법'이라 한다.

ii) 다힌지계 링으로 검토하는 방법

해외에서 터널 주변 지반이 양호한 경우를 대상으로 사용하는 계산법이며, 세그먼트 조인트를 힌지 구조로 검토하는 방법이다.

다힌지계 링은 주변 지반에 지지된 상태에서 안정구조가 되므로 적용지반에는 충분한 검토가 필요하다. 또한 하중조건이나 지반반력의 평가를 적절하게 수행하는 것이 특히 중요하다.

iii) 스프링으로 연결된 링으로 검토하는 방법

세그먼트 주단면을 원호 빔 또는 직선 빔으로, 세그먼트 조인트를 휨모멘트에 대한 회전 스프링으로, 링 조인트를 전단 스프링으로 모델링하고 조인트 휨강성 저하 및 지그재그조립에 의한 접합효과를 평가하는 방법이다(이하, '빔−스프링 모델에 의한 계산법'이라 한다). 이 계산법은 링 간의 전단 스프링 정수를 0으로 하여 세그먼트 간 회전 스프링 정수를 0으로 하면 다힌지계 링과 일치하고, 세그먼트 간의 회전 스프링 정수를 무한대로 하면 등가강성 링과 일치한다. 이 계산법은 세그먼트의 분할 수나 분할위치, 세그먼트 조인트의 회전 스프링 정수의 크기, 링 조인트의 배치 및 그 전단강성의 크기, 지그재그조립의 배치방법 등에 따라 지그재그조립에 의한 접합효과의 차이를 충실하게 반영할 수 있기 때문에 역학적으로는 세그먼트 링이 보유하는 내하중 작용을 설명할 수 있는 유효한 방법이다. 단, 세부적인 조건설정을 수행할 필요가 있고, 특히 조인트 강성을 적절히 설정할 필요가 있다.

(5) 부재 설계

표 4.4.4 및 표 4.4.5는 허용응력설계법에 이용하는 세그먼트를 구성하는 각종 부재 설계에 대한 개요이다.

강제 세그먼트 및 덕타일 세그먼트의 설계는 주단면으로서 토압과 수압에 대해 저항하는 주형과 스킨 플레이트의 일부, 세그먼트 조인트, 링 조인트, 잭 추력을 주로 받는 종방향 리브에 대해 수행한다. 콘크리트계 세그먼트의 설계는 주단면이 되는 철근 콘크리트의 사각형 단면, 세그먼트 조인트, 링 조인트에 수행한다. 합성 세그먼트 설계에 대해서는 콘크리트계 세그먼트의 설계에 준한다.

표 4.4.4 강제 세그먼트 및 덕타일 세그먼트의 부재설계 개요

(1) 세그먼트 본체부(주형 및 스킨 플레이트) 설계

	관용계산법 및 수정관용계산법	빔–스프링 모델에 의한 계산법
휨모멘트 및 축력에 대한 설계	• $(1+\zeta)M$을 설계용 휨모멘트로 하는 주형의 전 단면 및 스킨 플레이트의 일부(편측 25t, t :스킨 플레이트 두께)를 주 단면으로 하여 응력 검토	본체부의 최대 휨모멘트를 설계용 휨모멘트로 한다.
전단력에 대한 설계	• 본체부의 최대 전단력을 설계용 전단력으로 한다. • 주형 만을 유효단면으로 하여 응력 검토 하는 경우도 있음	본체부의 최대 전단력을 설계용 전단력으로 한다.
시공 시 하중에 대한 설계	• 종방향 리브 및 스킨 플레이트 일부(편측 20t)를 유효단면으로 하여 응력 검토	

(2) 조인트부(세그먼트 조인트 및 링 조인트) 설계

		관용계산법 및 수정관용계산법	빔–스프링 모델에 의한 계산법
세그먼트 조인트	휨모멘트 및 축력에 대한 설계	• $(1-\zeta)M$ 또는 본체의 설계용 휨모멘트의 60%를 설계용 휨모멘트로 한다. • 조인트 판 : 조인트 판을 양단고정빔으로 볼트 인장력에 의한 휨에 대해 응력 검토 • 볼트 : 스킨 플레이트 위치와 볼트 위치의 힘의 평형으로부터 산정한 볼트 인장력에 대해 응력 검토	조인트의 최대 휨모멘트를 설계용 휨모멘트로 한다.
	전단력에 대한 설계	• 조인트의 최대 전단력을 설계용 전단력으로 한다. • 볼트의 미끌림(활동)에 의한 조인트 판의 지압력에 대해 응력 검토 • 조인트 1개소당 볼트 전체에 대해 응력 검토	본체부의 최대 전단력을 설계용 전단력으로 한다.
링 조인트	링 간의 전단력에 대한 설계	• 링 조인트의 설계용 전단력은 계산할 수 없다.	반경방향과 접선방향의 링 조인트 스프링 반력을 바탕으로 합력을 산출하고, 그 최대 전단력을 설계용 전단력으로 한다.

표 4.4.5 콘크리트계 세그먼트의 부재설계 개요

(1) 세그먼트 본체부 설계

	관용계산법 및 수정관용계산법	빔-스프링 모델에 의한 계산법
휨모멘트 및 축력에 대한 설계	• $(1+\zeta)$M을 설계용 휨모멘트로 한다. • 복철근 사각단면으로 응력 검토	본체부의 최대 휨모멘트를 설계용 휨모멘트로 한다.
전단력에 대한 설계	• 본체부의 최대 전단력을 설계용 전단력으로 한다. • 경사 인장철근도 고려하여 응력 검토	본체부의 최대 전단력을 설계용 전단력으로 한다.

(2) 조인트부(세그먼트 조인트 및 링 조인트) 설계

		관용계산법 및 수정관용계산법	빔-스프링 모델에 의한 계산법
세그먼트 조인트	휨모멘트 및 축력에 대한 설계	• $(1-\zeta)$M 또는 본체부의 설계용 휨모멘트의 60%를 설계용 휨모멘트로 한다. • 조인트 판 : 조인트 판을 양단고정빔으로 볼트 인장력에 의한 휨에 대해 응력 검토 • 볼트 : 단철근 사각단면으로 볼트 인장력을 산정하고 응력 검토 • 앵커근 : 볼트인장력에 대한 앵커근의 부착응력, 인장응력의 검토	조인트부의 최대 휨모멘트를 설계용 휨모멘트로 한다.
	전단력에 대한 설계	• 본체부의 최대 전단력을 설계용 전단력으로 한다. • 볼트의 미끌림에 의한 조인트 판의 지압력에 대해 응력 검토 • 조인트 1개소 당 볼트 전체에 대해 응력 검토	조인트부의 최대 전단력을 설계용 전단력으로 한다.
링 조인트	링 간의 전단력에 대한 설계	• 링 조인트 설계용 전단력은 계산할 수 없다.	반경방향과 접선방향의 링 조인트 스프링 반력을 바탕으로 합력을 산출하고, 그 최대 전단력을 설계용 전단력으로 한다.

4.4.3 한계상태설계법

(1) 설계방법

i) 한계상태설계법 개요

한계상태설계법에서는 구조물의 사용목적과 설계 내구연한을 고려하여 한계상태를 설정하고 안정성이나 사용성, 내구성 등에 관한 각각의 한계상태에 도달하지 않도록 설계한다.

한계상태로는 극한한계상태, 사용한계상태, 피로한계상태가 있으나, 터널 표준시방서 『쉴드공법』및 해설에서 검토하는 한계상태는 사용한계상태와 극한한계상태로 하고 있다. 이것은 철도나 자동차 등의 진동이 지반중에서 지지되는 라이닝에 미치는 영향이 작기 때문이나, 특수한 조건에 따라 피로 영향을 무시할 수 없는 경우에는 피로한계상태에 대한 검토를 할 필요가 있다. 설계자는 각 한계상태를 만족하는지 확인하기 위한 검토항목이나 내용을 선정하고 각각을 검토하여 설계를 수행하게 된다.

극한한계상태에서는 안전성에 관한 검토를 수행한다. 쉴드TBM 터널의 극한한계상태로는 단면파괴나 구조파괴, 변형, 안정 등이 있으며, 구조파괴 및 변형의 극한한계상태에 관한 검토는 파괴 시 라이닝과 지반과의 상호작용을 고려할 필요가 있다. 현재는 상호작용의 메카니즘 등이 충분히 밝혀지지 않아 부재의 극한내력을 이용하여 검토를 수행하고 있다.

사용한계상태에서는 평상시의 사용성이나 기능을 확보하기 위해 사용성이나 내구성에 관한 검토를 수행한다. 사용한계상태에 대한 검토내용으로는 표면적으로는 허용응력설계법과 같은 방법이 되는 경우가 있으나 설계의 기본적인 방법은 다르다는 점을 인식해 두는 것이 중요하다.

검토를 하는 경우에는 다양한 전제조건이 필요하다. 예를 들어 내구성을 검토하는 경우에는 설계 내구연한을 설정할 필요가 있으나, 개별 쉴드TBM 터널에 대해 일반적인 설계 내구연한을 명시하는 것은 어려우므로, 설계조건 등에 따라 설정할 필요가 있다. 또한 설계 시 예상한 내용이 시공에 반영되어야만 한다. 예를 들어 설계 시 선정한 조인트를 시공 시 변경하는 경우 내하(耐荷)성능뿐만 아니라 변형성능도 변화하는 경우가 있으므로 터널 전체의 성능에 대해서도 크게 변하는 경우가 있다. 그렇기 때문에 설계에서는 설계 시에 예상한 각종 조건을 명확히 하는 것이 요구되며, 시공 시에는 설계조건에 따라 시공하는 것이 요구된다.

이와 같이 한계상태설계법에 의한 설계는 합리적인 설계가 가능한 반면 설계자가 각종 사항을 고려하면서 실시할 필요가 있고, 허용응력설계법에 비해 설계자에게 고도의 기술력이 요구되는 설계법이라고 할 수 있다.

또한 한계상태설계법에는 터널의 파괴 메카니즘이나 안전계수 등 설계상의 과제도 남아 있어 풍부한 실적이 있는 허용응력설계법에 의한 설계결과 등을 참고하는 경우도 있다. 향후 이러한 과제를 해결하고, 보다 합리적인 설계가 가능하도록 다양한 데이터를 축적하여 한계상태설계법에 반영해 가는 것이 중요하다.

본 절에서는 횡단방향 설계를 대상으로 설명하고 있으나, 종단방향 설계에 있어서도 한계상태설계법 방식에 따라 한계상태의 검토항목이나 검토내용을 고려하여 실시하면 된다.

ii) 검토항목

표 4.4.6, 표 4.4.7은 콘크리트계 세그먼트의 검토항목 예를 나타낸 것이며, 검토항목은 검토해야 하는 한계상태에 따라 설정하면 된다. 설계대상이 되는 구조물의 용도에 따라서는 극한한

계상태에서의 변형검토를 실시하는 경우도 있다. 시방서 등의 기준에 제시된 검토항목 이외에도 필요한 검토항목이 없는지를 검토하여 설계하는 것이 중요하다.

iii) 검토의 기본

검토는 기본적으로 그림 4.4.6과 같은 순서로 응답값이 한계값 이하가 되는지 확인한다. 응답값과 한계값은 재료강도의 분산 등을 고려하여 평균적인 값을 산정하는 방법이 기본이다. 재료나 계산방법의 차이 등을 5가지의 안전계수(재료계수, 부재계수, 하중계수, 구조해석계수, 구조물계수)로 평가한다. 또한 JIS 등에 규격값이 없는 경우에는 재료수정계수나 하중수정계수를 이용하여 특성값을 설정하는 경우도 있다.

표 4.4.6 극한한계상태 검토항목의 예(콘크리트계 세그먼트)[20]

부위	검토항목	한계값
주단면	휨모멘트, 축력	휨내력, 축방향 내력
	전단력	전단내력
조인트	휨모멘트, 축력	휨내력, 축방향 내력
	전단력	전단내력

표 4.4.7 사용한계상태 검토항목의 예(콘크리트계 세그먼트)[20]

	부위	검토항목	한계값
응력	주단면	콘크리트 응력	응력 제한값
		철근응력	응력 제한값
	조인트	콘크리트 응력	응력 제한값
		강재응력	응력 제한값
변형	세그먼트 링	링 변형량	허용 변형량
	조인트	벌어짐량	허용 벌어짐량
		단차량	허용 단차량
균열	주단면	휨 균열 폭	허용 균열 폭
		전단력	전단 균열 내력

안전계수는 통계적인 방법으로 설정하는 것이 기본이나 실적이 적은 경우에는 경험적으로 설정하는 경우도 있으므로 향후 데이터 축적과 분석으로 안전계수의 정밀도 향상을 도모하는 것이 중요하다.

(2) 하 중

하중은 검토하는 한계상태에 대해 시공 시나 공용 중에 작용하는 하중을 적절히 조합하여 설정한다. 토압이나 수압, 시공 시 하중 등의 각종 하중은 설계법에 좌우되지 않는 것으로 판단되므로 기본적인 하중체계는 허용응력설계법과 동일하다.

한계상태설계법에서는 통상 각 한계상태에 따른 하중계수를 고려하여 설계하중을 설정한다. 단, 극한한계상태의 검토에서는 향후 작용할 가능성이 있는 큰 하중 등을 설정할 수 있는 경우는 그 하중을 이용하는 것도 고려할 수 있다.

한편 하중계수는 데이터의 분산이나 과거 사례 등으로 설정하나 개별적으로 상세한 검토를 수행하여 설정하는 경우도 있다. 예를 들어 연약지반의 압밀에 따른 추가하중을 고려하는 경우에는 FEM 해석 등 검토를 통해 설계하중을 설정할 수 있다. 또한 이완토압을 이용하는 경우 이완하중고의 계산값이 $2D_0$(D_0는 세그먼트 외경) 이하가 되기 때문에, 안전성을 고려하여 이완하중고를 $2D_0$로 설정한 경우에는 여기에 하중계수를 고려하면 과다한 안전성을 고려한 것이라는 지적도 있다.

콘크리트계 세그먼트에서는 수압이 작을 때, 철강재 세그먼트는 수압이 클 때 발생응력이 커지는 경향이 있으므로 지하수위 등 지반조건, 안전계수, 하중조합은 라이닝 종류나 검토하는 부재의 안전성에 미치는 영향을 고려하여 선정할 필요가 있다.

(3) 응답값의 산정

응답값의 산정은 실제 라이닝에 발생하는 단면력, 응력, 변형 등 평균적인 값과 검토에 필요한 응답값을 얻을 수 있는 방법에 따르는 것이 기본이다.

다음에 응답값을 산정하기 위한 구조계산방법과 극한한계상태 및 사용한계상태의 검토개요에 대해 설명한다.

i) 구조계산

한계상태설계법은 세그먼트 본체 외에 조인트 내력이나 변형 등도 검토할 필요가 있으므로 세그먼트 본체나 세그먼트 조인트, 링 조인트 등 세그먼트 링 각 부분에 발생하는 단면력이나 변형량을 산정할 수 있는 정밀도 높은 계산방법이 필요하다.

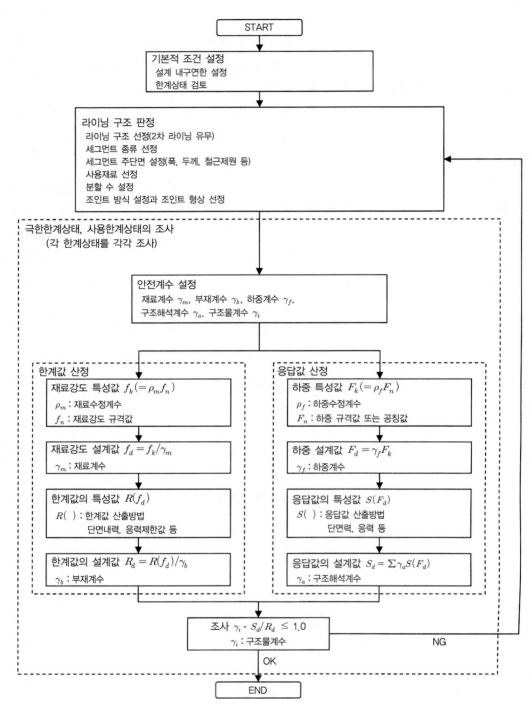

그림 4.4.6 검토의 기본(순서)과 안전계수

한계상태설계법의 구조계산에서는 세그먼트 본체나 조인트 특성을 비선형으로 모델화한 '빔-스프링 모델에 의한 계산법'을 이용하는 것이 기본이다. 수정관용계산법에 이용되는 등가강성링의 모델링은 조인트 단면력을 직접 얻을 수 없는 등의 이유로 한계상태설계법에는 맞지 않는 계산방법이다. 한편 정밀도 향상을 위해 3차원 FEM 계산을 수행할 수 있으나 현 단계에서는 번거롭고 복잡한 계산으로서 설계비용이 증가하는 등 설계 실무에 대한 적용은 과제로 남아 있다.

비선형 특성 모델링은 검토하는 한계상태나 검토레벨에 따라 설정한다. 일반적으로 세그먼트 본체의 비선형 모델링은 그림 4.4.7과 같다. 극한한계상태와 사용한계상태는 설계하중이 다르며, 설계하는 부재의 건전성도 큰 차이가 있다. 부재파괴를 검토하는 극한한계상태에서는 부재파괴까지를 모델링할 필요가 있다. 한편 사용한계상태에서는 균열에 의한 비선형의 영향이 작다고 보고 세그먼트 본체를 선형으로 계산하는 경우가 많다. 그렇지만 변형에 대한 검토를 정밀도 높게 수행하는 경우에는 균열에 의한 비선형성을 고려하여 검토하는 경우도 있다. 조인트의 경우에도 마찬가지로 조인트 거동과 검토하는 레벨에 따라 적절히 모델링할 필요가 있다. 또한 비선형 관계에 등가가 되도록 강성을 설정하여 선형관계로 모델링하는 방법도 있으나, 계산 정밀도가 낮아지는 경향이 있기 때문에 주의가 필요하다.

또한 허용응력설계법 등 탄성계산의 경우는 몇 가지 하중상태를 각각 계산하고 중첩시켜 단면력을 산정하는 경우가 있으나, 비선형 계산에서는 발생 단면력의 크기에 따라 강성이 변하므로 하중이 작용하는 이력 등도 고려하여 설계할 필요가 있다.

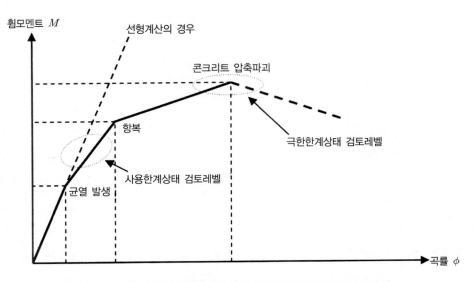

그림 4.4.7 세그먼트 본체의 비선형 모델 예(콘크리트계 세그먼트)

ii) 극한한계상태 개요

극한한계상태의 검토는 단면내력의 검토를 수행하기 때문에 응답값은 구조계산에서 산정한 세그먼트 본체, 세그먼트 조인트, 링 조인트 등 세그먼트 링 각 부분의 발생 단면력(휨모멘트나 축력, 전단력)이 된다.

또한 터널 용도에 따라서는 극한한계상태에서도 터널의 변형이나 조인트부의 지수성을 확보할 필요가 있다. 이러한 경우는 세그먼트 링의 변형량이나 조인트 벌어짐량 등을 응답값으로 산정하고 극한한계상태의 검토를 수행할 필요가 있다.

iii) 사용한계상태 개요

사용한계상태의 검토는 발생응력, 변형량, 균열 폭 검토 등을 수행한다.

발생응력을 검토하는 경우는 허용응력설계법과 동일한 방법으로 응력을 산정하면 된다.

변형량에 대해서는 터널 내공변위량이나 조인트 벌어짐량, 단차량을 산정한다. 세그먼트 조인트의 벌어짐량은 조인트의 회전각으로부터 산정할 수 있다(그림 4.4.8). 이때 벌어짐량을 터널내면(또는 외면) 위치로 할지, 씰재 위치로 할지 등 한계값의 설정 처리에 맞춰 검토할 필요가 있다.

내구성에 대해서는 콘크리트계 세그먼트의 휨 균열과 전단 균열을 검토한다.

휨 균열은 응답값으로서 균열 폭을 산정하지만, 세그먼트의 균열 폭은 다음 식에 의해 산정된다.

$$W = l_{\max} \cdot \left(\frac{\sigma_{se}}{E_s} + \varepsilon'_{csd} \right)$$

여기서, W : 균열 폭

$l_{\max}$: 배력철근의 최대간격으로서 $l_1/2$ 이하

σ_{se} : 철근응력의 증가량

E_s : 철근의 영 계수

ε'_{csd} : 콘크리트의 수축 및 크리프 등에 의한 균열 폭의 증가를 고려하기 위한 값

l_1 : 「콘크리트 표준시방서 설계 편(2007년 제정)」에 의한 균열 폭의 발생 간격

이 식은 균열이 배력철근상에서 발생한다는 특징 때문에 설정된 것이다. 배력철근측에 균열이 발생하는 것은 주철근 보다 배력철근이 외측에 배치되고 있기 때문으로, 통상의 배근과 다른 세그먼트를 사용하는 경우는 적용범위가 아니므로 주의가 필요하다. 또한 철근의 응력은 사용한계상태 응력의 산정방법과 동일하나, 영계수 비를 허용응력설계법에서 사용되는 15가 아닌, 실

제 영계수 비(철근의 영계수 E_s÷콘크리트의 영계수 E_c)로 한다. 전단 균열에 대해서는 응답값을 발생 전단력으로 검토하면 된다.

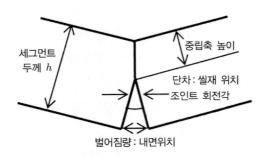

그림 4.4.8 세그먼트 조인트의 벌어짐량 산정에 대해 [20]

(4) 한계값의 산정

한계값에는 세그먼트 주단면의 내력 등 부재의 성능에서 산정되는 것과 허용 변형량 등 터널의 사용목적으로 설정하는 것이 있다.

부재의 성능에서 산정되는 한계값은 재료강도의 분산 등을 고려하여 산정하는 것이 기본이다.

한편 터널의 사용목적으로부터 설정하는 한계값은 예를 들면 철도터널이나 도로터널에서 건축한계로부터 내공변위의 한계값을 설정하는 경우나 터널 부식환경에 대해 설정하는 허용 균열폭 등이 있다.

다음에 극한한계상태 및 사용한계상태의 검토개요에 대해 설명한다.

i) 극한한계상태 개요

극한한계상태는 세그먼트 주단면이나 조인트 등의 내하성능이 한계값의 기본이 된다.

세그먼트 주단면은 극한 휨내력과 전단내력이 한계값이 된다. 콘크리트계 세그먼트의 내력산정은 일반적인 콘크리트 구조물과 동일한 방법으로 실시하면 된다. 한편 철강재 세그먼트에서는 좌굴에 대한 고려가 필요하다. 비교적 판 두께가 큰 부재에서도 일부 항복응력 이상이 되면 소성좌굴을 일으킬 가능성이 있다. 그러나 소성좌굴에 대한 검토를 정밀도 높게 수행하는 것은 어렵기 때문에 좌굴을 구속하는 2차 라이닝이 있는 경우는 전소성 내력을, 2차 라이닝이 없이 좌굴의 가능성이 있는 경우에는 부재의 일부가 항복응력이 되는 휨내력을 한계값으로 수행할 필요가 있다.

세그먼트 조인트는 세그먼트 주단면과 마찬가지로 극한 휨내력을 한계값으로 하여 검토를 수행한다. 콘크리트계 세그먼트의 휨내력 산정은 조인트 볼트를 철근으로 하는 철근 콘크리트 단면으로 하는 경우가 많다. 이때 조인트의 항복은 볼트의 항복이 아니라 조인트 전체에서 제일 먼저 항복하는 부재로 하여야 한다. 예를 들어 강재 박스 조인트의 경우, 통상 볼트보다 조인트 판이 먼저 항복하기 때문에 조인트 판이 항복할 때의 볼트 인장력을 조인트의 항복력으로 산정하게 된다. 철강재 세그먼트의 휨내력 산정은 조인트의 압축측 단부를 회전중심으로 하고, 볼트나 조인트판이 항복응력에 도달하는 휨모멘트 등으로 산정된다.

링 조인트는 볼트의 전단 내력을 한계값으로 하는 경우가 일반적이다. 그러나 콘크리트계 세그먼트의 경우에는 조인트 전단시험 등을 실시하면 조인트부 콘크리트의 펀칭 전단파괴가 되는 경우가 많다. 따라서 조인트 형식 등 필요 시 문헌 21)과 같이 조인트부 콘크리트의 펀칭 전단파괴에 대해 검토할 필요가 있다.

또한 앞서 설명한 극한한계상태의 검토항목에는 변형에 관한 항목이 포함되어 있지 않다. 그러나 극한한계상태서도 터널의 사용목적 등에 따라 변형을 검토항목에 포함하는 경우가 있다. 이 경우 터널의 사용목적에 따라 변형의 한계값을 설정할 필요가 있다.

ii) 사용한계상태 개요

응력검토에서는 응력의 제한값을 한계값으로 한다. 응력의 제한값은 재료가 건전한 상태에서 계속사용이 가능한 응력상태로서 각 재료의 특성을 고려하여 설정한다. 터널 표준시방서 [쉴드 공사] 및 해설에서는 다음과 같이 설정하고 있다. 콘크리트의 응력 제한값은 큰 크리프 변형이 발생하지 않는 설계기준강도의 40%로 제시되어 있다. 또한 철근은 항복응력까지 선형적인 거동을 나타내므로 항복응력 설계값을 응력 제한값으로, 강재는 항복응력 이상이 될 때의 안전성을 고려하여 항복응력의 90%로 하고 있다. 한편 구상흑연주철은 명확한 항복점이 없고, 잔류 변형량으로 설정되는 항복점 부근에서의 거동은 선형거동이 되지 않을 가능성도 있기 때문에 선형관계가 보증되는 항복응력의 75%를 응력 제한값으로 하고 있다. 또한 볼트는 피로파괴에 대한 안전성을 고려하여 항복응력의 75%로 설정하고 있다.

변형량의 한계값은 내공변위, 세그먼트 조인트의 벌어짐량, 링 조인트의 단차량 등을 설정한다. 내공변위는 터널 내 설비 등에 따라 설정되어야 하지만, 현재는 관용적으로 $D_i/150$ 등으로 설정되는 경우가 많다. 한편 세그먼트 조인트의 벌어짐량, 링 조인트의 단차량은 씰재의 지수설계 시에 설정한 설계 벌어짐량, 설계 단차량으로부터 설정하는 경우가 많으나 문헌 21)에서는 설계 벌어짐량과 설계 단차량에 시공 시 오차를 고려하여 한계 벌어짐량과 한계 단차량을 산정하고 있다.

내구성 검토는 휨 균열 폭이나 전단 균열 내력이 한계값이 된다. 휨 균열 폭은 터널의 환경조건에 따라 한계 균열 폭을 산정한다. 전단 균열 내력은 터널 표준시방서 『쉴드공법』 및 해설에서 제시한 바와 같이 콘크리트 자체 전단내력의 70%로 설정된다.

4.4.4 성능조사형 설계법

(1) 성능조사형 설계법의 도입배경

여러 규격를 국제규격으로 정리, 통합함으로서 불필요한 무역장애를 제거할 목적으로 1995년 「무역의 기술적 장애에 관한 협정(WTO/TBT 협정)」이 체결되어, 일본의 기술표준을 국제적 규격으로 정리, 통합시키는 것이 요구되었다. 또한 국제규격에 대해서는 국제표준화기구(ISO)에 준하는 것으로 결정되어, 1998년에는 ISO2394[22]가 발행되어 성능규정화의 방향성이 제시되었다. 일본내에서도 국제규격과의 정리, 통합을 위해 국토교통성 「토목·건축에 대한 설계기본(2002)」[23]이나 토목학회 「포괄 설계코드(안)(2003)」[24]에 의해 코드라이터를 위한 포괄적 설계코드가 책정되어 성능 규정화에 대한 대응이 도모되고 있다.

쉴드TBM 터널 분야에서는 성능조사형 설계의 적용을 염두에 두고 일본 터널기술협회 「쉴드터널을 대상으로 하는 성능조사형 설계법의 가이드라인(2003)」[25]이나 토목학회 「성능규정에 근거한 터널설계와 매니지먼트(2009)」[26]가 발행되었다. 그러나 현재는 설계 체계화를 위한 추가적인 검토가 진행되고 있는 단계로서 향후 발전이 요망된다.

(2) 성능조사형 설계법의 개념

성능조사형 설계법이란 포괄 설계코드[24]에 의하면 설계된 구조물이 요구성능만 만족하고 있다면 어떠한 구조형식이나 구조재료, 설계방법, 공법을 사용하여도 좋다라는 설계방법으로서 구체적으로는 구조물의 목적과 이에 적합한 기능을 명시하고, 기능을 갖추기 위해 필요한 성능을 규정하여 규정된 성능을 구조물의 공용기간 중 확보함으로써 기능을 만족시키는 설계방법이라고 정의되어 있다. 또한 설계코드의 Approach에 있어서 개념은 그림 4.4.9와 같다.

그림 4.4.9로부터 알 수 있듯이 성능설정의 단계에 따라 터널의 목적(기능)에서 요구성능을 설정하고, 검토 가능한 성능을 규정하여 검토를 수행하는 흐름이다. 여기서 중요한 것은 요구성능이나 성능규정을 유도하는 과정을 명확히 하는 것이며, 이것이 설계근거가 되기 때문이다. 또한 검토 Approach는 2가지 방법이 제시되고 있으며, 그 특징은 표 4.4.8과 같다. 특히 검토 Approach A에는 사업자, 설계자 양쪽으로부터 독립된 중립적인 입장에 있는 제3자 기관으로서의 검토기관에 대한 논의나 사업자, 설계 및 심사자의 책임범위 명확화 등의 논의가 충분하지 않기 때문에 현 시점에서는 적용이 곤란한 상황이다. 이 때문에 여기서는 검토 Approach B에 대한 개요를 주로 제시하고자 한다. 또한 성능조사형 설계법의 개념 정리로서 표 4.4.9에 성능조사형

설계법이 도입된 경우의 특징과 과제를 제시하였다. 특히 과제의 극복은 쉽지 않고 이에 대해서도 향후 검토를 주시해 갈 필요가 있다고 할 수 있다.

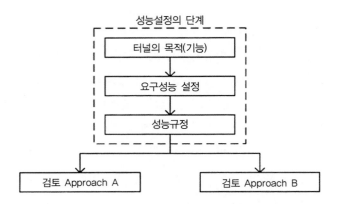

그림 4.4.9 성능조사형 설계법 Format의 개념[24]를 일부 가필 · 수정

표 4.4.8 검토방법의 특징

검토 Approach A	검토 Approach B
• 성능조사에 이용하는 방법에 제한이 없고 폭넓은 신기술의 도입 등이 가능한 것 • 성능규정을 적절한 신뢰성으로 만족함을 증명할 필요가 있다. • 검토방법이나 검토결과 등을 포함한 구조물 설계보고서의 적절한 심사기관에 의한 심사가 요망된다.	• 포괄 설계코드에 근거하여 적절한 순서에 따라 작성된 하위 설계코드(사업자에 의해 지정)에 근거하여 검토를 수행하는 것 • 구조물 혹은 부위, 부재조사를 즉시 실시할 수 있도록 구체적이고 정량적 규정결정이 요망된다. • 검토방법은 '부분계수에 의한 설계법'에 근거한 서식 적용이 요망된다.

(3) 터널의 목적

터널의 목적이란 터널 사업자 또는 이용자가 필요로 하는 터널시설이 가진 역할이나 그것이 제공하는 역할을 나타내는 것이라고 하지만, 예를 들어 문헌 26)에서는 표 4.4.10과 같이 표현하고 있다. 터널의 목적은 그림 4.4.9에 제시한 설계코드 Format의 최상위에 있듯이 목적에 따라 중시되는 성능이 바뀌므로 결과적으로 설계결과가 달라질 가능성을 염두에 두고, 구조물 설계에서 고려하는 성능을 의식하고 설정하는 것이 중요하다.

(4) 요구성능 설정

요구성능이란 구조물이 터널의 목적을 달성하기 위해 보유해야 하는 성능으로서, 본래는 공용기간 중뿐만 아니라 건설부터 폐기 혹은 갱신 등을 포함한 전 기간에 걸쳐 발생할 것으로 예상

되는 상태를 고려하여 결정할 필요가 있다. 즉, 요구성능은 터널 용도에 따라 사용환경이나 운용 조건을 감안하여 설정하고 작용하는 하중크기나 발생빈도 등도 고려하여 설정할 필요가 있다.

요구성능은 일반적으로 안전성, 사용성, 환경성, 시공성, 경제성 등으로 분류할 수 있으나 문헌 26)에서는 터널의 특징을 기준으로 분류하였으며, 요구성능의 설정 예로서 그림 4.4.10과 같이 표현하고 있다.

(5) 성능규정

터널의 목적과 요구성능의 설정은 구조물의 조사·계획 단계에서 실시하는 것으로 터널 사업자나 이용자의 관점에서 설정된 것이었다. 한편 성능규정은 요구성능과 실제 구조설계와의 접점을 규정하는 것으로서 적절한 방법으로 검토 가능하도록 기술적 용어로서 구체적으로 표현되어야 한다. 예를 들어 표 4.4.11과 같이 설정할 수 있다.

구조물의 성능을 규정하는 방법으로 '작용하는 하중의 크기와 발생빈도'와 '구조물의 성능레벨'을 조합한 성능 매트릭스가 사용되는 경우가 있다. 문헌 25)에서는 ① 기본적으로 보수나 보강을 하지 않고 터널이 건전하게 기능을 유지할 수 있는 레벨(기능건전 레벨), ② 보수를 통해 계속해서 기능을 유지할 수 있는 레벨(계속 사용가능 레벨), ③ 구조물 전체계가 붕괴하지 않고 대규모 보수 혹은 보강으로 터널기능의 전부 또는 일부를 재생할 수 있는 레벨(구조체계 유지 레벨)로 성능레벨을 구분하여 표 4.4.12와 같이 성능 매트릭스를 설정하고 있다.

표 4.4.9 성능조사형 설계법의 도입에 따른 장점과 과제

장점	• 설계 자유도가 증가함에 따라 최근의 기술적 지식(재료, 공법, 해석방법 등)을 도입하기 쉬워진다. • 불필요한 성능을 배제하여 공사비 절감을 기대할 수 있다. • 설계된 라이닝 구조가 보유하는 성능을 설계자나 사업자 제한없이, 또한 이용자 측도 알 수 있다. • 터널 사용환경이나 운용조건 등을 감안하여 라이프사이클을 통해 가장 합리적인 라이닝 성능을 선택할 수 있다.
과제	• 요구성능의 설정방법이나 그 수준의 규정방법 또는 성능을 규정화(정량화)하는 것이 어려워 요구성능에 대한 검토방법의 확립이 필요하다. • 검토해야 하는 항목이 다양화됨에 따라 산정방법을 확립할 필요가 있다. • 라이닝이 보유하는 성능을 공용기간 중에 어떻게 검증할 것인가 또는 라이프사이클 코스트의 평가방법의 확립이 필요하다.

표 4.4.10 터널의 목적 [26]을 일부 가필·수정

용도	기능
도로	차량·보행자를 안전·원활·쾌적하게 통행시킬 수 있으며, 소정의 공용기간 중에 유지·관리할 수 있다.
철도	열차를 소정의 속도로 안전·원활·쾌적하게 운행시킬 수 있으며, 소정의 공용기간 중에 유지·관리할 수 있다.
전력	소정의 케이블을 수납하여 송전할 수 있으며, 소정의 공용기간 중에 유지·관리할 수 있다.
통신	소정의 전기 통신용 케이블을 매설·철거할 수 있으며, 소정의 공용기간 중에 유지·관리할 수 있다.
가스	소정의 가스도관을 매설할 수 있으며, 소정의 공용기간 중에 유지·관리할 수 있다.
하수도 지하하천	소정의 우수·오수를 통수, 정류시킬 수 있으며, 소정의 공용기간 중에 유지·관리할 수 있다.

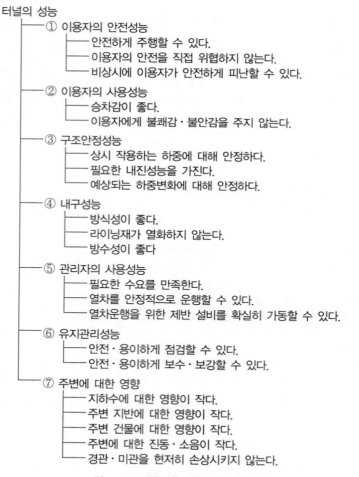

터널의 성능
- ① 이용자의 안전성능
  - 안전하게 주행할 수 있다.
  - 이용자의 안전을 직접 위협하지 않는다.
  - 비상시에 이용자가 안전하게 피난할 수 있다.
- ② 이용자의 사용성능
  - 승차감이 좋다.
  - 이용자에게 불쾌감·불안감을 주지 않는다.
- ③ 구조안정성능
  - 상시 작용하는 하중에 대해 안정하다.
  - 필요한 내진성능을 가진다.
  - 예상되는 하중변화에 대해 안정하다.
- ④ 내구성능
  - 방식성이 좋다.
  - 라이닝재가 열화하지 않는다.
  - 방수성이 좋다
- ⑤ 관리자의 사용성능
  - 필요한 수요를 만족한다.
  - 열차를 안정적으로 운행할 수 있다.
  - 열차운행을 위한 제반 설비를 확실히 가동할 수 있다.
- ⑥ 유지관리성능
  - 안전·용이하게 점검할 수 있다.
  - 안전·용이하게 보수·보강할 수 있다.
- ⑦ 주변에 대한 영향
  - 지하수에 대한 영향이 작다.
  - 주변 지반에 대한 영향이 작다.
  - 주변 건물에 대한 영향이 작다.
  - 주변에 대한 진동·소음이 작다.
  - 경관·미관을 현저히 손상시키지 않는다.

그림 4.4.10 요구성능의 설정 예(철도 쉴드터널의 경우) [26]

표 4.4.11 성능규정과 조사 예(철도 쉴드터널의 경우)

요구 성능		성능규정	성능조사	
			검토항목	한계값
구조 안정 성능	상시 작용하는 하중에 대해 안정하다.	상시 작용하는 하중에 대해 필요한 내하성능을 가진다.	설계단면력	설계단면내력
			응력	응력 제한값
			변위, 변형량	허용 변위, 변형량
		부력에 대해 안정하며, 필요한 중량을 가진다.	설계부력	설계중량
	필요한 내진성능을 가진다.	공용기간 중에 예상되는 지진동에 대해 라이닝이 필요한 내진성능을 가진다.	설계단면력	설계단면내력
			응력	응력 제한값
			변위, 변형량	허용 변위, 변형량
		지진 시에 액상화 등으로 부상하지 않는다.	설계부력	설계중량
	예상되는 하중변화에 대해 안정하다.	공용기간 중에 예상되는 근접시공에 의한 영향이나 주변환경 변화 등 하중조건 변화에 대해 필요한 내하성능을 가진다.	설계단면력	설계단면내력
			응력	응력 제한값
			변위, 변형량	허용 변위, 변형량
	예상되는 시공 시 하중에 대해 안정하다.	시공 시 예상된 하중에 대해 필요한 내하성능을 가진다.	설계단면력	설계단면내력
			응력	응력 제한값
			변위, 변형량	허용 변위, 변형량
내구 성능	방식성이 좋다.	철근·강재 세그먼트·조인트 장치 등 강재의 방식성이 좋다.	설계부식량	부식량 한계값
			중성화 깊이의 설계값	강재부식발생 한계깊이
			염화물 이온농도의 설계값	강재부식발생 한계농도
		내구성을 위협하는 유해한 균열이 없다.	균열 폭	균열 폭 제한값
	콘크리트가 열화하지 않는다.	콘크리트의 침식·열화가 허용범위 내이다.	균열 폭	균열 폭 제한값
			화학적 침식깊이의 설계값	피복 설계값
			중성화 깊이의 설계값	강재부식발생 한계깊이
			염화물 이온농도의 설계값	강재부식발생 한계농도
	지수성이 좋다.	라이닝·제반 설비의 열화원인이 되는 누수가 발생하지 않는다.	누수량의 설계값	허용 누수량

(6) 검토방법

성능조사형 설계법에서는 어떤 크기 혹은 발생빈도의 하중을 예상할지 또는 하중에 대해 한계상태에 도달할 가능성이 어느 정도인가를 정량적으로 나타냄으로써 설계된 구조물의 보유성능이 어느 정도인지를 나타내는 것이 최선의 방법이라고 할 수 있다. 이를 위해 확률론에 근거한 신뢰성 설계법을 이용하는 것이 기본이다. 현 시점에서는 부분안전계수법(신뢰성 설계법의 레벨 I)을 적용하는 것이 현실적이며, 이른바 한계상태설계법에서 나타내는 검토방법을 이용하는 것이다.

또한 검토에 있어서는 검토항목과 한계값을 설정할 필요가 있다. 검토항목은 성능규정된 것을 만족하도록 구조단면을 결정할 때 필요한 공학적 항목이며, 한계값은 그 한계가 되는 공학량을 나타낸 것이다. 성능규정의 내용을 충분히 이해하고 설정하는 것이 중요하다. 표 4.4.11은 성능규정에 따라 전개하여 설정한 검토항목과 한계값의 예이다.

표 4.4.12 성능 매트릭스[25]를 일부 가필 · 수정

검토구분 \ 성능레벨	기능건전 레벨	계속사용가능 레벨	구조체계유지 레벨
상시	Type-A, B, C		
시공 시	Type-A, B, C	Type-D	
지진 시 I(L1 지진)	Type-A, B	Type-C	
지진 시 II(L2 지진)		Type-A, B	Type-B, C
특수 시	Type-A, B, C		
이상 시		Type-A, B, C	Type-C

※ 검토구분은 작용하는 하중의 크기와 발생빈도 별로 구분한 것으로서 Type은 터널 용도나 중요도에 따라 구분한 것을 의미한다.

4.4.5 세그먼트 지수설계

세그먼트 지수의 대상부위는 조인트 면, 볼트구멍, 뒤채움 주입공 및 세그먼트 본체이다. 그 중 조인트면은 특히 중요한 지수 대상부위라고 할 수 있으며, 씰재를 붙여 지수성을 확보하고 있다. 본 절에서는 씰재에 의한 지수설계에 대해 기술한다. 또한 기타 부위의 지수방법에 대해서는 '7.7 터널의 방수공'에서 설명한다.

(1) 씰재 재료

씰재는 그림 4.4.11과 같은 재료의 변천을 거쳐왔다. 재료의 특성에 따라, 점착력을 가진 것, 탄성반발력을 가진 것, 수팽창에 의한 팽창압을 가진 것으로 분류된다. 1970년대까지의 씰재는

점착성을 가진 (유황을 첨가하지 않은) 미가유 부틸(Butyl) 고무계 씰재 등이 주류였으나, 반복하중에 대한 재료의 소성화와 경시적인 지수성능의 저하에 의해 충분한 지수효과를 얻을 수 없어 이 씰재를 사용한 터널의 누수는 다른 터널에 비해 많은 실정이다.

그 후 여러 연구성과에 의해 씰재가 압축됨으로서 세그먼트 조인트 면에 발생하는 응력(접면응력)이 작용수압 이상이 되면 누수가 생기지 않을 것이라는 점에 착안하여 씰재의 설계가 진행되어 왔다. 그러나 이 방법에 근거한 씰재료(고무재료 등)에서는 시간의 경과에 따라 접면응력이 감소하는 응력완화특성으로 지수성능이 저하된다는 단점이 있다. 따라서 물을 흡수하여 팽창하는 재료에 착안하여, 씰 재료에 이 재료를 함유시켜 경시적인 접면응력의 감소를 수팽창압으로 보강, 접면응력을 유지할 수 있는 수팽창성 씰재가 개발되었으며, 최근의 주류가 되었다.

수팽창성 씰재는 씰재 자체가 압축에 의한 탄성반발력과 함께 물과의 반응에 의해 팽창이 일어나며, 씰 Groove에 의해 구속되어 있어 조인트에 추가적인 팽창압이 발생한다. 이러한 접면응력에 의해 수압에 저항하고, 물의 침입을 방지하여 장기적인 지수성을 확보하는 것이다. 따라서 수팽창성 씰재는 과거의 씰재보다 두께를 얇게 할 수 있고, 조립 정밀도나 시공에 영향이 없는 장점을 가지며, 세그먼트의 설계나 시공 조건에 따라 유연하게 대응할 수 있는 장점도 있다. 이러한 점으로부터 수팽창성 씰재는 기타 씰재에 비해 취급이 쉽고 누수량이 현저히 적기 때문에 최근에 널리 보급되고 있다. 한편 개발 후 30년 정도의 비교적 새로운 재료이므로 내구성을 확인하기 위해 개발 당초부터 현재까지 지속적으로 수밀성 시험을 수행 중이며, 장기적인 성능 검토를 하고 있다.

(2) 씰재의 성능
씰재에 필요한 성능은 다음과 같다.

① 설계상 허용되는 벌어짐, 단차에 대해 수밀성을 확보할 수 있을 것
② 설계상 고려되는 작용수압에 대해 수밀성을 확보할 수 있을 것
③ 쉴드 잭에 의해 반복 작용하는 추력이나 세그먼트의 변형에 의해 수밀성을 잃지 않을 것
④ 쉴드 잭의 추력 및 볼트의 체결력에 대해 재질변화를 일으키지 않을 것
⑤ 조립 정밀도에 악영향을 주지 않을 것
⑥ 세그먼트의 조립 시 및 터널 완성 후 세그먼트 본체부에 영향을 주지 않을 것
⑦ 재질이 내후성, 내약품성에 우수한 재질일 것
⑧ 접착 시 작업성이 좋을 것

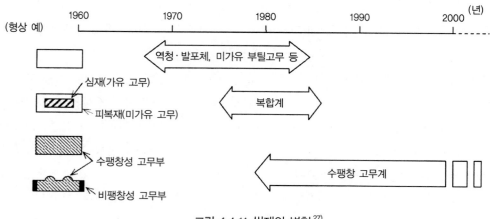

그림 4.4.11 씰재의 변천[27]

(3) 씰재의 설계법

씰재의 설계는 접면응력이 작용수압 이상이면 누수되지 않는다는 점을 바탕으로, 그 설계 플로우는 그림 4.4.12와 같다. 또한 접면응력 산정방법을 포함하여 씰재의 설계 예는 토목학회「세그먼트 설계 [개정판]」[27] 등에 기술되어 있다.

(4) 씰 Groove와 씰 단수

콘크리트계 세그먼트나 덕타일 세그먼트에서는 씰재를 접착하여 세그먼트의 조립 정밀도에 악영향을 미치지 않도록 원칙적으로 씰 Groove를 설치하며, 씰재가 씰 Groove내에 들어가도록 씰재의 단면적을 씰 Groove 단면적의 80% 정도에서 100% 미만으로 한다. 한편 강재 세그먼트에서는 과거 씰 Groove를 생략하는 것이 일반적이었으나 최근에는 지수성의 관점에서 주형 두께를 고려하여 씰 Groove를 설치하는 경우가 증가하고 있다.

씰 Groove의 위치에 대해서는 그림 4.4.13과 같이 조인트나 코킹 Groove와의 간격에 유의하여 결정할 필요가 있다. 세그먼트 두께가 작고 고수압하에서 씰 Groove가 큰 경우에는 조인트면의 접촉면적이 작아지는 경우가 있으므로 주의할 필요가 있다. 또한 특히 콘크리트계 세그먼트의 경우 씰 Groove의 위치를 극단적으로 지반 측 혹은 내공 측에 근접시키면 씰재 반발력에 의한 콘크리트의 국부적 파괴가 일어나는 경우가 있으므로 유의해야 한다.

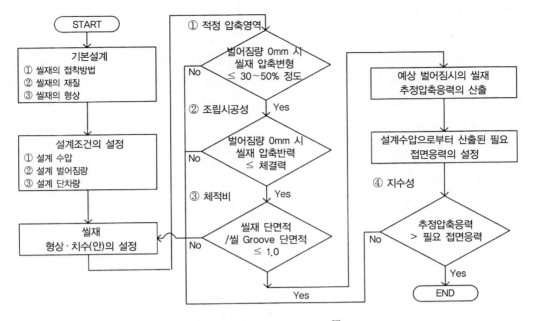

그림 4.4.12 씰재 설계 흐름 [27)]

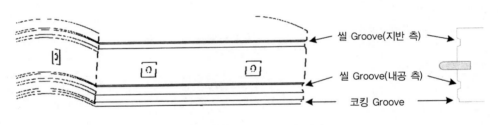

그림 4.4.13 씰 Groove의 위치

일반적으로 씰재는 지반 측에 1단 접착, 지수성을 확보한다. 단, 대단면 터널, 대심도 터널, 고수압이 작용하는 터널이나 내수압이 작용하는 수로터널 등 터널의 용도나 중요도에 따라서는 씰재를 지반 측 뿐만 아니라 내면 측에도 접착하여 2단 배치하는 경우가 있다. 이 경우 씰재의 설계는 지반 측 1단째 씰재에서 수밀성을 확보한 후 내면 측 2단째 씰재를 백업으로 설치하는 경우가 많다.

4.5 2차 라이닝 설계

2차 라이닝은 일반적으로 세그먼트의 방식, 터널의 방수, 선형확보, 내면 평활성 확보, 부상 방지 등을 위해 시공되나, 결과적으로 1차 라이닝인 세그먼트를 보강하는 효과도 기대할 수 있다. 2차 라이닝은 무근 콘크리트로 하는 경우가 많으나 장래의 하중변화에 대응할 수 있도록 철근을 삽입하는 경우도 있다.

(1) 2차 라이닝의 기능

2차 라이닝이 가지는 기능은 터널의 용도나 환경조건 등에 따라 다르며, 대략 표 4.5.1과 같이 분류할 수 있다.

표 4.5.1 2차 라이닝의 기능

기능	내 용
① 세그먼트 방식	세그먼트 내면환경 차단(보호층)
② 터널 방수	누수량 감소 등 2차적 지수
③ 선형 확보	1차 라이닝 사행 수정
④ 내면 평활성 확보	수로터널에서의 유하능력 확보
⑤ 세그먼트 보강 및 변형방지	1차 라이닝 보강
⑥ 부상 방지	터널 중량 증가
⑦ 내부시설 설치, 고정	케이블이나 관 등의 설치용 가설받침대 고정
⑧ 마감벽·격벽	공동구 등에서 시설공간 분리
⑨ 마모대책	수로터널에서의 유하 중인 모래 등의 마모에 대한 보호
⑩ 방진, 방음	철도터널에서의 진동이나 소음 저감
⑪ 내화	세그먼트의 화재에 의한 손상이나 열화 방지
⑫ 그 외	방수시트의 지지기능 등

(2) 2차 라이닝이 특히 필요한 부분

강재 세그먼트를 사용하는 경우에는 2차 라이닝을 설치하는 경우가 많다. 특히 2차 라이닝을 필요로 하는 부분은 다음과 같다.

① 강재 세그먼트 사용구간 : 강재 세그먼트를 적용하는 경우에는 터널 전체적으로 2차 라이닝을 설치하는 경우가 많다. 주로 콘크리트계 세그먼트를 적용하고 있지만, 급곡선부나 하중이 큰 부분 등 부분적으로 강재 세그먼트를 사용하는 경우에는 해당 구간에 2차 라이닝을 설치하는 경우가 많다. 콘크리트계 세그먼트에 인접하여 부분적으로 강재 세그먼트를

사용하는 경우 완성 내경과 동일하게 2차 라이닝 두께를 확보하기 위해 강재 세그먼트의 형고를 작게 하는 경우가 있다. 이때 2차 라이닝의 두께를 주로 방식의 관점에서 50mm 이상으로 하는 경우도 있다.

② 쉴드 내부 : 도달부에서 쉴드TBM의 스킨플레이트(Skin Plate)를 남기는 경우에는 내부 부품류를 해체, 철거한 후 스킨플레이트 내측에 현장타설 철근 콘크리트를 타설하는 경우가 많다. 이때 쉴드TBM 외판을 가설 구조로 보는 경우가 많아 2차 라이닝을 토압과 수압 등의 하중을 부담하는 터널의 본 구조로써 1차 라이닝과 동일한 방법으로 설계한다. 또한 지중 접합을 하는 경우 쉴드TBM의 스킨플레이트를 남기는 부분의 라이닝도 마찬가지이다.

③ 개구부 : 터널 중간에서 관거나 수직구 등의 구조물과 접속을 위해 라이닝에 개구를 설치하는 경우에는 비교적 큰 단면력이 발생하는 구조이며, 개구부의 세그먼트를 철거할 필요가 있기 때문에 1차 라이닝에 강재 세그먼트를 사용하고 그 내측에 2차 라이닝을 설치하는 것이 일반적이다. 과거에는 세그먼트 내면 측에 개구보강용 강재를 설치하고 콘크리트를 타설하는 경우가 많았으나, 최근에는 빔이나 기둥 등 개구보강용 강재를 강재 세그먼트에 내장시키고 그 내측에 얇은 2차 라이닝 콘크리트를 시공하는 사례가 증가하고 있다.

(3) 2차 라이닝 설계

2차 라이닝 설계는 1차 라이닝의 종류와 특성, 1차 라이닝과 2차 라이닝의 접합상황, 지반조건, 환경조건, 시공법 등을 고려하여 수행할 필요가 있다. 쉴드TBM 터널의 2차 라이닝의 구조적인 취급방법은 다음과 같다.

① 2차 라이닝 단독으로 터널 본 구조로 하는 경우 : 1차 라이닝은 가설 구조로 2차 라이닝은 본 구조로 하는 방식이다. 쉴드TBM공법의 적용지반이 산악공법과 같이 자립성이 높은 지반으로 확대됨에 따라 이러한 방법도 증가될 것으로 예상된다. 이 경우 1차 라이닝은 수압, 시공 시 하중을 주로 지지하고 2차 라이닝은 토압이나 수압 등 장기적인 하중을 지지하는 것으로 설계된다. 그러나 2차 라이닝에 작용하는 하중이나 지반반력 등의 평가방법이 1차 라이닝만을 본 구조로 하는 경우와 다를 것으로 예상되므로 이후 현장계측 등에 의해 평가방법을 명확히 하는 것이 중요하다.

② 1차 라이닝만을 본 구조로 하는 경우 : 일반적으로 2차 라이닝의 단면력 및 응력 계산을 생략하는 경우가 대부분이나 내부에 삽입관(內揷管)을 사용하는 경우 등에서는 1차 라이닝으로부터 누수에 의한 외수압이나 2차 라이닝의 자중에 대해 2차 라이닝을 설계하는 경우가 있다.

③ 2차 라이닝을 1차 라이닝과 병행하여 터널 본 구조로 하는 경우 : 터널 라이닝에 국부적으

로 큰 하중이 작용하는 경우, 터널 완성 후에 주변 지반의 굴착 등에 의해 터널에 작용하는 하중의 변동이 사전에 예상되는 경우, 토압 등의 하중 경시변화가 명확한 경우, 내수압이 작용하는 경우 등에는 2차 라이닝은 1차 라이닝과 함께 본 구조로 설계하는 경우가 많다.

이러한 경우의 설계에서는 1차 라이닝과 2차 라이닝의 접합면 형태를 충분히 감안하여 각 라이닝의 하중분담, 응력분담 및 거동을 계산하는 것이 중요하다. 즉, 접합면 상태에 따라 각 라이닝의 구조가 중첩구조, 합성구조 또는 그 중간적 구조가 될 지 다르기 때문이다.

평판형 세그먼트나 합성 세그먼트 등에서 접합면이 평활한 상태에서 2차 라이닝을 설치하는 경우 1, 2차 라이닝은 중첩구조에 가까운 거동을 나타낸다. 설계에서는 두 라이닝의 휨강성 및 축 강성에 따라 하중을 분담시키는 방법도 있으나 원형 쉴드TBM 터널의 라이닝은 폐합된 구조이므로 단순한 빔의 중첩구조 거동과는 다르다. 따라서 두 라이닝 간 변위의 적합성을 고려하여 하중전달을 평가하는 구조해석방법(2단 링 모델에 의한 방법 등)이 제안되어 사용되고 있다(그림 4.5.1 참조).[28], [29]

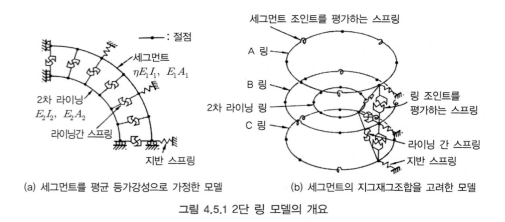

(a) 세그먼트를 평균 등가강성으로 가정한 모델   (b) 세그먼트의 지그재그조합을 고려한 모델

그림 4.5.1 2단 링 모델의 개요

철강재 세그먼트나 상자형 세그먼트 등 일반적으로 Box형 세그먼트에 2차 라이닝을 설치하는 경우나 평판형 세그먼트에 상당량의 DOWEL BAR를 배치한 경우에는 두 라이닝이 합성구조에 가까운 거동을 보이므로, 일체 구조로 가정하여 계산한다. 접합면에 DOWEL BAR를 배치하여 합성구조로 하는 경우, 배치밀도는 접합면에 작용하는 전단력에 대해 충분한 강성이나 내력을 가지도록 결정할 필요가 있다.

또한 접합면에 요철(凹凸)을 설치하여 끼워 맞추는 경우에는 중첩구조와 합성구조의 중간적인 거동을 나타내는 듯하다. 이러한 경우에도 요철의 물림에 따른 구속효과가 있기 때문에 요철부에 작용하는 전단력에 대해 검토할 필요가 있다. 또한 적절한 요철을 설치하고 각종 실험이나 검토를 통해 일체 구조로 설계한 예가 있다.

사진 4.5.1 FRPM관을 사용한 2차 라이닝의 예[30]

(4) 현장타설 콘크리트 이외의 2차 라이닝

2차 라이닝은 일반적으로 현장타설 콘크리트를 사용하여 구축하는 경우가 많으나 경제성 향상이나 단면축소, 공정단축 등을 목적으로 새로운 2차 라이닝 재료나 시공법 등이 실용화되고 있다. 최근에는 현장타설 콘크리트에 의한 2차 라이닝을 대체하여 강관, 덕타일관이나 FRPM관 등 내부에 삽입관(內揷管)을 설치하고 1차 라이닝과의 사이를 채우는 방법, 1차 라이닝 내측에 숏크리트 등을 시공하는 방법, 분할된 시트 형태 혹은 패널 형태의 피복재를 1차 라이닝 내측에 설치하는 방법 등이 있다. 사진 4.5.1은 강재 세그먼트를 1차 라이닝에 사용하고 2차 라이닝으로 FRPM관의 삽입관(內揷管)을 설치한 예이다.

(5) 2차 라이닝의 대체조치 예

터널의 용도에 따라 결정된 2차 라이닝 기능의 대체조치로 1차 라이닝에 설치하는 것이다. 이때 공용 후 터널의 내부환경을 충분히 파악하여 라이닝 구조의 설계·시공의 관점에서뿐만 아니라 지수성, 내구성을 확보하는 관점에서 신중히 검토할 필요가 있다.

터널 내부가 오수에 의해 부식성 환경에 노출되는 하수도 및 합류식 관거를 중심으로 2차 라이닝의 대체조치를 취한 1차 라이닝만으로 라이닝 구조를 사용하도록 하고 있어 그 예를 다음에 소개한다.

① 합성수지 등 시트 형태의 피복재를 1차 라이닝 내면에 일체화시켜 세그먼트를 제작하는 방법
② 세그먼트 내면에 합성수지 등 피복재를 도포 또는 함침하는 방법
③ 콘크리트계 세그먼트의 콘크리트 방균성, 내산성 등 방식기능을 높이는 것
④ 내면 피복을 일반적인 경우보다 크게 하고 피복의 일부를 2차 라이닝부로 간주하는 것

사진 4.5.2는 내면수지 일체형 세그먼트의 예로서 돌기가 있는 수지 패널을 세그먼트 거푸집 내면에 설치한 후 콘크리트를 타설하여 일체화를 도모한 것이다. 또한 사진 4.5.3은 2차 라이닝 일체형 세그먼트의 예로서 피복 부분에는 철근이나 조인트 철물을 배치하지 않는 것을 원칙으로, 내면평활 타입의 세그먼트가 일반적이다.

사진 4.5.2 내면수지 일체형 세그먼트의 예 [31]　　사진 4.5.3 2차 라이닝 일체형 세그먼트의 예 [32]

4.6 내진설계

4.6.1 개 요

지금까지 쉴드TBM 터널이 경험한 최대 지진에 의한 피해는 2007년 7월에 발생한 新潟県中越沖 지진에 의해 長崎 배수로의 경우일 것이다. [33] 長崎 배수로는 1988년에 완성된 사구(砂丘) 하부를 통과하는 쉴드TBM 터널로서 이 지진에 의해 링 조인트의 파단이나 내공단면의 감소가 발생하였다. 그러나 이 예를 포함하여도 쉴드TBM 터널은 지진에 의해 구조물의 기능이 크게 저하되는 피해를 입은 경우는 없다.

쉴드TBM 터널을 포함하여 지중구조물의 내진설계가 널리 수행되어진 것은 1995년 兵庫県南部 지진에 의해 개착공법으로 건설된 지하철 정거장이 중대한 피해를 입었기 때문이다. 그때까지 지중구조물은 지상구조물에 비해 지진에 강하다고 여겨 일부 구조물을 제외하고는 내진설계가 수행되지 않았다.

「터널 표준시방서(쉴드공법 편)」에서는 표 4.4.2.1과 같이 지진 영향은 '고려해야 하는 하중'으로서 '기본적인 하중'으로 취급하지 않는다.[34] 동 시방서에는 "토피가 크고 양호한 지반 중에 있는 터널에서는 일반적으로 지진의 영향검토를 생략해도 좋다. 그러나 다음 조건에 해당하는 경우에는 터널이 지진의 영향을 받는 것으로 보고 특히 신중한 검토가 필요하다."[35]라고 기술되어 있다.

① 지중접합부, 분기부, 수직구 접합부 등과 같이 라이닝 구조가 급변하는 경우
② 연약지반 중에 있는 경우
③ 토질, 토피, 기반암 깊이 등 지반조건이 급변하는 경우
④ 급곡선부가 있는 경우
⑤ 느슨한 포화 사질토 지반에서 액상화 가능성이 있는 경우

따라서 내진설계를 생략가능한 경우도 있으나, 구체적으로 어떠한 조건에서 내진설계를 생략해도 좋은가는 설계자의 판단에 맡기고 있는 상황이다. 쉴드TBM 터널은 기술의 진보에 따라 지금까지는 생각하지 못한 대단면이나 저토피에서도 계획할 수 있게 되었다. 이러한 조건에서 계획된 경우는 지진의 영향을 받기 쉬우므로 내진설계에 특히 신중을 기할 필요가 있다.

쉴드TBM 터널의 내진설계는 실험결과나 피해사례를 바탕으로 주로 지진 시 지반진동으로 발생하는 변형의 영향에 대해 수행한다. 설계법은 응답변위법 등 지중 선상 구조물로서 하중, 검토 기준값, 구조해석법이 상시하중에 대한 것과 다르다. 단, 구조해석에서 쉴드TBM 터널 자체의 모델링방법이나 검토방법은 앞서 설명한 허용응력설계법이나 한계상태설계법과 동일하나 특수성으로는 주변 지반의 지진 시 거동과 쉴드TBM 터널의 거동에 착안한 설계방법이라는 점이다. 이 때문에 내진설계는 상시하중에 대한 설계와는 독립적으로 취급하는 경우가 많다.

쉴드TBM 터널은 다수의 조인트를 가진 Flexible 구조이므로 지진 시에 변형이 발생하기 쉬운 특성이 있다. 따라서 쉴드TBM 터널의 내진설계는 지진 시에 약점으로 작용할 가능성이 높은 조인트에 관한 검토를 중점적으로 수행하여 지반변형에 대한 추종성을 높여 두는 것이 특징이다.

다음에는 ① 쉴드TBM 터널의 지진에 의한 피해사례, ② 내진설계의 기본방침, ③ 설계 지진동, ④ 쉴드TBM 터널의 지진 시 안정성, ⑤ 횡단방향 검토, ⑥ 종단방향 검토, ⑦ 내진화 대책에 대해 설명한다.

4.6.2 피해사례

(1) 개 요

지중구조물은 교량이나 건축물 등의 지상구조물과 비교하여 지진에 의한 두드러진 피해가 없었기 때문에 내진설계는 그렇게 중요시되지 않았다. 그러나 표 4.6.1과 같이 최근 지진에 의한 지중구조물의 지진피해도 보고되고 있어 현재는 중요한 지중구조물에 대한 내진화가 진행되고 있다.

지중구조물 중에서도 특히 쉴드TBM 터널은 현재까지 붕괴 등 터널자체의 기능에 치명적인 영향을 받은 피해경험이 없기 때문에,[36] 지진에 강한 구조물이라고 생각되고 있다. 그 배경은 쉴드TBM 터널이 비교적 깊은 지반 중에 축조된다는 점, 구조적으로 안정한 원형 단면이 많다는 점, 많은 조인트를 가지기 때문에 지반변형에 추종하기 쉬운 Flexible 구조라는 점 등을 들 수 있다.

(2) 쉴드터널의 피해사례

쉴드TBM 터널의 지진피해로는 멕시코 지진(1985, M8.1)에 의한 하수도 쉴드TBM 터널이나 兵庫県南部 지진(1995, M7.3)에 의한 하수도·통신·전력구 피해가 알려져 있다.[37), 38)] 이러한 피해의 특징은 수직구 접속부 부근에서의 링 조인트 볼트의 파단이나 세그먼트 단부 콘크리트의 탈락, 미세한 크랙의 발생정도로 터널의 기능에 큰 영향을 미친 것은 없었다.

표 4.6.1 지중구조물에 피해가 발생한 최근의 주요 지진

발생일	지진명	지진규모	지중구조물 등의 주요 피해
1993년 7월 12일	北海道南西沖 지진	M7.8	• 액상화에 의한 하수관·맨홀 부상 • 배수관(덕타일 주철관이나 강관 등)의 조인트 이탈, 관로파손, 균열발생
1995년 1월 17일	兵庫県南部 지진	M7.3	• 광역적인 액상화 발생으로 상하수도관을 중심으로 막대한 피해 발생, 완전복구까지 5개월 정도 필요 • 神戸고속철도 大開 역에서는 중앙기둥이 압괴하고 직상부 국도에 함몰 발생 • 충적지반 중의 하수도·통신·전력구의 링 조인트 절단, 세그먼트 콘크리트 파손, 접속부 손상 등 발생, 기능에 대한 영향은 없음.
2003년 9월 20일	十勝沖 지진	M8.0	• 액상화에 의한 맨홀 부상과 되메움부 침하
2004년 10월 23일	新潟県中越 지진	M6.8	• 액상화에 의한 맨홀 부상과 되메움부 침하 • 中越 신칸센 魚沼 터널에서 아치부, 측벽부 콘크리트 붕괴, 노반 콘크리트 부상
2007년 3월 25일	能登半島 지진	M6.9	• 액상화에 의한 맨홀 부상 • 도로터널 갱구부 낙석 피해
2007년 7월 16일	新潟県中越沖 지진	M6.8	• 長崎 배수로 터널에서 종단 균열, 링 조인트 파단 • 액상화에 의한 되메움부 침하가 발생하였으나 2004년 新潟県中越 지진 후 시멘트 개량에 의해 복구한 개소에서는 피해가 거의 확인되지 않음

한편 2007년 7월에 발생한 新潟県中越沖 지진에서는 내진성에 대해 취약으로 판단되는 특수부만의 피해가 아니라 지금까지의 쉴드TBM 터널의 피해형태와 다른 특징적 피해가 발생하였다.

長崎 배수로(RC 세그먼트, ϕ=4,500mm, 그림 4.6.1)는 1988년에 토압계 가니식 쉴드TBM 공법으로 산간부에 시공된 배수로 터널이다. 설계는 관용설계법이 적용되었으며, 내진설계가 실시되지 않는 본 터널의 피해특징을 정리하면 다음과 같다.[33]

① 과거의 쉴드TBM 터널의 지진피해 보고는 2차 라이닝의 스프링라인 상하 45° 위치에 0.5~1.5mm 정도의 종단방향 크랙이 발생하고 있다.

② 원주방향의 균열이 현저하고 세그먼트 폭 간격(약 0.9m)으로 발생하였다. 대규모 균열이 여러 군데에서 발생하였고 그 균열 폭은 20~50mm 정도이며, 원주방향의 균열 폭을 적산하면 터널이 연장방향으로 약 1% 정도에 늘어난 것이 된다.

③ 2차 라이닝에 폭 2cm를 넘는 균열이 발생한 곳에서는 1차 라이닝의 링 조인트가 파단되었고 파단된 곳에서는 외경비 2%를 넘는 내공변형이 발생하였다. 이 내공변형이 발생한 개소에서는 20~80mm 정도의 천단침하가 발생하였다(그림 4.6.2 참조).

新潟県中越 지진 이전의 지진에서는 터널 횡단방향 지반변위의 작용에 의한 축방향 균열이나 특수부에서의 피해사례가 많고 터널의 기능에 큰 영향을 미친 경우는 없었다. 그러나 新潟県中越沖 지진에서의 피해사례와 같이 직선부에서 발생한 원주방향 균열이나 링 조인트의 손상은 지형변화가 원인으로 터널 종단방향의 지반 변형거동에 의한 것으로 추정된다.[33] 이러한 손상은 터널의 기능, 예를 들어 지수성 등에 미치는 영향이 크므로 향후 쉴드TBM 터널의 내진설계 시 주의할 필요가 있다.

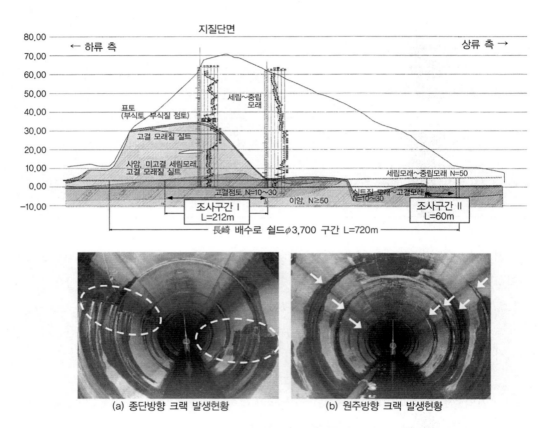

(a) 종단방향 크랙 발생현황   (b) 원주방향 크랙 발생현황

그림 4.6.1 쉴드TBM 터널의 피해사례(新潟中越沖 지진 1)[33]

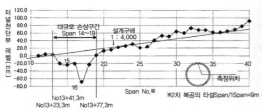

(a) 종단경사의 측량결과

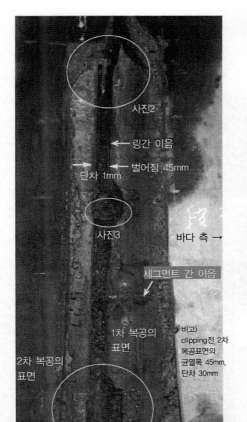

사진2

← 링간 이음

벌어짐 45mm

단차 1mm →

사진3

바다 측 →

세그먼트 간 이음

1차 복공의
표면

비고)
clipping전 2차
복공표면의
균열폭 45mm,
단차 30mm

2차 복공의
표면

사진4

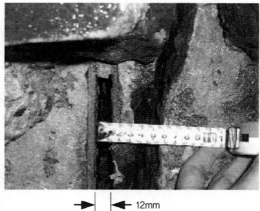

|← 12mm

사진 2 1차 라이닝의 상세한 파손상황

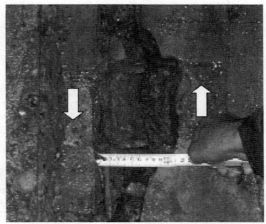

사진 3 1차 라이닝의 상세한 파손상황

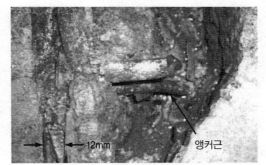

← 12mm

앵커근

사진 4 1차 라이닝의 상세한 파손상황

그림 4.6.2 쉴드TBM 터널의 피해사례(新潟県中越沖 지진 2)[33]

(3) 쉴드TBM 터널 이외 지중구조물의 피해사례

최근에는 연약지반 중의 시공이나 대단면, 병렬형 구조 등이 증가하고 있으며, 가까운 장래에 예상되는 도시형 대규모 지진 시에는 이와 다른 피해형태의 발생도 충분히 고려할 수 있다. (1)에서 설명한 바와 같이 지중구조물 자체의 지진 피해형태는 매우 다양하며, 쉴드TBM 터널 이외 지중구조물의 피해사례를 알아두는 것도 쉴드TBM 터널의 새로운 지진 피해형태를 고찰하는데 있어서 하나의 힌트가 될 것이다. 여기에서는 과거 지진피해 중 특징적인 3가지 피해사례를 소개한다.

1) 兵庫県南部 지진에 의한 神戸 고속철도 大開 역의 피해

神戸 고속철도 大開 역은 1962년 착공, 1964년 준공된 박스 컬버트 구조(일반부 : 토피 약 5m, B=17.4m×H=7.2m)로서 소위 진도 7 지진대에 위치하고 있었기 때문에 큰 지진작용이 발생한 경우라고 할 수 있다. 지진발생 시에는 일반부 중앙기둥(간격 3.5m, 0.4×1.0m)이 그림 4.6.3과 같이 완전히 압축파괴되어 박스가 붕괴된 결과, 정거장 기능을 상실했을 뿐만 아니라 직상부 국도가 함몰되는 피해발생이 보고되었다.[39]

이러한 대단면에서 높은 축력을 부담하는 중앙기둥 구조는 쉴드TBM 터널에서도 병렬형 구조 등으로 적용되고 있어 지진 시 취약부가 될 것으로 예상된다.

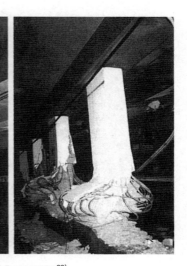

그림 4.6.3 神戸 고속철도 大開 역 중앙기둥의 압축파괴상황[39]

2) 北伊豆 지진에 의한 丹那 터널의 피해

北伊豆 지진(1930. 11, M7.3)은 伊豆 반도 북부를 지나는 丹那 단층을 진원으로 하는 지진이다. 본 지진발생 시에는 丹那 단층을 관통하도록 국철 東海道本線 丹那 터널을 시공 중이었으며, 선행 굴착된 물빼기용 터널에서 8척(약 2.4m)의 단층에서 어긋남이 발생한 것으로 보고되었다(그림 4.6.4 참조).[41] 지진 후 철도성은 이 정도의 대규모 단층의 어긋남에 대해서도 피해가 적었기 때문에 단층개소에 조적으로 7, 8척(약 2.1~2.4m)의 이음부를 만듦으로서 단층의 어긋남에도 붕괴되지 않는 구조물이 될 것이라는 의견을 제출하였다.[40]

그림 4.6.4 北伊豆 지진 시 丹那 터널 내 단층[40]

3) 액상화 지반 중의 지중구조물 피해

표 4.6.1과 같이 지중구조물의 지진피해 중 가장 많은 사례는 액상화 지반 중의 매설관거나 맨홀 등의 부상피해이다. 쉴드TBM 터널과 매설관거는 규모가 다소 다르지만 지중구조물이라는 관점에서는 유사한 구조로 볼 수 있다.

新潟県中越沖 지진(2004)에서는 하수도 시설의 액상화 피해가 현저하여 그림 4.6.5와 같은 맨홀 부상과 되메움부 침하에 의한 피해가 다수 발생하였다. 이에 따라 라이프 라인으로서의 상하수도 기능이 정지됨과 더불어 교통기능장애 등 피해가 발생하였다. 이러한 피해에 대해 토목학회 등에서는 피해조사결과에 따른 대책공에 대해 긴급제언[41], [42]을 하였으며, ① 되메움토의 다짐, ② 쇄석에 의한 되메움, ③ 되메움토의 고화 등 액상화 대책을 제시하였다. 이러한 긴급제언에 따라 지진복구를 실시한 결과 3년 후에 발생한 新潟県中越沖 지진(2007)에서는 이러한 복구가 수행된 개소에서 현저하게 액상화 피해가 발생하지 않았다.

그림 4.6.5 新潟県中越 지진에 의한 하수도 시설 피해상황

(4) 피해사례의 정리

(2)에서 서술한 쉴드TBM 터널의 지진피해 사례로부터 쉴드TBM 터널의 지진피해의 특징은 다음과 같이 정리할 수 있다.

표 4.6.2 쉴드TBM 터널의 지진피해 특징과 주요인

피해형태	피해의 주요인
수직구 접합부 부근에서 링 조인트의 파손	구조변화부에서의 지진작용과 거동의 급변
콘크리트계 세그먼트 단부의 탈락	터널 종단방향의 지반 변형거동
곡선부에서 2차 라이닝 콘크리트의 횡단방향 균열	구조변화부에서의 지진작용과 거동의 급변
직선부 2차 라이닝 콘크리트의 스프링 라인부터 상하 약 45° 위치에서의 종단방향 균열	터널 횡단방향의 지반 변형거동
부등침하나 누수 발생	액상화에 의한 측방유동, 침하 등의 안정성 손실
직선부에서 원주 균열이나 링 조인트의 파손	터널 종단방향의 지반 변형거동

또한 (3)과 같은 지중구조물의 피해사례는 쉴드TBM 터널에서도 장래 발생할 가능성이 높은 피해형태이기 때문에 표 4.6.2의 피해형태에 추가하여 쉴드TBM 터널의 내진설계에서는 액상화, 지반급변부 및 활단층 횡단부 등에 대해서도 고려할 필요가 있다.

쉴드TBM 터널에 대규모 지진피해가 발생한 경우에는 터널에 요구되는 사용성(유하능력이나 철도·차량의 통행성 등 기능성)이나 안전성, 수리·복구의 확보가 곤란한 경우도 예상된다. 결국 쉴드TBM 터널의 내진성을 확보하기 위해서는 지반 및 구조물의 상황을 적절히 파악하여 피해를 일으킬 원인을 고려할 수 있고, 요구되는 성능을 평가할 수 있는 계산방법으로 내진설계를 수행할 필요가 있다.

4.6.3 내진설계의 기본방침

(1) 지진현상

그림 4.6.6은 지진현상의 개념을 나타낸 것이다. 지진은 암반 내에서 일어나는 단층운동이 초래하는 자연현상이다. 이 단층운동의 큰 에너지원은 지각판 운동에 의한 것으로 추정되며, 일본 주변은 지각판 끼리 얽혀 있고 일본열도 내륙부에는 과거의 파괴를 말해주는 활단층이 복잡하게 위치하고 있다. 단층운동은 단층 내부의 파괴를 초래하며, 파괴가 현저한 곳에서부터 지진파가 방출되고 전파되어 지표면 부근에서 큰 지진동을 일으키거나, 단층운동이 직접, 지표면 부근의 어긋남 등의 변형을 발생시키거나 한다. 구조물이 구축된 위치에서 지진동이 관찰되는 것은 진원단층의 파괴로부터 발생한 종파(압축파 혹은 P파)나 횡파(전단파 혹은 S파)가 지진파로서 전파되어 도달하기 때문이며, 이것을 실체파라라고 한다. 또한 지형에 따라서는 실체파가 지표면 경계에 도달하여 Rayleigh wave나 Love wave 등의 표면파를 발생시키게 된다. 따라서 지표면 부근에서 관측되는 지진동에는 이러한 영향이 모두 포함되어 있는 점을 이해할 필요가 있다. 단, 토목구조물·건축물에 대해 큰 영향을 미친다고 여겨지는 것은 S파이다.

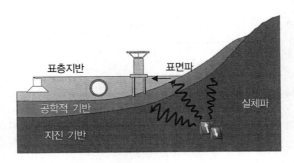

그림 4.6.6 지진현상의 개념도

비교적 신선한 연암이나 미고결토가 퇴적된 얕은 지층은 대심도에 비해 전단파 속도 Vs가 꽤 느리고 유연하기 때문에 파의 특성에 의해 굴절을 반복하는 도중에 지표면 부근에서는 진행방향이 거의 연직방향이 되며, 또한 현저하게 증폭하는 것으로 알려져 있다. 증폭의 영향을 받지 않는 부분을 기반면이라고 하면 진원으로부터의 거리가 거의 같다면 기반면에 입사되는 파는 어디에서도 거의 같을 것이라고 생각되므로 지진학상으로는 편리한 개념이다. 깊이 수십 km까지의 상부지각이라고 불리는 부분의 Vs는 $3 \sim 3.5$(km/sec)로 거의 일정하기 때문에 Vs가 3(km/sec) 정도 이상의 지층은 지진기반이라고 정의되고 있다.

이에 대해 지진기반보다 얕은 Vs=300~700(m/sec)인 지층을 공학적 기반이라 정의하고 있다. 하지만 지하심부 지진기반에서의 관측기록이나 지진기반 깊이의 지하구조에 관한 정보가 적기 때문에 지진기반이라는 개념을 바탕으로 지진동 특성을 평가하는 것이 곤란한 경우가 많고, 관측기록이나 지반정보가 풍부한 공학적 기반에서 지진동을 설정하는 방법이 용이하므로 공학 분야에서 설계법을 단순화할 수 있는 장점이 있다.

이러한 배경에서 쉴드TBM 터널의 내진설계에서는 공학적 기반에서 설계 지진동을 정의하고 공학적 기반에서 지표면까지의 표층지반에 대해 전단파가 연직방향으로 입사한다고 가정하는 것이다.

(2) 내진설계의 순서

그림 4.6.7은 쉴드TBM 터널 내진설계의 개략 순서이다. 4.6.2 피해사례와 같이 착안점은 주변 지반의 안정성 검토와 라이닝 부재 검토의 2가지이며, 부재 검토는 횡단방향 및 종단방향의 2가지로 구분할 수 있다. 이에 앞서 내진설계의 목표설정과 설계 지진동의 설정이라는 2가지 작업이 필요하다.

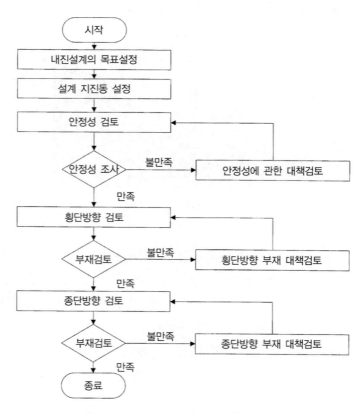

그림 4.6.7 쉴드TBM 터널의 내진설계 순서

(3) 내진설계의 목표설정

우선 공공성이 높은 토목구조물·건축물은 한정된 재원 속에서 상기 지진현상에 대한 시설 안전성이나 기능유지성, 복구성 등을 함께 계획하게 되므로, 예상되는 지진을 명확히 하여 이에 대한 시설의 지진 후 상태를 명확히 하는 것이 기본 스텝이다.[43] 한 마디로 쉴드TBM 터널이라 하더라도 도로, 철도, 상하수도, 하천, 공동구, 전기, 가스, 통신 등 각종 시설이 있다. 이러한 공간 내에 인간이 상주하는가? 터널공간 내에 물의 침입이 있어도 기능에 문제가 없는가? 장기간에 걸친 기능정지가 미치는 사회적·경제적 영향은 큰가? 등 각 시설에 요구되는 지진 후 상태는 다양하다. 따라서 각종 기능이나 공용상태를 고려한 내진설계 목표를 설정하는 것이 매우 중요하다.[38]

(4) 설계 지진동의 설정

다음으로 공학적 기반에서 설계 지진동을 설정한다. 설계 지진동은 적용하는 검토방법이나 검토항목에 따라 설정 내용이 상이하므로 주의가 필요하다. 예를 들어 안정성 검토나 횡단방향 검토는 과거 관측기록을 바탕으로 설계응답 스펙트럼이나 시간이력 가속도 파형 등을 설정하지만, 종단방향 검토는 이에 추가하여 터널 축방향에 따른 공학적 기반으로 입사하는 시간차를 고려하여 가상의 전파속도나 표면파를 예상하여 정현파 형상의 진행파 파장 등을 설정하는 것도 요구된다.

(5) 안정성 검토

주변 지반의 안정성 검토는 액상화에 의한 부상이나 측방유동에 의한 잔류변위 또는 사면 붕괴의 영향에 의한 잔류변위 등에 대한 터널 구조물의 안정성을 확인하는 것이다(그림 4.6.8 참조).

(6) 구조부재 검토

쉴드TBM 터널의 내진설계에서는 주변 지반의 안정성이 확보된 것을 전제로 지진 시 지반이 진동하는 상황에서 구조물에 대해 가장 위험한 조건에서 구조부재의 손상에 대한 검토를 수행하고 있다.

쉴드TBM 터널은 지중구조물이기 때문에 자체가 독립적으로 진동하는 것이 아니라 주변 지반의 거동에 지배되어, 지반이 진동하면 이에 추종하여 변형하는 특성이 있다. 터널 횡단면을 고려하면 S파의 입사에 의해 표층지반이 전단변형하면서 진동할 때 터널 단면도 마찬가지로 전단변형하게 된다(그림 4.6.9 참조). 또한, 종단방향에 대해서는 터널 축방향에 따라 지반거동이 다르므로 지반변형이 발생하는 상황을 예상한다면 터널 축방향 변형(변위)에 대해서는 지렁이처럼 신축, 터널축 직각방향의 변형(변위)에 대해서는 뱀처럼 구불구불한 변형거동을 나타낸다(그림 4.6.10 참조).

부재 검토는 단면이 커지면 횡단방향 거동이 탁월하기 때문에 필요한 단면공간을 확보하기 위해 응력·변형 검토를 통한 설계가 매우 중요하며, 터널 축방향에 대한 지반조건 급변부 등이 있는 경우에는 종단방향 지반변위에 의해 발생하는 구조물의 응력·변형 검토가 매우 중요하게 된다. 양측 모두 주변 지반 및 구조물의 지진 시 거동을 재현하는 것이 중요하다.

(7) 내진설계 방법

표 4.6.3은 내진 계산방법에 대한 일람이다.[38] 상세는 4.6.6 및 4.6.7을 참조하기 바란다. 내진설계 방법은 간편한 이론식에 의한 방법(A)과 FEM 해석 등 수치해석에 의한 방법(B)이 있다. 수치해석에 의한 방법으로는 구조물과 지반 양측을 한 번에 모델링하는 일체 모델(①)과 구조물과 지반을 분리하여 모델링하는 분리 모델(②)이 있다. 또한 정적해석에 의한 설계법(S)과 동적해석에 의한 설계법(D)이 있다. 모두 전단파가 전달되어 지반이 변형하고 이에 따라 구조물이 변형하는 상황을 표현하는 것이다. 특히 응답변위법이나 응답진도법은 지상 구조물의 진도법과 함께 잘 알려진 설계방법의 하나이다.

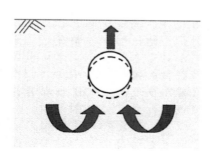

그림 4.6.8 주변 지반의 안정성

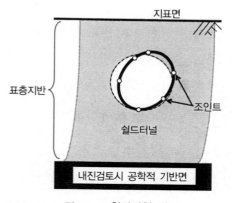

그림 4.6.9 횡단방향 거동

그림 4.6.10 종단방향 거동

표 4.6.3 내진설계 방법 일람

	모델	해석방법	횡단방향 검토	종단방향 검토
A. 이론해	① 일체계	S. 정적해석	지반변위 cos 형상, 원형 단면 터널의 해석	지반변위 sin 파형, 직선터널의 해석(좁은 의미의 응답변위법)
B. 수치해석	① 일체계	D. 동적해석	2차원 FEM 동적해석(지진응답해석)	2차원, 3차원 FEM 동적해석(지진응답해석)
	① 일체계	S. 정적해석	2차원 FEM 정적해석(응답진도법 등)	–
	② 분리계	D. 동적해석	–	2차원, 3차원 동적 골조해석(다점입력법, 넓은 의미에서의 응답변위법)
	② 분리계	S. 정적해석	2차원 정적 골조해석(응답변위법)	–

(8) 내진성능 검토의 예

표 4.6.4는 성능검토에 관한 내진설계 목표설정 예를 나타낸다. 토목구조물이나 건축물의 기준 등에서는 레벨 1 지진동과 레벨 2 지진동의 2가지 지진작용을 설정하고 각각에 대해 목표로 하는 성능이 확보되는지를 검토하는 것으로 이러한 예도 표 4.6.4에 따른다. 쉴드TBM 터널은 세그먼트 본체, 세그먼트 조인트, 링 조인트, 2차 라이닝 등으로 구성된 구조체이기 때문에 지진에 의해 어느 부위가 어떻게 손상될 가능성이 있는지를 예상하여 각각의 응력상태나 변형상태 혹은 손상상태를 설정할 필요가 있다. 본 사례는 도로나 철도 시설에 대한 것으로서 세그먼트 본체, 조인트 손상레벨, 세그먼트 링 변형에 의한 기능장애, 누수 또는 출수에 의한 기능장애, 터널 주변 지반의 안정성 손실 등에 착안한 것이다. 그림 4.6.11과 표 4.6.5에 RC 부재를 예로, 부재 응력·변형의 크기에 따른 부재상태와 복구를 위한 대응방법에 대해 정리하였다. 이 부재가 평상시에 어떠한 역할을 담당하는가에 따르지만, 터널 전체의 지진 후 상태가 표 4.6.4에 제시된 목표를 달성하기 위해 각 부재의 손상 레벨에 대한 기능성이나 복구성, 붕괴 등에 대한 안전성에 대해 억제할 필요가 있으며, 이러한 방법을 바탕으로 각 부재의 한계값이나 제한값을 설정하고 응답결과를 검토한다.[38] 일반적으로 레벨 1 지진동에 대해서는 손상레벨 2, 레벨 2 지진동에 대해서는 구조물의 중요도에 따라 손상레벨 3~4를 목표로 하는 경우가 많다. 이를 위해 라이닝의 한계상태를 사전에 파악하여 둘 필요가 있다. 이 경우에는 기존 라이닝에 대한 반복재하시험[예를 들어 문헌 44), 45), 46)] 등이 참고가 될 것이다.

표 4.6.4 내진설계 목표의 설정 예

	레벨 1 지진동	레벨 2 지진동
예상 지진동	공용기간 중 1~2회 정도 경험하는 규모의 지진동	공용기간 중 경험할 확률은 적으나 극단적으로 강한 최대급의 지진동
목표성능	경우에 따라 경미한 보수는 필요하나 계속 사용이 가능한 상태	보수 또는 보강을 통해 구조물의 기능을 복구하는 것이 가능한 상태
세그먼트 본체 세그먼트 조인트	세그먼트 본체 및 세그먼트 조인트에 발생하는 응력이 탄성범위 내	세그먼트 본체 및 세그먼트 조인트에 발생하는 응력이 소성영역에 있더라도 내하력 또는 변형성능 이내이며, 현저한 누수나 출수가 발생하지 않음
링 조인트	링 조인트에 발생하는 응력이 탄성범위 내이며, 쉴드재의 지수성능을 유지할 수 있는 범위의 벌어짐량, 단차량	링 조인트에 발생한 응력이 소성영역에 있더라도 변형성능 이내이며, 현저한 누수나 출수가 발생하지 않음
2차 라이닝	2차 라이닝의 일부 부위가 소성영역에 도달하여도 부재파괴가 발생하지 않음	2차 라이닝이 부재파괴되어도 인명손상 없음

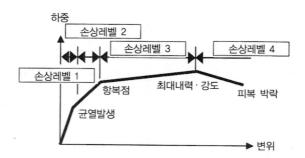

그림 4.6.11 RC 부재의 하중 ~ 변형특성을 예로 보는 손상레벨 개념

표 4.6.5 부재의 손상레벨

손상레벨	부재상태	복구대책
손상레벨 1	손상없음	보수 없음
손상레벨 2	미소한 크랙 발생	경우에 따라 보수 필요
손상레벨 3	큰 크랙이 발생하고 미소한 잔류변형 발생	보수 필요
손상레벨 4	피복 콘크리트가 박락하고 큰 잔류변형이 발생하나 내력은 유지됨	보수가 필요하며, 경우에 따라서는 부재교체 필요

4.6.4 설계 지진동

(1) 2단계 설계법

쉴드TBM 터널의 내진설계는 다른 토목, 건축 구조물과 마찬가지로 兵庫県南部 지진(1995, M7.3) 피해를 교훈으로 레벨 1 지진동, 레벨 2 지진동의 2가지 지진작용을 설정하여 각각에 대한 한계상태에 대해 검토하는 이른바 2단계 설계법이 많이 적용되고 있다.[47), 48)] 레벨 1 지진동은 구조물의 공용기간 중에 발생할 확률이 높은 지진동으로 정의하며, 레벨 2 지진동은 구조물 공용기간 중 발생할 확률이 낮으나 큰 강도의 지진동 또는 과거부터 장래에 걸쳐 해당 지점에서 예상되는 최대급 지진동으로 정의하는 경우가 많다. 설계에서는 레벨 1 지진동에 대해 공용상태를 유지할 것, 레벨 2 지진동에 대해서는 복구 가능한 손상상태를 유지할 것이 개략적인 요구사항이다.

또한 레벨 1 지진동에 대해서는 구조물의 공용기간을 설정하고 공용기간 중에 발생할 확률로 설정되는 재현기간에 의한 방법[49)]과 더불어 내진설계 결과가 최소비용이 되는 지진동으로 하는 방법도 있어[50)] 향후 동향을 주의 깊게 지켜볼 필요가 있다.

(2) 설계응답 스펙트럼에 의한 규정

지진동의 크기를 나타내는 지표로서 최대 가속도가 오래 전부터 사용되어 왔으나, 진동이나 손상 또는 파괴의 크기를 나타내는 적절한 지표라고 하기는 어렵고, 최근에는 응답 스펙트럼을 사용하게 되었다. 응답 스펙트럼은 어떤 지진동에 대해 감쇄정수를 일정하게 하는 1질점계 모델의 지진응답해석을 수행할 때 고유주기당 최대 응답값이며, 횡축에 고유주기 또는 주파수, 종축에 최대 응답값(가속도, 속도 등)을 표시한 것으로서 지진동 특성과 진동하는 구조물이나 지반의 특성을 표현하는 편리한 지표이다.

교량 구조물이나 건축물과 같은 지상 구조물은 관성력의 작용이 지진시 거동에 대해 지배적이기 때문에 지표면의 가속도 응답 스펙트럼을 설계 지진동으로 설정하고 이 스펙트럼 특성을 가진 시간이력 가속도 파형을 설정하여 진도법 등 정적해석이나 동적해석을 지진동 및 구조물의 공학적 특성을 고려한 일정 조건에서 수행하는 것이 가능하다.

쉴드TBM 터널의 내진설계에서는 공학적 기반면에서 속도응답 스펙트럼을 설정한다. 이것은 터널 구조물이 표층지반의 변위거동에 지배되므로 지반변위와의 상관성이 높은 속도응답 스펙트럼을 설계 지진동으로 하는 것이다. 따라서 이 스펙트럼의 특성을 가진 시간이력 가속도 파형을 설정함으로서 지진동 및 주변 지반의 공학적 특성을 고려한 일정 조건에서 동적해석이 가능하다.

이런 방법은 예를 들어 피해를 입은 구조물의 근방에서 관측된 가속도 파형이 가지는 응답 스펙트럼을 포괄하는 지진동으로 설계를 수행할 수 있다면 이 지진동에 대해 유사한 구조물의 피해는 방지할 수 있다는 경험적인 견해이다. 과거에는 최대 가속도를 설정하여 수행해 왔으나 지진동과 구조물의 특성 모두를 표현할 수 있는 응답 스펙트럼의 규정이 합리적이라는 판단으로 이러한 설정을 수행하게 되었다. 최근에는 레벨 2 지진동과 같이 구조물이나 주변 지반의 비선형 거동이 탁월한 경우에는 위상특성도 고려할 필요성이 인식되고 있다.[51]

그림 4.6.12에 지중구조물 관련 기준에 규정된 설계응답 스펙트럼의 예를 들었다. 각각의 기준에서는 지역 별로 지진발생 확률을 고려하여 보정하였으나, 여기에서는 보정하지 않은 값을 나타내었다. 레벨 2 지진동에서는 내륙 직하형과 해구형에 의한 분류로 타입 I, 타입 II 또는 스펙트럼 I, 스펙트럼 II 등으로 구별한 것도 있다.

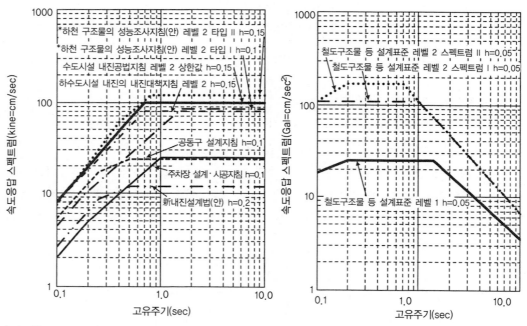

*58) 하천 구조물의 내진성능 조사지침(안) V 양배수기장편의 응답변위법에서 사용하는 지진작용을 게재

그림 4.6.12 공학적 기반에서의 응답 스펙트럼 [52)~58)]

여기에서 주의해야할 것은 지진파의 취급이다. 공학적 기반면에서의 규정방법으로서 지중(E＋F)으로 취급할 것인가, 노면(2E)로 취급할 것인가 하는 점이다. 표 4.6.6에 개요 및 장단점을 표시하였으나, 양쪽 모두 일장일단이 있으므로 각각의 특징을 이해한 후 설계결과를 평가할 필요

가 있다. 여기에서 E는 공학적 기반에서의 입사파, F는 표층지반으로부터의 반사파를 나타낸다. 모델링에 있어서 (E+F)의 파형을 사용하는 경우에는 기반을 강성(剛性) 경계로 하고 입력된 파형과 응답결과를 동일하게 되도록 고려한다. 한편 (2E)의 파형을 사용하는 경우에는 기반을 점성(粘性)경계 등으로 하고 기반면으로부터 E 성분이 입사되고, F 성분은 해석을 통해 얻을 수 있도록 고려한다.

표 4.6.6 공학적 기반면에 대한 지진파의 규정방법과 그 비교

	지중(E+F) 조건에서의 규정	노면(2E) 조건에서의 규정
개요	 지중 지진계에 의해 관측된 공학적 기반에서의 지진파가 가진 응답 스펙트럼 특성으로부터 설계응답 스펙트럼을 설정하는 방법	 공학적 기반이 노면인 조건에서 설치된 지진계에 의한 관측파 또는 지반조건이 명확한 위치에서의 지진응답해석에 의해 구해진 공학적 기반면에서의 파형이 가진 응답 스펙트럼 특성으로부터 설계응답 스펙트럼을 설정하는 방법
관측파의 해석	표층지반으로부터 반사파(F)와 공학적 기반으로부터 입사파(E)가 합성된 파형이 관측된다.	지표면에서는 전부 반사(E+F=2E)되므로 공학적 기반이 노면에 위치하는 경우는 전부 반사 조건의 관측이 수행되고 있다. 또한 다른 조건에서는 파동론을 이용하여 이론적으로 전부 반사 조건의 파형을 구하고 있다.
장점	표층 지반조건이 특정 지역에서는 귀중한 기록이라고 할 수 있다. 유사조건이라면 그 지진으로 발생하는 피해상황과의 대비가 가능하다.	표층지반의 영향이 들어가지 않은 조건에서의 규정이기 때문에 설계 범용성을 가진다.
단점	검토하고 있는 위치에서의 표층 지반조건이 다른 경우에는 예상과 다른 지진동이 설정될 가능성이 있다.	지진응답해석에 의한 응답해석작업에 있어서 해석방법이나 모델화에 의존하게 된다.
기준류	「新내진설계법(안)」(1977, 건설성 토목연구소) 「공동구 설계지침」(1986, 일본도로협회 「주차장 설계·시공지침」(1992, 일본도로협회) 「수도시설 내진공법지침」(2009, 일본수도협회) 「하수도시설의 내진대책지침」(2006, 일본하수도협회) 「하천 구조물의 성능조사지침(안)」(2007, 국토교통성 하천국)	「철도 구조물 등 설계표준」(1999, 철도종합기술연구소)

최대 가속도나 응답 스펙트럼의 평가방법으로 확률론적 방법이 있으나, 이것은 각 지역의 지진환경을 확률적으로 평가한 것으로서 지진규모나 진원 및 지진 발생확률, 지진동 강도 확률분포나 초과확률 등을 지표로 평가하는 것이다. 건축물이나 토목구조물의 설계기준 등에서는 이미 확률지진 맵을 바탕으로 전국을 A, B, C 등 3지역으로 구분하고 가장 지진활동이 높은 지역에 대해 규정된 설계 스펙트럼을 보정계수에 의해 저감하는 형태로 운용해왔다.

또한 특정 진원모델로부터 검토지점의 시간이력 가속도 파형을 직접 계산하는 방법도 일부 실용화되고 있다. 이것은 확정론적으로 지진파형을 설정하는 방법으로서 설계에서 예상지진의 평가나 취급에 대해 결정된 것은 없고, 향후의 동향에 주목해야 할 것이다.

(3) 시간이력 가속도 파형에 의한 규정

응답변위법이나 응답진도법에서 표층지반의 지반변위를 지진응답해석에 의해 산정하는 경우나 지반~구조물 연성계 모델에 의한 지진응답해석을 수행하는 경우에는 검토대상이 되는 지점의 공학적 기반면에서 예상되는 지진동의 시간이력 파형이 필요하다.

시간이력 파형의 작성에는 각종 방법이 있으나, 전술한 바와 같이 실제 지진에서 관측된 가속도 파형이 가진 응답 스펙트럼으로부터 목표 스펙트럼을 설정하고 이것에 소재(素材)파의 진폭 특성을 조정하여 얻어지는 시간이력 파형을 설정하는 경험적 방법에 따르는 경우가 많다. 그러나 최근 지진 관측망의 정비에 따라 유효한 지진 관측기록이 얻어져 지진이나 지점 당 지진작용이 크게 다른 것이 명확해지고 있다. 향후 각각의 진원특성이나 전파특성, 지역특성 등을 고려한 설계 지진동을 설정하는 것은 안전성, 경제성 등의 관점에서도 중요해질 것이다. 진원단층에 대한 시간이력 가속도 파형의 계산법을 표 4.6.7에 표시하였다.

내각부 중앙방재회의의 각종 전문조사회[60]나 방재과학기술연구소의 지진 해저드 스테이션[61] (J-SHIS; Japan Seismic Hazard Information Station)에서는 일본 전국의 활단층형 지진이나 해구형 지진의 공학적 기반면에서 예상 지진동 데이터를 공개하고 있어 쉴드TBM 터널의 내진설계에 활용하는 것도 가능하다. 단, 쉴드TBM 터널 건설지점에서 반드시 큰 지진동의 파형이 작성되어 있다고는 단정할 수 없다는 것에 유의할 필요가 있다.

표 4.6.7 진원단층을 규정하는 시간이력 파형 설정방법 [59]

계산방법		개요	특징
경험적 방법	진폭특성	강진기록의 통계해석에 의해 작성된 최대 가속도나 응답 스펙트럼의 거리감쇄식, Fourier 진폭을 이론과 강진기록에 적합하도록 모델링한 식이 제안되었다.	계산이 간단하고 필요한 파라미터도 적다. 복잡한 진원과정이나 지반구조의 영향을 고려할 수 없다.
	위상특성	강진기록의 통계해석에 의해 작성된 파형의 진폭포락선의 추정식이나 群지연시간을 모델링한 식이 제안되었다.	상동 진폭특성을 추정하는 방법과 조합하여 지진동 작성에 이용된다.
반경험적 방법	경험적 Green 함수법	소규모 지진의 관측기록을 진원·전파경로·지역특성이 반영된 그린 함수로 고려, 이것을 물리법칙에 따라 중첩하여 대지진의 지진동을 추정하는 방법	과거의 지진기록을 정밀도 높게 재현하는 것이 확인되었으나, 예상되는 대지진과 공통된 발진기구(發震機構)를 갖는 소규모 지진기록이 대상지점에서 얻어질 필요가 있다.
	통계적 Green 함수법	소규모 지진의 지진파형을 경험적 방법으로 작성하고 이것을 물리법칙에 따라 중첩하여 대지진의 지진동을 추정하는 방법	소규모 지진기록이 반드시 필요한 것은 아니다. 진원·전파경로·지역특성은 평균적인 것으로 취급할 수 있는가 별도의 고려가 필요하다.
이론적 방법	수평 성층지반	수평 성층지반을 가정하고 지진동을 수평방향의 파수에 관한 파수 스펙트럼의 무한적분으로 표현하는 방법. 파수를 이산화(離散化)하여 수치계산하는 이산화 파수법이 대표적이다.	계산 모델의 구축이 용이하고 계산량도 적다. 분지생성 표면파나 Edge효과의 영향 등 지반의 부정형성이 강한 경우에는 정밀도가 저하된다.
	부정형 지반	지반을 부정형성도 포함하여 정확히 모델링하고 주어진 경계조건에서 탄성파동 방정식의 값을 수치계산에 의해 얻는 방법. 유한차분법, 유한요소법, 경계요소법 등이 있다.	비교적 장주기 지진동에 대해서는 과거의 강진기록을 정밀도 높게 재현하는 것이 확인되었다. 지반모델을 정밀도 높게 구축하기 위해서는 방대한 정보와 노력이 요구된다. 계산량의 문제는 계산기의 발달로 해소되고 있다.
하이브리드법	하이브리드 합성법	주기 1 sec~수 sec 보다 장주기 지진동은 이론적 방법, 그 보다 단주기 측은 반경험적 방법으로 지진동을 계산하여 양측을 합성하는 방법. 차분법과 통계적 그린 함수법의 조합이 가장 많다.	광대역의 지진동 추정방법으로 현재 가장 많이 사용되고 있다. 2가지 결과를 합성할 때 위상을 일치시키는 등의 조작이 필요한 경우가 있다.
	하이브리드 Green 함수법	주기 1 sec~수 sec 보다 장주기 지진동은 이론적 방법, 그 보다 단주기 측은 경험적 방법으로 지진동을 계산, 양측을 합성하여 소규모 지진의 지진동(하이브리드 그린 함수)을 작성하고 중합, 대지진의 지진동을 추정하는 방법	광대역의 지진동 추정이 가능. 단층면이 큰 경우 복수의 대표점 하이브리드 그린 함수를 계산하는 노력이 필요하나, 진원과정의 파라미터 스터디는 하이브리드 합성법보다 용이

(4) 터널 종단방향에 착안한 규정

표층지반에 전단파가 연직으로 입사하는 경우에도 지반조건이 일정하고 어느 위치에서도 같은 심도라면, 동일한 지반변위가 발생하기 때문에 터널의 종단방향에는 지반변위가 발생하지 않는다. 실제 현상은 터널축 중심을 따라 주변 지반의 물성이 다르고 표면파를 비롯한 각종 원인에 의해 일정한 지반변위가 발생하지 않는다는 것이 관측기록 등으로부터 명확해졌다.

종단방향의 내진설계 실무에서는 터널 축방향을 따라 표층지반의 지반변위를 설정하는 방법으로 다음 2종류를 고려하는 경우가 많다.

- 터널 종단방향을 따라 표층지반의 불균일성에 의해 발생하는 변위거동의 차이
- 지진동은 수평방향으로 전파되는 것으로서 그 전파속도나 파장에 의해 발생하는 변위거동의 차이

수치해석 기술이나 계산기 기술이 미약했던 시대에는 간편성을 고려한 종단방향 내진설계법이 제안되었다.[62] 그림 4.6.13에 파장 L을 가진 정현파 형상의 진행파 이미지를 그림으로 표시하였다. 이것은 좁은 의미에서의 응답변위법이라 불리며, 정현파 형상의 지반변위에 대한 부재의 축력, 휨모멘트, 전단력의 이론해를 적용한 것이다. 여기서 중요한 점은 지반진동 파장 L은 표면파 등 특정 지진파 파장을 나타내는 것이 아니라 공학적으로 판단하여 주어지는 것이라는 점이다. 지반의 변위는 파장 L과 변위진폭 u에 의해 $\varepsilon = 2\pi u / L$로 주어지게 된다.

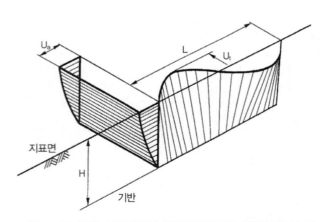

그림 4.6.13 좁은 의미에서의 응답변위법에서 진행파의 설정

종단방향 지반진동 특성에 대해서는 실제 Array 관측에 의한 대표적인 예로서 그림 4.6.14와 같이 지표면에서의 전파속도가 있다.[63] 그림에서 0.5초보다 장주기 데이터는 실지진(전파속도가 1km/s 이상)의 관측값이며, 0.5초보다 단주기 부분은 인공지진을 발생시켜 관측한 탄성파의

전파속도(전파속도 약 100~500m/s)를 정리한 것이다. 이 관계는 「고압가스도관 내진설계지침」[64] 에서 진행파를 예상하는 경우의 파장으로 적용된 경우도 있다. 안전측 내진설계가 되도록 예상 전파속도의 하한값으로 설정을 고려하면 일반적인 표층지반의 고유주기 0.6초 정도 이상을 예상하여 1km/s를 고려하면 될 것으로 판단된다. 이 때문에 실무적으로는 1km/s가 사용되고 있다.

한편 표층지반의 불균일성에 착안한 변위거동의 차이는 공학적 기반보다 위에 있는 표층지반을 FEM이나 질점계 등에 의해 진동특성을 모델링할 수 있다. 따라서 전파속도는 공학적 기반에 전단파가 입사된 시점에서 이미 위상차를 가지므로 기반을 동시에 가진하는 동일기반 입력이 아니라 위상차에 해당하는 전파속도를 설정하여 가진하는 위상차를 입력함으로서 지반조건의 변화 및 지진동의 예상 전파속도를 고려한 해석평가가 가능하다.

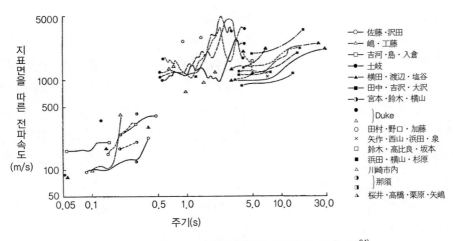

그림 4.6.14 지표면에서의 전파속도 관측 예[64]

4.6.5 안정성 검토

쉴드TBM 터널의 내진설계 착안점은 주변 지반의 안정성, 횡단방향 거동에 대한 부재설계, 종단방향 거동에 대한 부재설계, 수직구 접속부 등 특수부의 세부설계 등으로 나눌 수 있다. 그 중 주변 지반의 안정에 관한 검토는 쉴드TBM 터널의 부재설계를 수행할 때의 전제조건으로 지진 시 액상화 현상이나 사면붕괴, 지진단층에 의한 지표면 변위 등에 대해 터널 구조물의 안정성이 확보되는지 확인하는 것이다. 반대로 부재설계에서는 지반진동에 의해 발생하는 터널 구조물의 응력·변형 상태를 확인하는 것이며, 지반변형은 예상하지 않는다.

지진 시 액상화 현상에 따른 터널 구조물에 대한 영향으로는 부상, 이토압 및 동수압의 작용,

지진 후 배수에 의한 침하, 지반의 측방유동 등을 고려할 수 있다. 액상화 현상에 대해서는 新潟지진(1964, M7.5) 이후 적극적인 연구성과로서 액상화 판정법이나 부상에 대한 판정법 등이 제시되어 기준류에 포함되었다.[65] 그러나 그 대부분은 힘의 평형이나 모멘트의 평형식에 근거한 것이며, 쉴드TBM 터널의 부상량이나 잔류변위 등을 직접 평가하는 것은 아니다.[66]

실무에서는 액상화의 판정을 수행한 후 쉴드TBM 터널에의 영향에 대한 안정성을 판정하고 안정성을 잃는다고 판단되는 경우에는 대책을 강구하는 순서가 일반적이나, 쉴드TBM 터널의 기능이나 손상정도에 직접 관계되는 부상량 등의 잔류변위를 정밀도 높게 산정하는 것은 현실적으로 곤란한 실정이다. 단, 지반조건이나 지진동 조건을 단순화한 고도의 수치해석이나 모형실험 등을 실시하여 평가하는 방법도 선택의 하나라고 생각된다.[67] 또한 대책이 필요하다고 판단되는 경우에도 대책이 사실상 곤란한 경우가 적지 않다. 그러한 경우에는 터널 통과부의 지반조건을 고려한 종단선형의 제고 등 계획측면에서의 처리도 시야에 넣을 필요가 있다.

지각 내 10~20km 이내 심도에서 일정 규모 이상의 지진이 발생하면 지진단층 변위의 영향으로 표층부근의 지반에 어긋남이 발생하는 것으로 알려져 있으며(그림 4.6.15 참조), 대만 集集 지진(1999, M7.7)에서 학교 운동장이 롤 케이크처럼 변형된 광경은 기억이 남을 것이다(그림 4.6.16 참조). 단층에 의한 지반변형의 발생위치와 변위량이나 변위량을 정확히 추정하는 것은 매우 어려우나, 단층의 개략 위치나 어긋남이 발생할 확률 또는 1회 지진으로 발생하는 변위량 등이 트렌치 조사 등을 바탕으로 제시되어 왔다. 따라서 대상이 되는 쉴드TBM 터널 근방의 지진환경이나 활단층 유무를 조사하여 문헌 68), 69) 등 가능한 한 정보를 수집 정리하는 것이 매우 중요하다.

또한 지진단층에 의한 지표면 변위가 터널 구조물에 미치는 영향에 대해서는 적극적으로 검토된 예도 있으나 실무적으로는 거의 검토되지 않고 있으며, 현재 연구중이라고 해도 좋다.

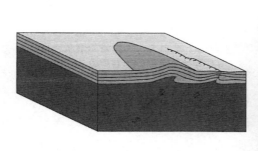 

그림 4.6.15 지진단층에 의한 지표면 지반변위의 개념[70] 그림 4.6.16 1999 대만 集集 지진에 의한 지표면 변위 예

급경사지나 계곡부의 되메움 성토, 초연약지반에 쉴드TBM 공법을 적용하는 것은 드문 상황이나, 그러한 조건이 혹시나 있는 경우에도 액상화 현상과 마찬가지로 주변 지반의 안정성에 대해 검토해 둘 필요가 있다.

주변 지반의 안정성에 관한 평가항목은 힘이나 휨모멘트 평형식에 의한 안전율이나 쉴드TBM 터널의 부상량, 사면의 잔류 변위량[71] 등을 들 수 있다. 이러한 지표와 쉴드TBM 터널에 발생하는 변형이나 누수, 부재의 손상 등 관련조사의 수행이 중요하며, 특히 주변 지반의 강진 시 거동을 파악하기 위해서는 동적 특성 평가를 위한 원위치시험이나 실내시험을 실시하고 정밀도를 높이기 위한 조사 및 해석이나 모형실험 등 성능조사방법의 타당성을 충분히 고려할 필요가 있다.

4.6.6 횡단방향 검토

쉴드TBM 터널의 횡단방향 거동은 지진 시 주변 지반이 전단변형 되면 그림 4.6.17과 같이 지반에 구속된 상태로 경사방향으로 변형된다. 이때 쉴드TBM 터널을 경사방향으로 변형시키는 지반변위는 터널 상하단의 변위차(전단변위)이다. 쉴드TBM 터널이 원형 단면이라면 단면력 분포는 상시와는 다르다. 이것은 쉴드TBM 터널의 특징으로서 사각형 개착 터널에서는 상시와 지진 시의 최대 단면력 발생위치가 모두 우각부에 집중하는 것과는 다르다.

쉴드TBM 터널의 구조적 특징은 조인트를 다수 보유하고 있다는 점이다. 세그먼트 조인트는 상시에는 주변으로부터 토압과 수압을 받는 全압축 상태인 경우가 많으나, 지진 시에는 축력의 감소나 휨모멘트의 증가에 의한 벌어짐이 발생하려고 한다. 구조가 다른 세그먼트 본체와 조인트는 강성이나 내력, 변형성능이 다르며 일반적으로 조인트 쪽이 변형하기 쉽다. 이 때문에 쉴드TBM 터널의 횡단방향 내진설계에서 특히 레벨 2 지진동에 대해 부재손상을 허용하는 경우에는 세그먼트 본체만이 아니라 조인트가 충분히 버틸 수 있는지 변형을 검토할 필요가 있다.

조인트의 모델링나 검토방법은 허용응력설계법이나 한계상태설계법에서 기술한 바와 같다. 쉴드TBM 터널은 시공기술이 진보하여 지금보다 더 악조건에 대해 계획되는 경우가 있다. 횡단방향 내진설계는 지금까지 검토사례가 적은 저토피, 대단면이나 완성 시 수평력이 작용하지 않는 중앙 기둥을 가진 경우 등에서는 지진 영향을 받기 쉬울 것으로 사료되므로 특히 신중을 기해야 한다.

쉴드TBM 터널의 횡단방향에 대해 구조물의 지진 시 변형 및 단면력을 산출하는 방법은 상시 하중에 대한 설계방법과는 다르며, 표 4.6.8에 제시한 방법이 사용된다.[72] 구조해석방법은 동적 해석법과 정적 해석법으로 분류된다. 동적 해석법은 지반과 터널을 모델링한 FEM을 사용하여 지진 시 단면력을 시간이력으로 순차 산출하는 방법이다.

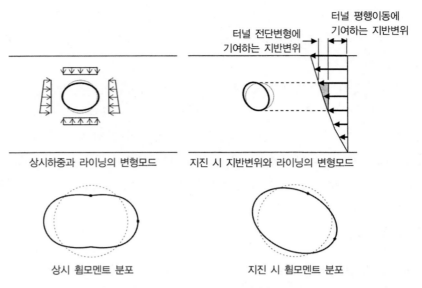

터널 전단변형에 기여하는 지반변위	터널 평행이동에 기여하는 지반변위

상시하중과 라이닝의 변형모드   지진 시 지반변위와 라이닝의 변형모드

상시 휨모멘트 분포   지진 시 휨모멘트 분포

그림 4.6.17 쉴드TBM 터널 횡단방향의 지진 영향

이에 대해 정적 해석법은 미리 산출한 지반변위 중 터널에 있어서 불리한 조건인 터널 상하단의 상대변위가 최대가 되는 시간에서의 변위에 대해 단면력을 산출하는 것이다. 그 중 응답진도법은 FEM을 이용하는 방법이며, 동적 해석법에서 터널에서 가장 불리하다고 생각되는 상태만을 정적으로 해석하는 것이다. 또 한 가지 정적 내진설계법인 응답변위법은 일반적인 골조 구조해석법으로서 라이닝을 빔−스프링 모델로 모델링하는 것이 가장 용이한 방법이다. 이러한 3가지 구조해석법은 라이닝을 등가강성 부재로 모델링하며, 입력 지진동이 같은 경우에는 어느 방법에 의해서도 설계 실무상 동등하다고 간주할 수 있는 정도의 결과를 얻을 수 있다.[73] 한편 또 하나의 정적 구조해석방법인 응답변위법의 근사해는 단면력을 간단히 산출할 수 있으나, 일정한 지반의 지반변위를 이용하는 등의 가정이 필요한 방법이므로 적용한계에 유의할 필요가 있다.

이러한 쉴드TBM 터널의 내진설계에 적용 가능한 구조해석방법은 개착터널을 대상으로 하는 문헌 74)를 참조할 수 있다. 내진설계에서 모델링은 지반강성이나 감쇄특성으로 지진동 레벨에 따른 강진 시 물성값을 적용하거나 그림 4.6.11과 같이 M−ϕ 관계 등에 의해 구조부재의 비선형성을 적절히 고려하는 것이 중요하다. 횡단방향 구조의 성립조건으로서 지그재그 조립구조에 의한 접합효과를 기대하는 경우에는 링 조인트가 손상되지 않도록 검토하여야 한다. 또한 2차 라이닝을 구조부재로 기대하는 경우에는 '4.5 2차 라이닝의 설계'를 참고하여 부재의 손상상태를 적절히 모델링하여 내진성을 평가하여야 한다.

표 4.6.8 횡단방향 내진설계 방법

	응답변위법의 근사해 [75]	응답변위법	응답진도법	동적해석법
개요(개념도)	단면력 산출식에 지표면의 지반변위 또는 지반변위를 입력하여 세그먼트의 지진 시 응력 단면력을 산출한다.	실드터널을 지반 스프링으로 지지하는 빔으로 모델링하고 지반변위, 주변 전단력, 관성력을 작용시켜 공조 구조 해석	실드터널을 빔, 주변지반을 평면지반 평면변위 요소로 모델링한 모델전체에 지진 시 지반변위와 동일한 관성력을 작용시킨다.	실드터널을 빔, 주변지반을 평면지반 평면변위 요소로 모델링한 모델에 해석영역의 하단에 지진동을 시간이력으로 입력한다.
해석방법	이론해	정적 골조해석	정적 FEM 해석	동적 FEM 해석
구조물과 지반의 모델링	-	분리 모델	일체 모델	일체 모델
지진작용	속도응답 스펙트럼	공학적 기반에서의 속도응답 스펙트럼 또는 시간이력 가속도 파형	공학적 기반에서의 가속도응답 스펙트럼 또는 시간이력 가속도 파형	공학적 기반에서의 시간이력 가속도 파형
지반응답값	등가강성으로 치환하여 얻은 지표면의 지반변위	수평 성층지반의 지반변위, 지중 전단응력, 가속도 분포	수평 성층지반의 가속도 분포	-
지반~구조물간의 상호작용	-	정적 상호작용을 스프링으로 모델링	정적 상호작용용 FEM모델로 고려	동적 상호작용을 FEM모델로 고려
세그먼트 모델링	등가강성 선형 빔	등가강성 선형 빔 또는 비선형 빔	등가강성 선형 빔 또는 비선형 빔	등가강성 선형 빔 또는 비선형 빔
조인트 모델링	η, ζ	η, ζ 또는 스프링	η, ζ 또는 스프링	η, ζ 또는 스프링
등가강성 모델 적용	가능	가능	가능	가능
빔-스프링 모델 적용	불가능	가능	가능	가능
근접 구조물의 영향	고려할 수 없다.	근접 구조물의 영향을 고려한 지반변위의 산출방법이 제안되어 있다. [76]	고려할 수 있다.	고려할 수 있다.

4.6.7 종단방향 검토

쉴드TBM 터널의 종단방향 거동은 터널 축방향에 지반진동의 차이로 발생한다. 지반에 변위차가 발생하면 쉴드TBM 터널도 이에 따라 변형하게 되어 터널 구조물에도 변형이나 응력이 발생한다. 이 때문에 터널부재의 내력이나 변형성능, 지수성능 등에 대한 종단방향 검토를 수행할 필요가 있다.

터널축 중심을 따라 지반진동이 다른 요인으로 공학적 기반으로부터 입사해 오는 지진파가 원래 위상차를 가지고 있으며, 공학적 기반이 일정하게 진동하지 않는 경우 또는 공학적 기반면 상부의 지반조건이 급변함에 따라 지반응답 차이가 발생하는 경우, 또한 표면파가 전달되기 쉬운 지형인 경우 등을 들 수 있다.

종단방향 검토에서는 주로 링 조인트의 변형성능, 내력기구에 착안하여 검토한다. 검토항목으로는 조인트부의 휨 및 전단에 대한 내력, 벌어짐량 및 단차량이 일반적이며, 그 한계값은 지수성이나 복구성에 초점을 맞추어 설정한다.

지진 시 쉴드TBM 터널 종단방향으로 축인장력이 작용하는 경우 강성이 작은 조인트부의 변형에 의해 지반변위를 흡수하기 때문에 세그먼트 본체에는 소성영역에 달하는 변형은 거의 발생하지 않는다고 사료된다. 한편, 축압축력이 작용하는 경우에는 조인트부가 밀착 폐합되어 일정한 연속체가 되므로 세그먼트 본체에 큰 축압축력이 발생한다.

링 조인트부의 구조해석 모델의 상세에 대해서는 문헌 77)을 참고하기 바라며, 세그먼트와 링 조인트를 하나씩 빔과 스프링으로 대체하는 빔-스프링 모델과 등가 강성빔 모델 등이 있다.

쉴드TBM 터널의 종단방향 해석모델은 횡단방향 검토와 마찬가지로 간편한 가정하에 얻어지는 해석해를 이용하는 좁은 의미에서의 응답변위법과 지반과 구조물을 분리하여 해석하는 분리모델에 의한 넓은 의미에서의 응답변위법, 그리고 지반~구조물 일체계 모델에 의한 동적해석이 있다. 표 4.6.9에 각각의 특징을 정리하였다.

해석해의 예상은 정현파 형상의 진행파이기 때문에 변위진폭과 파장에 의해 종단방향으로 발생하는 지반변위가 설정되나, 실무적으로 구분하여 구축된 모델이므로 파장의 설정방법이나 4파의 중첩 등 실제 현상에 대해 안전측이라는 지적이 있다. 한편 넓은 의미에서의 응답변위법에서는 터널축 중심을 따라 지반모델을 질점계 혹은 솔리드 요소로 구축하고 터널 축방향 및 터널축 직각방향으로 가진하여 지반의 시간이력 응답변위를 산정한다. 이것은 별도로 구축하는 골조구조 모델에 추가하여 지반 스프링의 스프링 선단에 강제변위로서 입력하는 방법으로, 이른바 다점 입력에 의한 해석이다. 또한 해석방법으로는 공학적 기반면 상부에 있는 지반~구조계를 일체로 모델링하여 직접 동적해석을 수행하는 방법이 있다.

표 4.6.9 종단방향 내진설계 방법

	종단 이미에서의 응답변위법	넓은 이미에서의 응답변위법		동적해석
	정함파 해석해	집중계 동적해석	FEM 동적해석	일체계 동적해석
개요	일정한 지반 중에 정현파 형상의 진행파가 전파되는 경우 해석또는 행렬식을 바탕으로 단면력 산출시에 지표면의 지반변위를 일정하게 세그먼트의 단면력 변위를 산출한다. $$U_G(x,z)=\left[\frac{2}{\pi^2}\cdot\frac{S_v T_s}{V_s}\cos\left(\frac{\pi z}{2H}\right)\right]\cdot\sin\left(\frac{2\pi x}{L}\right)$$	쉴드터널을 지반 스프링으로 지지한 보로 모델링하고 지반변위를 작용시키는 골조 구조해석 지반은 집중계 모델의 동적해석을 수행하고 시간이력 변위파형을 별도로 구한다.	쉴드터널을 지반 스프링으로 지지한 보로 모델링하고 지반변위를 작용시키는 골조 구조해석 지반은 집중계 모델의 동적해석을 수행하고 시간이력 변위파형을 별도로 구한다.	쉴드터널을 빔, 주변 지반을 솔리드 요소로 모델링하고, 해석영역의 하단에 지반동을 시간동으로 입력하여 지반~구조 전체계 FEM 모델의 동적해석을 수행한다.
해석방법	해석해	분리 모델	분리 모델	일체 모델
지진작용	속도응답 스펙트럼	공학적 기반에서의 시간이력 가속도 파형	공학적 기반에서의 시간이력 가속도 파형	공학적 기반에서의 시간이력 가속도 파형
지반응답값	지표면에서의 지반변위량과 파장	지반의 시간이력 변위	지반의 시간이력 변위	–
지반의 모델링	–	집중계 및 스프링	FEM 지반계 및 스프링	FEM 지반계 및 스프링
지반~구조물간의 모델	–	스프링	스프링	스프링 또는 일체로 하는 것도 가능
세그먼트 모델링	등가강성 빔	등가강성 빔 또는 비선형 빔	등가강성 빔 또는 비선형 빔	등가강성 빔 또는 비선형 빔
링 조인트 모델링	등가강성 빔	등가강성 빔 또는 비선형 스프링	등가강성 빔 또는 비선형 스프링	등가강성 빔 또는 비선형 스프링
등가강성 모델 적용	가능	가능	가능	가능
빔-스프링 모델 적용	불가능	가능	가능	가능
근접 구조물의 영향	고려할 수 없음	지반변위 산출 시 별도검토 요한다.	지반변위 산출 시 별도검토 요한다.	고려할 수 있다.

4.6.4에서 기술한 바와 같이 좁은 의미에서의 응답변위법과 그 외 방법으로는 지반에 발생하는 변위를 예상하는데 있어서 차이점이 있는 것을 이해할 필요가 있다. 또한 동적 상호작용을 충실히 재현한다는 점에서 지반~구조물 전체계 모델의 동적해석이 가장 합리적이라고 할 수 있으나, 쉴드TBM 터널은 일반적으로 강성이 작고 주변 지반에 비해 질량이 동등 또는 작으므로 동적 상호작용이 작다고 볼 수 있으며, 계산시간 및 모델 구축작업의 복잡성 때문에 분리 모델에 의한 넓은 의미에서의 응답변위법을 실무에서는 많이 적용하고 있다.

기존 해석사례로는 터널 축방향 및 축 직각방향으로 가진하는 검토 케이스가 일반적이었으나, 전술한 바와 같이 압축측과 인장 측에서 구조체의 강성이 다르기 때문에 압축강성을 사용한 경우나 인장 측 강성을 사용한 경우 각각의 최대 응답에서 제원을 결정하는 방법이 적용되고 있다. 현재 비선형 골조해석의 소프트웨어가 저렴해지고 컴퓨터의 성능도 비약적으로 향상되고 있다. 이러한 배경에서 압축측과 인장 측의 단면력~변위관계를 비선형 특성으로 모델링하는 것도 가능해졌다. 또한 경사 45도 방향의 가진을 예상하여 축력과 휨의 연성작용을 고려하기 위해 화이버 모델 등을 적용하는 것도 시도되고 있다.

또한 2차 라이닝은 구조부재로 보지 않는 경우가 많기 때문에 구조 모델에서는 무시하는 경우가 일반적이다. 이 경우에는 1차 라이닝의 최대 벌어짐량 등으로 손상상태를 추정하여 평가한다. 한편 2차 라이닝을 구조부재로 보는 경우에는 2차 라이닝의 특성도 고려할 필요가 있기 때문에 응답값이 2차 라이닝 부재의 손상상태를 직접 검토하는 항목이 되므로 신중하게 모델링하여야 한다.

4.6.8 내진성능 향상대책

링 조인트의 지수성이나 내력을 확보할 수 없는 경우에는 내진성능의 향상대책을 실시한다. 내진성능 향상대책은 지반의 변형에 대한 쉴드TBM 터널의 추종성을 높이는 방법과 지반변형을 쉴드TBM 터널에 전달시키지 않는 방법으로 구분할 수 있다.

지반변형에 대한 쉴드TBM 터널의 추종성을 높이는 방법은 세그먼트 링 길이를 짧게 하는 방법, 링 조인트의 사양을 변형하기 쉬운 것으로 변경하는 방법, 링 조인트에 탄성 와셔를 사용하는 방법, 가요(可撓) 세그먼트를 사용하는 방법이 있으며, 모두 터널 축방향 강성을 저하시키는 것이다. 세그먼트 길이를 짧게 하는 방법은 세그먼트 링 수가 증가하기 때문에 세그먼트 비용이나 조립 시간이 증가된다고 볼 수 있다. 링 조인트의 사양을 변형하기 쉬운 것으로 변경하는 방법은 비용의 증가나 세그먼트의 종류가 늘어난다고 볼 수 있다. 탄성 와셔를 사용하는 방법은 1개당 가격이 저렴하고 비교적 간단한 대책이나 링 조인트의 형식에 따라서는 탄성 와셔를 적용할 수 없는 경우가 있으므로 주의해야 한다. 이러한 3가지 방법은 1개소당 변위흡수량이 적은 대책이다.

이들에 비해 가요 세그먼트는 고가지만 1개소 당 변위흡수량이 크기 때문에 변위차가 큰 수직구와의 접속부 등에 이용된다. 단, 지진 후 가요 세그먼트 부분에 벌어짐이나 단차방향의 잔류변위가 발생하는 경우가 있다.

한편 지반변형을 쉴드TBM 터널에 전달시키는 방법은 면진(免震)구조라고 불리는 것이다. 면진재는 주변 지반보다 강성이 작을수록 효과를 발휘하나, 평상시에 대한 안정확보도 요구된다. 이러한 특수 재료가 개발되었으나, 고가이므로 적용된 사례는 별로 없다. 쉴드TBM 터널의 내진화 기술로서 탄성 와셔, 가요 세그먼트 및 면진구조의 특징을 표 4.6.10에, 내진화 대책의 적용 위치를 그림 4.6.18에 제시하였다.

쉴드TBM 터널은 활단층이나 지진 시에 액생화로 불안정화되는 지반을 피해서 계획하는 것이 바람직하다. 부득이하게 쉴드TBM 터널이 활단층을 통과하는 경우에는 쉴드TBM 터널의 내공단면을 크게 계획하는 대책이나, 단층 통과부분에 연성(延性)이 있는 세그먼트를 적용하는 대책을 고려할 수 있다. 또한 부득이하게 액상화층을 통과해야 하는 경우는 쉴드TBM 터널의 종단방향 해석모델의 액상화 범위에 양압력이 작용해도 손상되지 않도록 링이음부를 보강하는 대책을 고려할 수 있다. 그 외에 쉴드TBM 굴진 시에 쉴드TBM 장비 내에서 액상화대책의 지반개량을 실시하는 방법도 고안되고 있다. 기타 과거의 실험결과를 참고로 대책공의 필요성을 판단하는 방법도 고려할 수 있으나 현재는 부상량을 예측하는 기술이 충분하게 확립되어 있지 않기 때문에 신중한 판단이 필요하다.

표 4.6.10 쉴드터널의 내진화 기술

대책의 종류	탄성 와셔	가요 세그먼트	면진구조[78]
개요도	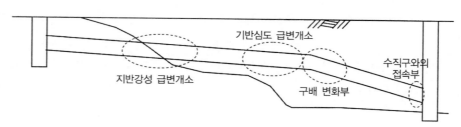		
대책의 원리	링 조인트보다 강성이 적은 와셔를 링 조인트에 연속하여 삽입하고, 배치한 범위의 링 조인트 인장강성을 저감한다.	외력에 저항하기 위한 강재틀과 변형성능에 우수한 지수재로 이루어진 특수 세그먼트 링을 일반 세그먼트 사이에 삽입하여 국소적인 변형을 흡수한다.	터널과 지반 사이에 주변 지반보다 전단 탄성계수가 작은 면진층을 설치하여 지진 시 지반 변위로부터 터널을 차단한다.
적용 가능한 부위	기반 심도 급변부 구배 변화부	수직구 접속부 지반강성 급변개소	수직구와의 접속부 지반강성 급변개소
유의점	적용여부는 링 조인트의 구조에 따름	국소적인 잔류변위의 발생에 유의	연약지반에 적용하는 경우는 유의

그림 4.6.18 쉴드TBM 터널 내진화 대책 적용부위

4.7 세그먼트 제작

일반적으로 많이 이용되는 강재, 콘크리트재, 합성 세그먼트 및 덕타일 세그먼트의 제조공정을 그림 4.7.1~4.7.4에, 그리고 그 상황을 사진 4.7.1~4.7.4에 제시하였다.

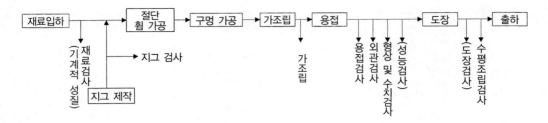

그림 4.7.1 강재 세그먼트의 제조공정[79)]

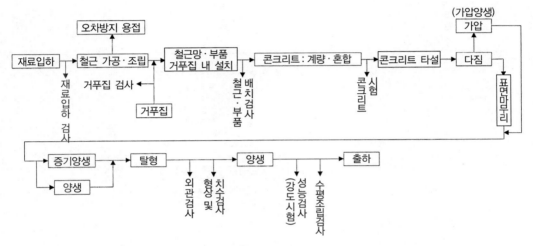

그림 4.7.2 콘크리트 세그먼트의 제조공정[79)]

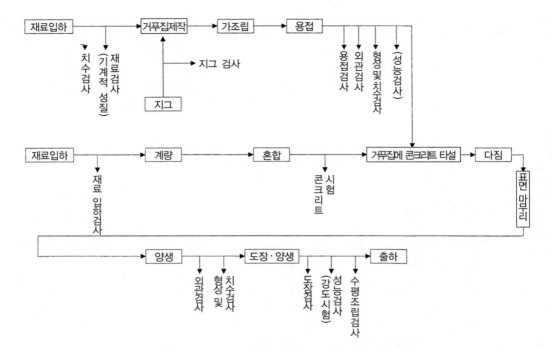

그림 4.7.3 합성 콘크리트 제조공정

① 자재입하　　　　　　　　　② 재료절단

③ 주부재 휨가공　　　　　　　④ 가조립

⑤ 용접　　　　　　　　　　　⑥ 제품검사

⑦ 공장 내 보관　　　　　　　⑧ 출하

사진 4.7.1 강재 세그먼트 제작공정

① 철근절단   ② 철근가공

③ 철근조립   ④ 철근망 거푸집 내 셋팅

⑤ 철근망 거푸집 셋팅 및 콘크리트 타설   ⑥ 표면 마무리 및 양생

⑦ 거푸집 탈형   ⑧ 수중양생

사진 4.7.2 철근 콘크리트재 세그먼트 제작공정

① 거푸집 부재 가공

② 거푸집 조립

③ 거푸집 용접

④ 콘크리트 타설

⑤ 콘크리트 표면 마무리

⑥ 콘크리트 증기양생

⑦ 도장·방청재 도포

사진 4.7.3 합성 세그먼트 제작공정

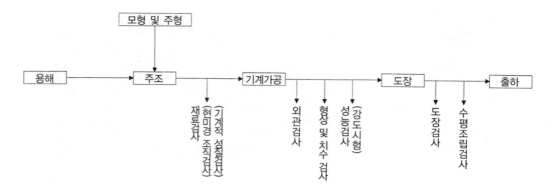

그림 4.7.4 덕타일 세그먼트의 제조공정[79]

① 목형설치　　　　　　　② 주형

③ 상하주형 셋팅　　　　　④ 주양

⑤ 볼트·씰 Groove·코킹 Groove 기계가공　　　⑥ 속채움 콘크리트 타설

사진 4.7.4 덕타일 세그먼트 제작공정

참고문헌

1) 土木学会: 2006年制定トンネル標準示方書シールド工法・同解説, p.32, 2006.

2) ジオスター(株): セグメントパンフレット

3) 日本シビックコンサルタント(株): 所蔵写真

4) (株)クボタ: セグメントパンフレット

5) 新日本製鉄(株): セグメントパンフレット

6) 国際トンネル協会編, 日本トンネル技術協会訳: 各国トンネル構造計算モデルに関する調査報告書, 1981(文献2より引用).

7) 小山幸則, 太田拡, 竹内友章: 委員報告書Ⅱ シールドトンネル覆工に作用する土圧・水圧, 山留めとシールド工事における土圧・水圧と地盤の挙動に関するシンポジウム発表論文集, 土質工学会, pp.69～86, 1992.5.

8) Muir Wood, A.M.: The circular tunnel in elastic ground, Geotechinique25, No.1, pp.115～127, 1975.

9) Duddeck: Empfehlung zur Berechnung von Tunnel im Lockergestein(1980), Die Bautechnik, 1980(文献7より引用).

10) 小山幸則: 日本のシールドトンネル覆工設計法の変遷と課題, トンネル工学論文集, 第14巻, 土木学会, p.招待論文－3, 2004.11.

11) 土木学会: トンネル・ライブラリー8号 都市NATMとシールド工法との境界領域－設計法の現状と課題－土木学会, p.145, 1996.1.

12) 山本稔: セグメントの設計について, 第3回トンネル工学シンポジウム, 土木学会, pp.47～65, 1964.

13) 熊谷組技術研究所: 鉄筋コンクリートセグメントおよびスチールセグメント強度試験について, 技術研究所報文第1号, 1963.

14) 山本稔: セグメントに関する2,3の提言, コンストラクション, 第9巻1号, pp.1～10, 1971.

15) 土木学会: トンネル・ライブラリー23 セグメントの設計 [改訂版]～許容応力度設計法から限界状態設計法まで～土木学会, p.2, 2009.10.

16) 前掲15), p.3.

17) 前掲15), p.78.

18) 前掲15), p.58.

19) 村上・小泉: シールドセグメントリングの耐荷機構について, 土木学会論文報告集, No.272, 1978.4.

20) 土木学会: 2006年制定 トンネル標準示方書シールド工法・同解説「第5編 限界状態設計法」についての各文制定に関する資料と設計計算例, 2007.

21) 吉本正浩, 阿南健一, 大塚正博, 小泉淳: 地中送電用シールドトンネルの性能規定と限界状態設計法による照査, 土木学会論文集Ⅲ−67 pp.255〜274, 2004.6.

22) ISO2394: International Standard "General Principles on Reliability for Structures", 1998.03.

23) 国土交通省: 土木・建築にかかる設計の基本, 2002.10.

24) 土木学会包括設計コード策定基礎調査委員会: 包括設計コード(案)(code PLATFORM ver.1) 2003.03.

25) 日本トンネル技術協会性能照査型設計特別委員会: シールドトンネルを対象とした性能照査型設計法のガイドライン, 2003.6.

26) 土木学会: トンネル・ライブラリー第21号「性能規定に基づくトンネルの設計とマネジメント」, 2009.10.

27) 土木学会: トンネル・ライブラリー第23号「セグメントの設計 [改訂版]〜許容応力度設計法から限界状態設計法まで〜」, 2010.2.

28) 半谷: 二次覆工を有するシールドトンネルの覆工の力学的特性に関する研究, 鉄道技術研究報告, No.1303, 1985.10.

29) 村上・小泉: 二次覆工で補強されたシールドセグメントの挙動について, 土木学会論文集, No.388, 1987.12.

30) (株)大林組: 所蔵写真よ

31) 土木学会: トンネルライブラリー第23号 セグメントの設計 [改訂版], pp.309, 2010.2.

32) 土木学会: トンネルライブラリー第23号 セグメントの設計 [改訂版], pp.308, 2010.2.

33) 谷・斉藤・荒木: 中越沖地震におけるシールドトンネル被災事例, 土木学会論文集A, Vol66 No.1, 56〜67, 2010.1.

34) 土木学会: 2006年制定 トンネル標準示方書[シールド工法]・同解説, p.42, 2006.

35) 前掲34), pp.49〜52.

36) 例えば土木学会: トンネルライブラリー第19号, シールとトンネルの耐震検討, 2007.

37) 田村・伯野ら: 1985年メキシコ地震の震害, 土木学会誌, Vo.71, pp.79〜85.

38) 土木学会: トンネルライブラリー第19号, シールドトンネルの耐震検討, 2007.

39) 佐藤工業株式会社: 神戸高速鉄道東西線大開駅災害復旧の記録, 1997.1.

40) 東京日日新聞記事 (神戸大学付属図書館提供)

41) 土木学会: 平成16年新潟県中越地震被害調査報告書, 2006.3.

42) 下水道地震対策技術検討委員会: 下水道地震対策技術検討委員会報告書－新潟県中越地震の総括と地震対策の現状を踏まえた今後の下水道地震対策のあり方－, 2005.8.

43) 国土交通省: 土木・建築にかかる設計の基本, 2002.

44) 建設省土木研究所地震防災部耐震研究室: 土木研究所資料第2381号, シールドトンネルの耐震性に関する研究 (その3) 鉄筋コンクリートシールドセグメントの載荷実験, 1986.4.

45) 建設省土木研究所地震防災部耐震研究室: 土木研究所資料第2649号, シールドトンネルの耐震性に関する研究 (その5) 軸方向正負交番載荷を受けるシールドトンネル模型の載荷実験, 1988.7.

46) 建設省土木研究所地震防災部耐震研究室: 土木研究所資料第2786号, シールドトンネルの耐震性に関する研究 (その6) 正負交番の曲げおよびねじり荷重を受けるシールドトンネル模型の載荷実験, 1989.7.

47) 前掲34), pp.290〜294.

48) 土木学会: 動的解析と耐震設計[第4巻]ライフライン施設, pp.128〜146, 1989, 技報堂出版

49) 建設省土木研究所地震防災部振動研究室: 土木研究所資料第2120号, 動的解析用入力地震動の設定法, 1984.3.

50) 日本水道協会: 水道施設耐震工法指針・解説Ⅰ総論, 2009.7.

51) 例えば日本道路協会: 道路橋示方書Ⅴ耐震設計編, 2002.

52) 鉄道総合技術研究会: 鉄道構造物等設計標準耐震設計, 1999.10.

53) 建設省土木研究所: 土木研究所資料第1185号, 新耐震設計法(案), 1977.3.

54) 日本道路協会: 共同溝設計指針, 1986.3.

55) 日本道路協会: 駐車場設計施工指針, 1992.11.

56) 日本下水道協会: 下水道施設の耐震対策指針, 2006.8.

57) 日本水道協会: 水道施設耐震工法指針・解説Ⅰ総論, 2009.7.

58) 国土交通省河川局治水課: 河川構造物の耐震性能照査指針(案), 2007.3.

59) 土木学会地震工学委員会地震動研究の進展を取り入れた公共会社インフラの設計地震力に関する研究小委員会: 地震動研究の進展を取り入れた土木構造物の設計地震動の設定法ガイドライン(案), 2009.9.

60) 例えば, 内閣府: 東南海, 南海地震などに関する専門調査会, http://www.Bousai.go.jp/jishin/chubou/nankai/index_nankai.html

61) 防災科学技術研究所: 地震ハザードステーションJ-SHIS, http://www.j-shis.bosai.go.jp/

62) 日本道路協会道路土工委員会石油パイプライン小委員会地震対策分科会: 石油パイプラインの地震対策に関する調査報告, 1974.3.

63) 土岐憲三, 構造物の耐震解析, 新体系土木工学11, 土木学会編, pp.61〜64, 1981.

64) 日本ガス教会: 高圧ガス導管耐震設計指針, p.20, 2004.

65) 例えば前掲51)

66) 建設省土木研究所他: 液状化対策工法設計・施工マニュアル(案), 共同研究報告書第186号, 1999.

67) 安田進: 液状化による浮き上がりに対する耐震設計への提言, 基礎工, Vol.28, No.4, pp.46〜48, 2000.

68) 地震調査研究推進本部地震調査委員会: 全国地震動予測地図, 2009.

69) 地震調査研究推進本部地震調査委員会: 日本の地震活動−被害地震からみた地域別の特徴−＜追補版＞, 1999.

70) 静岡大学小山研究室ホームページ, 丹那断層ガイド

71) 鉄道総合技術研究所: 鉄道構造物等設計標準耐震設計, 1999.10.

72) 前掲38), pp.139〜144.

73) 前掲38), pp.209〜224.

74) 土木学会: トンネルライブラリー第9号 開削トンネルの耐震設計, 1998.

75) 土木研究所資料: 大規模地下構造物の耐震設計法・ガイドライン(案), 建設省土木研究所地震防災部耐震研究室, pp.38〜42, 1992.

76) 首都高速道路株式会社: トンネル構造物設計要領 (シールド工法編), 2008.

77) 前掲38), pp.121〜123.

78) 共同研究者代表 建設省土木研究所 耐震研究室: 地下構造物の免震設計に適用する免震材の開発に関する共同研究報告書(その3)−地下構造物の免震設計法マニュアル(案)−, 1999.

79) 土木学会: 2006年制定 トンネル標準示方書[シールド工法]・同解説, p.111, 2006.

제5장

쉴드TBM과 설계

쉴드TBM과 설계

5.1 쉴드TBM의 종류와 형식 선정

5.1.1 쉴드TBM의 종류와 특징

쉴드TBM의 종류는 막장 안정방법에 따라 밀폐형과 개방형으로 구별된다.

밀폐형 쉴드TBM은 막장과 쉴드TBM 내부를 분리하는 격벽을 가지며, 막장과 격벽(Bulkhead) 사이에 설치된 챔버 내에 충만된 토사 혹은 이수 토압으로 막장에 작용하는 수압과 토압에 저항하는 것으로서 적극적으로 막장 안정을 도모하면서 굴착하는 것이다. 밀폐형 쉴드TBM은 챔버에 충진하는 가압매체를 이수로 하는 이수식과 굴착토사로 하는 토압식으로 분류된다.

개방형 쉴드TBM은 기본적으로 지반강도가 높은 자립성 막장에서 막장의 전부 또는 대부분을 쉴드TBM 내에 개방한 채로 굴착하는 것이다. 표 5.1.1에 쉴드TBM의 종류와 그 특징을 정리하였다. 또한 현재 쉴드TBM 공사에서는 밀폐형 쉴드TBM이 주로 사용되고 있다.

(1) 이수식 쉴드TBM

이수식 쉴드TBM은 송니관을 통해 유체 운송펌프로 챔버 내의 이수를 가압하여 막장 안정을 도모하면서 지반을 굴착하며, 굴착토사를 챔버 내의 이수와 함께 배니관을 통해 배출하는 구조로 되어 있다. 그림 5.1.1은 이수식 쉴드TBM의 막장상황을 보여준다.

이수식 쉴드TBM의 막장 안정 특징은 다음과 같다.

① 막장 면에 난투수성 이막을 형성하여 이수압을 막장 면에 유효하게 작용시킨다.
② 지반에 이수의 침투와 함께 이수 중에 모래, 실트와 같은 세립분이 지반의 간극에 스며들어 지반강도를 증가시킨다.

③ 유체 이송펌프의 회전수를 조정하여 챔버 내 이수에서 막장에 작용하는 토압과 수압보다 다소 큰 압력을 가하여 막장 안정을 도모한다.

따라서 막장 안정을 확보하기 위해서는 지반조사를 바탕으로 적절한 막장 이수압을 설정하고 이 압력이 유효하게 작용하도록 이수의 품질을 적절히 관리할 필요가 있다.

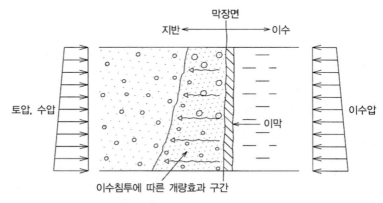

그림 5.1.1 이수식 쉴드TBM에서 이수의 거동

표 5.1.1 쉴드TBM의 형식과 특징

쉴드TBM 형식	밀폐형		
	이수식	토압식	
		이토압	토압
형태			
굴착방법	회전 커터헤드에 부착된 커터비트에 의한 전단면 굴착		
막장 안정 · 지지	• 막장 사이에 챔버를 설치, 챔버 내로 이송된 이수를 가압하여 지지 • 보조공법은 원칙적으로 사용하지 않는다.	• 막장 사이에 챔버를 설치, 챔버 내 굴착토사에 첨가재를 섞어 유동성을 향상시키며, 챔버 및 스크류 컨베이어 내의 토사를 쉴드TBM 잭 추력에 의해 가압하여 막장의 토압과 수압에 저항하는 이토압을 발생시켜 지지 • 보조공법은 원칙적으로 사용하지 않는다.	• 막장 사이에 챔버를 설치, 그 챔버 및 스크류 컨베이어 내에 유입된 굴착토사를 쉴드TBM 잭 추력에 의해 가압하여 막장의 토압과 수압에 저항하는 토압과 수압을 발생시켜 지지 • 보조공법은 원칙적으로 사용하지 않는다.
막장감시	막장은 직접 볼 수 없다.		
굴착토사의 배출 플로우	• 굴착토 굴착토사의 교반 배니펌프 배니관 이수처리설비 ※ 상세는 8.2 이수식 쉴드TBM 의 시공설비를 참조	• 배출방법 1 스크류 컨베이어 대차상의 벨트 컨베이어 굴착토 운반차 • 배출방법 2 스크류 컨베이어 토사압송 펌프 토사반송 펌프 ※ 상세는 8.3 토압식 쉴드TBM의 시공설비를 참조	
전체사진		스포크형이 일반적이다. 	지지효과를 기대할 수 있는 면판형이 많다.
비고	유체운송설비와 이수처리설비가 필요하다.	첨가재는 광물계 외 고분자, 기포 등이 사용된다.	

표 5.1.1 쉴드TBM의 형식과 특징(계속)

형태	개방형		
	인력 굴착식	반기계 굴착식	기계 굴착식
형태			
굴착방법	곡괭이, 쇼벨 등을 사용하여 인력으로 굴착	쇼벨, 백호, 붐 커터 등 굴착장치에 의해 부분 굴착	회전 커터헤드에 부착된 커터비트에 의한 전단면 굴착
막장 안정 · 지지	• 페이스 잭, 하프 문 잭, 무버블 잭, 데크 잭 등의 토류장치를 사용하여 지지 • 압기공법, 약액주입공법, 지하수위저하공법 등 보조공법에 의해 막장 안정을 도모하는 경우가 많다.	• 흙막이는 인력식과 동일하나, 인력식에 비해 전면이 더 크게 개방되기 때문에 굴착중 흙막이는 인력식 정도로 충분하지는 않다. • 압기공법, 약액주입공법, 지하수위저하공법 등 보조공법에 의해 막장 안정을 도모하는 경우가 많다.	• 자립성이 좋은 지반에 적용되며, 비교적 자립성이 결여된 지반에서는 보조적으로 면판을 이용하여 지지 • 인력식과 마찬가지로 보조공법에 의해 막장 안정을 도모하는 경우가 많다.
막장감시	막장을 직접 볼 수 있다.		
굴착토사의 배출 플로우	• 인력에 의한 적재 • 기내 벨트 컨베이어 • 굴착토 운반차	• 적재장치 • 기내 벨트 컨베이어 • 대차 벨트 컨베이어 • 굴착토 운반차	• 커터헤드 • 슈트 • 기내 벨트 컨베이어 • 대차 벨트 컨베이어 • 굴착토 운반차
전체사진			
비고	• 1980년경까지 가장 실적이 많다. • 쉴드TBM공법의 개발당초부터 적용되었다.		

(2) 토압식 쉴드TBM

토압식 쉴드TBM은 챔버 내 이토를 쉴드TBM 추진력에 의해 가압시켜 막장 안정을 도모하면서 지반을 굴착하고 굴착토사를 스크류 컨베이어로 배출할 수 있는 구조로 되어있다.

토압식 쉴드TBM은 굴착토사의 개량을 위해 첨가재 주입구가 설치된 이토압 쉴드TBM과 이것을 장착하지 않은 토압 쉴드TBM으로 분류되며, 최근에는 첨가재 사용유무와 상관없이 이토압 쉴드TBM이 일반적으로 사용되고 있다.

토압식 쉴드TBM의 막장 안정 특징은 다음과 같다.

① 굴착한 토사에 첨가재를 추가하여 커터헤드 및 교반날개에 의해 강제적으로 교반혼합함으로써 소성유동성과 지수성을 가진 이토로 개량한다. 또한 토압쉴드TBM에서는 첨가재 사용없이 교반만을 실시한다.

② 이토를 챔버 및 스크류 컨베이어 내에 충만시키고 쉴드TBM 잭 추력으로 이토를 가압하여 막장의 토압 및 수압에 저항한다.

따라서 이토압이 막장에 균일하게 작용하여 막장 안정이 확보된 상태로 굴착토사가 부드럽게 배토되기 위해서는 적절한 소성유동성과 지수성을 확보할 수 있도록 이토의 상태를 관리할 필요가 있다.

굴착토사 중에 30% 정도의 세립분이 함유되어 있으며 입도분포가 양호한 경우에는 교반만으로 이토의 소성유동성을 확보할 수 있으나, 모래나 자갈 등이 많은 경우나 균등계수가 작아 입도분포가 나쁜 경우에는 벤토나이트나 점토 등 첨가재를 굴착토사 내에 주입하여 교반혼합함으로써 입도분포를 조정하여 양호한 이토로 개량할 필요가 있다. 또한 기포나 고분자재를 첨가하여 이토의 특성을 개량하여 굴착하는 경우도 있다.

(3) 개방형 쉴드TBM

개방형 쉴드TBM은 쉴드TBM에 장착한 토류기구 및 막장지반의 자립성을 높이기 위한 보조공법에 의해 막장 안정을 확보하면서 굴착 및 추진하며, 굴착방법에 따라 인력식, 반기계 굴착식, 기계 굴착식으로 분류된다.

쉴드TBM의 토류기구로는 후드 및 토류잭이 일반적으로 사용되고 있다. 우선 쉴드TBM 선단부에 장착된 후드를 지반에 관입시켜 지반붕괴를 방지하면서 굴착하고 다음으로 굴착한 부분에 토류판, 각재 등을 설치하여 토류 잭으로 지지하면서 추진한다. 후드의 형상은 지반의 상태나 굴착외경 등에 따라 그림 5.1.2와 같이 굴착면에 일정 비탈면 경사를 유지시키는 방법이 많이 사용되고 있다.

계단형   수직형   경사형

그림 5.1.2 후드의 형상

후드의 길이는 자립성이 높은 지반을 굴착하는 경우에는 짧고 자립하기 어려운 지반의 경우에는 약간 길어진다. 후드는 사행이나 추력 증가에 큰 영향을 미치므로 가능한 한 후드를 짧게 계획하는 것이 바람직하나, 자립성이 낮은 지반을 굴착하는 경우에는 후드의 천단부에 잭에 의한 신축이 가능한 Movable Hood를 설치하여 천단부의 지반붕괴를 방지하고 후드 길이를 억제할 수 있다. 토류 잭으로는 하프 문 잭, 페이스 잭, 데크 잭 등이 있다. 하프 문 잭은 후드의 내측을 밀 수 있는 반월형 잭이며, 페이스 잭은 후드부 보강용 주 부재에 설치된 잭이다. 데크 잭은 작업대에 설치된 잭이다. 이러한 잭 선단부는 평평한 구조로서 각재, 토류판 또는 강재 등으로 지반을 밀어부칠 수 있도록 되어 있다.

막장지반의 자립성을 높이는 공법으로는 압기공법, 지하수위 저하공법 및 약액주입공법 등을 들 수 있으며, 단독 또는 병용하여 사용된다.

압기공법은 대수성에서 압기효과가 있는 지반을 대상으로 압축공기에 의한 배수와 토류효과에 의해 막장으로부터 용수나 막장 붕괴를 방지하는 것이다. 이 공법은 비교적 설비가 간단하고 압력관리가 용이하기 때문에 개방형 쉴드TBM에서 가장 일반적으로 적용되어 왔다. 그러나 고기압 작업이기 때문에 작업환경이나 작업효율이 과제로 남아 있으며, 지층에 따라서는 누기, 분출 대책이나 산소결핍 공기의 용출방지대책이 필요하므로 현재 개방형 쉴드TBM의 보조공법으로 거의 사용되지 않는다.

지하수위 저하공법은 터널의 선형에 따라 지상에서 웰포인트 공법이나 딥웰 공법에 의해 막장 위치의 지하수를 배수하고 투수성이 높은 지반에서 용수에 의한 막장 붕괴를 방지하는 것으로서 터널 내에서 웰포인트 등에 의해 지하수위를 저하시키는 경우도 있다.

약액주입공법은 지반의 간극이나 틈에 물유리계 혹은 시멘트계 주입재를 강제적으로 주입하여 지반의 지수성 및 강도를 증가시켜 막장 안정을 도모하는 것이다. 이 공법은 시공성이 우수하고 한정된 범위의 개량이 가능하기 때문에 많이 적용되어 왔다. 주입은 쉴드TBM 굴진에 앞서 지상에서 실시하는 경우와 쉴드TBM 굴진에 따라 터널 갱내에서 실시하는 경우가 있다.

5.1.2 쉴드TBM의 형식 선정

개방형 쉴드TBM은 지반이 충분히 자립하는 경우 혹은 압기공법이나 약액주입공법, 그 외 보조공법으로 개량된 지반이 안정상태에 있는 경우, 또는 지상조건상 다소의 지반변형이 허용되는 경우에 적용된다. 또한 구조상 테일보이드에 대한 뒤채움 주입실시를 기대할 수 없는 경우가 많다.

한편 이수식, 토압식 등 밀폐형 쉴드TBM은 격벽으로 나누어진 커터 챔버 내의 압력을 억제하고 막장을 안정시킨 상태로 굴착하는 것이며, 자립성이 부족한 지반에서도 보조공법을 사용하지 않고 시공하는 것이 일반적이다. 밀폐형 쉴드TBM은 개방형 쉴드TBM과 달리 막장상태를 직접 볼 수 없으므로 계기를 사용하여 간접적으로 감시하고 파악하게 된다. 이 때문에 적용 시에는 막장 안정방법 등 특징을 잘 이해하여 적절한 기종을 선정할 필요가 있다.

쉴드TBM의 계획부터 선정까지의 흐름은 그림 5.1.3과 같으며, 쉴드TBM 형식을 선정함에 있어 가장 유의해야할 점은 막장의 안정 확보이다. 따라서 지반조건(종류, 강도, 투수계수, 세립분 함유율, 자갈직경), 지하수 조건은 물론 용지(작업장 면적) 조건, 수직구 주변의 환경조건, 시공 루트상 지상 및 지중구조물의 조건, 특수한 입지조건 등에 따른 요구사항을 충분히 명확하게 하고 안전성, 경제성 등을 고려하여 적절한 쉴드TBM 형식을 선정하여야 한다. 선정에 오류가 발생하면 예상하지 못한 보조공법의 적용, 굴착불능 등 트러블이 발생한다던지 경우에 따라서는 대형사고로 이어질 수도 있다.

표 5.1.2는 지반조건에 따라 그에 적합한 형식에 대해 정리한 것으로 각 형식과 지반조합의 적합성을 평가하고 유의점을 제시하였다.

표 5.1.2 쉴드TBM형식과 토질[1]

지층	토질	N값[5]	밀폐형 토압식 토압 적합성	토압 유의점	토압식 이토암 적합성	이토암 유의점	밀폐형 이수식 적합성	이수식 유의점	개방형 인력식 적합성	인력식 유의점	반기계 굴착식 적합성	반기계 굴착식 유의점	기계 굴착식(TBM 제외) 적합성	기계 굴착식(TBM 제외) 유의점
충적	부식토	0	×	-	△	지반변형	△	지반변형	×	-	×	-	×	-
점성토	실트·점토	0~2	○	-	△	-	○	지반변형	△	지반변형	×	-	×	-
	사질실트	0~5	○	-	○	-	○	지반변형	△	지반변형	×	-	×	-
	사질점토	5~10	△	세립분 함유율	○	-	○	-	△	지반변형	△	지반변형	△	지반변형
홍적	롬·점토	20 미만	×	-	○	-	○	-	△	지반변형	△	지반변형	△	굴착토사 폐색
점성토	사질롬	15~25	×	-	○	-	○	-	△	시공능률	○	-	×	-
	사질점토	25 이상	×	-	○	-	○	-	△	시공능률	○	-	×	-
	토단(이암)[3]	50 이상	×	-	○	-	○	-	△	시공능률[D]	△	지하수압[E]	△	지하수압
사질토	실트질 점토 혼합한 모래	15 이하	×	-	×	-	○	-	×	-	×	-	×	-
	느슨한 모래	30 미만	×	-	○	-	○	-	×	-	×	-	×	-
	견고한 모래	30 이상	×	-	○	-	○	-	×	-	×	-	×	-
사력	느슨한 사력	10~40	×	-	○	-	○	-	×	-	×	-	×	-
	견고한 사력	40 이상	×	-	○	-	○	-	×	-	×	-	×	-
사력·조석	조석 혼합 사력[4]	-	×	-	○	비트사양[B]	△	폐색[C]	×	-	×	-	×	-
	거석·조석[4]	-	×	-	△	비트사양[B]	△	자갈의 파쇄[C]	△	지하수압	△	지하수압	×	-
암석	암반	-	×	-	△	-	×	비트사양	×	-	△	시공능률	△	비트사양[D]

주 *1 적합성의 기호는 다음과 같다. ○: 원칙적으로 지반조건에 적합하다. △: 작용 시 검토를 요한다. ×: 원칙적으로 지반조건에 적합하지 않다.

*2 유의점은 △에 해당하는 지반·형식에서 가장 중요한 항목만을 나타낸다. 가장 중요한 항목을 도출할 수 없는 경우에는 *표시를 붙여 유사한 유의점이 있음을 표시하였다.
A: 비트·면판의 마모·비트 사양, B: 스크류컨베이어 사양, C: 임니(逸泥)대책, D: 지하수압, E: 여굴량

*3 이암에 대해서는 토단(土丹)과 같이 강도가 낮은 것을 대상으로 한다.

*4 조암(Cobbles: 가둥, 자갈직경 75~300mm), 거석(Boulder: 보올더, 자갈직경 300mm 이상)의 명칭에 대해서는 「일본통일 토질분류법」과 「지반재료의 공학적 분류법」을 참고로 설정하였다.

*5 N값은 각 지반의 기준을 나타낸 것이다.

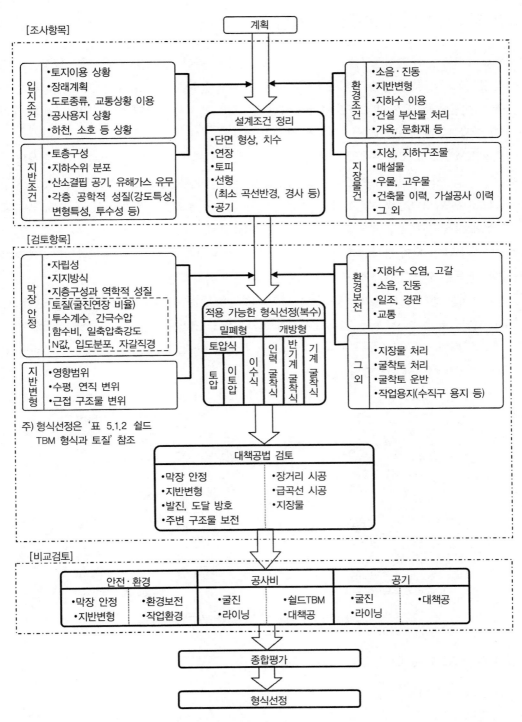

[조사항목]

계획

| 입지조건 | •토지이용 상황
•장래계획
•도로종류, 교통상황 이용
•공사용지 상황
•하천, 소호 등 상황 |
| 지반조건 | •토층구성
•지하수위 분포
•산소결핍 공기, 유해가스 유무
•각층 공학적 성질(강도특성,
변형특성, 투수성 등) |

설계조건 정리
•단면 형상, 치수
•연장
•토피
•선형
 (최소 곡선반경, 경사 등)
•공기

| 환경조건 | •소음 · 진동
•지반변형
•지하수 이용
•건설 부산물 처리
•가옥, 문화재 등 |
| 지장물조건 | •지상, 지하구조물
•매설물
•우물, 고우물
•건축물 이력, 가설공사 이력
•그 외 |

[검토항목]

| 막장안정 | •자립성
•지지방식
•지층구성과 역학적 성질
 토질(굴진연장 비율)
 투수계수, 간극수압
 함수비, 일축압축강도
 N값, 입도분포, 자갈직경 |
| 지반변형 | •영향범위
•수평, 연직 변위
•근접 구조물 변위 |

적용 가능한 형식선정(복수)

밀폐형			개방형	
토압식		이수식	인력굴착식	반기계굴착식
토압	이토압			기계굴착식

| 환경보전 | •지하수 오염, 고갈
•소음, 진동
•일조, 경관
•교통 |
| 그외 | •지장물 처리
•굴착토 처리
•굴착토 운반
•작업용지(수직구 용지 등) |

주) 형식선정은 '표 5.1.2 쉴드
 TBM 형식과 토질' 참조

대책공법 검토

•막장 안정   •장거리 시공
•지반변형   •급곡선 시공
•발진, 도달 방호   •지장물
•주변 구조물 보전

[비교검토]

안전 · 환경		공사비		공기	
•막장 안정 •지반변형	•환경보전 •작업환경	•굴진 •라이닝	•쉴드TBM •대책공	•굴진 •라이닝	•대책공

종합평가

형식선정

그림 5.1.3 쉴드TBM 형식의 선정 흐름[2]

5.2 쉴드TBM의 기본구성과 사양

쉴드TBM의 단면 형상은 사용되는 세그먼트의 형상에 따라 결정된다. 세그먼트 형상은 구조적인 유리함과 시공 중 롤링의 영향을 받기 어려운 원형 단면이 가장 많이 사용된다. 마제형, 사각형, 복원형 등 원형 이외의 단면 형상을 가진 쉴드TBM이 사용되는 경우에는 원형에 비해 불리하므로 강도나 자세제어에 관한 과제를 해결할 필요가 있다.

쉴드TBM은 쉴드TBM 본체와 굴착기구, 추진기구, 세그먼트 조립기구, 배토기구로 구성된다. 굴착기구 및 쉴드TBM 형식에 따라 배토기구는 쉴드TBM 본체 전동부에 장착되며, 배토장치는 쉴드TBM 후방 토사반출 설비까지 연장된다. 추진기구나 세그먼트 조립기구는 쉴드TBM 본체 후동부에 장착되며, 후동 테일부 후단에는 쉴드TBM 내로 뒤채움 주입재나 토사와 함께 지하수 유입방지용 테일 씰이 장착된다. 또한 각 기구의 파워 유닛 등 유압장치나 전기설비, 굴착토사 반출설비 등은 쉴드TBM과 함께 이동하는 후속대차에 설치된다.

여기에서는 현재 가장 많이 사용되는 원형 밀폐형 쉴드TBM(이수식, 토압식)을 대상으로 쉴드TBM 기술자가 인지해야 하는 쉴드TBM 설계상 요점을 쉴드TBM 기계 구조별로 해설한다. 그림 5.2.1은 밀폐형 쉴드TBM의 구성 예를 나타낸다. 비원형 쉴드TBM에 대해서는 12.11 복원형 및 비원형 쉴드TBM에서 설명한다.

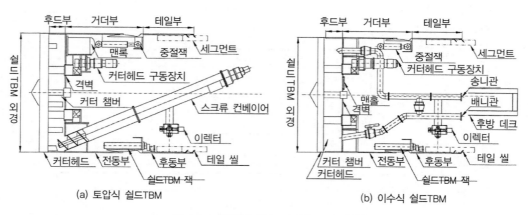

그림 5.2.1 밀폐형 쉴드TBM의 구성 예[3]

5.2.1 쉴드TBM 본체

(1) 쉴드TBM 외경

쉴드TBM 외경(D)는 다음 식과 같이 세그먼트의 외경(D_0)에 테일 클리어런스(x)와 테일 스킨 플레이트의 두께(t)를 더하여 결정한다. 모식도는 그림 5.2.2와 같다.

$$D = D_0 + 2(x + t) \tag{5.2.1}$$

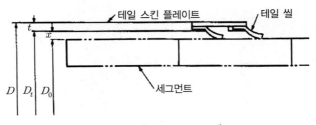

그림 5.2.2 쉴드TBM 외경[4]

테일 클리어런스는 테일 내에서 세그먼트를 확실히 조립하기 위한 공간적 여유로서 이 크기를 결정하는 요소로 다음을 들 수 있다.

① 쉴드TBM 곡선시공에 필요한 최소 여유(그림 5.2.3 참조)

쉴드TBM의 곡선시공에 필요한 최소의 여유(x_1)은 이하에 나타내는 식으로 구할 수 있다.

또한 그림 5.2.3에 모식도를 나타내었다. 아울러 아래의 식에서 R은 곡선반경, l은 테일부 길이(세그먼트 선단에서 쉴드TBM 테일단까지의 거리)이다.

$$x_1 = \delta/2 \tag{5.2.2}$$

$$\delta = (R - D_0/2)(1 - \cos\beta) \fallingdotseq l^2/\{2(R - D_0/2)\} \tag{5.2.3}$$

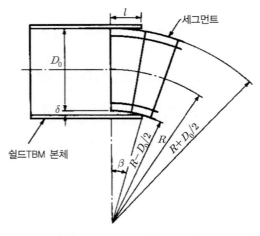

그림 5.2.3 곡선시공 여유 [5]

② 토압과 수압이나 쉴드TBM 곡선 굴진 시 외압에 의한 테일의 변형량
③ 토압과 수압에 의한 세그먼트 링의 변형량
④ 세그먼트 링 외경의 허용차

테일 클리어런스의 실적은 20~40mm 정도가 많고 쉴드TBM 외경의 크기에 따라 커진다. 터널 축방향 삽입형 K 세그먼트의 적용, 세그먼트 폭의 증대, 테일 씰 단수의 증가 등으로 인해 테일부 길이가 증대하는 경우 실적값에만 의존할 것이 아니라 계획 곡선선형을 무리없이 통과할 수 있도록 테일 클리어런스 크기에 기하학적 검토를 추가하여 설계해야 한다.

또한 특히 곡선반경이 작은 급곡선 시공에 대응하는 쉴드TBM의 경우에는 큰 테일 클리어런스가 필요하게 되므로 이에 따라 쉴드TBM 외경의 증대가 필요하게 되나, 쉴드TBM 외경의 증대에 의해 굴착토량이나 뒤채움 주입량이 증가하는 것은 경제적이지 않으므로 급곡선부만 세그먼트 외경을 축소시켜 테일 클리어런스를 확보하는 경우도 있다.

테일 스킨 플레이트 두께는 작용하는 토압과 수압에 따라 설계하며, 테일 내에서는 세그먼트가 정규 위치에 조립되는 것이 요구되므로 그 강도만이 아니라 변형에 대한 충분한 강성을 부여하는 것도 중요하다. 작용하중은 세그먼트에 준하나 쉴드TBM의 곡선시공 혹은 방향수정 시에는 방향성이 변하는 하중으로 큰 지반반력 등이 작용하기 때문에 쉴드TBM에서 가장 위험한 조건을 설정하여 검토하는 경우가 많다.

테일부 전방 단부는 강성이 높은 거더부에 고정되어 있으므로 FEM 등을 이용하여 1단 고정 원통으로 설계하는 것이 일반적이다. 그러나 위험한 시공조건이나 새로운 구조를 적용하는 경우 등에는 FEM에 의한 상세한 해석을 할 때가 있다.

(2) 쉴드TBM 길이

쉴드TBM 길이는 굴진 시 운전성을 좌우하는 중요한 요인이다. 쉴드TBM 길이의 명칭은 그림 5.2.4와 같다.

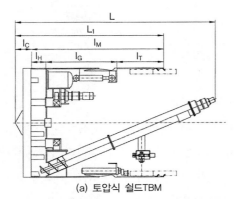
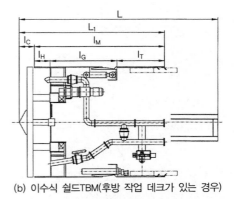

(a) 토압식 쉴드TBM   (b) 이수식 쉴드TBM(후방 작업 데크가 있는 경우)

여기에서 L_1 : 쉴드TBM 길이, I_M : 쉴드TBM 본체 길이, I_C : 커터부 길이, I_H : 후드부 길이, I_G : 거더부 길이, I_T : 테일부 길이

그림 5.2.4 쉴드TBM 길이[6]

쉴드TBM 길이를 결정하는 요소에는 다음과 같은 것이 있으며, 각 요소의 설계에 따라 쉴드 TBM 길이가 설계된다.

① 막장의 굴착 및 토류기구(커터부 길이, 후드부 길이)
② 커터헤드의 지지구조 및 구동장치의 구조(거더부 길이)
③ 세그먼트의 폭(테일부 길이)
④ K 세그먼트의 삽입방향(테일부 길이)
⑤ 테일 씰의 장비단수(테일부 길이)
⑥ 중절장치의 유무(거더부 길이)

쉴드TBM의 길이는 굴진 시 조종성이나 발진, 도달 수직구 내에서의 조립이나 해체 등 작업성에 따라 짧은 쪽으로 하는 것이 요망된다. 이러한 관점에서 쉴드TBM 길이를 평가하는 지수로서 쉴드TBM 외경에 대한 쉴드TBM 본체 길이비(장경비)가 사용되는 경우가 있다. 그림 5.2.5는 2003년 이후 실적을 나타냈다. 실적으로는 외경이 작은 쉴드TBM일 수록 그 장경비가 크고 외경이 증가하여도 쉴드TBM 본체 길이는 별로 증가하지 않는 것을 알 수 있다.

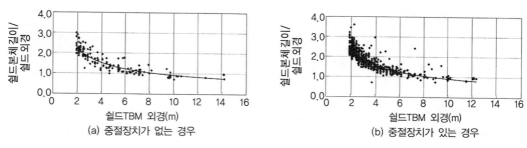

그림 5.2.5 쉴드TBM 외경과 본체 길이의 관계

(3) 테일 씰

테일 단부의 지수용 씰인 테일 씰은 뒤채움 주입재나 토사와 함께 지하수가 쉴드TBM 내부로 유입되는 것을 방지하기 위해 내압성이나 내구성과 함께 세그먼트의 단차나 테일 클리어런스 변화에 대한 대응성, 파손 시 교환의 용이성이 요구된다. 이를 위해 와이어 브러쉬를 재료로 한 브러쉬식 테일 씰이 개발되어 현재 거의 모든 쉴드TBM에 이용되고 있다.

와이어 브러쉬에 의한 테일 씰은 그림 5.2.6과 같이 브러쉬와 브러쉬 사이의 좁은 와이어 메시 시트로 구성된다. 이것은 10~20cm 길이의 블록으로 제작되어 테일 단부 원주를 따라 부착된다. 이 씰은 씰 본체만으로는 지수성을 충분히 발휘할 수 없으며, 브러쉬의 선재 간이나 Mesh 시트의 공극이 막히기 시작하면서 지수성을 확보할 수 있다. 이 때문에 씰을 2단 이상 장착하여 씰 간에 테일 씰용 그리스 등 채움용 충진재를 정기적으로 공급할 필요가 있다. 공급방법은 세그 먼트 주입구를 이용하는 방법과 쉴드TBM 본체 외측에 부착된 배관을 이용하는 방법[5.2.7 (2) 테일 씰 충진관 참조]이 있다.

테일 씰의 단수는 장거리 시공 시 내구성과 고수압에 대한 지수성 확보를 목적으로 하며, 실적 으로 보면, 굴진거리와 최대 지하수압에 의해 2~4단으로 장착된다. 일반적으로 테일 씰을 1단 늘림에 따라 쉴드TBM 길이는 40cm 정도 길어진다. 따라서 장경비가 커지기 쉬운 소구경 쉴드 TBM에서는 주의를 요하며, 급곡선 시공의 유무나 굴진 중 교환 가능 여부 등을 고려하여 단수를 결정한다. 또한 테일 씰이 손상된 경우 막장에 가까운 측의 씰 교환을 위해 액체를 주입하면 팽 창하는 구조의 환상 고무재 튜브와 립 패킹을 조합한 긴급 씰을 그림 5.2.6 (a)와 같이 설치하는 경우도 있다.

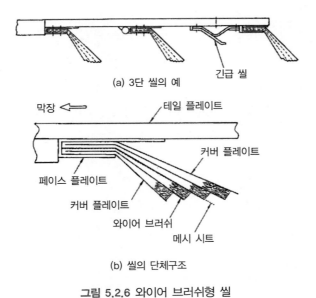

(a) 3단 씰의 예

긴급 씰

막장

테일 플레이트

커버 플레이트

페이스 플레이트

커버 플레이트

와이어 브러쉬

메시 시트

(b) 씰의 단체구조

그림 5.2.6 와이어 브러쉬형 씰

5.2.2 추진기구

(1) 쉴드TBM 잭

쉴드TBM 추력은 쉴드TBM 본체의 내부 원주를 따라 배치된 쉴드TBM 잭(유압 잭)에 의해 주어진다. 잭 추력은 크기 때문에 잭 자체의 강도에 대해 설계상 특히 유의할 필요가 있다.

쉴드TBM 잭은 단순히 축력 이외에 후술하는 바와 같이 스프레더의 경사에 의해 추력의 5～8%의 횡하중이 발생할 가능성이 있으므로 주의를 요한다. 이것은 쉴드TBM의 특징이며, JIS에서는 횡하중의 규정값을 추력의 1% 정도로 하고 있다.

(2) 쉴드TBM 잭의 장비 수

쉴드TBM 잭의 추력을 받는 세그먼트에는 재질이나 구조에 따라 터널 축방향 압축력에 대한 허용값이 존재한다. 쉴드TBM 잭의 배치, 장비 수 및 1본 당 잭의 장비추력은 세그먼트의 내력, 분할 수나 종방향 철근의 위치관계를 고려하여 결정해야 한다.

(3) 스프레더

쉴드TBM 잭 1본 당 힘을 세그먼트로 분산시켜 전달하기 위해 쉴드TBM 잭의 로드 선단에는 스프레더(슈라고도 불림)가 장착되어 있다. 세그먼트의 표면이 콘크리트인 경우 스프레더가 세그먼트에 닿는 면에는 우레탄 고무 등 라이닝재를 접착하여 세그먼트를 손상시키지 않도록 보호한다.

스프레더는 잭축 중심에 대해 전방향으로 3~5° 정도 경사를 줄 수 있으며, 잭축 중심과 세그 먼트 단면이 직각이 아니어도 스프레더의 면이 세그먼트 단면에 평균적으로 맞도록 제작하여 부 착되어 있다. 이것은 곡선시공 시 자세나 추진방향의 수정 시에 발생하는 쉴드TBM과 세그먼트 의 상대적 경사각((Pitching 및 Yawing)에 대응하기 위함이며, 극단적인 각도에서 스프레더가 탈락하는 경우가 있으므로 주의를 요한다.

(4) 편심량

세그먼트에 작용하는 편하중을 작게 하기 위해서 스프레더 중심을 세그먼트 중심선에 가능한 한 근접시킬 필요가 있다. 이를 위해 그림 5.2.7과 같이 잭 중심과 스프레더 중심을 편심시키는 구조로 하는 경우가 많다.

이 편심량은 잭 추력의 크기에 따라 한계가 있다. 편심량이 커지면 잭 로드에 대해 편심 만큼 의 휨 하중이 작용하기 때문에 휨이 커지고 로드가 손상되어 기름이 새는 등의 문제가 발생하기 쉽다.

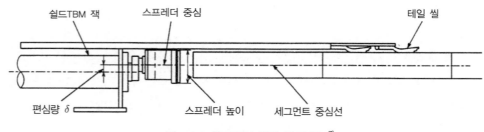

그림 5.2.7 쉴드TBM 잭의 편심구조[7]

(5) 잭 스트로크

쉴드TBM 잭 스트로크의 설계에 영향을 미치는 요인은 다음과 같다.

① 세그먼트의 폭
② 추진 스트로크의 여유(반력 없는 경우)
③ 추진 스트로크의 여유(반력 있는 경우)
④ K 세그먼트의 삽입방법

이와 같이 스트로크의 결정은 쉴드TBM과 세그먼트 사이의 경사나 세그먼트의 테이퍼 양을 고려할 필요가 있다. 외경 $\phi 7m$ 정도 이하인 쉴드TBM에서는 150mm 정도 여유를 두는 경우가 많으나 그 이상이 되도록 설정하는 경우도 많다.

특히 축방향 삽입형 K 세그먼트를 사용하는 경우에는 K 세그먼트를 삽입하기 위한 여유가 필요하다. 이 여유의 크기는 K 세그먼트의 삽입각도, K 세그먼트 호길이, 세그먼트 조인트 각도 등에 따라 다르므로 사전에 충분히 검토하여 그 삽입여유를 추가해야 한다.

(6) 총 추력
총 추력의 설계 시 고려해야 하는 주요 추진저항은 다음과 같다.

① 쉴드TBM 외주면과 흙의 마찰저항 혹은 점착저항
② 막장전면저항(챔버 내 압력)
③ 곡선시공 등 방향성이 변하는 하중에 의한 추진저항
④ 테일 내에서의 세그먼트와 테일 씰부의 마찰저항
⑤ 후속대차 등의 견인저항

막장전면압력은 시공조건을 통해 파악하기 쉬우나, 그 외의 것은 이것들에 관여하는 마찰계수나 지반반력의 추정이 곤란하므로 그 실태를 파악하기 어렵다.

실적으로 보면 막장전면 저항력을 제외한 저항력의 합계는 쉴드TBM 단위면적 당 $300 \sim 400kN/m^2$ 정도로 충분한 경우가 많다.

쉴드TBM의 자세 및 방향수정이나 곡선시공을 위해서는 쉴드TBM 잭에 의한 편압조작이 필요하다. 따라서 쉴드TBM에 장착한 전추력은 각 저항력의 총합인 총 저항력을 $50 \sim 100\%$ 늘린 값으로 하는 경우가 많다. 일반적인 장비추력의 목표는 개방형 쉴드TBM에서 $700 \sim 1{,}100kN/m^2$, 밀폐형 쉴드TBM에서 $1{,}000 \sim 1{,}500kN/m^2$ 정도이다.

5.2.3 중절장치

(1) 곡선반경과 중절장치의 적용
중절장치는 곡선시공 시 쉴드TBM 본체를 전동부와 후동부로 분할하여 굴곡시키는 것으로서 곡선 진행 시 여굴량을 저감시키고 전동 외측에 지반반력에 의한 추진분력을 발생시켜 휘기 쉽도록 하는 장치이다. 소구경 쉴드TBM에서 80m 이하, 중구경 쉴드TBM에서 120m 이하, 대구경 쉴드TBM에서 200~250m 정도 이하의 곡선반경을 가진 터널시공 시에는 쉴드TBM 본체에 중절장치를 장착하는 것이 거의 정형화되어 있다. 또한 곡선반경이 큰 경우에도 조종성이나 세그먼트의 시공 시 하중저감을 고려하여 장착하는 경우가 있다.

(2) 중절기구의 종류
중절기구는 일반적으로 일체 원통형태로 제작되는 쉴드TBM 본체 거더부를 분할하여 제작하며, 양측을 복수의 중절 잭으로 연결하는 것이다.

i) X 중절기구
그림 5.2.8 (a)와 같이 전·후동 굴진형상이 X형인 기구이며, 중절 회전중심이 전·후동을 연결하는 핀의 위치가 된다. 중절각의 중심을 규정하고 후동 선단을 구면으로 가공하여 회전각이 커져도 동체간 열림량을 일정하게 할 수 있다. 이 때문에 중절부 씰(중절 씰)의 지수성 확보가 비교적 용하다. 핀을 가진 구조이므로 임의 방향으로 자유롭게 동체가 굴진할 수는 없다. 예를 들어 수평 중절에 대해서는 핀을 축으로 하는 방향 이외에는 핀 주변의 작은 클리어런스를 이용한 미소각도의 굴진만이 가능하다.

ii) V 중절기구
그림 5.2.8 (b)와 같이 전후동 굴진형상이 V형인 기구이며, 중절각의 중심이 스킨 플레이트 근방이 된다. 이 기구에서는 기본적으로 전후동을 연결하는 핀을 장착하지 않으므로 임의 방향으로 동체를 굴곡시킬 수 있다. 중절각도가 커지면 곡선 외측의 동체 간 열림량이 커지기 때문에 중절 씰에 의한 지수성 확보가 비교적 어렵다는 단점이 있다.

이러한 중절기구의 차이에 의한 분류 외에 중절방식에 의한 분류가 있다. 이것은 쉴드TBM 잭이 지지하는 위치에 따른 분류로서 그림 5.2.9 (a)와 같이 전동부에 쉴드 TBM잭을 지지시키는 방식(전동지지)과 그림 5.2.9 (b)와 같은 후동부에 지지시키는 방식(후동지지)이 있다. 전동지지의 경우 중절 시 후동에 대해 잭의 축 중심이 경사이므로 잭의 신장에 의해 스프레더와 테일 스킨 플레이트 간의 간섭이 발생하므로 대책을 요한다. 후동지지의 경우에는 이러한 단점이 없으며, 쉴드TBM 잭이 편압하지 않아도 방향변환에 필요한 모멘트를 전동에 줄 수 있으므로 급곡선 시공에 적절하여 현재 사용되는 중절방식의 주류를 이루고 있다.

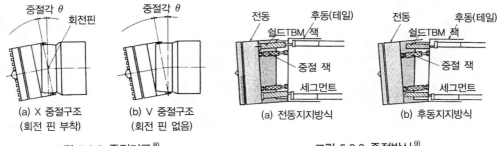

그림 5.2.8 중절기구[8]
그림 5.2.9 중절방식[9]

(a) X 중절구조 (회전 핀 부착)
(b) V 중절구조 (회전 핀 없음)
(a) 전동지지방식
(b) 후동지지방식

(3) 중절 잭

중절 잭의 스트로크는 설정 중절각과 중절기구에 의해 결정된다. 한편 중절 잭의 추력은 중절기구와 중절방식에 의해 변한다. 예를 들어 후동지지인 V 중절의 경우에는 중절각도를 유지하기 위해 중절 잭은 신장측 압력에 저항한다. 이를 위해 쉴드TBM 잭의 총 추력을 기본으로 중절 잭의 소요추력을 결정하면 된다. 이에 대해 전동지지 V 중절인 경우 잭은 압축측 압력으로, X형 중절인 경우 잭의 반은 신장측 압력, 기타 잭은 압축측 압력으로 저항하기 때문에 쉴드TBM 잭의 총 추력만으로는 평가할 수 없다.

전동지지 중절인 경우 중절 잭의 역할은 중절상태를 유지하면서 후동을 견인하는 것이다. 따라서 후동이 지중을 굴진할 때 발생하는 후동 스킨 플레이트와 지반 간의 마찰력이 추력을 결정하는 중요 요소가 된다. 일반적으로 쉴드TBM 잭 총 추력의 1/2 정도의 추력이 있으면 충분하다. 한편, 후동지지 중절인 경우 전동에 작용하는 막장전면저항 및 전동 외주면 마찰력이 중절 잭 추력 결정의 요인이 된다. 그래서 일반적으로 후동지지 중절인 경우 중절 잭 총 추력은 쉴드TBM 잭 총 추력의 70~80% 이상으로 설계된다.

5.2.4 굴착기구

(1) 커터헤드

커터헤드는 그 전면에 커터비트라고 하는 토사굴착 툴이 굴착단면의 거의 전단면을 커버하도록 다수 배치되어 있어 정·역회전 작동을 통해 지반을 동심원 형태로 절삭하는 것이다. 커터헤드는 통상 지반과 접하는 가혹한 환경 속에서 가동되므로, 시공이 시작되면 그 개조가 용이하지 않으므로 지반조건이나 굴진거리, 쉴드TBM 형식에 적합한 구조를 충분히 검토하여 설계할 필요가 있다.

커터헤드의 형상, 구조와 적용되는 쉴드TBM 형식은 일반적으로 표 5.2.1과 같이 분류할 수 있다. 커터헤드의 구조는 사진 5.2.1, 대표적인 측면형상은 그림 5.2.10과 같다.

표 5.2.1 커터헤드의 형상, 구조와 적용

구분		종류	적용지반	적용 쉴드TBM 형식
커터헤드	측면형상	플랫 타입	점성토 · 사질토 · 모래자갈	이수식 · 토압식
		세미 돔 타입	큰 자갈 · 옥석 · 암반	
		돔 타입	큰 자갈 · 옥석 · 암반	
	구조	면판형	점성토 · 사질토 · 모래자갈 · 옥석 · 암반	이수식 · 토압식
		스포크형	점성토 · 사질토 · 모래자갈 · 옥석	토압식

(a) 스포크형

(b) 면판형

사진 5.2.1 커터헤드의 정면구조

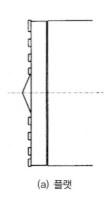
(a) 플랫

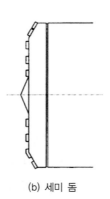
(b) 세미 돔

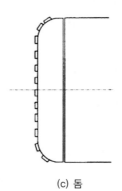
(c) 돔

그림 5.2.10 커터헤드의 측면형상[10]

(2) 커터비트

커터비트는 커터헤드에 부착된 토사굴착용 툴이며, 역할이 다른 여러 종류의 커터비트가 커터헤드 전면에 배치된다.

커터비트는 그림 5.2.11과 같이 모재와 초경소결합금을 재료로 하는 도선(팁)으로 구성되며, 초경합금은 표 5.2.2 같이 JIS 규격의 광산공구용 초경소결합금이 일반적으로 사용되고 있다. 초경합금은 경도가 클수록 내마모성이 높으나 인성은 반대로 저하되어 충격에 깨지기 쉬워진다. 따라서 자갈층이 없는 장거리 굴진에서는 내마모성이 우수한 E3종이 사용되는 경우가 있으나 대부분의 경우에는 내충격성을 고려하여 E5종 재료가 사용된다.

표 5.2.2 팁 재료의 분류(JIS M 3916 광산공구용 초경팁)

JIS 분류 번호	특성값		화학성분(참고)		
	경도(HRA)	휨강도 kgf/mm²(N/mm²)	W(%)	Co(%)	C(%)
E 1	90 이상	120(1,177) 이상	87~90	4~8	5~6
E 2	89 이상	140(1,373) 이상	85~89	5~10	5~6
E 3	88 이상	160(1,569) 이상	83~97	7~12	5~6
E 4	87 이상	170(1,667) 이상	82~86	8~13	5~6
E 5	86 이상	200(1,961) 이상	78~85	9~17	5~6

(주) 1kgf/mm² = 9.81N/mm², W : 텅스텐, Co : 코발트, C : 카본

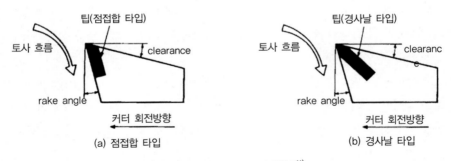

(a) 점접합 타입   (b) 경사날 타입

그림 5.2.11 Teeth Bit의 형상[11]

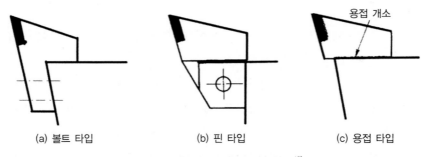

(a) 볼트 타입   (b) 핀 타입   (c) 용접 타입

그림 5.2.12 Teeth Bit의 접합방법 [12]

커터비트에는 다양한 종류, 역할이 있으나 종합적으로 선행절삭과 주 지반절삭으로 분류할 수 있다.

우선 지반의 절삭과 토사의 유입은 Teeth비트에 의해 이루어진다. 그 형상의 한 예는 그림 5.2.11, 커터헤드에 부착하는 방법의 예는 그림 5.2.12와 같다. Teeth비트의 구성과 형상은 지반에 따라 선정된다. 일반적으로 그림 5.2.11과 같이 고결 점성토에 대해서는 절삭성과 내마모성을 중시하여 점접합타입 팁으로 하고 Rake angle과 Clearance를 크게 한 예각형상이 선정된다. 한편 자갈층에 대해서는 내충격성을 중시하여 경사날 타입 팁으로 하고 Rake angle과 Clearance를 작게 한 형상이 선정된다.

Teeth비트는 막장전체를 굴착할 수 있도록 배열된다. 여기에서 쉴드TBM의 외측에 위치한 커터비트는 중심측에 비해 회전반경이 크기 때문에 마찰거리가 길어져 부담이 크고 마모가 진행되어 비트의 마모수명이 짧다. 따라서 동일 궤적(패스)상에 복수의 커터비트를 배치하여 부담의 평준화를 도모한다.

다음으로 발진 및 도달부 개량지반이나 지반의 선행절삭으로 인한 Teeth비트의 보호를 목적으로 장착되어 있는 것이 선행 비트나 롤러 커터이다. 선행 비트는 Teeth비트보다 전측에 부착되어 지반을 이완한다든가 균열을 유발하여 선행 절삭함으로써 Teeth비트를 보호하는 것이다. 이것은 초경 팁이 부착된 것으로서 형상이 다양하나 자갈층 등에서는 Shell비트라는 팁이 빗모양으로 배치된 비트가 사용되는 경우가 많다.

또한 굴착대상 지반에 암반이나 배토기구로는 유입할 수 없는 치수의 큰 옥석 등이 존재하는 경우에는 이것을 파쇄하기 위해 롤러 커터가 장착된다. 롤러 커터는 강한 지반에 압착하여 커터헤드의 회전에 따라 롤러가 자전함으로써 옥석을 압괴하거나 암반을 압쇄하는 기능을 가진다. 사진 5.2.2은 커터비트의 설치 예이다.

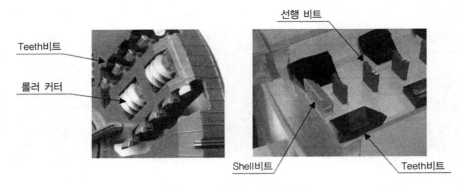

Teeth비트

롤러 커터

선행 비트

Shell비트

Teeth비트

사진 5.2.2 커터비트의 설치 예

(3) 커터헤드의 지지방식

쉴드TBM의 커터헤드 지지방식은 그림 5.2.13과 같이 4종류가 있다.

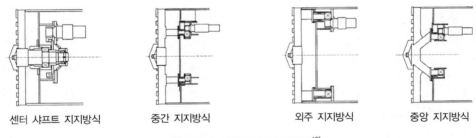

센터 샤프트 지지방식   중간 지지방식   외주 지지방식   중앙 지지방식

그림 5.2.13 커터헤드 지지방식 [13]

i) 센터 샤프트 지지방식

원형 단면을 가진 센터 샤프트에 의해 커터헤드의 중심을 지지하는 지지방식이다. 심플한 구조로서 중소구경 쉴드TBM에 사용되는 경우가 많으며, 다른 지지방식에 비해 커터헤드에 작용하는 편심하중에 의해 발생되는 모멘트에 대한 강도가 약하다. 따라서 대구경 쉴드TBM에 대한 적용, 호박돌이나 암반 등과 조우하는 공사에 적용할 때는 충분한 강도검토가 필요하다.

ii) 외주 지지방식

센터 샤프트 지지방식의 강도상 약점을 해소한 지지방식이며, 커터헤드의 외주면을 링형태로 지지하는 구조이다. 특히 중소구경 쉴드TBM에서는 커터헤드의 편심력에 대한 강도가 높을 뿐만 아니라 기내 중앙 스페이스를 넓게 확보할 수 있다는 이점이 있다. 이 지지방식의 경우 굴착토사를 배토장치가 설치된 높이까지 끌어올리기 위한 날개가 필요하며, 점성이 높은 지반에서는 날개부분에 토사부착이 발생하기 쉬운 단점이 있다.

iii) 중간 지지방식
센터 샤프트 지지방식이 가진 심플함과 외주 지지방식의 편심하중에 대한 구조상의 우위를 가지기 위해 커터헤드를 중심으로부터 외주까지의 중간위치에서 쉴드TBM 본체측에서 돌출된 복수의 지지대로 지지하는 방식이다. 중소구경부터 대구경 쉴드TBM까지 일반적으로 적용된다.

iv) 중앙 지지방식
커터헤드 중앙부에서 Cone형으로 지지하는 방식이며, 주로 중소구경용에 사용되는 경우가 많다. 중앙부가 기내를 통과하기 때문에 커터 내 장치의 유지관리나 기내에서의 지반개량 등이 용이한 구조이다.

(4) 구동방식
커터헤드의 회전구동기로는 전동 모터와 유압 모터의 2종류가 있다.

전동 모터는 양호한 에너지 효율과 소음이나 발열량 저감 등 이점 때문에 많이 이용되고 있다. 그러나 과대한 부하가 발생하면 정상 토오크의 몇 배되는 토오크가 발생하여 동력전달계통에 트러블이 발생할 가능성이 있다. 이 때문에 클러치 등을 탑재한 전동 모터로 과부하를 차단할 필요가 있다. 또한 커터헤드의 회전수를 부드럽게 제어하기 위해서는 인버터 등을 이용한 주파수 변환제어가 필요하다.

유압 모터는 과부하에 대한 대응성이 양호하며, 회전속도 제어가 용이하다는 이점이 있다. 또한 전동 모터에 비해 축방향 길이가 짧아 쉴드TBM 길이를 단축시킬 수 있다는 장점도 있다.

일반적으로는 어느 쪽을 선택하여도 좋으나 옥석으로 인해 충격부하가 발생할 것으로 예상되는 지반조건이나 급곡선 시공을 위해 쉴드TBM 길이를 단축하여야 하는 경우에는 유압 모터를 선택하는 경우가 많다.

(5) 베어링
커터헤드 샤프트의 베어링에는 Sliding타입과 Rolling타입이 있으나 다음과 같은 사유로 Rolling타입을 적용하는 경우가 많다.

① 베어링의 정밀도가 높고 축의 흔들림이 적어 베어링용 토사 씰의 기능을 확보하기 쉽다.

② 베어링의 마찰손실이 적다.

③ 베어링 지지부의 구조가 단순하여 기기의 길이를 짧게 할 수 있다.

Rolling타입 중 가장 많이 사용되는 것은 그림 5.2.14의 3열 조합 베어링이다. 베어링 외륜 또는 내륜에 톱니를 넣어 커터 모터로부터 동력을 직접 전달받는 구조로 할 수 있다.

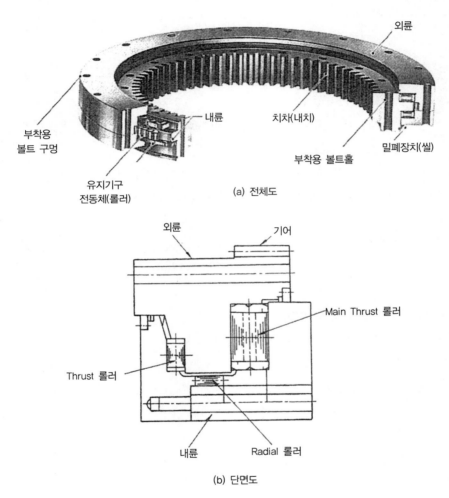

(a) 전체도

(b) 단면도

그림 5.2.14 3열 원통 롤러 베어링

(6) 베어링용 토사 씰

베어링의 씰에는 그림 5.2.15와 같이 각종 형태 및 치수가 있으나, 기본적인 씰 구조는 다음과 같다.

(a) 복수 립 씰   (b) 단일 립 씰(평형)   (c) 단일 립 씰(U형)

그림 5.2.15 베어링 토사 씰의 형상[14]

① 씰 본체는 립을 가진 구조일 것
② 외압에 의해 립이 급속면(닿는 면)에 압착되며, 외압의 크기에 따라 접촉압을 발생하는 셀프 씰 타입일 것
③ 립과 립 접촉부의 윤활 및 외압에 의한 립의 국부적 대변형을 억제하기 위해 립 사이에 그리스를 간헐적으로 공급하여 봉입함으로써 압력을 유지시킬 수 있는 구조일 것

대부분의 씰은 정적 및 동적 시험에 의해 적어도 $1,000kN/m^2$ 이상의 내압성을 가진 것으로 확인되었다.

(7) 굴착외경과 쉴드TBM의 외경

원칙적으로 쉴드TBM의 외경과 커터헤드에 의한 굴착외경은 일치해야 한다. 그러나 실제로는 굴착외경을 쉴드TBM 외경보다 약간 크게 하는 것이 일반적이다. 이것은 쉴드TBM 외경이 길이 방향으로 다소 제작 오차가 있기 때문이며 최외각 커터비트의 마모를 고려한 것이다. 이러한 것들을 고려하지 않으면 쉴드TBM의 스킨 플레이트 제작 정밀도를 상당히 높일 필요가 있을 뿐만 아니라 비트의 마모에 의해 굴착 외경보다 큰 쉴드TBM을 지반에 압입하는 경우가 발생하여 결과적으로 비정상적으로 높은 추력이 필요하거나 지반이 융기되는 경우가 있다.

(8) 커터의 장비 토오크와 회전속도

막장을 굴착하는 데 필요한 커터의 장비 토오크는 다음과 같은 저항 토오크를 종합적으로 고려한 여유치를 더하여 결정한다.

① 커터비트의 절삭저항에 의한 토오크

② 커터헤드와 토사의 마찰저항에 의한 토오크

③ 커터헤드에 의한 토사 유입, 혹은 교반저항에 의한 토오크

④ 베어링, 동력전달 기어 등의 기계저항에 의한 토오크

⑤ 베어링 씰의 마찰저항에 의한 토오크

각각의 저항 토오크의 크기는 지반의 강도, 토질, 토압의 크기, 베어링 구조 등에 의해 결정하나, 쉴드TBM 외경에 따라 통계적으로 어느 정도의 회전력을 필요로 하는가를 판단하는 간이법이 있다. 이것에 따르면 필요한 커터 장비토오크 T는 다음 식으로 계산된다.

$$T = \alpha D^3 \tag{5.2.4}$$

여기서, T : 장비토오크(kN·m), α : 토오크계수, D : 쉴드TBM 외경(m)

토오크계수 α는 α값이라 불리며, 토압식 쉴드TBM에서는 α=10~25, 이수식 쉴드TBM에서는 α=8~20 정도이다. 실적에 따르면 쉴드TBM 외경이 커짐에 따라 α값은 작아지는 경향이 있다.

한편 커터의 회전속도는 너무 작으면 굴진속도 저하로 이어지고 너무 크면 막장을 휘저으며, 커터비트나 커터헤드의 마모를 촉진한다. 따라서 통상적으로 커터헤드의 외주속도가 1분에 15~25m 정도 범위에 들어가도록 회전속도를 설계한다. 외경이 큰 쉴드TBM일수록 쉴드TBM 중심부근의 회전속도가 작아지기 때문에 커터비트의 진입깊이에 관한 충분한 검토가 필요하다.

(9) 여굴장치

곡선시공이나 급격한 자세수정 시에 쉴드TBM 방향변화에 저항하는 토압을 경감하기 위해 통상 굴착외경 이상으로 막장을 굴착하는 여굴장치가 필요하다. 여굴장치에는 전주 여굴장치(Over 커터)와 부분 여굴장치(Copy 커터)가 있으며, 양쪽 모두 커터헤드의 외주에서 유압 잭으로 압출된 특수한 커터비트를 가지고 있다. 사진 5.2.3은 Copy 커터 설치 예를, 그림 5.2.16은 여굴범위를 나타내었다.

Copy 커터의 경우 벌크 헤드 후방위치의 커터헤드 회전 중심에 회전유압 조인트(로터리 조인트)를 설치함으로써 커터헤드가 회전 중이어도 커터의 신축조작을 통해 막장 외주의 임의 범위를 여굴할 수 있다.

소요 여굴량은 방향변환 시 쉴드TBM과 지반의 기하학적 위치관계를 통해 산정할 수 있으며, 쉴드TBM에 장착된 여굴능력은 계산값에 대해 50% 정도 증가하여 설계한다.

큰 여굴량에 대응할 수 있는 여굴장치는 여굴 비트를 커터헤드 외주로부터 편측으로 크게 돌출시키는 것이 당연하다. 따라서 그 강도에 대한 충분한 검토가 필요하다.

또한 Copy 커터의 경우 사용빈도가 높으면 여굴 비트의 출입회수가 증가하므로 가동부분을 토사에 의한 마모로부터 방호한다든가 토사로 인한 막힘을 방지하는 등의 대책이 필요하다.

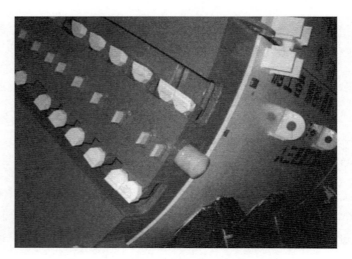

사진 5.2.3 Copy 커터의 설치 예

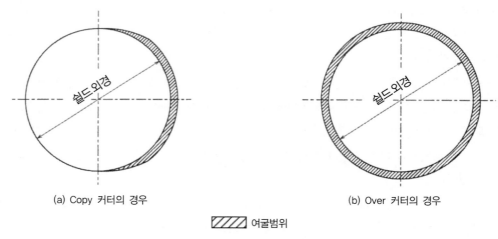

(a) Copy 커터의 경우

(b) Over 커터의 경우

▨▨ 여굴범위

그림 5.2.16 여굴범위[15]

5.2.5 세그먼트 조립장치(이렉터)

(1) 세그먼트 인양장치

세그먼트를 인양하는 방식에는 몇 가지 종류가 있다. 세그먼트 운송용 견인장치에 있는 구멍에 핀을 찔러 넣는 방식이 일반적이며, 세그먼트에 특수형상의 인양구멍을 설치하여 전용 인양장치를 그 구멍에 삽입함으로써 인양하는 방식도 볼 수 있다.

만일 세그먼트의 인양이 어긋나면 중대한 사고로 이어지므로 핀이나 구조부분의 강도에는 충분한 여유를 두어 구조적 안전성을 최우선으로 고려해야 한다. 또한 해외에서는 진공장치를 사용한 인양구조가 많이 적용되고 있으나 일본에서는 적용 예가 극히 드물다.

(2) 선회장치

회전장치는 이렉터 전체를 쉴드TBM 축을 중심으로 회전시켜 세그먼트를 원주방향으로 인양위치에서 최종 조립위치까지 운반하는 장치이다. 이 회전장치는 그림 5.2.17과 같이 중공링 형태의 회전축(선회링)을 쉴드TBM 본체로 지지하고 유압 모터 등으로 회전력을 발생시키는 것이다. 회전축의 지지방식은 축 외측으로부터 복수의 롤러로 지지하는 구조가 일반적이나 대구경 쉴드TBM에서는 축 내측을 베어링으로 지지하는 경우도 있다.

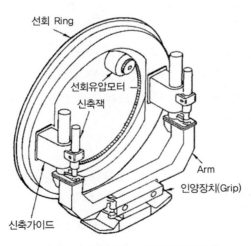

그림 5.2.17 세그먼트 조립장치(이렉터)

어느 쪽으로 하더라도 쉴드TBM 본체가 토압과 수압에 의해 다소 변형되더라도 이렉터의 회전에 장애가 없도록 검토해야 한다.

회전력에 대해서는 세그먼트의 중량에 의한 모멘트가 최대가 되는 스프링 라인 위치로부터 세그먼트를 상향으로 들어올리는 힘만이 필요하다. 경우에 따라서는 세그먼트에 점접합한 지수용 씰재를 압착하는 방향으로 힘이 커지는 경우도 있으므로 주의해야 한다. 또한 회전속도는 고속에서는 250~400mm/초, 저속에서는 10~50mm/초 정도가 일반적이다.

(3) 승강(신축) 장치

승강장치는 인양한 세그먼트를 반경방향으로 이동시켜 소정의 조립위치에 세팅하기 위한 장치이다. 대구경 및 중구경 쉴드TBM에서는 인양장치가 붙은 문형 Arm을 1대의 유압 잭으로 오르내리는 구조가 일반적이며, 소구경 쉴드TBM에서는 평행 링 선단에 장착된 인양장치를 1대의 유압 잭으로 오르내리는 구조가 일반적이다.

상하 이동장치에 요구되는 힘은 K 세그먼트의 형상에 따라 다소 차이가 있으나 기본적으로는 세그먼트 1링 분에 해당하는 중량을 오르내릴 수 있는 힘이어야 한다. 신축속도는 일반적으로 50~200mm/초 정도이다.

(4) 슬라이드 장치

슬라이드 장치는 인양한 세그먼트를 쉴드TBM 축방향으로 이동시키는 장치로서 그 필요이동량(슬라이드 양)은 K 세그먼트의 형상에 따라 다르다. K 세그먼트의 형상은 삽입방향에 따라 반경방향 삽입형 및 축방향 삽입형의 2종류가 있다.

한편 축방향 삽입형의 경우 K 세그먼트를 삽입하기 위해 한 번 막장방향으로 K 세그먼트를 이동시킬 필요가 있다. 이를 위해 인양장치에는 큰 슬라이드 양이 필요하다. 슬라이드 양은 K 세그먼트의 크기 및 삽입각도와 조인트 각도에 의해 결정되므로 사전에 충분한 검토가 필요하다.

(5) 유효공간

이렉터의 회전동작에 의해 간섭받지 않는 영역을 유효공간이라 한다. 이 공간영역은 막장에서 배출토의 통로, 유압 호스나 전기 케이블의 경로, 작업원의 안전통로 등이 되므로 가능한 한 넓게 설계한다.

(6) 세그먼트 진동방지 장치

세그먼트를 인양하는 이렉터가 회전하면 세그먼트가 흔들리면서 이렉터의 구조부분 등에 충돌하여 세그먼트 자체 혹은 이렉터가 파손되는 경우가 있다. 이를 방지할 목적으로 세그먼트 진동방지 장치가 설치된다. 진동방지 장치는 유압 잭 등의 힘으로 세그먼트 내면을 2~4점에서 적극적으로 억제하는 가동식과 진동량을 작게 제한하기만 하는 고정식이 있다. RC 평판형 세그먼트의 경우에는 반드시 이 장치가 설치되어 있으며, 그 이외의 세그먼트에서도 조립작업의 용이성이나 안전성을 증가시키기 위해 설치하는 경우가 있다.

5.2.6 후속대차

쉴드TBM 동력장치나 제어장치는 초기 굴진거리를 단축하기 위해 가능한 한 쉴드TBM 본체 내에 수납하는 것이 요망되나, 본체 내 공간이 좁은 경우가 많아 이러한 설비를 사진 5.2.4와 같이 후속대차에 탑재할 필요가 있다.

후속대차의 설계는 탑재기기의 사양을 가능한 한 조속히 결정하여 합리적으로 배치하는 것이 중요하다. 배치의 검토는 곡선 통과 시 세그먼트와의 위치관계나 갱내 반송대차의 통과에 필요한 공간을 고려할 필요가 있다.

또한 용량 6,000L 이상의 유압 작동유 탱크를 설치하는 경우에는 「소방법」에 의한 위험물로 적용받기 때문에 관할관청으로부터 설치허가를 얻거나 위험물 보안감독자를 배치할 의무가 부여된다.

사진 5.2.4 후속대차

5.2.7 부속장치

(1) 동시 뒤채움 주입장치

동시 뒤채움 주입장치는 쉴드TBM 통과 후에 발생하는 테일 보이드에 테일 보이드 발생과 동시에 주입재를 충진하여 지반의 후속침하를 방지하기 위한 장치이다.

그림 5.2.18과 같이 쉴드TBM 테일의 외측에 뒤채움 주입용 배관을 설치하여 굴진하면서 주입 재료를 주입한다. 뒤채움 주입재는 주입관 내에 부착하여 고결되기 쉬우므로 세정장치가 필요하다. 일반적인 세정방법은 물에 의한 것으로서 굴진종료 후 유압 잭에 의해 개폐할 수 있는 플러그로 뒤채움 주입구를 닫고 물세척한다. 그래도 뒤채움 주입관이 폐색하는 경우가 있으므로 배관의 유지관리가 가능하도록 테일 스킨 플레이트 내측에 점검 청소구를 설치하는 경우도 있다.

이 장치는 쉴드TBM 본체의 외측으로 돌출되어 있기 때문에 밀폐형 쉴드TBM에서는 발진부에서 엔트런스 패킹 통과 시의 누수 방지대책이 필요하다. 또한 개량지반이나 경질지반 내를 굴진할 때는 돌기 상당량의 여굴이 필요하다. 암반 내를 굴진하는 경우나 수직구 벽을 쉴드TBM으로 직접 굴착하는 등 특수한 발진방법이 적용되는 경우 등에는 이 장치를 설치하는 것 자체가 문제인 경우가 있으므로 주의를 요한다.

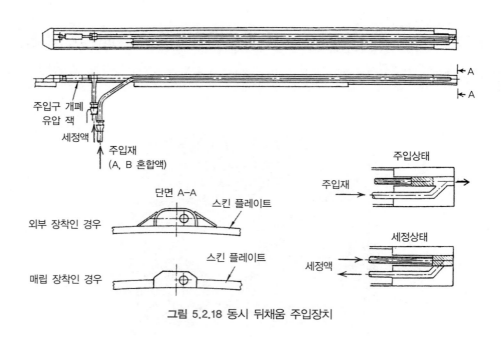

그림 5.2.18 동시 뒤채움 주입장치

(2) 테일 씰 충진관

와이어 브러쉬재의 테일 씰을 사용하는 경우 테일 씰만으로는 지수할 수 없다. 브러쉬의 선재 간 간극 및 와이어 브러쉬 속에 조립되어 있는 메시 시트의 틈을 기타 재료로 채울 필요가 있다. 이를 위해 사용되는 것이 테일 씰 충진재이며, 채움이 용이한 섬유계 등을 포함한 고점성의 유성 혹은 수지계 재료가 사용된다.

충진재는 발진 전에 와이어 브러쉬 사이의 스페이스나 브러쉬 내에 도입되나, 쉴드TBM 굴진에 따라 세그먼트 외면에 부착 등으로 소모된다. 이 소모량을 보충할 필요가 있으며, 그 방법으로는 세그먼트의 그라우트 홀을 이용하는 방법과 쉴드TBM 본체에 충진재 공급관을 설치하는 방법이 있다.

충진재의 세그먼트 1링 당 소모량 Q(m³)는 일반적으로 다음 식으로 계산된다.

$$Q = \pi \cdot D \cdot B \cdot t \times (1.5 \sim 2.0) \tag{5.2.5}$$

여기서, D : 세그먼트 외경(m), B : 세그먼트 폭(m), t : 세그먼트 표면에 대한 충진재의 부착막 두께(m)

부착막 두께는 t=0.5mm로 하는 경우가 많다. 그림 5.2.19와 같이 충진관은 테일 외측을 통해 배관되어 주입 펌프에 의해 테일 씰 사이에 충진재를 언제라도 송입할 수 있도록 되어 있다. 점성이 높은 충진재를 가는 배관으로 운송하기 위해 관내 압력손실을 고려한 주입 펌프압력의 설정이 필요하다.

또한 원주상에 수 m 간격으로 설치된 복수의 주입구를 통해 확실히 주입하기 위해 개별 주입할 수 있는 펌프의 수나 분배변 사양을 충분히 검토할 필요가 있다.

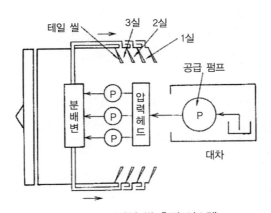

그림 5.2.19 테일 씰 충진 시스템

(3) 자세계측장치

쉴드TBM에서 관리하는 자세각으로는 Pitching, Rolling, Yawing이 있다. Pitching과 Rolling만이라면 중력을 이용한 2축 전기식 각도검출기를 이용하면 용이하게 검출할 수 있다.

그러나 중력축 회전각도 변화인 Yawing에 대해서는 별도의 검출기가 필요하며, 진북으로 변위 각을 검출하는 자이로나 전후에 배치한 2매의 타겟판에 후방에서 레이저 광선을 조사하여 그 좌표의 차에 의해 검지하는 방법 등이 적용된다. 또한 레이저에 의한 방법은 모든 각도의 검출이 가능하다.

5.2.8 특수장치

(1) 커터비트의 마모검지장치

장거리시공이나 경질지반의 시공에 있어서는 커터비트의 마모상황을 감시하여, 이상 마모나 결함이 있다면 대책을 세워야 한다. 커터비트 마모검지장치는 여러 개의 커터비트를 선별하여, 마모계측용의 특수한 커터비트를 장착하여, 그 마모량을 검출하는 방법이 일반적이다.

계측방법에는 그림 5.2.20에 나타낸 것과 같은 통전식, 유압식, 초음파식 등이 있다. 연속적으로 마모 진행을 추적하기 위해서는 초음파식 검출방법이 좋다.

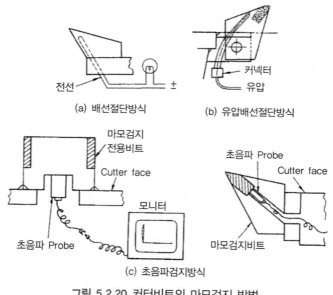

그림 5.2.20 커터비트의 마모검지 방법

(2) 막장 붕괴검지장치

막장의 붕괴검지장치는 막장 상부의 붕괴 유무를 검출하기 위한 것으로서 롯드를 유압잭으로 막장근방의 지반에 압입시켜 지반에 대한 관입이 시작되는 위치(허물어지지 않은 영역)를 유압의 변화로 파악하는 방법이 일반적이다. 또한 롯드 선단에 토압계를 장착하여 관입에 의한 계측값 변화로부터 검토하는 방법이 있다. 막장에 가능한 한 가까운 위치의 쉴드TBM 본체 천단부에 장착하는 경우가 많으나, 커터헤드의 외주에 장착하여 원주방향의 몇 개 지점에서 계측할 수 있도록 한 예도 있다.

(3) 정원유지장치

외경 ϕ5m 정도 이상 쉴드TBM에서는 그 테일 내에서 기설 세그먼트 링의 변형을 가능한 한 작게 억제하여 다음 세그먼트의 조립을 용이하게 하기 위해 정원유지장치를 장착하는 경우가 많다. 일반적으로는 연직방향으로 세그먼트 링을 확장시키는 기능과 쉴드TBM이 전진해도 그 확장된 형상을 유지하는 기능이 있다.

확장력은 세그먼트 2~3링 분의 중량에 상당하는 힘으로 하는 경우가 많다. 또한 세그먼트 링을 확장한 상태로 쉴드TBM이 전진할 때 걸리지 않도록 간극을 가져야만 한다.

(4) 방폭대책

메탄 가스와 같은 인화폭발성이 높은 가스가 유출되는 지반을 굴착하는 경우 쉴드TBM 터널 갱내는 일반적으로 주기적 또는 때로 폭발성 분위기가 되는 Zone 1의 위험장소로 인식되므로 쉴드TBM에 대한 방폭사양이 요구된다. 이러한 상황에서 설치되는 전기부품에 대해서는 표 5.2.3과 같은 구조적 방폭조치를 해야한다.

표 5.2.3 각종 위험장소의 전기기기 방폭구조

위험장소의 분담			방폭구조
Zone 0	Zone 1	Zone 2	
	○	○	耐압 방폭구조(Exd)
	○	○	內압 방폭구조(Exp)
	○	○	안전증대 방폭구조(Exe)
○	○	○	본질 안전 방폭구조(Exia)
	○	○	본질 안전 방폭구조(Exib)
	○	○	유입 방폭구조(Exo)

통상 쉴드TBM 후방부에 에어 커튼을 설치하여 전방 갱구측은 충분한 환기가 이루어지므로 안전지대로 보고 막장 측만을 Zone 1의 위험장소로 판단하므로 쉴드TBM 장비 내에서 사용되는 전기부품에 대해서만 방폭대책을 수립하는 경우가 많다.

방폭대상으로는 전동기, 전자변의 작동 코일, 센서류, 조명기구 등이 있으며, 그림 5.2.21의 예와 같이 가능한 한 전기를 이용하지 않는 기기로 대체하거나 가능하다면 전기부품을 에어 커튼 보다 후방에 배치하는 등의 고려가 필요하다.

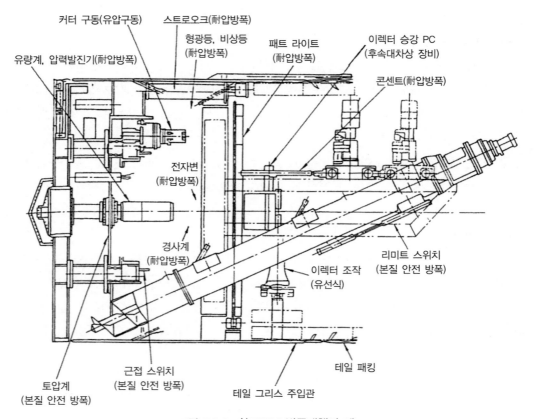

그림 5.2.21 쉴드TBM 방폭대책의 예

5.3 이수식 쉴드TBM의 장비와 설계

그림 5.3.1은 이수식 쉴드TBM의 일반적인 구조이다.

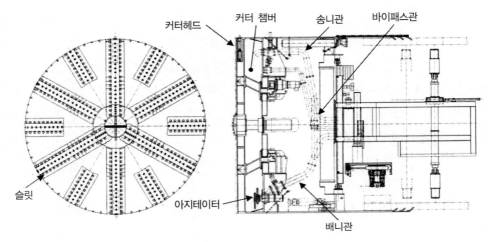

그림 5.3.1 이수식 쉴드TBM 구조 예

5.3.1 송배니관

쉴드TBM 외경에 대한 송배니 관경의 기준은 표 5.3.1과 같이 다양하게 적용되고 있다.

그러나 최근 터널 단면의 대형화, 복원형이나 자유 단면형 등 특수단면의 적용, 고속시공의 증가 등에 따라 굴착단면적이나 굴착 토사량이 과거 실적으로는 평가할 수 없는 경우도 있다. 이러한 경우에는 송배니 시스템의 능력을 각각 개별로 검토하여 설계할 필요가 있다.

표 5.3.1 쉴드TBM 외경과 송배니관

쉴드TBM 외경	배니 관경(인치)	송니 관경(인치)
2m 이하	2~4	2~4
2m~4m	4~10	4~8
4m~6m	6~12	6~12
6m~8m	8~12	8~12
8m~10m	8~14	8~12
10m~14m	12~14	12~14

(1) 배니관

i) 관경

배니관경은 굴착단면, 송니농도, 굴진속도, 배니농도, 자갈직경 등을 고려하여 토사가 침강하는 한계속도 이상의 유속이 확보될 수 있도록 할 필요가 있다. 일반적으로는 배니관 내의 유속이 2~2.5m/초로 유지되도록 관경과 송배니 펌프의 능력을 설정한다. 관경의 결정 시에는 모래자갈층이나 점성토층을 굴착하는 경우 자갈이나 토괴 등에 의한 관내 폐색의 발생빈도가 높기 때문에 출현하는 자갈의 직경, 토의 치수와 양 등을 지반조사를 통해 파악하는 것이 중요하다.

지반조사 결과에 근거하여 관경을 표 5.3.1보다 크게 하는 경우에는 관내 토사의 침강을 방지하기 위해 유속을 증가시켜 배니유량을 크게 할 필요가 있다. 이를 위해서는 배니 라인의 순환 펌프 설치 등의 대책이 필요하다.

ii) 관의 마모대책 및 폐색대책

사질토층이나 모래자갈층 등을 장거리에 걸쳐 굴착하는 경우에는 관이 현저하게 마모되는 경우가 있다. 이 때문에 관로의 곡부 등 교환이 불가능한 개소는 설계 당초부터 관의 두께를 두껍게 하거나 2중관을 적용하는 등의 대책을 준비해두는 것이 바람직하다.

배니관에는 자갈이나 토괴 외 목편 등 예상하지 못한 이물질이 혼입되어 관의 폐색을 일으키는 경우가 많다. 이 때문에 통상 배니 예비관을 준비하여, 폐색 시에는 복구하는 동안 예비관으로 전환하여 굴진한다. 예비의 배니 관경은 정규의 배니 관경에 비해 조금 크게 하며 격벽에서의 위치도 높게 하는 것이 바람직하다.

(2) 송니관

송니 관경은 배니 순환회로에 크러셔 등 처리설비나 순환 펌프를 설치하는 경우 배니 관경과 같은 직경으로 하고 있으나, 손실수두의 저감을 도모하기 위해 배니 관경에 비해 구경을 1~2인치 정도 크게 하는 경우도 있다.

점성이 높은 지반인 경우 커터 챔버 내로 토사가 부착하여 고결되기 쉽기 때문에 커터 챔버 내 토사 부착이나 고결을 방지할 목적으로 세정을 겸하도록 큰 송니량으로 하는 경우가 있다. 이 경우 용량에 맞는 관경의 장비가 필요하며, 순환 펌프의 증설을 통해 유속을 확보하여 폐색을 방지한다.

(3) 그 외의 관

바이패스관은 굴착개시 전 및 굴착완료 후에 원활한 배니를 위해 쉴드TBM 내에 설치하는 것이 요망된다. 바이패스관을 장착하여 막장 부근에서 배니관이 폐색되었을 때 배니관으로 송니관 이수를 역송시켜 배니관을 세정할 수 있다. 또한 폐색 등에 의해 이수압이 비정상적으로 상승하는 경우 대책으로 긴급압출 밸브를 벌크 헤드에 장착하는 경우가 있다.

5.3.2 아지테이터

(1) 아지테이터의 역할과 형식

이수식 쉴드TBM의 아지테이터는 자갈이나 토괴 등에 의한 배니관의 흡입구 폐색방지와 챔버 내 교반(저부 굴착토사의 침전 및 체류의 방지)을 목적으로 장착한다. 아지테이터의 형식은 그림 5.3.2와 같이 커터 챔버 내 벌크 헤드부에 부착된 독립 회전날개에 의한 것이 많다. 독립 회전날개는 챔버 내 저부 부근에 설치된 배니관을 일부 횡단하는 위치에 부착하는 것이 일반적이다.

소구경 쉴드TBM의 경우 기계 공간의 제약으로 독립 회전날개 형식의 아지테이터의 설치가 곤란한 경우가 많아 커터헤드부에 부착된 교반판(교반날개)으로 대용하는 경우가 대부분이다. 또한 독립 회전날개 형식의 아지테이터는 자갈이나 목판 등 이물질의 유입으로부터 날개가 회전 불능이 되거나 유입된 이물질에 의해 커터 회전 시 날개가 변형되어 탈락하는 등 사고발생 위험성도 있다. 이 때문에 커터비트부나 챔버 내 각 부분과 독립 회전날개, 교반날개와의 간극에 대한 충분한 검토가 필요하다.

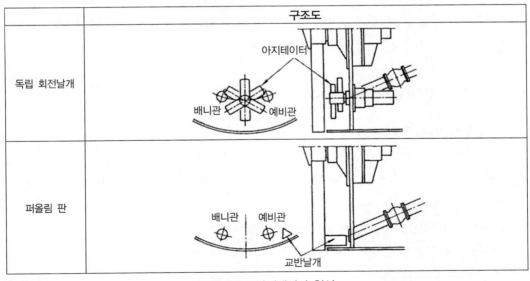

그림 5.3.2 아지테이터 형식

(2) 회전수

아지테이터의 회전수가 적으면 자갈이나 토괴 등에 의한 배니관 폐색을 일으키기 쉽다. 회전수는 많은 것이 바람직하나 과도하게 회전수를 늘리면 아지테이터의 날개나 토사 씰부에 비정상적인 마모가 발생하는 등 기계에 부하가 발생하게 되므로 기계설비도 대형화된다. 이 때문에 날개 회전수는 기술적인 신뢰성과 경제성, 양측을 고려하여 4~5회/초 정도를 기준으로 아지테이터 회전수를 결정한다.

(3) 장비토오크

이수식 쉴드TBM의 커터 챔버 내부는 이수로 채워진 상태이므로 아지테이터의 교반회전저항 토오크는 커터헤드의 절삭토오크에 비해 작은 값이다. 이 교반토오크의 실적값을 커터 절삭토오크와 동일하게 토오크계수(날개 직경의 3승비)로 표시하면 α=8~10 정도로 작은 값이다.

막장의 토질이 붕괴성이 높은 모래자갈층이나 토괴가 발생하기 쉬운 모래와 경질점토층의 호층을 굴착하는 경우 일시적으로 챔버 내 굴착토 유입량이 증가하여 이것이 저부에 체류하는 경우도 예상된다. 이러한 경우 아지테이터의 교반저항이 증가하여 회전불능에 빠질 위험성이 있으므로 아지테이터의 장비토오크를 α=12~13 정도로 크게 하는 등의 고려가 필요하다.

(4) 구동방식

아지테이터의 구동방식은 일반적으로 소구경 쉴드TBM의 경우에는 쉴드TBM 내 공간의 제약으로 컴팩트한 유압 구동방식을 적용하고 공간에 여유가 있는 중대구경 쉴드TBM의 경우에는 기계효율이 좋고 소음이 적은 전동 구동방식을 적용하는 경우가 많다.

5.3.3 커터 슬릿의 배치 수와 개구율

(1) 커터 슬릿의 배치 수

이수식 쉴드TBM의 경우 커터 챔버 내가 이수로 채워진 상태이므로 투수성이 높은 붕괴성 지반에서는 일니(逸泥)현상이 발생하여 막장 토사의 유입을 제한하는 것이 어려워지기 때문에 막장 붕괴로 이어질 위험성이 있다.

이 때문에 기본적으로는 토사의 유입량이 너무 많아지지 않도록, 이를 방지할 목적으로 면판을 설치하여 커터 슬릿 부분에서만 토사를 챔버 내로 유입하도록 하고 있다.

토사 유입을 제한하는 방법 중 슬릿 수를 극단적으로 작게 하는 경우에는 굴진속도와의 관계도 있으며, 막장 전방의 원지반에 대해 커터 면판부의 압착력이 발생하여 지반이 교란되거나 커터토오크의 상승이 발생한다. 여기서 슬릿의 수 및 배치는 쉴드TBM 외경이나 토질 등에 대해 개별적으로 검토하며, 일반적으로 슬릿 간격은 외주 길이로 3~4m 이내로 제한한다.

(2) 슬릿의 개구율

이수식 쉴드TBM의 슬릿 개구율은 토질에 따라 실적상 10~30% 정도 범위에서 적용되고 있다. 슬릿 개구율(ω_0)은 다음 식와 같다.

$$\omega_0 = \frac{A_s}{A_r} \times 100 \, (\%) \tag{5.3.1}$$

여기서, A_s : 커터 개구부분의 총면적(비트 투영면적은 무시)

A_r : 쉴드TBM 단면적(≒커터헤드 면적)

붕괴성이 높은 충적 사질토층의 경우에는 커터 챔버 내로 토사의 유입이 과다하여 막장 교란이나 붕괴를 방지하기 위해 개구 폭을 좁게 하고 개구율은 10~25% 정도로 작게 제한한다.

비교적 자립성이 높은 홍적 점성토인 경우에는 슬릿부로 굴착토사의 부착이나 고결을 막고 굴착토사의 유입 성능을 향상시키기 위해 슬릿 폭을 더 넓게 할 필요가 있으므로 개구율은 20~35%로 커진다.

자갈층인 경우 슬릿 치수는 지반에서 출현할 것으로 예상되는 자갈의 최대 직경에 따라 결정하는 것이 일반적이며, 배토설비(배니관)의 치수에 따라서는 롤러 커터를 장착하여 커터 전면에서 자갈을 파쇄하는 기능을 추가하고 슬릿의 치수를 제한하는 경우도 있다.

(3) 슬릿 개폐장치
i) 형식

굴착 중 지반변화에 대응하여 슬릿 개구량을 조정하거나 정지 중에 슬릿을 통한 토사유입을 방지할 목적으로 완전 폐쇄가 가능한 슬릿 개폐장치를 장착하는 경우가 있다.

ii) 선정 시 유의점

지반에 따라서는 슬릿 개폐장치 부근으로 토사 부착이나 고결, 자갈의 혼입 등이 발생하여 슬릿 개폐장치의 작동이 어려울 수 있다. 이 경우 커터토오크가 상승하여 경우에 따라서는 굴착불능에 빠지는 경우도 있다.

최근 이수식 쉴드TBM에서는 충적층에서 홍적층까지 복합지반의 굴착에 대해 각 지반에 대응한 굴진속도 제어와 이수의 송니농도 조정이나 이수관리를 포함한 시공기술 향상에 의해 슬릿 개폐장치를 장착하지 않는 경우가 많다.

5.3.4 기내 송배니 밸브 기능

(1) 밸브형식과 조작방식

쉴드TBM에 설치하는 송배니 밸브는 장기간 정지하는 경우 이외에는 'Open'으로 하여 빈번한 개폐조작이 필요하지 않으므로 일반적으로 수동 밸브를 사용하는 경우가 많다. 자동 바이패스 밸브는 공간의 제약으로 쉴드TBM 장비 내에 설치하는 것이 어렵기 때문에 쉴드TBM 후방의 후속대차에 설치하는 경우가 많다.

호박돌 섞인 모래자갈층의 굴착 등에서는 관 폐색의 관계로 빈번한 개폐조작을 필요로 하는 경우나 수동으로 개폐조작이 곤란한 대구경 관을 장착한 대단면 쉴드TBM의 경우, 혹은 소구경 쉴드TBM과 같이 장비 내에서 직접 조작이 곤란한 경우는 전동식이나 유압식 등 원격 조작방식을 적용하고 있다.

(2) 설치상 유의점

쉴드TBM 내에 설치하는 송배니 밸브에는 강관 및 플렉시블 호스가 접속된다. 이것은 후속대차에 설치되는 유체 운송관에 연결되기 때문에 중절 쉴드TBM에서 급곡선을 시공하는 경우에는 기내 송배니관 라인에 후방대차 측의 구속력 등 외력이 작용하여 배관부 또는 밸브부의 손상이 발생하며, 대량의 지하수가 기내나 갱내로 유출되는 사고도 예상할 수 있다. 따라서 이러한 발생 외력에 대해서도 사전에 고려하여 각 밸브의 부착방향이나 배관부의 서포트 방법 등을 충분히 검토해둘 필요가 있다.

(3) 기타 밸브 설비

쉴드TBM 내에는 송배니 라인 이외에 수동 바이패스 밸브, 예비 배니관용 밸브 등을 설치한다. 또한 수직구에서 발진 시 막장에 대한 이수의 충진용으로 Air 제거 밸브, 막장의 이수압을 계측하고 관리하기 위한 수압계 등을 격벽부에 설치한다.

5.4 토압식 쉴드TBM의 구성과 사양

그림 5.4.1는 토압식 쉴드TBM의 일반적인 구조도이다.

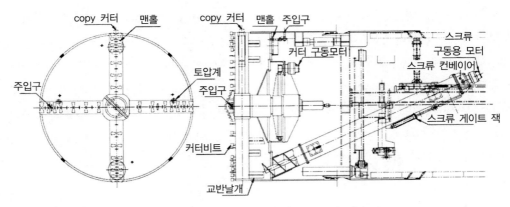

그림 5.4.1 토압식 쉴드TBM의 구조 예

5.4.1 첨가재의 주입 및 교반

(1) 첨가재의 주입목적

세립분(75μm 이하 실트 및 점토분)의 함유량이 적은 사질토층이나 자갈층의 경우 굴착토사는 소성 유동성이 낮고 투수성이 높기 때문에 그대로 커터 챔버 내나 스크류 컨베이어 내로 충진하려고 해도 커터토오크가 상승하는 등 막장압력 유지가 곤란하다.

이처럼 세립분의 함유량이 적어 소성유동이 일어나기 어려운 지반에 대해 토압식 쉴드TBM을 적용하는 경우에는 굴착토사에 첨가재를 주입하고 교반하여 굴착토사에 소성 유동성을 부여하거나 투수성을 저하시키는 개량이 필요하다.

첨가재의 주입기구와 교반기구를 갖춘 기계가 이토압 쉴드TBM이다. 첨가재의 주입 및 교반에 의해 굴착토사를 소성 유동성을 가진 이토로 개량하여 커터 절삭저항 토오크의 저감과 커터비트의 마모를 저감하고 굴착토사의 지수성을 향상시킨다.

(2) 주입구의 위치와 개수

이토압 쉴드TBM의 경우 첨가재 주입구의 위치와 개수가 중요하다.

주입구의 위치는 기본적으로 굴착토사와 첨가재와의 교반혼합, 즉 이토화가 가장 효과적인 커터헤드의 전면부가 주류이다. 그 외 용도에 따라 커터 챔버 내부, 스크류 컨베이어부나 스킨 플레이트 외주부 등에도 적절히 주입구를 설치한다.

주입구의 개수는 지반, 굴착단면적, 커터헤드 형상, 첨가재의 재질 등에 의해 개별적 검토가 필요하며, 표 5.4.1의 기준과 같이 외경 ϕ3m 이하인 소구경 쉴드TBM에서는 센터부에 1개소 장착하는 경우가 많다. 외경이 커짐에 따라 주입구 개수도 증가시킬 필요가 있다.

주입 펌프 라인의 1계통에 복수개의 주입구가 있는 경우에는 주입 라인을 개별로 전환하여 사용하는 것이 기본이다. 만일 주입 펌프 라인이 1계통으로 복수의 주입구를 동시에 사용하는 경우에는 각 라인에 균등하게 유입되지 않고 첨가재가 배관저항이 작은 개소만으로 유입되기 때문에 주입구 폐색이나 주입량 부족 등이 발생할 위험성이 있다. 따라서 굴착단면적의 대소에 상관없이 1주입구당 1주입 펌프로 되도록 하는 주입 시스템이 바람직하다. 또한 주입 라인의 폐색의 대해서는 청소 및 복구를 위한 유지관리가 가능한 구조로 하는 것이 바람직하나, 예비 라인을 별도 설치하여 이것으로 전환하여 대처하는 방법도 있다.

표 5.4.1 쉴드TBM 외경과 막장 첨가재 주입개소(기준)

첨가재 주입위치 쉴드TBM 외경	커터 전면부	
	센터부	커터 외주부
3m 이하	1	0~1
4~5m	1	1~2
5~6m	1	2~3
7~8m	1	3~4
10~15m	1	4~5

(3) 주입구의 형상

커터헤드 전면에 설치된 첨가재 주입구는 굴착 중 첨가재를 분출하면서 직접 토사와 접한다. 또한 굴착 정지 중이나 사용하지 않는 주입구는 첨가재를 분출하지 않기 때문에 막장토사수의 침입(역류)을 받는 조건에 놓인다. 이러한 조건하에서 주입기구를 유지하기 위해서는 토사, 자갈, 이물질 등에 의한 주입구의 손상이나 폐색을 방지하는 보호 비트나 토사 및 물의 역류를 방지할 목적으로 역지변 설치가 필수적이다. 그림 5.4.2는 역지변을 적용한 주입구의 예이다.

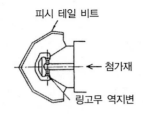 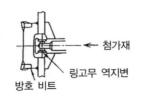 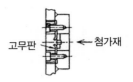

피시 테일 비트

첨가재

링고무 역지변

첨가재

방호 비트

링고무 역지변

고무판

첨가재

그림 5.4.2 주입구 구조 예

(4) 첨가재 교반기구

굴착토사와 첨가재의 1차 교반은 가장 교반효과가 높은 막장 전면부에서 실시한다. 이 경우 커터비트, 면판, 스포크 등이 교반기구의 역할을 담당한다.

커터 챔버 내 굴착토사의 부착이나 고결 방지를 겸하는 교반기구는 그림 5.4.3과 같은 기구 등이 있으며 지반이나 굴착단면적, 커터 형상, 지지방식 등의 조건에 따라 적절히 적용한다.

① 커터헤드 배면에 부착된 혼합날개
② 커터와 굴착토사의 공회전 방지를 도모하는 고정 교반날개
③ 커터 챔버 내 돌출량을 유압 잭 등으로 조정할 수 있는 가동 교반날개
④ 센터 샤프트 또는 벌크 헤드에 설치된 독립회전 교반날개

독립회전 교반날개를 설치하는 경우 소요 회전수는 커터 회전 시 챔버 내 외주속도와 교반날개 부착위치에서의 챔버 내주속도가 거의 균형을 이루도록 날개 외경을 고려하여 설정하는 것이 바람직하다.

커터 지지방식으로 중간 지지방식 혹은 외주 지지방식을 적용하는 경우에는 지지재 자체도 교반기구의 역할을 담당한다.

커터 챔버 내 교반기구		모식도
혼합날개		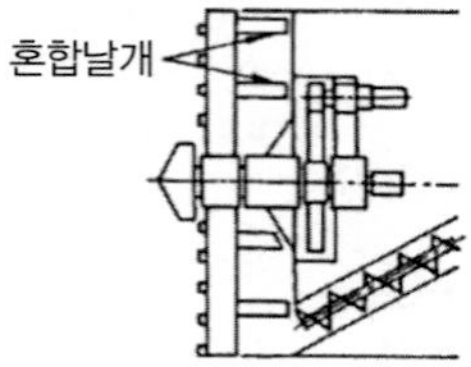
고정 교반날개 가동 교반날개		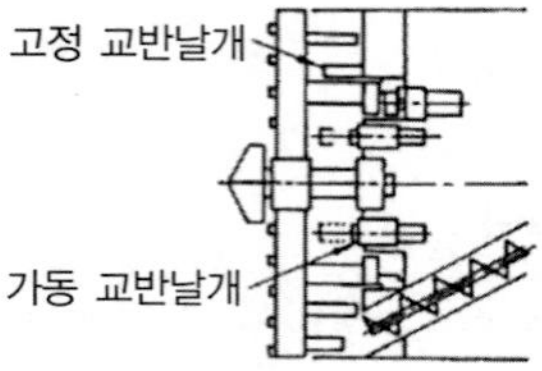
독립회전 교반날개	A 대형×1개	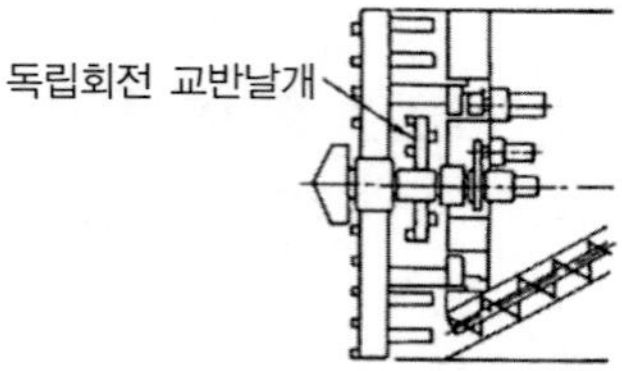
	B 소형×복수 개	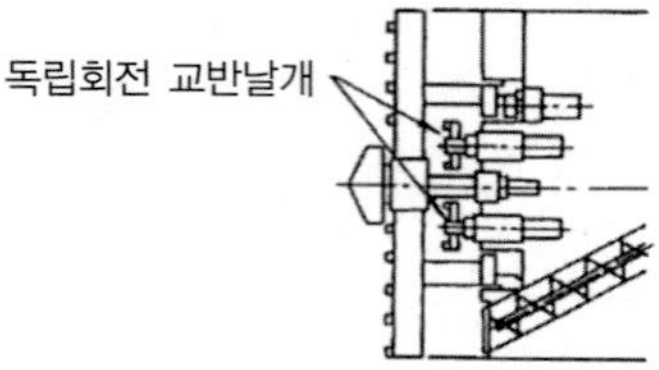

그림 5.4.3 첨가재 교반 기구도

5.4.2 커터헤드의 형상과 개구율

(1) 커터헤드의 형상

토압식 쉴드TBM의 커터헤드 형상에는 스포크형, 면판형, 프레임형의 3종류가 있으며, 쉴드 TBM 외경, 굴착토질, 굴착거리, 막장의 장애물 처리 유무 등을 포함한 시공조건에 따라 적절히 선정한다.

자갈질 흙이나 암반층 등에서 롤러 커터 등의 보조 비트가 다수 설치된 경우 혹은 막장 장애물 을 인력으로 철거하는 등 특수한 시공조건이 있는 경우에는 면판형이 적용되나, 그 이외에는 스 포크형이 많이 적용된다.

(2) 슬릿 개구율

토압식 TBM 쉴드의 경우 커터 챔버 내 및 스크류 컨베이어 내에 충진된 굴착토 혹은 이토 압력으로 막장 토압 및 수압을 지지하여 막장 안정을 도모하므로 기본적으로 커터 면판에 의한 흙막이효과에 대한 기대는 적다. 개구율은 굴착토의 슬릿부 부근에 대한 부착이나 고결 발생을 방지하기 위해 굴착토사 유입성 향상을 중시하여 크게 하는 경향이 있다. 토압식 쉴드TBM의 경우 개구율은 커터헤드의 형상에 따라 면판형에서는 30~40%, 스포크형에서는 60~80%, 프레임형에서는 50~60% 정도인 경우가 많다.

5.4.3 토압관리

(1) 토압계

토압식 쉴드TBM의 경우 굴착토사 혹은 이토의 압력을 설정값으로 유지하면서 굴진하는 것이 기본이다. 이러한 챔버 내 충진압력을 검출하기 위해 토압계를 장착한다.

토압계는 일반적으로 전기식 벽면 토압계가 적용된다. 자갈이나 이물질에 의한 손상, 토사의 부착 혹은 전기적 트러블 등에 의해 토압계에 결함이 발생하여 정상적인 값을 검출할 수 없는 경우에는 막장 유지관리상 치명적이다. 이에 대한 대책으로 다음과 같은 2가지 방법이 있으며, 공사조건에 따라 적절히 적용한다.

① 예비 토압계를 설치하여 이상 시에는 전환 사용한다.
② 토압계 교환기구를 설치하여 점검이나 교환을 실시한다.

이 중 ②는 막장의 지반개량 등이 없이 토사나 물을 차단한 후 기내로부터 토압계의 점검이나 교환을 안전하게 할 수 있는 방법이다.

양쪽 모두 토압계가 토압식 쉴드TBM의 생명선이 되므로 굴착단면적, 지반, 굴착거리 등으로부터 토압계의 형식, 부착위치, 개수 등에 대해 특히 유념하여 검토할 필요가 있다.

토압계의 교환기구는 그림 5.4.4와 같이 구면 교환식, 회전식, 게이트판 차단식 등이 있다.

(2) 토압계의 부착위치

토압계는 막장의 토압을 검출할 목적으로 커터 전면부에 부착하는 것이 이상적이나 다음 사유로 그것이 곤란하므로 일반적으로 커터 챔버 내 벌크 헤드부에 설치한다.

① 커터 회전에 따라 검출값이 크게 변동되고 안정하지 않다.
② 토사, 자갈, 이물질 등에 직접 접하기 때문에 손상될 확률이 높다.

③ 만일 손상 등의 겸함이 발생할 때에는 유지관리나 교환 등의 대책이 곤란하다.

④ 회전부에 부착되기 때문에 전기식 회전 조인트가 필요하며, 부착 공간의 제약과 경제성 측면에서도 불리하다.

형식	모식도
구면 교환형	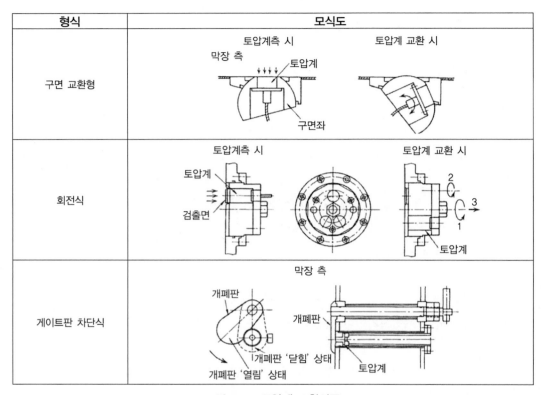
회전식	
게이트판 차단식	

그림 5.4.4 토압계 교환기구

(3) 제어방식

토압식 쉴드TBM의 막장 안정제어는 '커터 챔버 내에 충만한 이토 등을 어떻게 굴진량과 맞추어 균형있게 배토하는가'가 가장 중요하며, 스크류 컨베이어에서의 관리가 기본이다.

배토량 관리는 일반적으로 수동 제어방식, 토압 제어방식의 두 가지 방식이 있으며, 토압계에서 검출된 커터 챔버 내 이토의 압력이 관리 토압값이 되도록 스크류 컨베이어의 회전수를 제어하는 토압 제어방식이 주류이다.

토압식 쉴드TBM에서 막장 안정의 기본적인 방법에 대해서는 7.4.1 토압식 쉴드TBM의 막장 안정을 참고하기 바란다.

5.4.4 스크류 컨베이어의 배토기구

(1) 배토형식과 자갈의 반출능력

스크류 컨베이어의 배토기구에는 그림 5.4.5와 같은 샤프트식 스크류 컨베이어와 지수성은 약간 저하되나 큰 자갈의 방출에 유리한 리본식(축 없음) 스크류 컨베이어가 있다. 배토기구는 굴착지반, 지하수압, 굴착단면적 등에 따라 적절히 선정한다. 자갈 반출능력을 비교하면 스크류 직경이 동일한 경우 리본식 스크류 컨베이어가 샤프트식에 비해 보다 큰 자갈을 반출할 수 있다.

(2) 스크류 컨베이어의 선정

스크류 컨베이어는 스크류 직경 300~1,000mm 정도까지 사용된다. 자갈 등이 반출가능한 최대 치수는 스크류 직경, 축 직경(리본식인 경우는 중공 직경), 스크류 피치, 판 두께에 따라 산정한다. 예상되는 자갈의 크기와 장착 가능한 스크류 컨베이어의 직경을 고려하여 샤프트식 또는 리본식을 선택한다.

일반적으로 지수성을 중시하는 경우에는 샤프트식을 선정하고 샤프트식에서 예상되는 자갈을 반출할 수 없는 경우에는 리본식을 선정한다. 또한 리본식 스크류 컨베이어는 점착력이 강한 지반을 굴착하는 경우 스크류 컨베이어 내 토사부착이나 슬립 현상에 의한 배토저하를 방지할 목적으로 적용하는 경우도 있다.

(3) 구동방식

구동방식은 그림 5.4.5와 같이 축 구동방식과 외통 구동방식의 두 가지 방식으로 분류된다.

일반적으로 샤프트식 스크류 컨베이어의 경우는 구동장치를 축에 연결한 축 구동방식이 많이 적용된다. 한편 리본식 컨베이어의 경우는 스크류의 일부를 외통과 일체 접합하여 구동함으로써 자갈을 후방으로 배토할 수 있어서, 벨트 컨베이어의 적재 공간을 확보하기 쉬우므로 외통 구동방식이 많이 적용된다.

외통 구동방식은 굴착토사 반출설비(벨트 컨베이어 등)의 설치가 용이하기 때문에 갱내 하부 세그먼트의 반입 스페이스를 비교적 넓게 확보할 수 있다는 이점이 있다. 한편 구동부분에서는 토사의 공회전에 의한 폐색현상을 일으키기 쉽고, 구동부 외경이 스크류 컨베이어의 외통 직경에 비해 커지기 때문에 중절식 쉴드TBM에서는 중절 시 스크류 컨베이어의 이동에 의한 기내 통행 공간, 측량 공간 등 갱내 측부 공간이 크게 제약을 받는다는 단점도 있다.

구분		구조
축 구동방식	샤프트식	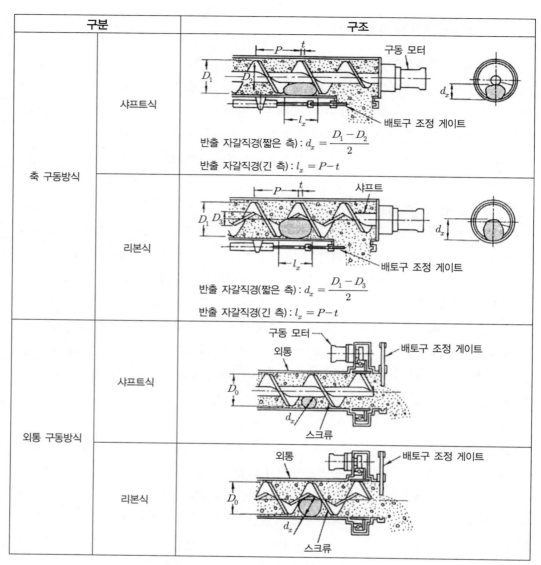
	리본식	
외통 구동방식	샤프트식	
	리본식	

그림 5.4.5 스크류 컨베이어의 구동방식 비교

(4) 적정 회전수

스크류 컨베이어의 배토량은 그 회전수에 비례한다. 이 때문에 큰 배토능력을 확보하기 위해
서는 회전수를 증가시키면 되지만 배토능력만을 우선하여 회전수를 무턱대고 증가시키면 스크
류의 마모도 회전수에 비례하여 진행되기 때문에 스크류의 이상마모가 발생하여 기계가 손상되
는 원인이 된다.

또한 큰 자갈을 반출하기 위해 굴착단면적에 관계없이 스크류 컨베이어 직경을 크게 하면 스

크류의 회전수가 극단적으로 느려져 회전수 제어가 불안정하게 되는 경우가 있다. 회전수의 상한값은 스크류 이상마모 방지를 고려하여 25rpm 정도로 한다.

(5) 스크류 컨베이어의 지수한계 기준

지하수압에 대한 지수성능은 스크류 컨베이어 내 굴착토(혹은 이토)의 충진압력에 의한 플러그 효과로 판단한다.

스크류 컨베이어의 지수성능 한계는 시공실적을 통해 지하수압 0.3MPa 정도까지이나, 0.2MPa 정도 이상이 되면 꽤 신중한 대응이 필요하다. 이러한 경우에는 스크류 컨베이어(게이트 지수방식)만이 아니라 그 외 장치와 조합하여 대책을 강구할 필요가 있다.

(6) 스크류 컨베이어 게이트부의 긴급지수기구

스크류 컨베이어의 배토구는 통상 펌프의 가동에 의해 유압으로 잭을 작동시켜 게이트를 개폐하고 배토량 조정 등을 실시한다. 단, 만일의 사태(정전 등)로 펌프의 가동이 불가능한 경우를 예상하여 필요에 따라 어큐뮬레이터나 봉 게이트 등의 펌프 가동 이외의 잭 가동기구를 장착하는 경우가 있다.

(7) 스크류 컨베이어의 2차 배토기구

스크류 컨베이어에 기타 장치를 조합한 2차 배토기구로는 그림 5.4.6과 같이 다음 6가지 방식이 적용된다. 2차 배토기구는 지반, 지하수압 등 지반조건과 굴착단면적, 굴착거리, 시공곡선반경 등 시공조건에 적합하고 굴착토사를 원활히 배토할 수 있는 방식을 선정해야 한다.

① 게이트 방식
② 기계적 차단방식(회전날개, 밸브 등)
③ 압송 펌프방식
④ 다단 스크류 컨베이어 방식
⑤ 슬러리 펌프방식
⑥ 호스 압송방식

이 중 ② 및 ③은 모래자갈층을 굴착하는 경우에는 자갈의 유입에 의한 피더 회전불능, 혹은 압송 파이프 내 관내폐색에 의한 배토불능 등에 빠질 위험성이 있다.

④의 방식에서는 2단으로 하는 경우가 많으며 급곡선을 시공하는 경우나 특히 고수압인 경우

에는 3단 이상으로 한 경우도 있다.

⑤의 방식은 이수식 쉴드TBM과 마찬가지로 갱내 유체운송설비, 지상 이수처리설비가 필요하기 때문에 수직구 기지의 설치 공간 등을 포함하여 검토할 필요가 있어 일반적으로 비경제적이다.

⑥의 방식은 에어와 첨가재를 병용하여 호스압송하는 것으로서 설비가 간단하며, 커브 시공에 대한 대응이 다른 것에 비해 비교적 용이하다. 단, 배토상태의 영향을 받기 쉬워 자갈층 등에 대한 대응은 신중하게 해야 한다.

배토형태	모식도
게이트 방식	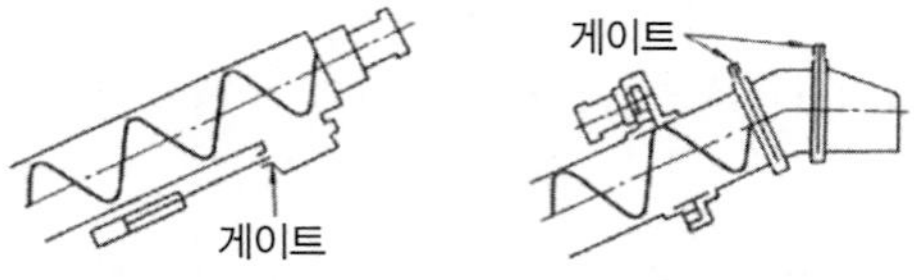 게이트 방식 　　이중 게이트 방식
기계적 차단방식	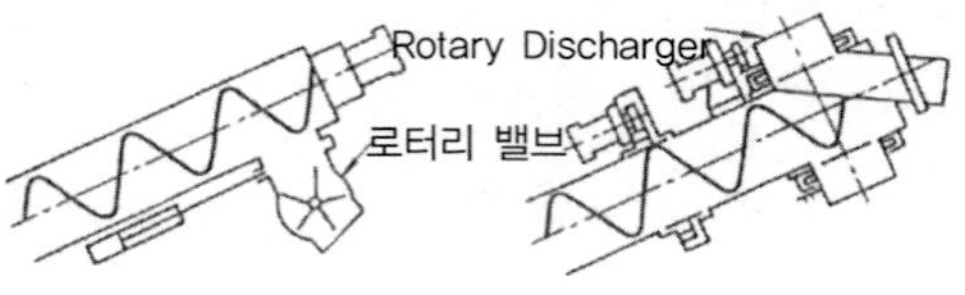 로터리 타입 방식 　　Screw Discharger 방식
압송 펌프방식	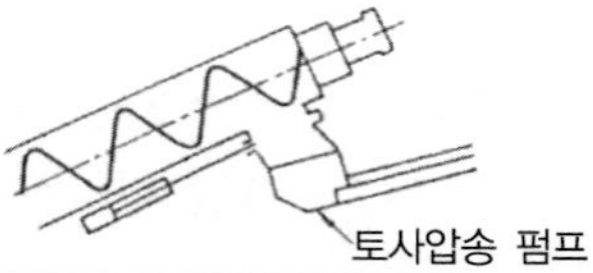
다단 스크류 컨베이어 방식	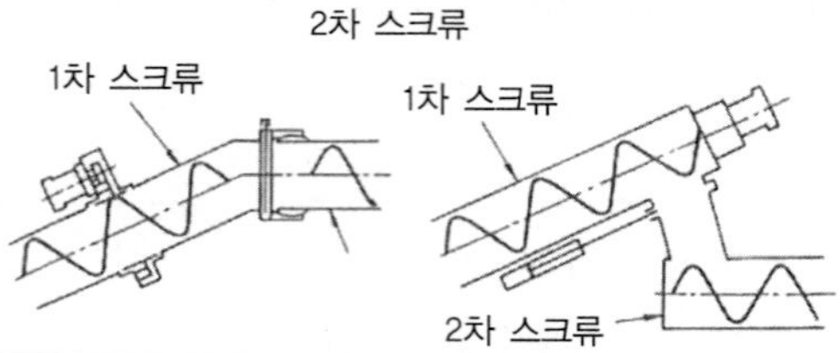
슬러리 펌프방식	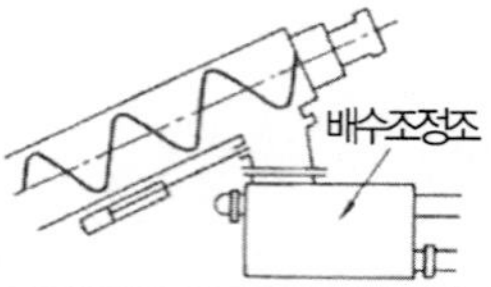
호스 압송방식	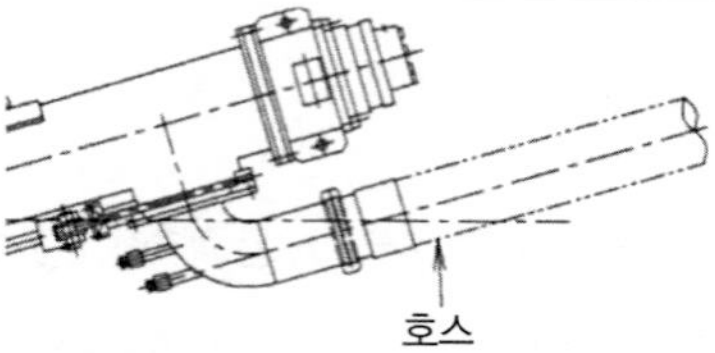

그림 5.4.6 토압식 쉴드TBM의 배토기구

5.5 쉴드TBM의 제작·운반·현장 조립

5.5.1 쉴드TBM의 제작

쉴드TBM의 제작은 설계 시 요구성능을 만족할 수 있도록 가공 가능한 제조설비 및 가공설비를 가진 공장에서 실시한다. 그림 5.5.1은 쉴드TBM 제작공정 및 검사 흐름을, 사진 5.5.1은 각 공정의 상황을 나타낸 것이다. 다음은 제작공정과 작업내용에 관한 것이다.

① 단품부재도면 : 제작도에 근거하여 필요에 따라 전개하고 용접조인트의 수축값(1~3mm)을 고려한 단품부재(치수도나 절단형상 데이터)의 작도를 실시한다. 이 형상정보로부터 NC 절단기로 절단 데이터를 직접 입력하거나 원 치수 테이프나 틀을 작성한다.

② 절단 : NC 절단기의 기능이나 원 치수 테이프, 틀을 이용하여 판재료에 제도작업을 한다. NC 절단기의 경우는 제도를 생략하는 경우도 있다. 절단작업에는 통상 가스 절단을 사용하며, 판 두께·재질에 따라서는 레이저 절단, 플라즈마 절단 등도 사용한다.

③ 휨 가공 : 동판 등의 휨 가공에는 벤딩 롤러 혹은 유압 프레스를 사용한다. 통상의 휨 가공은 재료를 예열하지 않고 냉간(상온)에서 실시한다.

④ 구멍 뚫기 가공 : 정밀도를 요구하지 않는 구멍 가공은 가스 절단에 의하며, 정밀도가 필요한 구멍 가공 중 작은 구멍(볼트 구멍 등)은 드릴 가공, 큰 구멍은 가스 절단 후 기계가공한다. 부품이나 블록 간의 위치결정용 구멍 등은 사전 구멍을 시공하여(소구경이라면 밑구멍 생략) 위치를 결정하고 그 상태에 맞추어 가공한다.

⑤ 모서리 가공 : : 모서리 가공은 통상 가스 절단에 의하며, 형태의 수정이 필요한 개소에 대해서는 드릴 및 그라인더로 마감한다. 모서리 가공기의 사용도 증가하고 있으며 특히 정밀도를 요하는 경우에는 기계가공에 의해 형성하는 예도 있다.

⑥ 용접가공 : 공장에서의 용접은 산소 가스 반자동 용접이 대부분이며, 형상이 단순하고 작업공간이 충분하면 로봇을 사용한 자동용접도 적용된다. 형상이 복잡한 경우나 가용접인 경우에는 피복 아크 용접(수동 용접)이 적용된다.

⑦ 열처리 : 용접가공으로 조립된 부품은 지보 철거나 기계가공 후에 용접 시의 잔류응력에 의해 변형이 발생하는 경우가 있다. 이러한 변형을 방지하기 위해서는 용접가공 후에 열처리를 하여 잔류응력을 제거한다. 일반적으로 대구경 쉴드TBM일수록 적용이 늘어난다.

⑧ 기계가공 : 커터헤드의 구동부(베어링이나 토사 씰부), 중절 쉴드TBM의 구면부, 대구경 쉴드TBM의 분할면 등은 기계에 의해 절삭 가공한다. 가공하는 부위에 따라 대형의 종형

터닝이나 횡형 밀링커터 등이 사용된다.

⑨ 공장 가조립 : 용접가공·기계가공을 끝낸 각 블록은 현지 투입조건을 반영한 블록 별로 기기의 설치·배관·배선을 실시하고 조립된다. 그 후 볼트 등의 가조립 지그를 사용하여 전체를 가조립하고 최종적인 기기의 설치·배관·배선을 실시한다. 쉴드TBM은 초대구경을 제외하고 통상 종방향으로 쉴드TBM 잭과 커터 구동모터를 조립하며, 그 후 횡방향으로 최종 조립을 한다. 도장은 각각의 공정에서 적절히 실시하며, 최종 조립상태에서 내면 보수 도장과 외면 마감도장을 행하는 것이 일반적이다.

⑩ 시운전 : 공장 가조립된 쉴드TBM은 본체직경·굴착직경·본체 정원도·전체길이 등 치수 확인을 실시한다. 커터헤드, 쉴드TBM 잭, 세그먼트 조립장치(이렉터) 등 주요 장치에 대해서는 파워 유닛(직경에 따라서는 가설 파워 유닛)을 사용하여 작동조정·무부하시험을 실시하여 소정의 성능을 발휘할 수 있는지 확인한다.

⑪ 해체·발송준비 : 일체물로 발송할 수 없는 경우 현지 발진 수직구의 상황이나 운송방법 등에 따라 필요한 블록으로 해체한다. 유압배관이나 전기배선 등은 신중히 포장하고 기계가공면이나 씰류는 적절한 보호 커버를 부착한다. 유압기기용 기름 탱크는 작동유를 빼둔다.

⑫ 제작기간 : 쉴드TBM 제작기간은 일반적으로 설계개시부터 공장에서 가조립하기까지 6개월에서 1년 정도가 소요된다. 부품 수가 수만 가지에 이르는 초대형 쉴드TBM에서는 2년 이상의 기간이 소요된 사례도 있다. 중요한 대형 납품기기의 납기는 쉴드TBM의 제작기간에 큰 영향을 미치므로 사전확인을 통해 조기에 실시하는 것이 중요하다.

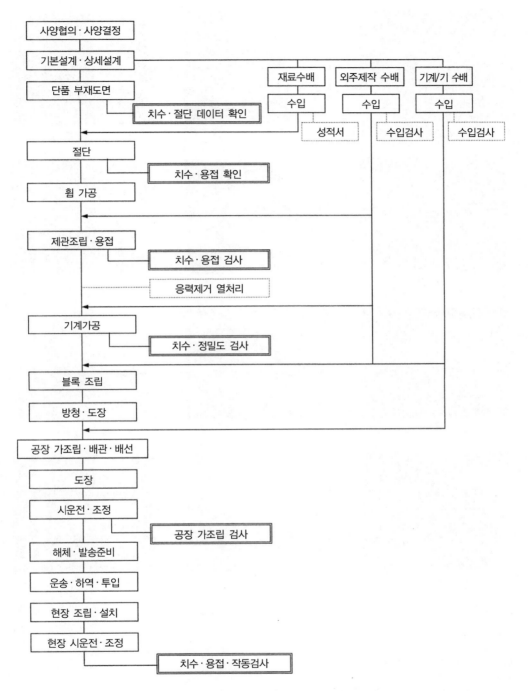

그림 5.5.1 쉴드TBM의 제작공정 및 검사 플로우

절단가공	휨 가공	제관 가공
기계가공	블록 조립	공장 가조립
시운전·가조립 검사	해체	운송(트레일러)
운송(트럭)	현장하역·투입	현장 조립

사진 5.5.1 쉴드TBM 제작상황

5.5.2 운 반

공장에서 가조립하여 시운전을 마친 쉴드TBM은 운반 및 조립에 적합한 크기로 분할하여 트레일러 등으로 육로를 통하거나 운반선으로 해로를 통해 현지로 운반된다. 해상운반의 경우 현지 근처 항구에서 상하역하여 육로를 통해 현지로 운반하는 것이 일반적이나 현지에서 직접 상하역하는 예도 있다.

쉴드TBM 분할요령은 설계개시 시에 우선 결정해야 하는 항목이다. 일반 도로에서 운송중량 및 치수제한은 물론 투입하는 발진 수직구 개구치수, 수직구 부근 도로사정, 적용 가능한 크레인 용량 등에 따라 분할 수가 결정된다. 소구경 쉴드TBM은 분할없이 일체물로 운반할 수 있는 경우도 있으나, 중구경이나 대구경 쉴드TBM은 분할하며, 그 분할 수는 구경이 크면 클수록 많아지는 것이 일반적이다. 소구경 쉴드TBM에서도 현장이 산지이거나 수직구 부근 도로가 협소한 등의 조건하에서는 분할이 필요하다. 한편 도쿄만 횡단도로와 같이 쉴드TBM이 해상에서 직접 투입될 수 있는 장소라면 ϕ14m 클래스의 대구경 쉴드TBM이라도 2분할(1블록, 1,350t)하여 운반한 예도 있다. 쉴드TBM 조립 정밀도나 기계성능의 확보, 현지에서의 조립기간 단축, 그에 따른 공사비 절감을 생각하면 분할 수는 가능한 적은 편이 바람직하다. 이를 위해서는 상기 조건을 계획 단계부터 조사하여 충분히 검토해 두는 것이 중요하다.

5.5.3 현장 조립

쉴드TBM은 현장 수직구의 상황을 고려하여 결정된 조립 순서에 따라 투입되며, 공장과 동등한 정밀도를 재현하면서 조립된다.

(1) 조립공간

발진 수직구의 투입 개구 치수는 분할 블록 크기에 대해 각각 최저 0.5m 정도는 클 필요가 있다. 쉴드TBM 전방부에서는 커터비트의 돌출량, 후방부에서는 테일 씰, 스크류 컨베이어나 배관 등의 돌출량도 고려한 크기를 고려할 필요가 있다. 분할된 쉴드TBM의 경우에는 설치 시 작업 공간은 좌우 각 1.0m 정도의 여유가 필요하며, 발판을 설치하는 경우에는 2.0m 정도를 필요로 한다. 또한 쉴드TBM 하부에는 용접작업용 스페이스로 최저 0.6m 정도의 간격이 필요하다(6.1 발진·도달을 위한 수직구의 설계와 시공 참조). 전후방향은 전동 및 후동 조립순서에 따라 다르므로 전후 슬라이드양을 고려하여 결정할 필요가 있다.

(2) 크레인

크레인의 능력을 최대한으로 발휘하기 위해서는 가능한 한 수직구 근처에 설치하여 작업반경을 작게 하는 것이 바람직하며, 아웃트리거의 지지력이 부족한 경우에는 철판 등에 의한 보강을 고려할 필요가 있다. 전선 등 지상 가설물 등에 의한 고도제한을 받거나 수직구가 깊어 필요 와이어 길이가 길어져 중량 제한을 받는 경우가 있으므로 주의가 필요하다.

(3) 조립순서 및 장소

일반적으로 후속대차를 지상 또는 수직구 중간에 가설치하고 쉴드TBM 본체를 수직구 아래 발진 받침대에서 조립하는 경우가 많다. 구축완료된 정거장 부분을 발진장소로 이용할 수 있는 지하철 쉴드TBM에서는 후속 파워 유닛 대차를 정거장 부분으로 넣고 본 굴진 순서와 같은 배치로 견인하는 경우도 있다. 한편 개구부와 발진위치가 어긋나는 경우에는 횡이동이나 종이동 등의 작업이 발생하는 경우도 있다.

5.6 쉴드TBM의 트러블과 사전대책

일본의 쉴드TBM 기술은 1964년 이후 급속히 발전해왔다. 이러한 발전은 일본의 각종 다양한 지반조건이나 시공조건하에서 발생한 각종 트러블에 대해 시행착오를 반복하면서 극복하고 개량해온 노력에 의한 것이다. 이러한 노력의 산물은 이후 기술발전에도 큰 역할을 하였다. 여기에서는 실제 시공 시 쉴드TBM의 트러블 사례를 소개하고 트러블의 사전 예방조치 검토순서를 설명한다.

5.6.1 트러블 사례

트러블은 설계조건·설계·제조·시공 과정의 단순 미스와 복잡한 미스에 의한 것, 이러한 미스들이 중첩되어 일으키는 것, 곤란한 시공조건에 의한 것, 새로운 구조의 적용 등에 의한 것, 각 공정간·시스템 간 연계의 부조화에 의한 것, 사용한계 등의 인식부족·정보부족에 의한 것 등 매우 다양하다. 여기에서는 큰 부위별로 참고할 수 있는 트러블 사례를 소개한다.

(1) 커터 굴착부분의 트러블
i) 커터비트의 마모·탈락, 팁의 결손
비트 형상이나 재질이 지반조건에 적합하지 않은 경우에는 예상치 못한 마모나 탈락, 팁의 결손이 발생한다. 지반강도는 낮으나 마모성이 높은 토질인 경우에는 큰 마모가 발생한다. 토압식 쉴드TBM의 경우에는 첨가재의 종류와 양에도 영향을 받는다. 강도가 높은 지반이나 개량지반, 직접 절삭하는 가벽 등을 큰 관입량으로 굴진하거나 큰 자갈·지장물 등에 접촉하는 경우에도 손상되는 경우가 있다. 또한 굴착토사의 유입이 나쁜 경우에도 이상마모가 발생한다. 설계상으로 유입이 나쁜 개소(최외주의 슬릿부, 대구경에서는 토사의 유동이 적은 중앙부)에 발생하거나 커터 슬릿 및 압력실 내 폐색에 의해 유입이 나빠지는 경우도 있으므로 주의해야 한다.

커터비트의 트러블에 의해 굴진이 불가능해진 경우에는 교환이 필요하며, 지하수위가 낮은 경우에는 대기압하 또는 압기하에서 작업이 가능하다. 그러나 대심도 고수압하 터널에서는 막장으로 나오는 것이 용이하지 않으므로 수직구를 파거나 동결공법 등으로 확실히 지반개량을 실시한 후 교환할 필요가 있으며, 중대한 트러블이 발생하는 경우가 있으므로 주의가 필요하다.

ii) 커터헤드의 마모

커터헤드의 마모는 커터비트의 마모·탈락에 기인하는 경우가 많으며, 외주부가 마모되면 쉴드TBM 본체 외주부의 굴착이 불가능해지고 추진저항이 증대하여 굴진불능에 이르는 경우도 있다. 커터비트가 정상인 경우에도 설계 미스나 시공 미스 또는 예상치 못한 문제로 발생하는 커터챔버 내 폐색이나 외주부에 체류하는 자갈 등의 영향으로 이상마모가 발생한 예가 있다.

커터비트의 마모는 구조자체의 손상을 초래할 위험도 있으며, 경우에 따라서는 대규모 보수를 요하는 사태로 발전하는 경우도 있으므로 주의를 요한다.

iii) 커터헤드의 변형

쉴드TBM의 커터헤드는 구경이 커지면 일반적으로 장착된 쉴드TBM 잭의 전 추력에는 견딜수 없다. 따라서 커터가 회전하지 않는 경우에는 추진을 불가능하게 하거나 토오크가 커지는 경우에는 추진속도를 느리게 하는 Inter lock 시스템을 장착하고 있다. 그러나 국부적인 하중의 경우에는 Inter lock이 유효하게 동작하지 않아 변형될 가능성이 있다. 그 예로서 고결 점성토 지반에서 커터 중앙부 유입이 나빠 폐색이 발생하고 중앙부에서만 하중이 증대되는 경우가 있으며, 이 경우에는 토오크의 증가에 대한 영향이 작아 Inter lock 시스템은 유효하게 동작하지 않는다. 결과적으로 중앙부에 과대한 집중하중이 작용하여 상황에 따라서는 커터헤드의 변형을 일으키는 경우가 있으므로 주의가 필요하다.

iv) Copy 커터의 손상·작동불량

Copy 커터장치는 지반 중에서 신축하는 구조이므로 손상이나 협재물에 의해 굴착면의 저항이 커져 작동이 곤란한 상황이 발생하는 경우가 있다. 또한 신장 시에 큰 부하를 받는 Copy 커터 본체나 가이드 부분이 변형되거나 그 상태로 신축되어 굴착면에 압착될 위험성도 있다. 특히 고결 지반에서는 Copy 커터가 전 토오크 부하를 받을 가능성도 있어 굴진량이 작게 되도록 운전관리에 특히 신경쓸 필요가 있다. 사용빈도가 높은 경우에는 마모에 의해 필요한 여굴을 얻을 수 없는 경우도 있으므로 장비 스트로크, 마모대책에도 주의를 기울일 필요가 있다.

급지 등 필요한 관리를 실시하고 장치특성을 이해하면서 사용하는 것이 중요하며, 사용빈도에 따라서는 예비 Copy 커터를 장착해 두는 것도 중요하다.

(2) 커터 구동부분의 트러블

i) 커터헤드 토사 씰의 파손

압력실의 토사·지하수의 침입을 방지하는 토사 씰이 손상되면 이수·토사가 구동부 및 기내로 침입하여 굴진이 불가능해 지는 사태가 발생한다. 손상 원인으로는 활동면의 마모, 가공·조립불량, 과도한 압력, 급유부족 등을 들 수 있으나, 기술이 확립된 최근에는 관리가 충분하면 토사 씰에 손상이 발생할 가능성은 극히 적다.

일반적으로는 급유량·압력관리가 필요하며, 장거리 공사나 구경이 커짐에 따라 씰 활동면의 온도관리, 정기적인 유지의 채취 등도 고려할 필요가 있다. 또한 고수압 조건하나 고속시공을 위해 커터의 회전수를 높이는 조건하에서는 보다 엄격한 관리가 필요하다.

ii) 커터 구동용 기어·감속기·모터의 손상

장시간의 연속운전과 주위온도의 영향으로 허용온도를 초과하거나 허용을 초과한 연속적인 고부하에 의한 파손, 윤활부족에 의한 마모, 장거리 굴착에 의한 수명 등이 있다. 윤활관리, 온도관리, 허용부하 내 운전관리가 중요하며, 유압구동인 경우에는 작동유 관리도 중요하다.

(3) 본체부분의 트러블

i) 테일 씰의 손상

테일 씰의 손상은 다양한 원인으로 발생된다. 발진 시 테일 씰용 충진재 부족에 의해 뒤채움 주입재가 침입하여 유연성을 잃어 손상되거나 막장압력에 의해 쉴드TBM이 후퇴하는 경우에 반전 및 손상되거나 테일 클리어런스가 과다하여 뒤채움 주입압력에 의해 반전하는 경우도 있다. 반대로 테일 클리어런스가 없어져 테일 씰에 과다한 힘이 작용하여 손상되는 경우도 있다.

부적절한 뒤채움 주입재를 사용하면 채움효과를 얻을 수 없어 누수를 일으키는 예도 있다. 일단 뒤채움 주입재가 침입하여 고결되면 자세제어가 곤란하거나 자세변화에 의해 세그먼트에 무리한 외력이 작용하여 세그먼트를 손상시킬 위험도 있다.

적절한 테일 씰용 충진재·뒤채움 주입재의 관리, 적절한 쉴드TBM 본체의 자세관리가 중요하다.

ii) 토압식 쉴드TBM의 첨가재 주입구의 폐색

커터헤드나 격벽에 설치된 주입구의 폐색에 의해 첨가재가 막장에서 충분히 순환하지 못하여 굴착토사의 유동성이 없어져 토오크 부족이나 굴진속도의 저하, 비트의 이상마모가 발생하는 경우가 있다. 운전정지 후 세정을 잊거나 굴진 중 주입을 잊는 등의 원인으로 폐색이 발생하므로 적절한 주입관리나 취급상 주의를 소홀히 하지 않도록 하는 것이 중요하다. 또한 복수의 주입구가 있는 경우에는 배관을 분기하는 것만으로는 균일하게 토출되고 있다고 단정할 수 없으며, 경우에 따라서는 전혀 토출되지 않는 개소가 나오는 경우도 있으므로 주의가 필요하다.

폐색이 발생한 경우에는 초기단계에서 고수압으로 세정하거나 와이어식의 세정기 등을 사용하여 해소할 필요가 있다.

iii) 본체 외면에 대한 뒤채움 주입재나 지반개량재의 고착

뒤채움 주입재나 지반개량재가 쉴드TBM 본체 외면에 강고히 부착하여 추력 증대, 경우에 따라서는 추진이 불가능해 지는 경우가 있다. 여굴이 큰 경우에는 특히 주의가 필요하며, 본체 외면으로 뒤채움 주입재가 순환하지 않도록 고려할 필요가 있다. 연속 가동 시에는 문제가 되는 경우는 적으나 일정기간 정지하는 등의 경우에 발생하기 쉽다.

iv) 본체 외면의 지반에 의한 구속

토피가 크고 변형하기 쉬운 지반의 굴착에서는 쉴드TBM 본체가 구속되는 현상이 발생하여 굴진 시 스틱 슬립에 의한 진동현상이 발생하거나 추력이 증대하고 경우에 따라서는 추진불능이 되는 경우가 있다. 연속 가동 시에는 굴진불능이 되는 경우는 적으나 정지기간이 길어지면 다음 가동 시 구속하중이 증대하므로 주의가 필요하다.

(4) 세그먼트 조립 · 후속설비 부분의 트러블
i) 핸들링 중의 세그먼트 낙하사고
해외 사례 중 진공흡착식 핸들링 장치에서는 세그먼트 균열로 인한 누기가 발생하여 소정의

흡착력을 얻을 수 없어 세그먼트가 낙하한 사고가 있었다. 기계식 리프팅 방식에서는 낙하할 가능성은 극히 적으나 어떠한 원인으로 장치가 손상되는 경우도 있으므로 절대로 핸들링 중 세그먼트 아래로는 사람이 통행하지 않으며, 위치하지 않는 것의 확인, 장치의 일상점검을 확실하게 실시하는 것이 중요하다.

ii) 이렉터 장치의 파손

이렉터 장치는 안전을 제일로 설계되나 구동장치의 파손이나 유압구동용 배관·벨브가 파손되면 세그먼트의 중량 및 자중에 의해 순회부가 폭주하거나 신축부가 낙하하는 경우도 있다.

구경이 커지면 구동장치에는 안전장치 등도 설치되며, 이렉터 하부에는 사람이 통행하지 않는 것을 확인, 장치의 일상점검을 확실하게 실시하는 것이 중요하다.

iii) 가발진 시 연장유압 호스·케이블의 결함

가발진 시 유압 호스의 세정부족, 접속 시 쓰레기나 물의 혼입, 손상된 케이블의 사용, 접속미스 등에 의해 유압회로나 제어회로에 결함이 발생하여 유압 엑츄에이터(actuator)나 전기기기가 작동불능이 되는 경우가 있다.

또한 유압 드레인 회로는 허용압력이 낮기 때문에 수직구가 깊은 경우에는 수직구 아래에서의 탱크 설치 등 대책이 필요하다. 유압 호스의 용접에 퀵커플러를 사용한 경우에 접속이 불완전하거나 호스 처리 시 절곡이나 손상이 발생하면 드레인 회로의 압력이 높아져 생각지 못한 트러블이 발생할 가능성이 있다.

호스의 세정, 케이블 및 커넥터의 점검은 확실히 실시하고 접속작업에는 충분히 주의를 기울이는 것이 중요하다.

iv) 이수식 쉴드TBM의 경질 점성토에서 송배니수 유량부족에 의한 트러블

경질점토층의 굴착에서 통상적인 유량은 챔버 내에서 굴착토가 정체하여 고결되거나 슬릿의 폐색으로 발전하고 버력의 유입부족에 의한 굴진속도 저하나 막장과 면판의 부착에 의한 커터토오크 부족을 유발하는 경우가 있다. 경험적으로 송배니의 유량은 사질토나 실트의 1.5~2.0배가 필요하다.

챔버나 슬릿의 폐색이 진행되면 추력이 상승하나 그대로 운전을 계속하여 커터헤드에 큰 부하가 작용하여 변형을 일으키는 예도 있다.

대책으로는 굴진속도를 낮추고 막장 안정상 문제가 없으면 송니밀도를 낮추며, 챔버 내 순환펌프를 설치하는 등을 들 수 있으나, 지반에 충분히 주의를 기울여 적절한 계획·사전대책을 강구해두는 것이 중요하다.

5.6.2 트러블 사전대책

쉴드TBM을 구성하는 부위에 트러블이 발생하는 경우 프로젝트에는 표 5.6.1과 같은 공정측면, 환경·안전측면, 비용측면의 영향이 발생한다. 트러블은 그 영향의 대소에 관계없이 발생되면 안되므로 그 영향의 크기를 정리하여 예방조치 검사를 수행하고 중대한 트러블을 회피하기 위해 필요한 대책을 강구하여야 한다.

부품의 고장모드로부터 잠재적 문제를 유출하는 FMEA(Failure Mode and Effect Analysis)나 Top에서 하위로 전개하여 그 발생확률을 분석하고 효율적 대책을 검토하는 FTA(Fault Tree Analysis)와 같은 신뢰성 해석, 과거의 트러블 사례집을 이용한 설계심사(Design Review)와 같은 방법을 이용하여 사전에 대책을 준비하는 것은 트러블을 회피하기 위한 유효한 순서이다. 이 때 예상 외의 부하나 오조작에 의해서도 중대한 트러블을 일으키지 않도록 Fail-Safe 시스템(안전측 방향으로 작동하는 기구·구조)이나 백업 시스템(예비장치, 예비품 등)에 대해서도 검토하는 것이 중요하다. 표 5.6.2는 부위별 고장모드와 발생하는 현상·영향, 추측원인 및 영향도를 참고로 정리한 것이다.

표 5.6.1 트러블의 프로젝트에 대한 영향

공기측면에 대한 영향	① 굴진, 세그먼트 조립 등 능률저하 ② 보수기간의 손실 ③ 트러블에 의한 가동율 저하 ④ 인명사고에 의한 작업정지
환경 · 안전측면에 대한 영향	① 지반침하 ② 세그먼트 손상 ③ 작업원 인명사고
비용측면에 대한 영향	① 장비 수리비 ② 수리를 위한 토목공사 ③ 세그먼트 크랙 등의 보수 ④ 작동유, 뒤채움 주입재, 테일 씰 충진재의 계획이상의 소비 ⑤ 수리기간 중 경비

표 5.6.2 부위별 고장모드와 현상·영향, 추측원인, 영향도(참고 예)

부위별 고장모드	현상·영향	추측원인	영향도
쉴드TBM 본체 • 테일 플레이트 변형	클리어런스 부족에 의한 세그먼트 조립성 저하 세그먼트 손상	무리한 자세제어(연직·수평) 강도부족	대
• 테일 씰 손상	장비 내 누수 세그먼트 손상	이물질 유입 충진재 부족, 충진재 불량 세그먼트·테일 플레이트 변형 뒤채움 주입재 침입(클리어런스 과다, 주입 불량)	소→중
추진기구 • 쉴드TBM 잭의 기름유출	사용불능, 추진불능 터널 내 기름오염 쉴드TBM의 막장압에 의한 후퇴	롯드 손상(이물질 고착, 무리한 곡진에 의한 편하중) 작동유 내 이물질, 제품불량	중→대
• 스프레더의 변형, 탈락	세그먼트 손상 잭 손상 인명사고	오조작 무리한 곡선 굴진에 의한 편하중 부착 불량	소→대
중절기구 • 중절 잭의 변형·파손	사용불능, 곡진불능	용량부족 무리한 곡선 굴진 부착 불량	중
• 중절 씰의 손상	장비 내 누수	이물질 유입 부착 불량 본체 변형	중→대
굴착기구(커터) • 커터비트의 마모·탈락	굴진속도 저하 굴진불능	챔버 폐색 비트선정 불량·부착 불량 첨가재 부족, 첨가재 불량 이물질 굴착 예상하지 못한 큰 자갈·경질 지반	소→대
• Copy 커터의 손상·작동 불능	곡선부 굴진불능 여굴 확대에 의한 침하	이물질 유입, 급유 부족 오동작, 오조작 강도부족	중→대
• 커터헤드의 마모·변형	굴진불능	슬릿·챔버 폐색 첨가재 부족, 첨가재 불량 비트 마모·탈락 지반과의 적합성 불량 오조작	중→대
• 첨가재 주입구의 폐색	커터토오크 증대 챔버 폐색, 비트 마모	슬릿 폐색 오조작	소→중

표 5.6.2 부위별 고장모드와 현상·영향, 추측원인, 영향도(참고 예)(계속)

부위별 고장모드	현상·영향	추측원인	영향도
굴착기구(구동부) • 구동모터 손상	커터 회전불능, 굴진불능	과부하 운전 냉각부족, 과전압, 과전류 드레인 라인 불량, 작동유 부족	소
• 감속기·클러치 손상	이음, 진동 커터 회전불능, 굴진불능	과부하 운전 윤활·냉각불량, 과부하 운전	소
• Pinion·기어 마모·손상	이음, 진동 커터 회전불능, 굴진불능	과부하 운전 윤활불량, 이물질 혼입	중→대
• 지지 베어링 손상	이음, 진동 커터 회전불능, 굴진불능 토사유입, 막장압 지지불능	과부하 운전 윤활불량, 이물질 혼입	대
• 토사 씰 손상	기어·베어링 손상	윤활불량, 이물질 혼입, 냉각불량 이상압력	대
세그먼트 조립기구 • 이렉터 작동불능	회전·신축불량, 진동 동작지연	윤활불량, 제어 밸브 불량 이물질 고착, 유압원과의 거리 큼	소
• 이렉터 손상	마모, 변형, 파손, 인명사고	윤활불량, 이물질 고착 오작동, 과다하중	중→대
배토기구 • 스크류 컨베이어 작동불량 ·손상	토오크 과다, 회전불량, 진동 배토불량, 분발, 케이싱·날개 마모	소성화 부족, 폐색, 이물질 혼입 구동모터 불량·손상	중
• 스크류 게이트 작동불량· 손상	개폐불량, 분발	소성화 부족, 폐색, 이물질 혼입 씰 손상, 게이트 변형	중
• 아지테이터 작동불량·손상	토오크 과다, 회전불능, 진동	이물질 혼입, 토사 퇴적, 씰 손상	중
• 송배니관 불량·손상	배니관 마모, 폐색, 밸브 개폐불량 막장압 지지불능	토사퇴적·체류 이물질 혼입, 역률(礫率) 과대	중→대
세그먼트 운송장치 • 운송장치의 작동불량·손상	작동불량 마모, 변형, 파손, 인명사고	세그먼트와의 간섭 오조작·과하중	중→대
부속장치 • 동시 뒤채움 주입관 폐색· 작동불량	지반침하, 장비 내 누수	뒤채움 주입재 적합성 불량 청소불량, 오조작	중
• 테일 씰용 충진재 주입장치 폐색·작동불량	장비 내 누수·씰 손상	충진재 불량, 오조작	중
• 형상유지장치 작동불량· 손상	세그먼트 변형	오조작, 이물질 고착 윤활 불량, 제어 밸브 불량	중
• 유압 펌프 유닛 작동불량· 손상	각종 엑츄에이터 동작불량	과부하 운전, 작동유 불량 이물질 혼입, 오조작	소

참고문헌

1) 土木学会　2006年制定　トンネル標準示方書[シールド工法]・同解説, p.24, 2006.

2) 前掲 1), p.23.

3) 前掲 1), p.125.

4) 前掲 1), p.126.

5) 前掲 1), p.126.

6) 前掲 1), p.127.

7) 前掲 1), p.141.

8) 前掲 1), p.148.

9) 前掲 1), p.148.

10) 前掲 1), p.131.

11) 前掲 1), p.135.

12) 前掲 1), p.135.

13) 前掲 1), p.132.

14) 前掲 1), p.137.

15) 前掲 1), p.138.

제6장

쉴드TBM의 발진도달

제6장

쉴드TBM의 발진도달

6.1 발진 · 도달을 위한 수직구의 설계와 시공

6.1.1 수직구의 역할

쉴드TBM 터널은 일반적으로 수직구를 구축하여 발진, 도달 및 방향전환을 실시한다. 쉴드TBM 공사용 수직구의 종류에는 다음과 같다.

① 발진 수직구 : 발진 수직구는 쉴드TBM의 반입과 조립, 세그먼트 등 재료 및 기계기구의 반입, 굴착토사의 반출, 작업원의 출입 등을 위해 설치하는 것이며, 쉴드TBM 작업장 내에 설치하는 것이 일반적이다.

② 도달 수직구 : 도달 수직구는 터널 종점에 쉴드TBM의 해체나 반출을 위해 설치한다.

③ 중간 수직구 : 중간 수직구는 터널 중간에 구조물을 구축하거나 쉴드TBM의 점검을 위해 설치한다.

④ 방향전환 수직구 : 방향전환 수직구(회전 수직구)는 1기의 쉴드TBM으로 2개의 터널을 굴착하는 경우 등에 대해 수직구 내에서 쉴드TBM의 방향을 전환하기 위해 설치한다.

이러한 수직구은 터널 완성 후 정거장 시설, 맨홀, 환기구, 출입구 등으로 이용되는 경우가 많다. 수직구은 그림 6.1.1과 같은 흐름에 따라 설계한다. 여기에서는 수직구의 형상 선정, 흙막이 형식에 대해 서술한다.

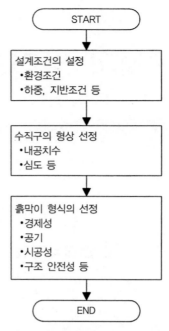

START

설계조건의 설정
 •환경조건
 •하중, 지반조건 등

수직구의 형상 선정
 •내공치수
 •심도 등

흙막이 형식의 선정
 •경제성
 •공기
 •시공성
 •구조 안전성 등

END

그림 6.1.1 수직구 구조의 설계 플로우

6.1.2 수직구의 형상치수

(1) 필요 내공치수

수직구의 필요 내공치수는 다음 항목을 고려하여 결정한다.

① 쉴드TBM의 발진, 도달, 통과 및 방향전환에 필요한 내공치수를 확보한다.
② 재료, 굴착토사의 반출 및 작업원의 출입 등 시공에 필요한 내공치수를 확보한다.
③ 터널 완성 후 그 용도상 필요한 내공치수를 확보한다.

발진 수직구의 내공을 예로 들면 중소구경 쉴드TBM의 경우 쉴드TBM 크기보다 양측으로 각각 1.0m 정도, 전후로는 엔트런스 패킹, 지압벽과의 간섭뿐만 아니라 초기 굴진 시의 굴착토사 반출이나 세그먼트의 반입 등 지속적인 작업에 필요한 공간을 확보한다. 쉴드TBM의 하부 측에 대한 여유는 용접 등 쉴드TBM 조립작업, 갱내 배수처리를 고려하여 결정한다. (사) 일본하수도협회[1]는 하수도 쉴드TBM의 발진·도달·방향전환(회전) 수직구 내공치수의 표준을 나타내는 것으로(그림 6.1.2, 표 6.1.1~6.1.2)서 참고할 수 있다.

단, 이 표준은 K 세그먼트가 반경방향 삽입식이며, 세그먼트 폭 750mm와 1,000mm의 시공을 대상으로 한 것이므로 시공조건이 다른 경우에는 그 조건에 따라 수직구의 형상치수를 결정할 필요가 있다.

(2) 수직구 형상

수직구의 필요 내공치수를 결정한 후 지반조건, 굴착심도, 흙막이벽 종류, 흙막이 지보공, 주변 토지이용 상황, 경제성 등을 고려하여 수직구 형상을 결정한다. 수직구 형상은 사각형 또는 원형을 적용하는 것이 일반적이다. 굴착심도가 얕은 경우에는 원형 단면에 비해 잉여공간이 적고 흙막이 면적이나 굴착토량이 적어 경제성 측면에서 우수한 사각형 단면이 적용되는 경우가 많다. 한편 굴착심도가 깊은 경우에는 사각형 단면에 비해 구조상 우위에 있으며, 흙막이벽 규모를 경감할 수 있는 원형 단면이 사용되는 경향이 강하다. 또한 수직구 형상은 지상의 제약조건에 따라 부정형으로 되는 경우도 있다.

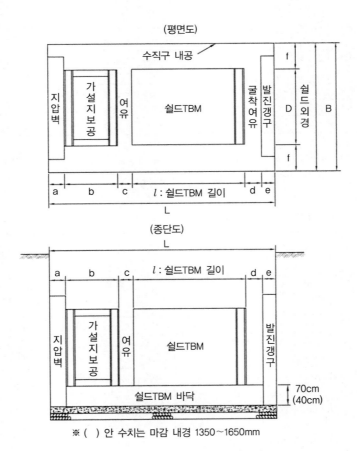

그림 6.1.2 발진 수직구 표준도[1]

표 6.1.1 중절 쉴드기의 발진 수직구 치수 예(이수식)

세그먼트 외경	마감 내경	길이(L)								폭(B)		
		지압벽 (a)	가설 지보 (b)	여유 (c)	굴착여유 (d)	발진 갱구 (e)	a+b+c +d+e	쉴드TBM 길이 (ℓ)	계	쉴드TBM 외경 (D)	쉴드TBM 부속 작업폭 (f)×2	계
2,000	1,350	500	1,500	200	600	400	3,200	4,530	7,800	2,130	1,000×2	4,200
2,150	1,500	500	2,000	200	600	400	3,700	4,900	8,600	2,280	1,000×2	4,300
2,350	1,650	500	2,000	200	600	400	3,700	4,920	8,700	2,480	1,000×2	4,500
2,550	1,800	500	2,000	200	600	400	3,700	5,050	8,800	2,680	1,000×2	4,700
2,750	2,000	500	2,000	200	600	400	3,700	5,120	8,900	2,880	1,000×2	4,900
2,950	2,200	500	2,000	200	600	400	3,700	5,130	8,900	3,080	1,000×2	5,100
3,150	2,400	500	2,000	200	700	500	3,900	5,150	9,100	3,280	1,000×2	5,300
3,350	2,600	500	2,000	200	700	500	3,900	5,250	9,200	3,480	1,000×2	5,500
3,550	2,800	500	2,000	200	700	500	3,900	5,330	9,300	3,680	1,100×2	5,900
3,800	3,000	600	2,000	300	800	500	4,200	5,330	9,600	3,930	1,100×2	6,200
4,050	3,250	600	2,000	300	800	500	4,200	5,510	9,800	4,180	1,100×2	6,400
4,300	3,500	600	2,000	300	900	600	4,400	5,540	10,000	4,430	1,100×2	6,700
4,550	3,750	600	2,000	300	900	600	4,400	5,660	10,100	4,680	1,100×2	6,900
4,800	4,000	600	2,000	300	900	600	4,400	5,690	10,100	4,930	1,100×2	7,200
5,100	4,250	600	2,000	300	900	600	4,400	5,740	10,200	5,240	1,100×2	7,500
5,400	4,500	600	2,000	300	1000	700	4,600	5,870	10,500	5,540	1,100×2	7,800
5,700	4,750	600	2,200	400	1000	700	5,000	6,090	11,100	5,840	1,100×2	8,100
6,000	5,000	600	2,200	400	1000	700	5,000	6,380	11,400	6,140	1,100×2	8,400

i) 참고문헌 1)을 기초로 세그먼트 외경을 수정하였다.
ii) 세그먼트 폭은 750mm(마감 내경 1,350mm), 1,000mm(마감 내경 1,500~5,000mm)를 전제로 한다.
iii) K 세그먼트는 반경방향 삽입을 전제로 한다.

표 6.1.2 중절 쉴드기의 발진 수직구 치수 예(토압식)

세그먼트 외경	마감 내경	길이(L)								폭(B)		
		지압벽 (a)	가설 지보 (b)	여유 (c)	굴착여유 (d)	발진 갱구 (e)	a+b+c +d+e	쉴드TBM 길이 (ℓ)	계	쉴드TBM 외경 (D)	쉴드TBM 부속 작업폭 (f)×2	계
2,000	1,350	500	1,500	200	600	300	3,100	4,490	7,600	2,130	1,000×2	4,200
2,150	1,500	500	2,000	200	600	300	3,600	4,930	8,600	2,280	1,000×2	4,300
2,350	1,650	500	2,000	200	600	300	3,600	4,950	8,600	2,480	1,000×2	4,500
2,550	1,800	500	2,000	200	600	300	3,600	5,070	8,700	2,680	1,000×2	4,700
2,750	2,000	500	2,000	200	600	300	3,600	5,140	8,800	2,880	1,000×2	4,900
2,950	2,200	500	2,000	200	600	300	3,600	5,160	8,800	3,080	1,000×2	5,100
3,150	2,400	500	2,000	200	700	300	3,700	5,170	8,900	3,280	1,000×2	5,300
3,350	2,600	500	2,000	200	700	300	3,700	5,290	9,000	3,480	1,000×2	5,500

표 6.1.2 중절 쉴드기의 발진 수직구 치수 예(토압식)(계속)

세그먼트 외경	마감 내경	길이(L)								폭(B)		
		지압벽 (a)	가설 지보 (b)	여유 (c)	굴착여유 (d)	발진갱구 (e)	a+b+c +d+e	쉴드TBM 길이 (ℓ)	계	쉴드TBM 외경 (D)	쉴드TBM 부속 작업폭 (f)×2	계
3,550	2,800	500	2,000	200	700	300	3,700	5,390	9,100	3,680	1,100×2	5,900
3,800	3,000	600	2,000	200	800	400	4,000	5,440	9,500	3,930	1,100×2	6,200
4,050	3,250	600	2,000	200	800	400	4,000	5,540	9,600	4,180	1,100×2	6,400
4,300	3,500	600	2,000	200	900	400	4,100	5,620	9,800	4,430	1,100×2	6,700
4,550	3,750	600	2,000	200	900	400	4,100	5,630	9,800	4,680	1,100×2	6,900
4,800	4,000	600	2,000	300	900	500	4,300	5,720	10,100	4,930	1,100×2	7,200
5,100	4,250	600	2,000	300	900	500	4,300	5,820	10,200	5,240	1,100×2	7,500
5,400	4,500	600	2,000	300	900	500	4,300	5,850	10,200	5,540	1,100×2	7,800
5,700	4,750	600	2,200	400	1,000	500	4,800	6,070	10,900	5,840	1,100×2	8,100
6,000	5,000	600	2,200	400	1,000	500	4,800	6,450	11,300	6,140	1,100×2	8,400

i) 참고문헌 1)을 기초로 세그먼트 외경을 수정하였다.
ii) 세그먼트 폭은 750mm(마감 내경 1,350mm), 1,000mm(마감 내경 1,500~5,000mm)를 전제로 한다.
iii) K 세그먼트는 반경방향 삽입을 전제로 한다.

6.1.3 수직구 시공방법

수직구 시공방법은 다양한 종류가 있으며, 적용에 따라서는 안전성, 경제성, 환경보전의 각종조건을 고려하여 현장에 가장 적합한 시공방법을 선정해야 한다. 특히 쉴드TBM 공사는 시가지에서 실시하는 경우가 많고 주변 환경조건이 공법을 선정함에 큰 요소이므로 공사에 따른 소음, 진동, 지반침하 및 지하수 변화 등에 대해 검토하여 주변환경조건에 적합한 공법을 선정해야 한다.

일반적으로 사용되는 시공방법은 그림 6.1.3과 같이 분류할 수 있다. 기성 널말뚝 방식은 굴착심도가 비교적 얕은 경우에는 쉬트파일, 깊은 경우에는 강관형 흙막이벽을 많이 적용하고 있다. 현장타설 방식은 굴착심도가 얕은 경우에는 주열식(현장타설말뚝, 쏘일 몰탈) 지하연속벽, 안정액 고화 지하연속벽이 적용되며, 깊은 경우에는 지하연속벽(RC, 강재) 혹은 케이슨 공법이 적용된다.

각종 시공방법의 특징은 표 6.1.3~6.1.4와 같다.

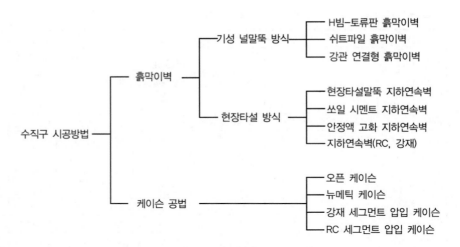

그림 6.1.3 수직구 시공방법의 종류

표 6.1.3 각종 수직구 시공방법의 구조와 특징(흙막이벽)

명칭 / 항목	기성 널말뚝 방식			현장타설말뚝 방식	현장타설 흙막이벽 방식		
	H형강-토류판	쉬트파일	강널연결	현장타설말뚝 지하연속벽	소일 시멘트 지하연속벽	인성의 고화 지하연속벽	지하연속벽(RC, 강제)
개요도	H 형강 토류판	(U형 쉬트파일)		맞물림 배치 : 주열식 / 접점 배치 : 주열식	(오거굴착식 : 주열) / (균일굴착식)		RC 지하연속벽 / 강제 지하연속벽
구조 개요	H형강 말뚝을 1~2m 간격으로 지중에 타입하거나 천공하여 매입하고 굴착 시에 말뚝 사이에 토류판을 설치해 가는 흙막이벽	U형, Z형, 직선형, H형 등 단면이 강성을 가진 강널말뚝을 연결부를 맞물리도록 순차로 지중에 타입하는 흙막이벽	형강, 파이프 등 조인트를 가진 강관말뚝을 순차로 지중에 타입하는 흙막이벽	현장타설 철근 콘크리트 말뚝이나 H형강 철골말뚝을 연속적으로 타입하여 구축하는 흙막이벽 · 말뚝말뚝 대신 유동화 처리토, 기성말뚝을 매입 등에 의해 지하연속벽을 구축 혹은 원위치 혼합소일 시멘트 말뚝 내에 삽입하는 방법도 있다.	각종 오거나 체인커터 등을 이용하여 시멘트 용액을 원위치토와 혼합·교반하여 연속적으로 타설하는 흙막이벽	벤토나이트나 폴리머 안정액을 이용하며, 굴착하며 프리캐스트 판 등을 삽입한 후 안정액을 고화, 혹은 모르타르에 의해 직접 고화, 충전 등으로 지하벽을 구축하여 연속시키는 흙막이벽	· RC 지하연속벽은 벤토나이트나 폴리머 안정액을 사용하며, 굴착벽은 트렌치 속에 철근 조립된 콘크리트를 타설하여 지중에 철근콘크리트 벽을 구축하여 연속시키는 흙막이벽 · 강제 지하연속벽은 철근대신 신 구조체로된 조인트를 가진 형강을 삽입한다.
장점	· 가격이 저렴하다. · 지중에 있는 소규모 장애물은 말뚝 건립을 변경을 변경하기 용이하게 대처할 수 있다.	· 지수성이 있는 흙막이 벽으로서는 가장 저렴하다. · 재질이 균질하고 신뢰성도 높다.	· 강성이 높아 대규모 공사에도 적용할 수 있다. · 재질이 균질하고 신뢰성도 높다. · 지수성이 좋다.	· 강성이 비교적 높고 대규모 수직구 공사에 이용되는 경우가 많다. · 소음·진동이 적다.	· 지수성이 좋다. · 소음·진동이 적다. · 현장타설말뚝에 비해 저렴하다.	· 지수성이 좋다. · 소음·진동이 적다. · 현장타설말뚝에 비해 지하연속벽에 비해 저렴하다.	· 지수성이 좋다. · 소음·진동이 적다. · 강성이 높아 대규모 공사나 중요구조물이 근접된 공사, 연약지반 공사에 이용된다. · 벽체는 본체 구조물의 일부로 이용 가능하다.
단점	· 타입에 의한 소음·진동 등을 저감하는 공법을 적용할 필요가 있다. · 지수성이 붙들하고 근 지하수위가 높은 등지, 연약한 지반 등에는 지하수위 저하 공법이나 지반개량 등 공법이나 주변지반의 보강공법 등 보조공법 병용이 필요.	· 타입에 의한 소음·진동 등을 저감하는 공법을 적용할 필요가 있다. · 소~중규모 공사에 한한다. · 강성이 약아·변형에 의한 주변지반의 침하를 검토할 필요가 있다.	· 타입에 의한 소음·진동 등을 저감하는 공법을 적용할 필요가 있다. · 인발이 붙들하므로 존치하는 예가 많다. · 강성이 작아 변형에 의한 주변영향을 충분히 검토할 필요가 있다.	· 지수성이 붙들하므로 지수성을 요하는 경우에는 지수벽의 병용을 필요로 할 경우가 있다. · 강제 흙막이공벽에 비해 공기·공사비가 붙들다.	· 소일 시멘트는 인양하는 경우에는 지수성의 종류에 따라 성능차가 발생하기 쉽다.	· 품질의 분산이 발생하기 쉽다.	· 공기·공사비 측면에서 붙리하다. · 배니수 처리가 필요하다. · 작업대가 커진다. · 강제 지하연속벽은 RC 지하연속벽에 비해 고강도이므로 벽체 두께를 얇게 할 수 있으며, 작업 스페이스를 작게하는 것이 가능하나, 좌굴 시 시 구조검토, 좌굴 시 구조검토가 필요하다.

표 6.1.4 각종 수직구 시공방법의 구조와 특징(케이슨)

항목 \ 명칭	오픈 케이슨	뉴메틱 케이슨	강재 세그먼트 압입 케이슨 RC 세그먼트 압입 케이슨
개요도			
시공 개요	케이슨 본체의 내부저면 지반을 굴착하면서 그 자중 또는 압입력 등에 의해 지중에 침설하는 방법	철근 콘크리트제의 구체를 지상에서 구축하고 구체하부에 기밀한 작업실을 설치하여 이곳에 지하수압과 대등한 압축공기를 송기함으로써 지하수의 침입을 막고 굴착·배토를 수행하면서 자중 또는 압입력 등에 의해 침설하는 방법	강재 또는 RC재 세그먼트를 분할 반입하고 지상에서 링 형태로 조립하여 수중 굴착하면서 그라우트 앵커 등을 반력으로 소정 심도까지 압입 침설하는 방법
특징 · 장점	• 지수성이 좋다. • 소음·진동이 적다. • 지하연속벽 등에 비해 비교적 저가이다. • 비교적 협소한 면적에서 시공할 수 있다. • 완성 후 본체 구조로 이용할 수 있다. • 연직, 수평방향의 하중에 대해 내력이 크다.	• 연약지반이나 투수성이 높은 지반에서도 시공가능하다. • 지수성이 좋다. • 지하연속벽 등에 비해 비교적 저가이다. • 비교적 협소한 면적에서 시공할 수 있다. • 완성 후 본체 구조로 이용할 수 있다. • 연직, 수평방향의 하중에 대해 내력이 크다.	• 연약지반이나 투수성이 높은 지반에서도 시공가능하다. • 소음·진동이 적다. • 지수성이 좋다. • 비교적 협소한 면적에서 시공할 수 있다. • 프리케스트 부재를 사용하기 때문에 품질이 안정되고 현장에서 공정을 단축할 수 있다. • RC재인 경우에는 본체 구조로 이용할 수 있다.
특징 · 단점	• 초기 침하의 기간은 경사가 발생하지 않도록 충분한 관리가 필요하다. • 침하 굴착 시에 주변 지반 침하 대책이 필요한 경우도 있다. • 호박돌 자갈지반, 암반 등 지질에서는 선행치환 등 대책이 필요하다.	• 가압이나 감압 설비 등 특수한 기계설비의 소음·진동대책이 필요하다. • 장시간 압기노동이 되지 않도록 배려할 필요가 있다. • 초기침하 기간은 경사가 발생하지 않도록 충분한 관리가 필요하다. • 침하 굴착 시에 주변 지반 침하 대책이 필요한 경우도 있다. • 주변 관정이나 지하실에 산소 결핍 공기의 누기대책이 필요한 경우도 있다.	• 강재인 경우에는 가설 구조이므로 본체 구조물을 별도로 시공할 필요가 있다. • 초기침하 기간은 경사가 발생하지 않도록 충분한 관리가 필요하다. • 침하 굴착 시에 주변 지반 침하 대책이 필요한 경우도 있다. • 대규모 수직구에 대해서는 비용면에서 불리하다.

6.2 쉴드TBM의 발진과 설비

6.2.1 쉴드TBM의 발진

발진 수직구의 시공이 완료된 후 수직구 내로 반입된 쉴드TBM은 발진 수직구에서 지반쪽으로 발진한다. 발진방법은 발진직전에 가설벽(흙막이벽)을 철거해두는 방법(이하, 가설벽 철거공법이라 칭함)과 쉴드TBM에서 직접 가설벽을 굴착하는 방법(이하, 직접굴착공법이라 칭함)이 있다. 쉴드TBM 발진공은 쉴드TBM의 시공 중에서도 가장 주의를 요하는 작업이다. 예를 들어 발진부 가설벽 철거 시 이물질의 잔존에 따른 커터 정지, 엔트런스 패킹, 갱구 콘크리트부 주변에서의 용수나 토사 유출 등 트러블이 발생하기 쉽다. 지금까지 그림 6.2.1과 같은 발진방법이 적용되어 왔다.

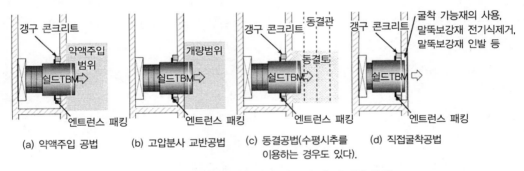

그림 6.2.1 수직구갱 발진방법의 분류와 발진방법(예)

① 가설벽 철거공법 : 지반개량 등에 의해 발진갱구 전면 지반의 자립을 도모하면서 가설벽을 철거하며 발진하는 방법[그림 6.2.1의 (a)~(c)]

② 직접굴착공법 : 발진부의 가설벽을 쉴드TBM으로 굴착가능한 재료로 하고, 보강재는 전기식에 의해 용해·열화시키거나 가설벽의 보강재를 인발하여 쉴드TBM으로 가설벽을 직접 굴착하여 발진하는 방법[그림 6.2.1의 (d)]

발진방법의 선정은 시공의 안전성, 지반상황, 시공환경 등을 고려할 필요가 있다. 중소구경 쉴드TBM의 경우 ①의 가설벽 철거공법이 많이 적용된다. 대단면이나 고수압인 경우 ②의 직접 굴착공법이 과반수 정도 공사에 이용된다.

① 가설벽 철거공법의 경우 대단면이나 대심도 쉴드TBM에서는 보조공법으로 시공정밀도나 개량체의 신뢰성이 높은 고압분사 교반공법이나 동결공법 등에 의한 지반개량이 적용된다. 특히 대심도·고수압인 경우 시공불량에 의한 출수, 토사붕괴 가능성이 있으므로 사전에 수직구 내에서 체크 보오링 등을 실시하고 지반개량 효과를 충분히 확인하는 것이 중요하다. 개량불량 개소가 발견된 경우에는 보조주입을 실시하여 확실한 개량 후 가설벽을 철거한다.

② 직접굴착공법의 경우 굴착성능에 직접 관계된 쉴드TBM 커터비트의 형상, 재질, 배치 등의 검토가 필요하다. 또한 엔트런스 패킹에 의한 갱구의 확실한 지수를 확보해야 한다. 이를 위해서는 엔트런스 패킹을 2단 이상으로 하고 엔트런스 패킹과 지반개량 등 보조공법을 병용하는 등의 방법이 있다.

발진순서의 예는 그림 6.2.2와 같다. 쉴드TBM 발진 시에는 쉴드TBM의 추진속도나 추력을 작게 하고 막장압력도 작게 억제하면서 추진한다. 그리고 지반개량 구간 중에 진입하면 서서히 압력을 상승시켜 개량구간을 벗어나기 전에는 소정의 관리압력으로 올려 굴진한다.

또한 쉴드TBM 발진 시에는 가설 세그먼트나 반력대가 쉴드TBM 추력 및 커터토오크에 의해 반력을 받게 되므로 가설 세그먼트의 부상 방지, 롤링 방지, 자재 반입구의 변형방지 등 대책공을 실시함과 함께 시공 시 관리에 유념할 필요가 있다. 특히 가설 세그먼트의 정원도는 그 후 세그먼트 라이닝의 시공 정밀도를 좌우하기 때문에 충분한 관리가 요구된다.

쉴드TBM 테일이 엔트런스 패킹을 통과한 후에는 바로 패킹 지압판을 세그먼트의 외주까지 슬라이드시켜 고정하여 엔트런스 패킹의 반전을 방지한다. 최근에는 지압판의 슬라이드가 불필요한 플래퍼(flapper) 타입 압력장치도 사용되고 있다. 세그먼트와 갱구 가설벽의 간극은 즉시 주입 등에 의해 충진하여 토사유입, 지반이완을 방지해야 한다.

```
                    수직구 구축
                         │
                         ▼◄──── 발진부 지반개량
                    엔트런스 설치
                         │
                         ▼
                   쉴드 발진대 설치
                         │
                         ▼
                    반력대 설치
                         │
                         ▼
                 엔트런스 패킹과 조립
                         │
                         ▼
                  엔트런스 패킹 부착
                         │
                         ▼
                  가설 세그먼트 조립
                         │
                         ▼
            가설 세그먼트의 부상 방지·롤링 방지
                         │
                         ▼
                    가설벽 철거
                         │
                         ▼
                  쉴드TBM을 추진
                 엔트런스의 중앙으로
                         │
                         ▼◄──── 챔버 내 충진
                   지반 굴진개시
                         │
                         ▼
            가설 세그먼트를 조립하면서 추진
                         │
                         ▼
                  엔트런스 패킹 압축
                 플레이트 슬라이드 및 고정
                         │
                         ▼
                       주입
                         │
                         ▼
                     초기굴진
```

그림 6.2.2 쉴드TBM의 발진순서 예

6.2.2 쉴드TBM 발진설비

쉴드TBM 발진설비는 쉴드TBM 발진대, 반력대 설비, 엔트런스 패킹 등이 있다. 그림 6.2.3은 쉴드TBM 발진설비의 예이다.

(1) 쉴드TBM 발진대

쉴드TBM 발진대는 강재로 제작한 받침대로서 그 위에 쉴드TBM을 조립하여 발진시킨다. 쉴드TBM 발진대의 설치방향은 쉴드TBM의 발진방향으로 하기 때문에 쉴드TBM 계획 중심방향이나 계획높이를 정확히 측량하여 신중히 거치해야 한다. 단, 발진갱구의 지반이 매우 연약하여 쉴드TBM의 자중에 의한 침하가 예상되는 경우에는 쉴드TBM 발진대의 높이를 사전에 높게 세팅하는 등의 조정을 하는 경우도 있다. 발진대 구조의 예는 그림 6.2.4와 같다.

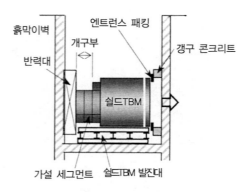

그림 6.2.3 쉴드TBM 발진설비 예

(2) 반력대 설비

쉴드TBM을 발진시킬 때 쉴드TBM의 추력을 후방의 지압벽(흙막이벽, 구축벽 등)으로 전달하는 설비로서 일반적으로 가설 세그먼트, 반력대, 가설 세그먼트의 조립 개시위치를 조정하는 강재 등으로 구성된다. 가설 세그먼트는 본설 세그먼트를 사용하여 이렉터로 조립한 후, 쉴드TBM 잭으로 후방으로 밀어서 소정의 위치에 세팅한다. 초기굴진 완료 후 가설 세그먼트는 해체하고 눈으로 확인하여 경미한 손상 등이 있으면 보수·검사를 한 후 다시 터널부에 사용하는 경우가 많다. 또한 경우에 따라서는 가설 전용 세그먼트를 준비하는 경우도 있다. 가설 세그먼트의 조립 정밀도(정원도)는 본설 세그먼트의 조립 정밀도에 영향을 미치므로 가능하면 정원으로 조립할 필요가 있다. 또한 그 조립 개시위치는 본설 세그먼트 1링째와 수직구 위치관계가 계획대로 되도록 강재 등을 사용하여 조정한다. 가설 세그먼트의 천단부 세그먼트를 자재 반입용 개구로 하는 경우에는 쉴드TBM 굴진 시에 추력의 영향을 받으므로 개구부를 강재 등으로 보강해둘 필요가 있다.

반력대는 일반적으로 강재로 제작되며, 쉴드TBM 추력이 후방 반력벽 등에 부드럽게 전달될 수 있도록 간극에 콘크리트를 타설하던가 라이너 플레이트를 끼워 넣는다. 반력대 설비의 전용, 협소한 수직구에서의 발진, 가설 세그먼트 해체 회피 등 가설 세그먼트를 사용하지 않고 발진하는 '센터 홀 잭방식에 의한 발진방법'이 적용되는 경우도 있다.

(3) 엔트런스 패킹

엔트런스 패킹은 발진갱구에 설치되는 링 형상의 고무 패킹으로서 쉴드TBM 발진 시에 발진 갱구와 쉴드TBM 및 발진갱구와 세그먼트와의 사이를 통해 지하수, 이수, 지반토사 등이 수직구 내로 유입되는 것을 방지하고 쉴드TBM 테일 통과 후 제1회째 주입을 실시할 때 주입재가 수직구 내로 유입되는 것을 방지할 목적으로 사용된다. 그림 6.2.5와 같은 엔트런스 패킹은 발진갱구의 구체 또는 갱구 콘크리트 내부에 사전에 너트가 부착된 강재 링을 매입해두고 고무 패킹을 세팅한 후 압축 플레이트를 볼트로 체결하여 설치한다. 패킹의 반전을 방지하기 위해 슬라이드 가능한 반전 방지판이 설치되어 쉴드TBM 테일 통과 후 세그먼트 외주까지 이 판을 슬라이드시키는 슬라이드식, 지하수압이 높은 경우 핀 구조를 가진 반전 방지판을 이용하여 자동적으로 패킹의 반전을 방지할 수 있는 플랩식이 적용되고 있다. 엔트런스 패킹의 설치 수는 가공조건을 고려하여 결정한다. 직접굴착공법에서는 2단 엔트런스 패킹이 많이 적용된다. 그 외 나일론 섬유로 보강한 링 형상의 고무 튜브(슈퍼 패킹)를 사용하여 쉴드TBM 관입 후 튜브 내로 공기 또는 이수를 주입, 팽창시켜 그 압력으로 지하수나 이수의 유입을 방지하는 방법도 있다.

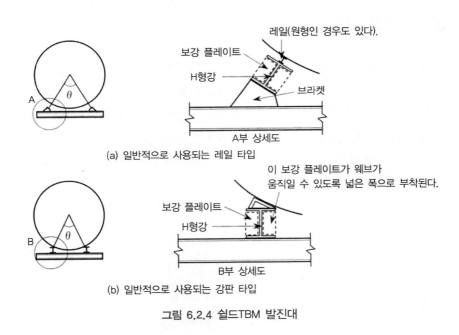

(a) 일반적으로 사용되는 레일 타입

(b) 일반적으로 사용되는 강판 타입

그림 6.2.4 쉴드TBM 발진대

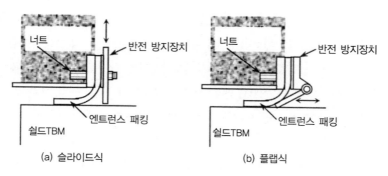

그림 6.2.5 엔트런스 패킹

6.3 쉴드TBM의 도달과 설비

소정의 계획선형에 따라 터널굴진을 완료한 쉴드TBM을 도달 수직구에 사전에 설치한 개구부까지 굴진하고, 그 후 쉴드TBM 본체를 수직구 내로 반출하거나 도달벽 소정의 위치까지 굴진한 후 정지시키는 일련의 작업을 도달이라고 한다. 쉴드TBM을 반출하는 예는 지하철이나 지하도로와 같이 상하선 터널을 필요로 하는 터널에서 쉴드TBM이 U턴하는 경우, 하수도나 우수 정류관 등 직경이 다른 터널을 확경·축경 쉴드TBM을 이용하여 굴착하는 경우 등이 있다. 쉴드TBM의 회전 예는 그림 6.3.1과 같다.

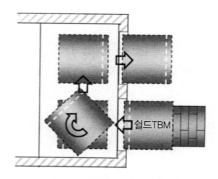

그림 6.3.1 쉴드TBM의 회전 예

쉴드TBM의 도달방법은 발진방법과 마찬가지로 ① 가설벽 철거공법과 ② 직접굴착공법으로 분류할 수 있다. ①의 경우 가설벽을 철거하는 시기에 따라 다음 2가지 방법을 고려할 수 있다. 그림 6.3.2는 쉴드TBM 도달방법의 예를 나타낸다.

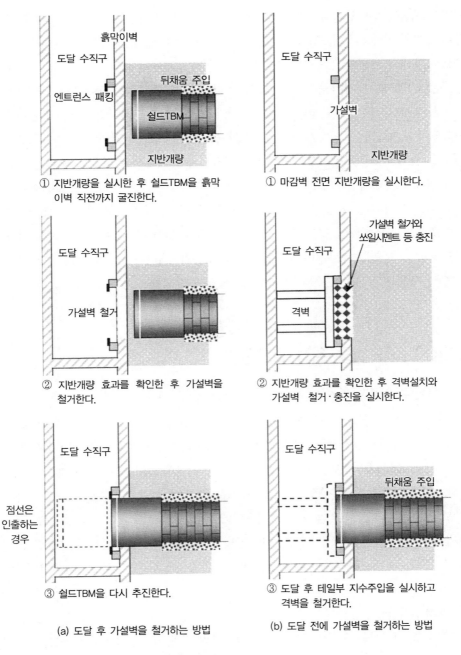

그림 6.3.2 쉴드 도달방법의 예

(상단 좌측) 흙막이벽 / 도달 수직구 / 엔트런스 패킹 / 쉴드TBM / 뒤채움 주입 / 지반개량
① 지반개량을 실시한 후 쉴드TBM을 흙막이벽 직전까지 굴진한다.

(상단 우측) 도달 수직구 / 가설벽 / 지반개량
① 마감벽 전면 지반개량을 실시한다.

(중단 좌측) 도달 수직구 / 가설벽 철거
② 지반개량 효과를 확인한 후 가설벽을 철거한다.

(중단 우측) 도달 수직구 / 가설벽 철거와 쏘일시멘트 등 충진 / 격벽
② 지반개량 효과를 확인한 후 격벽설치와 가설벽 철거·충진을 실시한다.

(하단 좌측) 도달 수직구 / 점선은 인출하는 경우
③ 쉴드TBM을 다시 추진한다.

(하단 우측) 도달 수직구 / 뒤채움 주입
③ 도달 후 테일부 지수주입을 실시하고 격벽을 철거한다.

(a) 도달 후 가설벽을 철거하는 방법

(b) 도달 전에 가설벽을 철거하는 방법

① 쉴드TBM 도달 후 가설벽을 철거하고 그 후 소정의 위치까지 다시 추진하는 방법
② 쉴드TBM 도달 전 가설벽을 철거한 후 격벽을 설치하여 도달하는 방법

전자는 시공방법이 간단하기 때문에 비교적 쉴드TBM 직경이 작고 지하수압이 작은 경우에 적용된다. 재추진에 의해 쉴드TBM과 지반 사이 틈이 생겨 그 부분으로부터 지하수나 토사가 수직구으로 유입될 위험이 있으므로 충분한 주의가 필요하다.

후자는 쉴드TBM 직경이 큰 경우나 대심도에서 지하수압이 높은 경우 등에 적용되는 경우가 많다. 쉴드TBM 도달 전에 가설벽 전면의 지반개량을 실시하여 막장자립을 도모한 후 가설벽을 철거하고 강재 등으로 격벽을 설치한 후 개구부를 쏘일 시멘트나 빈배합 몰탈 등으로 충진한다. 이 상태로 쉴드TBM을 도달시키고 쉴드TBM 테일부 주변지수 후 격벽을 철거한다. 이 방법은 도달구가 밀폐된 상태에서 쉴드TBM을 소정의 위치까지 추진할 수 있으며 테일부 지수 주입재가 수직구 내로 유입되는 일 없이 확실한 지수효과를 얻을 수 있으므로 안전한 시공이 가능하다.

직접굴착공법의 경우 쉴드TBM의 커터비트의 마모에 의한 굴착성능 저하가 우려된다. 대책으로는 마모에 강한 형상, 단차비트 적용, 패스 수의 증가, 예비비트 적용 등이 있다. 또한 수직구의 지수성 확보는 발진의 경우와 마찬가지로 확실한 방법을 사용할 필요가 있다.

6.4 발진 및 도달을 위한 보조공법

발진 및 도달을 위한 보조공법은 지반조건, 지하수압, 쉴드TBM 형식 및 외경 등을 고려하여 안전하고 경제적인 공법을 선정할 필요가 있다. 발진방법 및 도달방법에서 개량범위의 설정은 가설벽 철거공법과 직접굴착공법에서 상이하다. 가설벽 철거공법의 경우 지반강화 및 지수를 목적으로 하는 지반개량의 범위는 쉴드TBM이 완전히 지반에 관입하여 주입공과 병행하여 지수를 도모하는 길이가 필요하다. 직접굴착공법의 경우 엔트런스 패킹의 지수성 등을 고려하여 지수성을 확보할 수 있는 개량범위를 설정할 필요가 있다.

현재 쉴드TBM 발진 및 도달을 위한 보조공법으로 사용되고 있는 공법은 약액주입공법, 고압분사 교반공법 및 동결공법 등이 있으며, 이러한 방법들을 단독 혹은 조합하여 적용하고 있다.

(1) 약액주입공법
주입재료를 지반간극에 압입하여 고결시킴으로써 지반의 지수성을 개선하고 지반강도의 증가를 도모하는 공법이다. 쉴드TBM의 발진 및 도달에서 터널 주변 지반의 투수성을 개량하고 터널 갱구부에서 지하수나 토사가 갱내로 유입되는 것을 방지할 목적으로 사용된다.

(2) 고압분사 교반공법

물 또는 경화재에 의해 지반을 굴착하고 굴착부분의 토사와 주입재를 혼합하거나 치환하여 강도가 있는 개량체를 형성하는 공법이다. 쉴드TBM의 발진 및 도달에서 가설벽의 외측에 개량 존을 형성하여 가설벽 철거 시 토압 및 수압에 저항하는 것을 목적으로 사용된다.

(3) 동결공법

연약지반이나 지하수가 있는 지반을 일시적으로 동결고화시키고 동토가 가진 완전한 차수성을 이용하여 고강도 차수벽 또는 내력벽을 구축하는 공법이다. 쉴드TBM의 발진 및 도달에서 특히 쉴드TBM단면이 큰 경우나 심도가 깊어 수압이 높은 경우 가설벽 철거 시 양호한 개량체로 형성할 목적으로 사용된다.

6.5 직접굴착공법

쉴드TBM에서 가설벽을 직접굴착하고 발진하는 공법은 그림 6.5.1과 같이 가설벽 구조를 (1) 발진부의 가설벽을 쉴드TBM으로 굴착가능한 재료로 한다, (2) 가설벽의 보강재를 전식(電食)으로 용해·열화시켜 쉴드TBM으로 굴착가능한 상태로 한다, (3) 가설벽의 보강재를 인발하여 쉴드TBM으로 굴착가능한 상태로 하는 등의 방법으로 쉴드TBM 발진 전에 굴착가능한 상태로 만들 필요가 있다. 각각의 공법은 다음과 같다.

(1) 쉴드TBM으로 굴착가능한 신소재를 사용하는 공법
a) NOMST 공법(Novel Material Shield-cuttable Tunnel-wall System)

쉴드TBM 통과부분을 탄소섬유, 아라미드 등 섬유보강수지를 사용한 철근으로 대체하고 석회쇄석을 조골재로 사용하여 굴착하기 쉬운 고강도 콘크리트로 축조한 흙막이벽을 쉴드TBM 커터비트로 직접굴착하면서 발진 또는 도달하는 공법이다.

b) SEW 공법(Shield Earth Retaining Wall System)

열경화성 수지 발포체를 유리섬유로 보강한 FFU 부재(Fiber Reinforece Foamed Urethane)를 다층 접착하여 형성한 부재를 쉴드TBM 통과부분의 가설벽에 혼입하여 쉴드TBM 커터비트로 직접굴착하면서 발진 또는 도달하는 공법이다.

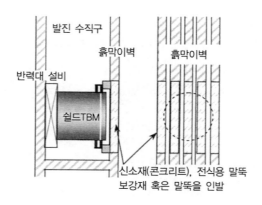

그림 6.5.1 직접굴착의 개념

(2) 전식기술을 이용한 공법

가설벽 보강재를 전식으로 용해·열화시켜 쉴드TBM으로 절삭가능한 상태로 한다. 흙막이벽 내 쉴드TBM 통과부분에 전식용 말뚝 보강재를 배치하고 전식작용에 의해 말뚝 보강재를 용해한 후 쉴드TBM 커터비트로 직접굴착하여 마감벽 개방 없이 직접 발진, 도달하는 것이다.[2]

(3) 보강재 인발공법

가설벽 보강재를 인발하여 쉴드TBM으로 굴착가능한 상태로 한다. 수직구 시공 시 쏘일 시멘트와 H형강과의 부착을 방지하고 쉴드TBM 발진 시 흙막이벽의 H형강을 인발, 가설벽을 쉴드TBM 커터비트로 직접굴착하여 마감벽 개방 없이 직접 발진, 도달하는 것이다.

이러한 공법들의 특징은 다음과 같다.

① 발진 또는 도달을 위한 약액주입 등 보조공법을 최소한으로 할 수 있다.
② 가설벽 철거가 불필요하고 막장지반을 해방하지 않기 때문에 가설벽 철거에 위험작업이 없다.

한편 유의점으로는 다음과 같은 특징을 들 수 있다.

① 엔트런스 패킹의 지수성 확보가 중요하다.
② 가설벽 철거공법의 경우 가설벽 철거 시 가설벽과 지반개량공과의 밀착성이 문제가 되는 경우가 있으므로 지반개량공의 배치, 범위, 가설벽 철거 순서 등을 검토한다.

③ 커터비트의 형상, 개수, 배치, 전용 굴착 비트, 교환방법을 검토한다.

④ 쉴드TBM 외주부에 동시 주입장치 등 돌출물이 있는 경우는 돌출부의 굴착방법, 엔트런스 패킹과 돌기부와의 지수성 확보를 위한 시공방법 검토를 실시한다.

⑤ 가설벽 굴착편이 커서 배니설비 폐색 등이 발생하지 않도록 커터토오크 등의 관리값을 감시하여 굴진속도를 조정하는 관리를 수행한다.

⑥ 전식에 의해 말뚝 보강재를 용해·열화시키는 경우 전식 진행에 따른 응력부재로서의 흙막이벽 보강재 강도가 상실되기 때문에 사전에 쉴드TBM을 엔트런스 내로 삽입하여 압력을 유지할 필요가 있다.

⑦ 보강재 인발공법의 경우 말뚝을 인발하는 부분은 흙막이벽의 강성이 상실되기 때문에 말뚝 인발 전 쉴드TBM 챔버 내로 이수 등을 충진하여 막장을 지지한다.

6.6 발진 및 도달 보강공의 설계

발진 및 도달 보강의 목적은 다음과 같다.[3]

① 가설벽 철거 시 지반안정 확보 및 지하수 유입방지

② 쉴드TBM 주변부로부터 지하수 및 토사 유입방지

③ 수직구 주변 지표면 및 지하매설물 등에 대한 영향방지

발진 및 도달 보강공의 설계는 이러한 목적을 명확히 한 후 지반조건, 지하수위, 쉴드TBM 형식, 토피 및 작업환경 등을 고려하여 보조공법을 선정한다.

발진보강을 위한 지반개량은 가설벽을 철거할 때 막장 면 붕괴 위험이 있는 경우 실시한다. 또한 사질토에서 지하수위가 높은 경우에는 쉴드TBM이 완전히 지반으로 빠진 후 엔트런스부의 보강이 가능할 때까지 지하수 유입을 방지할 수 있도록 쉴드TBM 길이+α 범위의 개량이 필요하다. 또한 도달보강을 위한 개량범위도 기본적으로는 동일하다.

대표적인 보강공법인 '약액주입공법'과 '고압분사 교반공법'에 대한 개량범위 설계방법은 다음과 같다. 지반조건, 굴착범위, 매설구조물 등의 시공조건 및 각 공법의 특징을 고려하여 시공조건에 적합한 보조공법을 신중히 선정한다.

(1) 약액주입공법

약액주입공법은 응고성을 가진 화학재료(소위 약액)를 지중 소정의 개소에 주입관을 통해 주입하여 지반의 지수성 또는 강도를 증대시키는 것 등을 목적으로 하는 공법이다. 건설성 잠정지침(1965년)에 따라 사용할 수 있는 주입재는 시멘트계인 것, 약액으로는 물유리계인 것만으로 한정되어 있다. 지반에 대한 약액주입의 기본적 방법은 다음과 같다.[4]

- 사질지반에서 약액주입은 실질적으로 침투주입이 기본이다.
- 투수계수가 10^{-4}cm/s 이하인 경우에는 점성토 지반을 포함하여 할렬주입이 기본이다.

약액주입공법에 의한 막장의 자립과 용수방지를 위한 약액주입 범위에 대해서는 천단, 측부, 저부 두께를 산정하고 발진에서는 삽입부 길이, 도달부에서는 진입부 길이를 각각 산정한다. 그림 6.6.1은 주입범위 개념도이다.

발진부=막장부＋진입부＝길이＋2.0m,
도달부=막장부＋진입부＝길이＋3.0m

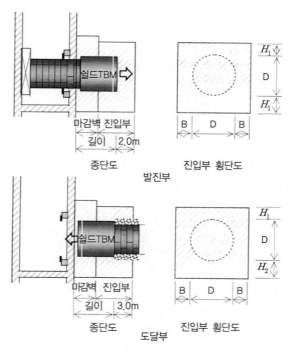

그림 6.6.1 주입범위 개념

쉴드TBM이 발진할 때는 흙막이벽을 절삭하여 지반으로 진입한다. 이때 막장자립과 용수방지를 위한 약액주입범위에 대해서는 상부, 측부, 저부 두께를 각각 다음과 같이 산정한다. 막장부 범위는 계산결과와 적용 개량범위 중 큰 쪽을 적용한다.

a) 상부 두께 계산(그림 6.6.1의 H_1)

터널을 굴착하는 경우 주변에 발생하는 부가응력(탄성영역)에 근거한 방법(그림 6.6.2)이며, 다음 식으로 산정한다.

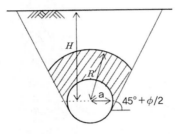

그림 6.6.2 상부 두께

$$\ln R + \frac{R \times \gamma t}{2C'} = \frac{H \times \gamma t}{2C'} + \ln a \tag{6.6.1}$$

여기서, γt : 흙의 단위중량(kN/m³)

C' : 개량지반의 점착력(kN/m²)

H : 관로중심의 토피(m)

a : 쉴드TBM 굴착반경(m)

식 (6.6.1)로부터 R을 구하여 $R-a$로부터 필요두께(H_1)을 산정한다.

$$H_1 = Fs(R-a) \quad Fs : 안전율$$

b) 측부 두께 계산(그림 6.6.1의 B)

쉴드TBM 측부의 개량두께는 그림 6.6.3과 같이 구할 수 있다.

$$B = R \sin\alpha - a \qquad (6.6.2)$$

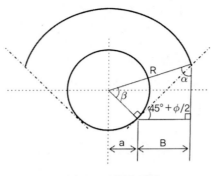

그림 6.6.3 측부 두께

c) 저부 두께 계산(그림 6.6.1의 H_2)

개량체 저부에 걸리는 양압력(U)와 개량토괴의 중량(W)와 개량토의 전단저항력(F)와의 평형식으로 산정한다(그림 6.6.4 참조).

$$Fs = \frac{W + F}{U} \qquad (6.6.3)$$

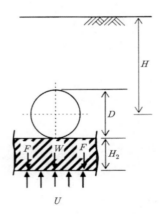

그림 6.6.4 저부 두께

d) 연장방향 두께 계산(그림 6.6.1의 막장부)

발진부 막장 굴착면에 필요한 개량길이는 막장전면에 작용하는 토압·수압에 대해 개량토의 전응력으로 지지하는 것으로 검토한다. 계산결과와 최소 개량범위 중 큰 값을 적용한다.

$$Fs = \frac{F}{W}$$ (6.6.4)

$$F = \ell \times C' \times L$$

$$W = (Pa + Pw) \times S$$

단, F : 개량지반의 전단저항(kN/m^2)

　　W : 토압과 수압의 합(kN/m^2)

　　C' : 개량지반의 점착력(kN/m^2)

　　ℓ : 개량체 1본간 중심간격

　　L : 필요개량 길이(m)

　　S : 막장개방면적(m^2)

　　Pa : 주동토압(kN/m^2)

　　Pw : 수압(kN/m^2)

(2) 고압분사 교반공법(제트 그라우트 공법)

　제트 그라우트 공법은 공기와 액체의 힘으로 흙을 굴착하여 지반을 개량하는 공법이며, JSG 공법과 컬럼 제트 그라우트 공법 등이 있다.[5] 이러한 공법은 지반조건, 대상 토질, N값, 시공심도를 고려하여 공법을 선정하는 것이 기본이며, 특히 유효직경, 공사목적, 규모, 공기, 경제성 및 공법특성을 충분히 고려하여 가장 현지조건에 적합한 공법을 선정한다. 컬럼 제트 그라우트 공법의 개요는 회전하는 삼중관 롯드에서 공기를 포함한 초고압수를 횡방향으로 분사함으로써 지반을 굴착하고 경화재를 충진하여 슬라임을 지표로 배출시키는 동시에 원주상 개량체를 구성하는 공법이다.

　개량범위의 설계는 명확한 표준이나 지침이 없어 설계자의 판단에 의존하는 것이 현실이나, 비교적 자주 사용되는 계산방법은 다음과 같다.

i) 발진부

a) 가설벽 절단부의 대상 지반이 사질토인 경우

　제트 그라우트 공법에 의한 개량체는 다른 공법에 비해 고강도이며 균질하므로 콘크리트와 같은 구조재와 마찬가지로 취급하고 막장부를 주변 자유지지의 원판으로 가정하여 휨 응력에 대해 배면토압, 수압으로 파괴되지 않는 두께를 산정한다(그림 6.6.5 참조).

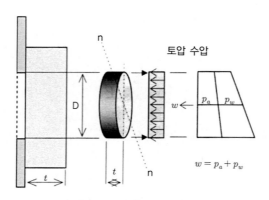

그림 6.6.5 사질토의 검토모델

$$t = Fs \sqrt{\frac{1.2wr^2}{\sigma t}} \qquad\qquad (6.6.5)$$

여기서, w : 쉴드 중심위치에서의 토압과 수압의 합(kN/m²)

$\quad\quad r$: 가설벽 개방반경(m)

$\quad\quad t$: 필요 개량길이(m)

$\quad\quad \sigma t$: 제트 그라우트의 휨 인장강도(kN/m²)

$\quad\quad Fs$: 안전율로 1.5를 사용하는 경우가 많다.

고수압하에서 엔트런스 패킹만으로 수압에 저항하는 것은 위험성이 따른다고 판단되는 경우 쉴드TBM 길이＋필요구간 길이(α) 범위를 개량한다. α는 쉴드TBM 전면에 작용하는 외력으로부터 초기굴진 시에 작용되는 압력을 뺀 값을 외력으로 검토하고, 식 (6.6.5)와 동일한 계산방법으로 산출한다. 그림 6.6.6은 개량범위 개념도이다.

개량단면의 상부, 측부 및 저부에 대한 계산방법은 약액주입공법과 마찬가지이다.

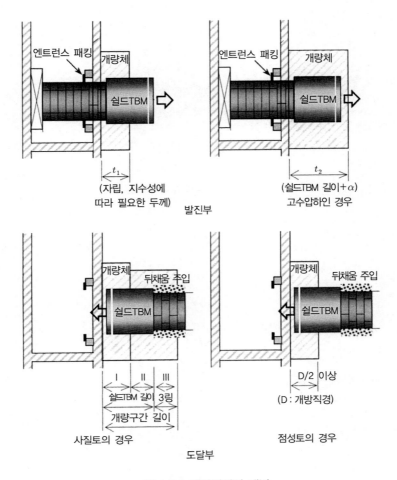

그림 6.6.6 개량범위의 개념

b) 가설벽 절단부의 대상 지반이 점성토인 경우

가설벽 절단부의 개방직경(D)을 반경으로 하는 원호 활동면을 예상하여 개량체의 점착력으로
활동 모멘트에 저항한다. 그림 6.6.7의 O 점을 지점으로 하는 모멘트의 평형으로부터 필요 개량
두께를 계산한다.

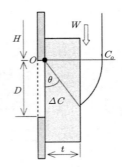

그림 6.6.7 점성토의 검토모델

$$\theta = \frac{Fs \times M_d - M_r}{\Delta c \times D^2} \, (\text{rad}) \tag{6.6.6}$$

$$t = D \times \sin\theta$$

여기서, M_d : 기동(起動) 모멘트

M_r : 개량 전 저항 모멘트

Δc : 개량 후 증가 점착력

t : 필요두께

단, 필요두께 t는 $\dfrac{D}{2}$ 이상으로 한다(D : 개방직경).

개량단면의 상부, 측부 및 저부에 대해서는 약액주입공법과 마찬가지로 계산한다.

ii) 도달부

도달 시 쉴드TBM 주위지반은 기계 굴착으로 이완된 상태가 되어 그 부분을 따라 테일에서부터 용수가 문제되는 경우가 많다. 따라서 필요범위는 용수가 문제되는 사질토인 경우와 붕괴만이 문제되는 점성토인 경우로 분리할 수 있다.

a) 가설벽 절단부의 대상 지반이 사질토인 경우

그림 6.6.6과 같이 I~III 범위를 개량할 필요가 있다. 설정 Zone I의 설정은 발진부와 동일하다. II 및 III은 지수성을 목적으로 하기 때문에 Fs=1.0 또는 최소값 중 큰 값을 설계값으로 한다.

b) 가설벽 절단부의 대상 지반이 점성토인 경우

지수성을 고려할 필요가 없는 지반에서는 Zone I만 개량한다. 필요두께는 수직구의 설치상황 등에 좌우되며, 통상 D/2(D : 개방직경) 두께를 확보해두면 좋다.

참고문헌

1) 日本下水道協会：下水道用設計積算要領, 2006.

2) 下水道新技術推進機構：電食技術による直接発進到達工法　技術マニュアル, 2002.

3) 二村敦：シールドトンネルの新技術(10)Ⅲ.設計・施工, トンネルと地下, 1991.3.

4) 日本グラウト協会：薬液注入工　設計資料(平成21年度版), 2009.

5) 例えば, 日本ジェットグラウト協会：ジェットグラウト工法　技術資料(第17版), 2009.

제7장

쉴드TBM의 굴진과 시공관리

제7장

쉴드TBM의 굴진과 시공관리

7.1 초기굴진과 본 굴진

쉴드TBM의 굴진은 초기굴진과 본 굴진으로 분류된다. 쉴드TBM이 수직구를 발진하여 후속설비 전부가 터널갱내로 들어와 지반이 뒤채움 주입층과 세그먼트를 매개로 쉴드TBM 추력을 지지할 수 있을 때까지를 초기굴진, 이후를 본 굴진이라 한다.

7.1.1 초기굴진

초기굴진에서 매우 세심한 굴진관리와 본 굴진을 순조롭게 행하기 위해 필요한 데이터를 수집하는 것이 특히 중요하다.

본 굴진에서 쉴드TBM이 소정의 계획선상에서 설계관리값 이내로 진행하여 지반변형이나 근접 구조물에 대한 영향을 최소한으로 억제하기 위해서는 초기굴진 시 쉴드TBM 추력이나 커터토오크 데이터, 지반변형 계측결과 등을 수집하고 쉴드TBM 운동특성을 파악함과 더불어 막장압 관리값이나 뒤채움 주입압, 주입량 설정값이 적절했는지 확인할 필요가 있다.

일반적으로 초기 굴진장은 굴진반력과 지반에 따라 지지력과의 균형으로부터 다음 식으로 산정된다.

$$L > \frac{F}{\pi \cdot D_o \cdot f} \tag{7.1.1}$$

여기서, L : 초기굴진장(m)

F : 굴진에 필요한 쉴드TBM 잭 추력(kN)

D_0 : 세그먼트 외경(m)

f : 뒤채움 주입재를 매개로 한 세그먼트와 지반의 전단저항력(kN/m^2)

시공 시는 후속대차가 노상이나 수직구에 있기 때문에 유압 호스, 전선 케이블 등을 연장하면서 굴진하게 되며, 가조립 세그먼트의 개구가 작아 자재반입 시간을 요하므로 굴진속도가 매우 낮다.

7.1.2 작업교체

작업교체는 후속대차를 갱내에 배치하여 자재 반출입을 효율적으로 수행하기 위한 것이다. 주요 작업은 굴진반력을 받기 위한 가조립 세그먼트, 반력대 및 쉴드TBM 발진대를 철거하고 본 굴진을 위한 작업대를 설치하는 것이다. 구체적으로는 수직구 내 설비배치를 그림 7.1.1~7.1.2 와 같이 변경한다.

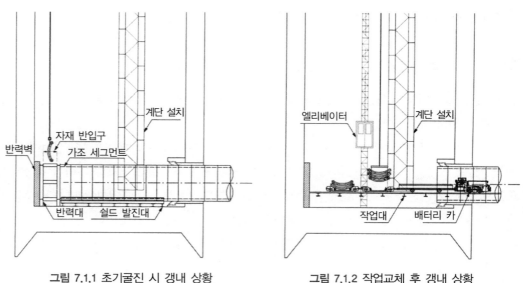

그림 7.1.1 초기굴진 시 갱내 상황   그림 7.1.2 작업교체 후 갱내 상황

7.1.3 본 굴진

본 굴진은 후속설비 모두가 갱내에 설치되어 유압 호스, 케이블 등의 연장이 메인 호스, 메인 케이블만이 되기 때문에 작업이 효율적이다. 수직구 공간도 넓어지고 자재 반출입이 용이해 지기 때문에 본래 계획 굴진속도 대로 시공이 가능하다.

7.2 쉴드TBM 터널의 선형관리

선형관리는 쉴드TBM 터널 굴진의 기본으로 특히 도시부에서는 관민경계나 기존 구조물에 접근하여 터널을 구축하는 경우가 많기 때문에 신중하고 정확히 할 필요가 있다.

7.2.1 갱외측량

시공 착수 시 일반적으로 사전에 공사계획을 위한 측량을 실시한다. 공사계획 시 측량결과의 재확인 및 시공상 필요한 기준점 정비를 위해 측량을 실시할 필요가 있다.

기준점은 지상에서 중심선 측량 및 종단측량에 의해 설정하고 기본적으로 트레버스 측량에 의해 수행하나, 터널길이와 지형상황에 따라 GPS 측량이나 자이로 측량을 병용하여 측량 정밀도를 향상시킨다. 수준점은 일등 수준점 또는 이에 준하는 점을 원점으로 견고한 장소에 설치하고 정기적으로 검측할 필요가 있다. 이러한 측량에서는 시공구간뿐만 아니라 인접한 공구와의 관계를 확인할 필요가 있으며, 인접공구의 측량결과와 조합할 필요가 있다. 또한 지상에 설치한 측량에 필요한 측점은 정기적으로 검측하고 분실 또는 이동될 가능성도 있으므로 보조점을 설치하여 복구할 수 있도록 해둔다.

7.2.2 갱내측량

갱외측량에 의해 설치한 중심선 및 수준점을 수직구 하부에 도입하고 쉴드TBM 굴진에 따라 순차적으로 터널갱내로 연장하여 굴진관리 측량의 기본으로 한다.

우선 발진 수직구에서 그림 7.2.1과 같이 갱내 측량의 기준이 되는 쉴드TBM 발진방향의 포인트 2점(A, B)를 수직구에 설치하고 연직기나 추에 의해 수직구 하부로 갱내 기준점(A', B')을 설치한다. 수직구 하부공간은 일반적으로 협소하고 기준선 거리가 짧은 경우가 많으나, 측량 정밀도가 터널의 시공 정밀도에 큰 영향을 미치므로 기준선 설치는 신중히 할 필요가 있다. 기준선 거리가 짧은 경우는 자이로 컴퍼스로 방향을 확인하는 것이 유효하다.

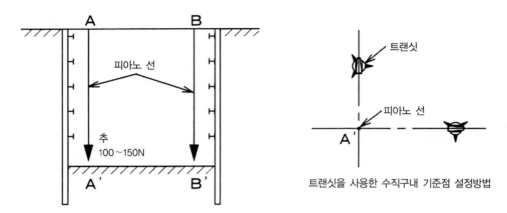

트랜싯

피아노 선

A'

트랜싯을 사용한 수직구내 기준점 설정방법

그림 7.2.1 갱내로 기준선을 내리는 측량

다음으로 쉴드TBM 굴진에 따른 쉴드TBM 및 세그먼트 위치를 파악하기 위해 수직구 하부에 설치한 기준점을 순차적으로 갱내로 이설한다(그림 7.2.2 참조). 갱내 측점 설치간격은 터널내공이나 곡선반경 등에 따라 다르나, 일반적으로 직선부에서 40~50m, 곡선부에서 20~30m 정도이다. 측점은 쉴드TBM 추력이나 뒤채움 주입압 등의 영향을 받을 가능성이 있으므로 막장에 근접한 장소에는 설치를 피하도록 한다.

지상 기준점과 갱내 기준점의 위치를 확인하고 측량 정밀도를 향상시키기 위해서는 관측공을 설치하는 것이 요구되며, 중간에 통과하는 수직구가 있는 경우는 이를 이용하여 지상의 기준점과의 검측을 실시하는 것이 유효하다. 그러나 최근의 공사에서는 지상에 관측공을 설치할 장소가 없는 경우나 대심도이므로 관측공을 설치할 수 없는 경우도 많고 세그먼트 관통공을 설치하는 것은 장래 유지관리상으로도 바람직하지 않으므로 관측공 없이 고정밀도 자이로 컴퍼스를 사용하여 정밀도를 높이고 있다.

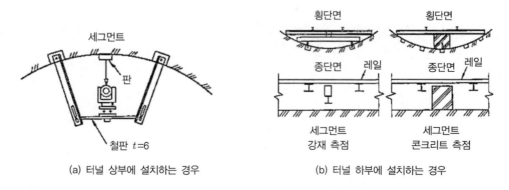

세그먼트

판

철판 t=6

(a) 터널 상부에 설치하는 경우

횡단면

횡단면

종단면 레일

종단면 레일

세그먼트
강재 측점

세그먼트
콘크리트 측점

(b) 터널 하부에 설치하는 경우

그림 7.2.2 터널 내 측점 설치도

수준점의 갱내 도입은 스틸 테이프를 사용하며, 이때는 스틸 테이프의 온도보정이나 장력보정을 통해 정밀도 향상을 도모할 필요가 있다.

7.2.3 굴진관리측량

쉴드TBM 굴진 시 쉴드TBM과 조립된 세그먼트 계획선의 차이를 조기에 파악하여 쉴드TBM 굴진방향을 지체없이 수정하기 위해 원칙적으로 1일 2회 이상 실시한다.

측정항목으로는 쉴드TBM 위치, Pitching, Rolling, Yawing 및 쉴드TBM의 잭 스트로오크, 테일 클리어런스, 세그먼트 위치 등이 있다. 이러한 측량결과는 도면화 즉시 다음 굴진에 반영하는 것이 중요하다.

최근에는 자동추적장치가 추가된 Total station을 사용한 자동측량 시스템을 사용하여 리얼타임으로 쉴드TBM 위치·자세를 파악할 수 있으나, 자동측량 시스템을 사용하는 경우에도 정기적으로 과거의 측량값과 확인할 필요가 있다.

굴진관리측량 중 가장 기본적인 쉴드TBM 후방부터 측량하여 관리하는 방법에 대해 다음에 설명한다.

(1) 평면측량

① 터널 내에 설치된 트레버스 점에 트랜싯을 설치하고 후방 측점을 시준한다. 트랜싯을 측각하여 쉴드TBM 내 시준을 준비한다(그림 7.2.3).

② 쉴드TBM 내 후방에 그림 7.2.4와 같이 센터 스태프를 설치하고 중심점으로부터의 이격과 거리를 측정한다.

③ 쉴드TBM 내 전방에서 상기와 마찬가지로 중심점으로부터의 이격을 측정한다.

④ 쉴드TBM 내 전후 측량결과로부터 쉴드TBM 좌우 편향과 위치를 계산한다.

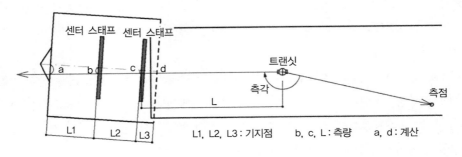

그림 7.2.3 굴진관리측량 개념도

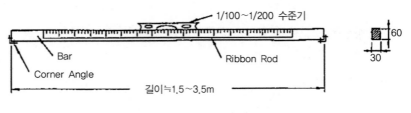

그림 7.2.4 센터 스태프의 제작 예

(2) 종단측량

① 쉴드TBM 내 전후에 측점을 2점 설치한다.

② 터널 내에 레벨을 설치하고 가설 벤치마크를 기준으로 쉴드TBM 내 2측점의 높이를 측량한다.

③ 쉴드TBM 내 전후 측량결과로부터 쉴드TBM의 상하 편향과 높이를 계산한다.

(3) 측량결과의 정리

상기 쉴드TBM의 측량결과와 마찬가지로 산정한 세그먼트의 측량결과를 도면화하여 계획선과 위치관계를 수평, 종단 양방향에 대해 파악한다. 이러한 도면으로부터 쉴드TBM이 계획선 중심을 진행하고 있는지 이격되고 있는지를 파악한 후 잭 선택과 테이퍼 세그먼트의 배치계획을 수립한다.

7.2.4 굴진관리

구조물이 되는 세그먼트의 위치는 쉴드TBM의 굴진위치에 지배되므로 쉴드TBM의 방향제어가 중요하다. 쉴드TBM의 방향(Yawing, Pitching)은 잭의 사용개수를 조정하여 쉴드TBM에 회전 모멘트를 주어 수정하며, 선형을 크게 꺾을 필요가 있는 경우에는 copy 커터를 사용하여 휘고자 하는 방향을 over cut한다.

곡선시공 시 등에서 테일 클리어런스가 감소하면 세그먼트의 조립이 곤란해지기 때문에 세그먼트는 일반 세그먼트와 테이퍼 세그먼트를 조합하여 사용하며, 보통은 테일 클리어런스를 확보할 수 있도록 한다.

또한 Rolling의 수정은 커터를 쉴드TBM의 Rolling 방향과 동일한 방향 또는 반대 방향으로 회전시켜 그때 발생하는 회전반력을 이용한다. 사각단면이나 다원형 쉴드TBM에서는 Rolling에 의한 테일 클리어런스가 없어 세그먼트의 조립이 불가능한 경우가 있으므로 강제적으로 Rolling을 수정하기 위한 잭을 장착하고 있다.

7.3 이수식 쉴드TBM의 굴착관리

이수식 쉴드TBM은 커터 챔버 내에 이수를 충진하고 이 이수의 압력으로 막장에 이막 또는 침투막을 형성하여 막장 안정을 도모하는 것을 기본으로 하는 공법이다. 이수식 쉴드TBM의 시스템 개요도는 그림 7.3.1과 같다.

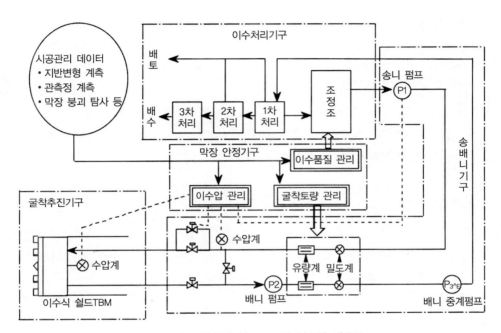

그림 7.3.1 이수식 쉴드TBM의 시스템 개요도

이수식 쉴드TBM에서 막장 안정기구는 다음과 같다.

① 유체 운송 펌프의 회전수를 조정하여 커터 챔버 내 이수에 압력을 주고 이수압에 의해 막장 토압 및 수압에 대항한다.
② 막장 면에 난투수성 이막을 형성하여 이수압력을 막장 면에 유효하게 작용시킨다.
③ 지반으로 이수가 침투함에 따라 이수 중 세립분이 지반의 간극에 침투하여 지반강도를 증가시킨다.

이수식 쉴드TBM의 막장 안정이 성립되기 위한 굴착관리 항목은 이수압 관리, 이수품질 관리, 막장 안정 상태를 판단하는 굴착토량 관리의 3항목이 중심이 된다. 또한 막장 안정 상태는 지반변형 계측, 막장 붕괴 탐사 등의 시공관리 데이터와 함께 종합적으로 판단한다. 이수식 쉴드 TBM의 굴착관리 플로우(예)는 그림 7.3.2와 같다.

이수압은 막장에 작용하는 토압과 수압보다 약간 높게($20{\sim}50kN/m^2$) 설정하는 것이 일반적이다. 따라서 굴착관리에서는 이수품질·이수압 및 굴착토량의 관리가 중요하다. 여기에서는 이수압 관리 및 굴착토량 관리에 대해 설명한다.

7.3.1 이수압 관리

(1) 굴진 시

쉴드TBM 격벽에 설치한 수압계에 의해 막장수압을 검출하고 이것이 설정값이 되도록 수압조절계에 의해 송니 펌프(P1)의 회전수를 변경하여 압력을 제어한다.

굴진 시 발생하는 배니관의 폐색에 따른 급격한 압력상승을 피하기 위해 압력 조정변이나 워터 해머 완충장치를 설치하는 경우도 있다.

(2) 쉴드TBM 정지 시

이수의 지반내 침투 등에 의해 이수압의 저하가 예상되나, 송니관 밸브가 닫혀있기 때문에 이수 보급을 할 수 없다. 따라서 $1{\sim}2$인치 정도의 파이프를 통해 바이패스 회로를 설치하고 이 회로의 막장압력 조정변을 개폐하여 조절한다.

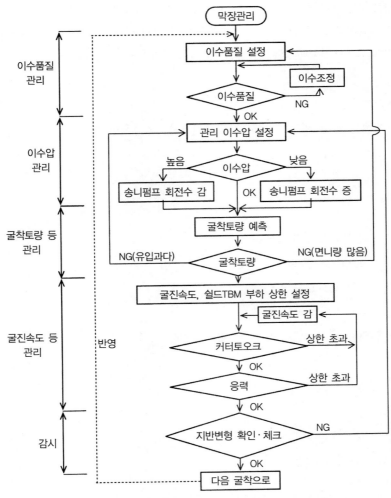

그림 7.3.2 이수식 쉴드TBM의 굴착관리 플로우(예) [1]

7.3.2 굴착토량 관리

(1) 계측과 관리

이수식 쉴드TBM은 막장을 직접 볼 수 없기 때문에 송배니 계통에 설치한 유량계와 밀도계에 의한 계측을 통해 굴착토량을 관리하는 방법을 적용하고 있다. 관리항목은 그림 7.3.3과 같이 추진에 따른 굴착량(배니유량과 송니유량과의 차), 건사량(배니 건사량과 송니 건사량과의 차)의 2가지이다. 이러한 계측값만으로 여굴량이나 막장의 붕괴유무를 판정하는 것은 어려우며, 통계방법을 이용하여 굴착토량을 판단하게 된다. 이러한 단점을 보완하기 위해 막장탐사장치에 의한 계측을 병용하는 경우도 있다. 이러한 방법에는 검지봉에 의한 직접검지법과 초음파 등에 의한 간접적 검지법이 있으나 현재는 정밀도에 문제가 있다. 그러나 후자는 탐사장치의 정밀도를 향상시켜 장래에는 굴착토량 관리의 주류 중 하나가 될 것으로 기대된다.

(2) 굴착량

계산 굴착체적은 copy 커터 등에서의 여굴이 없는 표준적인 케이스는 다음 식과 같다.

$$Q = \frac{\pi}{4} \cdot D^2 \cdot S_t \qquad (7.3.1)$$

여기서, Q : 계산 굴착체적(m^3)

$\quad\quad\quad D$: 쉴드TBM 외경(m)

$\quad\quad\quad S_t$: 굴진 스트로오크(m)

한편 계측에 의한 굴진 스트로오크 당 굴진체적은 다음 식과 같다.

$$Q_3 = Q_2 - Q_1 \qquad (7.3.2)$$

여기서, Q_1 : 송니유량(m^3)

$\quad\quad\quad Q_2$: 배니유량(m^3)

$\quad\quad\quad Q_3$: 굴착체적(m^3)

Q와 Q_3 대비를 통해 면니상태(이수 또는 이수 중 물이 지반에 침투하는 상태로 $Q > Q_3$)인지 용수상태(이수압이 낮아 지반의 지하수가 유입되고 있는 상태로 $Q < Q_3$)인지의 판정이 가능하다. 일반적으로 붕괴가 발생하지 않은 정상굴착 시에는 면니상태가 기록되는 경우가 많다.

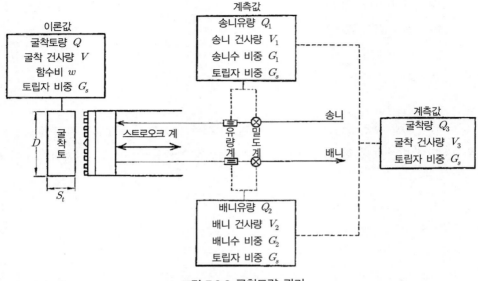

그림 7.3.3 굴착토량 관리

(3) 건사량

건사량은 지반 또는 송배니수의 토립자 체적이다. 토립자 비중은 지반 중, 송니수 중, 배니수 중에서 동일하므로 계산 건사량은 다음 식과 같다.

$$V = Q \cdot \frac{100}{G_s w + 100} \tag{7.3.3}$$

여기서, G_s : 토립자의 비중

$\quad\quad w$: 지반 함수비(%)

한편 계측에 의한 건사량은 다음 식과 같다.

$$\begin{aligned} V_3 &= V_2 - V_1 \\ &= \frac{1}{G_s - 1}\{(G_2 - 1) \cdot Q_2 - (G_1 - 1) \cdot Q_1\} \end{aligned} \tag{7.3.4}$$

여기서 V_1 : 송니 건사량(m³)

V_2 : 배니 건사량(m^3)

V_3 : 굴착 건사량(m^3)

G_1 : 송니수 비중

G_2 : 배니수 비중

식 (7.3.4)의 값은 추진 스트로오크당 값이며, 실제로는 순간 계측값을 적분하여 산출한다. V와 $V3$의 대비를 통해 일니(逸泥)상태($V > V_3$)인지 여굴상태($V < V_3$)인지의 판정이 가능하다.

(4) 통계처리

i) 굴착량

계산 굴착체적은 스트로오크를 통해 구해지는 값으로서 이것을 하나의 기준값으로 할 수 있다. 그러나 계측 굴착체적에는 면니 등의 영향이 포함되어 있기 때문에 이것을 각 링당 기준값과 대비하여도 관리하기에는 부적당하다. 따라서 계측값을 통계처리하고 과거 30 데이터 정도(1링을 복수 데이터로 하는 경우도 있다)를 최소 자승법(自乘法)에 의해 추정한 다음 데이터 기준값과 표준편차를 산정하여 관리값 상한과 하한을 결정하는 방법이 적용된다(그림 7.3.4 참조).

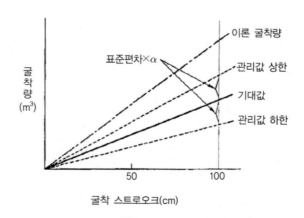

그림 7.3.4 굴착토량 관리 그래프 모델의 예

ii) 건사량

계산 건사량은 100~200m 간격으로 실시한 보링 데이터를 기초로 굴착단면에 나타난 각 층의 두께, 토립자의 비중 및 함수비에 의해 산출하나 추정 정밀도를 고려하면 이것을 표준값으로 하는 것은 부적당한 것으로 생각한다. 따라서 굴착량과 마찬가지로 통계처리를 통해 기대값과 표준편차를 산정하여 관리값의 상한 및 하한을 결정하고 있다.

이상과 같이 이수식 쉴드TBM의 굴착토량 관리는 간접적인 계측방법에 의해 수행하고 있으며, 실제 굴착량을 직접 산정하는 방법이 아니라는 것을 이해해둘 필요가 있다.

(5) 유의점

과거, 이수식 쉴드TBM의 굴착토량 관리의 오차는 계기오차가 주요 원인이었으나, 다음 사항에 의해서도 건사량 등에 오차가 발생하므로 유의할 필요가 있다.

① 송니비중 변화
② 면니현상에 의한 건사량 변화(면수인 경우 영향없음)
③ 토립자의 비중 변화
④ 굴진시간 변화

7.4 토압식 쉴드TBM의 굴착관리

토압식 쉴드TBM공법은 굴착토사를 소성유동성과 불투수성을 부여한 상태로 커터 챔버 내에 충만시키고 스크류 컨베이어 등에 의해 챔버 내 압력을 제어하여 막장 안정을 도모하는 것을 기본으로하는 공법이다.

굴착관리에서는 막장 토압관리 및 굴착토사에 대한 첨가재 관리(소성유동화 관리)가 주체이며, 배토량 관리도 중요한 항목이다(그림 7.4.1 참조).

첨가재 사용목적에 대해서는 '5.4.1 첨가재의 주입 및 교반'에서 설명하였으므로 참조하기 바란다.

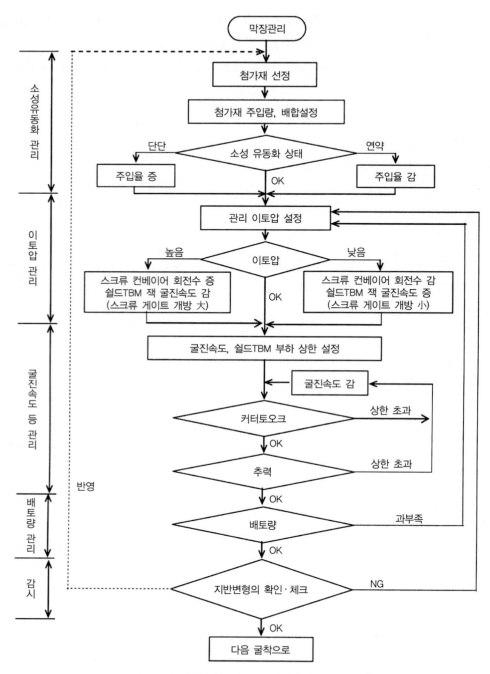

그림 7.4.1 토압식 쉴드TBM의 굴진관리 플로우 예[2]

7.4.1 토압식 쉴드TBM의 막장 안정

토압식 쉴드TBM의 막정안정 기구의 특징은 다음과 같다.

① 굴착한 토사에 첨가재를 넣고 커터비트 및 교반날개로 강제적으로 교반 혼합하여 소성 유동화와 지수성을 가진 이토로 개량한다(토압 쉴드TBM에서는 교반만하고 첨가재는 사용하지 않는다).
② 이토를 챔버 및 스크류 컨베이어 내에 충만시키고 쉴드TBM 잭 추력으로 이토를 가압하여 막장 토압 및 수압에 대항한다.

따라서 이토압이 막장에 작용하여 막장 안정이 확보된 상태로 굴착토사를 부드럽게 배토하기 위해서는 이토가 소성 유동성과 지수성을 확보할 수 있도록 관리할 필요가 있다.

굴착토사 중에 30% 정도 미세립분이 함유되어 있고 입도분포가 양호한 경우에는 교반만으로 이토의 소성 유동성을 확보할 수 있으나, 사질토나 자갈 등이 많은 경우나 입도분포가 나쁜 경우에는 벤토나이트나 점토 등 첨가재를 굴착토사 내에 주입, 혼합하여 입도분포를 조정함으로써 양호한 이토로 개량할 필요가 있다. 또한 기포나 고분자재를 첨가하여 이토의 특성을 개량하여 굴착하는 경우도 있다. 특히 입도분포가 나쁜 경우에는 기포나 고분자재만으로는 충분한 개량효과를 얻을 수 없는 경우가 있으므로 이 경우에는 벤토나이트나 점토 등 재료를 병용하여 첨가하는 경우도 있다.

7.4.2 첨가재 관리

(1) 첨가재의 특성

첨가재는 지반 토질이나 굴착토사의 반송방식에 적당한 것을 선정할 필요가 있다. 첨가재의 필요성질은 유동성을 발휘할 것, 굴착토사와 혼합하기 쉽고 재료분리를 일으키지 않을 것, 무공해일 것 등이 있다. 일반적으로 사용되는 첨가재는 광물계, 계면활성제계, 고흡수성 수지계, 수용성 고분자계의 4가지로 분류된다(그림 7.4.2 참조). 이러한 재료는 단독 혹은 조합하여 사용되는 경우가 많다. 다음은 각 첨가재의 특성에 관한 것이다.

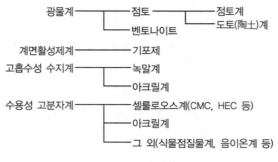

그림 7.4.2 첨가재의 분류 예

i) 광물계

굴착토사가 유동성과 지수성을 가진 양호한 이토가 되기 위해서는 미세립자분이 필요하다. 이것을 점토, 벤토나이트 등을 주입하여 보급하는 것이 광물계 첨가재이다. 사용실적이 가장 많고 저렴한 반면 점토나 도토의 점성 등이 안정하지 않거나 굴착토사가 진흙(Mud)상태처럼 되는 등의 단점도 있다.

ii) 계면활성제계

특수기포제와 압축공기로 이루어진 기포를 주입하는 것이 계면활성제계의 첨가재이다. 굴착토의 유동성과 지수성을 개선하는 것만이 아니라 굴착토사의 커터비트 등에 대한 부착을 방지하고 기포 자체는 사라지기 때문에 후처리가 용이한 첨가재이다.

iii) 고흡수성 수지계

고흡수성 수지는 물에 접촉하면 순간적으로 흡수하여 겔 상태가 되는 고분자 화합물이다. 흡수하여도 물에는 용해되지 않고 수용액 중에 분산하기 때문에 지하수에 의한 희석이 없고 고수압 조건하에서 분발방지 등 큰 효과를 발휘한다. 그러나 염분농도가 높은 해수나 금속 이온을 다량 포함한 지반 혹은 강알카리나 약산성 지반에서는 흡수능력이 저하되는 경향이 있다.

iv) 수용성 고분자계

수용성 고분자계 재료는 물에 용해되어 점착성을 띄는 화합물이다. 다종다양한 재료가 개발되고 있으며, 그 주원료는 셀룰로오스계와 아크릴계 및 그 외(식물점질물계, 음이온계 등)로 분류된다. 증점성이나 접착성이 우수한 재료가 많고 굴착토사의 유동성이나 지수성을 개선하는 것 외 펌프 압송성이 우수하다. 또한 굴착토사 처리가 용이하도록 분해처리재를 살포하여 해(解)겔화 할 수 있는 재료도 개발되고 있다.

(2) 소성 유동화 관리

굴착토사의 소성 유동화는 토압식 쉴드TBM공법의 가장 중요한 요소이며, 챔버 내 토사의 소성 유동화를 상시 파악하여 쉴드TBM 제어에 피드백할 필요가 있다. 챔버 내 토사의 소성 유동상태를 파악하는 방법은 일반적으로 다음과 같은 방법이 사용된다.

i) 배토특성에 의한 관리

육안관찰이나 샘플링한 토사의 슬럼프 시험 등에 의해 챔버 내 토사의 유동화 상태를 파악하는 방법이다. 슬럼프 관리값은 굴착하는 토질 및 첨가재의 상태나 펌프 압송방식의 적용유무에 따라 다르며, 사질토 지반에서는 대략 10~15cm 정도로 관리하는 경우가 많은 듯하다.

ii) 스크류 효과에 의한 관리

스크류 컨베이어의 회전수로부터 얻어지는 계산 배토량과 굴진속도로부터 얻어지는 계산 배토량을 비교하여 굴착토사의 유동화 상태를 추정하는 방법이다. 일반적으로 챔버 내 토사의 소성 유동성이 양호하여 순조롭게 굴진한 경우 양측은 높은 상관관계를 나타낸다.

iii) 쉴드TBM의 기계부하에 의한 관리

커터압, 커터토오크, 스크류 컨베이어 토오크 등 기계부하의 경시적 변화에 의해 추정하는 방법이다.

모든 방법이 커터 챔버 내의 소성 유동상태를 정성적으로 판단하는 것에 불과하여 기술자가 지금까지 쌓아온 경험에 의존하는 경우가 많다. 실제로는 초기굴진 상황이나 지반변형 결과 등에 따라 굴착토의 최적특성이나 그 허용범위를 결정하고 관리할 필요가 있다. 최근에는 챔버 내에 토사상태를 계측하는 장치를 설치하여 굴착토사의 소성 유동상태를 계측하고 유체해석을 통해 굴착토사의 소성 유동성을 정량적으로 평가하는 방법을 조합시킨 토사유동관리기술[3]도 개발되었다.

7.4.3 굴착토량 관리

(1) 굴착토사의 반출방법

토압식 쉴드TBM공법의 굴착토사 반출방법(2차 반출)은 궤도방식 및 펌프압송방식이 일반적으로 사용되며, 최근에는 연속 벨트 컨베이어 방식 등도 실용화되고 있다. 다음은 각 방식의 특징을 나타낸다.

i) 궤도방식

스크류 컨베이어의 배토구로부터 일차 벨트 컨베이어로 후방대차의 후단으로 반송된 굴착토사를 굴착토사 운반차로 반출하는 방법이다. 굴착토사의 특성에 관계없이 반출 가능하므로 시공예가 많다. 그러나 굴착토 운반차의 교체 등 때문에 연속배토가 어렵거나 운반 시 토사가 넘쳐흘러 갱내 시공환경이 악화되는 경우가 있다.

ii) 펌프압송방식

토사압송 펌프에 의해 갱외 스톡 야드까지 굴착토사를 압송관을 통해 연속반송하는 방식이다. 1대의 토사압송 펌프로 반송가능한 거리는 첨가재나 토질상태에 따라 다르나 개략 400~500m 정도이며, 그 이상 시공거리에 대해서는 중계 펌프를 설치할 필요가 있다. 시공실적의 조사결과에 따르면 통상 첨가재를 사용하여 펌프 압송가능한 지반의 입도분포는 75μm 이하의 함유율이 15% 이상, 2mm 이하의 함유율이 85% 이상, 50mm 이상의 함유율 0%를 대체로 만족하는 경우이다. 그러나 펌프의 압송성을 확보하기 위해서 주수(注水)를 하거나 첨가재 주입량을 증가시키거나 하는 경향이 있기 때문에 반출토의 토사상태가 악화되는 경우도 있다.

메탄가스나 유화수소 등 가연성 혹은 유해가스가 토중에 잔존하는 경우에는 이 방법을 적용하여 가스가 갱내로 누출되는 것을 저감할 수 있어 작업 안전성을 향상시킬 수 있다.

iii) 연속 벨트 컨베이어 방식

토압식 쉴드TBM의 대단면화나 시공 장거리화 및 급속화에 따라 대량의 굴착토사를 연속하여 반출할 수 있는 방법으로 개발된 것이다. 발진 수직구나 갱외 작업기지에 벨트 컨베이어의 연신장치를 설치하여 쉴드TBM의 굴진에 맞추어 이것을 연신하는 방식이다.

(2) 굴착토량 관리

막장 안정을 유지하면서 부드럽게 굴진하기 위해서는 굴진량에 맞추어 굴착토사를 적절히 배출할 필요가 있다. 그러나 실제 지반토량과 굴착된 토량과의 토량 변화율이나 굴착토사의 단위체적중량에 차이가 있으며, 첨가재 종류나 그 첨가량 혹은 반출방법 등에 따라서도 굴착토 체적이나 중량이 변화하므로 정량적으로 굴착토량을 파악하는 것은 곤란한 경우가 많다. 또한 굴착토사도 반고체적 성질을 나타내므로 유체로 변환하여 배토하는 등 다양하다. 이 때문에 굴착토량 관리만을 단독으로 하더라도 막장 안정상태를 정확히 판단하는 것은 어려우므로 커터 챔버의 압력관리와 병용하는 것이 일반적이다. 굴착토량 관리방법은 중량관리와 용적관리로 구분된다. 중량관리는 굴착토 운반차 중량의 검수나 갱내 계량 호퍼 등을 설치하여 굴착토 중량을 계측하고 관리하는 방법 등이 사용된다. 또한 용적관리는 단위 굴진량 당 굴착토사 운반차 대수를 비교하는 방법이나 스크류 컨베이어의 회전수로부터 추정하는 방법이 일반적으로 사용된다. 굴착토를 펌프압송하는 경우는 압송펌프의 펌핑수나 배토관에 설치된 유량계, 밀도계 등을 통해 굴착토량을 추정하고 관리하는 방법도 실시되고 있다. 연속 벨트 컨베이어를 이용하는 경우에는 레이저 스캐너에 의한 배토체적 측정이나 벨트 스케일에 의한 배토중량 측정을 통해 굴착토량을 관리하는 방법도 실시되고 있다.

7.5 세그먼트 조립

7.5.1 작업기지 내 적재와 운반

(1) 적 재

세그먼트를 작업기지 내에서 정비할 때는 작업 안전성, 효율성을 고려하여 세그먼트 정비 야드나 하역설비 등을 계획적, 효율적으로 배치하고 세그먼트 본체나 씰재가 손상되거나 부식되지 않도록 적절한 보호, 대책을 강구할 필요가 있다.

세그먼트의 저장은 내면을 위로 쌓아올려 '선적'하는 것이 일반적이다(사진 7.5.1). 이때 세그먼트의 전도나 세그먼트끼리의 접촉에 의한 파손을 방지하기 위해 세그먼트를 목재 위에 적재하고 세그먼트 간에도 목재 등을 끼워 넣는 등의 대책이 필요하다. 강재 세그먼트는 녹 발생이나 유류에 의한 오염이 없도록 주의하고 영구변형이 발생하지 않도록 주의한다. 한편 콘크리트계 세그먼트는 중량이 크고 경미한 접촉으로도 세그먼트의 모서리나 우각부가 크랙, 파손 등 손상되기 쉬우므로 취급에 특히 주의해야 한다.

세그먼트의 조인트 면에는 지수용 씰재를 접착하며, 일반적으로는 세그먼트를 터널 막장에 운반하기 전에 작업기지 내에서 접착한다. 이때 우수에 의한 팽창이나 장기간 직사광선에 의한 열화를 피하기 위한 처리가 필요하다. 씰재 접착 후에 실외에서 적재하는 경우에는 텐트나 시트 등으로 양생하는 것이 불가결하다.

사진 7.5.1 세그먼트 가적치 상황

(2) 운반 및 취급

세그먼트의 운반이나 취급은 세그먼트 본체나 씰재가 손상되지 않도록 충분히 배려해야 한다. 세그먼트에 점착한 씰재나 콘크리트계 세그먼트의 모서리나 우각부는 손상받기 쉬우므로 작업 기지 내에서 세그먼트 간의 접촉이나 적재, 견인 시 기자재와의 접촉 등에 충분히 주의할 필요가 있다. 또한 세그먼트의 모서리나 우각부, 씰재는 인양 시 와이어에 의해 손상되는 경우가 있으므로 와이어와의 접촉부를 양생하는 등의 배려가 필요하다. 세그먼트를 견인할 때 견인위치나 세그먼트 중량에 따라서는 세그먼트에 큰 휨 모멘트가 작용하는 경우가 있으므로 세그먼트 설계 시 완성 시의 지반외력이나 잭 추력, 뒤채움 주입압 등 시공 시 하중과 운반 시, 견인 시에도 사전에 견인위치 등에 대한 검토가 필요하다.

7.5.2 세그먼트 조립방법

(1) 조립방법 및 조립순서
i) 세그먼트 링의 조립

세그먼트는 쉴드TBM 굴진완료 후 쉴드TBM 테일부에서 링 형태로 조립된다. 조립은 별도의 경우를 제외하고 그림 7.5.1 및 사진 7.5.2와 같이 인접 링과 조인트 위치를 지그재그로 맞물리게 한다. 사행수정이나 곡선시공의 경우 부득이하게 연속되는 경우가 있으나, 인접 링의 접합효과를 기대할 수 있도록 가능한 한 이러한 형태를 피하도록 배려할 필요가 있다.

ii) 세그먼트 조립순서

터널 내부에 반입되어 가적치된 세그먼트는 쉴드TBM 테일부에 세팅된다. 이때 세그먼트의 조인트 사이에 이물질이 끼이지 않도록 쉴드TBM 테일 내를 충분히 청소해야 한다. 세그먼트는 일반적으로 하부의 A 세그먼트로부터 순차적으로 좌우양측으로 교호하면서 조립한 뒤 B 세그먼트, 마지막으로 K 세그먼트를 조립한다(그림 7.5.2).

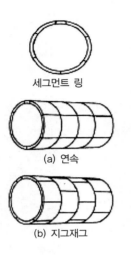

세그먼트 링

(a) 연속

(b) 지그재그

그림 7.5.1 세그먼트 링의 조립방법

사진 7.5.2 지그재그조립 시공된 쉴드TBM 터널

(2) 세그먼트의 조립순서

i) 세그먼트의 조립순서

세그먼트는 다음 순서로 조립한다.

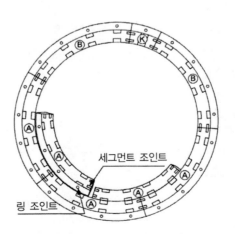

세그먼트 조인트

링 조인트

그림 7.5.2 세그먼트 조립순서

① 쉴드TBM 잭 인입

② 이렉터에 의한 세그먼트 인양, 진동방지용 지지 잭에 의해 고정

③ 이렉터 선회, 신축, 슬라이딩에 의한 위치 결정

④ 이렉터, 미세작동에 의한 위치결정

⑤ 볼트 체결

⑥ 인입한 잭의 압출

ii) 세그먼트 위치결정과 쉴드TBM 잭 손상

세그먼트를 조립할 때는 세그먼트 조립위치의 쉴드TBM 잭을 인입하고 이렉터로 세그먼트를 인양한다. 이때 필요 이상으로 많은 잭을 인입하면 쉴드TBM의 자세가 기울어지거나 막장 지지압력에 의해 쉴드TBM이 후퇴하여 막장 안정뿐만 아니라 세그먼트 조립공간의 확보도 곤란해지므로 세그먼트 조립순서에 따라 잭을 조립하는 해당 세그먼트 위치만 인입하는 것이 중요하다.

세그먼트 인양은 콘크리트계 세그먼트에서는 세그먼트에 인양용 장치가 매설되어 있으며, 여기에 견인기를 매설하고 핀을 삽입하여 이렉터와 체결하는 방식이 많이 적용된다. 이 인양용 장치는 주입공을 겸용하는 경우가 많다. 한편 강재 세그먼트에서는 견인용 브라켓을 설치하거나 종방향 리브 견인장치를 부착하는 경우 등이 있다.

인양된 세그먼트는 진동방지용 지지 잭으로 지지하고 이렉터를 회전시켜 해당 세그먼트의 조립위치 가까이로 선회하여 세팅된다. 이렉터는 일반적으로 터널 주방향 '선회', 반경방향 '신축', 터널 축방향 '슬라이딩'의 3가지 기본동작을 가지며, 세그먼트의 위치 결정은 이렉터의 선회동작과 반경방향으로 이동하는 신축 잭 및 축방향으로 이동하는 슬라이드 잭을 사용한다. 그 후 이러한 잭을 미세작동시켜 인접한 세그먼트의 조인트 면에 충돌하지 않도록 신중히 위치를 맞춘다. 위치조정은 진동방지용 지지 잭도 이용된다(제5장 5.2.5 세그먼트 조립장치 참조).

세그먼트를 소정의 위치에 설치한 후 조립된 세그먼트를 볼트 등으로 체결하고 인입한 쉴드TBM 잭을 신축하여 신속히 압착한다.

iii) 조인트 볼트의 체결

세그먼트를 소정의 위치에 설치한 후 조립하여 세그먼트 볼트를 체결한다. 볼트체결은 세그먼트 조인트 볼트를 체결한 후 링 조인트 볼트를 체결하는 순서가 일반적이다. 볼트 체결작업은 고소작업, 이렉터와 근접한 작업이므로 충분한 주의를 요한다.

최근에는 핀형식 링 조인트나 슬라이드 결합형식 세그먼트 조인트를 사용하여 이렉터, 쉴드TBM 잭만으로 체결이 가능한 세그먼트도 사용된다. 이러한 원 패스 방식의 세그먼트를 사용하

는 경우에는 볼트 체결방식의 세그먼트와 달리 한 번 세그먼트를 체결하면 이렉터의 미세동작으로 세그먼트 위치를 수정하는 것이 곤란한 경우가 많기 때문에 슬라이드 잭, 쉴드TBM 잭에 의한 슬라이드 체결작업 전에 정밀도 높게 세그먼트를 세팅해두는 것이 중요하다.

iv) K 세그먼트의 조립방법

K 세그먼트는 B 세그먼트 사이에 삽입하기 때문에 세그먼트의 손상이나 씰재의 박리가 일어나지 않도록 충분히 주의하여 정확히 압입할 필요가 있다. K 세그먼트를 정확히 압입하기 위해서는 B 세그먼트까지 조립을 정밀도 높게 하는 것이 특히 중요하다.

K 세그먼트는 크게 분류하여 반경방향 삽입형과 축방향 삽입형의 2타입이 있으며, 최근에는 하중 작용 시 구조 안정성을 위해 축방향 삽입형이 적용되는 경우가 많다(제4장 4.1 라이닝 구조 참조). 반경방향 삽입형 K 세그먼트는 조인트 각도 때문에 K 세그먼트가 아래로 쳐지는 경향이 있으나, 세그먼트 링에 축력이 작용하게 되면 이러한 경향이 증가되므로 주의가 필요하다. 한편 축방향 삽입형 K 세그먼트의 경우 하향의 오차는 발생하기 어려우나, 선단이 반대로 올라가는 경향이 있다. 또한 K 세그먼트 삽입 시 인발을 확보하기 위해 쉴드TBM 테일부가 길어진다. 일반적으로는 쉴드TBM 잭의 슬라이드 길이는 세그먼트 폭의 1/3~1/2 정도 여유길이(50~100mm 정도)를 고려하여 설정한다.

v) 링 조립 후 볼트 재체결

1링 분의 세그먼트를 조립한 후 모든 쉴드TBM 잭을 압출한 상태로 조인트 볼트를 충분히 체결한다(본 체결).

또한 쉴드TBM의 축력이나 테일 탈출 후 토압과 수압 등에 의한 세그먼트 링의 축력작용이나 변형에 의해 볼트가 느슨해지는 경우가 있다. 이 때문에 잭 추력의 영향이 사라지는 위치까지 막장이 진행된 후 토오크 렌치 등을 사용하여 소정의 토오크로 다시 체결한다. 재체결은 터널 외경, 세그먼트 종류, 터널 선형, 지반조건 등에 따라 상이하며 일반적으로는 테일 후방 10~50m 정도에서 실시하는 경우가 많다.

(3) 정원 유지

원형 쉴드TBM 터널의 경우 세그먼트 링을 정원으로 조립하고 그 상태를 유지하는 것은 터널의 마감 정밀도 확보, 시공속도나 지수성 향상 및 지반침하 억제 등의 관점에서 중요하다.

세그먼트 링이 테일을 통과한 뒤 뒤채움 주입재가 어느 정도로 경화될 때까지의 시간을 고려하여 정원을 유지하는 장치를 사용하는 것이 효과적이며, 단면이 비교적 큰 쉴드TBM 터널의 경우에는 잭 등을 사용한 정원유지장치(사진 7.5.3)를 장착하는 경우가 많다(제5장 5.2.8 특수장치 참조).

또한 최근에는 조립 직후 세그먼트 링의 정원도를 확보하기 위해 쉴드TBM의 테일 내에 에어 잭식 링 서포트를 장착하여 조립 후 세그먼트 링을 외주에서 구속 · 지지하는 방법(사진 7.5.4)도 개발되어 실용화되었다.

| | 팽창 전 | 팽창 후 |

사진 7.5.3 정원유지장치   사진 7.5.4 에어잭식 링 서포트

(4) 세그먼트의 조립오차와 관리

세그먼트 조립 시 오차나 밀림이 발생하면 조립 중 세그먼트나 인접하는 세그먼트의 우각부가 점접촉 혹은 선접촉하는 상태가 된다. 이 상태로 잭 추력이 작용하면 콘크리트계 세그먼트에서는 깨짐, 단차나 균열이 발생하는 경우가 있다(그림 7.5.3). 따라서 세그먼트 조립에서는 조인트 면을 정밀도 높게 맞추고 볼트를 충분히 체결하는 등 세그먼트 간이나 링 간에 단차나 벌어짐을 발생시키지 않도록 하는 것이 중요하다.

또한 세그먼트 링의 정원도가 무너지면 세그먼트에 각종 결함이 발생하는 경우가 많다. 따라서 정원도는 상시 파악해두는 것이 중요하다. 조립 직후 세그먼트의 정원도는 쉴드TBM 설비 등이 장애가 되어 직접 측정하는 것이 어려운 경우가 많다. 따라서 테일 클리어런스(쉴드TBM 스킨 플레이트와 세그먼트 간 공간)를 측정하여 간접적으로 측정하는 것이 일반적이며, 레이저 측정계로 측정하는 방법(그림 7.5.5) 등이 사용되는 경우도 있다. 이러한 조립관리의 데이터는 기록으로 남겨 세그먼트에 결함이 발생한 경우 원인을 규명하거나 대책을 수립할 때 활용할 수 있다.

또한 쉴드TBM의 방향과 세그먼트의 방향이 크게 다르면 쉴드TBM과 세그먼트가 쉴드TBM 테일부에서 접촉하는 상태(그림 7.5.4)가 되고 세그먼트에 손상이나 변형이 발생한다. 최근에는 장거리·고속시공이나 코스트 절감을 위해 세그먼트 폭을 크게 하는 경우(광폭 세그먼트 적용)가 많아지고 있으며, 이러한 경우에는 일반적인 세그먼트 폭을 사용하는 경우에 비해 쉴드TBM과 세그먼트간 접촉이 발생할 리스크가 높아진다. 접촉방지는 사전에 곡선반경과 세그먼트 폭에 따른 쉴드TBM의 방향 제어방법의 상세한 검토와 충분한 터널 선형관리, 쉴드TBM 방향제어 관리 및 각 링당 테일 클리어런스 측정 등이 필요하다.

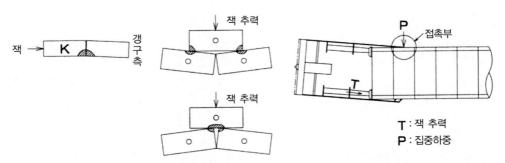

그림 7.5.3 오차나 밀림에 의한 세그먼트 손상   그림 7.5.4 쉴드TBM과 세그먼트의 접촉

그림 7.5.5 테일 클리어런스 계측시스템의 예

또한 세그먼트에 손상이나 변형을 발생시키는 접촉이 발생한 경우에는 쉴드TBM 잭이나 중절 잭을 사용하여 일시적으로 쉴드TBM의 방향을 변화시키든가 후술하는 곡선부에서 세그먼트의 조합(테이퍼 링과 보통 링의 비율) 변경 등을 통해 쉴드TBM과 세그먼트의 접촉을 해소하는 대책을 취하는 경우가 많다. 또한 테일 클리어런스의 자동계측[레이저 측정에 의한 계측(그림 7.5.5)] 결과를 자동측량 시스템이나 방향제어 시스템에 입력, 굴진관리 시스템에 반영시키면서 굴진관리를 행하여 접촉이 발생할 확률을 억제하는 방법 등도 시행되고 있다.

(5) 테이퍼 링의 사용
곡선시공이나 사행수정을 하는 경우 1링의 세그먼트 폭이 일정하지 않은 테이퍼 세그먼트를 사용한다(그림 7.5.6). 테이퍼 링은 링 조인트 면 중 한쪽 면만 테이퍼로 되어 있는 편 테이퍼와 양면 모두 테이퍼로 되어 있는 양 테이퍼의 2종류가 있다. 곡선반경이 작아 큰 테이퍼 양이 필요한 경우 양 테이퍼를 사용하는 경우가 많다. 테이퍼 양 Δ의 산출은 테이퍼 링의 최대폭을 기준으로 하는 경우 다음 식과 같이 나타낼 수 있다.

세그먼트 라이닝의 외주 길이 $= m \cdot B_T + n \cdot B$

세그먼트 라이닝의 내주 길이 $= m(B_T - \Delta) + n \cdot B$

$$\frac{m \cdot B_T + n \cdot B}{m(B_T - \Delta) + n \cdot B} = \frac{R + D_0/2}{R - D_0/2}$$

$$\therefore \Delta = \frac{n/m \cdot B + B_T}{R + D_0/2} \cdot D_0$$

여기서, R : 터널 중심선 반경(mm), Δ : 테이퍼 양(mm)

m : 테이퍼 링 수, n : 보통 링 수

B_T : 테이퍼 링의 최대 폭(mm), B : 보통 링의 최대 폭(mm)

D_0 : 세그먼트 외경(mm)

테이퍼 양을 너무 크게 하거나 테이퍼 링을 연속하여 사용하면 세그먼트와 쉴드TBM의 각도 차가 커지고 쉴드TBM의 테일과 세그먼트가 접촉되는 원인이 되며, 잭 추력이 불균일하게 되어 세그먼트 손상 원인이 된다. 이러한 것을 피하기 위해 테이퍼 양, 테이퍼 링의 폭, 테이퍼 링과 보통 링의 조합을 충분히 검토할 필요가 있다. 일반적으로 테이퍼 량은 15~70mm 정도인 경우가 많다. 테이퍼 링은 극단적으로 연속시키지 않고 보통 링과 적당히 조합하여 계획하는 것이 바람직하다. 이것은 곡선시공 시 시공오차가 발생하는 경우 수정을 위한 여유를 확보해두기 위함이다. 또한 평면곡선 시공용 테이퍼 링은 K 세그먼트를 12시 방향으로 하고 좌우(수평축) 방향으로 테이퍼 양을 설치하는 것이 일반적이며, 세그먼트를 지그재그로 조립하는 경우 최대 폭의 위치가 테이퍼 효과를 작용시키려는 위치와 다소 차이가 발생하기 때문에 테이퍼 량, 테이퍼 링의 조합을 검토할 때에는 이를 고려해둘 필요가 있다. 그림 7.5.7은 테이퍼 링(T)과 보통 링(S)의 조합을 T : S = 2 : 1로 한 예이다.

급곡선부에 사용되는 테이퍼 링은 보통 링 폭의 1/2~1/3 정도 폭으로 하는 경우가 많다. 이 경우 곡선부에서 테이퍼 링과 조합하여 사용하는 보통 링의 폭도 일반적으로 작게 한다.

곡선시공 시 테일 클리어런스를 확보할 수 없는 경우에는 세그먼트 외경을 축소하는 경우가 있으나 테일 씰 내에 뒤채움 주입재 등이 침입하여 고화되어 세그먼트에 악영향을 미치는 경우가 있으므로 테일 씰의 형상 치수나 재질 등도 포함하여 신중히 검토할 필요가 있다.

사행 수정용 테이퍼 링의 수는 일반적으로 전 링의 수로부터 곡선용 테이퍼 세그먼트 수를 빼고 남은 링 수의 3~5% 정도이다. 사행 수정용 테이퍼 링은 완곡선용 테이퍼 링을 겸용하는 경우가 많아 K 세그먼트의 위치를 변화시켜 상세한 사행수정도 가능하다. 이 경우에도 세그먼트 링이 연속되지 않도록 배려할 필요가 있다.

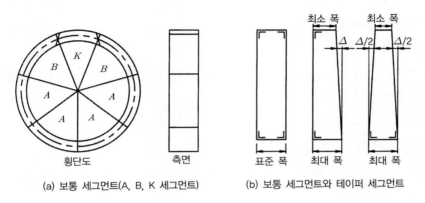

(a) 보통 세그먼트(A, B, K 세그먼트)   (b) 보통 세그먼트와 테이퍼 세그먼트

그림 7.5.6 테이퍼 링

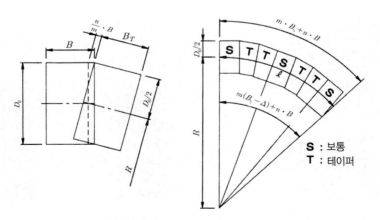

그림 7.5.7 곡선부 세그먼트 조합도

7.5.3 세그먼트 자동조립

세그먼트 조립작업은 쉴드TBM 테일 내 협소한 공간에서 중량물인 세그먼트를 이렉터로 인양하고 이것을 미소하게 조작하는 작업이므로 협소한 공간에서 선회·이동하는 이렉터 등과 근접 실시하는 작업이다. 또한 대단면 터널에서 볼트 체결작업은 고소작업이다. 따라서 세그먼트 조립작업은 작업원이 끼이거나 추락하는 위험한 작업이다.

최근 각종 안전장치나 가동식 발판 설치 등에 의해 작업의 안전성은 현저히 향상되었으며, 안전성의 향상, 작업의 효율화를 목적으로 '세그먼트 자동조립 시스템'이 개발되어 대규모 대단면 쉴드TBM 터널공사 등에 적용되기에 이르렀다(제12장 12.2.2 고속시공 세그먼트 자동조립 시스템 참조).

그러나 최근에는 핀형식 링 조인트나 슬라이드 결합형식 세그먼트 조인트를 사용하여 이렉터나 쉴드TBM 잭만으로 체결이 가능한 세그먼트가 사용되는 경우가 많아지고 있으므로 볼트 체결 등 고소작업이 감소하고 세그먼트 조립에 대해서도 가상으로 세그먼트 위치를 자동으로 결정하는 '반자동 조립 시스템'을 적용하는 것이 일반적으로 하고 있다.

세그먼트 조립시스템의 적용에 있어서는 안전성, 효율성, 경제성 등을 종합적으로 판단하여 결정할 필요가 있다.

사진 7.5.5는 쉴드TBM 막장에서 세그먼트 자동공급장치 및 자동조립장치(이렉터)의 예이다.

사진 7.5.5 세그먼트 자동공급장치 및 자동조립장치(이렉터)

7.6 뒤채움 주입공

쉴드TBM 굴착외경과 세그먼트 링 외경의 차이에 의해 발생하는 공극(테일 보이드)에 뒤채움 주입재를 주입하고 충진하는 것을 뒤채움 주입공이라 한다. 그림 7.6.1은 뒤채움 주입공 설계에서 시공까지의 흐름을 나타낸 것이다.

7.6.1 뒤채움 주입공 설계

(1) 주입 목적

테일 보이드를 충진없이 방치하면 터널 굴착벽면의 응력해방이 진행되어 주변 지반에 변위가 발생하므로 지표면 침하나 근접 구조물의 침하, 경사, 손상 등이 발생하는 경우가 있다. 뒤채움 주입은 이러한 지반변형을 미연에 방지하는 것을 시작으로 다음과 같은 목적으로 실시한다.

① 터널 주변 지반의 이완과 지반변형을 억제한다.
② 세그먼트 링을 조기에 안정시켜 잭 추력의 지반에 대한 전달을 부드럽게 함과 동시에 쉴드 TBM 사행을 억제한다.
③ 세그먼트에 작용하는 토압의 균등화를 도모하여 세그먼트에 발생하는 응력이나 변형을 저감한다.
④ 세그먼트 링의 외면에 불투수층을 형성하여 누수를 억제한다.

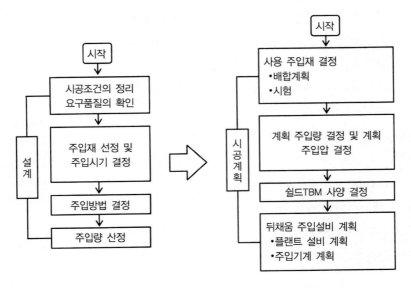

그림 7.6.1 뒤채움 주입공 설계에서 시공까지의 전체 플로우

(2) 주입재

주입재는 지반의 토질상태 및 쉴드TBM 형식 등에 따라 가장 적합한 것을 선정한다. 그림 7.6.2는 주입재료의 분류를 나타낸 것이다.

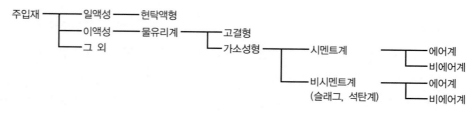

그림 7.6.2 뒤채움 주입재료 분류

일액성 그라우트는 경제성에서 가장 우수하나 그라우트에 포함된 재료(시멘트, 모래, 물 등)가 서로 혼합된 상태로 존재하므로 겔화 시간이 2~4시간으로 길고, 재료분리나 블리딩이 발생하기 쉬운 상태로서 자립성이 높은 지반 이외의 적용은 문제가 있다.

이액성 고결형은 조기강도 발현을 목적으로 하는 주입재이며, 한정주입은 하기 쉬우나 주입범위가 넓어짐에 따라 주입저항(주입압력)이 커지므로 주입구 수를 늘리는 등 고려가 필요하다.

이액성 가소성형은 이액을 혼합하여 고결에 이르는 과정에서 존재하는 가소성 고결상태를 실용상 유효한 시간까지 지연시키는 것이다. 가소성 고결상태 유지시간 내에 있으면 연속주입을 몇 분간 정지한 후 재개하여도 먼저 주입한 그라우트를 용이하게 전방으로 압출할 수 있으며, 작은 주입구로 넓은 범위에 저압으로 주입할 수 있다.

주입재에 요구되는 일반적인 성질을 정리하면 다음과 같다.

① 유동성, 충진성이 우수할 것
② 재료분리를 일으키지 않을 것
③ 조기에 지반강도 이상이 될 것
④ 주입 후 체적변화가 작을 것
⑤ 수밀성이 뛰어날 것
⑥ 환경에 악영향을 미치지 않을 것

(3) 주입시기

뒤채움 주입공의 방식은 주입시기에 따라 분류할 수 있다. 주입방식 선정은 지반조건이나 환경조건을 포함하여 주입장치의 유지관리, 굴착단면의 제약 혹은 테일 씰의 구조 등에 대한 적합성을 충분히 검토할 필요가 있다.

i) 동시주입
테일 보이드의 발생과 동시에 주입 및 충진을 실시하는 방법으로서 쉴드TBM에 설치된 주입관을 통해 주입하는 방법과 세그먼트의 그라우트 홀을 통해 주입하는 방법이 있다.

ii) 즉시주입
1링 분의 굴진완료별로 세그먼트 그라우트 홀을 통해 주입하는 방법이다.

iii) 후방주입
몇 링 후방에서 세그먼트 그라우트 홀을 통해 주입하는 방법이다.

i)의 세그먼트 그라우트 홀을 통해 주입하는 방법은 ii), iii)에 비해 조기 충진이 가능하다는 장점이 있으나, 그라우트 홀의 위치가 테일을 빠져나갈 때까지는 주입할 수 없기 때문에 반동시 주입이라 하고 쉴드TBM에서 주입하는 방법과 구별하는 경우가 있다. 쉴드TBM에서 주입하는 방법은 주입관이 쉴드TBM 외측에 돌출되어 있어 주변 지반의 변형이나 쉴드TBM 자세억제에 영향을 미칠 가능성, 주입관 폐색을 방지하기 위해 주입할 때마다 주입관을 세정할 필요가 있는 등의 과제가 있다.

ii), iii)은 주입이 굴진직후 혹은 몇 링 후에 실시되기 때문에 주입 전에 테일 보이드가 붕괴되어 지반침하가 발생하기 쉽다.

일반적으로 쉴드TBM 외경과 주입시기의 관계로부터 외경이 클수록 동시주입 비율이 높아진다. 또한 막장 대표토질과의 관계로부터 동시주입은 충적 점성토와 사질토에서, 후방주입은 지반이 자립될 수 있는 연암에서 적용 사례가 많다.

(4) 주입량과 주입압
뒤채움 주입관리는 압력관리와 주입량 관리를 병행하는 것이 일반적이다. 압력관리는 상시 주입설정압력을 유지하는 방법으로서 주입량은 일정하지 않다. 또한 주입량 관리는 상시 일정량을 주입하는 방법으로서 주입압은 변화된다. 어느 한쪽만으로 관리하는 것은 불충분하므로 양쪽을 종합적으로 관리하는 것이 바람직하다. 시공 시에는 일정 구간별로 시험시공을 실시하여 효과를 확인하고 그 결과를 시공에 반영하는 것이 바람직하다.

i) 주입량

주입량은 주입재의 지반에 대한 침투나 누출 외 곡선시공, 여굴, 주입재료의 종류 등에 따라 영향을 받으므로 명확히 결정할 수 없는 것이 현실이나 일반적으로는 다음 식으로 산정한다.

$$Q = \alpha \times V \tag{7.6.1}$$

여기서, V : 계산 공극량, α : 주입율

a) 계산 공극량

계산 공극량은 굴착체적에서 터널체적을 뺀 것이다.

b) 주입율

주입율은 주입재료의 특성(체적변화), 토질 및 시공상 로스를 고려한 계수이며, 실적을 근거로 설정한다.

연약 점성토 지반에서는 주입율을 과대 평가하면 할렬주입에 의한 2차 압밀을 발생시키는 경우도 있으므로 주의가 필요하다.

ii) 주입압

주입압은 토압, 수압, 세그먼트 강도 및 쉴드TBM 형식과 사용재료 특성을 종합적으로 판단하여 결정해야 한다. 그러나 실제로는 시공실적을 근거로 다음과 같이 결정하는 실정이다.

① 세그먼트 주입공 위치에서 막장압 $+200\text{kN/m}^2$ 정도로 설정하는 경우가 많다.
② 주입압이 너무 높으면 강재 세그먼트에서는 스킨 플레이트가 과도하게 변형되거나 반경방향 삽입형 K 세그먼트에서는 조인트 볼트가 전단파괴되는 경우가 있으므로 주의한다.
③ 이액성 가소성 타입의 주입재료를 사용하는 경우에는 겔타임의 선정이 중요하며, 겔타임을 짧게 하면 주입압 상승이나 주입관 폐색을 불러올 수 있으므로 주의한다.

(5) 품질관리

주입재는 소정의 품질을 가진 것을 사용하고 정기적으로 그 품질을 확인할 필요가 있다.

혼합된 주입재의 품질을 유지하기 위해 플로우 값, 점성, 블리딩율, 겔타임, 압축강도 등을 정기적으로 측정한다.

(6) 2차 주입

2차 주입은 뒤채움 주입(1차 주입)의 결점을 보충할 목적으로 실시하며, 그 내용은 다음과 같다(그림 7.6.3 참조).

① 1차 주입의 미충진부 완전충진
② 주입재료의 블리딩이나 에어 소실 등에 의한 체적감소의 보충
③ 이완영역의 확대방지를 목적으로 하는 보충

또한 주입재는 ①, ②의 목적으로는 1차 주입과 동일한 것을, ③의 목적으로는 약액 주입재를 사용하는 경우가 많다.

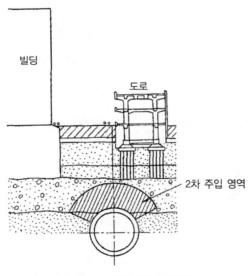

그림 7.6.3 2차 주입 개념도

7.6.2 뒤채움 주입설비

뒤채움 주입설비 중 주요한 것은 재료저장설비, 계량설비, 재료 혼합용 믹서, 혼화재 저장조, 아지테이터 장치, 주입 및 압송 펌프이다. 이 외 갱내재료 운반용 대차, 주입용 배관, 주입선단부의 배합장치(이액재료인 경우), 제어 및 기록장치 등이 있다. 주입방식에 따라 설비는 차이가 있으며 그 종류는 매우 다양하다.

(1) 주입방식

주입재의 운반과 주입 방식은 다음과 같다.

a) 직접 압송방식

갱외 뒤채움 주입 플랜트로부터 직접 세그먼트 등의 주입공에 압송하여 주입하는 방식이며, 소구경 혹은 비교적 굴진연장이 짧은 쉴드TBM에 적용된다.

b) 중계 플랜트 방식

갱외 뒤채움 주입 플랜트로부터 갱내 후방대차에 설치된 중계 플랜트로 압송하여 중계 플랜트의 주입 펌프에서 주입하는 방식으로 굴진연장이 길고 비교적 대단면 쉴드TBM에 적용된다.

c) 갱내 운반방식

갱외 뒤채움 주입 플랜트에서 아지테이터 등으로 혼합한 재료를 주입개소까지 운반하여 갱내 주입 펌프로 주입하는 방식으로 굴진연장에 구애받지 않는 것이 특징이다.

d) 갱내 플랜트 방식

갱내 후방대차에 뒤채움 주입 플랜트 1식을 배치하는 방식으로 넓은 설치 공간을 필요로 하기 때문에 별로 사용되지 않는다.

(2) 자동 뒤채움 주입설비

최근 굴진에 연동된 '동시 뒤채움 주입 시스템'이 개발되어 실시 예도 다수 존재하며, 침하대책으로서 좋은 결과가 얻어지고 있다.

이수식 쉴드TBM공법(쉴드TBM 외경 ϕ4,550mm, 시공연장 1,470m)에서 사용되는 이액식 동시자동 뒤채움 주입 시스템의 일례[4]를 다음에 설명한다(그림 7.6.4 참조).

i) 자동 뒤채움 주입 시스템의 개요

본 시스템은 표 7.6.1에 표시한 각 모드로 구성되며, 몰탈 펌프 기동 스위치의 ON·OFF만으로 조작할 수 있는 시스템이다.

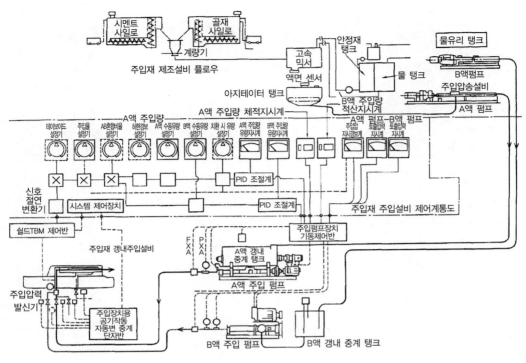

그림 7.6.4 자동 뒤채움 주입 시스템의 예

표 7.6.1 자동 뒤채움 주입 시스템의 제어모드 예

모드명	제어내용
① 수동유입 제어모드	–
② 주입 제어모드	굴진속도에 동조하여 소정의 주입률로 주입한다.
③ 저압주입모드	주입압력에 따라 주입유량을 산출하여 자동적으로 유량을 조정한다.
④ 혼합율 제어모드	A액, B액의 혼합비율을 일정하게 유지한다.

ii) 주요기기

표 7.6.2는 주요기기의 예이다.

표 7.6.2 자동 뒤채움 주입 시스템의 주요기기 예

① 갱외 플랜트	② 갱내 중계 펌프	③ 압송설비
세그먼트사일로 18t 골재 사일로 18t 고속 몰탈 믹서 0.25m³ 몰탈 아지테이터 3.0m³ 안정제 탱크 2.5m³ 물유리 탱크 13m³ 혼합능력 9m³/h	몰탈 아지테이터 1.2m³ 물유리 탱크 0.8m³	[갱외] 몰탈 펌프 E4R630형 물유리 펌프 E4H40형 [갱내] 몰탈 펌프 E2R630형 물유리 펌프 E4H40형
④ 그 외 계측기기		
기록장치(주입량, 주입압력, 잭속도, 펌프 회전수) 유량적산계 경보표시장치(주입압력, 펌프용 모터, 재료 탱크 레벨 등 이상경보)		

7.6.3 뒤채움 주입 시공

(1) 시공상 유의점

일반적으로 뒤채움 주입작업에서 유의해야 하는 사항은 다음과 같다.

a) 혼합 시 유의사항

① 사용재료 및 배합

② 계량기의 정밀도 및 재료 투입순서

③ 시멘트 및 벤토나이트의 분산상태나 불순물 혼입 유무

④ 배합시간 및 분리 유무

⑤ 혼합량

b) 운반 및 주입 시 유의사항

① 운반(압송) 중 재료분리 유무 및 교반장치 운반상황

② 갱내배관 및 조인트의 누수

③ 주입위치 및 역지변 장착

④ 주입압력 및 주입량

⑤ 세그먼트 본체 및 이음부 변형·변위

⑥ 테일 씰의 누설 및 막장 누출

(2) 급곡선부 시공상 유의점

급곡선부 시공은 여굴에 의한 지반 이완, 주입재료의 막장 누출, 추진반력의 편향에 의한 터널의 변형 등 과제가 많다. 따라서 급곡선부에서 주입재료는 초기강도가 높고 한정된 범위로 충진할 수 있는 가소성 재료가 좋다. 또한 최근에는 주입재료의 막장이나 여굴부에 대한 누출을 방지하기 위하여 특수 세그먼트를 사용하거나 세그먼트 배면에 우레탄 폼을 부착하는 방법도 있다.

(3) 품질관리상 유의점

뒤채움 주입재료는 유동성, 강도, 수축률, 수밀성을 비롯하여 겔화 시간 등이 그 선정에 중요한 요소이며, 이러한 품질의 양부가 지표면 침하, 누수, 시공성 등에 큰 영향을 미친다. 따라서 정기적으로 다음과 같은 시험 및 검사를 실시할 필요가 있다.

① 혼합 시 주입재료의 플로우 값
② 점성
③ 블리딩 율
④ 겔타임
⑤ 압축강도시험 등

7.7 터널방수

터널의 지수성 향상은 터널의 유지관리와 주변환경의 보전이라는 양쪽에 대해 중요한 과제이다. 일반적으로 터널 내 누수는 라이닝의 열화를 촉진시키고 그 내구성을 손상시키는 원인이 된다. 또한 누수는 하수도 터널에서는 유하능력을 저하시키며, 철도·도로터널에서는 공용 시 안전성을 저해하고 갱내 설비의 고장을 유발하는 등 터널 사용성 저하로 연결된다. 그리고 배수비용 등 장기적으로 Planning 코스트와 누수에 따른 라이닝이나 설비 등 부식, 열화에 대한 보수비가 발생하여 라이프사이클 코스트를 증대시키는 요인이기도 하다. 한편 누수는 주변 지반의 지하수 유동에도 영향을 미치고 연약지반에서는 지반침하 요인이 될 우려도 있으며, 도시부에서는 환경문제로 클로즈업되는 것도 예상된다.

이러한 이유로 쉴드TBM 터널은 완전 방수형 터널이 요구되며, 이것은 터널의 장기적 내구성을 보증하는 근거의 하나이다. 따라서 라이닝의 지수대책에 대해 설계단계부터 검토를 실시하고 신중히 시공하여 충분한 지수성을 확보할 필요가 있다.

또한 최근 대심도화 경향에 따라 고수압 조건에 대한 방수성이 요구되고 있고, 한편 지수기능의 일부를 담당하는 2차 라이닝을 설치하지 않는 터널이 증가되는 경향에 따라 1차 라이닝의 지수성 향상이 한층 요구되고 있다. 이러한 변화에 대응하여 지수기술도 진보하고 있으며, 이를 설계 및 시공에 적절히 반영하는 것이 중요하다.

7.7.1 방수공의 종류

쉴드TBM 터널은 세그먼트를 링 형상으로 조립하여 라이닝을 구축하기 때문에 조인트부가 많은 터널 구조이다. 누수의 요인은 그림 7.7.1과 같이 조인트를 중심으로 세그먼트의 구조·재질이나 조인트부의 지수재 등의 설계에 기인한 것, 잭 추력 등에 의한 세그먼트의 손상이나 조립 정밀도라는 시공에 기인한 것 및 시간 경과에 따른 재료의 열화 등 다양하다. 이에 대한 쉴드TBM 터널의 지수대책 예는 그림 7.7.2와 같다. 쉴드TBM 터널의 지수대책은 뒤채움 주입층, 1차 및 2차 라이닝의 3가지 Zone으로 생각할 수 있으며, 일반적으로 1차 라이닝이 지수의 주체가 되고 뒤채움 주입층 및 2차 라이닝에 의한 지수는 보조적인 것으로 들 수 있다.

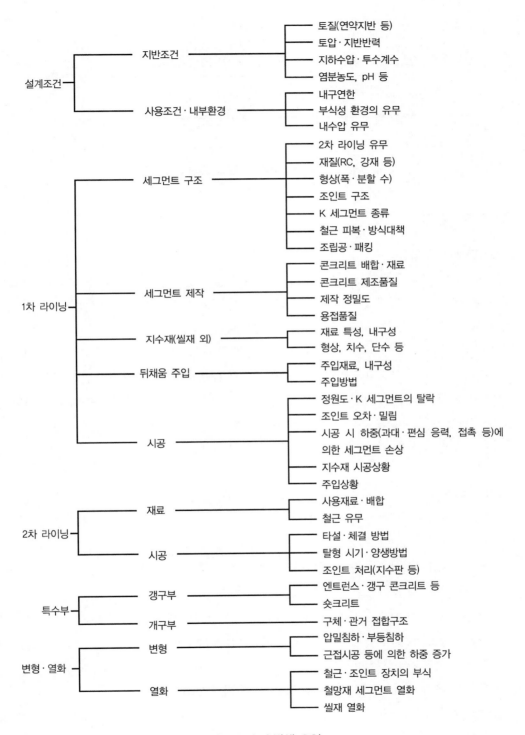

그림 7.7.1 누수발생 요인

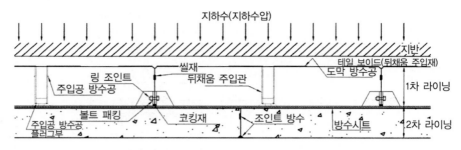

그림 7.7.2 지수대책의 예(콘크리트계 세그먼트)

7.7.2 방수방법

(1) 뒤채움 주입층

밀폐형 쉴드TBM 공법과 굴진에 연동된 동시 뒤채움 주입기술의 보급에 의해 테일 보이드에서의 붕락과 변형을 억제하는 동시에 테일 보이드가 조기에 뒤채움 주입재로 충진되도록 하고 있다. 또한 뒤채움 주입재 그 자체도 공극에 대한 충진성 외에 수중에서 재료분리 저항성이 우수한 가소성 고결재료를 사용하여 링 배면의 협소한 테일 보이드를 충분히 충진할 수 있게 되었다.

이러한 기술의 진보에 의해 테일 보이드에 기인한 지반변형의 억제와 세그먼트 링의 조기 안정은 실현되고 있으나, 뒤채움 주입층의 품질과 두께의 균일성, 이음부의 방수효과, 지진의 영향 등에 대한 균열 저항성 등 방수층으로서의 신뢰성을 충분히 평가할 수 없는 실상이다. 따라서 뒤채움 주입층은 시공 시 일시적인 지수대책으로 보는 것이 일반적이다.

(2) 1차 라이닝

1차 라이닝의 지수대책에 대해 설명한다.

① 씰재 : 세그먼트 조인트 면에 접착하는 씰재는 효과적이고 신뢰성 높은 지수방법이다. 씰재의 상세는 '4.4.5 세그먼트 지수설계'에서 상세히 설명하였다.

② 코킹 : 고수압하에서 씰재의 백업을 위해, 조인트 장치의 방식, 내수압 등에 대한 지수대책으로서 코킹을 실시한다(그림 7.7.3 참조). 코킹은 세그먼트 내면의 코킹구에 대해 코킹재를 충진하여 지수하는 경우와 Groove의 설치로 씰재를 통해 침투한 누수 처리를 목적으로 하는 경우가 있다. 주요 코킹재를 표 7.7.1에 나타내었다.

③ 볼트구멍 방수 : 볼트구멍의 지수는 와셔와 볼트구멍 사이에 링 형태의 패킹을 삽입하여 볼트로 조여 지수하는 방법이 일반적으로 사용되며, 그 예는 표 7.7.2와 같다.

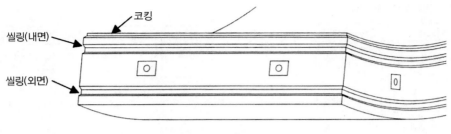

씰링(내면) → 코킹

씰링(외면) →

그림 7.7.3 씰링과 코킹

표 7.7.1 주요 코킹재

재료명		고탄성 에폭시 수지	탄성 에폭시 수지	가소성 에폭시 수지	고강도 에폭시 수지
외관	주제	백색 페이스트 형태	회색 그리스 형태	회백색 연점토 형태	회백색 연점토 형태
	경화제	회색 페이스트 형태	백색 그리스 형태	암회색 Pate 형태	암회색 Pate 형태
주성분	주제	에폭시 수지	변성 에폭시 수지	변성 에폭시 수지	변성 에폭시 수지
	경화제	특수변성 실리콘 수지	변성 지방계 폴리아민	폴리아미드 아민	폴리아미드 아민
비중	주제	1.30	1.30	1.70	1.70
	경화제	1.30	1.30	1.40	1.65
혼합비 (주제 · 경화제)		100 : 100	100 : 100	100 : 100	100 : 100
압축강도(N/mm^2)		–	–	51.0	66.6
인장강도(N/mm^2)		2.5	2.6	17.6	22.5
휨 강도(N/mm^2)		–	–	22.5	47.0
신장율(%)		120	90	20	–
휨 접착강도(N/mm^2)		5	3.9	6.4	6.4
조인트 상태		습윤 가	습윤 가	습윤 가	습윤 가
시공		• 2성분형·기계 시공 • 타이머 등으로 관리 용이 • 충진은 건 사용 • 헤라마감으로 마감 평활	• 2성분형·기계 시공 • 타이머 등으로 관리 용이 • 충진은 건 사용 • 헤라마감으로 마감 평활	• 2성분형·혼합은 인력 • 충진도 인력마감 • 숙련 필요	• 2성분형·혼합은 인력 • 충진도 인력마감 • 숙련 필요
특징		1. 습윤면 시공가능 2. 신축성이 크고 줄 눈변화에도 충분히 대응 3. 내수압 터널의 줄 눈에도 실적 있음 4. 고수압에도 적응	1. 습윤면 시공가능 2. 신축성은 중. 다소의 줄눈변화에도 대응 가능 3. 고수압에도 적응	1. 습윤면 시공양호 2. 약간의 신축성이 있으나, 줄눈변화가 크면 대응할 수 없음 3. 인장강도가 크고 세그먼트 계면박리 있음	1. 습윤면 시공양호 2. 신축성이 나쁘고 줄눈변화에 대한 대응이 나쁨 3. 인장강도가 크고 세그먼트 계면박리 있음 4. 보수용으로 다수 이용

표 7.7.1 주요 코킹재(계속)

재료명	고탄성 에폭시 수지	탄성 에폭시 수지	가소성 에폭시 수지	고강도 에폭시 수지
실적	철도·하수도·공동구·지하하천	철도·하수도·공동구	철도·하수도·공동구·전력구	철도·하수도·공동구·전력구
줄눈형상(예)				

표 7.7.2 볼트구멍 방수종류

품명	O링	Grommet 타입	패킹 타입
형상, 특성			
재질	CR 고무, EPDM 고무 등	수팽창 고무	수팽창 고무 + 강재 와셔(열처리 일체화)
시공성, 지수성 외	고무의 볼륨이 큰 경우 볼트 체결 시 체결부가 돌출되어 체결성을 저하시킬 우려가 있다. 한편 체결성을 고려하여 볼륨을 작게 설정하면 편심에 의한 지수성 저하가 우려된다.	고무의 볼륨이 큰 경우 볼트 체결 시 체결부가 돌출되어 체결성을 저하시킬 우려가 있다. 한편 체결성을 고려하여 볼륨을 작게 설정하면 편심에 의한 지수성 저하가 우려된다.	적당한 수팽창 고무 볼륨에 의해 체결성이 매우 양호하다.
시공실적	매우 다양한 기계부품에 사용된다. ※ 범용품	철도터널, 도로터널	도로터널, 철도터널
주의점	볼트 체결 시 체결회전이 고속화되어 체결 시 고무가 전단에 의해 파괴될 우려가 있다. 또한 패킹설치 누락의 우려가 있다.	지수성은 양호. 체결 시 고무가 전단에 의한 파손 우려가 있다.	편심 시를 포함한 지수성 및 볼트 체결성은 양호. 또한 패킹재 설치 누락의 우려가 없다.

④ 주입공 방수 : 콘크리트계 세그먼트에서는 세그먼트에서 뒤채움 주입을 하는 경우 뒤채움 주입공을 인양부와 겸용하는 경우가 많고 조립 시 이렉터의 조작하중 등에 의해 주입공 외주부가 콘크리트와 박리되어 물길이 되므로 누수를 발생시킬 가능성이 있다. 이를 방지하기 위해 사전에 주입공 외주에 패킹재(O링)를 설치하여 지수하는 방법이 자주 사용된다. 또한 뒤채움 주입공의 내부에서 침투되는 누수를 막을 목적으로 주입공의 체결단부 플러그(덮개)부에 패킹재를 설치한다. 이러한 패킹재로는 비팽창 고무(플러그부), 수팽창 고무

(플러그부, 주입공 외주부)가 사용된다. 그림 7.7.4는 주입공 방수의 예를 나타낸다.

그림 7.7.4 주입공 방수

⑤ 세그먼트 본체의 도막방수 : 콘크리트계 세그먼트에서 조인트 장치나 주입공 주위는 시공 시 하중 등에 의해 미세 균열이 발생할 가능성이 높고 지수상 약점이 되기 쉽다. 따라서 조인트 장치나 주입공 주변의 누수 및 세그먼트 배면에서의 침투수를 방지할 목적으로 이러한 부분 혹은 배면 전부에 에폭시계 수지 등의 누수 방지재를 도포하는 경우가 있다.

(3) 2차 라이닝

2차 라이닝을 사용하는 지수대책으로는 2차 라이닝 콘크리트 자체에 의한 지수와 방수 씰에 의한 지수의 2가지 방법이 있다.

① 2차 라이닝 : 2차 라이닝 그 자체를 지수층이라고 생각하는 방법이다. 일반적으로 2차 라이닝의 목적은 세그먼트의 보강, 방식, 내면 마감, 사행 수정 등과 더불어 지수구조로서의 위치를 차지하는 경우가 많다. 따라서 많은 2차 라이닝은 무근 콘크리트이며, 터널 완성 후 하중변동 등에 의한 터널변형이나 신축에 의한 균열이 발생하기 쉽다. 또한 2차 라이닝에 사용되는 현장타설 콘크리트는 그 배면이 세그먼트 내면의 요철에 따라 구속되기 때문에 타설 시 건조수축이나 온도응력 등에 의한 균열이 발생하기 쉽고 지수상 약점이 되는 조인트도 가지고 있다. 따라서 완성 후 수년에서 10년 정도 경과한 터널에서 라이닝 내면에 누수가 비치는 것이 실상이다. 그러므로 2차 라이닝은 지수대책의 하나이기는 하나 그 자체에 높은 지수효과를 기대할 수 없으며, 1차 라이닝의 조인트 장치나 볼트의 부식을 방지하는 방식층으로서의 기능을 담당한다고 생각하는 것이 일반적이다.

② 방수 씰 : 산악터널의 방수공으로 보급되고 있는 방수 씰을 세그먼트 내면과 2차 라이닝 콘크리트 사이에 설치하는 방법으로서 완전 방수형과 도수형이 있으며, 고수압이 작용하는 해저터널 등에 대한 실적이 있다. 이것에 의해 방수성이 비약적으로 향상된다는 이점뿐 아니라 2차 라이닝 콘크리트의 건조수축 등 타설에 따라 발생하는 균열을 억제하는 이른바 아이솔레이션(isolation) 효과라는 부차적 메리트를 얻을 수 있다. 그러나 방수시트의 시공에 의한 2차 라이닝의 시공성 저하와 코스트·공기의 증가를 가져오는 경우도 있으므로 적용 시 충분한 검토가 필요하다.

7.7.3 방수공 시공

(1) 뒤채움 주입층
뒤채움 주입공은 주입재료 및 시공법 양쪽에서 개량이 진행되고 있으며, 전절에서 설명한 바와 같이 적절한 품질관리 및 시공관리를 통해 테일 보이드를 확실히 충진하여 방수층으로서의 역할을 기대할 수 있다.

(2) 1차 라이닝
1차 라이닝은 세그먼트 조인트 면, 볼트 구멍 및 뒤채움 주입공 등 구조적으로 방수공을 필요로 하는 개소가 많다. 특히 세그먼트 조인트 면에 방수공이 필요하며, 세그먼트 씰의 시공순서는 다음과 같다.

1) 사전 처리
씰에 부착된 레이턴스, 녹, 유분 및 수분 등의 오염을 와이어 브러시 등으로 떨어낸다.

2) 접착재 도포
접착면에 프라이머 처리를 실시하며, 전용 접착재를 솔 등을 사용하여 균일한 두께로 도포한다. 접착제는 유기용재를 포함한 경우가 많아 충분히 환기되는 장소에서 작업해야 한다.

3) 씰재 부착
① 세그먼트 우각부는 특히 접착에 유의한다. 고수압이 작용하는 경우에는 씰재의 이음부나 우각부 접착성을 확보하기 위해 사전에 코너 가공 또는 이음부를 seamless 가공한 것을 사용한다.

② 씰재 및 접착재는 자외선에 의해 열화되기 쉽다. 또한 수팽창성 씰재에 대해서는 우수에
  대한 보호도 필요하므로 보관 장소는 시트 등에 의한 보호가 필요하다. 또한 씰재를 접착한
  후 장시간 보관하는 것은 피한다.
③ 씰재를 접착한 세그먼트를 이동하는 경우에는 크레인 등의 와이어에 의해 씰재가 박리나
  손상되지 않도록 주의한다.
④ 세그먼트 조립 시에는 무리한 이렉터 등의 조작에 의해 씰재가 박리되지 않도록 주의한다.
  예를 들어 세그먼트 조인트에 사용되는 쐐기 조인트에서는 조인트 체결 시 박리를 방지하
  기 위해 활재를 씰 표면에 도포하는 등 조인트 구조에도 주의를 기울여야 한다.

(3) 2차 라이닝

1차 라이닝에서 방수가 불완전한 경우에는 2차 라이닝의 조인트 및 균열 개소에서 누수가 발
생한다. 이 때문에 2차 라이닝에서는 콘크리트 타설·체결·양생 방법, 조인트 방수 등 시공관리
가 중요하다. 상세는 '7.8 2차 라이닝 시공'을 참조하기 바란다.

7.8 2차 라이닝 시공

7.8.1 2차 라이닝 시공계획

2차 라이닝의 시공은 통상 이동식 거푸집을 사용하고 지상에서 펌프카에 의한 압송과 직접 타
설장소까지 갱내 운반하는 등의 방법으로 소정의 위치에 콘크리트를 타설한다. 시공 사이클을
확보하기 위해 콘크리트의 양생기간을 적절히 확보하는 등 사전에 상세한 계획을 수립해둘 필요
가 있다.

(1) 시공 플로우

2차 라이닝의 시공에 선행하여 1차 라이닝의 성과표를 작성하고 필요한 내공, 라이닝 두께를
확보할 수 있도록 2차 라이닝의 센터, 경사 등 2차 라이닝 계획을 수립한다. 2차 라이닝의 일반
적인 시공 플로우는 그림 7.8.1과 같다. 복잡한 단면 형상인 경우에는 그림 중 반복되는 부분을
몇 차례 병행하여 시공한다.

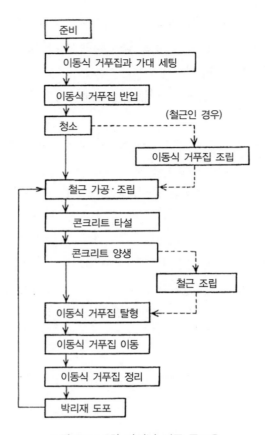

그림 7.8.1 2차 라이닝 시공 플로우

(2) 거푸집 선정

2차 라이닝용 거푸집은 이동식 거푸집과 조립식을 사용하는 경우가 있다. 일반적으로는 이동식 거푸집이 사용되고 있으나, 특수한 단면이나 소규모의 경우는 조립식을 사용하는 경우도 있다. 여기에서는 이동식 거푸집에 대해 설명한다.

i) 거푸집 종류

이동식 거푸집은 표 7.8.1과 같이 분류되며, 사진 7.8.1에 각각의 사진을 나타내었다.

표 7.8.1 거푸집 이동방식의 특징

이동방식	특징
Non Telescopic	일반적으로 현재 가장 많이 사용되고 있다.
Needle Beam	빔 길이가 홈 길이의 2배 이상되며, 철근이 들어가는 경우 등 특수한 조건에서만 사용된다.
Telescopic	1사이클의 현장타설을 많이하는 경우, 곡선부가 많은 경우 혹은 철근이 들어가는 경우 등에 사용된다.

(a) Non Telescopic   (b) Needle Beam   (c) Telescopic

사진 7.8.1 이동식 거푸집 [5]

ii) 거푸집 선정

거푸집 형식 및 보조 거푸집(End Form)의 선정은 다음 항목에 유의할 필요가 있다.

a) 거푸집 형식 결정 시 유의사항

① 구조물 마감 수치에 오차가 발생하지 않는 구조

② 타설 스피드에 의한 변형을 초래하지 않는 구조

③ 타설 사이클에 맞는 거푸집 길이(통상 8~12m)

④ 곡선부가 있는 경우에는 곡률에 맞는 분할가능한 구조 혹은 커브 라이너의 곡률 및 유효한 조합방법

b) 보조 거푸집 결정 시 유의사항

① 라이닝 천단부 타설 시 타설압에 견딜 수 있는 구조

② 콘크리트 마감두께 변화에 대응할 수 있는 구조

③ 신속한 조립·해체가 가능한 중량 및 분할 수

④ 보조 거푸집 천단부에 점검창, Air제거 파이프 설치

iii) 거푸집 표면처리

이동식 거푸집의 콘크리트 타설면은 내마모성, 밀착성, 콘크리트 표면 평활성이 우수한 표면처리를 실시한다. 대표적인 표면처리방법은 표 7.8.2와 같다.

표 7.8.2 거푸집 표면처리방법

표면처리방법	처리내용
수지 코트	에폭시계 분체도장, 수지 열처리 도장
세라믹 코트	세라믹에 중금속을 배합한 분말의 고온 플라즈마 표면처리
스테인리스 접착	스테인리스 박판 접착
스테인리스	콘크리트 타설면에 스테인리스 사용

(3) 콘크리트

2차 라이닝 콘크리트의 타설에서는 레미콘차가 타설 현장까지 접근할 수 없기 때문에 레미콘 운반과 타설을 하나의 시스템으로 고려할 필요가 있다.

i) 콘크리트 타설

콘크리트 타설에서 중요한 점은 레미콘을 분리시키지 않고 타설현장까지 연속적으로 운반하는 것이다. 이를 위해 현장에서는 터널 내경, 2차 라이닝 연장, 수직구 수 등 각각의 시공조건에 적합한 콘크리트 타설방법을 검토한다.

콘크리트 타설기계는 표 7.8.3과 같은 조합이 있으며, 표 중 ①, ③이 일반적이다.

표 7.8.3 콘크리트 타설기계의 조합 예

① 콘크리트 펌프(정치식, 이동식) + 배관
② 아지테이터 + 콘크리트 펌프(정치식, 이동식) + 배관
③ Prescrete, 스크류 크리트, 에어 크리트 + 배관
④ 아지테이터 + 프레셔 + 배관

ii) 콘크리트 사양

통상 2차 라이닝 콘크리트는 1일 1사이클로 타설하는 경우가 많고 콘크리트 타설부터 거푸집 탈형까지의 시간은 반나절 정도밖에 확보할 수 없다. 따라서 탈형 시 콘크리트의 필요강도는 적절한 모델에 의해 사전에 계산하여 파악해둘 필요가 있다. 또한 거푸집 탈형 시 콘크리트 붕락방지, 탈형 후 균열 방지를 고려하여 양생이 필요하다. 다음은 2차 라이닝 콘크리트 양생 예이다.

① 2차 라이닝의 시점에 가설벽을 설치하여 통풍을 차단한다.

② 이동 거푸집의 종점은 씰 등으로 막을 만들어 2차 라이닝 시공구간을 보온한다.

③ 콘크리트 타설현장 부근에서 온도를 높인다.

④ 살수보습 등을 실시한다.

iii) 콘크리트 품질

2차 라이닝 콘크리트의 품질을 높이기 위해서는 설계상 라이닝 두께와 내공 확보에서부터 균열 및 조인트 등의 오차, 콜드 조인트의 방지가 중요하다. 이러한 발생요인은 레미콘의 배합에 의한 것과 시공방법에 의한 것으로 구별되며, 시공 시 다음과 같은 사항을 검토한다.

a) 레미콘 배합

① 경화열을 작게 하기 위해 유동화재, AE 감수재 등을 사용하여 단위 시멘트량을 작게 하는 방법이나 지연제, 플라이 에쉬 시멘트, 고로 시멘트 등 적용

② 건조수축에 의한 균열을 방지하기 위해 유동화재, AE 감수재 등을 사용하여 단위수량을 작게 하는 방법

b) 시공방법

① 적절한 양생기간 : 탈형까지의 시간은 15~19시간이 많다. 또한 콘크리트 탈형 시 강도는 3~6N/mm² 정도가 많다.

② 콘크리트 1회 당 타설 길이 : 통상 타설길이는 9m가 일반적이나 건조수축에 의한 균열 방지, 양생시간의 확보 등을 위해 별로 길게 하지 않는 것이 바람직하다.

③ 조인트에 아이솔레이션(절연체) 등 사용

7.8.2 준비공

2차 라이닝의 시공에 선행하여 터널 내 청소, 세그먼트 누수부 지수를 실시한다.

(1) 갱내 청소

갱내 청소는 세그먼트 표면청소에 유념하는 것은 물론 2차 라이닝 내에 목편, 철 조각 등이 혼입되지 않도록 유념한다.

(2) 누수처리

세그먼트 누수부는 다음 2차 라이닝 누수방지에 큰 영향을 미치므로 완전히 지수하는 것이 중요하다. 세그먼트 누수부 지수방법은 다음과 같다.

① 세그먼트 볼트, 주입공 플러그 증설
② 플러그 고무 패킹의 변경 및 씰링
③ 인근 주입공의 2차 주입
④ 약액주입
⑤ 급결 몰탈, 에폭시 수지 등에 의한 코킹

(3) 갱내 측량

이동 거푸집 설치용 기준선을 거푸집 조립 전에 측량하여 세그먼트 상하좌우에 먹줄로 표시하거나 펀치 등으로 색인해두는 것이 편리하다.

7.8.3 2차 라이닝 시공

2차 라이닝을 시공하는 경우 다음 사항에 유의할 필요가 있다.

(1) 이동 거푸집 조립 및 해체 시 유의점

① 거푸집 표면처리가 손상되지 않도록 운반 시, 조립 시, 해체 시 취급에 주의한다.
② 거푸집에 콘크리트가 부착된 채로 타설을 계속하면 점점 성장하여 제거가 어려워지므로 거푸집 표면정리, 박리재의 도포를 확실히 한다.
③ 조인트 등의 오차 혹은 거푸집의 부상을 방지하기 위해 고정 핀이나 조립 볼트 체결, 부상방지, 진동 억제장치의 고정을 확실히 한다.
④ 콘크리트 타설 시 사용한 관측창을 폐쇄할 때는 열림이 발생하지 않도록 고정핀을 사용한다.
⑤ 콘크리트 박리재는 거푸집 표면처리방식 및 세그먼트 종류 등에 따라 적합성 여부를 신중히 검토할 필요가 있다.
⑥ 곡선부 시공에서는 적절한 커브 라이너를 사용함과 동시에 이동 거푸집 Rolling에 주의할 필요가 있다. 수정용 커브 라이너를 준비해두면 편리하다.

(2) 콘크리트 운반 시 유의점

① 콘크리트 혼합부터 타설 종료까지 시간은 '콘크리트 표준시방서'의 시간을 표준으로 하며, 플랜트에서 현장까지 교통상황, 갱내 운반시간, 타설상황 등을 파악해야 한다.

② 콘크리트 타설까지의 시간이 길어지는 경우에는 지연재, 유동화재의 사용을 사전에 검토하여 두는 것이 바람직하다.

③ 콘크리트 펌프에서 압송하는 콘크리트 슬럼프는 '콘크리트 표준시방서'의 값을 표준으로 하며, 압송성을 고려하여 이 값보다 큰 슬럼프로 하는 경우에는 유동화 콘크리트를 사용하는 경우도 있다.

④ 콘크리트 펌프 타설 시 압송을 중단하여 배관 내에 장시간 콘크리트를 정치해두는 경우에는 폐색을 방지하기 위한 인터벌 운전을 실시한다.

⑤ 프리스크리트, 스크류 크리트 등의 경우에는 공기압, 공기소비량 등에 따라 압송거리가 다르다. 또한 에어 블로우 등을 방지하기 위해서는 압송관을 가능한 곡률을 작게 하고 수평 혹은 상향 배관으로 하며, 하향 경사로 해서는 안 된다.

(3) 콘크리트 타설 시 유의점

① 콘크리트 타설 시 거푸집 부상이나 진동 억제방지조치를 확실히 한다.

② 바이브레이터의 과다작동에 의해 콘크리트 표면에 기포 자국이 발생하는 경우가 있다. 따라서 바이브레이터의 작동에 주의하고 거푸집 에어 분출구 등을 설치할 필요가 있다.

③ 측면부 콘크리트 타설은 반드시 좌우 밸런스를 맞추어 실시한다.

④ 아치부 천단 콘크리트는 잘 교반되지 않으며, 특히 강재 세그먼트나 덕타일 세그먼트의 경우에는 천단 에어가 빠지기 쉽도록 하는 대책이 필요하다.

(4) 그 외 유의점

i) 철근 콘크리트 2차 라이닝

① 인버트부의 청소, 거푸집 이동, 기자재 운반 등을 고려하여 철근 조립 순서를 결정한다. 인버트부를 선행타설하는 경우를 제외하고 상부 철근을 선행하여 조립하고 마지막으로 하부 철근을 조립하는 것이 일반적이다.

② 세그먼트에 사전에 철근조립용 앵커를 장착할 수 있는 장치를 부착하여 두면 편리하다.

③ 콘크리트 주입구의 철근은 사전에 철근에 의한 보강을 실시하고 철근간격을 넓게 해두면 콘크리트 폐색방지에 효과적이다.

④ 타설하는 콘크리트는 무근인 경우보다 슬럼프 값을 크게 하고 조골재 최대 치수를 작게 하

는 것이 일반적이다.

⑤ 콘크리트 타설은 타설 시 콘크리트 재료분리를 피하기 위해 통상 콘크리트 펌프를 사용하고 있다.

⑥ 철근이 조립된 후와 거푸집 탈형 후 표면 정리작업이 어려우므로 거푸집 표면처리방식의 검토가 중요하다.

ii) 충진주입

천단에 완전히 콘크리트가 충진되지 않은 경우에는 콘크리트 강도가 발현된 후 몰탈, 시멘트 밀크 등을 주입한다.

iii) 조인트 처리

조인트 방수처리는

① 조인트에 지수판이나 씰재를 끼워 넣는다.

② 조인트에 특수한 Paste(습윤면에서도 접착성이 있는 것)를 도포한다.

③ 조인트 형상을 요철로 한다.

④ 조인트에 요철을 두어 도수처리한다.

iv) 방수

2차 라이닝 방수는 V 컷하여 지수재로 막는 방법과 1차 라이닝과 2차 라이닝 사이에 방수 씰을 넣는 방법이 있다.

7.8.4 내부구축공

터널 용도에 따라 내부구축이 설치된다. 일반적으로 인버트는 선형확보나 배수경사 조정, 메인터넌스 등의 통로로서 설치되며, 소정의 기능이 발휘될 수 있도록 높게 설치하는 것이 중요하다.

특히 도로터널에서는 인버트 외에 상판이나 이것을 지지하는 측벽(상판 받침 가대), 중벽 등이 설치된다. 이러한 부재는 2차 라이닝과 마찬가지로 현장타설 콘크리트로 시공되는 경우와 공기 측면에서 프리케스트 부재를 사용하여 시공되는 경우가 있다.

그림 7.8.2는 도로터널의 단면 예를 나타낸다. 또한 공동구에서는 방재 등의 목적으로 수용물건을 점유자별로 분할하여 중벽이 설치된다. 이에 대해서도 소정의 두께, 강도, 배근 등의 확보에 유의하여 시공할 필요가 있다.

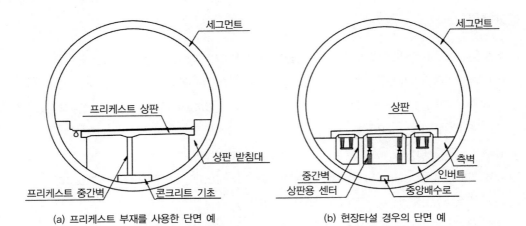

(a) 프리케스트 부재를 사용한 단면 예   (b) 현장타설 경우의 단면 예

그림 7.8.2 도로터널의 단면 예[6]

참고문헌

1) 土木学会: 2006年制定トンネル標準示方書 シールド工法・同解説, pp.178, 2006.

2) 土木学会: 2006年制定トンネル標準示方書 シールド工法・同解説, pp.176, 2006.

3) 土橋浩ら: 泥土圧シールドにおけるチャンバー内の土砂流動管理技術の開発, 土木学会論文集下 Vol.66 No.2, 289～300, 2010.6.

4) 日本トンネル技術協会: 「裏込め注入」に関する実態調査報告書, pp.19～24, 1994.11.

5) 岐阜工業株式会社: パンフレット「TUNNELING MACHINERY AND EQUIPMENT, CONSTRUCTION MACHINERY AND EQUIPMENT」

6) 日本道路協会: シールドトンネル設計・施工指針, pp.308, 2009.2.

제8장

쉴드TBM의 시공설비

쉴드TBM의 시공설비

8.1 시공설비의 개요

시공설비 계획은 시공조건, 공정 등에 적용할 수 있으며, 공사가 안전하게 시공될 수 있도록 안전위생도 충분히 고려하여 수립하여야 한다.

다음은 밀폐형 쉴드TBM 시공설비의 경우를 중심으로 설명한다.

8.1.1 주요 시공설비

표 8.1.1은 쉴드TBM 공사에서 필요한 주요 시공설비에 대해 정리한 것이다. 또한 이 표의 내용에는 시공설비 계획 시 고려해야 하는 항목이나 방식에 대해 그 키워드를 열거하고 있으므로 계획 시 참고하기 바란다.

표 8.1.1 주요 쉴드TBM 시공설비

항목		내용
① 재료적치장, 창고	보관재료	실외 : 세그먼트, 레일, 침목, 배관재, 유지류
		실내 : 세그먼트 씰, 볼트, 전선, 조명설비, Wes
	보관량	일 굴진량, 사용량, 로스율
	작업야드	세그먼트 씰 접착, 배관가공 등
② 굴착토사 반출, 재료반출입 설비	굴착토사 반출	궤도 방식, 파이프 방식(압송, 유체)
	굴착토사 반출설비	정류설비 : 토사 호퍼, 토사 피트
	재료반출입	반출설비 : 크람셸, 크레인, 백호
		설비 : 문형 크레인, 크롤라 크레인, 타워 크레인, 굴착토사 반출 사이클과 재료반입 사이클
	작업시간대	환경보전, 교통량, 야간, 주간
	기자재 중량	굴착토 운반차, 세그먼트, 침목, 배관재
③ 갱내 운반설비	갱내 주행공간	갱내배관배치, 후방대차 구간의 공간
	운반방법	세그먼트, 가설자재 : 궤도, 트럭
		굴착토 : 궤도, 트럭, 컨베이어, 슬러리 펌프, 압송 펌프, 공기운송, 캡슐운송
	터널 선형	곡률반경, 횡단경사, 기자재 중량이나 크기

표 8.1.1 주요 쉴드TBM 시공설비(계속)

항목		내용
④ 주입설비	주입재료	1액 타입 : 현탁액형 2액 타입 : 물유리계(고결형, 가소상형), 알루미늄(가소상형)
	주입방법	후방주입, 즉시주입, 반동시주입, 동시주입, 갱내 플랜트, 갱외 플랜트
	사용량	지반조건, 여굴량, 주입률
	갱내 운반방법	직접재료 운송방식, 갱내중계 플랜트, 갱내 재료운반
⑤ 전력설비	사용전력량 설비	전기기기의 부하율을 고려한 최대 부하용량 산출
	기준과 수속	「전기사업법」, 「전기설비 기술기준」, 「노동위생 안전규칙」
	정전 시	변전소, 배전경로 등이 다른 예비전원 확보, 자가발전소, 배수·조명용량 확보
	방호보수점검	Cubicle형 수변전설비 적용, 차단기, 경보장치, 전선 크기
⑥ 1차 라이닝 설비, 작업대차	세그먼트	세그먼트 : 재료, 형상, 치수, 중량, 분할 수
	조립장치	이렉터 : 링식, 중공축식, 록 앤드 피니온식 파지장치 : 수동식, 유압 잭식
	정원유지장치	세그먼트 견인장치, 턴버클, 정원유지 링, 정원유지장치
	작업대차 종류	2차 주입, 코킹, 세그먼트 볼트 재체결, 누수처리
⑦ 2차 라이닝 설비	거푸집 종류	이동방식 분류 : Non telescopic, Needle beam, Telescopic 지지방식 분류 : Center beam, Side beam, Non beam
	갱내 운반기계	아지테이터 카, 콘크리트 펌프(지상, 갱내)
	타설방법	콘크리트 프레서, 콘크리트 펌프(지상, 갱내)
⑧ 안전위생, 환경대책관련 설비	조명설비	작업장소 : (70lx 이상)막장, 이렉터 부, 각종 기계설비 조작부, 주입개소, 컨베이어 부 등 통로 : 갱내통로 전역, 계단 등 비상조명 : 갱내통로 전역, 출입구·계단 등
	환기설비	환기방식 : 송기식, 배기, 복합식 환기량 : 사용기계, 작업원(3m³/min/인), 풍관접속부 누기량 등을 고려하여 산정 산소 결핍 공기, 유해 가스, 가연성 가스 등 대책
	통신연락설비	(「노동안전위생규칙」, 「산소결핍증 방지규칙」, 「노동성 고시」, 미국노동위생 전문관 회의값 등 참고) 갱외와 갱내 통신, 경보장치
	안전통로·승강설비	안전통로 : 「노동안전위생규칙」제 205, 504～557조 참조 피난용 설비 : 공기호흡기, 산소호흡기, 휴대용 조명기구, 피난용 통로 소화기 : 물 소화기, 산 알카리 소화기, 강화액 소화기, 포 소화기, 할로겐물 소화기, 이산화탄소 소화기, 분말 소화기 화재원인 : 보통화재, 기름화재, 전기화재 가연성 가스대책 : 방폭구조 적용
	소음·진동·수질오탁 방지설비	소음 : 방음 하우스, 방음벽 진동 : 방진 고무, 방진공기 고무, 기계기초 보강 수질 : 처리(중화, SS제거)
⑨ 밀폐형 쉴드TBM 설비	이수식	이수운송설비, 이수처리설비, 운전제어설비
	토압식	첨가재 플랜트(작니, 기포 등), 운전제어설비
⑩ 보조공법 설비	압기공법	맨 록, 머티리얼 록, 공기압축설비

8.1.2 계획 플로우

쉴드TBM 공사의 시공설비 계획 플로우는 그림 8.1.1과 같다. 그림과 같이 시공설비의 계획은 설비규모 및 배치결정이 주요한 검토항목이다. 설비규모의 검토는 최대 일 굴진량, 최대 부하량, 공통설비, 안전위생 및 환경대책 등을 고려하여 계획하는 것이며, 주요 규모결정 요소와 각 시공설비와의 관계는 대략 그림 8.1.1과 같다. 또한 최근에는 넓은 공사기지를 확보하는 것이 곤란하여 시공설비 배치 시 공사기지의 용지 및 수직구 내를 입체적으로 이용하는 계획이 일반적이 되었다.

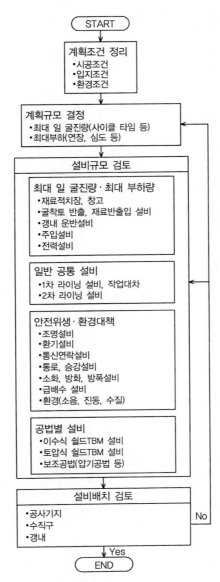

그림 8.1.1 시공설비 계획 플로우

8.2 이수식 쉴드TBM의 시공설비

이수식 쉴드TBM의 시공설비는 이수유송설비, 운전제어설비 및 이수처리설비로 크게 구분된다.

8.2.1 이수유송설비

이수유송설비는 그림 8.2.1과 같이 이송배관 설비 및 송배니 펌프설비로 구성된다.

송배니관 설비는 송니관, 배니관, 밸브류 및 배관연장을 위한 보조장치(신축관 등)를 기본으로 구성되며, 이 외에 바이패스관 및 바이패스용 밸브 셋, 유량계, 밀도계 등이 송배니계통에 조립된다. 송배니 관경은 쉴드TBM 외경, 굴진속도 및 토질조건에 따라 결정하며 표 8.2.1와 같은 관경이 적용되는 경우가 많다.

송배니 펌프 설비는 송니펌프(P_1)과 배니펌프($P_2 \sim P_n$)를 기본으로 하며, 자갈 처리용 순환펌프(P_0)를 설비하는 경우도 있다. 또한 펌프는 원칙적으로 배관직경에 맞추어 흡입구를 가진 슬러리 펌프가 적용된다.

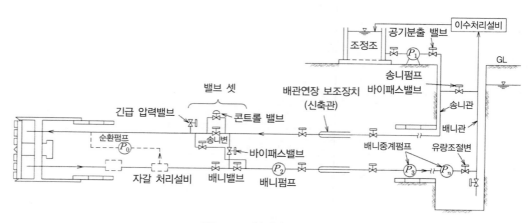

그림 8.2.1 이수유송설비 개요

(1) 송니펌프(P₁)

송니나 막장수압 제어용 펌프이며 일반적으로 편흡입 스크류 펌프가 사용된다. 이 펌프는 가변속(VS) 모터로 구동되며, 막장수압 지시조절장치에 의해 설정 이수압을 유지하도록 회전수가 자동적으로 제어된다.

(2) 배니펌프(P₂~Pₙ)

굴착토사를 포함한 이수를 처리설비로 압송하기 위한 펌프이다. 일반적으로 편흡입 스크류 펌프가 사용되기 때문에 자갈 등 고형물이 통과하는 경우에는 펌프 내 임펠라(날개) 사양을 검토할 필요가 있다.

가장 막장에 가까운 펌프(P_2)는 배니유량을 제어하는 기능을 가진다. 이 펌프는 P_1과 마찬가지로 가변속 모터로 구동되며, 배니유량 지지제어장치에 의해 설정 배니유량을 유지하도록 회전수가 자동적으로 제어된다. 설정유량은 한계 침전유속(이 유속 이하가 되면 토사가 침전하는 유속) 이상을 확보할 수 있는 유량으로 한다. 배니유량과 유속은 표 8.2.1과 같은 값으로 계획되는 경우가 많다. P_3 이하의 펌프 대수는 펌프 1대당 유송능력과 유송연장 관계로 결정된다.

표 8.2.1 쉴드TBM 외경과 송배니관경과의 관계

| 쉴드TBM 외경(m) | 송니 | 배니 | | |
	관경(인치)	관경(인치)	유량(m³/min)	유속(m/sec)
2.0~3.5	6	4	1.3~1.7	2.5~3.3
3.0~6.0	8	6	3.4~4.0	3.0~3.5
5.0~7.5	10	8	6.5~7.5	3.3~3.8
7.0~10.0	12	10	12.0~13.0	3.9~4.3

(3) 순환펌프(P₀)

자갈층 또는 자갈 혼합층 시공 시 자갈 제거설비(수중 크러셔)가 쉴드TBM에서 P_2 펌프 사이에 설치되는 경우 배니유량 확보를 위해 사용되는 펌프이다.

배니에 지장이 있는 큰 자갈이 나오는 경우에는 쉴드TBM 격벽에서 자갈 처리설비까지의 관경을 큰 것으로 변경하여 자갈 배출을 용이하게 할 필요가 있다. 그러나 관경을 크게 하기 위해서 이 구간의 유속이 작아지면 한계 침하유속보다 낮은 경우도 있다. 이 경우에는 이 구간 이수유량(=유속)을 증가시켜 한계 침전유속 이상으로 이수를 순환시키기 위해 순환 펌프가 설치된다. 최근에는 그림 8.2.1과 같이 순환 펌프(P_0)를 밸브 셋 막장 측에 배치하는 경우가 많으나, 큰 자갈에 의한 챔버 내 및 쉴드TBM 내 배니관 폐색에 대한 리스크를 중시하여 이수역송에 의한 세정효과를 높일 필요가 있다고 판단되는 경우에는 역송에 P_0를 이용하기 위해 P_0를 밸브 셋으로부터 갱구 측으로 설치하는 경우가 있다.

(4) 배관연장을 위한 보조장치

쉴드TBM 굴진에 따라 송배니 라인을 연장할 필요가 있으며, 이를 위해 신축관이나 플렉시블 호스류가 사용된다.

(5) 자갈 처리설비

배니펌프의 통과한계 직경 이상인 자갈(통상, 2날개 임펠라 직경의 1/2~1/3)이 나오는 경우에 사용되는 장치로서 자갈 제거방식과 자갈 파쇄방식이 있다(그림 8.2.2).

자갈 제거방식은 제거 후 운반장치(통상, 굴착토 운반차 사용)가 필요하거나 제거작업에 다소 노력이 필요하므로 최근에는 사용되는 경우가 적다.

한편 자갈 파쇄방식은 기내처리와 갱내처리가 있으며, 쉴드TBM을 특수구조로 바꿀 필요 없는 갱내처리(수중 크러셔)가 통상 적용된다. 이 경우에는 원칙적으로 순환 펌프 설치가 필요하다.

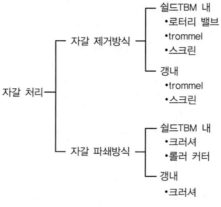

그림 8.2.2 자갈처리 설비

8.2.2 운전제어설비

이수식 쉴드TBM에서는 막장 이수압의 유지, 유체유송 및 굴착토량을 관리하고 이수유송설비와 계측장치를 종합적으로 기능시키기 위해 그림 8.2.3과 같은 운전제어설비가 필요하다.

다음은 그 주요 설비에 대한 설명이다.

(1) 중앙제어실

이수식 쉴드TBM 공사에서는 이수유송, 이수처리 및 굴착관리 등 전체 시스템을 일괄적으로 감시하기 위해 중앙제어실을 설치한다. 여기에는 중앙감시제어반, 데이터 수록해석장치, 텔레미터 및 모니터용 TV 등을 설치한다.

(2) 중앙감시제어반

시스템 전체의 감시, 자동운전 펌프의 원격조작 및 이수압이나 유량 등의 입력을 실시하는 장치로서 이동상황 감시 패널, 원격조작 스위치, 계측 데이터 표시계, 굴착량 연산장치 등으로 구성되어 있다.

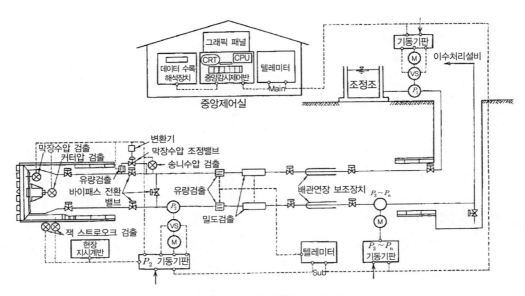

그림 8.2.3 운전제어설비 개요도

(3) 송배니 펌프 제어 시스템

통상 송니 펌프(P_1)와 배니 펌프(P_2)의 동력원으로는 가변속 모터를 사용하며, 그림 8.2.4와 같이 막장수압을 P_1 펌프로, 배니유량을 P_2 펌프로 제어하는 방식이 적용된다. 배니 중계펌프($P_3 \sim P_n$)는 정속회전수(극수변환에 의한 회전수 변경도 있음)로 운전된다.

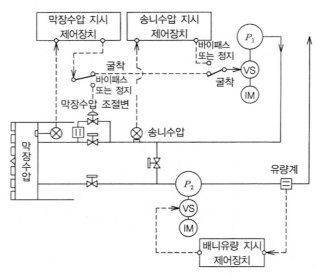

그림 8.2.4 송배니 펌프 제어 시스템

(4) 막장수압 지시 제어장치

이수압 설정값에 맞추기 위해 조정지시를 P_1 펌프 또는 조절변에 보내는 장치로서 관리한계를 넘는 경우 설치된다.

i) 굴진 시

쉴드TBM에 설치된 수압계에 의해 막장수압을 검출하여 이 값을 전송기로 중앙감시제어반에 있는 막장수압 지시제어장치로 보낸다. 조절장치는 설정 이수압과의 편차를 산출하여 회전수변경 명령을 P_1 펌프로 보낸다. 그 결과 가변속 모터의 회전수가 변경되어 막장수압이 일정하게 유지되고 제어된다.

ii) 추진정지 시

막장수압은 굴진정지 중에도 일니(逸泥)나 일수(逸水) 등에 의해 변동되며, P_1 펌프가 정지되어 있기 때문에 막장수압 조절이 불가능하다. 따라서 송니관 도중에 자동개폐되는 막장수압 조정변을 부착한 바이패스 회로를 설치하여 조절장치에 의한 밸브개폐를 통해 막장 수압을 제어한다.

(5) 송니수압 지시 조절장치

이 장치는 바이패스 운전 시 송니수압의 제어에 사용되는 것으로 굴착운전 변경 시 막장수압의 변동을 작게 하기 위해 가동한다. 원리는 막장수압 지시 조절장치와 마찬가지로 송니관에 설치된 수압계에 의해 송니수압을 검출하여 조절장치를 통해 P_1 펌프를 제어하는 것이다.

(6) 배니유량 지시 조절장치

설정 배니유량의 입력과 설정값에 맞추기 위해 조정지시를 P_2 펌프로 보내는 장치로 관리한계를 넘는 경우 경보장치도 조립된다. 배니계통은 토립자가 침전하지 않도록 한계 침전유량 이상으로 유량을 유지할 필요성과 유량변동에 따른 Cavitation 발생을 방지하기 위해 유량을 일정하게 유지할 필요가 있다. 이를 위해 조절장치는 배니계통에 설치된 전자유량계에 의해 계측한 유량과 계획 배니유량과의 편차를 산출하여 회전변경 명령을 P_2 펌프로 보낸다.

(7) 건사량 및 굴착량 측정장치

그림 8.2.5의 건사량 등의 측정장치는 송배니계통에 설치된 유량계와 밀도계에 의한 계측값으로부터 건사량과 굴착량을 산출하기 위한 연산장치이다.

연산방법은 제7장 7.3 이수식 쉴드TBM의 굴착관리에 상세히 기술하였으므로 참조하기 바란다.

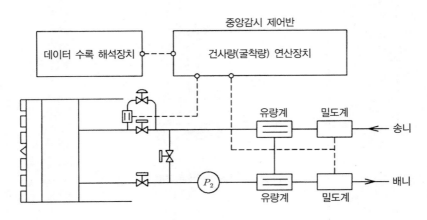

그림 8.2.5 건사량 등 측정장치

8.2.3 이수처리설비

이수운송설비에 의해 운송된 이수를 토사와 이수로 분리하고 송니수의 상태를 조절하는 설비이다. 처리계통은 모래자갈(입경 75μm 이상)을 분리하는 1차 처리, 실트 및 점토(입경 75μm 미만)를 분리하는 2차 처리 및 방류수의 pH를 조정하는 3차 처리로 구성된다.

그림 8.2.6은 시스템 개요도이다.

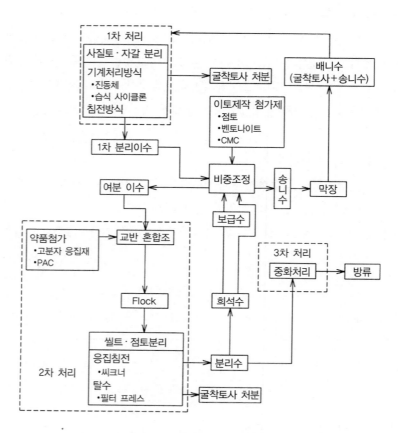

그림 8.2.6 이수처리 시스템 개요도

(1) 1차 처리설비

크게 분류하면 침전방식과 기계처리방식이 있으며, 통상은 후자가 사용된다. 다음은 기계처리방식에 대한 것이다.

i) 진동 체

진동방식, 진동수, 망 눈금치수 등에 따라 다양하다. 또한 메이커에 따라 불리는 명칭이 다양하다. 탈수효율이 좋아 많이 사용되는 장치이다.

세립, 중립, 조립에 따른 체를 조합한 3상식이나 체를 통과한 이수를 습식 사이클론으로 분리 농축하여 다시 체분리하는 방식도 있다.

ii) 습식 사이클론

공급하는 이수 자체의 운동 에너지(유속)를 이용하여 원심분리하는 그림 8.2.7과 같은 장치이다. 기타 분리설비에 비해 소형이나 처리능력이 크고 구조가 간단하며, 가동부가 없어 고장이 적은 특징이 있다. 그러나 이수가 고속으로 유입되므로 마모대책이 필요하다. 통상 진동체와 조합하여 사용한다.

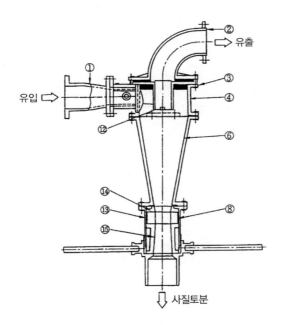
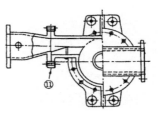

품번	명칭
1	feed adapter
2	over flow elbow
3	feed chamber
4	feed chamber rubber liner
6	cone section
8	valve housing
11	feed sim
12	vortex finder
13	apex valve
14	상부 쐐기링
15	하부 쐐기링

그림 8.2.7 습식 사이클론

(2) 2차 처리설비

2차 처리설비는 응집침전 설비와 탈수설비가 있다. 응집침전 설비는 조립분이 분리된 여분이수에 응집재를 첨가하여 블록을 형성시켜 침전조에 넣어 침전 농축하는 것이다. 형상은 원통형(상승류형)과 각형(횡류형)이 있다.

탈수설비는 응집침전 설비에서 배출된 슬러리를 직접 혹은 한 번 슬러리조에 저류한 후 탈수하는 것이다. 진공여과, 원심여과, 가압전환 여과 등의 방식이 있으며, 이수식 쉴드TBM에서는 가압여과 방식이 많이 사용된다. 또한 응집재 첨가 후 침전처리를 하지 않고 직접 탈수설비로 송니하는 방식을 적용하는 경우도 있다.

i) 씨크너(thickener)

상승류형 응집침전 설비이다. 응집재에 의해 블록이 형성된 이수는 그림 8.2.8과 같이 씨크너의 중심부로 공급된다. 블록은 자연침전으로 저부에 침전되고 집니 Rake에 의해 중심으로 모아져 인발 펌프로 배출된다. 한편 물은 탱크 원관의 상부로 Over flow한다. 설비에서 중요한 점은 블록의 침강속도와 물의 상승과의 관계이다. 즉, 블록이 침전하기 위해서는 침강속도가 상승속도를 상회해야 한다. 이에 따라 이수 공급량이 결정된다. 또한 블록의 침강속도는 블록의 형성상태에 따라서도 다르며, 블록을 집합시킨 슬러리의 함수비는 300% 정도이다.

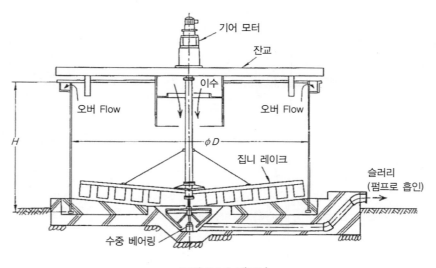

그림 8.2.8 씨크너

ii) 필터 프레스

가압여과 방식의 탈수기이다. 그림 8.2.9는 여과판 사이에 탈수 케이크를 형성하는 공간이 있어 여기에 슬러리를 압입하여 필터를 통과시켜 소정의 시간 후 탈수 케이크를 배출하는 배치처리 방식의 예이다. 탈수된 케이크의 함수비는 60~70% 정도이다.

최근에는 함수비 저감에 의한 감량화를 목적으로 압착 타입, 고압박층 타입, 고압 타입 등 기

존의 표준형에 비해 고성능 필터 프레스가 실용화되고 있다. 압착 타입은 표준 타입 사양에 면가
압 장치가 장착된 것으로서 효율이 좋은 여과조건으로 액가압 탈수공정을 완료하는 압축여과를
실시한다. 고압박층 타입은 표준 타입 0.7MPa에 대해 약 2배로 액을 가압하는 동시에 케이크
두께를 표준의 약 반으로 억제함으로써 고액분리를 촉진하여 케이크의 저함수비화를 도모한다.
고압 타입은 4.0MPa의 고압액가압을 실시하여 탈수 케이크를 저함수비로 만든다.

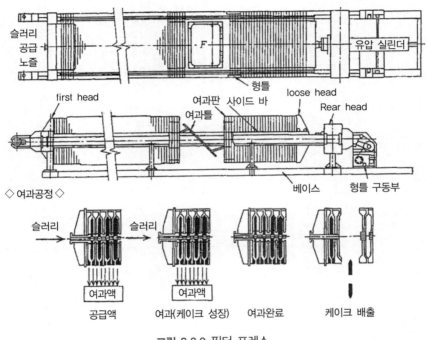

그림 8.2.9 필터 프레스

(3) 3차 처리설비(pH 조정장치)

2차 처리된 여과수(여분)를 중화하여 방류하기 위한 설비이다. Batch 처리방식과 연속처리방
식이 있으며, 이수식 쉴드TBM의 처리에는 후자가 사용되는 경향이다.

8.2.4 시공설비의 배치 예

이수식 쉴드TBM의 시공설비 배치 예(쉴드TBM 외경 5m 급)는 그림 8.2.10과 같다.

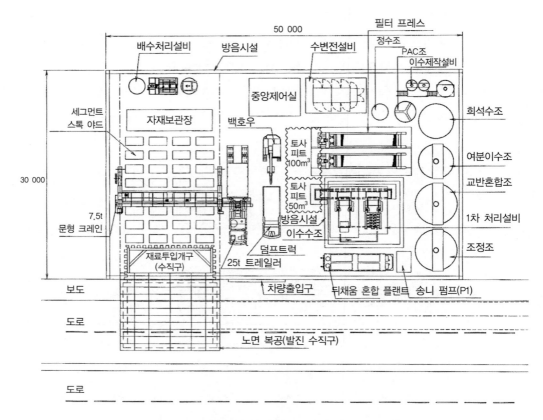

50 000

필터 프레스

배수처리설비 방음시설 수변전설비 정수조

PAC조
이수제작설비

중앙제어실

희석수조

세그먼트
스톡 야드

자재보관장 백호우

토사
피트
100m³

여분이수조

교반혼합조

30 000

토사
피트
50m³

1차 처리설비

7.5t
문형 크레인

방음시설
이수수조

조정조

재료투입개구
(수직구)

덤프트럭
25t 트레일러

보도

차량출입구

뒤채움 혼합 플랜트 송니 펌프(P1)

도로

노면 복공(발진 수직구)

도로

그림 8.2.10 이수식 쉴드TBM의 시공설비 배치 예[1]

8.3 토압식 쉴드TBM의 시공설비

토압식 쉴드TBM의 시공설비 전체 배치 예는 그림 8.3.1과 같다. 이수식 쉴드TBM에 비해 작업부지의 필요면적이 작다.

토압식 쉴드TBM의 시공설비 중 이수식 쉴드TBM과 다른 주요 설비는 첨가재 주입설비, 굴착토사 반출설비, 운전제어 설비가 있다.

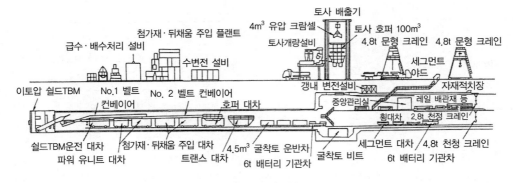

(a) 지하철의 경우

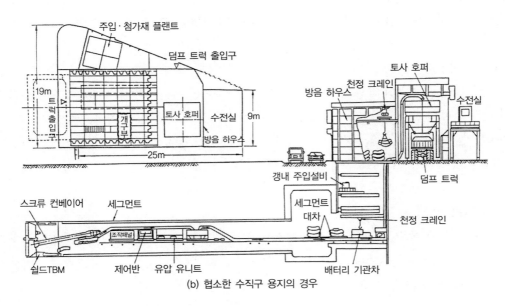

(b) 협소한 수직구 용지의 경우

그림 8.3.1 토압식 쉴드TBM의 시공설비 배치 예

8.3.1 첨가재 주입설비

첨가재는 점토나 벤토나이트를 주재료로 하는 가니재, 기포, 고흡수성 수지 등이 사용되며(그림 7.4.2 참조), 그 적용은 지반조건이나 굴착토사의 처리조건, 작업장 공간, 토사 반출방법 등 시공조건을 충분히 검토하여 결정한다.

첨가재 주입설비는 첨가재를 만들어 주입하는 설비로 첨가재 종류에 따라 사용하는 설비가 약간 다르나, 일반적으로 표 8.3.1과 같은 설비로 구성된다.

표 8.3.1 첨가재 주입설비

지상설비	재료 보관공간 (사일로)	갱내설비	갱내저류 탱크
	믹서(용해조)		주입 펌프(주입장치)
	저류 탱크		유량계·압력계
	압송 펌프		제어장치(자동계량장치 포함)
	제어장치(자동계량장치 포함)		

(1) 지상설비

지상설비는 첨가재를 제조하는 설비이며, 최근에는 자동화된 플랜트가 많이 적용된다. 자동 플랜트는 첨가재의 배합을 제어장치에 입력하면 저류조나 믹서의 수위와 연동하여 자동적으로 재료의 계량, 첨가재를 만들고 갱내 탱크 잔량에 따라 저류조에서 갱내 탱크로 첨가재를 압송한다.

(2) 갱내설비

갱내설비는 첨가재를 막장 면이나 챔버 내 등에 주입하는 설비이며, 설정된 주입율에 따라 굴진량(잭 스피드)과 연동하여 주입량을 제어하는 방식이 많이 적용된다. 최근에는 커터토오크와 연동하여 자동적으로 주입률 설정을 변경하는 제어방식도 적용되고 있다. 그림 8.3.2 및 그림 8.3.3은 가니재 및 기포주입설비 참고도이다.

(3) 설비규모

설비규모는 지반조건에 따라 결정된 첨가재 주입율, 쉴드TBM 외경, 굴진속도, 계획 최대 일 굴진량 등을 기초로 결정된다. 중구경 이상 쉴드TBM에서는 갱내 주입설비에 소규모 설비를 복수 설치하는 경우가 많다('5.4.1 첨가재의 주입 및 교반' 참조).

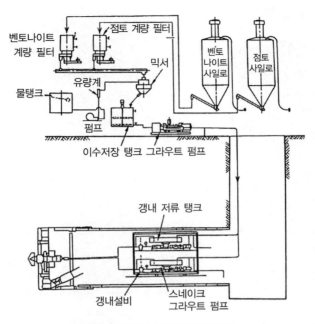

벤토나이트 계량 필터
점토 계량 필터
벤토나이트 사일로
점토 사일로
믹서
유량계
물탱크
펌프
이수저장 탱크 그라우트 펌프
갱내 저류 탱크
갱내설비
스네이크 그라우트 펌프

그림 8.3.2 가니재 주입설비 참고도

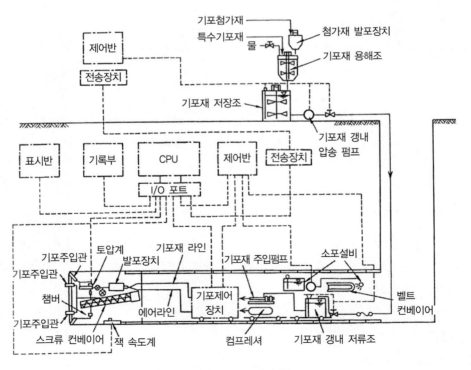

제어반
전송장치
기포첨가재
특수기포재
물
첨가재 발포장치
기포재 용해조
기포재 저장조
기포재 갱내 압송 펌프
표시반
기록부
CPU
제어반
전송장치
I/O 포트
기포주입관
토압계
기포재 라인
기포재 주입펌프
소포설비
발포장치
기포주입관
챔버
에어라인
기포제어 장치
벨트 컨베이어
기포주입관
스크류 컨베이어
잭 속도계
컴프레셔
기포재 갱내 저류조

그림 8.3.3 기포 주입설비 참고도

8.3.2 굴착토사 배출설비

토압식 쉴드TBM에서 굴착토사 반출은 그림 8.3.4와 같이 막장 부근(스크류 컨베이어 후방에서 후속대차 간), 갱내, 수직구, 지상의 각각의 위치에 따라 각종 방식이 있으며, 이를 조합하여 실시한다. 조합은 지반조건, 터널내공, 굴착연장, 최대 일 굴진량, 수직구 내공, 시공성 등의 조건을 종합적으로 판단하여 결정한다.

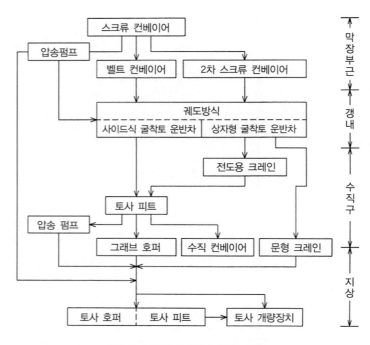

그림 8.3.4 굴착토사의 반출 흐름

(1) 막장부근

이 위치에서는 단순히 토사의 반출만의 역할이 아니라 스크류 컨베이어의 배토구에서 토사 분출방지나 작업환경의 개선 등도 고려하여 계획한다(그림 5.4.5, 그림 7.4.1 참조). 그림 8.3.4와 같은 2차 스크류 컨베이어나 펌프 압송방식은 토사 반출 외에 분출방지 기구나 작업환경 개선 등도 첨가된 설비이다.

(2) 갱내

갱내 토사반출에는 궤도방식과 펌프 압송방식이 있으며(제7장 7.4.3 굴착토량 관리 참조), 현재는 연속 벨트 컨베이어도 사용된다.

　그림 8.3.5는 펌프 압송방식의 적용실적을 나타낸 것으로서 막장을 안정시키기 위해 첨가재 (그림 중 '통상') 외에 압송용으로 첨가재(그림 중 '특별')를 추가하는 경우나 물을 주입하는 경우 등도 있다.

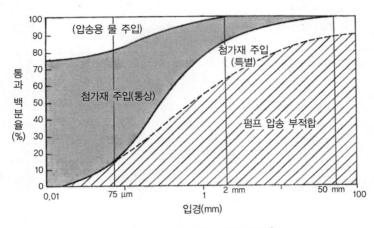

그림 8.3.5 펌프 압송 적용범위[2]

　토사압송 펌프는 표 8.3.2와 같이 피스톤 펌프, 1축 스크류 펌프, 신축식 관상 펌프가 있으며, 지반조건이나 압송거리 등을 고려하여 기종, 능력 및 대수를 선정한다. 실적에 따르면 압송 펌프 1대의 운송거리는 400m 정도가 많다. 배토관경은 지반조건을 고려하여 계획하나, 일반적으로 는 표 8.3.3과 같은 관경이 적용된다.

표 8.3.3 토사압송의 배토관경

쉴드TBM 외경(m)	배토관경(mm)
~4.0	ø 50~ø 200
4.0~6.5	ø 200~ø 300
6.5~	ø 300~

표 8.3.2 토사 압송펌프의 종류 [3]

펌프 형식	장점	단점
복동식 피스톤 펌프	• 토출압이 높고 압송거리가 비교적 길다. • 토출용량이 큰 것도 있고 대구경 쉴드 TBM에도 적용할 수 있다. • 기종이 다양하고 적용범위가 넓다. • 실적이 가장 많다.	• 펌프 치수가 커서 소구경에는 적합하지 않다. • 진동, 소음이 크다. • 저 슬럼프재에서는 효율이 나쁘다.
실린더 가동식 피스톤 펌프	• 저 슬럼프재에서도 효율이 좋다. • 소량의 자갈은 압송 가능 • 토출량은 비교적 크다.	• 실린더 씰링에 문제가 있다. • 진동, 소음은 비교적 크다.
1축 스크류 펌프	• 소형은 스크류 컨베이어에 직접 부착 • 펌프 형상이 길고 가늘어 갱내 설치에 적합하다. • 진동, 소음이 작다. • 소구경, 단거리 압송에 적합하다. • 배토에 막힘이 없다.	• 사질토 혼입에서는 마모가 크다. • 자갈 혼입은 어렵다. • 토출압, 토출량 모두 작다.
신축식 관형 펌프	• 자갈 혼입에 적합하다. • 펌프 형상이 파이프형이므로 소구경에 적합하다. • 중계용 펌프로 이용할 수 있다.	• 신축관의 내구성이 약간 짧다. • 토출압, 토출량 모두 작다.
회전날개 펌프	• 소형이므로 스크류 컨베이어에 직접 부착 • 씰링이 좋아 지수효과가 높다. • 진동, 소음이 작다.	• 큰 자갈이 섞이면 어렵다. • 토출압, 토출량 모두 작다.

(3) 수직구

수직구에서 토사의 처리는 그림 8.3.4와 같은 문형 크레인 방식, 그래브 호퍼 방식, 펌프 압송 방식, 수직 컨베이어 방식이 있다.

문형 크레인 방식은 크레인에 의해 굴착토 운반차를 직접 지상의 호퍼 등까지 끌어 올려 토사를 배출하는 방식이다.

그래브 호퍼 방식은 수직구 아래 토사 피트에 저류된 토사를 그래브 호퍼로 반출하는 방식이다.

수직 컨베이어 방식은 크게 바스켓 방식과 벨트 방식으로 분류하며, 바스켓 방식이 많이 사용된다. 바스켓 방식은 Endless 반송 Chain에 바스켓을 부착하여 수직구 아래에서 토사를 적재, 바스켓을 수평상태로 유지하면서 수직구 위의 호퍼까지 수직 및 수평 이동시킨 후 반전시켜 토사를 연속적으로 반출하는 것이다. 바스켓의 토사 부착을 방지하기 위해 세정장치를 설치하며, 바스켓 저부 재질은 고무 라이너로 하는 등의 대책을 수립한다.

(4) 토사개량 설비

토압식 쉴드TBM공법에서 막장토압의 유지와 굴착토의 원활한 배출을 목적으로 굴착토사를 강제적으로 소성 유동화시키기 때문에 굴착토사나 첨가재와의 혼합토 상태를 토사의 장외 반출에 맞추어 개량할 필요가 있다. 굴착토사의 개량방법은 자연 건조에 의한 방법이나 시멘트계, 석탄계, 고분자계 개량재를 토사에 첨가하여 교반하는 방법이 있다.

자연건조에 의한 방법은 토사를 일시적으로 가적치장에서 건조시켜 함수비를 저하시키는 것으로서 넓은 공간이 필요하다.

개량재에 의한 방법은 토사를 피트에 넣어 백호우 등으로 개량재와 교반하는 방법이나 지상에서 벨트 컨베이어나 회전 드럼식 처리장치로 개량재와 토사를 교반하는 방법 등이 있다. 그림 8.3.6은 처리장치의 예이다.

개량재는 전술한 바와 같이 3종류가 있으며, 시멘트계 및 석탄계는 개량효과가 높고 강도설정도 가능하나 개량토가 알카리성이 된다. 한편 고분자계 개량토는 중성이나 개량강도가 낮은 특성이 있으므로 굴착토사 사토장 조건 등을 고려하여 개량재를 선정할 필요가 있다.

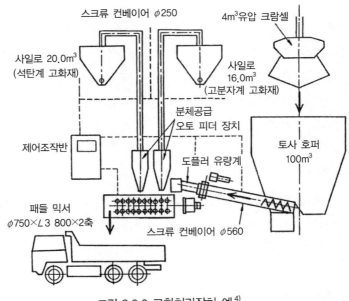

그림 8.3.6 고화처리장치 예 [4]

8.3.3 운전제어설비

토압식 쉴드TBM의 운전제어는 표 8.3.4와 같은 기능을 가진 설비가 필요하다. 다음은 주요 설비에 대한 기술이다.

표 8.3.4 운전제어설비

제어내용	설비 · 장치
토압제어	토압 계측장치
	배토기구 제어장치
	굴진속도 제어장치
토량제어	토량 계측장치
	토량 관리장치
토사상태 제어	커터 · 스크류 컨베이어 부하 계측장치
	첨가재 주입 제어장치
추력제어	잭 압력 제어장치
방향제어	잭 선택 제어장치
데이터 수집 · 해석	각종 데이터 표시기록장치

(1) 감시조작반

표 8.3.4와 같은 각 장치를 종합적으로 감시하고 조작하는 설비로서 장치별 감시조작반을 설치하는 경우와 이것들을 종합한 시스템을 설치하는 경우가 있다. 또한 감시조작반은 갱내에 설치하는 방법이 주류이나 최근에는 주입 등의 제어나 감시도 포함한 토탈 시스템으로 지상에 중앙제어실을 설치하는 경우가 많다.

(2) 토압 제어장치

챔버 내 토압을 제어하여 막장 안정을 유지시키는 장치로서 토압 계측장치에 의해 챔버 내 토압을 계측하여 관리토압이 되도록 스크류 컨베이어 회전수나 스크류 게이트의 개폐 정도, 압송 펌프 등의 배토기구 조정이나 굴진속도를 제어하는 것이다.

(3) 굴착토량 제어장치

계산굴착토량과 배토량의 밸런스를 맞추어 막장 안정을 유지시키는 장치로서 토량 계측장치에 의해 배토량을 계측하여 배토량과 계산 굴착토량과의 차이를 산정, 토사 과다유입 등의 경향이 있는 경우에는 관리토압을 변경하여 굴진관리에 반영하는 것이다. 토량 계측장치는 배토기구에 따라 그림 8.3.7과 같은 방법이 있다. 측정내용은 중량측정과 용적측정으로 구별되며 측정시간은 후방계측과 연속계측으로 구분되나, 현재는 어떤 방법을 사용하여도 5~15% 정도의 오차가 있어 복수의 계측항목에 의해 종합적으로 관리하는 것이 바람직하다.

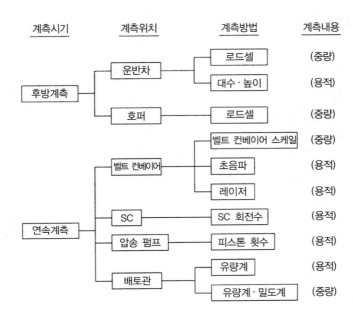

그림 8.3.7 토량 계측장치

(4) 토사상태 제어장치

토압식 쉴드TBM에서는 소성 유동화된 굴착토사를 챔버 내에 충만시키는 것이 시공의 양부(良否)를 규정하는 데 매우 중요하다. 따라서 커터토오크나 스크류 컨베이어의 토오크 등 기계부하를 계측하여 챔버 내 토사 상태를 파악할 필요가 있다. 첨가재 주입 제어장치는 최적의 토사 상태를 유지하도록 주입율을 변화시키는 장치이다.

8.3.4 시공설비의 배치 예

토압식 쉴드TBM의 시공설비 배치 예(쉴드TBM 외경 5m 급)는 그림 8.3.8과 같다.

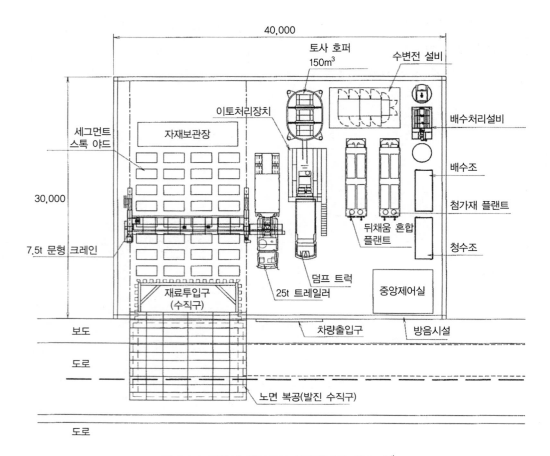

그림 8.3.8 토압식 쉴드TBM 시공설비의 배치 예[1]

8.4 면적 효율화 시스템

면적 효율화 시스템은 설비 처리효율 향상과 소형화, 수직구 등의 공간 유효이용에 의해 발진 수직구 용지를 이수식 쉴드TBM에서는 과거 필요한 면적의 1/3 정도, 토압식 쉴드TBM에서는 1/2 정도로 축소화(면적 효율화)하는 기술이다.

8.4.1 이수식 쉴드TBM

(1) 고형 회수형 쉴드TBM

고형 회수 시스템은 굴착토가 이수로 용해되지 않도록 지반을 고형상태로 굴착하여 회수함으로써 여분의 이수 발생을 억제하는 시스템이다.

고형 회수 시스템에 의한 굴착방법은 그림 8.4.1과 같이 선행굴착 비트에 의해 굴착을 실시하고 그 공간의 돌출부를 teeth 비트로 깎아낸다. 따라서 선행굴착 비트는 teeth 비트의 양측을 통과하도록 설치할 필요가 있으며, teeth 비트의 굴착 깊이보다 통상 선행하여 굴착할 필요가 있다. 또한 teeth 비트에 의한 굴착은 그림 8.4.2과 같이 굴착 관입량이나 굴착한 고형 크기에 영향을 미친다.

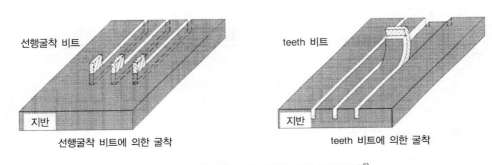

선행굴착 비트   teeth 비트

지반   지반

선행굴착 비트에 의한 굴착   teeth 비트에 의한 굴착

그림 8.4.1 고형 회수 시스템에 의한 굴착방법 [5]

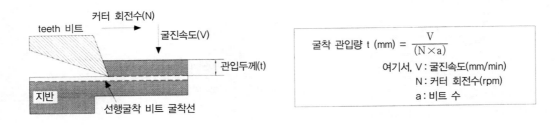

teeth 비트   커터 회전수(N)

굴진속도(V)

관입두께(t)

지반   선행굴착 비트 굴착선

$$\text{굴착 관입량 } t \text{ (mm)} = \frac{V}{(N \times a)}$$

여기서, V : 굴진속도(mm/min)
N : 커터 회전수(rpm)
a : 비트 수

그림 8.4.2 굴착 관입량 [5]

선행굴착 비트는 신축형과 고정형이 있으며, 지반조건이나 굴진연장 등 공사조건에 따라 적절한 것을 선정한다.

예를 들어 전반에 모래자갈층, 후반에 점성토층이 나타나는 경우 신축형 선행굴착 비트를 적용하여 모래자갈층에서는 선행굴착 비트를 줄여 통상과 같이 굴착하고 점성토층에서는 선행굴

착 비트를 늘려 고형 회수하도록 계획한다. 또한 외주부를 제외한 고형 회수부의 teeth 비트 굴
착조수는 1조~2조로 한다.

고형 회수형 쉴드TBM의 개요는 그림 8.4.3과 같다.

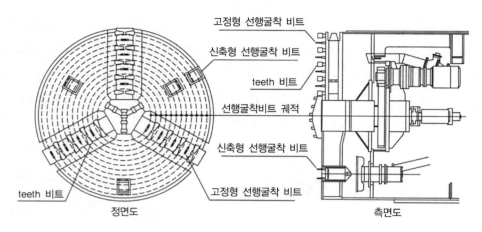

고정형 선행굴착 비트

신축형 선행굴착 비트

teeth 비트

선행굴착비트 궤적

신축형 선행굴착 비트

고정형 선행굴착 비트

teeth 비트

정면도

측면도

그림 8.4.3 고형 회수형 쉴드TBM의 개요 [5]

(2) 면적 효율화 시스템 이수설비

이수식 쉴드TBM에 적용된 이수설비는 그림 8.4.4과 같이 고형 회수 시스템, 리얼 타임 막장
안정관리 시스템, 이수 농축 시스템, 슬러리 연속개량 시스템으로 구성되며, 이수설비의 표준
Flow는 그림 8.4.5와 같다.

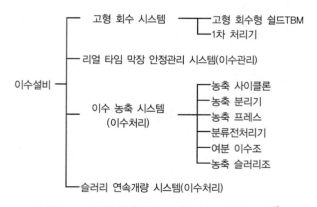

이수설비
- 고형 회수 시스템
  - 고형 회수형 쉴드TBM
  - 1차 처리기
- 리얼 타임 막장 안정관리 시스템(이수관리)
- 이수 농축 시스템 (이수처리)
  - 농축 사이클론
  - 농축 분리기
  - 농축 프레스
  - 분류전처리기
  - 여분 이수조
  - 농축 슬러리조
- 슬러리 연속개량 시스템(이수처리)

그림 8.4.4 면적 효율화 시스템 이수설비의 구성 [5]

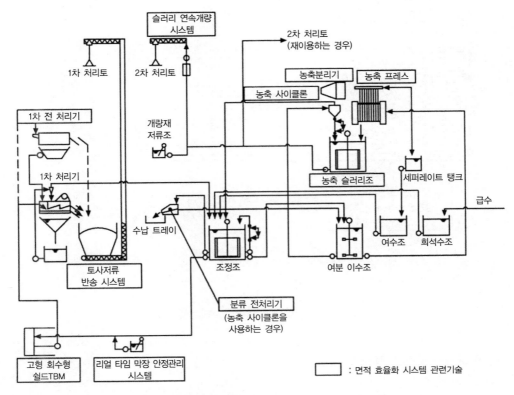

그림 8.4.5 면적 효율화 시스템 이수설비 표준 Flow [5]

i) 고형 회수 시스템

고형 회수 시스템은 고형 회수형 쉴드TBM과 1차 처리기로 구성된다. 고형 회수형 쉴드TBM 의 제어는 그림 8.4.6과 같이 지반을 배니관으로 운송가능한 최대 직경으로 굴착하기 위해 선행 굴착 비트의 신축량, 커터 회전속도, 쉴드TBM 잭 속도의 3가지 제어항목을 지반특성에 따라 관 리하여 굴착토 형상이나 회수량을 최적의 상태로 유지한다.

고형 회수 시스템은 지반을 고형상태로 굴착하는 것으로서 이수에 대해 굴착토의 혼입량을 적 게 하여 2차 처리설비의 부담을 경감한다. 이 방법으로 2차 처리설비의 소형화, 2차 처리토(건설 오니) 발생량을 억제할 수 있다.

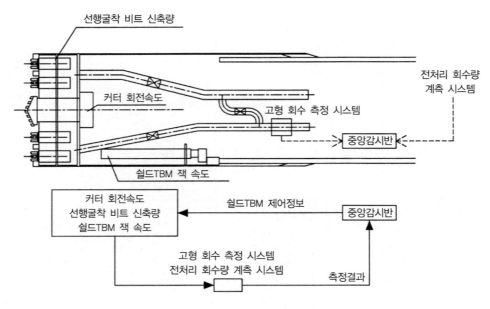

선행굴착 비트 신축량

커터 회전속도

고형 회수 측정 시스템

쉴드TBM 잭 속도

전처리 회수량
계측 시스템

중앙감시반

커터 회전속도
선행굴착 비트 신축량
쉴드TBM 잭 속도

쉴드TBM 제어정보

중앙감시반

고형 회수 측정 시스템
전처리 회수량 계측 시스템

측정결과

그림 8.4.6 고형 회수형 쉴드TBM의 제어 [5]

ii) 리얼타임 막장 안정관리 시스템

리얼타임 막장 안정관리 시스템은 그림 8.4.7과 같이 Static 믹서, 점도계, 점성증가재조, 응집재조가 유닛화된 것으로서 후속대차에 연결된다. 과거에는 1km를 넘는 장거리 굴진인 경우 지반 변화에 따른 이수상태 변경에는 수 십분의 긴 시간이 필요하였다.

리얼 타임 막장 안정관리 시스템은 이수점도의 자동계측과 조니(調泥)재 주입에 의해 적절한 이수 상태를 순간적으로 변경할 수 있으며, 보다 안정한 막장관리가 가능하다. 또한 과거 이수제작설비를 유닛화하여 후속대차에 탑재하기 때문에 지금까지 지상에 설치되었던 이수제작조, 점성증가재 용해조, 재료 저류 야드 등이 불필요 하며, 지상 수직구 용지의 면적 효율화가 가능하다.

이수식 쉴드TBM에서 막장 안정 메카니즘은 이막, 점성, 응집에 의한 방법의 3가지가 있으며, 본 시스템에서는 점성에 의한 방법을 주체로 한다. 토질에 따라서는 응집방법을 적용한다.

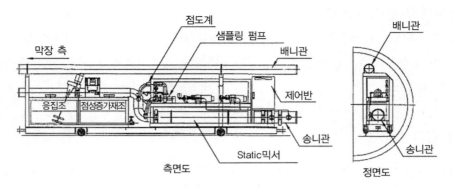

그림 8.4.7 리얼 타임 막장 안정관리 시스템[5]

iii) 이수 농축 시스템

이수 농축 시스템은 그림 8.4.8과 같이 과거 2차 처리설비인 필터 프레스를 대신하는 설비로서 이수 처리능력이 높고 설치면적이 줄어든다. 여분 이수를 분류설비로 처리하고 공급이수의 성상에 맞는 이수(under slurry)로서 농축 슬러리조에 저류시킨다. 분류처리한 후 고분자분을 많이 함유한 여분이수는 고액분리설비에서 농축 케이크로 처리된다. 농축 케이크를 농축 슬러리조에서 이수와 혼합하여 농축 슬러리로 반출한다. 농축 슬러리는 저류, 반송이 용이하다.

슬러리 연속개량 시스템을 적용하지 않은 경우 응집재 등의 약재를 혼입하지 않기 때문에 유동화 처리토의 원료로 사용하기에 적합하다.

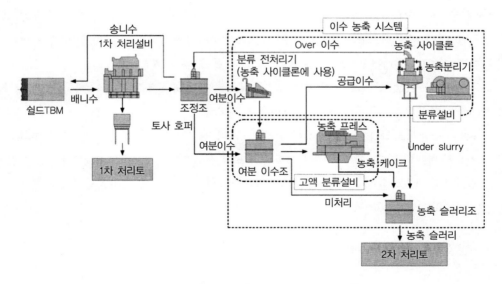

그림 8.4.8 이수 농축 시스템의 처리 Flow[5]

iv) 슬러리 연속개량 시스템

슬러리 연속개량 시스템은 이수 농축 시스템에 의해 처리된 농축 슬러리를 보통 덤프트럭으로 직접 적재하여 반출할 수 있는 상태로 개량하는 설비이다. 온라인으로 개량하기 때문에 설치 공간은 매우 작다.

8.4.2 토압식 쉴드TBM

토압식 쉴드TBM공법의 토사 반송설비에 이하의 면적 효율화 시스템을 적용하여 면적 효율화를 도모할 수 있다. 각 설비를 적용할 때 다음과 같은 설비 특징을 고려하여 검토할 필요가 있다.

(1) 토사 압송설비

토사 압송설비는 완전 밀폐형 굴착토 반송방식이 가능하기 때문에 고수압이 작용하는 경우 분출방지대책으로서 유효할 뿐만 아니라 수직구 설비가 효율적으로 배치되기 때문에 수직구 기지의 면적 효율화로 이어진다. 또한 버력 반출차에 의한 반출방식에 비해서도 갱내 환경보전과 갱내 작업 안정성 향상을 도모할 수 있다.

압송 펌프에 의한 토사반송은 1차 압송과 2차 압송으로 구분된다. 그림 8.4.9는 구분 개요를 나타내었다. 1차 압송은 스크류 컨베이어 배토구에 장착된 압송 펌프(1차 압송 펌프)에 의해 후속대차 후단까지 굴착토사를 반송하는 것이다. 또한 단순히 토사반출만이 아니라 배토구에서 토사 분발방지기능도 부가되어 있다. 통상 1대의 토사 압송 펌프로 압송하는 경우가 많다.

2차 압송은 후속대차 후단에서 지상 토사 저류설비까지 갱내에 설치된 압송 펌프(2차 펌프)로 토사를 반송하는 것이다. 토사 압송 펌프는 지반조건이나 압송거리 등을 고려하여 기종, 능력 및 대수를 선정하며, 필요에 따라 중계용 토사 압송 펌프를 설치한다.

배토관은 쉴드TBM 굴진과 함께 이동하는 부분으로 갱내에 고정된 부분이며, 굴진에 지장없이 배관재 연장작업을 할 수 있도록 신축관을 설치한다.

신축관은 스네이크식과 슬라이드식이 있다. 스네이크식 신축관의 최적 설치위치는 후속대차 최후방 압송 펌프의 직후, 슬라이드식 신축관의 최적 설치위치는 후속대차 최후방 압송 펌프의 직전이다. 스네이크식은 슬라이드식에 비해 압력손실이 크기 때문에 일반적으로 급곡선 시공에서 슬라이드식 적용이 곤란할 때 적용하는 경우가 많다.

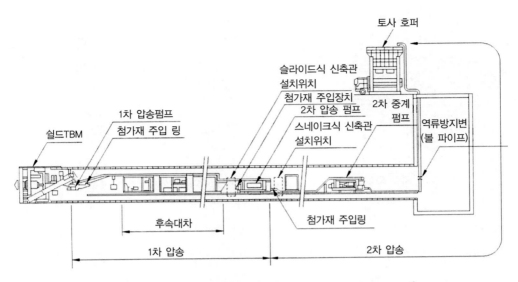

토사 호퍼

슬라이드식 신축관
설치위치

첨가재 주입장치
2차 압송 펌프

2차 중계
펌프

역류방지변
(볼 파이프)

스네이크식 신축관
설치위치

1차 압송펌프
첨가재 주입 링

쉴드TBM

후속대차

첨가재 주입링

1차 압송

2차 압송

그림 8.4.9 압송구분 개요도(지상 토사 호퍼로 반송하는 경우) [5]

(2) 자갈 파쇄설비

토사운반설비는 점성토나 사질토층 등 비교적 연약하고 균질한 토질에 적용하는 경우가 많다. 모래자갈층에서는 자갈을 분류하면서 압송하게 되므로 토사압송설비 적용 검토 시 불리하였다. 과거 모래자갈층에서 자갈 파쇄 방법은 버력 운반차에서 토사 피트로 적재할 때 분별·파쇄하는 방법이나 이수식 쉴드TBM에서 적용된 크러셔를 사용하는 방법밖에 없었다. 적재 시 분별·파쇄 하는 방법은 작업 대부분을 수작업으로 하기 때문에 효율이 나쁘고 이수식 쉴드TBM 공법용 크 러셔를 사용하는 방법은 이토분의 부착에 의한 파쇄기능 저하를 방지하기 위해 다량의 물주입이 필요하게 되는 등 처리공정, 설비가 증가되는 문제가 있었다.

자갈 파쇄설비는 토사압송설비의 배니 라인상에서 스크류 컨베이어를 통과하는 자갈을 압송 가능한 입경으로 파쇄하는 기구를 가진 설비로서 모래자갈층에서도 토사압송설비의 적용이 가 능하다.

자갈 파쇄설비의 처리능력은 쉴드TBM 굴진속도에 적합하고 토사압송 펌프의 필요 토출량을 처리할 수 있는 능력으로 한다. 자갈 파쇄설비는 그림 8.4.10과 같다. 자갈 파쇄설비의 처리능력 은 Cone통과면적과 Cone통과유량으로 결정한다.

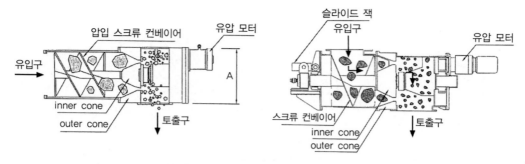

그림 8.4.10 자갈 파쇄설비 [5]   그림 8.4.11 슬라이드 잭 기구를 탑재한 자갈 파쇄설비 [5]

처리량 변동이 예상되는 경우에는 Cone부분을 가변형으로 하는 슬라이드 잭을 탑재한 파쇄장치의 적용을 검토한다. 슬라이드 잭을 탑재한 자갈 파쇄설비는 그림 8.4.11과 같다.

자갈 파쇄설비는 압송 펌프의 상류측에 설치할 필요가 있으며, 압송 펌프의 설치위치에 따라 자갈 파쇄설비의 설치장소 및 설치방식을 검토한다.

자갈 파쇄설비는 스크류 컨베이어 후단부에 직결하는 것이 기본이다. 그림 8.4.12는 자갈 파쇄설비의 표준설치도이다.

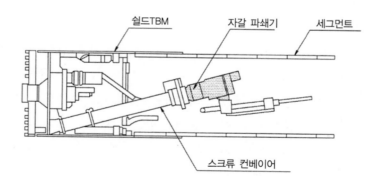

그림 8.4.12 자갈 파쇄설비 표준설치도 [5]

막장수압이 높은 경우나 굴착토사의 자갈 함유율이 높은 경우에는 ① 스크류 컨베이어 하부에 자갈 파쇄장치를 직결하는 방식, ② 2차 스크류 컨베이어를 설치하여 후속대차에 설치하는 방식을 검토하는 경우가 있다. 스크류 컨베이어 하부 직결형은 터널 마감 직경 ϕ4,000mm 이상에 적용할 수 있다.

① 스크류 컨베이어 하부에 직결하는 방식

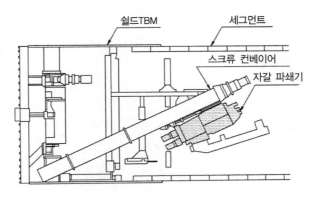

그림 8.4.13 스크류 컨베이어 하부 직결형(참고도)[5]

② 2차 스크류 컨베이어를 설치하여 후속대차에 직결하는 방식

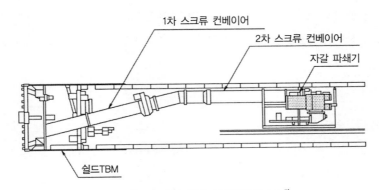

그림 8.4.14 후속대차 설치형(참고도)[5]

또한 기존의 토사운반설비인 수직 컨베이어 등의 설치가 곤란한 경우나 수직구 용지상에 토사 피트를 설치할 수 없는 경우 등은 ③ 수직구 배치형 방식을 검토한다.

③ 수직구 배치형 방식

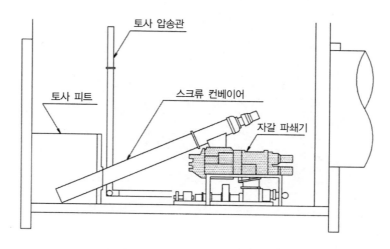

그림 8.4.15 수직구 배치형(참고도) [5]

또한 어떤 설치방식을 적용하여도 지반조건 및 압송조건에 따라 첨가재를 투입하여 압송하기 때문에 굴착토가 산업폐기물 처리 대상이 된다는 점을 고려하여 적용을 검토한다.

8.4.3 갱외설비

이수식과 토압식 쉴드TBM에 공통적으로 적용할 수 있는 갱외설비는 세그먼트 보관시스템, 자재 이동형 턴테이블, 자재운반 천정 크레인, 토사저류 반송 시스템으로 구성된다. 본 설비는 이수식 쉴드TBM, 토압식 쉴드TBM 모두에 적용할 수 있는 공통 설비이다.

갱외설비의 구성은 그림 8.4.16과 같다.

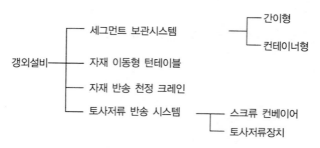

그림 8.4.16 면적 효율화 시스템의 갱외설비 구성 [5]

(1) 세그먼트 스톡 시스템

그림 8.4.17~8.4.18과 같이 간이형과 컨테이너형의 2가지 형식이 있으며, 발진 수직구 용지에서 세그먼트를 입체적으로 배치하는 것이다. 수직구 용지가 협소하고 세그먼트 보관면적의 확보가 곤란한 경우에도 본 시스템을 적용하여 세그먼트의 입체적 배치를 통해 면적 효율화를 도모할 수 있다.

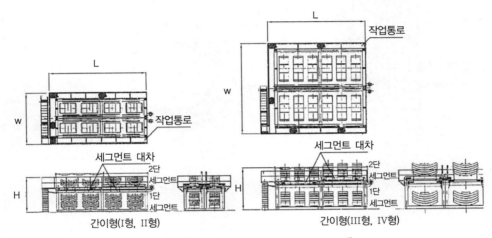

그림 8.4.17 세그먼트 보관시스템(간이형) [5]

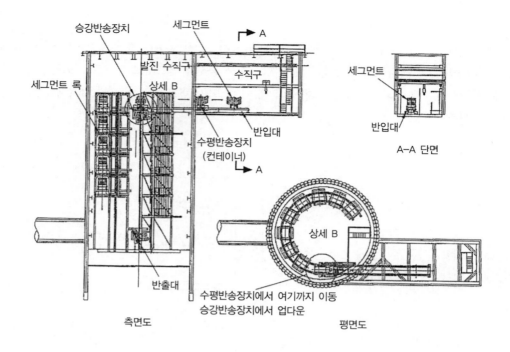

승강반송장치　　세그먼트　　　　　A
　　　　　　　　　발진 수직구　　　　수직구
세그먼트 록　　　상세 B
　　　　　　　　　　　　　　　　　　　반입대
　　　　　　　수평반송장치
　　　　　　　(컨테이너)　　　A

세그먼트
반입대
A-A 단면

상세 B

반출대
수평반송장치에서 여기까지 이동
승강반송장치에서 업다운

측면도　　　　　　　　　　　평면도

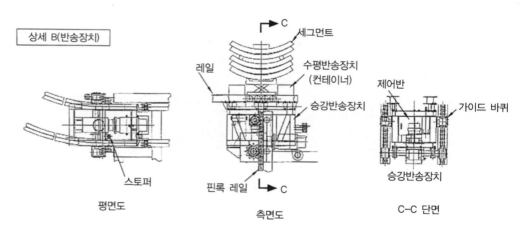

상세 B(반송장치)

　　　　　　　　　　　　　C
　　　　　　　　　　　　　　세그먼트
레일　　　　　　　　　　　　수평반송장치
　　　　　　　　　　　　　　(컨테이너)　　제어반
　　　　　　　　　　　　　　　　　　　　　　　　　가이드 바퀴
　　　　　　　　　　　　　　승강반송장치

스토퍼　　　　　　　핀록 레일　　C　　　　　승강반송장치

평면도　　　　　　　　측면도　　　　　　C-C 단면

그림 8.4.18 세그먼트 보관시스템(컨테이너형) [5]

(2) 자재 이동형 턴테이블

그림 8.4.19와 같이 협소한 수직구 용지 내 공사차량의 이동을 용이하게 할 수 있게 하는 설비
이다. 자재 이동형 턴테이블의 적용을 통해 협소한 발진 수직구 용지 내에서 동선을 확보함과 동
시에 여러 대를 반출할 수 있다. 이를 통해 용지형상이나 설비배치, 도로조건에 맞춘 계획이 가
능하다.

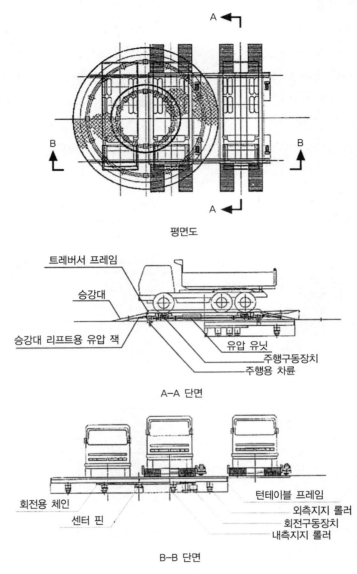

평면도

트레버서 프레임

승강대

승강대 리프트용 유압 잭

유압 유닛

주행구동장치

주행용 차륜

A-A 단면

회전용 체인

센터 핀

턴테이블 프레임

외측지지 롤러

회전구동장치

내측지지 롤러

B-B 단면

그림 8.4.19 자재 이동형 턴테이블 [5)]

(3) 자재 운반 천정 크레인

그림 8.4.20과 같이 길이를 바꾸면서 사각형 용지가 아닌 경우에도 용지 내 모서리 부분까지 크레인 작업이 가능한 설비이다. 자재 운반 천정 크레인의 적용에 의해 사각형 이외의 발진 수직구 용지에서도 효율적인 설비배치 및 수직구 용지를 효율적으로 이용할 수 있는 면적 효율화가 가능하다.

(4) 토사 저류 반송 시스템

이수식 쉴드TBM의 1차 처리, 토압식 쉴드TBM의 굴착토를 저류 반송하는 시스템이다. 토사 저류 반송 시스템에는 스크류 컨베이어와 토사 저류장치가 있다.

과거의 설비에서는 굴착토를 토사 호퍼 등으로 저류하여 덤프 트럭에 적재하기 때문에 설비의 높이가 높았으며, 저류설비까지의 반송에는 벨트 컨베이어가 사용되어 큰 면적이 필요하였다. 이러한 과거의 설비에 대해 스크류 컨베이어와 토사 저류조로 구성된 토사 저류 반송 시스템을 적용함으로써 토사 저류, 반송에 관한 설비의 면적 효율화가 가능하다.

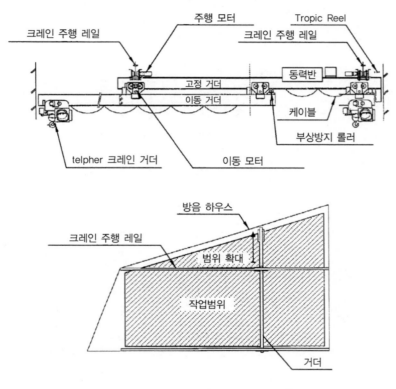

그림 8.4.20 자재 이동형 천정 크레인[5]

8.4.4 면적 효율화 시스템의 효과

본 시스템의 도입에 따라 다음과 같은 효과가 있다.

1) 이수식 쉴드TBM

① 1차 처리토를 적극적으로 증가시켜 건설오염토 발생량을 억제할 수 있다.

② 2차 처리설비의 부하저감에 의해 설비가 소형화된다.

③ 리얼 타임 막장 안정관리 시스템을 갱내 혹은 지상에 설치하여 지상 이수제작설비가 불필요하다. ①~③에 의한 발진 수직구 용지의 면적 효율화를 도모할 수 있다.

④ 2차 처리토를 재이용하기 쉬운 상태로 처리할 수 있다.

⑤ 이수 상태를 순간적으로 변경하여 보다 안정된 막장관리가 가능하다.

2) 토압식 쉴드TBM

① 토사 압송설비의 적용으로 면적 효율화를 도모할 수 있고 수직구 내 작업환경이 양호하다.

② 자갈이 많은 지반에서도 토사압송에 의한 반출이 가능하다.

3) 공통

① 세그먼트의 입체적 보관을 통해 넓은 세그먼트 야드가 불필요하다.

② 협소한 수직구 용지에서도 턴테이블에 의해 반출입 차량의 동선을 확보할 수 있다.

③ 협소하고 이형 발진 수직구 용지에서도 효율적인 설비배치가 가능하다.

참고문헌

1) 日本道路協会: シールドトンネル設計・施工指針, pp.329, 2009.2.

2) 日本トンネル技術協会: 土圧式シールド工法における掘削土搬送方法の調査報告書(中国電力株式会社委託), pp.140, 1992.3.

3) 最新のシールドトンネル技術編集委員会編: ジオフロントを拓く, 最新のシールドトンネル技術, 技術書院, 1990.11.

4) 金安, 飯尾, 大野, 都甲: 東京礫層を泥土圧シールドで掘る, トンネルと地下, 1990.2.

5) 下水道新技術推進機構: シールド発進立坑用地の省面積システム技術マニュアル[改定版], 2008.12.

지반변형과 기존 구조물의 보호

제9장

지반변형과 기존 구조물의 보호

근접한 기존 구조물에 유해한 영향을 미치지 않도록 쉴드TBM 공사를 실시할 때는 그림 9.1.1과 같이 조사 및 사전검토에서 현장계측관리까지 일관성 있게 계획할 필요가 있다.

우선 조사결과를 기초로 현장조건을 정리하여 소정의 기준을 참고로 근접 정도를 판정[1]한다. 판정결과에 따라 영향검토나 계측관리가 필요하다고 판단되는 경우에는 주어진 현장조건에 대해 어떠한 현상이 발생하는지를 정확히 예상하여 그 현상에 맞는 모델로 지반변형과 기존 구조물에 대한 영향을 사전에 예측한다. 해석결과가 기존 구조물의 허용값을 상회하는 경우에는 보호대책을 검토할 필요가 있다. 마지막으로 해석결과를 기초로 관리 기준값을 설정하고 실 시공 시 현장계측을 실시하여 기존 구조물에 대한 영향을 감시한다.

이러한 흐름에 따라 근접시공 관리를 실시하기 위해서는 다음과 같은 항목에 대해 숙지할 필요가 있다.

① 쉴드TBM 굴진에 따른 주변 지반 변형상태 및 그 원인, 변형 유무나 정도와 원인과의 관계, 지반상태 변화가 기존 구조물의 지지상태에 미치는 영향 정도
② 쉴드TBM 굴진에 의한 지반변형 예측을 위한 해석방법. 기존 구조물에 대한 영향 예측해석 모델
③ 지반변형의 저감 및 기존 구조물에 대한 영향방지대책 선정. 현장조건에 따른 대책 선정방법
④ 계측관리 시스템과 목표 계측항목과 계측방법. 계측결과의 시공관리에 대한 피드백 방법

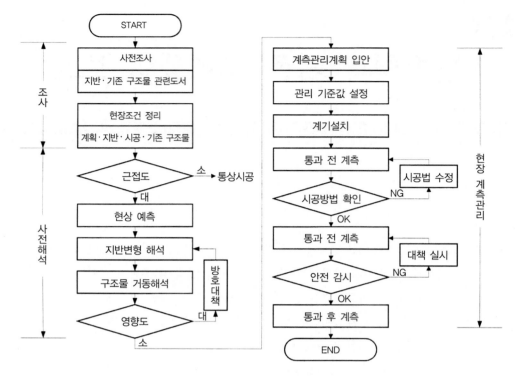

그림 9.1.1 근접시공 플로우의 예

9.1 지반변형의 원인과 발생기구

9.1.1 지반변형의 영향요인(소인, 유인, 직접원인)

  쉴드TBM 굴진에 따른 지반변형과 근접 기존 구조물의 거동과의 관계는 그림 9.1.2[2]와 같다.
  지반변형의 영향요인은 쉴드TBM 형식, 쉴드TBM 외경, 선형, 토피 등 고유조건(소인)과 시공조건이 같이 변동하는 조건(유인)으로 크게 구분한다.

  막장에서 굴착 시 발생하는 막장붕괴, 지하수위 저하, 과다 잭 추력, 쉴드TBM 굴진과정에서 발생하는 여굴, 사행, 주변 지반의 활동, 쉴드TBM 스킨 플레이트와 지반의 마찰, 쉴드TBM 통과 후 발생하는 테일 보이드, 부적절한 뒤채움 주입, 라이닝 변형, 라이닝 누수 등의 현상은 지반변형을 이끄는 직접원인이다.

9.1.2 지반변형의 발생원인과 영향영역

(1) 지반변형 발생기구

쉴드TBM 굴진에 따른 지반변형 발생원인은 다음과 같은 것이 있다.

① 막장에서 토압과 수압의 불균형 : 토압식 쉴드TBM나 이수식 쉴드TBM에서는 굴진량과 배
   토량에 차이가 발생하는 등의 원인으로 막장토압이나 수압과 챔버압에서 불균형이 발생하
   면 막장이 평형상태를 상실하여 지반변위가 발생한다. 막장토압이나 수압에 대해 챔버압
   이 작은 경우에는 지반침하, 큰 경우에는 지반융기가 발생한다. 이러한 현상은 막장에서
   지반 응력해방 혹은 부가적인 압력 등에 의한 탄소성 변형에 의한 것이다.
② 굴진 시 지반 활동 : 쉴드TBM 굴진 중에는 쉴드TBM 스킨 플레이트와 지반과의 마찰이나
   지반의 활동에 근거하여 지반융기나 침하가 발생한다. 특히 사행수정, 곡선굴진에 따른 여
   굴은 지반을 이완시키는 원인이 된다.
③ 테일 보이드와 불충분한 뒤채움 주입 : 테일 보이드의 발생에 의해 스킨 플레이트로 지지되
   는 지반은 테일 보이드를 향해 변형되고 지반침하가 발생한다. 이것은 응력해방에 의한 탄
   소성 변형이다. 지반침하의 대소는 뒤채움 주입재의 재질 및 주입시기, 위치, 응력, 양 등
   에 좌우된다. 또한 점성토 지반에서 과다한 뒤채움 주입압력은 일시적인 지반융기의 원인
   이 된다.

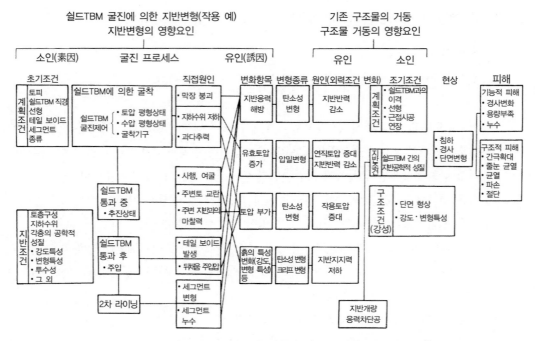

그림 9.1.2 쉴드TBM 굴진에 의한 지반변형과 기존 구조물의 거동 [2]

④ 1차 라이닝 변형 및 변위 : 조인트 볼트 체결부가 불충분하거나 세그먼트 링이 변형하기 쉬워짐에 따라 테일 보이드의 증대나 테일 탈출 후 작용하는 압력 불균형 등이 발생하여 라이닝이 변형 혹은 변위가 발생하고 지반침하가 증대하는 원인이 된다.

⑤ 지하수위 저하 : 막장에서 용수나 1차 라이닝에서 누수가 발생하면 지하수위가 저하되어 지반침하의 원인이 된다. 이 현상은 지반 유효응력이 증가함에 따른 압밀침하이다.

쉴드TBM 굴진에 따른 지반변위의 경시변화는 완만한 곡선을 그리며 최종값에 이르는 경우는 적고 곡선 도중에 명확히 곡률이 급변하는 점이 존재한다. 이러한 변화점은 그림 9.1.2와 같이 직접원인에 의해 발생한다. 시간축을 쉴드TBM 굴진위치로 바꾸어두면 변위곡선 각각의 변화점과 쉴드TBM 위치 사이에 관련이 있으며, 그림 9.1.3[3]과 같이 5단계로 분류할 수 있다. 이러한 각 단계의 변위는 표 9.1.1과 같은 직접 원인과 달리 그 발생기구도 다르다. 이것을 분류하여 정리하면 다음과 같다. 이 중 ①, ②는 쉴드TBM 통과 전, ③은 통과 중, ④, ⑤는 통과 후에 발생하는 지반변위이다. 이러한 지반변위는 상시 발생하는 것이 아니며, 적절한 쉴드TBM 형식을 선정하여 양호한 시공을 통해 최소한으로 억제할 수 있다.

① 선행침하 : 쉴드TBM 막장 전방에서 발생하는 침하로서 사질토인 경우에는 지하수위 저하에 의해 발생한다.

② 막장 전 침하(융기) : 쉴드TBM 막장 도달 직전에 발생하는 침하 혹은 융기로서 막장에서의 토압과 수압 불균형이 원인이다.

③ 통과 시 침하(융기) : 쉴드TBM이 통과할 때 발생하는 침하 혹은 융기로서 쉴드TBM 외주면과 지반과의 마찰이나 여굴에 따른 활동, 3차원적 지지효과 감소에 따른 응력해방에 의한 것이 주요 원인이 되어 발생한다.

④ 테일 보이드 침하(융기) : 쉴드TBM 테일 통과 직후 발생하는 침하 혹은 융기로서 테일 보이드가 발생함에 따른 응력해방이나 과다 뒤채움 주입압 등이 원인이 되어 발생한다. 지반침하의 대부분은 테일 보이드 침하이다.

⑤ 후속침하 : 연약 점성토인 경우에 나타나는 침하 혹은 융기로서 주로 쉴드TBM 굴진에 의한 전체적 지반 이완 활동, 과잉 뒤채움 주입 등에 기인한다.

(2) 지반변형의 영향영역

쉴드TBM 굴진에 의해 발생하는 지반변위나 부가토압의 영향이 주변 지반의 어느 범위까지 미칠 것인지 그 영향영역을 아는 것은 근접하는 기존 구조물을 보호하는 것과 함께 매우 중요하다. 그림 9.1.4는 충적지반을 대상으로한 많은 쉴드TBM 공사의 계측결과[4]를 참고하여 쉴드TBM 굴진에 따른 주변 지반 변위분표를 모식화한 것이다. 그림 (a)는 충적 점성토 지반, 그림 (b)는 충적 사질토 지반의 경우이다. 충적 점성토 지반인 경우 지반변위는 쉴드TBM을 중심으로 하는 선저(船底)형 3차원적 분포를 나타낸다. 막장토압에 대해 쉴드TBM 잭 추력의 과부족이 발생하면 막장 전방에 침하 또는 융기가 발생한다. 막장 직전의 흙은 흙으로 둘러쌓여 있으므로 개구부를 향해 변위가 발생한다. 쉴드TBM 통과 중에는 커터헤드의 막장지반에 대한 압입 및 쉴드TBM 스킨 플레이트와 주변 지반의 마찰에 의해 쉴드TBM 막장 전방과 쉴드TBM 측방 지반은 전체로서 쉴드TBM 진행방향 및 외주방향으로 변위된다. 쉴드TBM 테일 통과 후에는 테일 보이드에 의한 응력해방에 의해 주변 토괴가 테일 보이드를 향해 붕락 침하한다. 테일 보이드에 뒤채움 주입을 하면 침하는 감소한다. 그러나 뒤채움 주입압력이 과다하면 지반은 밀어올려져 융기된다.

한편 사질토 지반인 경우는 지반의 활동 자체는 점성토 지반과 다르지 않으나, 흙의 아칭효과가 발휘된 아치 내측에 이완 영역이 발생하기 때문에 지중 침하가 지상으로 전파되는 과정에서 저감된다는 점이 다르다. 최종적인 지반변위의 측방 영향영역은 대략 쉴드TBM 하단에서 $45° + \phi/2$의 범위이다. 홍적지반인 경우도 마찬가지로 분포하나, 자립성이 높기 때문에 테일 보이드 발생 등 응력해방에 의한 지반변위 영향영역은 충적지반보다 좁고 거의 굴착단면 폭 내로 한정되는 경우가 많다.

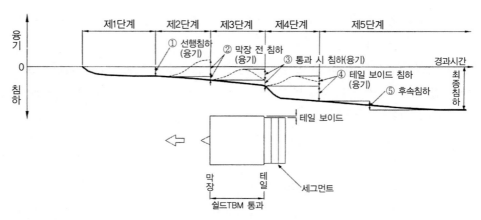

그림 9.1.3 쉴드TBM 굴진에 의한 지반변위 분류 [3]

    토피 H와 쉴드TBM 외경 D와의 비, 전 침하량과의 관계는 많은 현장계측결과를 토대로 그림 9.1.4와 같이 정리되었다. [2] 이에 따르면 H/D와 전 침하량과의 관계는 지반 종류에 따라 다른 것을 알 수 있다. 그림 (a)의 점성토 지반인 경우에는 H/D가 커져도 전 침하량이 저감되는 경향은 보이지 않는다. 한편 그림 (b)의 사질토 지반인 경우에는 H/D가 2 이상되면 전 침하량이 현저히 저감되는 경향을 볼 수 있다. 특히 충적층 점성토 지반의 경우 흙의 아칭효과를 기대할 수 없으므로 지중 침하가 시간경과와 함께 상향으로 전달되어 최종적으로는 지중과 지표 침하가 거의 동일하게 되는데 대해 사질토 지반의 경우는 지중침하가 상향으로 전달되는 과정에서 아칭효과에 의해 지표면 침하가 저감되기 때문이다.

    또한 지반 내에 매설된 지중 토압계의 계측결과[2]에 따르면 쉴드TBM 통과 시 발생한 부가적 토압은 쉴드TBM의 상부보다도 지반의 구속이 큰 측방, 하부측으로 넓게 전달되고, 쉴드TBM 테일부가 빠져나가면서 함께 소산된다. 충적지반에서 부가토압의 영향영역은 쉴드TBM 외주면으로부터 대략 1D 범위라고 생각된다.

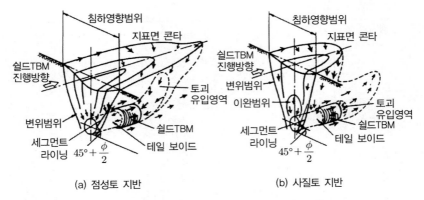

그림 9.1.4 지반변위 분포 모식도(충적지반) [2]

표 9.1.1 지반변위 종류와 원인 및 발생기구

지반변위 패턴	발생위치 및 시기	직접 원인 및 발생기구	밀폐형 쉴드TBM에서의 발생상황
① 선행침하	쉴드TBM 막장 전방에서 발생	토피가 원인이나, 막장 면에서 터널 종단방향의 활동범위 전방에서 영향이 나타나는 요인으로는 지하수위 변화인 경우가 많다.	막장 면에서 지하수압이 유지되기 때문에 선행침하는 거의 문제가 되지 않는다.
② 막장 전 침하(융기)	쉴드TBM 막장 도달 직전 발생	• 침하는 막장 면에서의 토사 유입과다(막장 면 주동상태) • 융기는 막장 면에서의 과다 압입(막장 면 수동상태) • 모두 응력해방 혹은 부가토압에 의한 탄소성 변형이다.	막장 면에서 설정토압이 적정하며, 이수식에서는 이수·이수압 관리, 토압식에서는 챔버 내 토압관리가 적절하면 막장 전 침하(융기)는 적다.
③ 통과 시 침하(융기)	쉴드TBM이 통과할 때 발생	• 쉴드TBM 외주면과 지반과의 마찰저항에 의한 터널 종단방향 전단변형 • 계획대로 굴진하기 위한 쉴드TBM 자세제어, copy 커터에 의한 여굴, copy 커터에 의한 굴착반력에 의해 쉴드TBM이 주변 지반에 영향을 미치며, 이때 발생하는 지반 활동도 침하원인이라고 볼 수 있다.	• 밀폐형 쉴드TBM의 중심은 레이아웃상 커터부근이며, 추진력 작용점은 중심보다 후방이 되는 경우가 많다. 이와 같이 가장 무거운 부분의 쉴드TBM을 중심위치보다 후방에 있는 잭으로 자세제어하면서 계획 선형을 굴진하게 된다. • 이때 지반이 연약 점성토 지반과 같이 쉴드 TBM 중심에 대해 지지력을 기대할 수 없으면 자세제어에 의한 쉴드TBM 이동량도 커져 이 부분의 침하(융기)가 상대적으로 커지는 경우가 있다. • 반대로 지반이 경질인 경우에는 copy 커터에 의한 여굴의 도움을 빌리지 않으면 자세제어가 곤란한 경우도 있어 이때에도 침하(융기)가 상대적으로 커지는 경우가 있다.

표 9.1.1 지반변위 종류와 원인 및 발생기구(계속)

지반변위 패턴	발생위치 및 시기	직접 원인 및 발생기구	밀폐형 쉴드TBM에서의 발생상황
④ 테일 보이드 침하(융기)	쉴드TBM 테일 통과 직후 발생	• 테일 보이드 발생이나 그것을 억제하는 뒤채움 주입에 기인한다. 응력해방 혹은 부가토압에 의한 탄소성 변형이다. • 실제 계측사례나 모델실험을 통해 고찰하면 테일 보이드에 의한 지반변형은 터널 종단방향에도 영향을 미치며, 쉴드TBM 테일 통과 직전부터 영향이 나타난다.	• 뒤채움 주입에 대해 동시 주입이나 가소성 주입재료의 등장에 의해 테일 보이드 침하는 작아지는 경향이다. • 과도한 뒤채움 주입에 의해 융기를 발생시키면 지반이 활동하여 최종 침하가 커질 가능성이 있다.
⑤ 후속침하	주입완료 이후, 계속적으로 발생	• 후속침하 원인은 해명되었다고 말하기 어려우나, 일반적으로 쉴드TBM 굴진에 의한 지반 이완, 활동에 의한 압밀침하라고 볼 수 있다. • 지반 이완이나 활동 등은 해석상 전단변형이나 평균 주응력의 증가에 의해 발생하는 과잉간극수압의 발생으로 취급한다. • 과잉간극수압의 발생요인으로는 막장 전방~테일 보이드 간에서 쉴드TBM과 지반의 작용과 반작용, 뒤채움 주입과 지반의 작용과 반작용이라고 볼 수 있다.	연약 점성토 지반인 경우에는 후속침하가 확인되는 경우가 있으나, 사질토 지반이나 과압밀 경질 점성토 지반에서는 거의 나타나지 않는다.

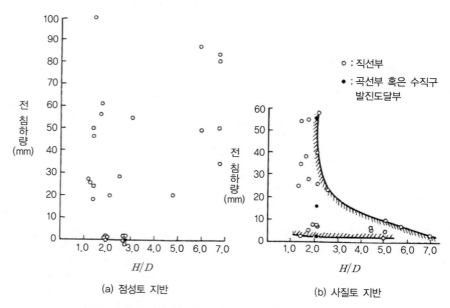

그림 9.1.5 토피 H와 쉴드TBM 외경 D의 비, 전 침하량과의 관계[2]

9.2 지반변형과 구조물 거동의 예측해석

9.2.1 지반변형 예측해석

(1) 예측해석의 종류

쉴드TBM 굴진에 따른 지반변형의 영향 크기를 정밀도 높게 예측하는 것은 대책공의 필요유무나 구체적인 대책방법의 검토, 계측관리계획을 전제로 하는 것으로 매우 중요하다. 그러나 예측방법의 특징이나 한계의 이해를 제쳐놓은 채로 기계적으로 예측을 수행하여 과도한 대책을 적용한 사례나 반대로 공사도중 대책공을 추가하는 경우가 필요한 공사가 있었다. 또한 기존 구조물에 변형이 발생한 예도 있다.

쉴드TBM 굴진에 따른 지반변형을 예측하는 방법은 오래전부터 많이 제안되어 왔다.

예측방법은 쉴드TBM 외경과 토피만의 기하학적 형상치수를 통해 산출하는 Bringgs, Rozsa, Peck 그리고 村山·松岡의 식이 있다. Bringgs, Rozsa 및 Peck의 식에서는 지표면 중앙 침하량만을 산출할 수 있었으나, 村山·松岡의 식에서는 이완 폭도 얻을 수 있다. 전 3자는 경험식이며, 후자는 실험을 통해 얻은 경험식이다.

형상치수 등의 기하학적 조건 이외에 지반조건도 고려하여 산출한 竹山의 공사실적, Peck의 방법, 吉越의 연구, Jeffery의 식을 들 수 있다. 竹山 등은 사질토, 점성토 별로 H/D와 최종 침하량 공사실적을 정리하였다. Peck은 지반을 점토, 사질토, 암반의 3 패턴으로 분류하고 지표면 침하분포 형상이 정규분포 곡선을 반전시킨 형태라고 가정하여 구한 방법을 제안하였다. 또한 吉越 등은 Peck의 방법을 발전시켜 쉴드TBM 종단방향의 침하분포에 대한 추정을 가능하게 하였다. Jeffery는 반무한한 길이의 탄성체 변형으로서 지표면 변위 분포를 산정하는 탄성이론식을 제안하였으며, 지표면 중앙 침하량만을 산정하는 동일한 산정식은 Limanov에 의해 도출되었다.

이러한 예측방법은 지표변위의 개략값을 산출하는 것은 가능하나 지반조건 등을 고려할 수 없다는 점, 임의의 위치에서 임의의 방향에 대한 지반변형을 알 수 없으므로 제약이 많은 현장의 근접시공 영향검토에 적용하는 것은 어렵다.

따라서 현재는 다양한 현장조건을 고려할 수 있는 유한요소법에 의한 해석이 주류를 이루고 있다. 지하구조물이 폭주하는 도시부에서는 기존 구조물과 쉴드TBM과의 이격을 충분히 하는 것이 점점 곤란해지는 경향이며, 터널 선형의 확정이나 대책공의 선정 및 수립 시 유한요소법에 의한 지반변형 해석이 이후에도 많이 사용될 것으로 사료된다.

(2) 유한요소법을 적용하는 경우의 유의사항

쉴드TBM 굴진에 따라 발생하는 지반변형은 쉴드TBM 굴진(작용 측)에 의해 주변 지반(응답 측)의 평형상태가 일단 붕괴, 지반 내 응력이 재분배되어 안정측으로 이행되는 과정에서 발생하는 현상으로 볼 수 있다. 따라서 유한요소법으로 쉴드TBM 굴진에 의한 지반변위를 예측하기 위해서는 다음과 같은 조건이 만족될 필요가 있다.

① 작용 측인 쉴드TBM 시공단계의 각 요소(굴착, 추진, 테일 보이드 발생, 뒤채움 주입 등)가 해석에 반영될 것
② 쉴드TBM과 지반의 경계면(굴착면, 접촉면)에서의 지반 활동이 재현될 것
③ 응답 측 지반변형의 기본 방정식, 흙의 구성법칙 및 이에 필요한 입력 물성값이 정확히 결정될 것

이에 추가적으로 실제 쉴드TBM 굴진에 의한 지반변형은 그림 9.1.4와 같이 3차원적 현상이므로 3차원 모델로 취급하는 것이 바람직하다. 단, 실용적 측면에서 예측단면은 횡단방향으로 하여 2차원 평면 변형모델로 해석하는 경우가 많다. 유한요소법을 이용하여 쉴드TBM 굴진에 의한 지반변형을 해석할 때는 상기 ①~③의 조건을 만족시키기 위해 구체적으로는 표 9.2.1과 같은 기초 방정식, 해석 모델, 입력 물성값, 환경조건으로서 응력해방률 등 해석조건을 설정할 필요가 있다.

표 9.2.1 유한요소법에 의한 예측해석 플로우와 해석조건

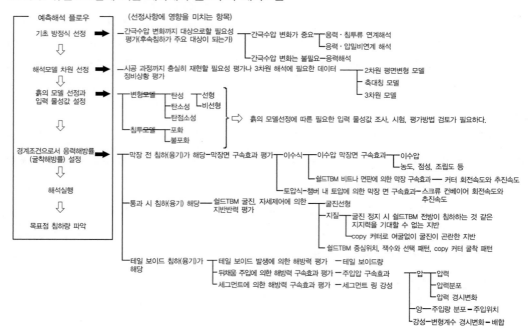

i) 해석 지반정수

유한요소법에 의한 선형탄성해석에 필요한 해석 지반정수에 변형계수가 있다. 지반 변형계수가 해석결과에 큰 영향을 미치는 것은 명확하므로 설정 시에는 충분한 검토가 필요하다.

변형계수는 실내토질시험에 의해 산출하는 것을 원칙으로 하나, 그것이 어려운 경우에는 N값 등으로부터 추정하는 것도 가능하다.

일반적으로 점성토의 변형계수는 $E=210Cu(kN/m^2)$ =[Cu : 점착력(kN/m^2)]가 사용된다. 또한 사질토의 경우는 대상이 되는 지반 변형레벨에 따라 $E=700\sim2,800N(kN/m^2)$ (N : N값)의 범위가 있다. $E=700N$은 변형레벨이 비교적 큰 경우 지반 변형계수로 사용된다.

ii) 응력해방률

테일 보이드 침하를 재현한 유한요소법에 사용하는 응력해방률은 전 굴착에 해당하는 외력과 라이닝이 구축되는 단계에서 해방되는 굴착에 해당하는 외력의 차이를 전 굴착에 해당하는 외력에 대한 비로서 (9.2.1) 식과 같이 표현하는 방법, 초기지압과 작용토압(라이닝 반력)의 차의 초기지압에 대한 비로서 (9.2.2) 식과 같이 나타내는 방법 등이 있다. 개념적으로는 라이닝 구축 후에 지반의 응력부담 포함여부에 따른 차이가 있으나 지반변형의 크기와의 관련을 조사하면 정성적으로는 동일하다.

焼田 등[5]은 응력해방률의 일반적 값으로서 홍적층에서 8~15% 정도, 충적층에서 15~30% 정도인 경우가 많다고 보고하였다.

그 외 中山 등[6]이나 藤木 등[7]은 식 (9.2.3), 식 (9.2.4)와 같이 지반 초기응력으로부터 이수압이나 뒤채움 주입압의 테일 보이드 내 압력을 빼고 이것에 보정계수를 곱한 응력이 해방응력이라고 제안하였다.

어떠한 방법도 응력해방률 혹은 보정계수라는 시공실적으로부터 경험적으로 얻어진 수치를 사용한다는 점에서 일치한다.

$$\alpha = \frac{P-P_L}{p} \times 100 = \left(1 - \frac{P_L}{P}\right) \times 100 \qquad (9.2.1)$$

여기서, α : 응력해방률(%)

P : 전 굴착에 해당하는 외력

P_L : 라이닝이 구축되는 단계에서 해방된 굴착에 해당하는 외력

$$\alpha = \frac{\sigma_0 - \sigma_L}{\sigma_0} \times 100 = \left(1 - \frac{\sigma_L}{\sigma_0}\right) \times 100 \tag{9.2.2}$$

여기서, α : 응력해방률(%)

　　　　σ_0 : 초기지압

　　　　σ_L : 작용토압(라이닝 반력)

해방응력＝보정계수×(현 지중 응력－테일 보이드 내 압력) $\tag{9.2.3}$

응력해방률＝해방응력/현 지중 응력 $\tag{9.2.4}$

여기서, 테일 보이드 내 압력 : 경질지반의 경우에는 이수압, 연약지반의 경우에는 뒤채움 주입압

이 응력해방률이나 보정계수를 도입하여 그림 9.2.1과 같이 응력해방에 의한 터널 굴착면 변위는 테일 보이드량 이상의 변위가 발생하는 경우는 없으며, 테일 보이드량 이상의 변위가 발생하는 경우에는 응력해방률이나 지반의 변형계수 등을 재검토할 필요가 있다.

iii) 해석영역

해석영역이 해석결과에 영향을 미치는 것은 잘 알려져 있으며, 특히 터널 하부영역의 설정에는 주의가 필요하다. 터널 하부영역을 크게 하면 응력해방에 의한 터널 저부 부상량이 증가하게 되어 비현실적인 해석결과를 도출하게 된다.

燒田 등[5]은 터널 하부영역을 굴착외경의 2배 정도로 하는 실적이 많다고 보고하였다. 또한 小山 등[8]은 터널 하부영역을 터널 외경의 1배로 하여 설계상 안전측인 지표면 침하량을 구할 수 있다고 보고하였다.

이와 같이 해석조건을 통일적으로 정하지 않는 이유는 쉴드TBM과 라이닝과의 경계에서 지반거동, 주입에 의한 지반변형의 억제효과 등이 충분히 해명되지 않았기 때문이다. 이에 대해서는 상세한 현장계측, 모델실험을 통해 수치해석결과와 비교한 예,[9),10)] 원심력 장치에 의해 지반변형 메커니즘에 관한 모델시험을 수행한 예,[11),12)] 주입 효과에 관한 실험연구 예[13)]가 있다. 이후 이러한 연구성과가 정리되면 해석조건을 보다 합리적으로 설정하는 것이 가능해질 것이다. 또한 3차원 해석에 대해서도 수치해석 기술이 고도화됨에 따라 서서히 연구성과[14),15)]가 보이고 있으

나 해석에 필요한 지반조건, 시공조건 등의 모델화나 경계조건의 취급 등 해결해야 하는 과제가 많다.

이 때문에 요구되는 정밀도, 입력조건의 정밀도, 예상되는 변형량의 정도, 예측 단계(조사, 설계, 시공단계), 해석에 필요한 비용 등을 감안하여 예측해석 방침을 결정하는 것이 실상이다. 실무적인 해석방법으로 사용되는 방법으로 기초 방정식은 응력해석, 해석 모델은 2차원, 흙의 모델은 선형 탄성체, 응력해방률은 유사지반과 유사 시공현장에서 실측변위를 역해석하여 설정하는 방법이다. 밀폐형 쉴드TBM의 경우는 양호한 시공이 실시되면 표 9.1.1에 표시한 바와 같이 테일 보이드 침하 이외는 거의 문제가 되지 않으므로 예측은 간략화나 효율화 되어 입력정수나 해석 모델을 연구하여 2차원 해석에서도 실용상 충분한 정밀도로 지반변위를 예측하는 것이 가능하다.

예측방법은 표 9.2.2와 같이 조사·설계단계와 시공단계에서 구분하여 사용하는 것이 합리적이다. 특히 시공단계의 경우는 굴진 초기단계에서 트라이얼 시공을 통해 시공조건과 지반변형의 실측값과 대응이 가능하며, 통계적 방법이나 역해석을 순차 실시하여 보다 정밀도 높은 예측이 가능하다.

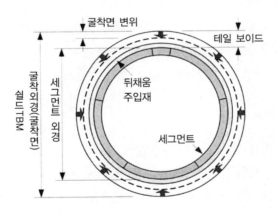

그림 9.2.1 응력해방에 의한 굴착면 변위 개념도

표 9.2.2 조사·설계와 시공단계의 지반변형 예측

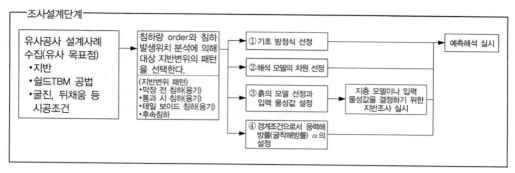

9.2.2 기존구조물의 거동 예측해석

그림 9.2.2[16]은 쉴드TBM 굴진에 따른 기존 구조물에 미치는 영향을 모식적으로 표시한 것이다. 이러한 기존 구조물의 변형은 쉴드TBM 굴진에 따른 지반변형으로서 외력조건이나 지지상태 변화에 의한 것이다. 외력조건 변화는 그림 9.2.1과 같이 지반변형의 직접 원인에 따라 달라지며, 기본적으로는 다음에 표시한 4종류로 구분할 수 있다.[2] 이러한 외력 조건의 변화에 의해 기존 구조물은 침하, 경사, 단면변형 등이 발생한다. 그 정도는 기존 구조물에 대한 터널계획조건(쉴드TBM과의 이격, 선형, 근접구간의 길이), 기존 구조물과 쉴드TBM 사이에 있는 지반의 물성값, 기존 구조물의 구조특성(단면 형상, 강도, 변형특성) 등의 요인에 따라 다르다.

① 지반 응력해방에 의한 탄소성 변형(지반반력 감소)
② 유효토압의 증가에 의한 압밀변형(연직토압의 증대 혹은 지반반력의 감소)
③ 토압의 부가에 의한 탄소성 변형(작용토압의 증대)
④ 흙의 물성 변화에 따른 탄소성 변형 및 크리프 변형(지반지지력 저하)

이러한 쉴드TBM 굴진에 따른 기존 구조물의 거동을 예측 해석할 때는 우선 기존 구조물과 쉴드TBM과의 기하학적 위치관계나 쉴드TBM의 굴진과정 등을 고려하여 각각의 케이스에 대해 어떠한 모델로 해석해야 하는가를 검토할 필요가 있다. 기존 구조물은 반드시 쉴드TBM의 굴진방향에 직각이나 평행일 필요는 없다. 쉴드TBM 터널의 곡선부에서는 구조물과의 관계에서 3차원적인 고려가 필요하다. 따라서 일반적으로 지반변형 해석은 2차원 모델이 주로 수행하나, 이러한 경우는 3차원 모델이 필요한 경우도 있다.

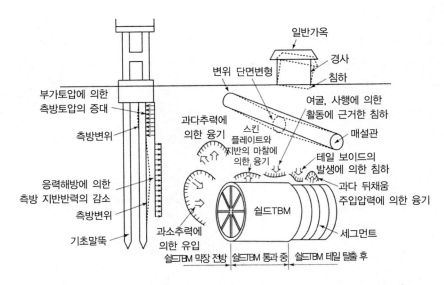

그림 9.2.2 쉴드TBM 굴진에 따른 지반변형과 기존 구조물 거동 모식도[16]

다음 해석방법으로는 지반과 기존 구조물과의 상호작용의 취급방법으로서 이하의 2가지 방법이 있다.

① 쉴드TBM 굴진에 따른 지반변위를 해석하고 기존 구조물이 위치한 지반변위의 출력결과를 기존 구조물에 입력하여 구조해석을 실시하는 방법
② 구조물을 지반 중에 묘사한 모델을 사용하여 쉴드TBM 굴진에 따른 지반변형과 구조물 거동을 동시에 해석하는 방법

①의 방법은 구조물이 지반변위에 따라 거동하는 강성이 작은 플렉시블한 기존 구조물인 경우에 적용 가능하다. 또한 ②의 방법은 주로 유한요소법에서 해석하는 것이다. 지반 중에 기존 구조물이 직접 묘사되기 때문에 기존 구조물의 변위 및 발생 단면력 등을 직접 얻을 수 있는 편리한 방법이며, 지반과 구조물을 연속체로 해석하기 때문에 지반이 구조물과 격리되는 방향으로 변위가 발생하는 부분에서는 실제와 다른 거동이 되는 경우가 있다. 이 때문에 ②의 방법도 지반변위에 영향을 미치지 않는 정도의 작은 강성을 가진 구조물에 유효하다.

또한 기존 구조물이 말뚝기초인 경우 말뚝을 평면 변형 모델인 지반 중에 고려하는 경우에는 그림 9.2.3[17]과 같이 해석하는 평면에 직교하는 방향으로 연속하는 요소(판)로 치환할 필요가 있다. 이 방법에서는 흙과 마찬가지 폭을 가진 평면 변형요소를 사용하는 경우와 해석평면상에 폭을 갖지 않는 빔요소를 사용하는 경우가 있다. 말뚝의 휨을 문제로 하는 경우에는 일반적으로 빔요소 쪽이 정밀도가 높다. 단, 엄밀히 말하면 등가평면변형 요소에서는 모델의 폭 Ts부에도 실제로는 흙도 존재하고 있다는 점을 고려하지 않을 뿐만 아니라 등가 빔요소는 말뚝을 배제한 지반을 고려하지 않는다. 또한 실제로는 말뚝 사이를 흙이 채우고 있는 거동이 되기 때문에 조인트 요소를 사용하여 그것을 표현하려고 시도한 경우도 있다. 어느 쪽도 이러한 단순화 모델에서 얻어진 말뚝의 응력값을 이용함에 있어 정밀도에 대한 충분한 이해가 필요하다.

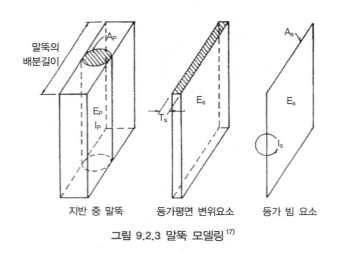

그림 9.2.3 말뚝 모델링 [17]

9.3 기존구조물 보호대책

근접하는 기존 구조물에 대한 영향을 방지하는 방법으로 '시공법에 의한 대책', '보조공법에 의한 대책' 및 '기존 구조물의 보강에 의한 대책'을 들 수 있다(그림 9.3.1 참조).

기존 구조물에 대한 영향을 방지하기 위해 제일 첫 번째로 수행해야 할 것은 영향을 미치는 쉴드TBM 측에서의 대응이며, 지반변형을 최소한으로 억제할 수 있도록 시공하는 것이다. 구체적으로는 막장압력 유지나 주입 시공방법이 중요하다(step 1).

그러나 쉴드TBM 측의 대책을 실시해도 기존 구조물에 유해한 영향이 우려되는 경우에는 쉴드TBM 굴진의 영향을 가능한 한 저감할 수 있도록 기존 구조물과 쉴드TBM 사이에 보조공법에 의한 대책을 강구할 필요가 있다(step 2).

또한 이상의 대책을 행하여도 기존 구조물에 영향이 있는 경우에는 '기존 구조물 보강에 의한 대책'을 실시할 필요가 있다(step 3).

Step 1	시공법에 의한 대책	막장 안정이나 주입방법 등 검토	
Step 2	보조공법에 의한 대책	지반 강화	(a) 쉴드TBM 주변 지반 강화
			(b) 기존 구조물 지반강화
		지반변형 차단	(c) 응력 및 변형 차단
Step 3	기존 구조물 보강에 의한 대책		(d) 직접 보강
			(e) 언더피닝

그림 9.3.1 보호대책의 예

9.3.1 시공법에 의한 대책

(1) 쉴드TBM공법과 막장관리

지반변형의 가장 큰 요인으로 막장 전면 이완을 들 수 있으며, 지반변형을 억제하기 위해서는 막장압력을 일정하게 유지하는 것이 중요하다. 밀폐형 쉴드TBM은 토압식과 이수식이 있으며, 막장유지에 관련하여 다음과 같은 특징을 들 수 있다.

토압식 쉴드TBM은 챔버 내 가압된 토사로 막장을 유지한다.

한편, 이수식 쉴드TBM은 막장 전면의 토압, 수압에 밸런스한 이수압으로 막장을 유지한다. 지반의 상태에 따라서는 이수가 전방에 면니될 가능성이 있으며, 근접 구조물 주변으로 이수가 침투하거나 기존 구조물 내로 누설되는 경우도 있으므로 유의할 필요가 있다.

어느 공법을 선정할 것인가는 지반변형 영향을 받는 구조물의 종류나 용도, 쉴드TBM과의 위치관계나 토질 등 조건을 고려할 필요가 있다.

(2) 뒤채움 주입공

쉴드TBM은 굴진과 동시에 테일 보이드가 발생하기 때문에 그 공극을 신속히 충진하지 않으면 침하가 발생한다. 뒤채움 주입은 굴진에 맞추어 실시하는 '동시주입'과 굴진 직후에 주입하는 '즉시주입'으로 구분되며, 근접 구조물의 영향을 최소로 억제하기 위해서는 동시주입이 필요하다. 동시주입은 굴진개시와 동시에 주입을 개시하는 방법과 어느 정도 굴진이 진행되면 주입을 개시하는 방법으로 구분되며 근접 구조물에 대한 영향을 보다 작게 하기 위해서는 굴진개시와 동시에 주입을 개시하는 것이 중요하다.

또한 자갈층 지반 등에서는 이완 영역의 붕괴방지를 목적으로 2차 주입을 실시하는 경우도 있다(제7장 그림 7.6.3 참조).

9.3.2 보조공법에 의한 대책

기존 구조물과 쉴드TBM 사이의 보조공에 의한 대책으로는 다음과 같은 3가지 방법이 있다(그림 9.3.2 참조)

(a) 쉴드TBM 주변 지반을 강화한다.
(b) 기존 구조물 지지지반을 강화한다.
(c) 쉴드TBM 추진에 따른 지반변형을 차단한다.

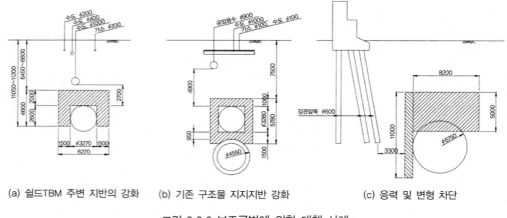

(a) 쉴드TBM 주변 지반의 강화   (b) 기존 구조물 지지지반 강화   (c) 응력 및 변형 차단

그림 9.3.2 보조공법에 의한 대책 사례

(a)는 지반강도를 증가시켜 쉴드TBM 주변지반에 발생하는 이완이나 활동의 저감을 도모하는 것이다. (b)는 기존 구조물 지지지반의 강도를 증가시켜 기존 구조물의 변위를 저감시키기 위한 것이다. (a)와 (b)에 사용되는 구체적 공법은 약액주입공법이나 고압분사 교반공법 등 지반개량 공법이다. 지반개량공법을 적용하는 경우에는 쉴드TBM 굴진 전에 지반이 설계대로 개량되었는지 여부를 체크하는 것이 필요하며, 불완전한 경우에는 재개량할 필요가 있다.

(c)는 쉴드TBM과 기존 구조물 사이에 강성이 높은 구조체를 구축하여 쉴드TBM 굴진에 의한 지반현상을 차단하는 것이다. 구체적인 공법으로는 고압분사 교반공법이나 주열식 말뚝공법, 연속지중벽 공법 등이 사용된다. 또한 이러한 보호공 자체가 근접시공되므로 시공 시에는 충분

한 주의가 필요하다.

9.3.3 기존구조물의 보강에 의한 대책

기존 구조물 측의 대책으로는 다음과 같은 2가지 방법이 있다(그림 9.3.3 참조).

(d) 기존 구조물을 직접 보강하여 강성을 증가시키는 방법
(e) 구조물을 받쳐 쉴드TBM 하부 지반에 지지시키는 언더피닝

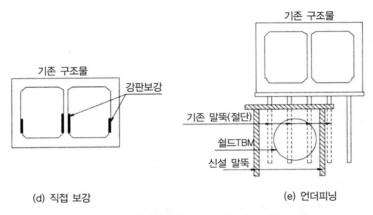

(d) 직접 보강   (e) 언더피닝

그림 9.3.3 기존 구조물의 보강에 의한 대책 사례

(d)에는 브레이싱, 벽체, 스트럿 등으로 구조물 내부를 보강하는 방법과 말뚝이나 앵커 등으로 구조물 하부 구조를 보강하는 방법이 있다. (e) 언더피닝에는 기존 구조물 하부에 내압판을 구축하여 잭으로 변위량을 억제하는 내압판 공법과 지반변형의 영향범위 외에 신설 말뚝을 타설하여 기존 구조물을 받치는 기초 신설공법이 있다. 언더피닝이 필요한 경우는 구조물 기초말뚝을 철거하는 경우이며, 단순히 쉴드TBM이 근접하는 정도라면 구조물 보강 등으로 처리하는 것이 일반적이다.

어떤 공법을 적용하는가는 근접 정도, 현장 제약조건, 기존 구조물 중요도 등을 감안하여 결정하는 것이 일반적이다.

9.4 계측관리

9.4.1 계측계획

쉴드TBM 공사에서는 과거부터 시공관리나 주변구조물에 대한 영향방지 또는 설계조건 확인 등을 목적으로 하는 현장계측이 실시되어 왔다. 최근에는 대단면이나 장거리, 근접시공의 증대 및 신공법이나 신기술 개발 활성화에 따라 대부분의 공사에서 현장계측이 실시되고 있다.

쉴드TBM 공사에서 계측관리는 굴진에 따른 지반거동과 기존 구조물의 거동을 직접 현장에서 계측하여 탁상에서 예측한 상황과 같은 거동이 발생하는지 여부를 확인하면서 시공을 진행하는 것을 말한다. 또한 쉴드TBM 진행에 따라 얻을 수 있는 계측결과를 시뮬레이션하여 해석에 필요한 각종 파라미터를 수정함으로써 예측 정밀도를 서서히 높여갈 수 있다. 또한 이러한 성과는 이 후 동종공사에서 유익한 자료로서 이용될 수 있으므로 취득한 계측 데이터와 해석적 검증은 매우 중요하다.

9.4.2 계측방법

쉴드TBM 공사를 대상으로 하는 계측의 일반적 방법과 그 순서를 그림 9.4.1과 같다.

계측을 실시할 때 가장 중요한 점은 계측목적을 명확히 하는 것이다. 문제점이나 과제를 해결하기 위해 어떠한 계측을 실시하는가에 따라 계측항목 및 방법은 크게 다르다. 계측계획을 수립할 때 매우 중요한 것은 예상되는 현상이나 거동을 예측하고 상세히 파악할 수 있는 계측방법을 선정하는 것이다. 계측항목을 잘못 선정하거나 계측순서가 적절하지 않으면 목적하는 데이터를 충분히 얻을 수 없는 경우도 있다. 계측기의 선정이나 배치계획을 수립할 때는 사전 예측해석을 실시하여 계측값의 변동범위, 요구되는 정보와 정밀도, 계측위치 등을 사전에 파악하는 것이 중요하다. 또한 설계계산상 라이닝의 단면력이나 응력, 평면·종단선형이나 단면변형에 대한 허용 변위량, 근접 구조물의 각 관리기준값이나 기존 구조물의 당초 설계에서 예상된 단면력과 응력 등을 사전에 조사하여 관리 기준값을 작성하는 것도 중요하다. 계측 시스템은 필요에 따라 데이터 검색이 가능하며, 관리 기준값 등에 대한 피드백을 할 수 있는 모니터링 시스템을 구축할 필요가 있다. 모니터링 중에는 순차 데이터를 정리하여 분석하고 초기 목적을 만족하는 데이터를 얻었는지 여부를 체크하여 필요하다면 계측빈도 등 계측방법을 수정한다. 충분한 데이터의 입수 혹은 초기 목적 달성을 확인한 시점에서 계측을 종료한다.

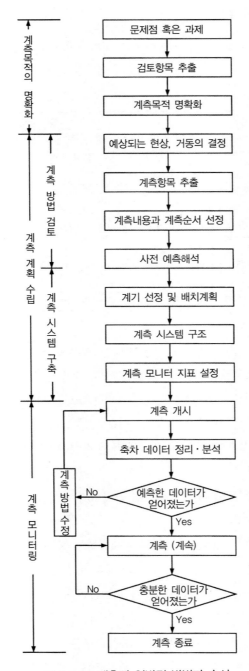

그림 9.4.1 계측의 일반적 방법과 순서

9.4.3 계측항목과 계측방법

쉴드TBM 공사에서 실시되는 주요 계측항목과 계측방법은 표 9.4.1과 같다.

표 9.4.1 계측항목과 계측방법

계측대상	계측항목	계측방법
지반변형	연직변위	지표면 침하 말뚝 측정, 수평침하계, 지중침하계 등
	수평변위	지중수평변위, 다단식 경사계 등
	지중토압	지중토압계
	간극수압	간극수압계
	지하수위	지하수위계
근접 구조물	연직수평변위	측량, 수평침하계 계측, 전자 레벨 스태프 등
	경사	경사계 등
	발생응력	철근계, 콘크리트 변형계, 변형 게이지 등
	변형	마이크로 클리프미터 등
	균열, 박리 등	관찰 및 간이측정, 균열변위계 등

주요 계측항목으로는 지반변형과 근접시공에 따른 기존 구조물 계측을 들 수 있다.

지반변형 계측은 쉴드TBM 굴진에 따른 지표면 침하, 지중 연직변위, 지중토압, 간극수압 및 지하수위 등을 파악할 목적으로 실시한다. 계측 범위는 쉴드TBM 굴진에 의한 지반변형 영향범위를 확인할 수 있는 정도까지 계기를 배치하는 경우가 많으며, 일반적으로 45° 라인 내측을 대상으로 하는 경우가 많다. 또한 쉴드TBM 굴진에 따른 지반변형은 통상 좌우대칭이므로 반단면에 매설계기를 배치하여 계측하는 것이 일반적이다. 지반변형은 FEM해석 등에 의해 사전해석하는 경우도 있으며, 주변 영향을 파악하여 사전 처리하거나 실측값에 의한 역해석을 통해 지반정수 등을 재검토하는 경우도 있다.

또한 쉴드TBM 터널을 기존 구조물에 근접하여 시공하는 경우에도 사전에 영향해석을 실시하여 어떠한 영향이 있다고 평가된 경우에는 그 정도에 따라 기존 구조물에 대한 영향을 파악하기 위해 계측을 실시하는 경우가 많다. 기존 구조물의 거동은 구조물 종류, 구조 및 쉴드TBM과의 위치관계 등에 따라 다르며, 기존 구조물 계측계획은 시공 전 구조물의 초기상태를 정량적으로 파악한 후 구조물 전체적인 거동과 국소적인 거동으로 구분하여 수립하는 것이 중요하다. 전체 거동을 파악하기 위한 계측항목은 구조물 연직·수평변위, 단면변형 및 경사 등이다. 또한 국소 거동 계측항목은 쉴드TBM 굴진에 의한 지반변형 영향을 가장 받기 쉬운 조인트부, 단면변화부, 수직구나 통로부착부 등 구조적 취약개소, 그리고 이미 손상을 받아 보수 등을 실시한 개소 등에 변위계 및 균열계 등을 설치하여 개구부 변화 등을 파악한다. 통상 이러한 계측은 자동계측이며, 집중관리하는 것이 일반적이다.

9.4.4 관리기준값의 설정

계측관리를 시작함에 있어 우선적으로 해야 할 것은 관리지표가 되는 기준값을 설정하는 것이다. 구조물 관리자가 허용값을 결정하는 경우에는 이를 만족할 필요가 있으며, 허용값을 결정하지 않는 경우에는 그 구조물이 가진 기본적 기능 확보 및 구조상 안전성을 확보할 수 있도록 허용값을 설정할 필요가 있다.

시공관리기준으로서 관리값은 통상 허용값에 안전율을 반영한 값을 설정한다. 표 9.4.2는 근접시공에서 시공관리 기준값의 예이다. 본 사례는 N값 2 정도의 연약 점토층을 토피 약 14m, 이수식으로 굴착한 경우에 관한 것이다.

표 9.4.2 시공관리기준 예

	레벨	관리기준값 (지표면 침하)	체제	대책
계측관리 기준값	I	5mm까지	상시	공사계속
	II	10mm까지	주의	이수압, 잭 추력, 주입압 등을 체크하여 지반변형이 최소가 되도록 시험시공을 수행한다.
	III	10mm 이상	경계	공사를 중지하고 2차 주입, 보호주입 등 보조공법에 대해 검토한다.

9.4.5 현장계측

현장계측은 대상이 되는 구조물을 쉴드TBM이 통과하기 전 계측, 통과 시 계측, 통과한 후 계측의 3단계로 구분하는 것이 일반적이다. 주 계측단면은 근접시공 영향을 직접 받는 기존 구조물 부근이며, 그 지점과 유사한 지반조건을 가진 지점에 계측단면을 설치하여 사전에 지반거동을 계측해두는 것이 중요하다. 이 시점에서 시험시공을 해두면 기존 구조물 위치에서 관리기준값을 만족하는 시공방법을 도출할 수 있다. 또한 그 후 굴진에서는 지반 변화 등을 통해 관리값을 적절히 수정하는 것도 중요하다.

그림 9.4.2는 지반변형 계측의 예이다. 이 사례에서는 다른 3개 단면을 시험시공 구간으로 설정하고 계기를 배치하여 계측하였다. 이러한 3개 단면을 쉴드TBM이 통과할 때 얻어지는 데이터를 기초로 근접시공 대응책을 결정하고 기존 구조물에 대한 영향을 최소한으로 하기 위한 관리

지표를 설정한다.

그림 9.4.3은 지하철 공사에서 현장계측을 실시할 때 대표적인 계측단면의 지반변형 계측결과를 나타낸다. 계측개소가 발진부에 가깝고 초기굴진 후 연말연시 휴가가 끼었기 때문에 2차례 정지기간이 있으나 지표면 변위는 1mm 정도로서 양호한 시공이 이루어진 것을 알 수 있다. 통과 시 계측은 기존 구조물의 안전을 감시하기 위해 실시하는 것으로서 기존 구조물 관리상 목표점이나 영향해석에서 얻어진 요주의 개소에는 적절한 계기를 배치할 필요가 있다. 계측은 쉴드TBM 굴진기록과 상시 대조하는 것이 중요하며, 매 시각 변화하는 지반이나 기존 구조물의 변형을 리얼 타임으로 관측하는 것이 요구된다. 이를 위해서는 쉴드TBM 굴진관리 데이터와 지반 및 구조물 계측 데이터를 동시에 입수할 필요가 있으며, 필연적으로 자동계측이 주체가 된다.

또한 최근 쉴드TBM 공사에 따른 지표면이나 기존 구조물 등의 변위를 논 프리즘을 사용한 토탈 스테이션으로 실시하는 사례가 증가하고 있다. 논 프리즘 방식은 목표물에 직접 레이저 빔으로 조사하여 돌아온 약간의 반사광을 사용하여 목표물까지의 거리를 측정하는 것으로서 그 일례를 그림 9.4.4에 표시하였다. 이것은 노면 자동계측 시스템으로서 쉴드TBM 통과 후 계측은 계측 데이터가 수렴하여 지반이나 구조물의 변위거동이 잠잠해진 상태를 확인할 때 까지 실시하며, 굴착지반이 연약한 점성토 등에서는 굴진완료 후 반년 이상까지도 침하가 발생하는 경우도 있으므로 수렴상태를 판단하는 데 매우 신중할 필요가 있다.

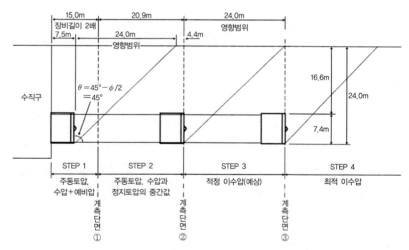

STEP 1 : 쉴드TBM이 엔트런스를 통과하는 도중의 구간이며, 이수압은 수압+0.02N/mm²으로 관리한다. 이때 지반변형을 계측단면 ①에서 확인한다.
STEP 2 : 주동 토/수압+0.02N/mm²으로 관리하며, 지반변형을 계측단면 ②에서 확인한다.
STEP 3 : STEP 1·2에서 얻은 결과를 기초로 변형량이 최소가 되는 이수압을 설정하고 계측단면 ③에서 결과를 확인한다.
STEP 4 : 이상의 결과를 이후 시공에 반영한다.

그림 9.4.2 지반변형계측의 예

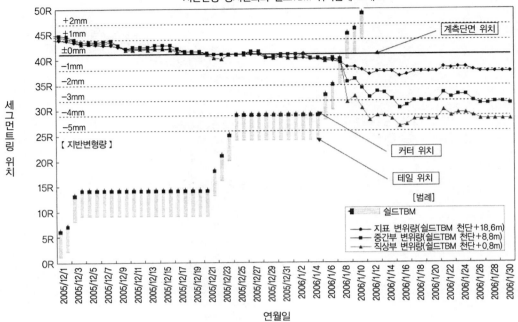

지반변형 경시변화와 쉴드TBM 위치관계 그래프

[범례]
- 쉴드TBM
- 지표 변위량(쉴드TBM 천단+18.6m)
- 중간부 변위량(쉴드TBM 천단+8.8m)
- 직상부 변위량(쉴드TBM 천단+0.8m)

계측단면 위치
커터 위치
테일 위치

【 지반변형량 】

연월일

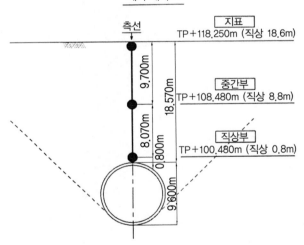

계기 배치도

측선

지표
TP+118.250m (직상 18.6m)

중간부
TP+108.480m (직상 8.8m)

직상부
TP+100.480m (직상 0.8m)

9.700m
8.070m
0.800m
18.570m
9.600m

그림 9.4.3 지반변형 계측 사례

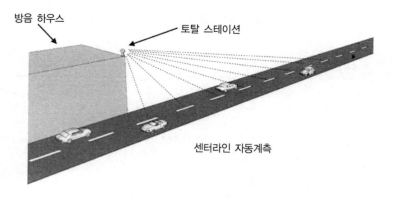

방음 하우스

토탈 스테이션

센터라인 자동계측

그림 9.4.4 Non Prism에 의한 노면 자동계측 시스템의 예

참고문헌

1) 例えば, 鉄道総合技術研究所: 都市部鉄道構造物の近接施工対策マニュアル, 2007.

2) 吉田保: シールド掘進に伴う地盤及び構造物挙動と近接施工に関す研究, 学位論文, 1994.

3) 土木学会: 2006年制定トンネル標準示方書 シールド工法・同解説, p.187, 2006.

4) 間片博之・山田孝治: シールドトンネルの新技術(7), トンネルと地下, Vol.21, No.12, pp.55〜64, 1990.

5) 焼田真司・小島芳之: シールドトンネルにおける近接施工対策, 基礎工 特集: 都市部近接施工とその対策, pp.31〜34, 2009.

6) 中山隆, 中村信義, 中島信: 泥水式シールド掘進に伴う硬質地盤の変形解析について, 土木学会論文報告集, 第397号／Ⅵ-9, pp.133〜141, 1988.

7) 藤木育雄・横田三則・米島賢二・村田基代彦: 軟弱地盤でのシールドトンネル掘進に伴う周辺地盤の変形について, 土木学会トンネル工学研究発表会論文・報告集, 第1巻, pp.83〜88, 1991.

8) 小山昭・劔持芳輝・小野雄一郎・團昭博・斉藤正幸: シールド掘進に伴う地盤変位解析, 土木学会トンネル工学研究発表会報告集, 第15巻, pp.273〜279, 2005.

9) 小村健郎: シールド掘進に伴う地盤変位に関する研究, 学位論文, 1982.

10) 平田武弘: 密閉式シールド掘削に伴う軟弱粘土地盤の挙動と施工技術に関する研究, 学位論文, 1989.

11) 大塚正博ほか: 講座, 掘削と周辺地盤の変状, 計測事例と模型実験事例, 土と基礎, Vol.43, No.9, pp.67〜72, 1995.

12) 野本寿ほか: 遠心載荷用シールド模型実験装置の開発, 土木学会第49回年次学術講演会概要集Ⅲ, pp.1352〜1353, 1994.

13) 小山幸則・清水満: シールドトンネルの裏込め注入実験, 土木学会トンネル工学研究発表会論文・報告集, 第3巻, pp.245〜250, 1993.

14) 庄子幹雄: コンピューターネットワークを利用した土構造物の情報化施工に関する研究, 学位論文, 1988.

15) 赤木寛一・小宮一仁: 有限要素法によるシールド工事の施工過程を考慮した地盤挙動, 土木学会論文集, No.481／Ⅲ-25, pp.59〜68, 1993.

16) 吉田保・内田賢司: シールドトンネルの新技術(19), トンネルと地下, Vol.22, pp.53〜65, 1991.

17) 小山幸則・永山喜則: 近接施工における影響解析の注意点, 鉄道土木, pp.27〜14, 1985.

제10장

쉴드TBM 공사의 안전과 환경대책

제10장

쉴드TBM 공사의 안전과 환경대책

10.1 쉴드TBM 공사의 안전

쉴드TBM 공사는 수직구를 이용한 지하 터널 굴착공사이고, 주요 작업장소가 막장선단부에 한정되는 등의 특징으로 작업공간이 협소하다. 이 때문에 안전면에서 추락·전도, 비산·낙하, 협착 등 3대 재해 외 갱내화재, 가스 폭발, 산소결핍 등 터널의 특수한 재해에 대한 주의가 필요하다.

10.1.1 쉴드TBM 공사의 특유 재해

(1) 갱내화재
i) 갱내화재의 특이성
갱내 화재에는 갱외 화재와 달리 다음과 같은 불리한 조건이 있다.

① 연기나 CO 등으로 인해 소화활동이 용이치 않으며, 2차 재해 가능성을 염두에 두어야 한다는 점
② 막장과 갱구 중간에서 화재가 발생하면 화재에 의해 내부에 있는 작업원은 피난이 어렵다는 점
③ 화재에 의한 정전으로 피난이 어렵다는 점

ii) 화재 예방대책
화재 예방대책으로, 갱내 가연물을 가능한 한 적게 하고 화기를 사용하지 않도록 작업계획을 수립해야 한다. 그리고 화원 및 가연물의 충분한 관리가 필요하다. 화원관리에는 인적요인의 제

거와 물적요인의 제거가 있으며, 가연물 관리에는 가연물 불연화 대책 등이 있다.

iii) 화재발생 시 대비조치

화재발생에 대비한 소화설비를 설치하는 것은 물론 그 외에도 연소방지, 방·배연, 비상사태 조기발견, 통보, 경보, 피난, 구명 등에 대해 대책을 준비하고 상시 교육이나 훈련을 통해 비상 상황에 대비할 필요가 있다. 초기 화재진압에 실패한 경우 갱내는 단시간 내 위험한 상태가 될 수 있으므로 정해진 요령에 따라 신속하게 안전한 장소로 피난하여 피해 확대를 방지하여야 한다.

(2) 가스폭발

유독 가스 중 쉴드TBM 공사에서 폭발 또는 화재사고의 원인되는 가연성 가스는 대부분 메탄가스이다. 메탄가스의 주요 특성은 다음과 같다.

① 기본적으로 무색, 무취, 무미이다.
② 비중 0.55로 공기에 비해 가볍다.
③ 물에 녹기 쉽다.
④ 가연성으로 공기와 혼합되어 연소나 폭발을 일으킨다(폭발농도 범위는 4.8~15% 정도이다).
⑤ 메탄가스 그 자체는 무해하나, 농도가 짙어지면 산소결핍 상태가 된다.

메탄가스가 존재하는 지역에서는 사전에 지중 메탄가스를 조사하고, 이에 맞게 선형 및 쉴드TBM 기종, 환기설비, 가스 갱내누출 방지대책, 가스감지 경보장치 설치, 화원 관리대책 등을 종합적으로 검토한다. 이러한 대책에도 불구하고 위험한 상태로 예상되는 경우에는 보링을 통한 가스 배출 등 대책을 강구할 필요가 있다.

(3) 산소결핍 공기 등 유해가스

공기 중 산소 소비, 산소 함유량이 적은 공기(산소결핍 공기)의 누출, 공기 이외의 기체(메탄, 탄산가스, 유화수소 가스 등)의 누출이 원인이 되어 산소결핍 및 유화수소 등 유해가스가 발생할 가능성이 있는 장소에서는 산소결핍 재해나 가스 중독재해가 발생한다. 따라서 예비조사 등 자료에 근거하여 쉴드TBM 통과지구 및 그 주변에서 산소결핍이나 유해 가스에 의한 위험을 예측하고, 보링 등 그 외 방법에 의한 충분한 사전조사가 필요하다. 시공 중에는 유해가스 농도의 측정이나 충분한 환기가 필요하다. 유해가스가 위험한 농도에 도달하는 경우에는 갱내 출입금지 등 조치를 취하여 재해를 방지해야 한다. 또한 압기공법을 보조공법으로 적용한 쉴드TBM 공사에서는 산소결핍 공기가 부근 관정이나 지하실에 유입될 위험이 있으므로 갱내와 마찬가지로 관리가 필요하다.

i) 발생하기 쉬운 조건

산소결핍 공기 등의 유해가스가 발생하기 쉬운 조건은 다음과 같은 지층이나 지역이 있다.

① 상부에 불투수층이 있는 사력층 또는 사질토층이며, 지하수가 없거나 적은 장소
② 메탄, 에탄 등을 함유한 지층
③ 부식토층, 부니층, 유기질을 함유한 지층
④ 부근에서 압기공법을 적용하고 있는 장소
⑤ 화산지대

ii) 예방대책과 조치

「노동안전 위생법(安衛法) 산소결핍증 등 방지규칙」에서는 갱내 산소농도는 18% 이상, 유화수소는 10ppm 이하가 되도록 규정하고 있다. 일반적인 조치로는 작업환경 내 공기질 측정, 환기, 인원 점검, 출입금지, 작업책임자 선임, 특별교육 실시, 피난, 구출 시 공기호흡기 등 사용 등이 있다. 특수한 작업에 대한 조치는 보링 등에 의한 조사(메탄 및 탄산가스)나 압기공법에 대한 조치 등을 규정하고 있다.

iii) 산소결핍방지 관리체제

산소결핍을 방지하기 위해 규정에 정해진 구체적인 조치를 강구하는 것 외 작업방법의 확립, 작업환경 정비, 그 외 필요한 조치를 확실히 할 수 있는 관리체제를 확립할 필요가 있다.

a) 관리체제

산소결핍 위험작업 책임자 기능교육을 수료한 사람 중 산소결핍 위험작업 책임자를 선임하여 관리체제를 확립한다.

b) 작업방법

작업원이 산소결핍 공기를 흡입하지 않도록 안전한 작업방법을 작업책임자에게 결정하게 하고, 작업원을 지휘시킨다. 산소농도 18%가 안전관리 기준 허용농도이다.

c) 그 외 조치

공정 및 공법의 적정화, 보호장비의 사용, 긴급자재의 정비, 안전위생 교육 등에 배려한다.

(4) 수몰재해 방지

하천에 근접한 지역이나 도시부에서는 집중호우 등에 의해 대량의 물이 단시간에 유출되는 경우가 있다. 이러한 물이 수직구로부터 갱내에 유입되는 경우가 있어 수몰 위험이 있다. 갱내 수몰에 의한 노동재해 발생을 방지하기 위해서는 홍수이력 조사나 지형조사 등은 사전대책을 실시하는 것이 중요하다. 집중호우의 경우 해당 지역뿐만 아니라 상류 지역 강우량이나 그 유출상황에 주의를 기울일 필요가 있다. 수직구에서는 우수 유입을 방지하기 위한 덮개 및 예비배수 펌프설치 등 대책을 세우고 갱내에 다량의 물이 침입할 우려가 있을 때에는 작업을 계속해서는 안 된다(安衛 則 제 378조의 2).

10.1.2 각 시공단계의 유의점

(1) 쉴드TBM 조립 및 해체

쉴드TBM조립 및 해체 시에는 정밀한 기계를 포함한 특수한 중량물을 취급하기 때문에 사전에 장비제작사와 충분한 작업협의가 필요하다. 또한 이러한 작업은 협소한 수직구나 터널 내부에서 행해지므로 중량물의 낙하, 작업원의 추락, 전도나 갱내 화재 등의 재해에 주의를 요한다.

(2) 발진 및 도달

발진 및 도달 시 가설벽 철거작업 시에는 주변 지반을 약액주입공법, 치환공법, 동결공법 등으로 개량하여 작업기간 중 막장을 자립시킬 필요가 있다. 이를 위해 작업개시 전 지반 개량효과를 충분히 확인하는 과정이 요구된다. 또한 쉴드TBM 및 세그먼트 배면과 수직구의 간극으로부터 토사나 지하수 등이 유입되지 않도록 방지대책을 강구하고 긴급 시 처리방법에 대해서도 사전에 충분히 검토해둘 필요가 있다.

(3) 1차 라이닝

1차 라이닝은 수직구부에서 세그먼트 하역이나 갱내에서의 운반, 막장에서의 이렉터에 의한 조립 등에 의한 중량물의 취급작업이 주이므로 신호나 확인 방법을 결정해둘 필요가 있다.

(4) 2차 라이닝

2차 라이닝은 기타 작업(1차 라이닝, 인버트)과 저촉되는 경우가 많아 통과차량 등에 의한 사고가 발생하기 쉬우므로 주의가 필요하다. 또한 거푸집 조립, 해체, 이동은 협소한 장소에서 작업이 이루어지기 때문에 협착 등 재해에 주의할 필요가 있다.

(5) 그 외

그 외는 공사에 따라 발생하는 이상출수(수직구 굴착 시 보일링, 쉴드TBM 테일 씰의 파손에 의한 용수, 호우에 의한 수직구 수몰, K 세그먼트의 탈락에 의한 붕괴 등)나 막장 장애물(제12장 12.10 지장물 대책 참조)에 의해 발생하는 사고 등에 주의해야 한다.

10.1.3 재해방지대책

공사현장의 노동재해 요인은 크게 물적요인(시공방법의 부적합, 설비기기 및 안전설비 결함 등)에 의한 것과 인적요인(위험 행위, 돌발적 실수, 체조 불량 등)에 의한 것으로 구분할 수 있다. 노동재해를 방지하기 위해서는 상기 2가지 요인에 대한 대책이 필요하다.

특히 인적요인에 대해서는 설비나 기기 등에 대한 안전한 취급방법이나 조작방법에 대해 필요한 지식을 충분히 교육하고 그 지식을 활용할 수 있도록 작업 표준화, 안전에 대한 인식 향상을 도모할 수 있는 환경을 만들어야 한다.

(1) 재해방지계획

재해방지계획은 시공계획의 중요한 부분을 차지한다. 검토해야 하는 주요 항목은 다음과 같다.

① 재해방지 목표
② 공사개요
③ 공사공정, 안전위생공정
④ 공종별 안전위생 시공계획
⑤ 안전위생 관리체제
⑥ 긴급 시 체제
⑦ 유기능자 일람
⑧ 안전위생 활동계획
⑨ 안전위생교육, 지도, 건강진단

⑩ 그 외

(2) 안전위생교육

「安衛法」에서는 사업자가 실시하는 안전위생교육 내용을 다음과 같이 규정하고 있다.

① 고용 시 안전위생교육(安衛則 35조)
② 작업내용을 변경하는 경우의 교육
③ 특별교육(安衛則 36조)
④ 직장 등에 대한 안전위생교육(安衛則 40조)

이 외 법에 정하지 아니하나 실시해야 하는 교육으로는 다음과 같은 것이 있다.

① 각종 관리자 및 감독자에 대한 교육
② 안전위생을 담당하는 자(안전위원 등)에 대한 교육
③ 설계담당자 및 기술자 등에 대한 교육

(3) 안전관리활동

시공 시에는 시공계획, 재해방지계획에 근거하여 공종별 작업계획이나 직종별 작업표준 등을 관계자와 협의하고 안전위생을 위한 순서를 신중히 결정할 필요가 있다. 다음에 중요도에 따른 활동항목을 열거하였다.

① 매일 작업협의 철저(작업간 연락조정, 작업 표준화 등)
② 작업자 미팅에 주력
③ 안전위생회의 및 재해방지협의회 개최
④ 작업개시 전 안전점검
⑤ 현장에 적합한 체크 리스트 작성과 안전당번에 의한 현장 순시
⑥ 보유기계 점검과 유자격자에 의한 안전지도
⑦ 안전지도서 발생과 시정사항 확인
⑧ 고용 시 건강진단
⑨ 이직 시 진폐 등 건강진단

10.2 환경보전대책

쉴드TBM 공사는 시가지에서 실시하는 경우가 많고 작업장소가 수직구부에 집중되므로 특히 지역주변 생활환경 보호에 유의하여 공사를 진행해야 한다.

여기에서는 쉴드TBM 공사에 관계가 깊다고 생각되는 소음, 진동, 지반침하, 수질오탁, 지하수, 건설 부산물에 대한 대책을 설명한다.

10.2.1 건설공사와 환경대책

(1) 환경보전대책의 기본

건설공사에 따른 환경부하를 저감하기 위한 기본적 사항은 환경관리체제의 확립, 사전조사에 의한 예측과 대책 및 인근주민의 이해와 협력을 얻는 것이다.

i) 환경관리체제

쉴드TBM 공사에 기인한 환경부하를 미연에 저감하기 위해서는 각종 대책이 유기적으로 이루어지도록 사전에 사업자와 시공자에 의한 관리체제를 확립해둘 필요가 있다.

현장에서 환경관리조직의 주요 역할과 활동은 다음과 같다.

a) 조직활동

각 담당자 간 밀접한 협의 및 검토와 환경관리자 지도에 의한 조사, 예측, 기록, 섭외 등이 원활히 진행되도록 한다.

b) 작업원에 대한 지도교육

작업장소와 인근주민 간에 교류를 통한 환경부하 저감대책을 실 작업에 반영하기 위해 협력회사 작업원에 대해 시공상 주의사항, 방지기기 취급 등에 대해 충분히 지도 교육을 실시한다.

c) 자료 및 기록의 보존

만일 분쟁이 발생한 경우에는 관청이나 재판소 등으로부터 교섭경과 설명을 요구받게 되므로 고충처리기록부 등 관계서류를 작성하여 보관해둔다.

ii) 사전조사에 의한 예측과 대책

공사 착수 전에 주변 가옥이나 시설 등의 밀집도, 생활시간대 등과 공법과의 관계를 사전조사를 통해 명확히 하고, 예상되는 환경부하에 대해서는 영향을 최소화하기 위한 공법이나 기기적용을 계획한다.

iii) 인근주민의 이해와 협력

공사에 의한 영향이 미칠 것으로 우려되는 범위의 인근주민에 대해서는 착수 전은 물론 시공 중에도 충분한 설명을 통해 공사 시공법 등에 대해 상호 납득할 수 있도록 대화의 장을 만들 필요가 있다.

(2) 관련법규

사회적으로 발생하는 공해를 방지하고 환경을 보전하는 것을 목적으로 1967년「공해대책 기본법」이 제정되었다. 그 후「公害對策 기본법」을 대신하여「환경 기본법」이 1993년 제정되었다. 이「환경 기본법」은 환경 보전에 관한 시책의 기본이 되는 사항을 정리하고, 환경 보전에 관한 대책을 종합적이고 계획적으로 추진하여 현재 및 장래 국민 건강과 문화적 생활 확보에 기여하고 인류 복지에 공헌하는 것을 목적으로 하고 있다. 또한「환경에 대한 부하」,「지구환경보전」 및「공해」에 대해 정의하고 공해에 대해서는 대기오염, 수질오탁, 토양오염, 소음, 진동, 지반침하 및 악취(典型 7공해)를 정하고 있다.

「환경 기본법」에서는 환경보전 전반에 걸친 기본 원칙을 정하고 있으며, 각 공해의 구체적 규제는「소음 규제법」,「수질오탁 방지법」등 개별 법령으로 정하고 있다. 또한 쉴드TBM 공사에서는 이 외에 지하수, 건설 부산물에 대해서도 대책이 필요하다. 이러한 개별법령 중 쉴드TBM 공사의 환경보전과 관계가 깊은 것은「소음 규제법」,「진동 규제법」,「폐기물 처리 및 청소에 관한 법률」,「토양오염 대책법」의 4가지 법령이다.

또한 법령과는 별개로 지정 지역 내 생활환경을 보호하기 위해 법령 이상으로 엄격한 기준을 조례로 제정하고 있는 지방 자치단체도 있으므로 쉴드TBM 공사를 시공하는 당해 지역 환경조례에 대해서도 공사 착수 전에 충분히 파악해둘 필요가 있다.

10.2.2 소음 및 진동대책

공사에 따른 소음, 진동은 주변에 큰 영향을 미칠 가능성이 있으므로 공사계획 시 주변 소음 (그 장소에서 보통 발생하는 소음)이나 환경조건 등을 조사하고 저소음 및 저진동 공법이나 기계

선정, 방음방진대책 등을 충분히 실시하여 소음, 진동이 정해진 환경 기준값 이하가 되도록 해야 한다.

(1) 소음대책

사전에 공사현장 주변의 소음을 측정하고, 이를 기본으로 공사가 원활히 진행되도록 대책을 강구하는 것이 중요하다. 특히 발진기지에는 쉴드TBM 설비가 집중되기 때문에 시뮬레이션 등에 의한 사전 소음예측과 대책을 계획하여 주변 소음이 환경 기준값 이하가 되도록 할 필요가 있다. 소음대책으로는 다음과 같은 대책이 사용된다.

① 저소음형 기계 적용, 소음장치 부착, 보다 소음이 작은 시공방법 적용
② 기계설비 정비점검 및 조작상의 고려
③ 기계설비의 적절한 배치
④ 차음시설(방음벽 또는 방음 하우스) 설치에 의한 발생 소음 감쇠대책

최근에는 복수의 마이크로 측정한 소음을 컴퓨터로 해석하여 소음을 모니터에 시각적으로 표시할 수 있는 시스템이 실용화되어 소음대책의 효과 확인 등에 활용되고 있다.

(2) 진동대책

진동규제법에서는 특정 건설작업(항타기 등, 법률에서 지정한 종류·규모의 기계를 사용하는 작업)에 따른 공사를 하는 경우에는 소정의 규제값을 준수해야 한다. 쉴드TBM 공사는 특정 건설작업에는 해당되지 않으나, 공사에 따른 진동은 사람에 대한 심리적 영향 외, 가옥, 시설의 손상 등 영향도 발생할 수 있으므로 충분한 고려가 필요하다. 주요 진동대책은 다음과 같다.

① 발생진동이 보다 작은 공법, 기계 적용
② 방진장치(고무, 공기 스프링 등) 부착에 의한 감쇠
③ 기계설비의 적절한 배치
④ 충격이 따르는 작업의 제한
⑤ 진동발생작업의 작업시간 제한과 작업기간 단축

쉴드TBM 공사에서는 토피가 적은 경우 굴착 중 진동이 지중을 전파하여 지상의 주변환경에 영향을 미치는 경우가 있다. 또한 토피가 충분히 확보되어도 수직구 벽에 신소재 콘크리트(예를

들어 NOMST 부재 등)를 사용하여 쉴드TBM의 커터로 직접 굴착하는 경우나 암반을 굴착하는 경우에는 지표면에 진동이 전달될 가능성이 있으므로 유의해야 한다.

발진기지에 배치된 장비의 진동, 떨림에 의해 저주파 진동이 발생하는 경우가 있다. 이런 경우 가진력이나 주파수 조정을 통해 저주파 발생을 억제하는 경우는 있으나, 이러한 방법으로 충분한 효과가 발휘되지 않는 경우에는 저주파용 방음 하우스를 사용하여 진동, 떨림을 둘러싸는 대책이 필요하다.

10.2.3 지반침하 대책

지반침하 문제는 가옥에 대한 피해 발생은 물론 가스, 수도, 전기, 통신 등 매설물에 손상을 주는 등 공사현장 주변에 미치는 영향이 크다. 쉴드TBM 굴진에 따른 침하는 제9장 지반변형과 기존 구조물의 보호에서 서술한 바와 같이 각각의 요인이 복합적으로 작용하여 발생하는 것이 일반적이며, 시공법 선택과 시공관리에 의해 침하량을 경감시키는 게 가능하다. 이를 위해서는 적절한 공법의 선택과 충분한 시공관리가 중요한 포인트이며, 이는 제7장 쉴드TBM의 굴진과 시공관리에서 상세히 서술하였다.

10.2.4 수질오염 문제

쉴드TBM 공사에서는 배수를 하수도에 방류하는 경우가 많다. 이 경우에는 「하수도법」이나 「지방자치단체 조례」 등의 기준에 따를 필요가 있다. 또한 하천 등으로 방류하는 경우에는 「하천법」 등의 기준에 따르고 수질오탁에 의한 어류나 농작물 등에 대한 영향을 방지하여야 한다. 이를 위해 공사계획 시 주변 환경조건 등을 조사하고 배수처리방법이나 처리설비를 적절히 선택하는 것이 중요하다. 수질오탁 방지대책의 주요 사항은 다음과 같다.

(1) 부유물질(SS) 처리

침사지, 침전지 또는 응집 침전조에서 응집제 등을 사용하여 부유물질을 침전시킨다. 응집재는 무기 응집재와 고분자 응집재가 있으며, Jar 테스트 등의 시험을 통해 적절한 응집재와 첨가량을 결정할 필요가 있다.

(2) 슬러지 처리

응집침전된 슬러지는 가압 또는 진공탈수기에 의해 고형화 처리한다. 고형화된 슬러지는 무기오니로서 일반적으로 산업 폐기물의 적용을 받으므로 주의가 필요하다.

10.2.5 지하수 대책

지하수에 관한 대책으로는 지하수위 저하 방지대책과 수질오염 방지대책 2가지가 있다. 특히 개방형 쉴드TBM을 적용한 경우에는 막장 안정을 도모하기 위해 지하수위 저하공법이나 압기공법, 약액주입공법 등 보조공법을 병용하는 경우가 많으며, 지하수 대책이 필수적이다.

(1) 지하수위 저하 방지대책

주변 지하수위 저하를 방지하기 위해서는 적절한 보조공법(복수공법이나 차수벽 공법 등)을 선정한다.

(2) 수질오염 방지대책

약액주입은 약액의 선정에 유의하고 관측정을 설치하여 수질상황을 감시하면서 실시한다. 오염이 우려되는 경우에는 시공계획을 수정하고 기타 공법으로 대체하는 등 적절한 대책을 강구해야 한다. 세부사항은 건설성 「약액주입공법에 관한 잠정 지침(1974년)」을 참조하기 바란다.

10.2.6 건설 부산물 대책

건설 부산물은 건설공사에 따라 부차적으로 얻어지는 물품의 총칭으로서 쉴드TBM 공사에서는 대량으로 발생하는 발생토가 대표적이다. 1991년에 자원 유효이용, 폐기물 억제 및 환경보전을 위한 「자원 유효이용의 촉진에 관한 법률(리사이클법)」이 시행되어 건설 부산물의 유효이용이 요구되고 있다. 발생토는 표 10.2.1과 같이 분류되며, 건설오니는 「폐기물 처리 및 청소에 관한 법률」(폐기물 처리법)에 규정된 산업 폐기물에 해당하므로 동법에 근거하여 취급할 필요가 있다. 표 10.2.2, 표 10.2.3에 건설오니를 적절히 취급하기 위해 필요한 법령이나 통지 등을 정리하였다. 또한 건설오니를 포함한 건설 부산물에 관해서는 법령의 개정·통지 등의 정비가 진행되고 있으므로 최신 정보에 주의할 필요가 있다.

표 10.2.1 발생토의 분류 [1]

구분		발생토 이용기준의 토질구분기준에 의한 분류		폐기물 처리법에 의한 분류
		구분	콘지수 : qc	
발생토	건설 발생토	제1종 건설 발생토 (모래, 자갈 및 이것들에 준하는 것)	–	토사 및 토사에 준하는 것(폐기물 처리법 대상 외)
		제2종 건설 발생토 (사질토, 자갈질토 및 이것들에 준하는 것)	$800kN/m^2$ 이상	
		제3종 건설 발생토 (통상 시공성이 확보되는 점성토 및 이것에 준하는 것)	$400kN/m^2$ 이상	
		제4종 건설 발생토 (점성토 및 이것에 준하는 것, 제3종 건설 발생토 제외)	$200kN/m^2$ 이상	
	건설오니	이토	$200kN/m^2$ 미만	건설오니

※ 쉴드공사용에 일부 가필수정

표 10.2.2 건설오니에 관한 법령

법률	시행령	규칙	비고
폐기물 처리 및 청소에 관한 법률(폐기물 처리법) 1970년 12월 25일	폐기물 처리 및 청소에 관한 법률 시행령 1971년 9월 23일	폐기물 처리 및 청소에 관한 법률 시행규칙 1971년 9월 23일	폐기물 처리
자원 유효이용 촉진에 관한 법률(리사이클법) 1991년 4월 26일	자원 유효이용 촉진에 관한 법률 시행령 1991년 10월 18일		리사이클
토양오염 대책법(토대법) 2002년 5월 29일	토양오염 대책법 시행령 2002년 11월 13일	토양오염 대책법 시행규칙 2002년 12월 26일	토양오염

표 10.2.3 건설오니에 관한 통지

	통지	
환경성	• 건설공사 등에서 발생하는 폐기물의 적절한 처리에 대해	2001년 6월 1일
	• 건설오니 처리물의 폐기물 해당성 판단기준	2005년 7월 25일
	• 건설오니의 재생이용 지정제도 운영방법에 대해	2006년 7월 4일
국토 교통성	• 건설오니 재생이용에 관한 가이드라인	2006년 6월 12일
	• 건설오니 재생이용에 관한 실시 요망	2006년 6월 12일
	• 건설오니 처리토 이용기술 기준	2006년 6월 12일
	• 리사이클 원칙화 Rule	2006년 6월 12일

(1) 건설 발생토와 건설오니

쉴드TBM 공사에서 배출되는 발생토는 「폐기물 처리법」 및 「건설공사 등에서 발생하는 폐기물 적정처리에 대해(통지)」(2001년 6월 1일 環廢産 276호)에 따라 굴착공사에 따라 배출된 시점에서 토사인지 오니인지 판단하도록 되어 있다(그림 10.2.1, 그림 10.2.2).

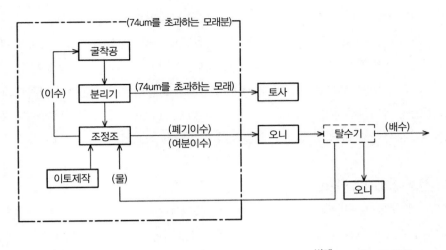

그림 10.2.1 이수식 쉴드의 경우[2]

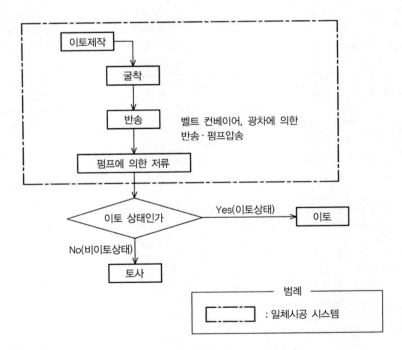

그림 10.2.2 이토압 쉴드TBM의 경우[2]

일반적으로 건설오니는 표준사양 덤프 트럭에 적재할 수 없으며, 그 위를 사람이 걸을 수 없는 상태로서 흙의 강도를 표시하는 지표는 콘지수가 $200kN/m^2$ 정도 이하 또는 1축 압축강도가 $50kN/m^2$ 정도 이하인 것이다. 단, 이수식 쉴드TBM공법에서는 74㎛를 초과하는 부분은 토사로 취급하고 그 이하는 오니로 취급한다. 이토압 쉴드TBM공법에서는 배출된 굴착토의 상태에 따라 판단하며, 폐기물 처리법의 운영이 각 지자체, 법률 지정도시 등에 위임되어 있으므로 처리에 관한 세부사항을 사전에 관계 기관에 문의하여 판단할 필요가 있다.

(2) 건설오니의 유효이용

건설오니에 대해서는 건설오니의 재이용을 촉진하고 최종 처리장에서의 반출량 저감, 부적절한 처리를 방지하기 위해 표 10.2.4와 같은 4가지 유효이용제도가 시행되고 있다.

표 10.2.4 건설오니의 유효이용제도

구분	자체 이용	재생 이용제도		유상 양도
		개별 지정제도	大臣 인정제도	
개요	발생한 건설오니를 배출 사업자가 현장내에서 자체 이용하는 것. 배출사업자(원청 회사)가 동일하면 다른 현장에서도 이용이 가능하다.	재생처리하려는 자가 지자체 지사에게 신청한다. 지정을 받은 자는 폐기물 처리업 허가가 불필요하다.	재생처리하려는 자가 환경대신에게 신청한다. 인정을 받은 자는 폐기물 처리업 허가·폐기물 처리시설 설치허가가 불필요하다.	건설오니 처리물(예를 들어 공사현장 내에서 고화재를 추가하여 유동화 처리토로 개량한다)을 타인에게 유상으로 양도한다.
유의점	• 지자체 등에 대한 신고는 불필요하나, 사전에 환경부서에 상담하여 확인해둘 필요가 있다. • 동일 발주자의 공사에서도 원청 회사가 다른 경우에는 적용되지 않는다.	• 재생이용 확실성을 확인할 수 있으면 영리목적으로도 지정을 받을 수 있다. 일반적으로는 중간처리를 실시하는 자가 신청자가 된다. • 처리시설이나 보관기준, 운반에 관해서는 폐기물 처리법의 적용을 받는다.	• 이용처가 고규격 제방(슈퍼 제방)의 성토재(지표에서 1.5m 이상 심도 부분)에만 한정되어 있다. • 수집운반, 처리에 관해 폐기물 처리법 적용을 받지 않는다.	명목을 불문하고 처리요금에 해당하는 금품수령이 없고, 양도행위에 있어서 경제 합리성에 따른 적정한 가격으로 형성될 필요가 있다.
이용 예	「秋田中央 도로정비공사」와 「新十条通都市 터널 伏見 공구」가 있으며, 발생한 여분이수에 고화재를 첨가하여 유동화 처리토로 개량한 후 터널 내 노반 아래 매립에 사용하였다.	「東京湾 횡단도로」에서는 千葉県 개별 지정제도를 활용하여 고속도로용지의 성토재에 사용하였다. 「지하철 부도심선」에서는 東京都 개별 지정제도를 활용하여 이수를 유동화 처리토로 개량하여 개착부 매립이나 인버트재로 사용하였다.	「수도권 外郭 방수로」에서 슈퍼 제방의 성토재로 사용하였다.	

건설오니의 처리는 원칙적으로 배출 사업자인 원청 업자의 책임이나, 실제로는 발주자가 주체가 되어 수요처를 확보하고 발주단계에서 지자체 등 환경부서에 사전 상담하여 절차를 마련해 두지 않으면 건설오니 재생 이용제도가 효율적으로 운영되지 않는다. 제도와 운영에 대해 국토교통성 「건설오니의 재생이용에 관한 가이드라인」이 있으며, 국토 교통성 직할사업이 대상이나 기타 공사에서도 준용하는 경우가 많다.

단, 생활환경 보전을 도모하기 위해 건설오니에 대해서도 토양오염 대책법의 유해물 용출기준이나 함유량 기준을 준용하고 표준을 만족하지 않는 건설오니에 대해서는 재생이용이 불가하므로 주의가 필요하다.

10.2.7 토양오염 대책

(1) 토양오염에 관한 법률

토양오염을 규정하는 법률은 환경보전에 관한 기본사항을 정한 「환경기본법(1993년 11월 19일 시행)」과 토양오염으로부터 인간의 건강을 지키기 위해 제정된 「토양오염 대책법(2003년 2월 15일 시행)」이 있다. 토양오염 대책법의 대상이 되는 장소는 지정구역이라 불리며, 유해물질 사용 특정시설의 사용을 폐지한 장소와 지자체 지사의 명령에 근거하여 「토양오염에 의한 건강피해가 발생할 우려가 있는 토지」의 2개소이므로 일반적으로는 쉴드TBM 공사 현장에 토양오염 대책법이 적용되는 경우는 없다.

환경기본법에서 규정하고 있는 토양환경 기준항목(환경성 고시 46호)과 토양오염 대책법에서 규정하고 있는 지정 기준항목(토양오염 대책법 시행규칙)에는 항목의 차이가 있으므로 주의가 필요하다. 검사항목이 많은 토양오염 대책법의 지정기준은 표 10.2.5와 같다. 환경기준은 전술한 기준에 알킬 수은과 동(銅)의 항목이 추가된다.

표 10.2.5 토양오염 대책법의 지정기준

| 분류 | 특정유해물질 종류 | 지정기준 | | 제2 용출량 기준 (mg/L) |
		토양 용출량 기준 (mg/L)	토양 함유량 기준 (mg/kg)	
제1종 특정 유해물질 (휘발성 유기화합물)	사염화 탄소	0.002 이하	–	0.02 이하
	1, 2-dichloro 에탄	0.004 이하	–	0.04 이하
	1, 1-dichloro 에틸렌	0.02 이하	–	0.2 이하
	1, 2-dichloro 에틸렌	0.04 이하	–	0.4 이하
	1, 3-dichloro 프로펜	0.002 이하	–	0.02 이하
	dichloro 메탄	0.02 이하	–	0.2 이하
	tetrachloro 에틸렌	0.01 이하	–	0.1 이하
	1, 1, 1-trichloro 에탄	1 이하	–	3 이하
	1, 1, 2-trichloro 에탄	0.006 이하	–	0.06 이하
	trichloro 에틸렌	0.03 이하	–	0.3 이하
	벤젠	0.01 이하	–	0.1 이하
제2종 특정 유해물질 (중금속 등)	카드뮴 및 그 화합물	0.01 이하	150 이하	0.3 이하
	육가 크롬 화합물	0.05 이하	250 이하	1.5 이하
	시안 화합물	검출되지 않을 것	50 이하(유리 시안)	1.0 이하
	수은 및 그 화합물	수은이 0.0005 이하 및 알킬 수은이 검출되지 않을 것	15 이하	수은이 0.0005 이하 및 알킬 수은이 검출되지 않을 것
	셀렌 및 그 화합물	0.01 이하	150 이하	0.3 이하
	납 및 그 화합물	0.01 이하	150 이하	0.3 이하
	비소 및 그 화합물	0.01 이하	150 이하	0.3 이하
	불소 및 그 화합물	0.8 이하	4,000 이하	24 이하
	붕소 및 그 화합물	1 이하	4,000 이하	30 이하
제3종 특정 유해물질 (농약 등)	simazine	0.003 이하	–	0.03 이하
	thiobencarb	0.02 이하	–	0.2 이하
	thiuram	0.006 이하	–	0.06 이하
	폴리 염화비닐	검출되지 않을 것	–	0.003 이하
	유기 인 화합물	검출되지 않을 것	–	1 이하

토양 용출량 기준 : 토양과 물의 질량체적비 10%로 한 용출시험
토양 함유량 기준 : 토양과 1mol/L 염산의 질량체적비 3%로 추출한 함유량
제 2용출기준 : 지정기준의 10~30배로서 처리방법 판정에 사용하는 값

(2) 토양오염 조사

쉴드TBM 공사의 경우 반출하는 발생토는 크게 「수직구 굴착 시 발생토」와 「쉴드TBM 터널 굴진 시 발생토」가 있으며, 각각에 대한 고려가 필요하다.

수직구 설치개소는 토양 이력이나 주변 상황에 따라 토양오염 가능성을 판단하여 토양오염 가

능성이 있는 경우에는 토양오염 대책법에서 제시한 방법에 근거하여 토양상태 조사를 통해 오염 유무를 판단할 필요가 있다.

한편 쉴드TBM 터널은 일반적으로 도로 등 공공용지 하부에 구축되며, 그곳이 오염되어 있는 지 여부를 토양 이력이나 주변 상황을 통해 판단하는 것은 곤란하다. 따라서 쉴드TBM 공사에 선행하여 보링조사와 시험을 통해 오염유무를 조사할 필요가 있다.

쉴드TBM 공사의 경우 오염토양과 조우하는 것은 인위적인 경우보다 자연적 요인에 의한 것 일 가능성이 높다. 자연적 요인에 기인한 오염토는 정화대상은 아니나, 굴착을 통해 건설 발생토 가 된 경우에는 오염토로 취급하기 때문에 주의가 필요하다. 발생토의 취급은 「건설공사 시 자 연적 용인에 기인한 중금속 등 함유암석·토양에 대한 대응 매뉴얼(잠정판)(안) 2010년 1월」이 독립행정법인 토목연구소에서 출판되었으므로 참고하기 바란다.

(3) 오염토양 처리 · 처분

건설 발생토 적치장소는 그 장소가 적치기준을 만족하는 경우에는 건설 발생토로서 처리가 가 능하다. 기본적으로 토양환경 기준항목 혹은 토양오염 대책법상 지정 기준항목이 각 건설 발생 토의 적치기준으로 되어 있으며, 적치장소에 따라서는 유분, 다이옥신류, pH, 염분 등도 기준이 되는 경우가 있으므로 사전에 확인할 필요가 있다.

건설 발생토 적치기준을 만족할 수 없는 경우에는 오염토로 처리 · 처분하게 된다. 단, 오염물 질에 대해 부용화 등 대책을 강구한 경우에는 적치하는 경우도 있다. 오염된 건설 발생토는 그 상태 그대로는 성토재나 매립재로 이용할 수 없으며, 가적치장으로부터 침출수가 하천이나 지하 수에 대한 영향을 미칠 가능성이 있으므로 현장에서의 오염물질 확산방지 대책이 필요하다.

최종적인 처리방법은 오염상태에 따라 다르다. 참고로 토양오염 대책법에서 제시하고 있는 구체적인 처리방법은 표 10.2.6과 같다. 각 처리 장소에는 각각의 적치기준이 있으므로 그 기준 을 조사하여 적합한 것을 적합한 방법으로 처리할 필요가 있다. 또한 오염토양 처리는 장외처리 외에 「부용(不溶)화·봉쇄」하는 방법도 있으므로 상황에 따라서는 장내 성토나 매립이라는 선택 도 가능하다.

이후 법률이나 기준의 변경 · 정비의 진행이 예상되므로 상시 최신 정보에 주의를 기울일 필요 가 있다.

표 10.2.6 오염토 처리방법 [3]

구분		제1종 특정유해물질		제2종 특정유해물질				제3종 특정유해물질	
		제2 용출량 기준 부적합	제2 용출량 기준 적합 토양 용출량 기준 부적합	제2 용출량 기준 부적합	제2 용출량 기준 적합 토양 용출량 기준 부적합	토양 용출량 기준 적합 토양 함유량 기준 부적합	제2 용출량 기준 적합[4] 해양오염 방지법 판정기준 부적합	제2 용출량 기준 부적합	제2 용출량 기준 적합 토양 용출량 기준 부적합
처리장[1]	차폐형	×	×	○	○	○	○	×	×
	관리형 (1폐·산폐)	×	○	×	○	○	○[5]	×	○
	안정형[3]	×	×	×	×	○	×	×	×
매립장소[2]	차폐형	×	○	○	○	○	○	×	○
	관리형 처리장 상당[3]	×	○	×	○	○	×	×	○
	안정형[3]	×	×	×	×	○	×	×	×
오염토양 정화시설에서 처리		지자체 지사 등이 인정한 것							
시멘트 등 원재료로 이용		지자체 지사 등이 인정한 시멘트 제조시설 등[6]							

[1] 「처리장」은 폐기물 처리법의 최종 처리장을 지칭한다.
[2] 「매립장소」는 해양오염 장지법의 매립장소 등을 지칭한다.
[3] 「안정형」, 「관리형 처리장 상당」은 처리장·매립장소 소재지·구역을 관할하는 지자체 지사 등이 인정한 것으로 한정한다.
[4] 「해양오염 방지법 판정기준」은 해양오염 방지법 시행령 제 5조 제 1항에 규정된 매립장소 등에 배출하려고 하는 금속 등을 포함한 폐기물에 관한 판정기준을 정한 법령
[5] 해양오염 방지법의 매립장소 제외
[6] 현 시점(2008년 12월)에서 토양오염 대책법상 인정시설은 없기 때문에 토양오염 대책법상 지정구역(오염토양구역) 으로부터 나오는 오염토양은 시멘트 공장에서 처리할 수 없으며, 지정구역 이외의 오염토양(쉴드TBM 굴착토는 이에 해당)은 적치조건을 만족하면 처리가능

참고문헌

1) 独立行政法人土木研究所: 建設発生土利用技術マニュアル第3版 (一部加筆)
2) 環境省: 建設工事等から生ずる廃棄物の適正処理について (通知)
3) 社団法人日本土木工業協会 社団法人日本建設業団体連合会 社団法人建築業協会: 汚染土壌の取り扱いについて (一部加筆)

제11장

쉴드TBM 터널의 유지관리

제11장
쉴드TBM 터널의 유지관리

일본에서는 1965년을 전후로 하여 급속히 쉴드TBM 터널이 건설되어 왔으며, 그중 건설 후 40년 이상이 경과하여 보수가 필요한 것도 있다. 쉴드TBM 터널의 변형은 그 사회에 미치는 영향이 큰 경우도 있으므로 쉴드TBM 터널의 유지관리가 최근 중요시되고 있다. 본 장에서는 쉴드TBM 터널의 변형과 그 원인, 점검 및 건전도 판정, 조사방법을 기술하고 보강·보수 사례를 소개한다.

11.1 쉴드TBM 터널의 변형과 원인

쉴드TBM 터널에서 볼 수 있는 변형현상의 대표적인 것은 누수, 터널 변형, 조인트부나 철근의 부식, 철근노출, 콘크리트 균열, 콘크리트 표면 박리나 박락, 조인트부 밀림이나 단차 등이다. 사진 11.1.1은 세그먼트 열화의 예이며, 그림 11.1.1은 쉴드TBM 터널에 발생하는 균열 모식도이다.

이러한 변형은 시공 중이거나 시공 직후에 발생하는 경우도 있으나 터널 완성 후 근접시공 등에 의한 영향, 지하수위 변화, 터널 공용 중의 조건 변화 혹은 터널 설계 시에는 예상하지 못했던 하중의 작용 등이 원인으로 발생하는 경우도 있다.

(a) 덕타일 세그먼트 (b) 콘크리트계 세그먼트

사진 11.1.1 세그먼트 열화의 예

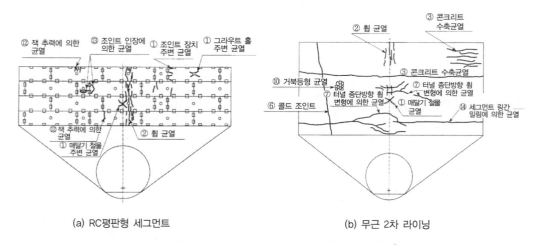

(a) RC평판형 세그먼트 (b) 무근 2차 라이닝

그림 11.1.1 쉴드TBM 터널에 발생하는 균열 모식도[1]

    이러한 변형의 요인은 외적 요인과 내적 요인으로 분류할 수 있다. 외적 요인으로는 외력에 의한 것과 환경에 의한 것이 있으며, 전자는 근접시공, 터널 완성 후 하중변화, 주변 지반의 압밀 등이, 후자는 지하수위 변화, 유해한 성분(염분이나 산성수 등)을 포함한 지하수, 갱내 온도나 습도변화 등이다. 한편 내적 요인은 시공이나 운반에 의한 것, 설계에 의한 것, 재료에 의한 것으로 분류할 수 있으며, 시공이나 운반에 의한 것은 그림 11.1.2와 같이 운반 시 또는 적재 시 관리 부족으로 세그먼트에 단면 결손이나 결함이 발생한 예, 잭키 추력이나 주입 시공 시 하중에 의한 균열, 누수, 결함이 발생한 예, 굴진 시 정원도 부족에 의한 조인트 벌어짐이나 균열이 발생한 예 등이 있다. 설계에 의한 것으로는 세그먼트 형식, 시공여유, 조인트 형식, 쉴드TBM 잭의 부적절한 설정 등이 있다. 최근 시공된 쉴드TBM 터널에서는 충분한 철근 피복두께를 확보하고, 수팽창 지수재가 사용됨으로 인해 누수량도 매우 적어지고 있어 철근부식이나 이에 기인한 콘크리트 박리·박락, 철근노출과 같은 재료에 의한 변형은 거의 보이지 않는다. 그러나 1965~1975년경 시공된 쉴드TBM 터널에서는 철근 피복두께 부족이나 씰재 성능 등에 기인한 재료에 의한 변형이 발견된 예도 있다.

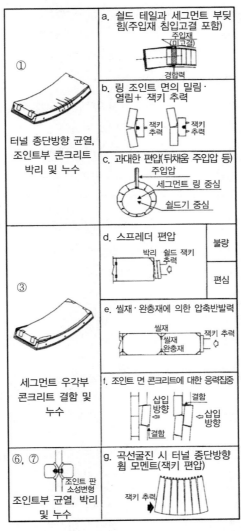

그림 11.1.2 시공 시 하중에 관한 세그먼트 불균형 발생요인[2]에서 발췌

누수는 쉴드TBM 터널의 변형에 가장 큰 영향을 미치는 요인이다. 지하수가 터널 내로 침투한다는 것은 그 양이 많고 적음에 관계없이 항상 새로운 물과 산소를 공급하기 때문에 강재의 부식을 촉진시켜 콘크리트 표면의 박리, 박락을 유발한다. 특히 바다와 접한 곳이나 조수 간만의 영향을 받는 하천 등 지하수에 염분 등이 포함되는 경우에는 그 영향이 훨씬 크다. 누수량이 많아지면 주입재 열화를 촉진시키거나 사질지반 등에서 모래 유입을 유발하고 연약 점성토 지반에서 주변 지반 압밀을 촉진시켜 터널 변형을 증가시키고 누수가 증가되는 원인이 된다. 수팽창성 씰재가 사용되는 현재는 누수량이 매우 적어졌으나 터널의 장기 내구성 향상을 도모하기 위해서는 누수방지가 중요하다.

이 외 연약 점성토 중 쉴드TBM 터널에서는 터널 완성 후 내공단면이 종방향으로 축소되고 횡방향으로 확대되는 변형을 일으키며, 천단부에서 터널 종단방향 균열이 발생한 예도 보고되고 있다.[3]~[5] 이러한 것은 주변 지반의 압밀침하에 의한 것이라고 예측되며, 시공 후 10년 정도면 수렴된다는 계측결과가 보고된 사례[5]도 있다.

쉴드TBM 터널의 각종 변형은 상호 독립적이지 않으며, 서로 밀접한 관계를 가진다. 예를 들어 터널 변형의 증대는 조인트부의 벌어짐을 동반하거나 콘크리트 균열을 발생시킨다. 그 결과로 조인트부 강재가 부식되어 녹물이 발생하고 콘크리트 박리, 박락이 발생하며, 이에 수반하여 누수량도 증가한다. 또한 시공에 기인하여 발생한 균열이 원인이 되어 누수가 발생하여 철근이나 조인트 강재의 부식이 유발되는 경우도 있다. 쉴드TBM 터널을 유지관리함에 있어서 변형원인을 추정하여 이에 대응하는 것이 중요하며, 복수의 요인에 의해 변형이 발생하거나 하나의 변형이 다른 변형을 유발하는 경우가 많다는 것을 염두에 둘 필요가 있다. 또한 변형원인을 추정할 때는 토피, 주변 지반의 토질특성, 쉴드TBM 터널 구조, 설계조건, 근접시공 유무 등의 정보를 종합적으로 감안할 필요가 있다.

11.2 쉴드TBM 터널의 유지관리방법

11.2.1 점검 및 건전도 판정

쉴드TBM 터널을 유지관리하기 위해서는 정기적으로 터널 상태를 점검하고 파악하는 것이 중요하다. 점검방법이나 항목은 도로, 철도, 전력, 상·하수도, 가스, 통신, 공동구 등 사용목적에 따라 다르나, 관찰이나 타격음을 통해 개략적인 상태를 파악하여 변형개소를 추출(1차 점검)한 후 정밀한 점검이나 조사(2차 점검)를 실시하는 것이 일반적이다. 그림 11.2.1은 철도터널의 점검 흐름도이며, 전체 노선을 대상으로 2년마다 관찰 및 전반적인 점검을 실시하고 이것을 기초로 건전도를 판정하여 건전도를 A, B, C, S로 구분한다. 여기에서 변성이 있으며, 조치가 필요한 건전도 A로 판정된 개소에 대해서 개별검사를 실시하여 변형원인 추정이나 변형예측을 목적으로 한 조사를 기초로 건전도를 AA, A1, A2, B, C, S로 구분한다. 철도터널의 경우 박락에 대한 건전도 판정도 실시하고 있으며, 안전을 위협하는 박락이 발생할 우려가 있는 경우에는 조치를 취하고 있다.

쉴드TBM 터널 유지관리 시에는 장래를 내다보고 면밀한 유지관리계획을 세워서 점검, 조사, 보수·보강을 실시하는 것이 중요하다. 최근에는 구조물 건설에서 폐기까지 전체 공사비를 고려하여 적절한 보수·보강이나 교체를 검토한다는 관점에서 Life cycle 공사비 평가방법, 합리적 유지관리비 운용을 목표로 에셋 메니지먼트라는 방법이 검토되고 있다. 이러한 기술은 아직 검토해야할 점이 남아있으나, 이를 도입하여 합리적인 유지관리를 가능하게 하는 방법의 확립이 요구된다.[1], [6]

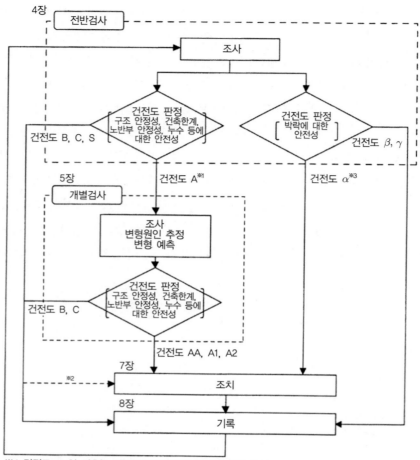

4장 ┌─ 전반검사 ─┐

조사

건전도 판정
[구조 안정성, 건축한계,
노반부 안정성, 누수 등에
대한 안전성]

건전도 B, C, S

건전도 판정
[박락에 대한
안전성]

건전도 β, γ

5장 ┌─ 개별검사 ─┐

건전도 A※1

조사
변형원인 추정
변형 예측

건전도 판정
[구조 안정성, 건축한계,
노반부 안정성, 누수 등에
대한 안전성]

건전도 B, C

건전도 AA, A1, A2

건전도 α※3

7장 ※2 ──▶ 조치

8장 기록

※1 건전도 AA인 경우는 긴급조치를 강구한 후 개별검사 실시
※2 건전도 B인 경우는 필요에 따라 감시 등 조치를 강구
※3 건전도 α인 경우는 열화·박락대책공 등 보수·보강조치 필요

그림 11.2.1 터널점검 플로우 예(철도터널) [1)]

11.2.2 조 사

(1) 조사목적

터널 건전도를 판정할 때는 우선 터널조사가 필요하다. 조사는 터널 관리자에 의해 '점검'·'조사' 등이라 불리는데 대략 구조물이 완성된 때에 실시하는 초기조사, 터널에 발생하는 열화나 이상을 파악하기 위해 정기적으로 실시하는 1차 조사, 건전도에 문제가 있는 부분에 대해 실시하는 2차 조사로 크게 구분된다. 이러한 조사를 조합하여 변형현상을 정확히 파악하고 원인 추정, 건전도 판정, 대책공 수립을 실시한다.

(2) 조사의 종류

조사는 크게 자료조사, 환경조사, 갱내 조사의 3가지로 구분할 수 있다.

i) 자료조사

설계도서, 사양서, 시공계획서, 공사기록 등을 조사하여 구조물의 기본적인 제원이나 구조조건, 시공이력을 조사하는 것이다.

ii) 환경조사

구조물 열화에 대해 주변환경이 미치는 영향은 매우 크므로 지형이나 지질, 지하수 환경(수압과 토질), 해안에서의 거리, 갱내 온도, 토지이용상황(지상이용과 근접시공) 등 외적요인을 조사하는 것이다.

iii) 갱내 조사

터널 갱내에서 구조물에 나타나는 열화현상을 직접 파악하기 위한 것으로서 관찰확인, 타격음검사, 누수량 측정 등에 의해 조사하는 것이다. 조사결과는 균열상태나 박락, 줄눈 손상, 누수유무, 녹물, 변색, 유리석회 등을 도면상에 기입하고 사진을 촬영하여 기록으로 남긴다. 필요에 따라서는 구조물 코어채취나 배면공동 조사, 계측기에 의한 경시변화 측정 등도 실시한다.

(3) 구체적인 조사방법

쉴드TBM 터널에서는 다음 항목에 대해 조사를 실시한다.

i) 터널변형

터널변형은 일반적으로는 설정한 공간을 레이저 거리 측정계나 컨버젼서 메져(그림 11.2.2 참조), 파이프 스케일 등에 의해 정기적으로 계측하여 그 변화를 파악한다. 최근에는 레이저 거리 측정계를 연속적으로 회전시켜 터널 내면형상을 계측하는 레이저 프로파일러 변위계(그림 11.2.3 참조)를 사용하는 경우도 있다.

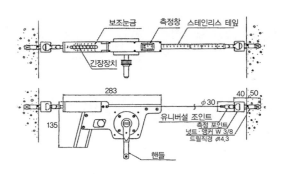

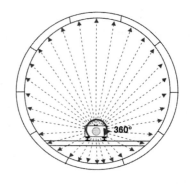

그림 11.2.2 컨버전스 메져에 의한 계측 예 [7]　　　　　그림 11.2.3 레이저 프로파일러 변위계

ii) 라이닝 열화

쉴드TBM의 1차 라이닝은 콘크리트계 세그먼트, 강재 세그먼트 혹은 이를 조합한 세그먼트로 구성된다. 2차 라이닝은 일반적으로 현장타설 콘크리트로 구축된다. 콘크리트계 세그먼트에 대해서는 이전부터 사용되어 온 가장 간단한 방법이 타격음검사이다. 해머로 라이닝 표면을 타격하여 해머의 반발력이나 타격음에 의해 이상유무를 조사하는 감각적인 방법이나, 2차 라이닝의 극단적인 두께부족이나 배면공동 유무, 콘크리트 박리, 표면열화 상태를 조사하는 방법으로서 넓게 사용되고 있다. 콘크리트의 정량적 강도측정 방법은 슈미트 해머에 의한 비파괴 방법이나 코어 채취한 공시체의 일축압축시험 등이다.

균열은 Crack scale로 폭을, 자를 사용하여 길이를 측정하여 터널 전개도에 확실히 기록을 남기는 것이 중요하다. 균열 폭은 Clip 게이지나 Contact 게이지를 사용해서 계측하여 균열 폭 진행상태를 정확히 측정할 수 있다. 균열 깊이는 무근 2차 라이닝이나 RC 라이닝에서도 균열이 철근 피복 내에 있는 경우에는 초음파로 측정할 수 있다. 단, RC 라이닝의 경우나 골재가 접촉된 상태에서는 음파가 이런 위치를 따라 전파되기 때문에 정밀도가 현저히 떨어지게 된다.

강재 세그먼트의 경우는 2차 라이닝에서 직접 주형 등의 두께를 측정하여 평가하는 경우가 많으며, 두께를 초음파 두께 측정기(사진 11.2.1 참조)로 측정하는 방법도 있다.

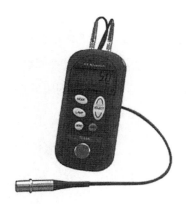

사진 11.2.1 초음파 두께 측정기[7]

철근의 부식은 콘크리트 내부 철근을 직접 관찰하는 것이 확실하며, 부식상태를 표 11.2.1과 같이 그레이드로 분류한다.

표 11.2.1 부식 그레이드와 강재 상태

부식 그레이드	강재의 상태
I	흑피 상태 또는 녹 발생이 전체적으로 얇고 치밀하나, 콘크리트면에 녹이 부착되어 있는 것은 아니다.
II	부분적인 녹이 있으나, 작은 면적의 Spot형태이다.
III	단면 결손은 관찰되지 않으나, 철근 전주 또는 전장에 걸쳐 녹이 발생하고 있다.
IV	단면 결손이 발생하고 있다.

2007년 제정 콘크리트 표준시방서 유지관리 편에서 비파괴에 의한 부식검사 방법은 콘크리트 중 강재 부식반응이 전기화학적인 반응인 것에 근거하여 강재 부식경향이나 부식속도 등에 관한 정보를 얻는 것으로서 자연전위법, 분극저항법 및 사전극법이 있다.

자연전위법은 전위의 고저 경향을 파악하여 강재 부식의 진행을 판단하는 방법이다. 부재전면에 걸쳐 콘크리트 표면으로부터 내부강재의 전위를 계측하여 그 전위분포로부터 부식발생 가능성이 높은 부분을 판단한다. 자연전위법에 의한 계측방법은 JSCE-E601「콘크리트 구조물의 자연전위 측정방법」에 규정되어 있다.

분극저항법은 강재전위를 자연전위로부터 약간 분극시킨 경우에 발생하는 전류를 계측하여 분극량을 계측된 전류에서 제거하여 부식속도의 지표가 되는 분극저항을 산출하는 방법이다. 분극저항 계측방법은 AC(교류) 인피던스법이라 불리는 방법을 이용한 포터블 계측기가 실용화되어 있다.

사전극법은 콘크리트 전기저항률을 계측하는 방법이다. 강재주변의 콘크리트 전기저항이 작을수록 부식전류는 흐르기 쉽게 되어 부식 진행이 빨라지므로 콘크리트 저항률을 측정하여 콘크리트 중 강재부식 진행 경향을 알 수 있다. 사전극법에 의한 계측은 JSCE-K 562「사전극법에 의한 단면복구재의 체적저항률 측정방법(안)」에 규정되어 있다.

11.2.3 보수 · 보강

터널에 변형이나 열화 등이 발생한 경우에는 상세한 조사나 건전도 판정을 실시하여 적절한 대책을 강구할 필요가 있다. 철도터널에서는 이러한 대책공법을 조치라 칭한다. 그 종류로는 표 11.2.2와 같이 감시, 보수 · 보강, 사용제한, 개축 · 교체가 있으며, 보수 · 보강 조치를 강구하는 것이 기본이다.

이 중 보수대책은 현 시점에서는 터널 구조물 내력에는 문제가 없으나, 장래적으로 변형이 진행하는 경우에는 구조상, 기능상 문제가 발생할 것으로 예상되는 경우에 실시한다. 한편 보강대책은 현 시점에서 터널 구조물로서의 내력이나 강성에 문제가 있어 이를 확보하기 위해 보강이 필요한 경우에 실시한다.

표 11.2.2 조치의 종류 [9]

종류	개요
감시	관찰 등으로 변형의 상태나 진행성을 지속적으로 확인하는 조치
보수 · 보강	변형이 발생한 구조물의 성능을 회복시키는 것 혹은 성능 저하를 지연시키는 것을 목적으로 하는 조치 및 구조물의 역학적 성능을 초기상태보다 향상시키는 것을 목적으로 하는 조치
사용제한	보수 · 보강 등의 조치 만으로는 안전성을 확보할 수 없는 경우에 열차운전 정지, 진입 정지, 하중제한, 서행 등으로 사용을 제한하는 조치
개축 · 교체	조치 중에서 가장 중대한 것으로서 터널 전단면 혹은 광범위에 걸쳐 변형이나 재료열화가 현저한 경우나 터널이 그 기능을 충분히 발휘할 수 없어 다른 조치로는 처리할 수 없는 경우에 구조형식을 부분적 혹은 전체적으로 변경하는 조치 혹은 구조물 일부를 철거하고 다시 만드는 조치

(1) 보수대책

쉴드TBM 터널의 보수대책은 누수와 열화방지 대책으로 대표되며, 지반침하 등에 의해 구조적으로 변형이 발생하는 경우에는 다음에 설명하는 보강대책이 필요하다. 각각의 보수대책은 대상이 되는 부위, 부재에 따라 다양한 것이 있으며, 영구적인 보수대책은 재료면, 시공면에서 곤란하여 대개 10년 정도가 그 효과를 기대할 수 있는 한계라고 생각된다. 이 때문에 그림 11.2.4와 같이 보수 후 적절한 유지관리와 추가보수를 실시할 필요가 있다.

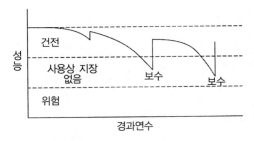

그림 11.2.4 유지관리와 보수 개념

1) 누수대책

쉴드TBM 터널은 대수지반의 비교적 깊은 위치에 시공되므로 지하수 공급량이 많고 수압이 높다. 따라서 일단 누수가 발생하면 완전히 지수하는 것이 곤란한 경우가 많으며, 터널의 누수는 배면지반 이완이나 압밀 등의 유발이나 재료열화를 촉진시키는 등 터널변형의 요인이 될 가능성도 있으므로 조기에 적절한 대책을 실시해야 한다.

쉴드TBM 터널의 누수부위는 세그먼트 조인트나 볼트, 그라우트 홀, 세그먼트 본체부로 분류되며 그 외에 갱구부나 개구부 등이 있다. 터널 내면처리를 통해 지수성을 확보하는 것이 기본적으로 어렵기 때문에 일반적으로 누수 위치에 주입을 하여 지수한다. 시공 미흡에 따른 2차 라이닝의 공동 위치에 대해 몰탈계 재료에 의한 지수충진을 실시하는 경우도 있다. 세그먼트 조인트에 대해서는 그림 11.2.5와 같이 지수주입을 중심으로 한 시공법을 적용하며, 그라우트 홀을 통한 누수에 대해서는 그림 11.2.6과 같이 주입공에 수팽창성 고무를 삽입한 넛트로 조인 패커를 부착하여 지수한다.

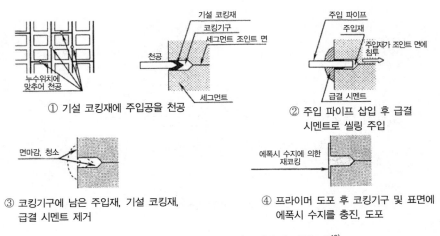

그림 11.2.5 RC 세그먼트 조인트의 누수대책 예[10]

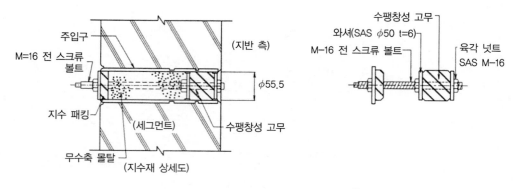

그림 11.2.6 그라우트 홀 누수대책 예[13]

또한 터널 갱내 누수확산이나 물방울을 방지하기 위해서 부득이하게 코킹기구나 호스·물받이를 이용한 도수처리를 적용하는 경우도 있다. 단, 누수 용인은 전술한 바와 같이 터널 구조에 영향을 미치는 것이 우려되기 때문에 가능한 한 완전지수를 적용하는 것이 요구된다.

2) 열화대책

라이닝에 구조적 변형은 발생하지 않으나 구조부재의 열화가 발생하는 경우에는 그대로 방치하면 최종적인 구조내력이나 강성이 부족하여 구조적인 변형을 유발하는 요인이 된다. 따라서 구조부재의 열화를 조기발견하여 적절히 처리함으로써 터널변형을 사전에 방지할 필요가 있다. 구체적으로는 콘크리트 세그먼트에서는 열화된 피복 콘크리트 내 철근의 녹을 제거하고 방청처리한 후 현장타설 콘크리트나 몰탈 뿜어붙임 등으로 보수하는 방법이 적용된다(그림 11.2.7 참조).

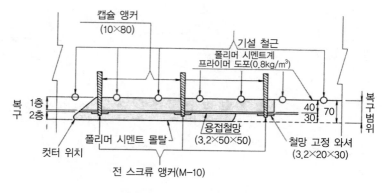

그림 11.2.7 단면복구공법 예[14]

또한 터널 구조부재의 열화를 방지하기 위해서는 산소와 물의 공급차단이 효과적이다. 이를 위해서는 세그먼트 조인트 볼트나 조인트 장치 등의 구조부재에 방청피복을 실시한다(그림 11.2.8). 단, 피복에 핀홀 등이 있으면 열화가 진행되므로 재료 및 시공성에 대해서는 신중한 검토가 필요하다.

하수도 터널에서는 지금까지 2차 라이닝 시공을 전제로 하였기 때문에 세그먼트 열화사례는 보고된 바 없으나, 유화수소 발생 등에 의해 2차 라이닝 콘크리트가 열화되어 보수가 필요했던 사례가 있다. 이 경우에는 터널 내면에 보호층을 설치하며, 터널 내면에 보호 콘크리트를 설치하는 대책에서는 하수의 유하에 필요한 내공단면을 확보할 수 없게 된다. 이런 경우 조도계수를 향상시킨 수지 등의 삽입관이나 얇은 피복재를 내면에 설치하여 유하성능을 확보하는 관로갱생공법을 적용하는 경우가 많다(그림 11.2.9 참조).

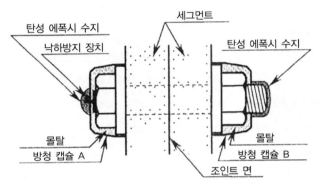

그림 11.2.8 조인트 볼트 방청 예[10]

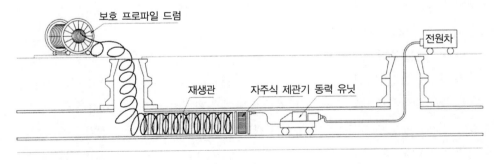

그림 11.2.8 하수도 터널의 관로갱생공법 예[16]

(2) 보강대책

터널에 구조적인 변형이 발생하여 터널이 보유한 성능을 확보할 수 없다고 판단되는 경우에는 터널 구조를 보강할 필요가 있다. 과거 보강사례를 보면 2차 라이닝을 시공하는 보강방법이 적용되는 경우가 많다. 단, 공용 중인 터널에 2차 라이닝을 시공하는 것은 내공단면을 감소시키게 되므로 전술한 하수도 터널과 같이 터널 사용목적에 따라서는 2차 라이닝을 시공할 수 없는 경우가 있다. 한편 공용 중인 터널에 2차 라이닝을 시공하는 경우에는 강재 세그먼트를 갱내에 반입하는 것이 곤란한 경우가 많아 프리캐스트 콘크리트 매입 거푸집을 적용하는 사례가 많다. 일부에서는 숏크리트나 수지 몰탈을 사용하여 2차 라이닝을 시공한 사례도 있다.

쉴드TBM 터널의 보강은 터널 사용상태나 요구되는 보강 정도, 경제성 등을 감안하여 적절한 시공법을 적용해야 한다. 이를 위해서는 과거 보강사례 등을 참고하는 것은 물론 새로운 시공기술이나 재료에 관한 정보를 파악하는 것이 필요하다.

(3) 예방보전과 Asset Management[12]

쉴드TBM 터널의 열화·변형 대책은 예방보전과 사후보전으로 분류할 수 있다. 종래 유지관리는 터널 구조물이 그 성능을 유지할 수 없게 된 상태에 이른 후 보수하는 '사후보전'이 주체였다. 그러나 사후보전은 보수나 보강이 대규모로 되어 대책에 필요한 비용이 높아지는 것이 일반적이며, 대규모 보수·보강에 의해서도 완전히 당초 기능이나 내력을 복구하는 것이 어려운 경우가 많다.

한편 터널에 열화나 변형이 발생하기 전 혹은 그 영향이 충분히 경미한 단계에서 조기에 대책을 강구하여 열화 및 변형을 방지하는 것이 '예방보전'이다. 최근 터널의 유지관리는 '예방보전'으로 이행되는 경향이 강하다. 이후 계획적으로 예방보전을 실시하여 Life cycle 비용을 최소한으로 억제할 필요가 있다. 이를 위해서는 터널 구조물의 상태를 정확히 파악하고 적절한 대책을 강구하기 위한 정기적인 점검진단 기술이 필수이다.

또한 예방보전을 보다 정확히 실시하기 위해서는 설계·시공에서부터 점검, 조사, 예측 및 건전도 판정, 보수, 보강, 갱신에 이르는 일련의 흐름을 종합적으로 관리하여 적절한 시점에 적절한 대책을 강구할 수 있는 유지관리 메니지먼트 방법을 확립하는 것이 중요하다. 최근에는 메니지먼트 방법으로 에셋 메니지먼트의 도입이 검토되는 추세이다. 이 방법은 단순히 유지관리 비용을 최소한으로 억제하는 것만이 아니라 제한된 예산에 따라 적절한 유지관리 계획을 중장기에 걸쳐 실시함에 의해 그 투자효과를 최대한으로 발휘하는 것을 목적으로 하는 것이다. 이를 위해 구조물을 자산으로 간주하여 그 상태를 객관적으로 파악·평가함으로써 중장기적인 구조물 상태를 예측함과 더불어 예산제약을 고려하여 어느 구조물의 어떤 단계에서 대책을 강구하는 것이 최적인가를 검토하고 그 결과를 유지관리 계획에 반영함으로써 최대의 비용 대비 효과를 얻을 수 있도록 하는 것이다.

11.2.4 보수 · 보강 사례

지금까지 실시된 보강 · 보수공사 사례를 소개한다. 주로 공용 중인 터널 구조에 대해 보수 · 보강공사를 실시하기 때문에 통상의 건설공사와는 다른 작업시간, 공사개소에 대한 엑세스 방법, 시공 스페이스, 시공기계 등이 현저히 제한되며, 안전확보와 함께 시공환경도 엄격하여 특수한 시공법이 적용되는 경우가 많다.

(1) 철도터널 사례

2차 라이닝을 시공한 공용 중인 철도터널에서 변형, 라이닝 열화 · 누수가 발생되어 2차 라이닝을 시공한 사례와 시공법 발전 예를 소개한다.

우선 1980년대에 실시된 누수와 변형대책으로서 지하철 도자이센 시공[7]은 지보공(H형강)에 현장타설 철근 콘크리트를 조합한 시공법이 적용되었다(그림 11.2.10).

다음으로 1990년대에 실시된 소부센 터널[17]에서는 현장타설 콘크리트에 의한 시험시공 후 제작성, 시공성(시공속도, 기계화), 경제성을 개선하기 위해 프리캐스트 콘크리트벽(PCW)과 전용 리엑터 대차를 사용하는 방식이 적용되었다(그림 11.2.11).

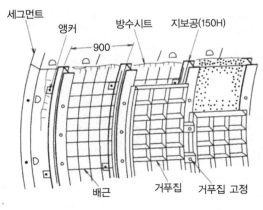

그림 11.2.10 현장타설 방식 개요 [15]

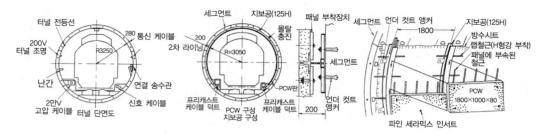

그림 11.2.11 PCW 공법 개요 [17]

2000년대에 누수·방식대책을 주로 실시한 橫須賀線터널[18]은 인력으로 설치 가능하도록 경량화한 거푸집 겸용 지보공을 적용하여 섬유보강 시멘트 패널과 주입 몰탈에 의한 시공법을 적용하였다(그림 11.2.12). 이상과 같은 시공법의 발전 결과 시공속도가 당초 100m/년이었던 것이 200m/년으로, 최근에는 350~700m/년으로 비약적으로 향상되었다.

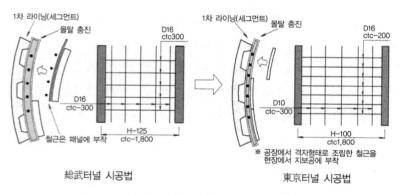

그림 11.2.12 섬유보강 시멘트 패널 [18]

(2) 그 외 터널 사례

조인트의 누수대책으로서 3차 라이닝을 시공한 사례, 유화수소에 의해 열화된 하수도 터널을 관로갱생공법으로 보수한 사례 등에 대해서는 참고문헌 11)에 개요가 기록되어 있으므로 참고하기 바란다.

참고문헌

1) 鉄道総合技術研究所編: 鉄道構造物等維持管理標準・同解説 (構造物編) トンネル, 2007.

2) 土木学会: トンネルライブらリー第17号, シールドトンネルの施工時荷重, pp.72～73, 2006.

3) 斉藤正幸・古田勝・山本稔: 沖積層地盤に構築したシールドトンネルの変形に関する考察, トンネル工学研究発表会論文・報告集, pp.55～62, 1994.

4) 有泉毅, 五十嵐寛昌, 金子俊輔, 永谷英基, 山崎剛, 日下部治: 周辺地盤の圧密沈下に伴う既設シールドトンネル作用荷重の変化メカニズム, 土木学会論文集, No.750／Ⅲ-65, pp.115～134.

5) 津野究, 三浦孝智, 石川幸宏, 山本努, 河畑充弘: 内空断面測定および変状展開図より把握したシールドトンネルの変形傾向, トンネル工学報告集, Vol.17, pp.257～261, 2007.

6) 栗林健一, 小西真治, 亀村勝美, 堀倫裕, 田口洋輔: 鉄道構造物の維持管理へのリスクマネジメントの適用(2)鉄道トンネル, 第58回土木学会年次学術講演会, 2003.

7) 変状トンネル対策工設計マニュアル 平成10年2月 財団法人 鉄道総合技術研究所

8) JFEアドバンテック: より

9) 財団法人鉄道総合技術研究所編: 鉄道構造物等維持管理標準・同解説 (構造物編) トンネル, 2007.

10) 財団法人鉄道総合技術研究所編: トンネル補修・補強マニュアル, 2007.

11) 土木学会編: トンネルライブラリー トンネル支持管理, 2005.

12) 日本トンネル技術協会: トンネル技術ステップアップ研修会－シールドトンネル－, 2005.

13) JTA保守管理委員会: 連載講座 トンネルの補修・補強における工法と材料(3)漏水対策(都市トンネル), トンネルと地下, 第33巻7号, 2002.

14) JTA保守管理委員会: 連載講座 トンネルの補修・補強における工法と材料(5)覆工劣化対策(都市トンネル) トンネルと地下, 第33巻9号, 2002.

15) JTA保守管理委員会: 連載講座 建設・保守管理へのフィードバック(3), トンネルと地下, 第29巻7号, 1998.

16) 日本SPR工法協会パンフレット 「総合カタログ」

17) 楠木ほか, プレキャスト材による活線シールドトンネルの二次覆工, トンネルと地下, 第22巻8号, 1991.

18) 狩屋ほか, 軽量パネルを用いたシールドトンネルの漏水対策, トンネルと地下, 第38巻4号, 2007.

제12장

특수기술과 신기술

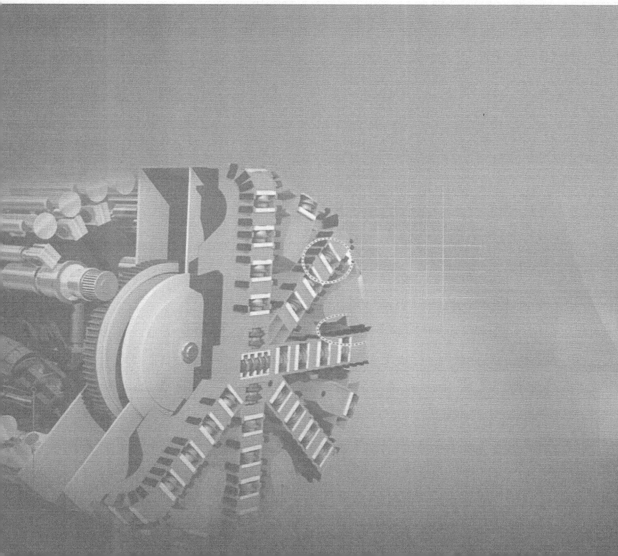

특수기술과 신기술

12.1 대단면 시공

12.1.1 대단면 시공의 현재

쉴드TBM의 대단면화는 지하철도 복선단면 터널에서 시작되었다. 이후 지하하천이나 지하 조정지(調整池), 그리고 도로터널에 대한 대단면 쉴드TBM의 적용에 의해 외경 14m 정도의 대단면 터널이 건설되고 있다(그림 12.1.1 참조).

2010년 3월 현재, 외경 10m 이상의 대단면 시공은 70건 이상의 사례가 있으며, 그 중 약 90%는 이수식 쉴드TBM을 적용하였다. 최근 경향에 따르면 토압식 쉴드TBM의 적용이 많아지고 있다. 표 12.1.1은 대단면 시공 실적을 나타내었다.

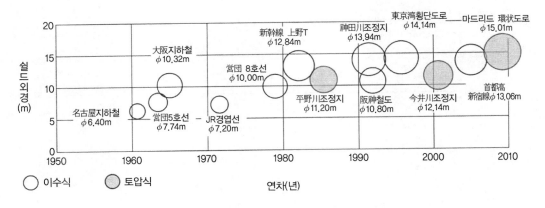

그림 12.1.1 터널 외경의 변화

표 12.1.1 일본 내 대단면 시공실적

발주자	공사명	쉴드TBM	쉴드TBM 외경(m)	연장(m)	토피(m)	토질	비고
帝都高速度 交通営団	7号線南麻布工区 土木工事	이수식	φ14.18	363.8	13.0	점성토, 모래자갈, 연암	
東京湾 横断道路(株)	東京湾横断道路 トンネル工事	이수식	φ14.14	1,751~ 2,852	9.0~20.0	사질토, 실트	8공구
東京都 建設局	神田川・環状七号線地 下調整池工事	이수식	φ13.94	1,991.0	38.0	사질토, 쉴드 TBM, 모래자갈	
東京都 建設局	中央環状品川線大井地 区トンネル工事	토압식	φ13.60	895.0	0.0~25.0	사질토, 실트, 모래자갈	
東京都 建設局	神田川・環状七号線地 下調整池(第二期)シー ルド工事	이수식	φ13.44	2,496.7	36.6~47.7	사질토, 실트, 모래자갈	
首都高速道路 公団	SJ32工区 トンネル工事	이수식	φ13.23	1,203.3	11.0~26.0	사질토	
首都高速道路 公団	SJ11工区 (4)~SJ31工 区 (内回り) トンネル工事	이수식	φ13.06	2,650.0	13.7~34.1	사질토, 실트	
首都高速道路 公団	SJ11工区 (4)~SJ31工 区 (外回り) トンネル工事	이수식	φ13.05	2,660.0	14.0~52.3	사질토, 실트, 모래자갈	
首都高速道路 公団	SJ11工区(1・2)SJ13 工区トンネル工事	이수식	φ12.94	864.0	13.1~44.4	모래자갈, 고결토	
日本国有 鉄道	東北新幹線第二上野ト ンネル下谷工区	인력굴착식	φ12.84	730.0	18.0	사질토, 실트	압기
建設省 近畿地方 建設局	大津放水路トンネル第 1工区建設工事	이수식	φ12.64	1,115.0	13.0~23.5	사질토, 실트, 모래자갈	
首都 高速道路(株)	中央環状品川線シール ドトンネル(北行)工事	토압식	φ12.55	8,030.0	14.0~40.0	사질토, 실트, 모래자갈	
東京都 建設局	中央環状品川線シール ドトンネルー2	토압식	φ12.53	7,967.0	14.0~39.5	사질토, 실트, 모래자갈	

12.1.2 기술적 과제

표 12.1.2에 대단면 시공의 기술적 과제를 나타내었다.

표 12.1.2 대단면 시공의 기술적 과제

항목	기술적 과제
막장 안정	• 막장압력 관리 • 굴착토량 관리 • 이수(굴착토) 상태 관리 • 종합관리 시스템
쉴드TBM 굴진기구	• 커터비트나 베어링 씰 등의 내구성 확보 • 챔버 내 굴착토사의 유동성 확보 • 소요 토오크나 소요 추력 확보
쉴드TBM 제조 · 조립	• 대형설비 확보 • 현지 조립정밀도 확보
라이닝 구조	• 시공(운반이나 조립)을 고려한 구조검토 • 대형제조설비 확보 • 제작 시, 조립 시 품질확보
그 외	• 굴착토사 적치장 확보 • 자재 보관장소 확보 • 대용량 동력설비 확보 • 주변환경에 대한 배려

(1) 막장 안정

대단면 쉴드TBM에서는 응력해방면이 커지는 것은 물론 막장의 천단과 하단의 압력 차도 커지게 된다. 또한 지층이나 지하수압이 다른 복합지반 단면에서 굴착하게 되는 경우가 많다. 이러한 조건에서 막장 안정을 확보하기 위해서는 막장압력 관리나 굴착토량 관리, 굴착토사 소성유동성 관리, 이수상태 관리 등 각각의 노하우를 종합한 고도의 굴진관리가 요구된다.

(2) 쉴드TBM 굴진기구

쉴드TBM 단면이 커짐에 따라 외주부 비트나 베어링 씰은 활동거리가 길어져 마모되기 쉬우므로 내마모성 비트 적용이나 신뢰성 높은 토사 씰의 검토가 필요하다. 또한 외주부와 내주부에서 커터의 속도차가 커지기 때문에 굴착토사의 유동성 확보가 어려우므로 속도가 작은 내주부에서는 토사 막힘이 발생하기 쉬워진다. 따라서 챔버 내 구조나 토사 막힘을 방지하는 기구의 검토가 필요하다.

쉴드TBM의 추력은 직경의 제곱에 비례하며, 커터토오크는 경험적으로 직경의 세제곱에 비례한다고 알려져 있다. 단면이 커지면 소요 추력이나 커터토오크가 급격히 증가하므로 쉴드TBM 잭이나 회전구동장치의 선정과 그 배치에 대한 검토가 필요하다.

(3) 쉴드TBM 제조

쉴드TBM은 직경의 세제곱에 비례하여 체적과 중량이 증가하기 때문에 제작공장에서는 크레인이나 기계가공 등 설비상의 문제 등이 발생한다. 또한 육상운송의 제약 때문에 다분할하여 운반할 수밖에 없어 현장에서의 조립 정밀도, 특히 커터 베어링부의 정밀도 확보가 과제이다. 공장이나 공사현장의 조건에 따라 직경 20m 정도까지의 쉴드TBM이 제작가능하다.

(4) 라이닝 구조

대단면화에 따라 라이닝에 발생하는 단면력이 커지며 세그먼트도 두꺼워지는 경향이다. 그 결과 세그먼트 운반이나 조립 시 중량에서 제약을 받기 때문에 분할 수가 많아지며, 조인트 수도 증가하는 경향이 있다. 세그먼트 제작은 제조설비의 대형화뿐만 아니라 온도응력 등에 기인한 미세 균열이 발생하기 쉬워지며, 세그먼트 주단면의 수밀성 확보 등의 검토과제가 있다. 또한 기존의 박스 조인트 구조에서는 볼트 직경이 커져 큰 체결력이 필요하기 때문에 고소작업에 따른 안전상의 과제도 수반되어 기계화나 자동화 검토도 필요하다. 이 때문에 조인트 구조는 기계화나 자동화에 적합한 것을 선정해야 한다.

또한 대단면화에 따라 세그먼트 자중에 의한 단면력도 커지기 때문에 뒤채움 주입재가 경화되기까지의 정원유지장치에 대해서도 검토가 요구된다.

(5) 그 외

대단면화됨에 따라 굴착 토사량이나 자재량이 대폭 증가하며, 침목이나 배관재도 커지는 경향이 있으므로 그에 따른 보관장소의 확보가 필요하다. 대단면 쉴드TBM을 이동시키기 위해서는 대용량 동력설비의 확보가 필요하다. 이 외에 굴착토사 반출용 덤프트럭이나 세그먼트 반입차량 등 다수의 공사관계 차량이 출입하므로 주변교통을 고려한 계획이 중요하다. 또한 굴착토사 처분업체 확보 문제 등도 대단면화될수록 현저해지므로 이를 종합적으로 검토하는 것이 요구된다.

12.2 장거리 시공 및 고속시공

도심지에서의 쉴드TBM 공사는 수직구 공사용지의 확보가 곤란한 경우나 지하구조물 집중 등으로 인해 시공심도가 깊어지는 등 장거리 시공이 일반화되고 있다.

장거리 시공의 경우, 지반조건에 따른 쉴드TBM 각 부품이나 시공설비의 내구성 향상, 각 부품 및 설비의 효율을 예측하고, 시공도중의 교환을 포함한 기계 및 설비의 유지관리, 장거리 시공 특유의 안전설비 확보, 자동관리 시스템 도입 등에 대해 충분히 검토한 후 확실한 시공이 실시될 수 있도록 대책을 수립하여야 한다. 또한 장거리 시공으로 굴진기간이 장기화되기 때문에 고속시공에 의한 공기단축에 대해서도 검토하는 경우가 많다. 그림 12.21은 장거리 시공, 고속시공에 대한 검토사항을 나타낸 것이다.

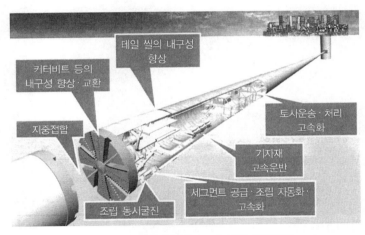

그림 12.2.1 장거리 시공·고속시공 검토사항

12.2.1 장거리 시공

(1) 시공실적

터널 표준시방서 쉴드공법·동해설[1]에서는 시공거리가 약 1.5km를 초과하는 경우 장거리 시공에 대한 검토가 필요하며, 이미 5km를 넘는 장거리 시공실적은 수십 건에 이르며, 東京電力·東西 연계 가스도관 공사는 9km의 초장거리 시공이 실현되었다. 또한 대단면 쉴드TBM에 의한 장거리 시공도 中央環状品川線(북행, 남행) 쉴드TBM 공사에서 약 8km 장거리 굴진이 개시되어 장거리 시공의 요구는 이후 점점 증가할 것으로 사료된다. 그림 12.2.2는 장거리 시공의 추세, 표 12.2.1은 장거리 시공의 주요 실적(5km 이상)을 표시하였다.

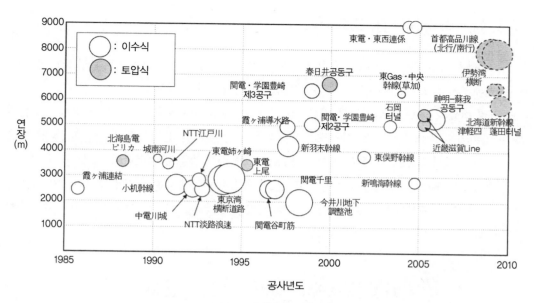

그림 12.2.2 장거리 시공의 추세

표 12.2.1 장거리 시공실적 예(5km 이상)

발주자	공사건명	기종	쉴드TBM외경 (m)	굴착연장 (m)	최대 토피 (m)	지반
国土交通省関東地方整備局	石岡トンネル(第一工区)新設工事	이수식	4,040	5,000	39	사질토, 모래자갈, 점토
関西電力(株)	学園豊崎間管路新設工事(第2工区)	이수식	5,750	5,032	56	모래자갈, 사질토, 점토
国土交通省関東地方整備局	神明~蘇我共同溝シールド(その1)工事	이수식	5,620	5,312	27	충적점토, 충적점토, 사질토
大阪ガス(株)	近畿緯線滋賀2工区シールド工事	토압식	2,280	5,336	26	모래자갈
東京ガス(株)	中央幹線Ⅱ期建設工事合築シールド	이수식	2,390	6,049	44	모래자갈
鉄道建設・運輸施設整備支援機構	北海道新幹線、津軽蓬田トンネル他建設工事	이수식 (SENS)	11,300	6,070 (3,880+2,190)	94	모래자갈, 세사미 유사, 세립사암
東京ガス(株)	横浜砕線Ⅱ期シールド工事	이수식	2,540	6,180	49	이암
関西電力(株)	学園豊崎間管路新設工事(第3工区)	이수식	5,750	6,500	35	모래질 실트·실트질 모래, 자갈질 모래·실토, 도쿄중군(사질토), 7호지층(점성토), 자갈
東京ガス(株)	中央幹線建設工事(草加)	이수식	2,390	6,300	67	남양층(점성토), 동해층(자갈, 고결점토), 누미층(모래자갈), 남양층(점성토)
中部電力(株)	伊勢湾横断ガスパイプライン設置工事の内土木工事(川越工区)	이수식	3,480	6,615	42	
中部電力(株)	伊勢湾横断ガスパイプライン設置工事の内土木工事(知多工区)	이수식	3,480	6,630	42	옥석질 모래자갈, 사질토, 점성토
国土交通省中部地方整備局	19号春日井共同溝(大泉寺工区、瑞穂工区)	이수식	4,800	6,820 (3,420+3,400)	18	충적점성토, 충적모래자갈토, 상층중군(이암, 사암)
東京都建設局	中央環状品川線シールド工事-2	이수식	12,530	7,967	40	도쿄역층·중사층·상층중군(이암, 사암)
首都高速道路(株)	中央環状品川線シールドトンネル(北行)工事	이수식	12,550	8,030	46	하층중군·사질토·점성토·고결점성토
東京電力(株)	東西連係ガス導管新設工事のうち土木工事(第1工区)	이수식	3,620	9,030	32	하층중군·사질토·점성토·고결점성토
東京電力(株)	東西連係ガス導管新設工事のうち土木工事(第2工区)	이수식	3,590	9,030	44	하층중군·사질토·점성토·고결점성토

(2) 장거리 시공 시 유의점

장거리 시공 시 유의점은 다음과 같다.

i) 내구성 향상

장거리 시공 검토항목 중 특히 중요한 것은 쉴드TBM 각 부위의 내구성 확보이다. 지반, 쉴드 TBM 형식, 시공조건 등을 고려하여 특히 커터비트, 커터헤드, 토사 씰, 테일 씰, 스크류 컨베이 어, 배니관 등의 내구성에 대해 충분히 검토할 필요가 있다.

a) 커터비트

커터비트의 내구성은 지반, 쉴드TBM 형식, 활동거리, 비트 형상이나 재질 및 부착 패스 등의 요인에 좌우된다. 마모대책으로는 일반적으로 다음 항목에 대해 검토할 필요가 있다.

① 비트 형상, 내마모성 재질 적용, 초경칩의 수
② 비트 배치 및 패스 수
③ 선행 비트, 롤러 비트, 단차 비트 등의 적용가부 및 비트 부착 높이

커터비트에 부착된 초경칩의 재질은 일반적으로 내충격성을 고려하여 E5 종이 사용되는 경우 가 많으나, 자갈층이 없는 장거리 굴진 등에서는 내마모성이 우수한 E3 종이 사용되는 경우도 있다.

비트배치는 전체 패스를 기본으로 활동거리가 길고 마모량이 큰 외주부에는 2패스 이상, 최외 주부에는 외주부 2배 정도로 하는 경우가 많으며, 마모량 등을 충분히 검토한 후 결정할 필요가 있다. 마모량의 추정은 지반에 따라 마모계수와 비트 활동거리를 추정하는 것이 일반적이다.

또한 자갈질 지반을 굴진하는 경우는 자갈에 의한 커터비트의 결손이 발생하는 경우가 많아 비트 재질, 비트 마모감지방법, 비트교환방법에 대해서도 검토할 필요가 있다(제5장 쉴드TBM 과 그 설계 5.2.4, 5.2.8 참조).

b) 커터헤드

커터헤드의 마모는 지반, 쉴드TBM 굴진속도, 커터 회전수, 굴착토의 유동성 등의 요인에 좌 우된다. 지금까지의 장거리 시공실적으로는 커터헤드 외주 링이나 스포크 외주부에 마모가 많았 으므로 경화 중첩용접, 내마모강 용접 및 초경칩 매입 등 내마모 대책이 필요하다.

c) 토사 씰

커터 구동부의 토사 씰 내구성에 대해서는 활동면 및 선단 마모량과 활동거리와의 관계로부터 굴진 가능거리를 추정하며, 활동속도에 의한 발열과 씰의 물성유지와의 관계도 고려할 필요가 있다. 토사 씰은 굴진도중 교환이 매우 곤란하므로 다음과 같은 항목에 대한 검토가 중요하다.

① 씰의 활동면 및 선단부는 내마모성이 높고 활동발열에 강한 재료 검토
② 씰 형상과 단수 등 검토
③ 마모경감을 위한 그리스 자동공급 등 검토
④ 온도상승에 대한 대책으로 워터 자켓 등 냉각설비설치 검토

d) 테일 씰

테일 씰은 토압, 수압, 뒤채움 주입압에 대한 밀봉성이 특히 중요하며, 세그먼트 편심이나 곡선시공 시 테일 클리어런스의 편차에 대해서도 그 기능을 다해야 한다. 이와 더불어 장거리 시공에서는 내마모성, 내식성이 추가로 요구된다. 테일 씰의 트러블은 시공과 관계가 크며, 지금까지의 시공실적에 따르면 주입재 부착, 곡선시공에 의한 테일과 세그먼트의 경합, 테일 그리스 충진부족 및 장비후진 등과 관련된 트러블이 발생하였다.

현재 일반적으로 사용되는 와이어 브러쉬식 테일 씰은 테일 씰 사이에 테일 씰 그리스를 충진하여 2MPa 정도의 고수압에 대한 내구성이 실험에 의해 확인되었다. 장거리 시공에서는 테일 씰 자체의 내구성 향상을 위해 씰의 단수 증가, 내마모성 재료나 내식성 재료 적용, 와이어 양 증가 등에 의한 내구성 향상 및 마모경감을 위한 충진재 자동급유와 고수압 시 긴급지수장치를 적용하는 경우도 있다. 또한 만일의 손상에 대비하여 테일 씰 교환방법 등 유지관리에 대한 검토도 중요하다.

e) 스크류 컨베이어

이토압 쉴드TBM에서는 스크류 컨베이어의 내구성이 문제가 된다. 특히 모래자갈층인 경우에는 케이싱의 마모량이 크므로 장거리 시공의 경우 케이싱 플레이트 두께 및 케이싱 상하 회전교환 등에 대한 검토가 필요하다.

f) 배니관

이수식 쉴드TBM에서는 배니관의 내구성이 문제가 된다. 특히 모래자갈층의 경우에는 곡선부 이후부터 마모량이 크므로 지반에 따라서는 운송관의 두께 및 교환 등에 대한 검토가 필요하다.

또한 펌프 및 지상설비(처리 플랜트) 등에 대해서도 검토할 필요가 있다.

ii) 유지관리

고장이나 사고를 사전에 방지하기 위해서는 쉴드TBM 내구성을 확보할 수 있도록 적절한 유지관리가 필요하다. 다음에 각 부위에 대한 유지관리방법, 유의점 등에 대해 설명한다.

a) 커터비트

커터비트는 마모에 의한 칩의 탈락, 결손 등에 의한 교환이 필요한 경우가 있다. 마모는 공법, 지반, 활동거리, 비트 형상 및 재질 등의 요인에 좌우되므로 비트의 내구성을 충분히 검토하여 사전에 마모량을 예측하고 교환이 필요한 거리를 예상하여 해당 위치에서의 비트 교환 등 확실한 시공이 이루어질 수 있도록 충분한 대책을 수립하여야 한다.

커터비트는 커터 전면에서 직접 교환하는데 중간 수직구에서 교환하는 방법 외에 약액주입공법, 고압분사 교반공법, 동결공법 등 보조공법을 사용하여 막장 안정과 차수를 도모한 후 커터 전면에서 직접 교환하는 방법 등이 있다. 직접 교환하는 방법의 경우 작업순서는 커터 챔버 내 이수나 이토 제거, 비트에 부착된 토사 청소, 발판 설치, 교환 비트의 확인, 장비나 기자재 반입, 교환작업의 순이다. 커터비트 부착방법은 핀, 볼트 및 용접에 의한 것이 있으며, 비트교환이 예상되는 경우에는 교환을 용이하게 하기 위해 탈착이 용이한 핀 또는 볼트 부착으로 하는 것이 바람직하다.

한편 최근에는 보조공법을 사용하지 않고 기계적으로 비트를 교환하는 방법이 실용화되었다 (그림 12.2.3 참조). 기계식 비트 교환장치를 장착한 경우 적용 가능한 쉴드TBM 외경, 커터헤드 형상의 제약이나 쉴드TBM 길이에 대한 영향 등을 검토할 필요가 있다. 기계식 비트 교환방법은 커터헤드나 스포크 구조를 고려하여 지하수압이 작용하는 지중에서 기계식으로 비트교환을 실시하는 것으로서 특히 보조공법을 필요로 하지 않는 것이 특징이며, 복수의 교환이 가능한 방식도 실용화되었다. 또한 비트의 고저차 배치나 비트의 장수명화 대책으로 비트를 내외 2중 구조로서 '2중 비트'나 E5재(내충격성 우수), E2재(내마모성 우수)를 포함한 '장수명화 비트'(그림 12.2.4 참조), 가동식 예비 비트에 의한 방법 등도 실용화되었다. 표 12.2.2는 기계식 교환방법, 비트의 장수명화 대책의 실시 예이다. 또한 커터비트의 교환방법에 대해서는 공사 전체 계획이나 쉴드TBM 설계에도 관계되므로 사전에 충분히 검토할 필요가 있다. 교환작업은 안전하고 효율적으로 확실히 시공할 수 있도록 충분한 대책을 수립해야 한다.

일반적으로 비트의 마모정도는 굴진 데이터 변화를 기록하고 토질적인 관점과 기계적인 관점에서 양자를 종합적으로 판단한다. 활동거리가 가장 길어지는 최외주부 부근에 마모감지 비트를 부착하여 마모량을 관리하고 그 양을 예측하는 방법도 있다. 마모감지 비트의 감지방법은 유압식, 초음파식 및 전기 도통식 등이 있다.

b) 토사 씰 및 테일 씰

그리스 충진압력의 관리와 함께 토사 씰에서는 특히 그리스 온도 체크가 중요하다. 따라서 그리스 충진압과 온도 등을 관리할 수 있는 자동급유 시스템 적용이 요구된다.

또한 일반적으로 테일 씰은 최외측 씰 이외에는 교환가능한 구조이다. 교환방식의 하나로서 테일 씰 간에 사전에 긴급 지수장치 등을 부착하여 기내에서 테일 씰을 교환할 수 있는 구조가 실용화되었다.

표 12.2.2 커터비트 교환방법 예

대분류	보조공법 혹은 교환방식	기술개요
직접 교환방법	중간 수직구에서 교환	• 중간 수직구에 쉴드TBM을 진입시켜 수직구 내에서 직접 커터비트를 교환한다. 쉴드TBM 진입 시나 재발진 시 지수성, 안전성을 충분히 검토할 필요가 있다.
	보조공법에 의한 지중 교환	• 중간 수직구를 설치할 수 없는 등 부득이하게 지중에서 교환해야 하는 경우에는 약액주입공법, 고압분사 교반공법, 동결공법 등 보조공법을 실시하여 막장 안정과 지수를 도모하고 커터 전면에서 직접 비트를 교환한다.
기계식 교환방법	커터비트를 기계적으로 교환하는 방법 (트레일 공법 등)	• 트레일 공법은 면판 혹은 스포크를 맞춰 가이드 레일에 장착된 비트 홀더를 인발하여 비트를 한 번에 기내에 밀어 넣어 새로운 비트로 교환하는 공법이다. 스포크 사이즈는 기존과 거의 동일하며, 굴착성능에 방해받지 않는 것이 특징이다. 마모점검도 용이하며, 말뚝 등 굴착용 비트나 지반에 따라 각 종 비트로 교환도 가능하다(그림 12.2.3 참조).
	커터 스포크 내에 사람이 들어가 비트를 교환하는 방법 (릴레이 비트 공법 등)	• 릴레이 비트공법은 커터 디스크의 스포크 내에 사람이 들어갈 수 있는 정도의 공간을 설치하여 쉴드TBM 장비 측에서 사람이 들어가 비트를 1개 씩 교환하는 단순한 공법이다. 비트는 지수성을 고려하여 회전할 수 있는 구조의 케이스에 수납되며, 비트를 떼어내어 육안으로 비트 마모, 손상상태를 직접 확인할 수 있을 뿐만 아니라 굴착지반에 적당한 비트로 수시교환 할 수 있다. 보조공법을 사용하지 않으며, 동시에 어느 곳에서도 비트를 교환할 수 있는 것이 특징이다(그림 12.2.3 참조).
비트 장수명화 대책	커터비트, 커터헤드 구조를 개조하여 비트 장수명화를 도모하는 방법 (2중 비트 공법, 장수명화 비트 등)	• 2중 비트공법은 2개의 비트를 중첩 조립하여 굴진개시 후 외측의 1차 비트가 지반을 굴착하고 굴진과 함께 1차 비트가 마모되면 산형(山形) 형상인 1차 비트의 정점부가 분리되어 자동적으로 1차 비트가 탈락되며, 마모되지 않은 내측 2차 비트가 출현하여 지반을 굴착한다. • 장수명화 비트는 내충격성이 우수한 E5재를 대형화하여 내마모성이 우수한 E2재를 포함해 넣은 것으로서 비트 제조 시 모재와의 가열을 통해 접합부 문제를 해소하였다. E2, E5 두 소재의 장점을 겸비하여 기존 비트의 3배 이상 장거리 굴진이 가능하다(그림 12.2.4 참조).

<table>
</table>

가이드 레일
제1 게이트
수납상자
주수공
배수공

교환용 잭

제2 게이트   비트
              비트홀더

트레일 공법   릴레이 비트 공법

그림 12.2.3 기계식 비트 교환방법 사례

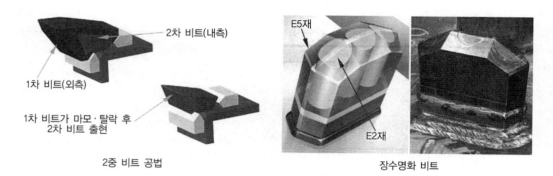

2차 비트(내측)

1차 비트(외측)

1차 비트가 마모·탈락 후
2차 비트 출현

2중 비트 공법

E5재

E2재

장수명화 비트

그림 12.2.4 비트 장수명화 사례

iii) 시공설비 효율화 및 내구성 향상

장거리 시공의 경우 작업효율의 향상, 위험작업의 저감 및 작업환경의 개선을 도모할 필요가 있다. 이를 위해 시공설비 자동화와 고속화를 중심으로 다음과 같이 검토한다.

① 굴착토사 운송방식, 운송·처리설비의 기계능력 검토
② 세그먼트 운반이나 기자재 반출입 기계의 능력검토 및 자동화·고속화 적용
③ 세그먼트 자동조립 및 자동 뒤채움 주입제어 시스템 등의 적용
④ 트러블에 대응하기 위한 예비설비 검토

또한 시공설비의 내구성을 향상시켜 트러블이나 휴먼 에러를 사전에 방지하기 위해 시공설비의 일상 유지관리를 충분히 실시하는 것이 중요하다.

토압식 쉴드TBM의 경우 굴착토사 반출이 굴진, 세그먼트 조립 사이클을 제약하는 요인이므로 반출능력 등에 대해 충분히 검토할 필요가 있다. 사진 12.2.1은 토압식 쉴드TBM의 장거리 시공 시 연속 벨트 컨베이어에 의한 토사반출방식 적용 사례이다.

사진 12.2.1 연속 벨트 컨베이어에 의한 토사반출 상황

이수식 쉴드TBM의 경우 배니관에서 곡관부 이후 마모량이 커지는 경우가 있으므로 지반에 따라서는 관 두께를 두껍게 하거나 적시에 배관을 교환하는 등의 고려도 필요하다. 또한 토압식 쉴드TBM에서도 토사압송방식을 적용하는 경우는 동일하게 대응해야 한다.

장거리 시공에서는 세그먼트 등 기자재의 반입이 굴진, 세그먼트 조립 사이클에 영향을 미치기 때문에 재료반입이나 반출 설비에 대해 자동제어 시스템 등을 적용하여 시공 자동화를 도모하는 등 작업효율 향상에 대해 충분히 검토해야 한다. 또한 뒤채움 주입설비에 대해서도 재료 고화시간이나 이송성능을 고려하여 압송방법(가설 탱크나 중계펌프 등) 혹은 대차에 의한 운송 등을 검토할 필요가 있다.

iv) 안전위생

굴진거리가 2km를 초과하면 인력이나 차량으로도 지상과의 왕복에 꽤 시간이 걸린다. 따라서 작업 안전성이나 작업효율 향상, 작업시간 확보 등을 고려하여 다음과 같은 검토가 필요하다.

① 산소결핍이나 산소결핍 공기, 유독가스, 가연가스 등의 발생에 대처하기 위해 갱내 소요환기량이나 환기설비 능력 등에 대한 검토 및 자동 가스감지 경보장치 적용
② 긴급 시 피난경로, 유도방법, 구호설비 설치 등

③ 갱내에서 휴식을 취할 수 있도록 화장실, 세면소, 휴게소 등 안전위생설비 설치

12.2.2 고속시공

쉴드TBM 공사에서 고속화나 자동화·로봇화의 조합은 고속 경제성장, 버블경제 시 건설공사 공기단축, 복잡한 시공조건하의 고정밀도, 고품질 요구, 작업 초보자의 건설업 이탈이나 숙련공 고령화에 따른 노동력 부족에 대응, 쉴드TBM 공사 대단면화, 장거리화에 수반된 고소작업 등 위험작업 회피, 작업환경·노동조건 개선 등을 배경으로 최근 급속히 발전해왔다.

고속시공화 기술은 쉴드TBM 공사의 장거리화를 배경으로 공기단축 요구에 따라 한층 중요한 과제가 되었다. 한편 자동화·로봇화 기술에 관해서는 공공공사 축소 등 시대적 요구를 배경으로 경쟁 격화에 따른 공사비 절감 추구, 환경부하 저감 요구 등에 대응하기 위해 비용 대비 효과의 관점에서 적용되지 않는 경우도 많아지고 있다.

(1) 고속화 기술

「터널 표준시방서 쉴드공법·동해설」[1]에서는 급속시공은 굴진기간 단축을 위해 설비나 시스템을 재검토하여 쉴드TBM 시공 능률을 통상의 1.5배 정도 이상까지 향상하는 것을 목적으로 하며, 이를 위해 개별 능력을 향상시키는 것뿐만 아니라 각 설비 및 시스템을 기능적으로 조합하는 것이 필요하다. 또한 시공속도에 관계없이 요구품질을 확보하고 안전하게 시공해야 한다.

중소구경의 경우 굴진, 세그먼트 조립 사이클 단축이 고속시공의 실현과 직결되는 경우가 많으며, 대구경에서는 토사반출 및 처리능력이 지배적인 경우가 많으므로 주의가 필요하다. 표 12.2.3은 고속화 기술의 실시 예이다.

i) 굴착

쉴드TBM 잭이나 커터 등 쉴드TBM의 능력을 향상시켜 굴착시간 단축이 가능하나, 각각의 내구성이나 설비 간의 관련성에 유의할 필요가 있다. 다음은 굴착과 관련된 고속시공 검토사항이다.

① 굴착시간을 단축하기 위해 굴착 시 쉴드TBM 잭의 작동속도를 높이고 그 속도에 대응하는 굴착능력을 가진 커터 장비능력의 사양을 검토한다.
② 토압식의 경우에는 스크류 컨베이어의 배토능력을 높이고 이수식의 경우에는 배니, 송니 능력을 높인다.

ii) 세그먼트 조립

세그먼트 형상치수, 구조를 개량하여 굴착, 세그먼트 조립 사이클을 단축한다. 다음은 고속시공을 위한 세그먼트 조립과 관련된 검토항목이다.

① 조립회수 저감을 위해 세그먼트 폭을 확대한다.
② 조립시간 단축을 위해 세그먼트 분할 수, 조인트 수량을 저감한다.
③ 조립시간 단축을 위해 조인트 체결방법을 간소화한다.
④ 조립시간 단축을 위해 이렉터나 쉴드TBM 잭의 고속화·자동화를 도모한다.

터널 용도(관로, 지하하천 등)에 따라서는 내면 평활형 세그먼트(1패스형 세그먼트 조인트, 핀식 링 조인트) 등을 적용하여 볼트 박스 충진공 생략에 의한 공기단축으로 이어졌다. 표 12.2.4는 RC 세그먼트 광폭화 실적의 예이다.

iii) 굴진조립 동시시공

일반적인 쉴드TBM 시공에서는 굴진에 따라 세그먼트 조립공간이 확보된 상태에서 정지하여 조립위치의 추진 잭에 의해 세그먼트를 조립한다. 굴진조립 동시시공은 쉴드TBM 굴진과 세그먼트 조립을 동시에 실시함으로써 굴진, 세그먼트 조립 사이클을 단축하는 기술이다. 굴진 동시조립 시공 쉴드TBM은 굴진 중에 쉴드TBM 잭의 일부를 사용하여 세그먼트를 조립하기 때문에 쉴드TBM 자세제어가 과제이다. 이에 대한 대책으로서 쉴드TBM 잭의 독립적 유압제어나 후드부 신축기구 등을 병용하는 방법이 실용화되었다. 굴진조립 동시시공 쉴드TBM은 롱 잭 방식과 더블 잭 방식으로 구분할 수 있다.

① 롱 잭 방식 : 롱 잭 방식은 2링 분의 세그먼트 조립공간과 2링 분의 스트로오크를 가진 쉴드TBM 잭에 의해 굴진과 세그먼트 조립을 동시에 연속하여 실시하는 것이 가능한 방식이다. 이렉터 장치에 대해서도 2링 분의 위치를 이동 가능하며, 조립위치가 굴진에 따라 이동되기 때문에 그것에 동조할 수 있도록 되어 있다. 이에 따라 쉴드TBM 테일부도 길어지기 때문에 테일 내에서의 세그먼트 충돌에 유의할 필요가 있다. 그림 12.2.5는 롱 잭 방식의 예이다.
② 더블 잭 방식 : 더블 잭 방식은 동체를 매개로 하여 전방에 추진 잭, 후방에 조립 잭을 설치하여 굴진 중 머신은 전진하지만 동체는 정지한 상태로 세그먼트를 조립한다. 따라서 조립작업은 굴진의 영향을 받지 않고 통상의 작업이 가능하다. 1링 분의 굴진과 조립이 완료되

면 굴진 잭을 압축하는 동시에 조립 잭을 신축하여 동체를 전방으로 전진시켜 초기상태가 된다. 세그먼트와의 충돌에 대해서는 통상의 쉴드TBM과 동등하며, 굴진, 조립완료 후에 매회 후방동체를 전진시키는 작업공정이 필요하다. 그림 12.2.6은 더블 잭 방식의 예이다. 어느 방식이나 길이가 통상에 비해 길어지므로 급곡선 시공이나 수직구 필요내공 치수에 유의할 필요가 있다.

표 12.2.3 쉴드TBM 공사의 고속화 기술 예

분류	고속화 기술		기술 개요
굴착	고속·고 토오크 커터헤드 고속 쉴드TBM 잭		• 커터헤드의 회전을 기존보다 고속화·고 토오크화하고 쉴드TBM 잭 작동속도를 높여 굴착속도 향상
세그먼트 조립	세그먼트 광폭화		• 세그먼트 폭을 광폭화하여 조립회수 저감
	각종 볼트리스 세그먼트		• 조인트를 볼트에서 원 패스식, 핀식 조인트로 변경하여 조립시간 단축 • 2차 라이닝 생략의 경우 터널 용도에 따라서는 볼트 박스 충진공이 불필요하게 되어 공기단축
	소분할 세그먼트		• 분할 수를 저감하여 조립시간 단축
	이렉터 고속화		• 이렉터 각 작동을 고속화하여 조립시간 단축
	쉴드TBM 잭 고속인발		• 인발속도를 고속화하여 조립시간 단축
굴진조립 동시시공	롱 잭 방식	롱 잭식 동시굴진 쉴드TBM	• 2링 분 조립 스페이스 잭 스트로크를 구비하여 굴진과 조립 동시 실시
		허니캠 세그먼트식 동시굴진 쉴드TBM	• 허니 캠 형상의 연속 세그먼트를 사용하여 굴진과 조립을 동시 실시
		F-NAVI식 동시굴진 쉴드TBM	• 롱 스트로크 잭과 전방 동체 수진기구를 구비하여 굴진과 조립을 동시 실시
	더블 잭 방식	더블 잭식 동시굴진 쉴드TBM	• 복수 동체(내부 동체)와 조립전용, 추진전용 잭을 구비하여 굴진과 조립을 동시 실시
		레티스식 동시굴진 쉴드TBM	• 복수 동체와 전방 동체 추진 레티스식 잭과 쉴드TBM 잭을 구비하여 굴진과 조립을 동시 실시
배토	연신 벨트 컨베이어		• 갱내 토사반출을 벨트 컨베이어를 통해 배토 고속화
반송	무궤도 기자재 반송 시스템		• 무궤도 반송에 의해 궤조 매설작업 생략
상판시공	상판 동시시공		• 인버트 상판 시공을 굴착과 동시에 시공하여 굴착완료 후 공사 저감

표 12.2.4 RC 세그먼트 광폭화의 주요 실적 예

발주자	공사명	세그먼트 외경(mm)	세그먼트 두께 t(mm)	세그먼트 폭 B(mm)	B/t
国土交通省関東地方整備局	石岡トンネル(第二工区)新設工事	3,950	200	1,350	6.75
関西電力(株)	学園豊崎間管路新設工事(第2工区)	53,600	300	1,200	4.00
国土交通省関東地方整備局	神明~蘇我共同溝シールド(その1)工事	5,450	375	1,400	5.09
関西電力(株)	学園豊崎間管路新設工事(第3工区)	5,600	300	1,200	4.00
中部電力(株)	伊勢湾横断ガスパイプライン設置工事の内土木工事(川越工区/知多工区)	3,340	170	1,350	7.94
国土交通省中部地方整備局	19号春日井共同溝(大泉寺工区, 瑞穂工区)	4,650	225	1,300	5.78
東京都建設局	中央環状品川線シールド工事—2	12,300	400	2,000	5.0
首都高速道路(株)	中央環状品川線シールドトンネル(北行き)工事	12,300	400	2,000	5.0
東京電力(株)	東西連係ガス導管新設工事のうち土木工事(第1工区)	3,440	220	1,350	6.14
東京電力(株)	東西連係ガス導管新設工事のうち土木工事(第2工区)	3,440	220	1,200	5.45
帝都高速度交通営団	13号線 各工区 土木工事	6,600	320	1,600	5.00
阪神高速道路(株)	大和川線シールドトンネル工事	12,300	455	2,000	4.40
首都高速道路(株)	横浜環状北線シールドトンネル工事	12,300	400	2,000	5.00
東京都建設局	中央環状品川線大井地区トンネル工事	13,400	450	2,000	3.78
大阪市建設局	北浜逢阪貯留管築造工事(その1)	6,600	300	1,500	5.00

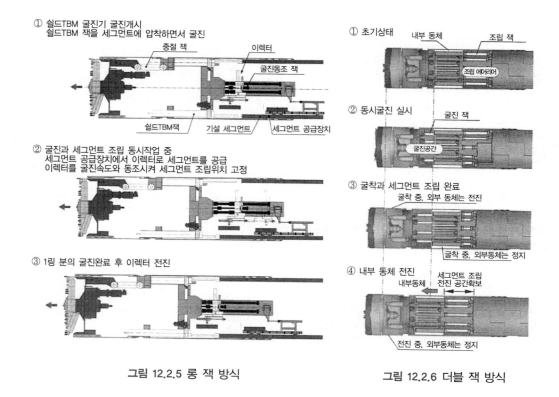

① 쉴드TBM 굴진기 굴진개시
쉴드TBM 잭을 세그먼트에 압착하면서 굴진

중절 잭
이렉터
굴진동조 잭
쉴드TBM잭
기설 세그먼트
세그먼트 공급장치

② 굴진과 세그먼트 조립 동시작업 중
세그먼트 공급장치에서 이렉터로 세그먼트를 공급
이렉터를 굴진속도와 동조시켜 세그먼트 조립위치 고정

③ 1링 분의 굴진완료 후 이렉터 전진

그림 12.2.5 롱 잭 방식

① 초기상태
내부 동체
조립 잭
조립 에어리어

② 동시굴진 실시
굴진 잭
굴진공간

③ 굴착과 세그먼트 조립 완료
굴착 중, 외부 동체는 전진
굴착 중, 외부동체는 정지

④ 내부 동체 전진
내부동체
세그먼트 조립
전진 공간확보
전진 중, 외부동체는 정지

그림 12.2.6 더블 잭 방식

iv) 운송설비

굴착, 세그먼트 조립 사이클에 부합하도록 기자재 반입 및 토사반출 능력을 향상시킬 필요가 있다.

① 배터리 기관차나 수직구 반입·반출 설비의 고속화 등에 의한 능력증가나 터널 갱내의 적절한 교차부 배치, 복선화 등 효율적 궤도배치를 검토할 필요가 있다.
② 이수식 쉴드TBM이나 펌프압송에 의한 토압식 쉴드TBM에서는 굴착속도에 맞춘 이수운송설비나 토사압송설비 계획이 중요하다.

사진 12.2.2 및 사진 12.2.3은 고속시공 대응 운송설비의 예이다.

사진 12.2.2 세그먼트 리프트[수직구(지상)~수직구 하부]

세그먼트 셋터   타이어식 운반차

사진 12.2.3 세그먼트 갱내 반송설비

v) 그 외 설비

굴진, 세그먼트 조립 사이클에 부합되도록 각 설비능력을 증대할 필요가 있다.

① 이수식의 경우는 이수처리설비 능력을 향상시킨다.
② 토압식의 경우는 토사 피트 및 이토고화설비 능력을 향상시킨다.
③ 자재 저장장소나나 굴착토사 피트용량을 확장한다.
④ 날씨 등에 좌우되기 어렵고 안정된 발생토 적치업체를 확보한다.

중소구경 쉴드TBM에서는 갱내 크기에 제한이 있으므로 각 설비능력에 대한 충분한 검토가
필요하다.

vi) 시공관리

고속시공 시 선형관리나 안전관리를 보다 신중히 실시할 필요가 있다.

① 고속시공에서는 세그먼트에 과다한 하중이 작용하는 경우가 있으므로 유의할 필요가 있다. 특히 굴진조립 동시시공에서는 링이 형성되지 않는 불안정한 상태의 세그먼트에 추력을 작용시키게 되므로 충분한 주의가 필요하다.
② 선형관리는 자동측량 시스템에 의한 실시간 관리나 측량 정밀도 향상 등이 필요하다.
③ 안전관리는 운송설비의 고속화 등에 대한 검토나 대책이 필요하다.

또한 고속시공을 실시하기 위해서는 설비전체의 능력향상이 필요하며, 공사비 전체에 큰 영향을 미치기 때문에 충분히 검토하여 최적 공사비와 공정을 파악한 계획이 필요하다.

(2) 자동화 기술

표 12.2.5는 쉴드TBM 공사의 자동화 기술 예이다. 여기에 표시한 예 외에도 다양한 자동화 기술이 실용화되었으나, 최근에는 공사비 절감 요구에 따라 설비 자동화 기술에 관해서는 비용 대비 효과, 안전면, 품질면을 종합적으로 판단하여 필요에 따라 도입하고 있다.

표 12.2.5 쉴드TBM 공사의 자동화 기술 예

분류	자동화 기술	기술 개요
굴착	막장 안정제어 시스템	막장압에 연계하여 이수펌프 등 제어, 배토량 계측·제어
	굴진관리 시스템	막장 안정 확보, 굴착토 반출·각 설비 가동상황 파악
	자동 방향제어	자동측량 데이터에 기초한 쉴드TBM 방향제어
	동시 뒤채움 주입장치	굴진속도에 호응하는 동시 뒤채움 주입
	막장 붕괴 탐사 시스템	각종 센서에 의한 막장 붕괴 탐사
세그먼트	세그먼트 자동조립 시스템	세그먼트 자동(반자동) 공급, 세그먼트 자동(반자동) 조립
	클리어런스 계측 시스템	테일 내면과 세그먼트간 클리어런스 자동계측
갱내 반송	자동반송 시스템	세그먼트·자재의 갱내 자동(반자동) 반송
	파이프 연신 시스템	송·배니관 자동(반자동) 연신
	레일·침목 매설 시스템	레일·침목 자동(반자동)장치

표 중에 세그먼트 자동조립장치의 예는 그림 12.2.7에 나타냈다. 이 예는 세그먼트 반송·공급·조립(위치 조정·볼트 체결) 등 일련의 작업을 자동화한 것으로서 보다 저렴한 반자동 조립장치도 개발되었으며, 최근에는 조립이 용이한 볼트리스 세그먼트 적용도 증가하고 있으므로

Needs와 공사비를 종합적으로 판단하여 최적의 시스템을 적용하는 것이 중요하다.

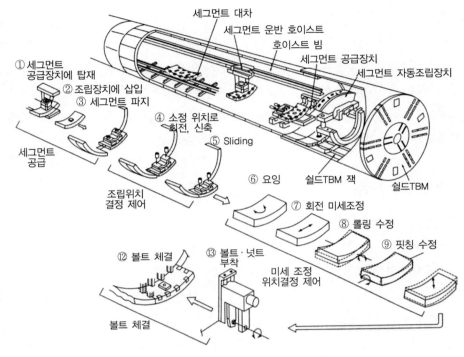

그림 12.2.7 세그먼트 자동조립 시스템[2]

사진 12.2.4는 세그먼트 자동공급장치 및 자동조립장치 예이다.

사진 12.2.4 세그먼트 자동공급장치 및 자동조립장치

12.3 지중접합

통상 쉴드TBM 터널의 접합부로서 수직구를 사용하나, 수직구를 생략하여 상호 터널을 직접 접합하는 방법으로서 지중접합이 있다. 지중접합은 해저나 교통상황, 매설물 등 현장조건에 따라 수직구 설치가 곤란한 경우, 시공심도가 깊어 수직구 설치가 경제적이지 않은 경우 등에 적용된다. 기존에는 보조공법을 사용한 시공이 일반적이었으나, 최근에는 보조공법을 간략화 또는 생략할 수 있는 쉴드TBM을 이용한 지중접합 공사가 실용화되고 있다. 이를 적용하는 경우에는 지반조건, 시공조건, 경제성 및 공기 등을 고려하여 적절한 방법을 선정하며, 시공 시에는 지반 안정을 도모하는 동시에 지수성 확보를 충분히 고려해야 한다.

12.3.1 지중접합 종류

지중접합에는 정면접합과 측면접합이 있다.

① 정면접합 : 양측 발진 수직구 등에서 마주보는 2대의 쉴드TBM이 굴진하여 중간 지점에서 정면 접합하는 경우이며 해저터널 등 수직구 설치가 곤란한 경우 외 쉴드TBM 시공연장이 길어 공기단축이 필요한 경우에도 적용된다.
② 측면접합 : 발진 수직구 등에서 기설 터널을 향해 쉴드TBM이 굴진하여 측방에서 기설 터널에 접합하는 경우이며 주로 하수도, 전력, 통신의 T자 접합에 적용된다.

12.3.2 접합 방법

지중접합방법은 크게 그림 12.3.1과 같이 보조공법을 사용하는 경우와 기계적 지중접합으로 구분된다.

(1) 보조공법을 사용하는 경우

정면접합의 경우에는 2대의 쉴드TBM을 접근·정지시키고 약액주입이나 치환, 동결 등을 통해 커터헤드 주변 지반을 안정시킨 후 인력으로 쉴드TBM 전면토사를 제거하여 접합한다. 수압이 큰 장소에서는 신뢰성이 높은 동결공법이 적용되는 경우가 많다.

한편 측면접합의 경우 보조공법을 사용한 접합 방법이 대부분이나, 최근에는 특수 비트를 장착한 쉴드TBM에 의해 기설 터널의 라이닝을 직접 절삭하여 접합하는 방법도 실용화되었다. 측면접합 시에는 기설 터널이 결원구조가 되므로 기설 터널의 보강이나 접합부 지수구조에 대해 충분히 검토해야 한다. 다음은 보조공법으로 적용되는 각종 지반개량공법에 대한 특징이다.

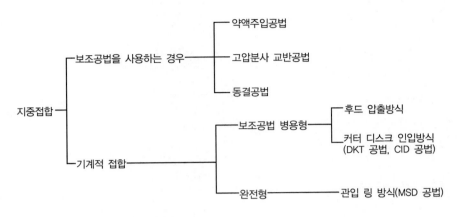

그림 12.3.1 지중접합 방법의 분류

① 약액주입공법 : 약액주입공법은 지상뿐만 아니라 갱내에서도 시공이 가능하기 때문에 시
공성이 우수하고 공사비도 저렴하다. 하지만, 개량효과의 신뢰성에 문제가 있어 적용할 수
있는 현장조건이 제한되므로 압기공법을 병용하여 안정을 도모하는 경우가 많다.

② 고압분사 교반공법 : 고압분사 교반공법은 시멘트계 경화재를 지반과 혼합 또는 치환하는
공법이며, 개량강도도 높고 지수성도 우수하여 충분한 개량효과를 기대할 수 있다. 단, 터
널 직경에 따라서는 갱내에서 시공이 곤란한 경우가 있으며, 대심도에 적용 시에는 주의가
필요하다.

③ 동결공법 : 동결공법은 다른 공법과 비교하여 공사비나 공기측면에서 불리하나, 지반을 확
실히 개량할 수 있으며, 갱내에서 시공도 가능하기 때문에 해저 및 대심도나 대단면 지중접
합에 많이 이용된다. 그림 12.3.2는 동결공법을 사용한 지중접합 사례이다. 단, 동토와 세
그먼트간 지수성, 동결팽창압 작용, 동토융해 시 지반침하나 출수에 주의가 필요하다.

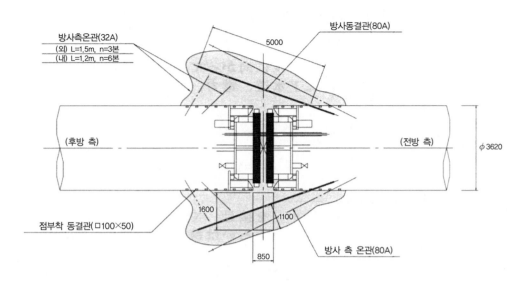

방사측온관(32A)
(외) L=1.5m, n=3본
(내) L=1.2m, n=6본

방사동결관(80A)

5000

(후방 측)

(전방 측)

φ 3620

점부착 동결관(□100×50)

1600

1100

850

방사 측 온관(80A)

그림 12.3.2 동결공법에 의한 지중접합 사례

(2) 기계식 지중접합

정면접합의 경우 기계식 지중접합은 2대의 쉴드TBM을 막장면에 가능한 밀착시켜 쉴드TBM의 스킨 플레이트, 커터 디스크 외주 링 혹은 개별 장착한 관입 링을 기계적으로 맞추어 접합하는 방법이다. 이 경우에도 보조공법을 사용하여 접합하는 방법과 직접 기계적으로 접합하는 방법이 있다.

측면접합의 경우도 정면접합의 경우와 기본적으로 동일하며 모든 보조공법을 병용한다. 측면접합에서 쉴드TBM에 내장된 굴착비트 부착 강재 링을 커터헤드의 회전토오크를 이용하여 회전시켜 기설 관거를 직접 절삭하고 터널을 T자형으로 기계적으로 지중접합하는 방식도 시공되고 있다.

다음은 기계식 지중접합 방법 중 보조공법을 병행하는 공법과 보조공법을 필요로 하지 않는 완전 기계식 지중접합 공법에 대한 특징이다.

① 후드 압출방식 : 후드 압출방식은 쉴드TBM 스킨 플레이트에 슬라이드 가능한 후드(후드의 전면을 접합하여 터널 형상으로 조정한 곡선 형태)를 장착하고 접합지점에서 후드를 압출하는 측면접합 공법이다. 접합 시에는 보조공법을 사용하여 주변 지반을 개량할 필요가 있다. 그림 12.3.3은 후드 압출방식에 의한 측방접합 시공순서를 나타내었다.

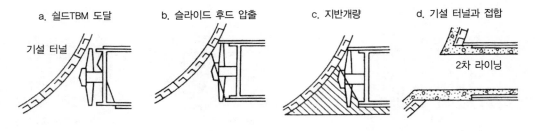

a. 쉴드TBM 도달　　b. 슬라이드 후드 압출　　c. 지반개량　　d. 기설 터널과 접합

기설 터널

2차 라이닝

그림 12.3.3 후드 압축방식 [3]

② 커터헤드 인입방식(DKT 공법, CID 공법 등) : 커터헤드 인입방식은 접합지점에 도달한 선
행 쉴드TBM(인수측)의 커터헤드를 후퇴시키고 그곳에 후행 쉴드TBM(관입 측)을 전진시
켜 커터헤드를 관입시켜 접합하는 방법이다. 지하수나 토사 유입방지는 접합부 스킨 플레
이트 내측이나 외측에 부착된 씰에 의한다. 지수를 보다 확실히 하기 위해 씰부 간극에 지
수재를 주입함으로써 큰 지반개량 없이 지중접합이 가능하다. 그림 12.3.4는 커터 디스크
인입방식에 의한 정면접합 시공순서를 나타내었다.
③ 관입 링 방식(MSD 공법) : 관입 링 방식은 한쪽 쉴드TBM의 스킨 플레이트 내측에 관입 링
을, 또 다른 쪽의 쉴드TBM에 압력 고무링을 내장하여 접합지점에서 각각의 쉴드TBM 위치
를 조정한 후 관입 링을 압출하여 이것을 압력 고무링에 압착하여 기계적으로 접합하는 방
법이다. 이 공법은 기본적으로 보조공법을 병용하지 않고 지중접합이 가능하다. 그림
12.3.5는 관입 링 방식에 의한 정면접합 시공순서를 나타내었다.

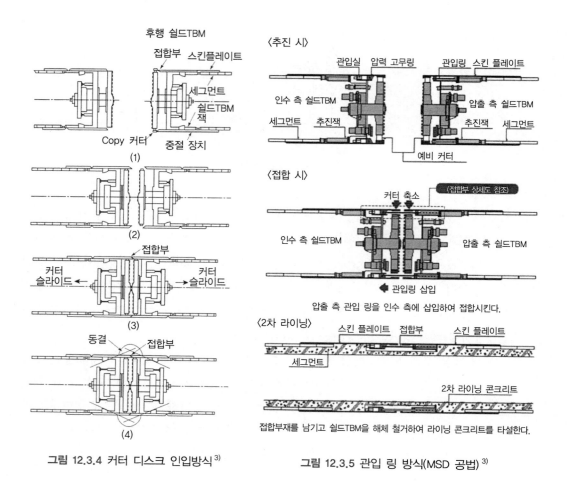

그림 12.3.4 커터 디스크 인입방식 [3]

그림 12.3.5 관입 링 방식(MSD 공법) [3]

(3) 시공실적

지중접합의 주요 시공실적은 표 12.3.1~표 12.3.5와 같다.

표 12.3.1 지중접합의 주요 실적(후드 압출방식)

발주자	공사건명	기종	외경 (mm)	공사연장 (m)	토피 (m)	토질	비고
東京電力(株)	日比谷築地管路新設工事	토압식	3,080	671	24.8	중적세사	
東京都下水道局	千代田区外神田1,3丁目付近再構築工事	이수식	3,080	379	21	실트	
大阪市下水道局	万代~阪南幹線管渠築造工事(その1)	구체 전반 : 이수식, 측방 : 토압식	전반 : 5,900 측방 : 4,200	전방 : 19 측방 : 2,017	33.6	중적사점토·중적점성토	
宇治市	大久保5汚水幹線系統(一理山地区)管渠建設工事	토압식	2,140	699	15.93	모래자갈·점토·실트질 점토·점토질 모래자갈·자갈질 모래·자갈질 사점토	
東京都下水道局	江東区森下三丁目, 墨田区菊川三丁目付近再構築工事	토압식	3,090	1,550	9.24	연약 점성토	
東京都下水道局	合東幹線工事	이수식	5,850	1,986	22.83	사점토·점성토	
東京都下水道局	江東区越中島三丁目, 枝丹三丁目付近再構築工事	토압식	2,740	1,053 (805+247)	7.07	실트질 세사·사질 실트·실트	
名古屋市上下水道局	第一次当知雨水幹線下水道築造工事	토압식	2,290	2,045	9.83	중사·세사·세조사·실트질 모래	
東京都下水道局	合東区池之端一, 二丁目付近再構築工事	토압식	2,490	8,136	19.17	도쿄층 사점토·점성토	
NTT関西(株)	NTT関西金楽寺~尼崎局光ケーブル方式工事	토압식	2,864	163	20.9	중적점토	
NTT東京(株)	NTT東京吉原~浅草光ケーブル方式工事	토압식	3,290	360	32.3	실트·모래질 실트·증조사	
東京電力(株)	三咲付近管路新設工事	이수식	4,490	1,721	10.39	사점토	
東京都下水道局	坂橋幹線その9工事	이수식	3,480	780	36	모래자갈·세사·실트	
東京都下水道局	赤羽幹線その3工事	이수식	2,480	928	36	모래자갈·실트	
東京都下水道局	御嶽町幹線工事	이토압	3,490	390	20.9	실트	
東京都下水道局	文京区2丁目·合東区合中1丁目付近再構築	이토압	3,940	707	19.97	모래질 실트·실트질 세사·점토질 세사	
東大阪市建設局下水道部	平成11年度公共下水道管渠築造工事	이토압	2,680	793	9.12	사점토·점성토	
東京都下水道局	港区赤坂一丁目·六本木二丁目付近再構築工事	이수식	3,290	877	42.54	에도가와층 사점토·에도가와층 점성토(일부 점제)	
東京都下水道局	新赤坂幹線	이수식	3,290	732	45.53	상층층 사점토	
神戸市建設局	和田岬連絡雨水幹線築造工事	이토압	3,590	1,318	7.14	사점토·점성토·자갈층 토질	

표 12.3.2 지중접합의 주요 실적(커터 디스크 인입방식(DKT 공법))

발주자	공사명	기종	외경 (mm)	공사연장 (m)	토피 (m)	토질	비고
東京都水 道局	江東区森下五丁目~亀戸給水所間 送水管用トンネル築造工事	이수식	2,880	1,198	41.6	모래자갈 · 점 토 · 사질토	(관입 측)
東京都水 道局	豊住給水所~森下五丁目地先間送 水管工事	이수식	2,880	1,196	40	모래자갈 · 점 토 · 사질토	(인수 측)
東京電力 (株)	東西連係ガス導管新設工事のうち 土木工事(第一工区)	이수식	3,620	9,030	32	하층층부 · 사 질토 · 점성토 · 고결 점성토	(인수 측)

표 12.3.3 지중접합의 주요 실적(커터 디스크 인입방식(CID 공법))

발주자	공사명	기종	외경 (mm)	공사연장 (m)	토피 (m)	토질	비고
中部電力 (株)	潮見町地内洞道工事	토압식	7,190	1,502	27.6	홍적 점성토 · 홍 적 사질토 · 모래 자갈	
中部電力 (株)	各和町地内洞道新設 工事	토압식	6,950	1,483	24.7	점성토 · 사질토	
新潟市	坂井輪排水区坂井輪 雨水1号幹線下水道 工事	토압식	4,690	594.5	17.7	세사 · 실트	
新潟市	坂井輪排水区坂井輪 雨水1号幹線(その２) 下水道工事	토압식	4,440	1,576	11.5	세사 · 실트	
千葉県江 戸川下水 道事務所	江戸川第二終末処理 場　第2放流築造工事 （１工区）	토압식	2,680	2,000	19.4	세사 · 실트질 세 사 · 모래질 실트 · 실트	
千葉県江 戸川下水 道事務所	江戸川第二終末処理 場　第2放流築造工事 （２工区）	토압식	2,680	2,127	13.7	충적 실트	
東京都	中野区鷺宮~西落合 配水本館	이수식	2,530	2,954	18.7	모래자갈 · 사질 토	
東京都	杉並区井草~鷺宮 配水本館	토압식	2,530	2,790	13.8	모래자갈	

표 12.3.4 지중접합의 주요 실적(관입 링 방식(MSD 공법))

발주자	공사건명	기종	외경(mm)	공사연장(m)	토피(m)	토질	비고
東京都水道局	江東区南砂四丁目地先　豊住給水所間送水管(2200mm)新設その2工区	이수식	3,430	1,844	33.27	실트·사질 실트	(인수 측)
	江東区給水所～江東区砂四丁目地先間送水管(2200mm)新設その2工区	이토압	3,430	1,749	33.5		(관입 측)
神奈川県企業庁水道局	平塚送水管シールド工事(1工区)	이수식	2,480	1,175	32.8	세사·모래자갈	(인수 측)
	平塚送水管シールド工事(2工区)	이수식	2,490	1,260	24.7		(관입 측)
中部電力(株)	新名古屋火力発電所7号系列ガス導管土木工事(第2工区)	이수식	4,100	808	28.3	점토·실트	(인수 측)
	新名古屋火力発電所7号系列ガス導管土木工事(第3工区)	이수식	4,100	707	24.7		(관입 측)
東京都水道局	荒川区南千住8丁目足立区千住関屋町地先間送水管(1500mm)新設その1工事	이수식	2,640	1,200	31.7	사질토	(관입 측)
	足立区千住中居町·千住関屋町地先間送水管(1500mm)新設その2工事	이수식	2,640	1,431	22.1		(인수 측)
神奈川県内広域水道企業団	内径1650mm送水管·小和田間布設工事(その3)工区	이수식	2,650	1,896	39.6	모래자갈	(관입 측)
	内径1650mm送水管·小和田間布設工事(その4)工区	이수식	2,640	1,860	40		(인수 측)
東京都水道局	荒川区南千住三丁目、墨田区押上二丁目地先間送水管(1500mm)用トンネル築造工事	이수식	2,990	2,040	36.4	모래자갈·실트	(인수 측)
	亀戸給水所、墨田区押上二丁目地先間送水管(1500mm)用トンネル築造工事	이수식	2,990	1,989	35.58		(관입 측)
日本鉄道建設公団	臨海鉄道東大井大トンネル(上り線)	이수식	7,260	1,326	38.5	실트·모래	(관입 측)
	臨海第1広町T他②工事(上り線)	이수식	10,300	433,564	24.41	모래자갈	(인수 측)
日本鉄道建設公団	臨海鉄道東大井大トンネル(下り線)	이수식	7,260	1,326	31	실트·모래	(관입 측)
	臨海第1広町T他②工事(下り線)	이수식	10,300	430,925	35.49	모래자갈	(인수 측)
建設省近畿地方建設局	26号浪速共同溝工事	이수식	8,080	2,887	40.7	중적 점성토·	(관입 측)
	26号住之江共同溝工事	이수식	8,070	2,830	40.685	사질토·모래자갈	(인수 측)
千葉県	印旛沼流域下水道管築造工事(1101工区)	이수식	2,690	1,724	27.5	사질층	(관입 측)
	印旛沼流域下水道管築造工事(1301工区)	이수식	2,690	2,430	28		(인수 측)
名古屋市緑政土木局	小田井雨留管築造(その2)	이토압	5,240	2,388	21.53	사질토·실트·	(관입 측)
	小田井雨留管築造(その3)	이토압	5,240	1,620	11.5	모래자갈	(인수 측)
東京都水道局	町田市小山町2215番～八王子市南大沢三丁目地先間(1500mm)用トンネル築造工事	이수식	2,480	1,306	30	점성토	(인수 측)
	鑓水小山給水所～町田市小山町2215地先送水管(1500mm)用立坑及びトンネル築造工事	이수식	2,480	1,215	28.7		(관입 측)
東京都水道局	町田市相原町706番地先から鑓水小山給水所間送水管(1500mm)用トンネル及び立坑築造工事	이수식	2,590	2,380	34.5	중적 점성토·중적 사질토·모래자갈토	(인수 측)
東京都水道局	板橋区板橋4丁目地先から豊島第1上池袋1丁目地先間配水管(1000mm)新設工事	이수식	2,136	1,176	22.5	모래자갈·사질토·점성토	(관입 측)
東京都水道局	板橋区板橋4丁目地先から同区板橋1丁目地先間②配水管(900mm)及び配水本館(1000mm)新設工事	이수식	2,136	2,380	27		(인수 측)

표 12.3.5 지중접합의 주요 실적(측면접합(T-BOSS 공법))

발주자	공사명	기종	외경 (mm)	공사연장 (m)	토피 (m)	토질	비고
東京都下水道局	港区赤坂一丁目·六本木二丁目付近再構築工事	이수식	3,290	877.75	42.54	에도가와층 사질토·에도가와층 점성토 (일부 협재)	
東京都下水道局	新赤坂幹線	이수식	3,290	732.65	45.53	상층층 사질토	
東京都下水道局	飛島山幹線その4工事	이수식	2,890	1,781	44.9	점성토·사질토·모래자갈	
大阪府東部流域下水道事務所	寝屋川流域下水道大東門真増補幹線(第3工区)下水管渠築造工事	이토압	3,690	1,412	14.6	사질토·점성토 호층	

(4) 기계적 지중접합의 유의점

기계적 지중접합에서는 커터헤드 및 관입 링 등을 정밀도 높게 맞추기 위해서 다음 사항에 유의할 필요가 있다.

① 쉴드TBM 중심의 수평 및 연직방향 위치만이 아니라 쉴드TBM 경사도 허용값 내에 부합되어야 한다. 이를 위해 상호 쉴드TBM이 접근하는 시점에서 쉴드TBM 상호 위치관계를 파악하는 기술이 필요하다.

② 쉴드TBM 상호 위치관계를 정확히 파악하기 위해서는 한쪽 쉴드TBM으로부터 수평 보링을 하여 상대 측 쉴드TBM에서 감지하는 방법이 사용되나, 수평 보링 시공정밀도가 문제이다. 그림 12.3.6은 쉴드TBM 상호 위치를 자기센서 등으로 감지하는 시스템 사례(쉴드TBM 고정밀도 상대위치 감지 시스템 개념도)이다.

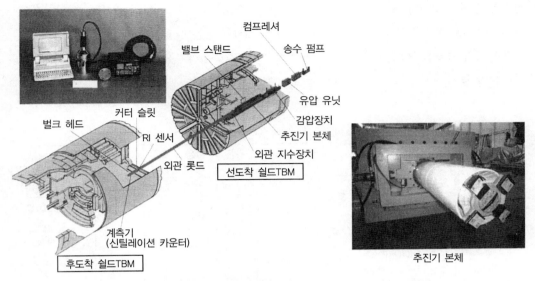

벌크 헤드
커터 슬릿
RI 센서
외관 롯드
계측기
(신틸레이션 카운터)
후도착 쉴드TBM

컴프레셔
밸브 스탠드
송수 펌프
유압 유닛
감압장치
추진기 본체
외관 지수장치
선도착 쉴드TBM

추진기 본체

그림 12.3.6 쉴드TBM 위치 고정밀도 상대위치 감지 시스템 개념도

그 외 유의점으로 커터 신축 및 관입 링 압출장치가 고장날 경우를 대비하여 사전에 충분한 대응책을 검토해둘 필요가 있다.

최근에는 장거리 시공기술의 진보에 따라 지금까지의 2대의 쉴드TBM으로 시공하여 지중접 합하였던 거리를 1대의 쉴드TBM으로 시공하는 것도 가능하게 되었다. 이 때문에 이후 지중접합 공사는 감소해가는 경향이며, 제약조건이나 시공조건 등에 따라 지중접합이 필요한 경우 쉴드 TBM 터널의 대단면화, 장거리화, 대심도화 등에 관계없이 지중접합은 보다 엄격한 조건하에서 시공되는 것이 요구될 것이므로 지수성, 안전성 확보나 시공 정밀도 확보 등 리스크나 트러블에 대비한 사전검토 및 대응책이 보다 중요해질 것이다.

12.4 대심도 시공

12.4.1 대심도 시공의 현재

대도시 도로아래의 저심도부는 상하수도, 전력, 통신, 철도, 가스 등 각종 시설이나 구조물 기 초 등이 많다. 이 때문에 산지·구릉이나 해저·하천횡단 등 지형적 요인 외 신설 터널은 기존 구조물 하부에 축조되어 대심도화할 수밖에 없는 경우가 증가하고 있다. 또한 토지이용 고도화 나 방재면 등에서 대심도 지하공간 이용계획이나 구상도 늘어나고 있어 이후 대심도화 경향은 점점 현저해질 것이다. 표 12.4.1은 대심도 시공의 주요 실적으로서 토피 증가에 따른 고수압하의 공사가 많으며, 가장 높은 수압하의 시공은 1MPa을 넘는 실적도 있다.

대심도의 명확한 정의는 없으나, 대략 토피 30m, 지하수압 0.3MPa을 넘으면 지수대책이나 시공설비 등에서 대심도 시공에 대한 검토가 필요하다.

표 12.4.1 대심도 시공·고수압에 대한 주요 실적

발주자	공사명	분류	외경 (mm)	연장 (m)	토피 (m)	토질	수압 (MPa)	비고
奈良県土木部	竜田川幹線管渠第6号工事	이토압	φ2.13	1,966	350.0	암, 토사	3.0	산지
国土交通省関東地方整備局	八王子城跡トンネル(その4)工事	이수식	φ4.97	1,967	180.0	암	1.0	NATM용 파일롯터널
中部電力(株)	駿河東清水線新設の内安部川横断洞道工事	이수식	φ3.55	2,556	117.5	암	0.77	하천횡단, 산지
横浜市下水道局	栄処理区東俣野幸浦線(第4工区)下水道整備工事	이수식	φ3.28	4,031	102.5	세사, 이암	0.88	구릉
鉄道建設·運輸施設整備支援機構	北海道新幹線, 津軽蓬田トンネル他1	이토압	φ11.3	6,070	90.0	사질토	0.4	구릉
東京都水道局	拝島ポンプ所(仮称)から八王子市丹木町一丁目地先間送水管(1500mm)用立坑及びトンネル築造工事	복합식 (이수+토압)	φ2.52	2,367	89.5	모래자갈, 고결 실트	0.4	구릉, 하천 횡단
横浜市下水道局	今井川地下調整池建設工事	이수식	φ12.14	2,810	85.0	점성토, 사질토	0.76	구릉
関西電力(株)	西梅田付近管路新設工事第2工区	이수식	φ8.18	1,498	66.3	점성토, 사질토	0.72	
阪神高速道路公団	伏見工区トンネル工事	이수식	φ10.82	1,710	64.7	암, 토사	0.39	산지
神戸市水道局	大容量送水管(奥平野工区)整備工事	이토압	φ3.48	2,395	57.1	모래자갈	0.44	대심도법 적용

12.4.2 대심도 시공의 요점

대심도, 고수압 조건에서 시공하는 경우는 지반조건(토질, 지하수 등), 쉴드TBM 형식, 시공조건 등을 고려하여 고수압 대책을 중심으로 표 12.4.2와 같은 항목에 대해 검토할 필요가 있다.

(1) 쉴드TBM

커터 구동부 지수기구인 베어링 씰은 그 재질이나 단수 및 접촉압에 의해 온도상승을 방지하는 쿨링장치 등의 검토가 필요하다. 또한 테일 씰의 지수대책도 중요하며 그 재질이나 형상, 단수 및 씰 간의 채움용 충진재의 재질이나 급유방법, 그리고 장거리 시공도 병행하는 경우에는 테일 씰의 교환방법이나 긴급 지수장치 등에 대한 검토가 필요하다. 베어링 씰과 테일 씰은 현재 시험 레벨로서 1MPa(10kgf/cm²) 정도의 내수압성을 확보할 수 있는 것이 확인되었다.

이 외 이수식 쉴드TBM에서는 송배니 펌프의 축 씰링 장치, 압력변동(워터 해머)에 대한 대책 등의 검토가, 토압식 쉴드TBM에서는 스크류 컨베이어 배토구의 지수대책 등에 대한 검토가 필요하다.

(2) 세그먼트

고수압에 대한 조인트 씰재, 뒤채움 주입공이나 세그먼트 본체의 지수대책에 대해 설계 단계에서 검토할 필요가 있다. 한편 고수압에 의해 잭 추력이나 뒤채움 주입압 외 급곡선 시공 시 쉴드TBM 테일과 세그먼트 접촉 등 세그먼트에 작용하는 시공 시 하중이 증가하므로 콘크리트계 세그먼트에서는 곡선시공 시 손상이나 K 세그먼트 탈락 등에 의해 세그먼트 파손→출수→수몰이라는 대형사고로 연결될 가능성이 통상 심도에 비해 매우 높아진다. 따라서 시공 시 하중영향에 대해 신중한 검토가 필요하다. 또한 토압과 수압이나 뒤채움 주입압에 의한 K 세그먼트 탈락방지를 위해 축방향 삽입형 K 세그먼트 적용이 일반적이다.

한편 강제 세그먼트에서는 고수압이나 잭 추력 등에 의해 큰 압축응력이 부재에 작용하기 때문에 종방향 리브와 이음판 및 3본 주형 타입의 중간보 등 좌굴이 발생하기 쉬운 부재의 변형에 특히 주의가 필요하다.

(3) 수직구 설비

수직구가 깊어지기 때문에 세그먼트 투입이나 토사반출 등 크레인에 의한 중량물 양중작업 시 위험성이 증가하고 시공 사이클에도 큰 영향을 미친다. 따라서 안전성 확보와 반출입 시간 단축을 고려한 설비도입이 필요하며, 공사용 리프트나 토압식 쉴드TBM공법에서 수직 컨베이어나 토사압송방식을 적용하는 경우가 많다. 한편 작업원의 부담경감이나 신속한 피난을 위해 승강설비로 공사용 엘리베이터 등 안전설비에 대해서도 검토가 필요하다.

(4) 발진·도달

고수압조건에서 발진·도달 시에는 작은 트러블이 큰 출수사고로 이어질 가능성이 높다. 따라서 토피가 높아질수록 지반개량의 시공 정밀도나 개량품질이 저하되기 쉽다. 따라서 발진·도달 방법으로서 가설벽을 직접 절삭하는 방법이나 신뢰성 높은 지반개량공법으로서 동결공법 적용이 요구된다. 또한 발진·도달용 갱구에서 엔트런스 다단화, 강제로 제작한 도달실 내로 도달하거나 수중도달 등 출수 리스크를 저감할 수 있는 공법 적용에 대해 적극적으로 검토해야 한다. 또한 이러한 부재에도 고수압이 작용하기 때문에 설치방법이나 그 철거순서 등에도 충분한 주의가 필요하다.

(5) 신기술

대심도·고수압에 대한 다양한 신기술이 개발·실용화되고 있다. 예를 들어 방수 씰을 세그먼트 외측에 설치한 '랩핑 쉴드TBM' 등의 지수기술이 있다. 그 외 수직구를 생략할 수 있는 기계식 지중접합, 지중분기나 종횡 연결굴진 쉴드TBM공법(구체 쉴드TBM공법)도 대심도 시공 시 적용성이 높은 기술이다.

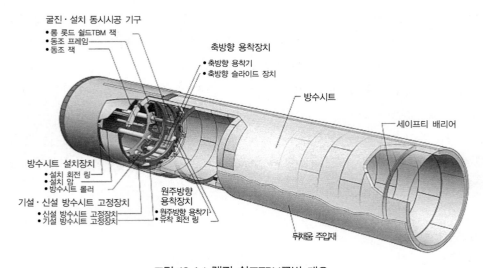

그림 12.4.1 랩핑 쉴드TBM공법 개요

표 12.4.2 대심도 · 고수압의 과제와 대응방법 [4]

항목	과제	대상	대응방법
쉴드TBM	고수압 · 고추력	커터 베어링 씰	• 고수압용 씰재 사용, 씰 단수 증가. 활동에 따른 온도상승 방지 (냉각 등)
		중절 씰	• 고수압용 씰재 사용, 씰 단수 증가
		테일 씰	• 고수압용 씰재 사용, 씰 단수 증가, 테일 그리스 자동급유(열화 방지), 긴급 지수장치 장착
		배토장치	• 이수식 쉴드TBM : 송배니 펌프의 고수압 축 씰링, 압력변동(워터 해머) 완화장치 • 토압식 쉴드TBM : 스크류 컨베이어의 분출방지를 위한 배토압력 유지장치(2차 스크류, 압송펌프 등), 지수성 높은 첨가재 이용
		쉴드TBM 잭	• 본수 증가, 대용량 잭 이용
라이닝	지수성 확보	라이닝 구조	• 2차 라이닝 및 방수시트 적용
		콘크리트계 세그먼트	• 수밀성 높은 콘크리트 사용, 배면피복 적용 • 균열 대책(공용 시 : 토피 확보 · 세밀한 철근 피치 등, 제조 시 : 섬유 첨가 · 팽창채 등)
		K 세그먼트	• 축방향 삽입형 적용
		주입공	• O 링에 대해 수팽창 씰재 적용, 고수압용 역지변 등 지수성 향상 • 주입공 저감
		씰재	• 2단화, 코너 가공, 심리스화 • 씰 기구 설치(강재 세그먼트)
	하중 증가	콘크리트계 세그먼트	• 큰 잭 추력이나 뒤채움 주입압, 곡선부 쉴드TBM 테일과 세그먼트 접촉 등 시공 시 하중 대응
		강제 세그먼트	• 종방향 리브, 이음판, 중간보 등 좌굴에 대한 검토 • 시공 시 하중에 대한 검토
수직구 설비	안전성 확보와 작업 효율화	자재양중 · 잔토반출설비	• 자재용 리프트 설치 • 토사압송 · 수직 콘베이어에 의한 버력반출(토압식 쉴드TBM)
		승강설비	• 공사용 엘리베이터 적용
		그 외	• 고양정 배수설비, 2차 라이닝 콘크리트 투입설비
발진도달	지반개량 품질 확보	발진 · 도달방법	• 동결공법 적용 • 직접 가설벽 절삭방식 적용(지반개량 생략) • 매립토 · 수중도달이나 강제 도달실 내 도달
	지수성	발진 · 도달설비	• 발진 엔트런스 다단화에 의한 지수성 향상 • 튜브식 도달 엔트런스 적용

12.5 저토피 시공

일반적으로 필요한 최소 토피(Hmin)는 1.0D~1.5D(D : 쉴드TBM 외경)로 알려져 있으나, 쉴드TBM 터널 사용목적이나 지반, 기존 구조물과의 지장 등에 따라 종단선형이 결정되는 경우도 많고 이에 따라 저토피로 시공되는 예도 많다(그림 12.5.1 참조). 저토피 굴진의 경우 함몰, 이수 등 일니(逸泥)나 분출 등 위험성이 높아진다. 또한 지중 장애물과 조우하기 쉽거나 굴진에 따른 진동·소음 영향이 발생하기 쉬운 점에 유의하여 필요에 따라 보조공법을 적용하는 등 조치를 강구하고 적절한 시공관리를 실시할 필요가 있다.

12.5.1 저토피 시공의 유의점

(1) 막장압력 관리

저토피부를 시공하는 경우는 토피하중이 작아 허용되는 막장압력의 관리폭이 작아지기 때문에 작은 관리오차에서도 막장에 큰 영향을 미칠 수 있다. 따라서 굴진 시 특히 이수나 이토 물성 등의 검토 및 막장압력 관리에 유념하여 지표면이나 지하매설물 등에 대한 영향이 작아지도록 주의해야 한다.

(2) 뒤채움 주입

저토피부에서는 테일 보이드의 영향이 곧바로 지표면이나 지하 매설물에 미치기 때문에 충분한 뒤채움 주입관리를 실시하여 지반변형을 억제해야 한다. 뒤채움 주입재는 조기강도를 발현할 수 있는 것을 사용하여 동시 뒤채움 주입 시공하는 것이 바람직하다.

또한 막장압력 관리나 뒤채움 주입관리 등에서는 트라이얼 시공 등을 통해 관리값을 결정하는 경우도 있다.

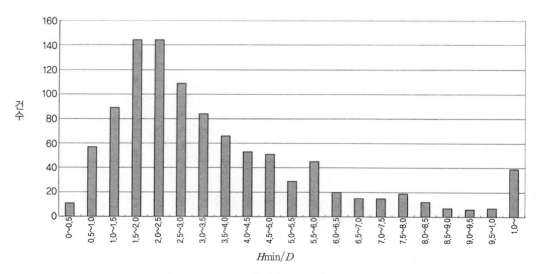

그림 12.5.1 최소 토피비(Hmin/D) 분포(1999. 4~2008. 3)

(3) 그 외 유의점

① 하저부 시공 : 하천이나 해저 횡단 등 하저부 시공에서는 막장 안정, 이수나 첨가재 및 뒤채움 주입재 누설이나 분출에 대한 검토 외 터널 부상에 대한 검토나 세그먼트 변형에 유의할 필요가 있다. 부상 대책으로서 터널 내에 철괴를 배치하거나 가설 강재로 중량을 증가시키는 사례도 있다.

② 지중 장애물 : 저토피부에서는 굴착시공에 의한 잔치물이나 구 건조물의 기초 등 지장물과 조우하는 경우가 있다. 지장물 대책에 대해서는 '12.10 지장물 대책'을 참조하기 바란다.

③ 진동, 소음 : 민가에 근접한 저토피부 시공에서는 쉴드TBM 굴진에 따른 진동, 소음에 대해 충분히 유의할 필요가 있으며, 경우에 따라서는 야간굴진을 정지하기도 한다.

또한 지반조건이나 입지조건 등에 따라서는 필요에 따라 보조공법 적용이나 지하매설물에 대한 방호공 등의 조치를 강구하는 경우도 있다.

12.5.2 시공실적

표 12.5.1은 최소 토피비(Hmin/D)가 0.5 이하인 주요 실적을 나타내었다.

표 12.5.1 Hmin/D ≤0.5 주요 실적

발주자	공사명	분류	쉴드TBM 외경 (mm)	연장 (m)	최소토피 Hmin (m)	토질	Hmin /D	비고
東京都	中央環状品川線大井地区トンネル工事	토압식	φ 13.60	895	0.0	점토·실트, 사질토, 자갈	0.00	지상발진, 지상도달
高槻市建設部下水道室水政課	平成13年度公共下水道築造工事(第15工区)	토압식	φ 2.75	257	0.54	점토·실트, 사질토	0.20	교량 PC 말뚝 절단
鉄道建設·運輸施設整備支援機構	東北幹, 三本木原T他1	토압식	φ 11.44	3,014	2.5	점토·실트, 사질토	0.22	SENS 공법
鉄道建設·運輸施設整備支援機構	北海道新幹線, 津軽蓬田トンネル他1	토압식	φ 11.30	6,070	3.0	사질토, 암반	0.27	SENS 공법
日本下水道事業団	熱海市南熱海幹線管渠建設工事その3	이수식	φ 2.72	3,003	1.0	암반	0.37	
東京都下水道局	北多摩二号幹線その16工事	토압식	φ 6.14	797	2.3	사질토, 자갈	0.37	

표 12.5.1 $H\min/D \leq 0.5$ 주요 실적(계속)

발주자	공사명	분류	쉴드TBM 외경 (mm)	연장 (m)	최소토피 Hmin (m)	토질	Hmin /D	비고
阪神高速道路公団	伏見工区トンネル工事	이수식	φ 10.82	1,710	4.3	점토·실트, 사질토, 암반	0.40	
国土交通省東北地方整備局	仙台東部共同溝工事	토압식	φ 4.88	1,364	2.0	암반	0.41	전력위 횡단
秋田県	秋田中央道路整備工事 SA20-10	이수식	φ 12.40	1,530	5.2	점토·실트, 사질토, 암반	0.42	
多治見市	公共下水道脇之島汚水幹線管渠埋設工事	토압식	φ 2.13	863	0.92	점토·실트, 암반	0.43	

12.5.3 신기술

최근 간선도로 교차로나 건널목 등 교통정체 해소를 목적으로 언더패스에 의한 입차 교차화가 진행되고 있다. 이러한 공사는 개착공법으로 시공되어 왔으나 공사기간 중 교통규제로 인해 2차 정체 완화 등을 위해 쉴드TBM공법 시공이 검토되고 있다. 이러한 시공은 일반적으로 연장 등과 관계되어 저토피 시공이 되며, 이를 가능하게 하는 공법이 개발되었다.

(1) 대단면 분할 쉴드TBM공법(하모니카, Harmonica 공법)

하모니카 공법은 대단면 터널을 3~4m의 박스형 격자로 등분할하고 각각의 터널을 소형 이토 압식 사각 쉴드TBM을 복수로 사용하여 인접터널에 접촉시키면서 지중에 블록을 쌓아가는 형태로 굴진하여 대단면 터널을 축조하는 공법이다. 굴착완료 후 갱구형상이 하모니카의 입구와 닮아서 '하모니카 공법'이라고 명명되었다(그림 12.5.2 참조). 쉴드TBM은 사각형 단면의 굴착 시 미굴착부분을 매우 작게하기 위해 커터헤드는 요동식을 적용하고 있다(사진 12.5.1 참조). 추진은 압입 잭에 의한 추진방식으로 하고 곡선시공 대응을 위해 방향수정 잭을 장착한다. 또한 세그먼트가 접촉된 상태(사진 12.5.2 참조)로 굴진하기 때문에 세그먼트간 이격을 방지하기 위해 특수 조인트를 배치한다. 표 12.5.2는 하모니카 공법의 주요 실적을 나타내었다.

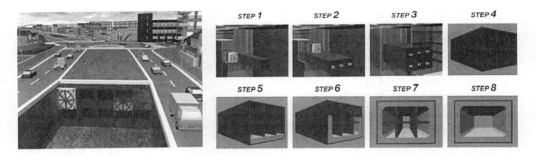

그림 12.5.2 하모니카 공법 개념도

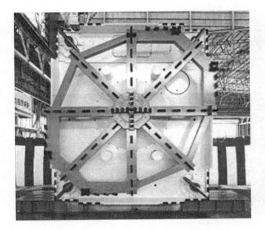

사진 12.5.1 요동형 이토압 쉴드TBM

사진 12.5.2 갱구 함체

표 12.5.2 하모니카 공법 실적

발주자	공사명	분류	용도	함체 완성치수 (mm)	단면 (함체)	연장 (m)	최소 토피 (m)	곡선반경 (m)	토질
アール・ピー・ベータ特定目的会社他9社	(仮称)外苑東通り地下通路整備工事六本木七丁目地下通路	토압식	통로	5,350H×5,910W	2H×2W	31.2	5.4	190(종단)	롬 층
	(仮称)外苑東通り地下通路整備工事六本木江戸線六本木駅地下通路	토압식	통로	5,910H×8,030W	2H×3W	40.0	5.9	직선	롬 층
西大阪高速鉄道	西大阪延伸線建設工事のうち土木工事(第3工区)	토압식	철도	7,990H×10,145W	2H×3W	20.0	7.0	직선	충적 점성토
成田国際空港(株)	第2ターミナル駅増築工事	인력 굴착식	철도	7,600H×7,060W	2H×2W	37.5	4.6	직선	홍적 사질토층
国土交通省関東地方整備局	国道1号原宿交差点立体工事	토압식	도로	7,970H×19,190W	2H×5W	73.0	2.3	320(평면) 1000(종단)	롬 층

(2) URUP(Ultra Rapid UnderPass) 공법

URUP 공법은 쉴드TBM으로 지상에서 그대로 터널을 굴진하여 교차로에서 개착공사 없이 지하 입체교차로를 시공하고 다시 지상에 도달시키는 쉴드TBM공법에 의한 교차로의 지하 입체교차(언더패스) 구축공법이다. 기존 비개착 공법이나 개착공법에서 필요했던 수직구나 토류벽공법 등의 준비공사가 불필요하여 대폭적인 공기단축과 환경부하 저감을 실현한다. 그림 12.5.3은 교차점의 URUP 공법 개념도를 나타내었다. 또한 사진 12.5.3 및 사진 12.5.4는 시험 시공에 이용한 쉴드TBM과 시공상황을 나타내었다.

표 12.5.3에 URUP 공법의 실적을 나타내었다.

그림 12.5.3 URUP 공법 개념도

사진 12.5.3 사각 쉴드TBM

사진 12.5.4 URUP 공법 시험시공 상황

표 12.5.3 URUP 공법 실적

발주자	공사명	분류	쉴드TBM 치수(m)	연장 (m)	최소 토피 H_{min}(m)	토질	비고
東京都	中央環状品川線大井地区トンネル工事	토압식	ϕ13.60	895	0.0	점토·실트, 사질토, 자갈	지상발진, 지상도달
国土交通省関東地方整備局	さがみ縦貫川尻トンネル工事	반기계	8.24H×11.96W	782	0.7	롬, 모래자갈	
東日本高速道路(株)	東関東自動車道湾岸船橋インターチェンジ工事	토압식	2.15H×4.80W	70.5	2.8	매립토·실트, 세사	

(3) 에어로(Aero) · 블록(Block) 공법

에어로 · 블록 공법은 자립성 지반을 대상으로 저토피 터널을 축조하는 공법이다. 다음에 서술한 창의적 연구에 의해 지반안정을 도모하고 굴진 시 지반변형을 억제하는 공법이다.

① 굴착부분을 기계적으로 복수의 소단면으로 분할하고 단면단위로 굴착하여 물리적으로 개방단면을 작게 한다. 분할된 소단면에는 개폐할 수 있는 문이 설치되어 있어 굴착하지 않는 소단면의 문은 폐쇄된다.
② 문의 지반 측에는 신축 에어백이 설치되어 있어 굴착 중 이외의 소단면 막장을 에어백으로 상시 유지하여 지반변형을 억제한다.
③ 쉴드TBM에 장착된 무버블 후드로 막장을 선행 지지한다.

에어백은 밀폐형 쉴드TBM과 마찬가지로 압력조정이 용이하며, 지반을 유지하면서 지반형상에 유연하게 대응할 수 있는 기능을 저렴하게 실현한 것으로서 기밀성이 높은 우레탄수지 Back을 특수 섬유로 제작한 원단으로 보호한 것이다. 섬유 인장력은 탄소섬유의 2배로서 내마모성은 아라미드 섬유의 4배인 고성능을 가진다.

그림 12.5.4는 에어로 · 블록 공법의 개념도이며, 사진 12.5.5~12.5.7은 실시공 상황을 나타낸 것이다. 표 12.5.4는 에어로 · 블록 공법의 실적이다.

그림 12.5.4 에어로 · 블록 공법 개념도

사진 12.5.5 실시공 굴진기

| 사진 12.5.6 시공상황(후방측 전경) | 사진 12.5.7 도달상황 |

표 12.5.4 에어로 · 블록 공법 실적

발주자	공사명	분류	용도	함체 완성치수 (mm)	연장 (m)	최소 토피 (m)	곡선반경 (m)	토질
特定 · 特別医療法人財団慈泉会相澤病院	特定 · 特別医療法人財団慈泉会 平成19年度E棟 · 第一ビル1B増改修工事	인력굴착식	통로	3,510H×4,060W	24	3.9	직선	부식토, 모래자갈, 지하수위 GL−10.0m

12.6 급곡선 시공 및 급경사 시공

12.6.1 급곡선 시공

(1) 급곡선의 정의

시가지에 구축하는 쉴드TBM 터널은 공공 도로하부에 계획되는 경우가 많다. 그 선형은 도로 선형에 지배되기 쉬우며, 급곡선 시공이 되는 경우가 많다(사진 12.6.1).

터널 표준시방서 쉴드공법 · 동해설에서는 쉴드TBM 중절장치의 장착이나 보조공법 병용 등을 필요로 하지 않고 굴진 가능한 곡선반경보다 작은 곡선을 급곡선이라 정의하고 있다.

(2) 급곡선 시공 시 대책

급곡선 시공 시 검토항목에 대해 그림 12.6.1에 정리하여 나타내었다.[5] 시공 시에는 그림에 표시한 각 항목에 대한 충분한 검토가 필요하다.

사진 12.6.1 곡선시공 예

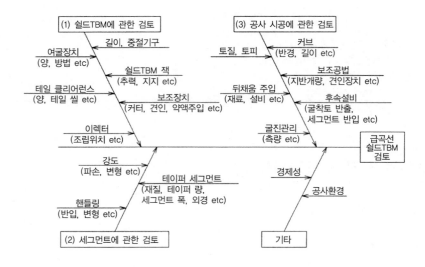

그림 12.6.1 곡선시공 시 검토사항[5]

급곡선을 시공하기 위해서는 일반적으로 다음 조건이 필요하다.

① 쉴드TBM 회전력이 지반 저항력보다 클 것
② 테일부에서 충분한 클리어런스를 확보하도록 세그먼트를 조립할 것
③ 쉴드TBM 추력으로 세그먼트가 변형되거나 이동하지 않을 것

④ 여굴이 있는 경우에도 지반 안정이 도모될 것

이러한 조건을 만족시키기 위해 주로 쉴드TBM, 세그먼트, 뒤채움 주입 및 보조공법에 대한 대책을 수립한다.

(3) 쉴드TBM

쉴드TBM에는 지반변형 억제, 시공 정밀도 향상 및 안전성 확보 등을 고려하여 다음과 같은 대책을 검토하고 필요에 따라 실시한다.

i) 쉴드TBM 길이

곡선시공에 필요한 여굴량을 작게 하기 위해 또는 회전저항을 줄이기 위해 길이를 가능한 한 짧게하는 것이 유효하다.

ii) 중절기구

이 기구를 장착하여 곡선부에서 쉴드TBM 조작성을 높이고 여굴량 감소나 세그먼트 편압발생 방지를 도모할 수 있다(제5장 5.2.3 중절장치 참조).

iii) 카피 커터

이 장치를 장착하여 필요한 여굴량을 확보할 수 있다. 지반개량 개소나 경질지반에서 필요 스트로오크를 확보할 수 없는 경우나 신축기구 변형에 의해 출입할 수 없게 되는 경우가 있으므로 이 장치는 충분한 능력과 강도를 가지도록 할 필요가 있다.

iv) 장비능력

쉴드TBM 잭의 편압 등이 필요한 경우가 있으므로 추력, 커터토오크에 충분한 여유가 있도록 할 필요가 있다.

v) 테일 클리어런스

테일 내 세그먼트 경사량을 고려하여 필요한 클리어런스를 확보해야 한다. 그러나 너무 과다 하면 지반변형 증가나 뒤채움 주입량 증가로 이어지므로 세그먼트 검토와 병행할 필요가 있다.

(4) 세그먼트

세그먼트에서는 잭 추력이 편심으로 작용하는 경우나 조립여유가 없어지는 경우가 발생한다. 이러한 경우에는 세그먼트 내력부족에 의한 파손이나 조립 정밀도 저하를 고려하기 위해 다음 항목에 대해 검토한다.

i) 세그먼트 치수

필요한 테이퍼 양을 확보하여 조립을 가능하게 하기 위해 세그먼트 폭을 작게 할 필요가 있다. 또한 세그먼트 외경을 작게 하여 조립여유를 확보하는 경우도 있으며, 이 경우 쉴드TBM 테일부로부터 지하수 및 뒤채움 주입재의 터널 내 누출이나 테일 씰 내 뒤채움 주입재 혼입과 테일부에서의 고결에 주의가 필요하다.

ii) 세그먼트 보강

편심하중에 대한 내력을 높이기 위해 필요에 따라 종방향 리브, 스킨 플레이트, 조인트 볼트 등 보강을 실시한다.

iii) 세그먼트 설계

필요에 따라 터널 축방향 검토를 실시하는 경우도 있다. 검토 시에는 쉴드TBM 터널 축방향 특성을 고려하여 등가강성 빔모델이나 빔-스프링계 구조 모델[6]을 이용한다.

(5) 뒤채움 주입

급곡선 구간의 주입은 잭 추력 전달을 위해 세그먼트의 조기 고정을 실시하고 여굴부 충진성도 고려할 필요가 있다. 이를 위해 주입재료는 조기에 지반 상당 이상의 강도가 발현되도록 함과 동시에 한정적인 주입성이 우수할 것, 충진성이 우수할 것 및 체적변화가 작을 것 등의 특성이 필요하다. 또한 주입설비는 여굴량을 고려하여 충분한 능력이 필요하다.

(6) 보조공법

급곡선 구간에서는 지반조건으로서 지반반력 확보, 여굴공간 확보 등이 요구된다. 이를 위해 지반개량공, 여굴부 충진재나 주입범위를 한정할 목적으로 세그먼트 배면에 주입막 등을 설치하는 경우도 있다(표 12.6.1). 그 외 보조공법으로서 강봉 등을 사용하여 곡선 내측 세그먼트 밀림 방지공을 적용하는 경우도 있다.

표 12.6.1 급곡선 쉴드TBM 터널의 보조공법 예

구분	지반개량공	충진재	Pack 부착 세그먼트 등
개요도			
개요	쉴드TBM의 회전반력을 확보할 수 없는 연약한 지반을 대상으로 고압분사 교반공법 등에 의한 지반개량공을 실시한다. 지반 자립성이 작은 지반에서는 여굴을 확보할 목적으로 약액주입공 등을 실시한다.	지반 자립성이 낮은 지반에서 여굴부에 쉴드TBM으로부터 가소성 충진재를 굴진과 동시에 주입하여 지반안정을 도모한다. 충진재는 테일 후방에서 주입하여 막장으로 배출한다.	세그먼트 배면에 장착된 Pack에 주입재를 주입, 쉴드TBM 추진력을 조기에 지반에 전단한다. 동일 기술로서 작은 Pack을 세그먼트 배면에 장착한 Mini Packer도 있다.

(7) 시공실적

급곡선 시공의 주요 시공실적은 표 12.6.2와 같다.

표 12.6.2 급곡선 쉴드TBM 터널 실적(단위 : m)

발주자	공사명	쉴드 TBM	쉴드TBM 외경 D	연장	토피	토질	곡선반경 R	R/D
新居浜市	中央雨水幹線築造工事	토압식	ϕ 2.89	481	6.6~7.1	사질토	10.0	3.5
堺市	福泉雨水下水管渠敷設工事	토압식	ϕ 3.50	717	9.3~11.7	실트, 사질토	10.0	2.9
東京都	飛島山幹線(その 2，その 3)工事，第2岩淵幹線(その2工事)	이수식	ϕ 4.45	2,039	27.0~29.0	자갈	10.0	2.2
東京都	馬込幹線工事	토압식	ϕ 5.24	1,275	24.0~43.2	사질토, 이암	8.0	1.5
北九州市	初音町川代主要幹線管渠築造工事	이수식	ϕ 6.15	1,002	9.0~12.3	사질토, 실트	20.0	3.3
関西電力	学園豊崎間管路新設工事(第 1 工区)	이수식	ϕ 7.76	2,150	27.8~43.0	점토, 사질토	30.0	3.9
東京都	東京都勝島ポンプ所連絡管渠工事	이수식	ϕ 8.99	386	6.3~15.8	점토	30.0	3.3
横浜市	北部処理区新羽末広幹線下水道整備工事その3~8	이수식	ϕ 9.45	4,435	51.7~56.1	점토, 사질토	80.0	8.5
川崎市	江川雨水貯留管その3，3－2工事	이수식	ϕ 10.10	1,480	32.0~39.0	사질토, 자갈, 암	80.0	7.9
大阪市	平野川調節池築造工事 4	토압식	ϕ 11.52	1,690	26.7~36.1	점토, 사질토	70.0	6.1
首都高速道路(株)	SJ11工区(1－2)SJ13 工区 トンネル工事	이수식	ϕ 12.94	864	13.1~44.4	자갈	123.5	9.5

12.6.2 급경사 시공

(1) 급경사의 정의

터널 표준시방서 쉴드공법·동해설에 의하면 갱내 운송설비나 안전설비, 쉴드TBM의 능력증가, 세그먼트 변경, 보강 등 통상적인 시공과 다른 무언가의 대책이 필요한 경사를 급경사라고 정의하고 있다(사진 12.6.2).[7]

일본에서는 「노동안전위생규칙(제 202조)」에 따라 통상의 궤도형식이라면 동력 차를 사용하는 경우의 경사는 5% 이하로 정의하고 있다. 그러나 이 경사 이하에서도 일주(逸走)방지용 안전설비 등을 설치하는 경우가 일반적이다.

사진 12.6.2 급경사 시공 예

(2) 급경사 시공 시 대책

급경사 시공에서 그 곡률이 작은 경우 검토항목은 기본적으로 급곡선 시공과 공통이라고 봐도 좋다. 다음은 급경사 시공의 특유한 문제인 운송설비에 대한 설명이다.

(3) 운송설비[8]

급경사 시공에서는 통상의 쉴드TBM 공사와 비교하여 동력 차 일주(逸走)에 의한 충돌이나 협착 등 재해가 발생하기 쉬운 환경이다. 이 때문에 규모를 충분히 고려하여 검토한다.

i) 운송방법

현재 급경사 시공에서 사용되는 운송설비 방식과 그 개요는 그림 12.6.2, 및 표 12.6.3과 같다. 운송설비는 안전장치를 다중으로 설치하는 것이 기본이다. 표 12.6.4는 Rack & Pinion의 안전장치 예이다.

ii) 안전대책

급경사 시공에서는 운송설비 이동 시나 세그먼트 조립 작업 중에 사고발생 위험성이 통상의 경사구간에 비해 높을 것으로 예상된다.

급경사 시공 시 안전작업에 관한 유의점은 다음과 같다.

① 작업원이나 기자재가 미끄러지기 쉬운 환경이며, 운송설비의 잘못된 주행으로 충돌이나

협착 재해 위험성 존재

② 터널 중심축과 작업통로의 각도 차이로 인해 세그먼트 등의 중량물 취급 중 낙하나 협착 재해 위험성 존재

③ 자주식 대차 등 새로운 설비를 도입하는 경우에는 작업원의 실수에 기인한 오작동으로 재해발생 위험성 존재

④ 발진 및 도달 시에는 발진가대 위 쉴드TBM의 미끄러짐이나 막장 작업 중 지반붕괴 등 위험성 존재

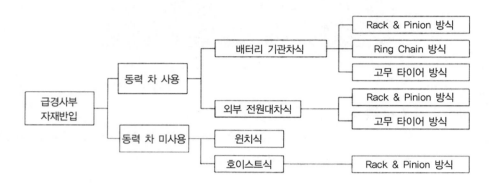

그림 12.6.2 급경사 쉴드TBM의 기자재 운반방식

표 12.6.3 각 반송방식의 개요

반송방식	구조개요	개요도
Rack & Pinion방식 • 배터리 기관차식 • 외부전원 대차식	• 세그먼트 상부에 포설한 강제 Rack에 Pinion이 맞물리면서 주행한다. • Pinion의 구동은 기관차 내 모터가 회전하여 작동된다. 모터회전을 위한 전원공급은 배터리가 내장된 배터리 전원방식과 전선 틈에 필요 케이블을 감아둔 릴 회전에 의한 외부 전원방식이 있으며, 모두 실용화되고 있다.	세그먼트 / 랙 / 피니온
Ring Chain 방식 • 배터리 기관차식	• 강제 동기름을 등간격으로 세그먼트 상부에 설치하여 그 위를 체인이 맞물리면서 주행한다. • 체인 구동은 기관차 내 모터가 회전하여 작동된다. 모터회전을 위한 전원공급은 배터리가 내장된 배터리 전원방식이 실용화되고 있다.	세그먼트 / 링 체인 / 고정 돌기 / 고정 레일
고무 타이어 방식 • 배터리 기관차식	• 세그먼트 위를 직접 타이어로 주행한다. • 대차 내 모터가 회전하여 작동된다. 전원공급은 배터리가 내장된 배터리 방식이다. • [령]강 양 사이드를 고무 타이어가 양협하면서 주행하는 경우도 있다.	세그먼트 / 타이어
인차식	• 인차 모터 구동에 의해 와이어를 감았다 풀었다하여 대차가 주행된다. • 대차는 통상 세그먼트 상부에 설치된 궤도 레일 위를 주행하는 것이 일반적이다.	인차 / 세그먼트 / 타이어
호이스트식	• 강제 Rack이 부착된 [령]강을 세그먼트 천장부에 설치, 그 위를 모터 부착 호이스트가 주행한다. • 모터는 Pinion과 연동하여 Rack부에 맞물리면서 주행한다. • 모터 회전을 위한 전원공급은 케이블에 의한 외부 전원방식이 일반적이다.	형강 / 세그먼트 / 호이스트

표 12.6.4 안전장치 예(Rack & Pinion 방식)

장치명	상세
과속 경보, 정지장치	설정속도에 도달하면 경보음을 발생하고 주 회로가 OFF되며, 서브 브레이크 및 유압 브리이크에 의해 정지된다.
핀락식 제동장치	레일 내 설치된 Rack에 차체 측 Pinion이 맞물리고 Rack 축용 주 전동기에 의해 회생 제동 및 부작동 전자 브레이크가 작동된다.
핀 탈락 방지연결기	연결 핀의 돌기가 차체 측 연결기 브러시에 맞물린다.
일주방지 체인 후크	차량 간 연결기가 떨어지는 것에 대한 대책으로 백업용 체인 후크를 장착한다.
비상정지 버튼	주행 시 제3자가 버튼을 눌러 정지한다.
장애물 범퍼	장애물에 접촉하여 정지된다.
장애물 센서	운전석 측에 부착 설정한 거리에 장애물이 감지되면 감속되고 경보음을 발생한다. 배전반 패널에 표시된다.
전방감시 카메라	운전 시 대차 선단 카메라로 전방을 확인한다.
부작동 디스크 브레이크	통전 시에는 디스크를 개방하고 정전 시에 작동된다.
하중에 의한 붕괴방지 가이드	차량 전후에 장착한다.

급경사 시공의 주요 실적은 표 12.6.5와 같다.

표 12.6.5 급경사 쉴드TBM 터널 실적 (단위 : m)

발주자	공사명	쉴드 TBM	쉴드TBM 외경 D	연장	토피	토질	경사 (%)	경사구간 길이
東京電力 (株)	川崎臨海地区管路新設工事	토압식	ϕ 3.33	202	7.4~10.8	충적 점성토, 사질토	29.0	22
阪神水道 企業団	甲東送水路2工区シールド工事	인력 굴착식	ϕ 2.45	455	5.0~15.0	자갈, 모래자갈, 사질토	27.3	77
水資源開 発公団	愛知用水2期幹線水路	토압식	ϕ 4.20	913	4.0~50.0	모래자갈	27.0	
東京電力 (株)	港北変電所付近管路新設工事	이수식	ϕ 5.24	2,395	14~41.0	사질토, 이암	27.0	130
東京電力 (株)	新宿御苑(共)関連管路新設工事	이수식	ϕ 4.70	116	~7.6~13.5	사질토, 점성토	27.0	51
水資源 機構	愛知用水廻白Bトンネル工事	토압식	ϕ 4.18	910	4.0~48.0	사질토, 암반	26.8	
建設省	平成7年度静清大曲共同溝工事	이수식	ϕ 5.80	861	10.4~46.6	점성토	26.8	123
東京電力 (株)	内幸町付近管路新設工事	토압식	ϕ 4.03	151	8.8~26.7	실트, 사질토	23.0	80
関西電力 (株)	西梅田付近管路新設工事 (第2工区)	이수식	ϕ 8.18	1,498	11.0~66.0	점성토, 사질토	20.1	276
東京電力 (株)	新宿1丁目管路新設工事 (その2)	토압식	ϕ 4.13	438	12.0~27.3	점토, 모래자갈	20.0	78
中部電力 (株)	桑名地区洞道新設工事 (第4工区)	토압식	ϕ 5.15	3,949	10~45.0	사질토, 자갈	20.0	88
東京電力 (株)	赤坂4丁目付近管路新設工事	토압식	ϕ 2.68	591	3.2~16.0	점성토, 사질토	20.0	140
東京電力 (株)	塩浜橋付近管路新設工事	토압식	ϕ 3.63	1,027	12.7~29.7	점토, 사질토	20.0	88
関西電力 (株)	上二本町線管路新設工事	이수식	ϕ 4.24	855	12.4~48.0	실트, 사질토, 자갈	20.0	62

12.7 병렬 쉴드TBM 터널

병렬 쉴드TBM 터널은 2개 이상의 복수 쉴드TBM 터널이 일정 구간에서 평행 및 근접하여 시공되는 것이다. 설계 및 시공은 지반조건, 쉴드TBM 형식, 쉴드TBM 터널 단면, 쉴드TBM 터널 상호 이격, 후속 터널 시공시기, 시공 시 하중 등을 고려하고 상호 영향에 대해 검토하여 충분히 안전한 시공법을 선정해야 한다.[9], [10]

12.7.1 병렬 터널의 영향과 설계시공의 흐름

일반적으로 복수의 터널이 근접하여 시공되는 경우 터널 상호 간 간섭에 의한 주변 지반 이완에 의해 토압이나 지반반력이 증감하므로 단일 터널의 경우와 다르며, 장기적인 영향이 쌍방 터널에 발생하는 것으로 알려져 있다.[11] 일반적으로 1.0D(D는 터널 외경) 이상의 순간격이 있으면 그 영향이 작아지므로 과거부터 검토를 생략하였다. 상하나 경사로 병렬되는 경우에는 복잡한 현상을 나타낸다고 생각되나, 좌우 병렬에 비해 영향이 작아진다는 보고도 있다. 이러한 병렬 터널의 순간격이 1.0D 미만인 경우에는 그 영향을 무시할 수 없기 때문에 일반적으로 병렬 영향을 검토할 필요가 있다.[10]

장기적인 영향에 추가하여 후속 시공되는 쉴드TBM 터널(이하, 후속 쉴드TBM라 칭함)의 시공 시 하중이 선행 시공된 쉴드TBM 터널(이하, 선행 쉴드TBM라 칭함)에 일시적인 영향을 미치는 경우가 있다. 그림 12.7.1은 병렬 터널 시공 시 영향요인을 개념적으로 나타낸 것이다. 이러한 영향에 대해서는 '12.7.2 계획 및 설계상 유의점'에서 설명할 것이며, 이러한 영향에 대하여 적절한 모형화를 통한 검토가 필요하다. 일반적으로 이러한 영향검토는 터널 이격이 0.5D 이내인 경우에 대해 수행하는 것이 좋다고 생각된다.[10]

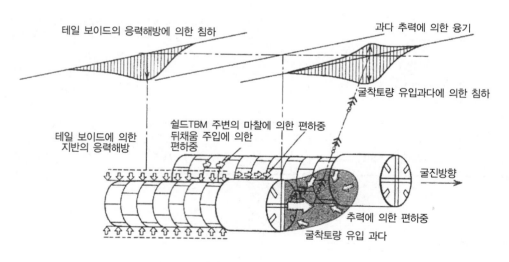

그림 12.7.1 후속 터널이 선행 터널에 미치는 영향요인

병렬 터널 설계 시 상기 영향이 우려되는 경우에는 사전에 충분한 검토를 실시할 필요가 있다. 또한 시공 시에는 이 검토결과를 바탕으로 굴진관리를 신중히 실시하고 필요에 따라 라이닝 보강이나 변형방지 대책을 실시하며, 경우에 따라서는 지반개량 등 보조공법을 실시하는 등의 대응방

안을 강구할 수 있다.[9), 10)] 일반적인 병렬 터널 설계시공 시 영향검토의 흐름은 그림 12.7.2와 같다.

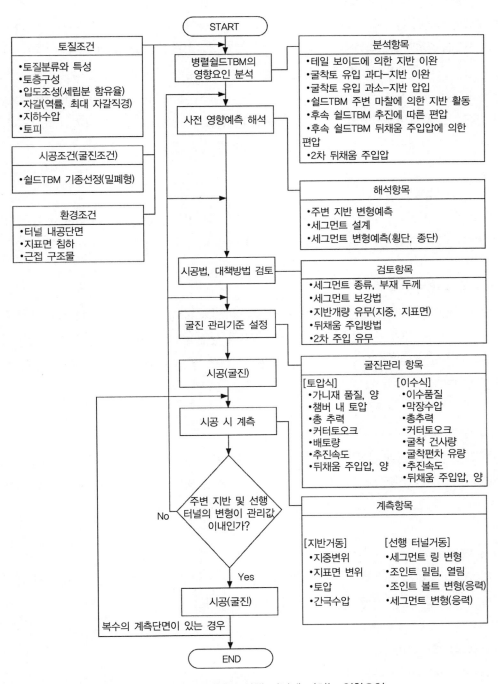

그림 12.7.2 후속 터널이 선행 터널에 미치는 영향요인

12.7.2 계획 및 설계상 유의점

도시부에서는 지하공간 활용을 위해 지하구조물이 증가하고 있기 때문에 기존 터널에 근접하여 새로운 터널이 건설되거나 복수의 터널이 동시에 시공되는 등 쉴드TBM의 근접시공이나 병렬 사례가 늘고 있다. 철도터널의 경우 30cm 정도의 이격거리로 시공된 실적도 있다. 그러나 이러한 근접시공이나 병렬의 영향에 관한 문제점에 대해서는 충분히 평가되고 있다고 말할 수는 없는 실정이다. 쉴드TBM 터널의 계획 및 설계에서 다양한 자유도의 요구와 함께 안전하고 경제적인 건설을 위해서는 근접시공이나 병렬시공에 대한 설계방법이나 시공법 확립이 요구된다.

병렬 터널의 계획 및 설계상 유의점으로는 다음과 같은 것을 들 수 있다.

(1) 터널 상호 위치관계

병렬 터널 순간격이 후속 터널 외경(1.0D) 이내인 경우에는 충분한 검토가 필요하다. 특히 순간격이 0.5D 이하인 경우에는 영향이 현저하기 때문에 상세히 검토할 필요가 있다.

(2) 터널 굴착순서

상하 병렬 터널의 경우에는 굴착하는 순서에 따라 선행 터널에 대한 영향이 다르다. 특히 후속 쉴드TBM이 아래를 통과하는 경우에는 굴착에 따라 상부 터널에 대해 지반 이완에 기인한 연직 하중의 증가나 부등침하 등을 고려한다. 그러나 이러한 영향은 지반조건이나 시공조건 등에 따라 달라지므로 상황에 따른 검토가 필요하다.

(3) 주변 지반의 토질

예민비가 높은 연약 점성토 지반이나 자립성이 부족한 지반에서는 병렬 터널 상호 간 간섭이나 후속 터널 시공 시 영향이 현저하다. 이러한 경우에는 지반 이완에 관해 특히 신중한 검토가 필요하다.

(4) 터널 외경

선행 터널에 비해 후속 쉴드TBM 외경이 클수록 선행 터널에 미치는 영향은 크다. 이 때문에 양 터널 외경의 대소관계에 대해서도 유의할 필요가 있다.

(5) 후속 쉴드TBM 시공시기

선행 터널 시공 후 지반이 안정된 후 후속 쉴드TBM을 시공하는 것이 바람직하다. 그러나 공사공정 등의 조건에 따라 충분한 지반안정을 위한 시간을 반드시 확보할 수 있다고는 할 수 없다. 이러한 경우에는 선행 터널 영향이 남은 상태로 후속 터널이 시공되기 때문에 터널 상호 간 간섭 영향이 현저해지므로 후속 쉴드TBM 시공시기에 대해서도 충분한 검토가 필요하다.

(6) 쉴드TBM 형식

후속 쉴드TBM이 선행 터널에 미치는 영향은 쉴드TBM 형식에 따라 큰 차이가 있다. 최근 일반적으로 적용되는 밀폐형 쉴드TBM에서는 추력(이수압, 이토압)의 영향이 커서 선행 터널의 압출이나 굴착에 의한 인입 등 '(7)시공 시 하중'에서 나타낸 각종 하중이 편압으로 작용한다. 한편 개방형 쉴드TBM에서는 막장 개방에 의한 지반 이완의 영향이 커서 선행 터널을 끌어당기는 경향이 있다. 또한 선행 쉴드TBM의 지반 이완에 기인한 후속 쉴드TBM의 인입 등 영향도 고려한다. 따라서 쉴드TBM 형식에 의한 거동 차이에 대해서도 유의할 필요가 있다.

(7) 시공 시 하중

시공 시 하중에는 주로 추력, 뒤채움 주입압, 이수압 또는 이토압 등이 있다. 이러한 하중은 터널 간 흙을 매개로 선행 터널에 편압으로 작용하여 큰 변위나 응력을 발생시키는 경우가 있다. 또한 시공 시 하중의 영향은 후속 터널의 굴착에 따른 지반응력 재분배에 의해 발생하는 경우가 많으므로 정량적인 평가에는 충분한 검토가 필요하다.

시공 시 하중의 영향은 막장에서 지반의 침하, 막장 전면에 작용하는 이수압이나 이토압 등에 의한 지반 압입, 쉴드TBM 스킨 플레이트와 지반의 마찰력, 쉴드TBM의 사행이나 곡선시공에 따른 쉴드TBM 측면의 지반 압입, 테일 통과 시 테일 보이드에 의한 선행 터널의 침하, 뒤채움 주입압에 의한 압입 등이 있다.

또한 이러한 시공 시 하중은 쉴드TBM 굴진관리 방법과 시공 정밀도에도 크게 의존하기 때문에 시공상 유의점과 병행하여 검토할 필요가 있다.

12.7.3 영향검토의 기본적 방법[12), 13), 14), 15), 16)]

주변 지반에 미치는 영향의 검토는 터널 직상부나 그 근방의 지표면 침하나 근접 구조물에 대한 영향을 예측하기 위해 실시한다. 지표면 침하나 지중 변형 또는 근접하는 중요 구조물 변위 등의 정도를 추정하여 쉴드TBM 형식이나 굴착방법을 선정한다. 검토 결과에 따라서는 지반개량 등 대책방법도 검토할 필요가 있다.

선행 터널이 받는 영향에 대한 검토는 후속 쉴드TBM 시공에 따라 선행 터널의 세그먼트에 발생하는 응력이나 변형 등의 정도를 예측하여 영구 구조물(장기)로서 라이닝 설계나 후속 쉴드 TBM의 시공 시(단기) 보강, 변형 방지대책 등의 계획을 실시하기 위한 것이다. 이러한 검토는 선행 터널의 횡단방향만이 아니라 종단방향에 대해서도 실시한다. 표 12.7.1은 이러한 방법의 예를 나타낸 것이다.

과거 개방형 쉴드TBM의 경우, 영향검토에서는 지반을 느슨하다고 예상하여 연직토압을 할증 하거나 측방토압계수나 지반반력계수를 저감하여 세그먼트를 설계하였다. 한편 밀폐형 쉴드 TBM에서는 막장 지반을 과다하게 누르는 것 같은 현상이 많이 보이므로 지반 이완을 고려하여 터널 사이의 지반을 강화하는 것이 오히려 선행 터널이나 주변 지반에 큰 영향을 미치는 경우도 있어 이에 대한 검토도 중요해졌다.

최근 병렬 쉴드TBM 터널에 의한 상호간섭 영향평가에 관한 연구가 수행되어 각종 평가방법 이 제시되고 있으나, 아직 명확한 평가방법이 확립되었다고는 말하기 어려운 실정이다. 최근의 영향검토에서는 FEM 등 수치계산법을 적용하는 예가 많이 보이고 있으며, 이 때 시공단계를 고 려한 하중 평가나 지반 및 선행 터널 모형을 충분히 검토하여 영구 구조물로서 세그먼트 설계에 덧붙여 시공 시 안전성 조사도 병행하는 것이 중요하다.

일반적으로는 임의의 응력해방률을 설정하여 후속 쉴드TBM 굴착에 따른 선행 쉴드TBM에 대 한 영향(터널부재의 단면력 혹은 라이닝 주변 지반 요소의 응력)을 산출하고 그 값을 검토대상으 로 하는 단위 터널 모형의 단면력 혹은 작용하중(토압 및 수압 등)을 추가하여 단면력을 산정하 고 있다.[10] 또한 해석결과로서 얻은 영향 정도는 응력해방률 등에 의해 크게 달라지기 때문에 해 석결과 평가 시에는 입력값 등의 타당성에 대해 충분한 검토가 필요하다. 한편 상하방향으로 병 렬된 터널에서는 터널 깊이방향으로 변형계수가 변화하는 지층의 위치관계, 하부 터널, 터널 하 부 해석영역의 영향 등을 고려하여 해방률을 설정할 필요가 있다. 또한 지반조건이 다른 경우에 는 각각 다른 해방률의 설정이 필요하다. 지반변형은 어느 정도 수치해석에 의해 시뮬레이션이 가능하나, 구조물 거동에 대해서는 한계가 있다. 그것은 3차원적 효과나 지반과의 환경조건을 고려한 거동을 평가할 수 있는 방법을 검토할 필요가 있기 때문이다. 이에 대해서는 이후 현장 계측결과를 누적하여 역해석을 통해 검증함으로써 현장 계측결과와 적합성을 도모하여 수치해 석 정밀도를 향상시키는 것이 중요하다.

12.7.4 시공상 유의점과 계측관리

병렬 터널 시공 시 지반조건, 쉴드TBM 형식, 터널 단면, 이격 등을 충분히 고려하여 터널 주 변 지반이 활동하지 않도록 하는 것을 염두에 두어 쉴드TBM을 선정할 필요가 있다. 또한 예측해석 결과 등을 참고로 굴진 관리기준을 적절히 결정하는 것이 중요하다. 그러나 예측해석에서는 지반 물성값 등의 불확정 요인이 많기 때문에 실제 시공 시에는 조기에 지반이나 선행 터널의 거동을 계측하여 그 정보를 바로 굴진관리에 반영시키는 것이 중요하다. 또한 굴진 관리기준은 지반의 상태변화나 굴진상황에 따라 적절히 재검토하는 것도 필요하다.

굴진 관리항목, 지반 및 선행 터널의 계측항목은 현장 상황에 맞추어 선정할 필요가 있다. 그림 12.7.2는 계측항목의 예를 나타낸 것이므로 참고하기 바란다. 지반변위나 선행 터널 변형 등이 관리값을 넘는 경우에는 즉시 시공을 중단하고 원인 규명을 실시한 후 굴진 관리기준값 재검토나 보조공법 검토를 실시한다. 경우에 따라서는 보조공법 추가 등을 포함한 대책을 강구할 필요도 있다.

표 12.7.1 영향예측해석 방법과 사용되는 계산방법

해석목적과 분류	해석 대상	계산방법			유의점
		계산모델	하중 등	주요 파라미터	
주변 지반에 대한 영향검토	일반적으로 터널 횡단방향	FEM (2차원 탄성, 탄소성)	• 복수의 터널 굴착에 따른 지반응력 해방 • 후속 쉴드TBM 시공 시 하중(막장 전면압, 조입압)	• 응력해방률 • 지반 물성값(변형계수, 포아송 비 등) • 측압계수	• 지반물성값의 적절한 평가(시공조건을 고려한 리바운드 현상 등의 평가) • 지반 모델링 • 응력해방률의 적절한 설정 • 후속 쉴드TBM 시공 시 하중 평가 • 시공 스텝 영향의 적절한 평가
선행 터널에 대한 영향검토	횡단방향	탄성 FEM에 의한 탄성해석 • 지반은 2차원 평면 변형 요소 • 세그먼트는 빔요소	해석결과로부터 직접 얻은 단면력을 설계용 단면력으로 한다.	• 응력해방률 • 후속 쉴드TBM의 시공 시 하중 • 지반 물성값(변형계수, 포아송 비 등)	• FEM 해석에 의한 단위 터널 평가 • 병렬 터널에 대한 결과 평가
		탄성 FEM에 의한 굴착해석 • 2차원 평면변형 요소 • 전 주면 스프링모델	단일 및 병렬 터널의 경우 단면력을 비교하고 단면력 변동율로부터 단일 터널의 단면력을 할증한다.	• 응력해방률 • 후속 쉴드TBM의 시공 시 하중 • 지반 물성값(변형계수, 포아송 비 등) • 지반반력계수 • 측방토압계수	• 단면력 변동율 산출 시 목표점 선택 • 후속 쉴드TBM의 시공 시 하중 평가 • FEM에 의한 하중산정 • 종단방향 하중과 적합성
		탄성 FEM에 의한 굴착해석 • 2차원 평면변형 요소 • 전 주면 스프링모델	병렬에 의한 직접적인 하중변동을 터널주변의 평면변형 요소로부터 추출하고 이것을 하중(외력)으로 한다.	• 응력해방률 • 후속 쉴드TBM의 시공 시 하중 • 지반 물성값(변형계수, 포아송 비 등) • 지반반력계수 • 측방토압계수	• FEM 해석의 Mesh 크기 • 지반과 라이닝과의 간극 고려 • 후속 쉴드TBM의 시공 시 하중 평가 • FEM에 의한 하중산정
	종단방향	빔−스프링모델	• 복수의 터널 굴착에 따른 지반응력 해방 • 후속 쉴드TBM의 시공 시 하중(막장 전면압, 뒤채움 주입압)	• 후속 쉴드TBM의 시공 시 하중 • 지반반력계수	• Boussinesq식 • 하중분포 평가 • 지반물성값의 적절한 평가 • FEM으로부터 하중산정 • 조인트 스프링 정수의 적절한 설정 • 횡단방향 하중과의 적합성

12.7.5 시공실적

일본 내 병렬 쉴드TBM 터널의 주요 실적은 표 12.7.2와 같다. 표 중에 지하철 東西線 御陵東공구의 병렬 터널은 일본 최초로 4개 터널을 병렬한 사례이다.[17] 2005년 8월에 개통한 '筑波 익스프레스[연장 약 56km(기점 : 東京都 秋葉原, 종점 : 茨城県 筑波市)]'의 筑波 터널에서는 발진도달 수직구 및 회전 수직구에서 상하선의 이격이 각각 346mm, 294mm로 유래없는 초근접 사례이다.[18],[19] 이를 위해 막장 토압관리, 배토량 관리, 뒤채움 주입관리, 첨가재 주입관리 등 면밀한 굴진관리를 실시하였다. 또한 초근접부에 위치한 세그먼트에 대해서는 근접시공에 의한 영향을 장기적 관점으로 고려하여 덕타일 세그먼트를 적용하였다. 후행 쉴드TBM 통과 시 선행 터널과 후행 쉴드TBM에 협재된 지반이 붕괴하여 선행 터널 측방지반 반력이 사라지는 것을 방지하기 위해 터널 사이 지반을 사전에 고압분사 교반공법으로 개량하였다. 또한 양 터널 간 이격이 약 300mm로 작기 때문에 수직구 구체 콘크리트면에 엔트런스 장치를 설치할 수 없어 양 터널 간 구체 콘크리트 타설 없이 선행 터널 측에 엔트런스 장치를 부착하여 터널을 시공하였다. 그 후 후행 터널용 엔트런스는 선행 터널용 엔트런스 간섭부분을 철거하고 개조한 후 후행 터널을 시공하였다. 최종적으로 양 터널이 완성된 시점에서 터널 간 콘크리트를 타설하였다.

표 12.7.2 병렬 쉴드TBM 터널 실적(단위 : m)

발주자	공사명	쉴드 TBM	쉴드TBM 외경	연장	토피	토질	터널 순이격	병렬 연장
日本鉄道建設公団	京葉都心線東越中島	토압식	7.20	986	3.5~12.5	점성토, 사질토	1.8~3.6	986
東京都地下鉄建設	地下鉄12号線山伏シールド	토압식	5.3	845	13.0~24.0	사질토, 점토, 자갈	3.3~3.6	845
日本鉄道建設公団	京葉都心線隅田川	이수식	7.1	777	9.8~27.5	점토, 사질토	3.7~3.9	777
東京都地下鉄建設	地下鉄12号線原町シールド	토압식	5.3	500	16.0~25.0	사질토, 점토	3.3~3.6	500
京都市	地下鉄東西線御陵東工区	토압식	5.74	437	4.3~18.0	점토, 실트	0.7~6.8	437
日本下水道事業団	習志野市菊田川2号幹線	토압식	3.98×4.98	392.4+417.2	3.0	세사	0.6	310
帝都高速度交通営団	地下鉄7号線永田町2工区	이수식	8.0	190	20.0	점토, 사질토, 자갈	0.9~2.7	190
東京都交通局	地下鉄12号線新宿第1工区	토압식	8.1	166	32.0	점성토, 사질토	1.4~2.0	166
日本鉄道建設公団	京葉都心線西八丁堀	이수식	8.25	119	20.0	점토, 사질토, 자갈	0.4~0.8	119

표 12.7.2 병렬 쉴드TBM 터널 실적(단위 : m)(계속)

발주자	공사명	쉴드 TBM	쉴드TBM 외경	연장	토피	토질	터널 순이격	병렬 연장
東京都下水道局	東陽幹線その2-3工事	토압식	3.68	60	31.0	점성토, 사질토	0.8	
東京都下水道局	足立区千住5丁目付近再構築工事	토압식	4.18	1,831	15.0	점성토	1.0	
東京都下水道局	竹芝幹線　その1工事	토압식	3.94	737	17.5	사질토	1.0	
鉄道建設・運輸施設整備支援機構	常新, つくばT	토압식	7.3	899.9+907.8			0.346 0.294	899.9
日本鉄道建設公団	臨海, 東品川T他工事	이수식	3.94	984.2+983.0	20.1~28.0	점토, 실트, 사질토	0.6~2.8	984.2
中之島高速鉄道(株)	中之島新線建設工事のうち土木工事(第6工区)	토압식	6.80	535.9+607.0	4.4~24.2	점토, 실트, 사질토, 자갈	1.2~3.7	535.9

12.8 쉴드TBM의 회전과 이동

최근 도시부 쉴드TBM 공사에서는 입지조건이나 용지 제약 등에 의해 수직구 배치가 결정되는 경우가 적지 않다. 그 결과 쉴드TBM 굴진연장이 짧아지는 경우 공사비 증가를 유발한다. 이 때문에 병렬 쉴드TBM을 시공하는 경우 쉴드TBM을 도달 수직구에서 회전, 이동시켜 2개의 쉴드TBM 터널을 1대의 쉴드TBM으로 굴착하는 공법이 적용된다.

또한 일반적으로 지하철 공사에서는 정거장 사이를 쉴드TBM으로 시공하는 경우 기존에는 상하선 2개 터널을 각각 1대의 쉴드TBM으로 시공해 왔다. 그러나 시공기술의 발전에 따라 쉴드TBM 장거리 · 고속시공이 가능해져 1대의 쉴드TBM으로 상하선을 굴착하는 쉴드TBM 회전공법이 적용되고 있다.

또한 도로터널 구축 시에도 최근 쉴드TBM공법 적용이 증대하고 있다. 도로터널의 경우 일반적으로 외경이 10m를 넘는 대구경이기 때문에 공사비에서 장비가 차지하는 비용이 크다. 따라서 굴진연장이 짧은 예를 들어 1km 미만인 경우 전체 시공 코스트가 높아질 가능성이 있으므로 회전공법이 대구경 쉴드TBM에 대해서도 개발되어 적용되고 있다. 이에 따라 쉴드TBM 굴진연장을 장거리화 하여 비용 절감을 도모하고 있다.

12.8.1 쉴드TBM의 회전

(1) 회전공법의 개요

쉴드TBM의 회전시공은 병렬된 한쪽의 쉴드TBM 터널을 굴착한 후 도달 수직구에서 180도 회전시켜 다른 쪽 쉴드TBM 터널을 굴착하는 위치까지 이동시키고 재굴착하는 공법이다. 그림 12.8.1은 쉴드TBM 회전 순서의 예를 나타낸 것이다.

쉴드TBM 회전에는 다양한 방법이 있으나, 기본적으로는 쉴드TBM을 도달 수직구에서 인발한 후 가반침대에 놓고 고정시켜 수직구 내에 설치된 견인잭으로 180도 회전시킨다. 회전이 완료된 후 후방 쉴드TBM 발진위치까지 견인잭으로 횡이동시킨다. 또한 이 가반침대 아래에는 사진 12.8.1과 같은 볼베어링, 볼슬라이더 혹은 에어 캐스터 등을 설치하여 가반침대를 회전·이동시킨다. 그림 12.8.2는 표면을 연마한 철판 그라파이트 윤활도장을 공장에서 중층 도포한 표면피복 철판 위를 슬라이딩슈를 사용하여 회전시키는 슈부재를 나타내었다.

스텝 1 : 쉴드TBM 인발

스텝 2 : 쉴드TBM 회전개시

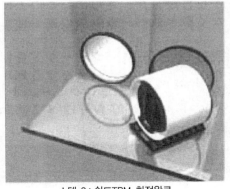

스텝 3 : 쉴드TBM 회전완료

스텝 4 : 쉴드TBM 재발진

그림 12.8.1 쉴드TBM 회전 순서

(a) 볼베어링 [20]

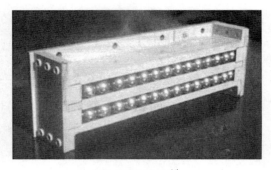
(b) 볼슬라이더 [21]

사진 12.8.1

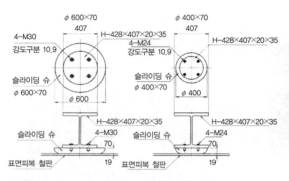
그림 12.8.2 (a) 슈 부재 평면도 및 단면도 [22]

그림 12.8.2 (b) 에어 캐스터

(2) 회전공법 사례

쉴드TBM 외경 7m 정도(중량 3,500kN 이하)의 쉴드TBM을 회전시킨 실적은 다수 있으나, 도로터널과 같이 외경 10m를 넘는 대구경 쉴드TBM의 회전은 지금까지 사례가 없었다. 여기서 首都高速 中央環状線 新宿線(山手 터널) 西新宿 터널[22]에서 실시한 쉴드TBM 회전공의 예를 소개한다.

西新宿 터널은 甲洲街道(국도 20호)와 山手 거리의 교차점 북측에 위치한 발진 수직구에서 약 600m 떨어진 도달 수직구까지 외경 13.23m의 쉴드TBM으로 터널을 구축한 후 도달 수직구에서 쉴드TBM을 180° 회전시켜 재발진하여 발진 수직구로 돌아가는 총 연장 1,200m의 병렬 터널이다. 본 공사에서는 쉴드TBM이 약 30,000kN이기 때문에 Steel ball 간격을 조정하여 중량에 대해 대응할 수 있는 볼 베어링을 사용한 회전공법을 적용하였다.

회전 가받침대의 기본구조는 그림 12.8.3과 같이 작업대와 통상의 쉴드TBM 받침 사이에 Steel ball을 끼워넣은 것이다. 작업대에는 평활성을 확보하기 위해 저판(두께 3.5m의 철근 콘크리트 슬래브)상에 25mm의 레벨 몰탈을 타설하였다. 또한 그 위에 Steel ball 침식방지를 목적으로 25mm의 철판을 단차없이 깔아놓고 철판 조인트부는 현장용접한 후 그라인더로 마감하였다.

Steel ball 위에 철판을 부착한 쉴드TBM 받침대를 설치하여 쉴드TBM을 받침대 위까지 진행시킨 후 받침대를 회전시켜 이동하였다. 베어링 역할을 하는 Steel ball은 ϕ90mm로서 사진 12.8.1 (a)에 표시한 프레임에 의해 위치를 결정하였다. 이 프레임을 56기 연결하여 쉴드TBM 받침대가 이동하는 범위를 커버하였다. 사진 12.8.2는 회전 수직구에 도달한 상황을 나타낸 것이다.

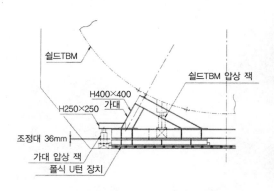

그림 12.8.3 회전 가받침대 상세도

사진 12.8.2 쉴드TBM 회전가받참대 설치상황

12.8.2 쉴드TBM의 이동

터널공법 선정 시 지반조건, 시공조건, 터널연장, 터널 단면 등에 의해 최적 공법이 적용된다. 이를 위해 하나의 터널이 복수의 공법으로 시공되는 경우도 있다. 이때 쉴드TBM 터널과 산악터널 또는 개착터널로 되는 경우 또는 쉴드TBM의 일부에 앞서 구축한 큰 중간 수직구가 있는 경우, 쉴드TBM을 산악터널 부 또는 개착터널 부, 중간 수직구 부를 이동시켜 쉴드TBM 굴진연장의 장거리화나 시공 합리화를 도모할 수 있는 경우가 있다.

또한 용지 폭 등의 제약 때문에 병렬된 2개의 쉴드TBM 터널이 상하에 배치되는 경우 전술한 12.8.1의 평면적 쉴드TBM 회전에 추가하여 쉴드TBM을 상하방향으로 이동시키는 잭 다운 혹은 잭 업을 하는 경우도 있다.

(1) 이동공 개요
쉴드TBM 이동공이라는 것은 발진 수직구 내에서 조립되어 발진한 쉴드TBM이 중간 수직구 혹은 개착터널 부, 산악터널 부까지 도달한 후 재발진하기 위해 수직구나 터널 내로 이동시키는 공법이다. 그림 12.8.4는 東京 Metro 半蔵門線 清澄 공구의 3련 쉴드TBM 이동 시공개념도[23]를 나타낸 것이다.

쉴드TBM의 이동에는 전술한 12.8.1의 평면적 쉴드TBM 회전과 마찬가지로 다양한 방법이 있으나, 기본적으로는 쉴드TBM을 인발한 후 가받침대에 놓고 고정시켜 터널 갱내에 설치된 견인 잭으로 쉴드TBM을 재발진하는 위치까지 이동시키는 공법이다. 가받침대 아래에는 사진 12.8.1 (b)에 표시한 볼슬라이더나 유닛식 롤러 등을 설치하여 마찰을 경감시킨다.

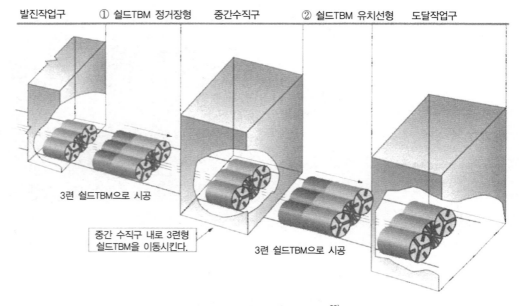

그림 12.8.4 이동 시공 개념도 [23]

(2) 이동공 사례

중량이 약 14,000kN인 3련 쉴드TBM을 중간 수직구까지 굴진한 후 수직구 갱내로 이동시킨 사례[23]에 대해 설명한다. 東京 Metro 半蔵門線 清澄 공구에서는 清澄 정거장 및 유치선을 쉴드 TBM공법으로 구축하기 위해 3련 쉴드TBM을 적용하였다. 정거장의 굴진을 마치고 정거장 종단 측 중간 수직구에 도달한 쉴드TBM을 인출한 후 이동 가받침대에 거치하고 유치선 부의 발진위치까지 약 70m를 이동시켰다. 사진 12.8.3은 쉴드TBM의 이동상황을 촬영한 사진이다.

이동 가받침대 하부에는 사진 12.8.4와 같은 틸 탱크(유닛식 롤러)를 부착하였다. 또한 수직구 저반에는 철판을 깔아 센터 홀 잭과 고장력 Steel을 사용하여 장비를 가받침대로 견인하여 이동시켰다. 장비의 이동에는 500kN의 센터 홀 잭 4대를 사용하였다.

이동용 가대

사진 12.8.3 쉴드TBM 이동상황

틸 탱크

사진 12.8.4 유닛식 롤러

다음으로 중량 약 20,000kN의 쉴드TBM을 수직구 내에서 23m 끌어내린 사례[24]에 대해 설명한다. 首都高速 中央環狀 新宿線 大橋 쉴드TBM에서는 내선와 외선으로 병렬된 2개 쉴드TBM 터널이 상하에 위치하고 있다. 쉴드TBM 구간이 약 430m로 짧기 때문에 회전공법을 적용하여 굴진연장의 장거리화를 도모하였다. 도달 수직구 내에서는 약 20,000kN의 쉴드TBM을 약 23m 끌어내렸다. 잭 다운은 4,000kN 잭 14대를 사용하여 중량 약 20,000kN의 쉴드TBM을 7시간 걸려 수직구 저부까지 23m 끌어내렸다. 또한 쉴드TBM을 끌어내린 후 수직구 내에서 평면적으로 쉴드TBM 회전공법을 적용하였다. 사진 12.8.5는 잭 다운 전후 상황을 나타내었다.

사진 12.8.5 쉴드TBM 잭 다운 전후 상황

12.9 확폭시공

12.9.1 확폭시공의 정의와 현재

터널이 수직구나 다른 터널 등과 접속하기 위해 라이닝 일부 또는 전부를 철거하는 것을 '확폭' 또는 '절개'라고 하고 다음 경우에 그러한 시공이 필요하다.

① 삽입공 등으로 불리는 하수도공이나 전력구·공동구 등의 환기 및 분기 수직구 등과의 접속(그림 12.9.1 ① 참조).
② 하수도·전력구·공동구 등의 지관 및 분기 등에 의해 터널 측면에서 지중분기나 터널 측면에 대해 지중접합(12.3절, 그림 12.9.1 ② 참조). 철도나 도로터널에서 병렬된 2개의 터널 간이나 환기소, 피난출구 등과의 연락횡갱이나 환기덕트와의 접속.
③ 배수 펌프실이나 공동구 분기부 등 터널내공보다 큰 지하시설의 수용공간의 부분적 축조(그림 12.9.1 ③ 참조)
④ 병렬된 2개의 터널을 이용하는 철도역이나 연결로 또는 출입구 등 도로터널 분기합류부의 수십~수백 m에 걸친 대규모 지하구조물 축조(그림 12.9.1 ④ 참조).

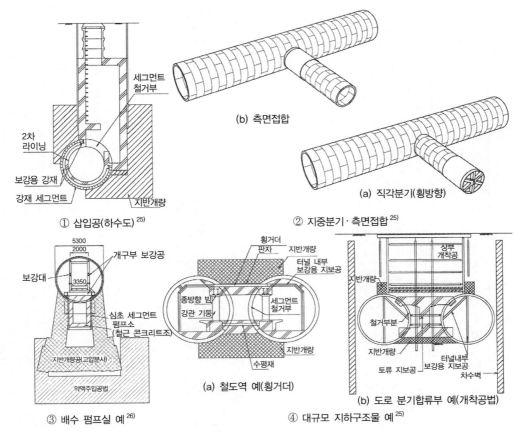

① 삽입공(하수도) [25]

(b) 측면접합

(a) 직각분기(횡방향)

② 지중분기 · 측면접합 [25]

③ 배수 펌프실 예 [26]

(a) 철도역 예(횡거더)

(b) 도로 분기합류부 예(개착공법)

④ 대규모 지하구조물 예 [25]

그림 12.9.1 확폭시공 예

이것 중 수 m 정도의 비교적 소규모 라이닝 철거작업을 개구라고 하며, 개구부 및 개구에 따른 영향 범위를 보강하기 위한 세그먼트를 개구 보강형 세그먼트, 그 위치를 보강하는 것을 개구 보강이라고 한다. 대표적인 확폭 시공의 시공실적은 표 12.9.1과 같다. 1960년대 철도역 확폭시공을 시작으로 최근에는 도로 분기합류부 시공실적이 증가하고 있다.

표 12.9.1 대표적인 횡복사공 실적

발주자	명칭	쉴드TBM 공법	쉴드TBM외경(m)	횡복연장※1(m)	토피※2(m)	토질	세그먼트 종류※3	횡복 시공법	비고
東京都交通局	都営1号線(浅草線)高輪台駅	인력굴착식	φ8.00×2	25(160)	15~17	사질토, 점토	DC	고정공법	1965~1968 타 연락통로 6개소
帝都高速度交通営団	営団9号(千代田線)新御茶ノ水駅	인력굴착식	φ7.74×2	257(257)	15~23	점토, 사질토	DC	칭가디 압입공법	
帝都高速度交通営団	営団9号(千代田線)국회의사당전역	인력굴착식	φ8.58×2	20(217)	30~32	사질토	DC	고정공법 칭가디 압입공법	타 연락통로 6개소
日本国有鉄道	JR総武本線馬喰町駅	인력굴착식	φ8.80×2	2,7×7단(165)	24~25	실트, 모래자갈	RC	고정공법	연락통로 방식
帝都高速度交通営団	営団8号(有楽町線)永田町駅	인력굴착식	φ8.58×2	169(169)	16~18	사질토	DC	루프 쉴드TBM 공법	루프부 : 강제 세그먼트
日本国有鉄道	JR横須賀線新橋駅	인력굴착식	φ7.60×2	87(87)	21~22	사질토	DC	파일롯 터널+칭가디 압입공법	
帝都高速度交通営団	営団11号(牛蔵門線)永田町駅	인력굴착식	φ8.58×2	210(210)	23~31	사질토, 모래자갈	DC	루프 쉴드TBM 공법	루프부 : 강제 세그먼트
帝都高速度交通営団	営団11号(牛蔵門線)三越前駅	인력굴착식	φ8.00×2	252(252)	21~22	사질토	DC	루프 쉴드TBM 공법	루프부 : 강제 세그먼트
大阪市交通局	市営7号線(谷町線)安部野駅	인력굴착식	φ8.10×2	95(160)	12	점토, 사질토	DC	고정공법 칭가디 압입공법	타계단부, 연락통로부 있음
東京都交通局	都営10号線(新宿線)新宿浜町駅	인력굴착식	φ7.50×2	63(63)	15	점토, 사질토	DC (일부 강제)	파이프 루프공법	타 환기구 수직구 2개소 있음
日本鉄道建設公団	JR京葉線(心線)八丁堀駅	이수식	φ8.10×2	150(205)	22	점토, 모래자갈	DC	개착공법	
帝都高速度交通営団	営団11号(南北線)永田町駅	이수식	φ8.00×2	81(160)	19~21	사질토	DC	칭가디 압입공법	
東京都交通局	都営12号線(大江戸線)新宿駅	토압식	φ8.10×2	165(165)	35	사질토, 모래자갈	DC	개착공법	
日本鉄道建設公団	りんかい線大井町駅	이수식	φ10.10×상하 2단	제47×2(205×2)	23	점성토, 모래자갈	DC	파이프 루프공법	상하 2단
東京地下鉄(株)	13号線(副都心線)ポンプ室	토압식	φ6.60×2	9	33	사질토, 점성토	강제	국전 파이프 루프	
首都高速道路公団	中央環状新宿線富ヶ谷出入口	이수식	φ12.83×2	324	14~23	모래자갈, 사질토	강제	개착공법, 국선 파이프 루프 공법	파이프 루프부는 비개착
同上	同上 代々木換気所	이수식	φ12.83×2	115	18~22	고결 실트, 사질토	강제	개착공법	타 철기부 67m 있음
同上	同上 新宿南口入口・南新宿連結路	이수식	φ12.83×2	446	15~17	모래자갈, 고결 실트, 사질토	강제	개착공법	
同上	同上 西新宿北連結路	이수식	φ11.36×2	166	9~11	점성토, 모래자갈, 사질토	강제	개착공법 파이프 루프 공법	파이프 루프부는 비개착

표 12.9.1 대표적인 확폭시공 실적(개소)

발주자	명칭	실드TBM 공법	실드TBM외경(m)	확폭연장※1(m)	토피※2(m)	토질	세그먼트 종류※3	확폭 시공법	비고
同上	池袋南出入口	토압식	φ11.80×2	272	15~18	사질토, 모래자갈, 점성토	강제	개착공법	특수강 구체 접합구조
同上	大橋地区本線接続工事	이수식	φ12.65×(상하 2단)	250	상 : 24~27 하 : 39~44	이암	강제	개착공법 산악공법(AGF 공법)	
小田急電鉄(株)	下北沢駅第1工区地下化工事	이수식	φ8.10×2	210	15~17	이암	강제	개착공법	
京王電鉄(株)	調布駅付近連続立体交差工事(布田間部)	토압식	φ6.70×2	236	6	모래자갈, 사질토	DC	개착공법	
首都高速道路(株)	中央環状品川線大橋連結路	토압식	φ12.30+φ9.50	상 : 210 하 : 180	상 : 21 하 : 36	이암	강제	산악공법 일부 파이프 루프 공법	상하 2단 확폭 세그먼트
同上	五反田出入口	토압식	φ12.30×2	ON : 275 OFF : 283	13~17	이암, 사질토	강제, 합성	개착공법 일부 파이프 루프 공법	파이프 루프부는 비개착
同上	横環状北線馬場出入口	토압식	φ12.30	A : 206 B : 158 C : 213 D : 149	A : 32~51 B : 32~39 C : 25~41 D : 30~47	이암, 사질토	강제, 합성, RC	파이프 루프 공법	티넬확폭, 확대 실드TBM

※ : ( )은 실드TBM 터널연장, ※2 : 확폭대상 실드TBM 터널의 토피, ※3 : 덕타일 세그먼트

12.9.2 확폭시공의 요점

확폭시공은 라이닝 철거에 의해 일단 지반이 개방되는 상태가 되고 남은 라이닝 자체도 불안정한 구조가 된다. 이 때문에 지반안정, 터널변형, 지하수에 대한 대응 등에 유의하여 구조형식이나 지반조건에 적합하도록 면밀한 설계와 안전하고 확실한 시공이 필요하다.

(1) 시공법

지반안정과 지수를 도모할 목적으로 보조공법이 필요한 경우가 많다. 확폭 규모나 굴착형태에 따라서는 파이프 루프나 횡거더, 루프 쉴드TBM(그림 12.1.19) 등의 선행 지지공을 적용하는 경우가 있으며, 확폭부 터널 지보공이나 토류 지보공도 필요하다. 또한 라이닝 변형을 방지하기 위한 터널 내부 보강도 중요하다.

(2) 세그먼트

확폭구간 및 그 전후 구간의 세그먼트 형식은 철거하기 쉽고 내력이 큰 강제 또는 덕타일 세그먼트를 사용하는 경우가 많다. 개구부 등 보강방법으로는 세그먼트 자체의 내력과 강성을 증가시키는 것 외 강제나 철근 콘크리트 구조의 거더·기둥을 사용하는 경우가 많다. 이러한 강제의 방식과 확폭부 세그먼트 보강 등의 목적으로 2차 라이닝을 시공하는 것이 일반적이다.

(3) 유의점

설계상 유의점은 쉴드TBM 굴진, 확폭시공과 완성 각 상태에서 하중계나 구조계가 축차변화하여 잔류응력 등이 발생하기 때문에 이를 고려한 설계가 필요하다.

한편 시공상 유의점은 지수상황이나 터널변형 상태를 계측 등을 통해 감시하고 보조공법, 지보공 설치, 굴착, 축조, 세그먼트나 지보공 철거 등 시공순서를 안정성 관점에서 충분히 검토할 필요가 있다. 또한 접속 측 기존 구조물의 변형 방지대책이나 누수가 발생하기 쉬운 접속부 방수처리도 중요하다.

12.9.3 확폭시공의 최신기술

최근 도로터널 분기합류부 확폭시공에 관한 구조나 시공법 신기술이 제안되고 있다. 슈토고속도로 쥬오환상 신주쿠센에 적용된 '대구경 곡선 파이프 루프 공법'은 확폭시공시 지수 및 지보 구조로서 횡단방향으로 아치형상의 강고한 선행 지지공을 설치하는 방법이다.

그 외 소규모 쉴드TBM 터널 등을 연속한 거더로 나란히 종단방향으로 구축하여 선행 지지하는 방법, 본선터널과 램프터널을 거더로 접속하는 시공법이나 쉴드TBM 또는 세그먼트를 부분확폭하는 공법 등이 실용화를 목표로 기술개발 중이다.

그림 12.9.2 대구경 곡선 파이프 루프 공법[27)

12.10 지장물 대책

도시의 발전에 따라 시가지 지하에는 다양한 시설이 고밀도로 배치되고 있으며, 그 시설축조 시 가설물이 존치되는 경우도 적지 않다. 굴진 중 지중 장애물과 조우하는 경우 쉴드TBM이 굴진 불능이 되어 대폭적인 공기지연이나 공사비 증대로 이어지는 경우가 많기 때문에 설계·시공 전 사전조사가 중요하다. 사전조사 결과 쉴드TBM 노선상에 지중 장애물이 존재하는 경우에는 다음과 같은 방법을 선택하여야 한다.

① 선형변경에 의한 지장물 회피
② 지상으로부터 장애물 철거

상기 ①~②가 기본이나, 지상으로부터 지중 장애물을 철거할 수 없는 경우에는

③ 쉴드TBM 내에서 지장물 철거를 선택할 수밖에 없다.

12.10.1 사전조사

대표적인 지장물은 개착공사에 사용된 토류벽이나 가설 잔교 말뚝 등 존치물이다. 과거의 호안이나 교각 하부를 부득이하게 통과하는 경우에는 기초 말뚝이 간섭되어 절단하면서 굴진해야 하는 경우도 있다.

쉴드TBM 굴진 전이라면 약간의 선형변경으로 처리할 수 있는 경우나 사전 철거가 가능한 경우도 있으나, 사전조사 부족이나 과거 자료의 부족 등으로 굴진 후에 예상하지 못한 지장물이 출현하면 경제적으로도 기능적으로도 큰 손실을 초래한다. 이 때문에 쉴드TBM 굴진 전 상세한 사전조사가 중요하다.

지장물의 사전조사는 2.3 지장물 조사를 참고하기 바란다. 또한 조사로 얻은 자료는 반드시 현장에서 위치나 깊이를 대조하여 확인할 필요가 있다. 과거의 시공자료를 사용하면서 당시의 지형과 현재의 지형에 대한 대조를 게을리하여 공사 장애를 초래한 예는 적지 않다.

12.10.2 지장물 철거방법

지장물 철거방법은 그 형상 치수, 재질, 배치, 현장상황 및 쉴드TBM과의 위치관계 등에 따라 다르므로 안전성, 경제성을 종합적으로 검토하여 결정할 필요가 있다.

예를 들어 존치 말뚝의 경우에는 철거방법을 검토하는 주요 인자는 다음을 들 수 있다.

① 지표면에서의 작업 가능성
② 쉴드TBM과의 이격
③ 지장물의 양(예를 들어 단독 말뚝인가 군말뚝인가 등)
④ 말뚝의 형상이나 시공방법

지상에서 철거하는 경우 바이브레이터나 도넛 오거를 병용하여 인발이나 All케이싱 공법 등으로 파쇄하여 철거한다. 또한 지상작업은 가능하나 기타 매설물과 시공기계의 간섭 등 인발이나 파쇄방법을 적용할 수 없는 경우나 연속적으로 존재하여 인발공법이 경제적이지 않은 경우에는 케이슨 공법이나 개착공법으로 철거한다. 장애물이 기존 구조물 직하부에 있는 경우에는 시공가능한 장소에 수직구를 설치하고 그곳으로부터 지반보강을 실시한 후 횡말뚝을 시공하여 장애물을 철거한다. 지장물 철거 후에는 지반 이완이나 누수분출 원인이 발생하지 않도록 적절한 되메움이 필요하다.

지상으로부터 작업이 불가능한 경우에는 막장 전면에 작업공간을 설치하여 갱내에서 철거하는 방법을 적용할 수밖에 없다. 이 경우에는 작업 안전성 때문에 일반적으로는 지반개량을 필요로 하고 상황에 따라서는 붕락 방지 목적으로 막장 상부에 무버블 후드(5.1.1 쉴드TBM의 종류와 특징 참조)를 설치하거나 말뚝 벽면에 판자를 설치하는 등 토류 지보공을 실시하여 막장이 안전하게 자립할 수 있는 상태로 만들 필요가 있다. 갱내에서 철거하는 경우에는 작업공간의 안전성을 확보하기 위해 충분한 환기나 조명을 설치하고 메탄가스가 존재하는 지역에서는 방폭형 가스감지기와 자동경보장치를 설치하는 등의 대책이 필요하다. 쉴드TBM 장비에 맨록을 설치하여 압기공법으로 막장 면에서 작업할 수 있도록 하는 예도 많다.

또한 어떠한 경우에도 기존 구조물과 일체화된 지장물의 경우 절연 등 처리가 필요하며, 기초 말뚝 등으로서 기능하는 경우에는 언더피닝으로 대체할 필요가 있다.

지상에서 작업이 불가능한 경우나 갱내 철거에 대한 안전성이 우려되는 경우 커터헤드로 직접 절삭하여 철거하게 된다. 직접 절삭을 선정할 때에는 커터비트의 손상 정도나 절삭한 물질의 유입방법을 검토할 필요가 있다. 또한 절삭 시 진동이나 잘 유입되지 않는 경우 주변 지반의 이완과 기존 구조물에 대한 영향, 또한 지장물이 말뚝인 경우에는 라이닝에 대한 작용하중 등을 고려하는 것이 필요하다. 장애물 절삭에 적절한 특수 비트, 탐사 롯드, 그리고 커터비트의 교환 및 유지관리를 고려하여 쉴드TBM 전면에 맨록이나 맨홀을 설치하여 기내에서 보수작업을 할 수 있도록 하는 것이 요구된다. 최근에는 초소형 비디오 카메라나 전자파 등을 이용하여 쉴드TBM 굴진기 막장 전방에서 지장물을 확인 또는 탐사하려는 시도가 이루어지고 있다.

12.10.3 시공실적

표 12.10.1은 지장물 철거사례이다. 직접 절삭 사례로서 ① 블레이드 커터 장치, ② DO-jet 공법, ③ 드릴 헤드 공법 장치 및 공법이 있다.[28] 사진 12.10.1은 각 쉴드TBM의 예이다.

표 12.10.1 지장물 철거사례

발주자	공사건명	기종	쉴드TBM 외경(m)	연장(m)	토피(m)	토질	지장물	대책
東京都下水道局	芝浦幹線 その7工事	이수식	φ7.70	994	14.5	실트 사질토	진존 말뚝(시트파일)	갱내에서 철거(가스 절단) 보조공법 : 지반개량(약액주입)+암기
大阪市交通局	大阪市地下鉄7号線京橋シールド	이수식	φ5.43	1,544	10.7~29.5	점토 사질토	진존 말뚝(H형강)	갱내에서 철거(가스 절단) 보조공법 : 지반개량(약액주입)+암기 갱내에서 철거(코어볼링에 의한 절단) 보조공법 : 지반개량(약액주입)+암기
東京都下水道局	大田幹線 その工事	토압식	φ8.21	1,416	17.5	점성토	진존 말뚝(PW 파일)	갱내에서 철거(인력에 의한 절단) 보조공법 : 지반개량(CJG)+물탈 지환 말뚝
帝都高速交通営団	営団地下鉄11号線人형工区	이수식	φ10.00	650	3.8~25.4	점토, 실트, 사질토	기존 말뚝(RC 파일)	지상에서 철거(심초공에 의한 철거) 보조공법 : 언더피닝
帝都高速度交通営団	営団地下鉄8号線辰巳3工区	이수식	φ10.00	307	9.5~17.0		기존 말뚝(현장타설 RC 말뚝)	지상에서 철거(바이브로에 의한 인발)
日本鉄道建設公団	京葉都心線東越中島トンネル	토압식	φ7.35	981	3.5~12.5	실트	진존 말뚝(시트파일)	갱내에서 철거(가스 절단) 보조공법 : 지반개량(CJG)
運輸省	東京国際空港鉄道トンネル	이수식	φ7.15	1,446	8.5~16.2	매토 점성토	진존 말뚝 (시트파일, H형강)	쉴드TBM에 의한 직접 절단(특수 절단 장치 부착 쉴드TBM)
大阪市建設局	平野川水系街路下調整池工事	이수식	φ11.23	625	22.5	점토, 사질토, 모래자갈	지반개량체 (드레인 재)	갱내에서 철거(워터 제에 의한 절단) 보조공법 : 지반개량(동결)
東京都下水道局	第二千川幹線 その4-2	토압식	φ4.43	1,310	2.7~4.7	실트 사질토	기존 말뚝 (현장타설 콘크리트 말뚝)	쉴드TBM에 의한 직접 절단
東京都下水道局	江東区清澄二丁目、深川一丁目付近再構築工事	토압식	φ2.68	639	12.9	점성토 실트	진존 말뚝 (300H 형강×8본, 강판×2매)	쉴드TBM에 의한 직접 절단 (특수 비트, 특수 커터 형상)
東京都下水道局	新宿区住吉町、片町付近再構築工事	토압식	φ2.28	448	3.58	실트질 점토	진존 말뚝(소나무 말뚝)	쉴드TBM에 의한 직접 절단 (고압 제에 의한 지반개량, 절단)
東京都下水道局	八広幹線工事	토압식	φ4.24	926.85 +1,033.3	20.75	점토질 실트	진존 말뚝(300H 형강×6본, 강판×2매)	쉴드TBM에 의한 직접 절단 (특수 비트, 특수 커터 형상)

블레이드 커터 장치

DO-jet 공법

드릴 헤드 공법

사진 12.10.1 지장물 직접절삭 쉴드TBM 예

12.11 복원형(複圓形) 및 비원형(非圓形) 쉴드TBM

쉴드TBM 터널은 원형 단면을 기본으로 발전해 왔다. 이것은 원형 라이닝이 주변 토압과 수압에 대해 구조적으로 유리하다는 점, 쉴드TBM 굴착기구로서 커터의 원회전이 기계적으로 우수하다는 점, 세그먼트 조립이 용하다는 점, 롤링에 의한 단면 형상 변화가 없다는 점 등에 의한 것이다.

그러나 대도시 도로 하부에서는 기존 지하구조물이 증가하고 있어 도로 폭이나 쉴드TBM 높이에 제약을 받는 경우가 많으며, 최근에는 터널 사용목적에 맞추어 합리적이고 경제적인 단면이 요구되어 원형 대단면 쉴드TBM을 축조하는 것이 반드시 경제적이라고 할 수 없는 경우도 나타나고 있다.

복원형 단면 쉴드TBM 터널은 복수의 원형 단면을 조합하여 터널 단면을 구성하는 것으로서 원형 단면이 가진 장점을 가지고 단원 이외의 단면을 만드는 것이다.

비원형 단면 쉴드TBM 터널(타원형 · 사각형 · 반원형 · 루프 형상 · 마제형 등)은 구조물 사용 목적에 적합하고 사공간이 없는 내공단면을 가지며, 굴착단면이나 점유면적이 원형 단면에 비해 적은 점 등의 이점이 있다.

그러나 구조적으로는 일반적으로 라이닝이 원형인 경우에 비해 두꺼워지거나 세그먼트 분할 수가 많아진다는 점을 고려해야 한다. 또한 시공면으로는 엔트런스 지수성 저하나 롤링 방지 등 쉴드TBM 조작성이 어려워진다는 점, 테일 보이드 양이 커 뒤채움 주입량이 증가한다는 점 등 적용에 따라 검토해야하는 과제도 적지 않다.

12.11.1 복원형 단면 쉴드TBM

(1) 복원형 단면 쉴드TBM의 특징

복원형 단면 쉴드TBM의 특징은 터널 점유 폭 및 점유 면적이 작아 합리적으로 다양한 단면 형상을 선정할 수 있다는 것이다. 즉 복선철도나 도로터널에서 필요 내공단면적이 사각형에 가까운 경우 원형 단면에 비해 단면적이 작고 합리적인 터널 단면을 얻을 수 있다. 그림 12.11.1은 철도터널의 예이다.

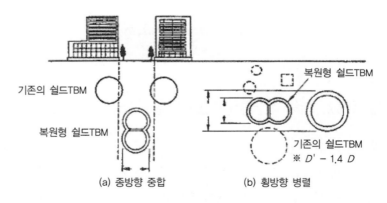

그림 12.11.1 원형 터널과 복원형 터널 비교

상하 혹은 좌우로 복원형 단면을 조합하는 것으로서 대단면 복선터널이나 단선병렬 터널과 비교하여 점유 폭 및 점유 면적을 작게 할 수 있다. 이 때문에 좁은 도로 하부 등 용지에 제약을 받는 경우에도 적용이 가능하며, 근접하는 기존 구조물에 대처하기 쉽다. 또한 지하철역 등에서 개착공법을 적용할 수 없는 경우에는 기존의 단원형 쉴드TBM을 2개 구축한 후 루프 쉴드TBM공법이나 횡거더 공법을 적용하여 일체화하는 방법이 적용되어 왔다. 그러나 이러한 공법으로는 압기공법이나 약액주입 공법 등 대폭적인 보조공법이 필요하므로 3련형 복원형 단면 쉴드TBM이 장점을 발휘하여 유효하게 사용될 수 있다.

(2) 굴착기구와 배토기구

복원형 단면 쉴드TBM은 DOT 쉴드TBM공법과 MF 쉴드TBM공법이 실시되고 있다.

DOT 쉴드TBM공법은 커터를 복수로 장착하고 주위에 동일 사양의 커터를 톱니형태로 배치하여 동기 회전제어에 의해 커터 간의 간섭을 방지하고 막장을 동일 평면으로 굴착할 수 있다. 이 때문에 종래의 원형 쉴드TBM과 동일한 정도의 굴착이 가능하며, 커터헤드가 스포크 타입이므로 토압식 쉴드TBM에 적용된다.

MF 쉴드TBM공법은 복수의 커터 면판을 전후에 배치하고 그 일부를 중합시킨 것으로서 커터 헤드의 형상이나 커터 회전방향에 제약이 없고 이수식 쉴드TBM 및 토압식 쉴드TBM 양쪽에 적용 가능하나 길이가 길어지는 면도 있다.

배토기구는 통상의 원형 쉴드TBM과 기본적으로는 다르지 않다. 일반적으로는 챔버 수만큼 배토기구가 필요하다. 이수식 MF 쉴드TBM에서 챔버를 단일로 한 경우에는 1계통 배토기구가, DOT 쉴드TBM에서는 각각 단원부에 1기당 스크류 컨베이어가 장착된다.

(3) 라이닝

복원형 단면 쉴드TBM은 그림 12.11.2와 같이 원형이 중첩된 개소에 주 부재가 설치된 형상이다. 주 부재는 최종 구조물로 설치되는 경우와 가설재로 설치되어 후에 철거되는 경우가 있다.

설계에 사용하는 토압과 수압은 기본적으로 원형 터널과 마찬가지이다. 좌우 링에 다른 토압이 작용하는 경우 이 토압의 불균형이 세그먼트나 중앙 기둥에 영향을 미칠 것을 고려하여 좌우 원에 하중을 편향 설정하여 설계하는 경우도 있다.

세그먼트 설계 시에는 빔-스프링 모형을 사용한다. 기둥과 세그먼트 접합부를 핀 구조로 보는 경우와 강결구조로 보는 경우를 예상하여 검토한다.

복원형 단면 쉴드TBM에서는 종래 원형 단면에 없었던 '바구니' 같은 형태를 띤 이형 세그먼트와 중앙 기둥 등이 필요하게 된다. 조립은 각 원에 각각 이렉터를 설치하여 단원과 마찬가지로 하부에서 상부로 실시하며 최종적으로 중앙 기둥을 조립하는 것이 일반적이다.

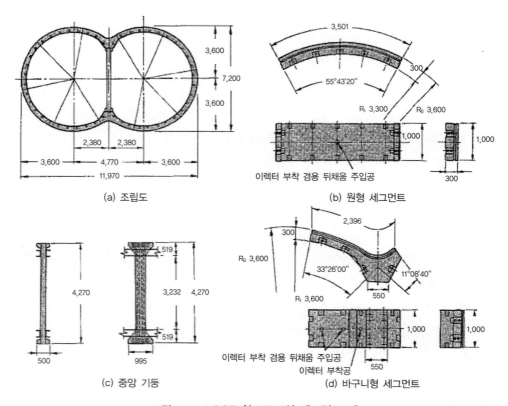

(a) 조립도

(b) 원형 세그먼트

이렉터 부착 겸용 뒤채움 주입공

(c) 중앙 기둥

(d) 바구니형 세그먼트

이렉터 부착 겸용 뒤채움 주입공
이렉터 부착공

그림 12.11.2 DOT 쉴드TBM의 세그먼트 예

표 12.11.1 복원형 단면 쉴드TBM의 실적 예

발주자	공사건명	쉴드TBM	외경 (높이mm×폭mm)	공사연장 (m)	최대 토피 (m)	토질
名古屋市交通局	高速度鉄道第4号線八事北区土木工事	이토압 DOT	6,520×11,120	783	25	실트, 점토, 사질토, 자갈
東京臨海都心建設株式会社	平成○年度有明北地区共同構溝建設工事その1	이토압 DOT	9,360×15,860	250	17.095	점토, 응회질 점토, 유기질 실트, 세사, 모래자갈, 실트질 세사, 모래질 실트, 실트, 응회질 실트
神戸市交通局	高速鉄道海岸線新長田工区	이토압 DOT	5,480×9,760	303.5	15.48	사질토, 점성토
名古屋市交通局	高速鉄道4号先山下通南工区	이토압 DOT	6,520×11,120	956.8	19.206	충적 모래자갈
名古屋市交通局	高速鉄道4号線八事工区	이토압 DOT	6,520×11,120	1025	20	충적 모래자갈
建設省広島国道工事事務所	一般国道54号新交通システム鯉城シールド工事	이토압 DOT	6,090×10,690	850	8.3	사질토, 자갈질 모래
日本下水道事業団	習志野市菊田川2号幹線管渠建設工事その3	이토압 DOT	4,450×7,650	712	10.2	세사, 부식토
名古屋市交通局	高速度鉄道第4号線砂田橋東工区土木工事	이토압 DOT	6,520×11,120	752.4	16.6	아타가와계층(점성토, 사질토, 모래자갈)
名古屋市交通局	高速度鉄道第4号線茶屋ヶ坂公園工区土木工事	이토압 DOT	6,520×11,120	1,007.4	31.9	아타가와계층(점성토, 사질토, 모래자갈) 아고토 · 당산층 사질토
名古屋市交通局	高速度鉄道第4号線本山北工区土木工事	이토압 DOT	6,520×11,120	1,238.4	32.3	아타가와계층(점성토, 사질토, 모래자갈) 아고토 · 당산층 (사질토, 모래자갈)
名古屋市交通局	高速度鉄道第4号線名古屋大学南工区土木工事	이토압 DOT	6,520×11,120	876.5	31.1	아타가와계층(점성토, 사질토, 모래자갈) 아고토 · 당산층 (사질토, 모래자갈)
愛知県建設部名古屋東部丘陵工事事務所	東部丘陵線	이토압 DOT	6,730×11,430	904	15	아타가와계층(고결 실트, 사질토) 아고토 · 당산층 점성토
名古屋市緑政土木局	東部丘陵線船勝ヶ丘東工区	이토압 DOT	6,730×11,430	122.5	13	아타가와계층(점성토, 사질토)
東日本旅客鉄道株式会社	京葉線京橋トンネル新設工事	이수식 MF	7,420×12,190	619	27.0	충적 사질토, 실트, 모래자갈
東京都地下鉄建設株式会社	飯田橋駅(仮称)工区建設工事	이수식 MF	8,846×17,440	275	28.5	도쿄사층, 에도가와 점토층, 에도가와 사질토층
大阪市交通局殿	大阪電気軌道7号線大阪ビジネスパーク留置場工事	이수식 MF	7,800×17,300	107	27.0	충적 점성토, 사질토
帝都高速度交通営団	営団地下鉄11号線清澄工区土木工事	이수식 MF	7,440×16,440	373	17	점성토, 하부 유라쿠층

2 련형

3 련형

(4) 시공실적

복원형 단면 쉴드TBM의 시공실적은 표 12.11.1과 같다. 사진 12.11.1은 DOT 쉴드TBM, 사진 12.11.2는 MF 쉴드TBM, 사진 12.11.3은 3련 원형 단면 쉴드TBM, 사진 12.11.4는 H&V 쉴드 TBM 예를 나타낸 것이다.

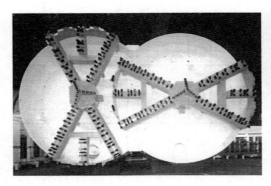
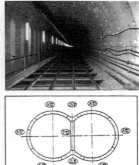

사진 12.11.1 DOT 쉴드TBM 예

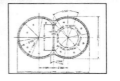

사진 12.11.2 MF 쉴드TBM 예

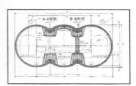

사진 12.11.3 3련 원형 단면 쉴드TBM 예

(5) 그 외 특수 복원형 단면 쉴드TBM

착탈식 3련 쉴드TBM은 그림 12.11.3과 같이 1기의 쉴드TBM으로 정거장과 정거장간 양쪽을 구축하는 것이다. 이 쉴드TBM은 이수식 쉴드TBM으로 중앙 선행을 실시하고 중앙원 면판은 중간 지지방식으로 되어 있다. 이를 위해 측부 쉴드TBM 면판은 중앙 쉴드TBM의 면판 지지부재와 간섭되어 완전 원형으로 될 수 없기 때문에 결원형으로 되며, 60° 회전각을 가진 요동굴착방식을 적용하고 있다. 사진 12.11.5는 지하철 건설(영단 7호선 시로가네다이 공구)에서 적용한 착탈식 이수 3련형 쉴드TBM이다.

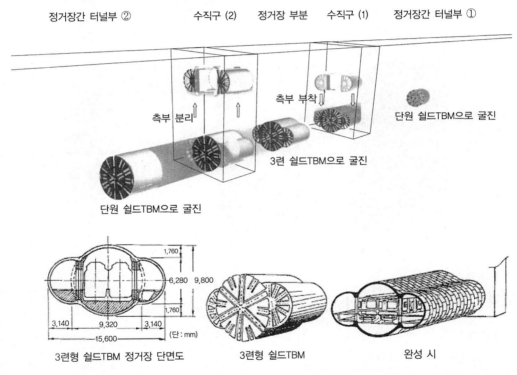

그림 12.11.3 착탈식 이수 3련형 쉴드TBM 시공순서

사진 12.11.4 H&V 쉴드TBM 예

사진 12.11.5 착탈식 이수 3련형 쉴드TBM 예

12.11.2 비원형 단면 쉴드TBM

비원형 단면 쉴드TBM은 점유 면적의 축소를 주목적으로 사용되는 것으로서 자유단면·이형단면·사각단면 등의 실적이 있다. 굴착방법으로는 원형의 커터 방식 외에 원형커터에 추가 잔여분을 굴착하기 위한 보조커터를 추가하거나, 편심축을 사용하여 굴착하는 방법 등이 있다.

(1) 자유단면 쉴드TBM

자유단면 쉴드TBM은 하수도 관거 축조공사(東京都 下水道 新大森幹線 4공구)에 적용된 것이 최초이나, 최근 아폴로 커터가 개발되어 철도공사(東京 急行 東橫線 渋谷~代官山 지하화 공사)에 적용되었다(사진 12.11.6).

이 공법은 다양한 단면을 굴착할 수 있고 커터가 고속으로 회전하기 때문에 경질 지반에도 적용할 수 있는 것이 특징이며, 쉴드TBM 굴진기 선단부 회전 드럼(公轉 드럼)상에 요동 프레임을 매개로 회전식 커터헤드를 설치하여 커터헤드가 고속으로 회전(자전)하면서 공전 드럼에 의해 공전하여 굴착하는 것이다.

사진 12.11.6 아폴로 커터 공법(자유단면 쉴드TBM) 예

(2) 이형 단면 쉴드TBM

이형 단면 쉴드TBM공법은 공동구 축조공사(건설성 중부지방 건설국 小田井山 공동구 공사)에 적용되었다. 굴착기구는 단면 중앙을 원형으로 굴착하는 원형 커터와 그 외주부 굴착을 위한 스윙 커터(사진 12.11.7)로 구성되어 있으며, 메인커터에 부착된 스윙 커터는 메인커터의 회전위 상별로 유압잭의 스트로오크가 자동제어되면서 스윙하며 굴착한다.

■ 스윙 커터 링크 모션

사진 12.11.7 스윙 커터

이형 단면 쉴드TBM의 세그먼트는 사진 12.11.8과 같이 공동구 격벽과 겸용하여 타원형 길이 방향의 변형을 억제할 목적으로 중간 슬라브를 설치한다.

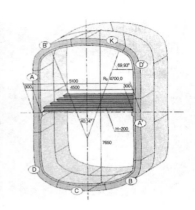

사진 12.11.8 타원형 단면 쉴드TBM 예

(3) DPLEX(편심 다축) 쉴드TBM

DPLEX(편심 다축) 쉴드TBM은 그림 12.11.4와 같이 커터 프레임을 평행 링크 운동시켜 임의 의 단면을 굴착할 수 있다.

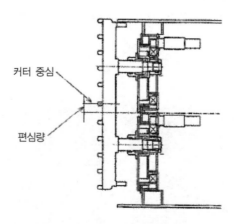

그림 12.11.4 편심 다축 지지방식

사진 12.11.9의 쉴드TBM이 하수도 관거 축조공사(習志野市 菊田川 2호 간선 공사)에 적용되었 다. 세그먼트는 코너부와 상부 및 하부에 곡률을 주어 단면력 저감을 도모하는 등 타원형 쉴드

TBM의 경우와 유사하다.

 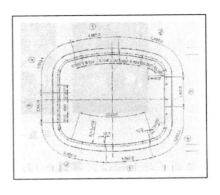

사진 12.11.9 DPLEX 쉴드TBM 예

(4) MMST 쉴드TBM

MMST 쉴드TBM은 그림 12.11.5와 같이 터널 외곽부를 복수의 단일 쉴드TBM으로 선행굴착하여 외곽부 구체를 구축한 후 내부토사를 굴착하여 터널을 구축하는 공법이다. 사진 12.11.10의 쉴드TBM이 도로 터널공사(首都高速 川崎線)에 적용되었다.

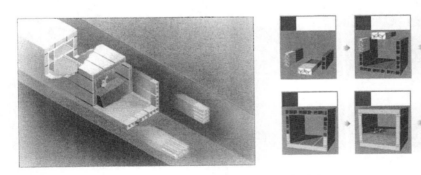

그림 12.11.5 MMST 공법 개념도

(5) OHM 쉴드TBM

OHM 쉴드TBM은 공전 드럼에 소정량의 편심을 준 위치에 자전 커터축이 설치되어 상호를 소정의 회전비로 작동시킴으로써 커터헤드의 선단이 사각단면을 그리며 회전하는 것이다. 또한 회전비·회전방향을 변화시켜 사각에서 각 변이 오목한 형상, 볼록한 형상, 눈썹형상 등 여러 단면을 한 개의 회전 커터로 굴착할 수 있다. 다른 사각 굴착기구와 달리 단순한 회전운동이므로 효율이 좋고 조합성이 높은 것이 특징이며, 회전비는 한 개의 구동원에 의해 기계적으로 실현되기 때문에 소정의 굴착단면을 정밀도 높게 얻을 수 있다.

사진 12.11.11의 쉴드TBM이 京都市 共通局 高速鉄道 東西線 二条城前 정거장 출입구 건설공사에 적용되었다.

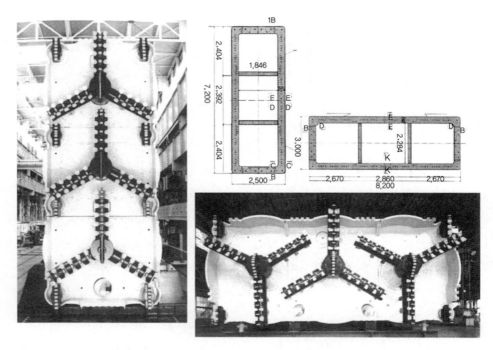

사진 12.11.10 MMST 쉴드TBM 예

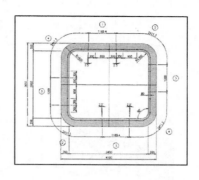

사진 12.11.11 OHM 쉴드TBM 예

(6) 웨깅(Wagging) · 커터 · 쉴드TBM (WAC 쉴드TBM)

웨깅 · 커터 · 쉴드TBM은 복수 배치된 커터헤드를 일정 각도 내에서 요동운동(=Wagging)하면서 굴진하는 쉴드TBM공법이며, 강력한 오버 커터(여굴장치)를 병용하여 원형 이외에도 복원형이나 사각형 등 다양한 굴착단면 형상에 대한 적용이 가능하다. 커터헤드를 소수의 요동 잭으로 구동하기 때문에 쉴드TBM 내부의 기기를 간소화할 수 있으며, 쉴드TBM 길이를 단축시킬 수 있다. 1차 라이닝(강성이 높은 '마찰접합 조인트'나 가설 기둥을 사용)과 후 시공 2차 라이닝으로 합성구조를 구성하여 세그먼트 단독으로는 어려웠던 편평단면 라이닝 구조가 가능해졌다.

사진 12.11.12의 쉴드TBM이 철도공사(京都市 共通局 高速鉄道 東西線 건설공사 6 地蔵北 공사)에 적용되었다.

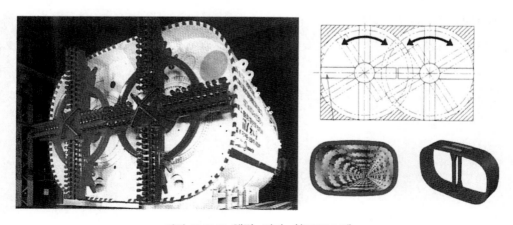

사진 12.11.12 웨깅 · 커터 · 쉴드TBM 예

(7) 복합 원형 쉴드TBM(EX-MAC)

복합 원형 쉴드TBM(EX-MAC)는 WAC 쉴드TBM 기술을 적용하여 커터 회전에 따라 커터 스포크를 신축시킴으로써 복합 원형 단면을 굴착하는 것이다.

사진 12.11.13의 쉴드TBM이 철도공사(東京地下鉄 13호선 神宮前 공구 토목공사)에 적용되었다.

사진 12.11.13 복합 원형(EX-MAC) 쉴드TBM 예

(8) 반원형 단면 쉴드TBM(루프 쉴드TBM)

루프 쉴드TBM은 반원형 단면을 기본으로하는 개방형 쉴드TBM이다. 이 쉴드TBM은 선행굴착한 2개의 파일롯 터널을 지지부로하여 루프 쉴드TBM(사진 12.11.14)을 발진하는 방법과 그림 12.11.6과 같이 2개의 기존 쉴드TBM 터널을 지지부로 하는 방법이 있다. 전자는 쉴드TBM공법의 개발 초기인 1890년경부터 해외에서는 많이 적용되었다. 일본에서는 쉴드TBM공법 도입당시인 1950년대에 関門 국도터널이나 営団地下鉄 4호선 国家議事堂 정거장 부근에 적용되었다. 이 공사의 라이닝은 현장타설 콘크리트로 시공되었다. 후자는 지하철역 구축에 적용되었다. 이러한 정거장부 쉴드TBM으로서 루프 쉴드TBM에 대해서는 営団地下鉄 8호선 永田町 정거장 등의 실적이 있다.

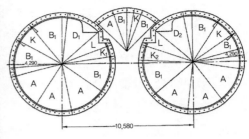

사진 12.11.14 루프 쉴드TBM 예   그림 12.11.6 기시공 터널 간 루프 쉴드TBM 세그먼트 예

(9) 마제형 단면 쉴드TBM

마제형 단면 쉴드TBM은 인버트 코너부를 제외하면 비교적 안정한 구조이며, 일본에서도 개발형 쉴드TBM에 의한 2, 3차례 시공 예가 있다.

1965년에 인력 굴착식 쉴드TBM으로 시공된 인도용 지하도 축조공사(旧国鉄 秋久保 정거장 제2青梅 인도 지하도)의 치수는 폭 4.5m×높이 4.0m이다. 1차 라이닝은 강재 세그먼트와 RC 세그먼트를 병용하여 시공되었다.

반기계 굴착 쉴드TBM으로 시공된 것은 수로공사(信濃川 수로공사)나 新幹線 터널공사(北律 新幹線 秋間 터널)가 있다. 이러한 공사의 라이닝은 ECL 공법으로 시공되었다.

12.12 확경, 축경, 확대 쉴드TBM

직경이 다른 터널을 효율적으로 축조하기 위해 소구경 쉴드TBM에서 대구경 쉴드TBM으로 직경을 확대시키는 확경 쉴드TBM, 대구경 쉴드TBM에서 소구경 쉴드TBM으로 직경을 축소하는 축경 쉴드TBM 및 쉴드TBM 터널의 일부 구간, 터널 직경을 크게 하는 확대 쉴드TBM이 있다.

12.12.1 확경 쉴드TBM, 축경 쉴드TBM

확경 쉴드TBM은 지중 확대공법과는 달리 중간 수직구에서 소구경 쉴드TBM의 외부를 덮어씌워 대구경 쉴드TBM으로 직경을 확대개조하여 대구경 쉴드TBM으로 다음 구간을 굴진하는 것이다.

확경의 일례로 수직구 내에서 도우넛 형태의 대구경 쉴드TBM에 굴착을 마친 소구경 쉴드TBM을 삽입하는 소구경 쉴드TBM 삽입방식의 이미지를 그림 12.12.1에 표시하였다. 이 방식은 제작 정밀도, 현장 조립 정밀도의 재현성, 굴착을 마친 소구경 쉴드TBM과 대구경 쉴드TBM을 수직구 내에서 위치를 맞추어 정밀도를 확보하는 등 각 단계에서 매우 높은 정밀도가 요구되므로 제작공장 및 현장에서 계측자를 동일하게 하고 계측기기도 동일한 것을 사용하는 등 계측 오차의 배제에 유의할 필요가 있다. 표 12.12.1은 확경 쉴드TBM의 실적이다.

축경 쉴드TBM은 지중 혹은 중간 수직구에서 대구경 쉴드TBM을 동심원의 소구경 쉴드TBM으로 개조하여 소구경 쉴드TBM으로 다음 구간을 굴진하는 것이다. 그림 12.12.2는 축경 쉴드TBM의 이미지, 표 12.12.2는 실적을 나타내었다.

이러한 공법은 소구경 쉴드TBM의 내부기기 대부분이 대구경 쉴드TBM에서 그대로 전용된다.

그림 12.12.1 확경 쉴드TBM

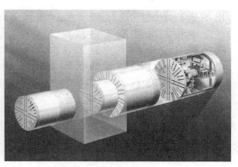

그림 12.12.2 축경 쉴드TBM

표 12.12.1 확경 쉴드TBM 실적

발주자	공사명	분류	쉴드TBM 외경(m)	연장(m)	토피(m)	토질
東京都下水道局	墨田区錦糸町二・四丁目付近再構築	토압식	소구경 : φ2.49 대구경 : φ2.89	소구경 : 462 대구경 : 529	소구경 : 3.4 대구경 : 4.3	실트, 세사
国土交通省	静清共同溝静岡東地区工事	이수식	소구경 : φ4.25 대구경 : φ5.71	소구경 : 2,655 대구경 : 1,004	소구경 : 11.8 대구경 : 13.8	사질토, 점성토, 모래자갈
日本鉄道建設公団	臨海副都心線広町T他2(上り線)臨海副都心線大井町ST他2工事(上り線)	이수식	소구경 : φ7.26 대구경 : φ10.3	소구경 : 224 대구경 : 430	소구경 : 22.1 대구경 : 24.4	실트, 세사
日本鉄道建設公団	臨海副都心線広町T他2(下り線)臨海副都心線大井町ST他2工事(下り線)	이수식	소구경 : φ7.26 대구경 : φ10.3	소구경 : 237 대구경 : 433	소구경 : 13.3 대구경 : 35.5	실트, 세사

표 12.12.2 축경 쉴드TBM 실적

발주자	공사명	분류	쉴드TBM 외경(m)	연장(m)	토피(m)	토질
帝都高速度交通営団	南北線南麻布工区土木工事 南北線古川橋工区土木工事	이수식	소구경 : φ14.18 대구경 : φ9.70	소구경 : 364 대구경 : 777	소구경 : 12.7 대구경 : 15.3	토단, 사질토
東京電力	環7東海松原橋管路新設工事1工区	이수식	소구경 : φ7.27 대구경 : φ5.00	소구경 : 1,736 대구경 : 958	소구경 : 6.3 대구경 : 13.0	사질토, 점성토
大阪府北部流域下水道事務所	淀川右岸流域下水道　高槻島本雨水幹線(第4工区)下水管渠築造工事	토압식	소구경 : φ4.93 대구경 : φ3.93	소구경 : 86 대구경 : 1,464	소구경 : 7.3 대구경 : 6.6	사질토 모래자갈, 점성토
大阪ガス	近畿幹線京滋ライン南郷・瀬田シールド	이수식 토압식	소구경 : φ2.93 대구경 : φ2.73	소구경 : 186 대구경 : 2,612	소구경 : 6.1 대구경 : 6.1	점성토, 모래자갈
堺市建設局下水道部	土居川雨水線下水管布設工事(第2工区)	토압식	소구경 : φ3.93 대구경 : φ2.14	소구경 : 1,025 대구경 : 746	소구경 : 6.4 대구경 : 6.4	사질토
国土交通省関東地方整備局	調布・府中共同溝工事	토압식	소구경 : φ4.74 대구경 : φ3.58	소구경 : 238 대구경 : 1,640	소구경 : 9.2 대구경 : 14.1	점성토, 모래자갈
東京都下水道局	多摩川上流雨水幹線その5工事，5の2工事	토압식	소구경 : φ5.89 대구경 : φ4.39	소구경 : 988 대구경 : 757	소구경 : 9.8 대구경 : 17.7	점성토, 모래자갈
福岡市下水道局	室見第１２雨水幹線築造工事	토압식	소구경 : φ3.09 대구경 : φ2.13	소구경 : 422 대구경 : 462	소구경 : 7.9 대구경 : 7.6	모래자갈 연암
日本下水道事業団	長岡京市今理雨水貯留幹線建設工事	토압식	소구경 : φ4.68 대구경 : φ2.88	소구경 : 570 대구경 : 222	소구경 : 6.8 대구경 : 6.8	점성토, 사질토
八尾市	平成13年度飛行場北排水区第３１工区下水道工事	토압식	소구경 : φ2.69 대구경 : φ1.93	소구경 : 598 대구경 : 127	소구경 : 7.0 대구경 : 6.8	점성토, 모래자갈 점성토, 사질토
東京地下鉄	13号線南池袋A工区土木工事	토압식	소구경 : φ8.17 대구경 : φ6.78	소구경 : 132 대구경 : 1,479	소구경 : 26.5 대구경 : 21.3	점성토, 모래자갈
東京地下鉄	13号線南池袋B工区土木工事	이수식	소구경 : φ8.15 대구경 : φ6.75	소구경 : 132 대구경 : 1,479	소구경 : 26.1 대구경 : 21.3	점성토, 모래자갈
京都府	桂川右岸流域下水道幹線管渠工事(雨水北幹線第3号・第2号管渠)	토압식 이수식	소구경 : φ6.81 대구경 : φ3.55	소구경 : 1,132 대구경 : 2,859	소구경 : 18.2 대구경 : 19.6	점성토, 모래자갈
向日市	向日市公共下水道石田川2号幹線築造工事	토압식	소구경 : φ3.08 대구경 : φ2.13	소구경 : 843 대구경 : 870	소구경 : 4.6 대구경 : 3.9	모래자갈 점성토, 모래자갈
国土交通省近畿地方整備局	大阪北共同溝交野寝屋川地区工事	이수식	소구경 : φ3.91 대구경 : φ3.58	소구경 : 2,165 대구경 : 1,705	소구경 : 9.0 대구경 : 20.0	점성토, 사질토
日本下水道事業団	東広島市西条1号雨水幹線建設工事	토압식	소구경 : φ4.69 대구경 : φ2.68	소구경 : 630 대구경 : 280	소구경 : 3.1 대구경 : 2.7	사질토, 연암

12.12.2 확대 쉴드TBM

확대 쉴드TBM은 1차 세그먼트 외주를 확대한 공간에서 조립되어 1차 세그먼트를 가이드로 하여 링 형태로 터널 축방향으로 굴진하는 것으로서 터널 내 임의 위치를 확대하면서 터널을 구축하는 것이다.

이 쉴드TBM은 통상의 쉴드TBM과 같이 세그먼트를 라이닝으로 하면서 굴진이 가능하므로 지반 안정을 확보하기 쉽고 기존의 지중 확폭공법에 비해 안정성이 우수하다.

확대 쉴드TBM은 쉴드TBM 분류로는 개방형 쉴드TBM에 속하며, 지반개량 등 보조공법이 병용된다. 조립공간은 원주 쉴드TBM라고 불리며, 원주상으로 굴진하는 쉴드TBM에 의해 시공된다. 그림 12.12.3은 확대 쉴드TBM의 개념, 그림 12.12.4는 확대 쉴드TBM공법 시공순서, 표 12.12.3은 실적을 나타내었다.

표 12.12.3 확대 쉴드TBM 실적

발주자	공사명	1차 세그먼트 외경(m)		2차 세그먼트 ( )는 원주 세그먼트만 시공		세그먼트 재질	확대부 연장(m)	토질	보조공법
		외경(m)	폭(mm)	외경(m)	폭(mm)				
東京電力	清洲橋通り管路新設工事	ϕ6.60	450	ϕ7.80	450	강재	24.1	홍적사층	압기공법 주입공법
東京電力	蛇の目ミシン線管路化工事(1期)(その2)	ϕ2.00	375	ϕ3.15	375	강재	6.6	롬	–
建設省	南千住共同溝(その5)工事	ϕ6.60	450	ϕ9.20	450	강재	29.5	홍적세사층	압기공법 주입공법
川崎市下水道局	真福寺下水幹線(その2)工事	ϕ2.00	750	(ϕ3.15)	(1,136, 1,489)	강재	2.6	이암층 세사층	주입공법
東京電力	金森付近管路新設工事	ϕ1.95	900	ϕ3.90	450	강재	8.5	점성토	압기공법 주입공법
東京電力	小川付近管路新設工事	ϕ1.95	900	ϕ3.90	450	강재	8.5	점성토 사질토	–
東京電力	西五反田八丁目付近管路新設工事	ϕ2.75	450	ϕ3.90	450	강재	25.4	사질토	–
東京都下水道局	第二多摩幹線(その7)人孔設置工事	ϕ6.00	500	ϕ8.71	500	강재	11.3	고결 실트	주입공법
国土交通省中部地方整備局	春日井共同溝瑞穂工事	ϕ4.65	1,300	ϕ7.20	500	강재	40.5	모래자갈	주입공법

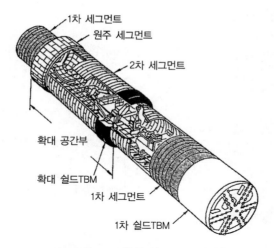

1차 세그먼트
원주 세그먼트
2차 세그먼트
확대 공간부
확대 쉴드TBM
1차 세그먼트
1차 쉴드TBM

그림 12.12.3 확대 쉴드TBM 개념

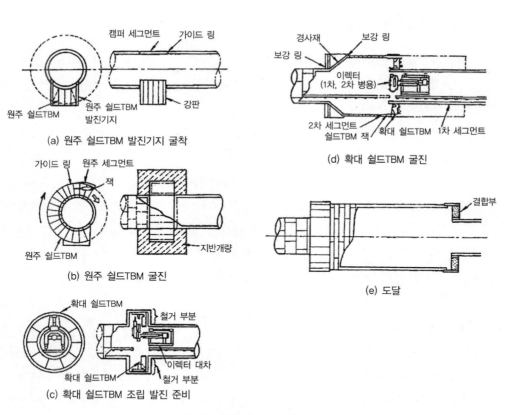

캠퍼 세그먼트   가이드 링
원주 쉴드TBM
원주 쉴드TBM 발진기지   강판

(a) 원주 쉴드TBM 발진기지 굴착

가이드 링   원주 세그먼트
잭
원주 쉴드TBM
지반개량

(b) 원주 쉴드TBM 굴진

확대 쉴드TBM   철거 부분
확대 쉴드TBM
이렉터 대차
철거 부분

(c) 확대 쉴드TBM 조립 발진 준비

경사재   보강 링
보강 링
이렉터
(1차, 2차 병용)
2차 세그먼트
쉴드TBM 잭   확대 쉴드TBM   1차 세그먼트

(d) 확대 쉴드TBM 굴진

결합부

(e) 도달

그림 12.12.4 확대 쉴드TBM공법 시공순서

12.13 지중분기 쉴드TBM

실적이 있는 지중분기 쉴드TBM의 형태는 그림 12.13.1과 같이 분류된다.

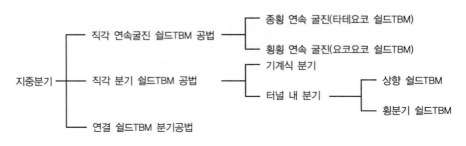

그림 12.13.1 지중분기 쉴드TBM 분류

12.13.1 직각 연속굴진 쉴드TBM공법

직각 연속굴진 쉴드TBM공법은 구체를 이용하여 지수성을 유지하면서 회전을 용이하게 한 쉴드TBM공법으로서 쉴드TBM 또는 커터 장치를 구체에 내장하고 그 구체를 포함한 스킨 플레이트로 구성된 굴착기를 사용한다(그림 12.13.2 참조).

지상에서 수직구를 굴진하여 소정의 깊이에서 회전, 발진하는(연속하여 수직구와 횡갱을 1대의 쉴드TBM으로 시공) 종횡 연속굴진기(애칭 '타테요코 쉴드TBM', 그림 12.13.3 참조), 회전 수직구를 설치하지 않고 교차점 하부에서 직각으로 회전하는 직각 굴진기(애칭 '요코요코 쉴드TBM'), 도달부 쉴드TBM에서 지상으로 전면부를 드러내는 상향굴진기(애칭 '데룬 쉴드TBM') 등 종류가 다양하다. 또한 장거리 시공 시 면판을 갱내측까지 회전시켜 면판, 커터비트 등을 점검, 보수하는 장거리 굴진기(애칭 '쿠룬 쉴드TBM')를 포함하여 구체 쉴드TBM공법이라 칭한다.

여기에서는 구체 쉴드TBM의 대표 예인 타테요코 쉴드TBM에 대해 설명한다.

(1) 공법 특징

① 지하수에 대해서는 쉴드TBM 기구를 장착하여 기계적으로 지수하기 때문에 대심도 수직구 굴착이 가능하다. 현재 수압 1MPa까지 대응 가능하다는 것을 실험적으로 확인하였다.

② 수직구를 컴팩트하게 할 수 있으므로 용지 비용을 저감할 수 있다. 단, 시공을 위한 작업부지는 필요하다.

③ 수직구를 쉴드TBM 공법으로 시공하기 때문에 현지에서 작업기간을 단축할 수 있다.

④ 기본적으로 소구경 쉴드TBM 발진을 위한 지반개량이 불필요하다.

(2) 주요 설비

① 구체 : 대구경 쉴드TBM 내에 장착되며, 대구경 쉴드TBM과는 핀·보스 구조로 접합되므로 핀을 중심으로 자유롭게 회전할 수 있다.
② 구체 씰 : 대구경 쉴드TBM과 구체 사이에 경사로 장착되며, 막장으로부터 지하수 및 이수 유입을 방지하여 갱내에서 드라이 워크를 가능하게 한다.
③ 저부 구체 쉴드TBM : 대구경 쉴드TBM의 저부에 설치된 링 형태의 씰로서 구체 회전 시 및 소구경 쉴드TBM의 초기굴진 완료 후에 구체를 해체할 때 저부로부터 지하수 유입을 방지한다.
④ 외주 커터 : 수직구는 구체에 내장된 소구경 쉴드TBM의 구동에 의해 굴진하나, 소구경 쉴드TBM 외주와 대구경 쉴드TBM 외주 간을 굴착하기 위한 커터로서 소구경 쉴드TBM 면판과 스토퍼 핀에 의해 접합되어 있다. 구체 회전 시에는 슬라이드 잭에 의해 핀을 인발 분리하여 지중에 존치된다.

(3) 시공순서

구체 쉴드TBM공법의 시공순서는 다음과 같다(그림 12.13.4 참조).

① Guide Wall에 거꾸로 선 상태로 쉴드TBM을 조립하고 쉴드TBM을 매달기 위한 가대를 조립한다.
② Guide Wall 내부를 사전에 굴착하여 쉴드TBM을 소정의 위치에 거치한다.
③ 가조립 세그먼트 조립용 가설대를 설치하여 세그먼트를 조립하면서 굴진한다.
④ 가조립 세그먼트를 해체하고 본 세그먼트를 Guide Wall과 일체화하여 굴진한다.
⑤ 소정의 심도까지 굴착하면 관을 세그먼트에 고정하여 소구경 쉴드TBM 발진을 위한 개구를 인출한다.
⑥ 외주 커터를 분리하여 소구경 쉴드TBM을 구체 내로 인입한 후 회전 잭으로 구체를 90° 회전시킨다.
⑦ 소구경 쉴드TBM을 발진한다. 이후는 통상의 쉴드TBM 시공과 동일하다.

사진 12.13.1~3은 하수도 축조공사(大阪市 下水道局, 横浜市 下水道局, 豊橋市 下水道局)에 적용된 쉴드TBM이다.

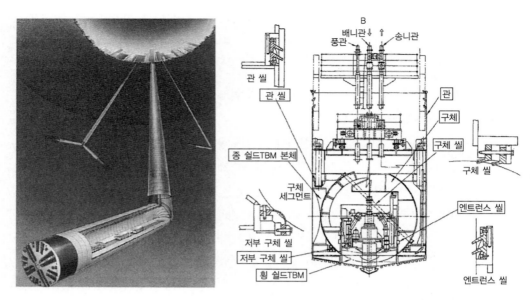

그림 12.13.2 구체 쉴드TBM공법　　　　　그림 12.13.3 종횡용(타테요코) 쉴드TBM

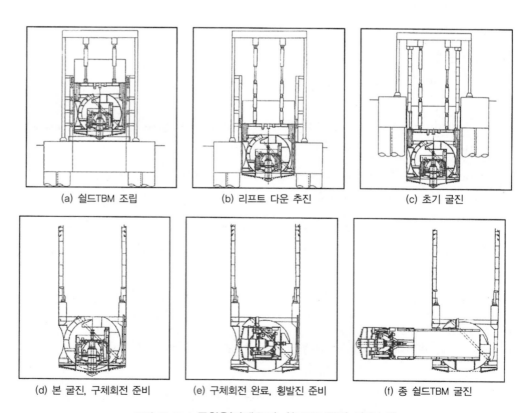

(a) 쉴드TBM 조립　　　　(b) 리프트 다운 추진　　　　(c) 초기 굴진

(d) 본 굴진, 구체회전 준비　　(e) 구체회전 완료, 횡발진 준비　　(f) 종 쉴드TBM 굴진

그림 12.13.4 종횡용(타테요코) 쉴드TBM공법 시공순서

사진 12.13.1 종횡용(타테요코) 쉴드TBM

사진 12.13.2 쿠룬 쉴드TBM

사진 12.13.3 직각(요코요코)굴진용 쉴드TBM

12.13.2 직각분기 쉴드TBM공법

상하수도나 공동구 등 쉴드TBM 터널에서는 본선에 대해 분기 수직구나 지선 접속이 필요하다. 일반적으로 접속위치는 공공도로 하부이며, 특히 지선과의 접속위치는 교차점이 되는 경우가 많아 지상교통에 대한 영향이나 용지확보가 문제가 된다. 직각분기 쉴드TBM은 이 때문에 고안된 것이다. 사전에 본선용 쉴드TBM에 소구경 쉴드TBM을 내장해두는 공법이나 세그먼트를 쉴드TBM에 의해 직접 절삭 가능한 부재로 하는 방법 등으로 쉴드TBM 발진 시 안전성을 확보하고 있다.

(1) 기계식 분기 쉴드TBM 공법

기계식 분기 쉴드TBM 공법은 본선 쉴드TBM과 그 내부에서 횡방향으로 발진하는 분선 쉴드TBM에 의해 T자형으로 교차하는 2개의 터널을 동시에 축조하는 공법이다(그림 12.13.5 참조).

본선 쉴드TBM은 분기지점까지는 전동부, 중동부, 후동부의 3부분으로 구성된다. 분선 쉴드TBM을 내장한 중동부는 이중 스킨 플레이트 구조로서 내측 스킨 플레이트에 설치된 분선 쉴드TBM의 발진구를 외측 스킨 플레이트가 덮고 있다. 분기지점에서는 전동부와 외측 스킨 플레이트만이 발진하여 기계적으로 발진구를 지반 내에 드러내는 것이 가능하다. 분선 쉴드TBM의 초기 굴진완료 후 본선측도 굴진을 재개하여 동시시공을 실시한다.

사진 12.13.5는 전력구 공사(関電 谷町筋 管路 신설공사·上二本町線 管路 신설공사)에 적용된 쉴드TBM이다.

그림 12.13.5 기계식 분기 쉴드TBM공법 개요

사진 12.13.4 지하경 쉴드TBM 예

(2) 상향 쉴드TBM공법

상향 쉴드TBM공법은 지하터널 내에서 지상을 향해 상향으로 쉴드TBM 굴진하여 수직구를 구축하는 기술이며, 지상으로부터 시공하는 기존 공법의 리스크를 경감할 수 있다는 점이 최대의 특징이다. 그림 12.13.6은 개념도를 나타내었다. 지상부에서의 작업은 간소한 도달 수직구나 노면 복공 등의 표준공사와 쉴드TBM 회수를 위한 크레인 공사뿐으로 대부분 지중에서 시공되기 때문에 지상 시공조건에 좌우되는 것이 적고 노상 작업기간 단축이 가능하다.

이 공법은 발진부에서 쉴드TBM으로 절삭 가능한 세그먼트를 사전에 조립함으로써 절삭 작업의 생략뿐 아니라 보조공법도 생략된다. 또한 배토기구에는 에어로 개폐제어할 수 있는 핀치 밸브를 장착하여 안정한 막장토압 관리와 배토관리가 가능하며, 지반에 대해 굴착영향을 주지않는 공법이다.

상향 쉴드TBM은 기존 터널의 굴착과 달리 지반 자중에 역행하는 시공이다. 굴착형식은 이토압 공법으로서 상시 챔버 내에 가니재를 추가하여 소성 유동화된 이토를 충진함으로써 굴착토 압밀을 방지하도록 하고 있다. 또한 복수의 수직구에 쉴드TBM을 전용하므로 쉴드TBM이나 엔트런스는 운송·양중·갱내 운반·머신 조립, 해체를 고려하여 분할가능 구조(그림 12.13.7)로 한다.

사진 12.13.5는 하수도 축조공사(大阪市 都市環境局 万代~阪南幹線 下水管渠 축조공사)에 적용된 상향 쉴드TBM이다.

(3) 횡분기 쉴드TBM공법

쉴드TBM 터널의 분기는 장기간 지상을 점유하는 굴착 수직구로부터 시공하거나, 다른 수직구로부터 굴진해온 쉴드TBM을 접속개소 바로 앞에서 정지시켜 대규모 지반개량공법을 통해 접속시킬 필요가 있다. 횡분기 쉴드TBM공법은 사전에 분기·접합용 쉴드TBM에 의해 직접 절삭이 가능한 세그먼트를 조립하여 둠으로써 터널 내부로부터 쉴드TBM 발진을 용이하게 할 수 있다.

횡분기 쉴드TBM공법은 다음과 같은 특징이 있다.

① 수직구가 불필요하므로 개착이나 지하매설물의 영향을 받는 등 지상환경에 대한 영향이 없다.
② 지상 용지에 관계없이 분기·접합개소를 임의 위치에 설치할 수 있다.
③ 세그먼트를 직접 절삭하기 때문에 지반개방이 없이 안전하게 시공할 수 있다(시공조건에 따라 보조공법 병용).
④ 개구보강용 세그먼트를 사용하여 1차 라이닝과 동시에 개구보강 공사가 완료되므로 개구보강 공사를 실시하는 기존공법에 비해 시공기간을 단축할 수 있다.
⑤ 기존공법에 비해 방호·보강공이나 세그먼트 해체 등을 절감, 생략할 수 있으며, 공사비를 절감할 수 있다. 특히 대심도가 될수록 절감효과가 커진다.

사진 12.13.5 상향 쉴드TBM 예

그림 12.13.6 상향 쉴드TBM공법 개요

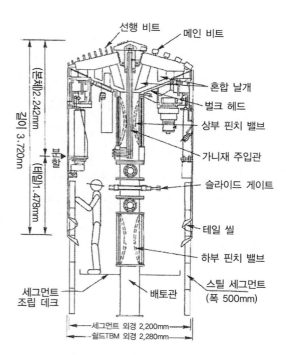

그림 12.13.7 상향 쉴드TBM 구조도

개구부에 사용되는 절삭 가능한 특수 세그먼트(사진 12.13.6)의 조립은 일반적으로 표준 세그먼트와 마찬가지로 1차 라이닝 시공 시에 쉴드TBM 테일 내에서 이렉터로 설치하며, 개구부를 포괄하는 크기의 일반부 세그먼트의 2배 정도의 호길이가 된다.

굴착형식은 이수식, 토압식 모두 가능하며, 본선 쉴드TBM에서 사용하는 굴착토사 반출설비나 처리설비의 계속사용이 가능하다(그림 12.13.9).

커터헤드는 면판형·스포크형 모두 적용 가능하나, 발진부의 특수 세그먼트 절삭에 부합되는 형상으로 할 필요가 있다.

장비의 분할은 본선 쉴드TBM에서 조립된 세그먼트 내에서 운송·조립하기 위해 적당한 분할형태를 결정할 필요가 있다.

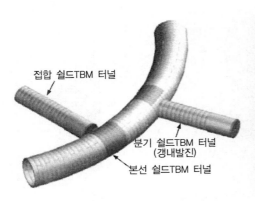

그림 12.13.8 횡분기 쉴드TBM공법 이미지

사진 12.13.6 특수 세그먼트

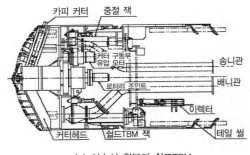

(a) 이수식 횡분기 쉴드TBM

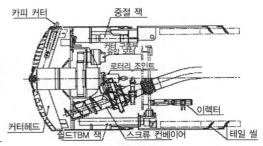

(b) 토압식 횡분기 쉴드TBM

그림 12.13.9 분기 쉴드TBM 구성 예

그림 12.13.10은 분기 쉴드TBM의 시공 과정이다. 갱내 운송 및 장비조립에 필요한 공간을 확

보하기 위해 갱내 궤도와 수직구 작업대를 회복시킨다. 분할된 장비는 조립과 반대로 갱내 운송하거나 혹은 조립 역순으로 사전에 분기지점보다 내측으로 운송·가적치해둔다. 엔트런스 링을 분기위치에 설치한 후 커터부와 구동부는 조립된 상태로 엔트런스 링에 삽입한다(본선 직경에 따라서는 커터부와 구동부를 엔트런스 링에 삽입하여 설치). 갱내에서의 장비조립은 작업공간에 제한이 있으므로 가 굴진과 장비조립을 반복하여 실시한다. 장비조립 완료 후 초기 굴진을 하고 전환 준비를 한 후 본 굴진을 개시한다.

사진 12.13.7은 하수도 공사(東京都 下水局 杉並区 堀ノ内一, 二丁目 부근 지선 2 및 2차 라이닝 공사)에 적용된 이수식 횡분기 쉴드TBM이다.

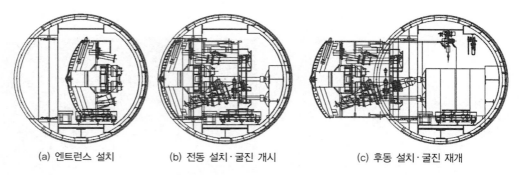

(a) 엔트런스 설치   (b) 전동 설치·굴진 개시   (c) 후동 설치·굴진 재개

그림 12.13.10 횡분기 쉴드TBM 시공 과정

사진 12.13.7 이수식 횡분기 쉴드TBM 예

12.13.3 연결 쉴드TBM 분기공법

발진부 용지 제약이나 도로선형에 따라 초근접하는 병렬 쉴드TBM 시공이 필요한 경우에는 발진시 2개의 쉴드TBM을 일체로 하여 굴진하고 도중에 다른 방향으로 분리하여 터널을 구축할 필요가 있다. 연결 쉴드TBM 분기공법은 이러한 필요에 따라 고안된 것이다.

연결 쉴드TBM 분기공법에 대해 실적이 있는 H&V(Horizontal variation & Vertical variation) 쉴드TBM공법은 특수한 중절 기구(크로스 아티큘럿 기구)에 의해 쉴드TBM 롤링 제어가 자유롭게 이루어지는 복원형 쉴드TBM공법으로서 쉴드TBM(사진 12.13.8)을 분리(그림 12.13.11)하여 복원형 단면에서부터 단원 단면으로 분기하는 터널을 구축할 수 있다.

또한 특수한 중절기구에 의해 종에서 횡 혹은 횡에서 종으로 꼬이는(스파이럴) 터널을 구축할 수 있다. H&V 쉴드TBM공법의 주요 특징은 다음과 같다.

① 독특한 롤링 제어기구에 의해 종2련, 횡2련으로 안정한 쉴드TBM 굴진이 가능하다.
② 쉴드TBM을 지중에서 분기하여 수직구 설치없이 분기 터널을 구축할 수 있다.
③ 횡병렬에서 종병렬에 이르기까지 단면형태가 변화하는 스파이럴 터널 구축이 가능하다.
④ 지반조건·주변환경에 따라 종래 쉴드TBM공법에 의한 실적이 있는 이수식·토압식 선택이 가능하다.

사진 12.13.8은 하수도 축조공사(東京都 下水局 南台幹線 공사 2공구)에 적용된 쉴드TBM이다.

사진 12.13.8 H&V 쉴드TBM 예

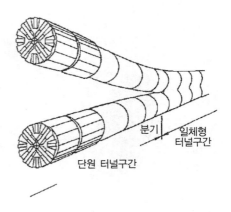

그림 12.13.11 터널 분리시공 이미지

12.14 현장타설 라이닝 공법

12.14.1 현장타설 라이닝 공법의 개요

현장타설 라이닝 공법은 기존 세그먼트에 대해 테일부에서 콘크리트를 타설하여 라이닝을 구축하는 터널 시공법이다. 개념도는 그림 12.14.1과 같다.

대표적인 것으로 ECL(Extruded Concrete Lining) 공법이 있으며, 쉴드TBM 추진과 동시에 콘크리트를 가압하여 지반에 밀착된 라이닝 구조체를 구축할 수 있으므로 밀실하고 고품질 라이닝 구조체를 얻을 수 있다는 점, 주변 지반에 대한 영향을 억제할 수 있다는 점 및 공사비 저감이나 공기 단축이 가능하다는 점 등이 특징이다.

ECL 공법의 개념은 1910년대 전반의 유럽에서였으며, 본격적으로 실용화된 것은 1970년대부터이다. 유럽에서 ECL 공법의 실용화는 대상 지반이 양호하기 때문에 터널 라이닝을 무근 콘크리트 또는 강섬유 보강 콘크리트로 형성하는 것이었다.

이에 대해 일본의 ECL 공법 개발은 1975년대부터 시작되어 일본 도시터널 조건에 적용하기 위해 현장타설 콘크리트를 철근이나 철골 등으로 보강하는 독자적 방법으로 개발되었다.

그리고 최근에 이르러 현장타설 콘크리트를 NATM 숏크리트 타설과 유사한 합리적 공법인 SENS(Shield ECL NATM System)이 개발되어 ϕ11m급의 철도터널에 약 3km를 시공하였다.

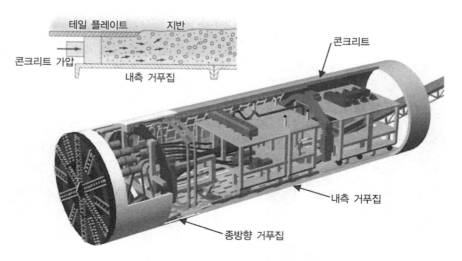

그림 12.14.1 현장타설 라이닝 공법 설비 개념도

12.14.2 설 계

(1) 라이닝

현장타설 라이닝 공법은 현장타설 콘크리트 강도가 시간에 따라 변화하는 것이 큰 특징이다. 이 때문에 내측 거푸집 탈형 시와 완성 후에 대한 안전성 조사가 지침 등[29), 30)]으로 정해져 있다. 또한 내측 거푸집 변형이나 쉴드TBM 중심과의 공간 등 시공상의 이유로 라이닝 두께가 변동되는 경우가 있다. 이 때문에 설계 시에 여유 두께(25~50mm)를 확보하는 경우가 많다.

SENS는 NATM의 숏크리트가 쉴드TBM의 세그먼트에 비해 경미한 것에 주목하여 산악공법 설계개념을 접목하였다. 1차 라이닝을 NATM의 숏크리트와 마찬가지로 타설하여 균열이나 누수는 허용한 상태로 계측 등을 통해 안정성을 확인한 후 내장을 위해 2차 라이닝을 시공한다는 개념이다. 이처럼 SENS의 1차 라이닝은 한계상태설계법으로 검토를 실시한다.

(2) 내측 거푸집

내측 거푸집은 콘크리트의 가압력을 지지하는 기능, 콘크리트 양생 중에 지반을 지지하는 기능, 쉴드TBM 추력을 전달하는 기능 등을 보유할 필요가 있다.

내측 거푸집의 설계는 이러한 기능에 기인한 하중도 고려하여 설계할 필요가 있다. 주요 하중은 콘크리트 가압력, 추력, 토압, 수압, 곡선시공에 의한 하중, 콘크리트 타설압, 내측 거푸집 자중, 콘크리트 중량 등이다.

내측 거푸집의 세트 수는 다음 항목으로부터 구한 필요 링 수 중 많은 쪽으로 하고 내측 거푸집 설비의 시공성에 따라 필요한 추가매수 등을 고려하여 결정한다.

① 내측 거푸집의 탈형 가능한 강도가 발현되는 양생시간과 최대 일 굴진량을 고려한 내측 거푸집의 필요 링 수
② 최대 쉴드TBM 추력을 라이닝 콘크리트에 전달하기 위해 필요한 내측 거푸집 링 수

내측 거푸집 1링 길이는 길게 하면 굴진장을 늘릴 수 있기 때문에 공정상 유리하나 콘크리트나 철근 등의 수량이 많아지므로 시공성이나 시공설비에 영향을 미친다. 이 때문에 마감 내경, 라이닝 구조 및 시공 사이클 등을 종합적으로 고려하여 거푸집 길이를 결정할 필요가 있다. 시공실적은 0.5~1.5m 정도이다.

(3) 쉴드TBM

쉴드TBM은 현장타설 라이닝 공법의 특징상 테일 씰을 장착하지 않으며, 테일단부에서 지하수 등의 지수는 그림 12.14.1과 같이 기 타설 라이닝 콘크리트와 테일 플레이트 단부를 랩하여 대응한다. 이 때문에 쉴드TBM 길이를 결정할 때는 이러한 특징을 고려할 필요가 있다.

쉴드TBM 외경은 설계 유효두께 및 시공여유를 고려하여 결정한다. 쉴드TBM 테일 내측에 콘크리트를 직접 타설하므로 쉴드TBM 테일 클리어런스에 해당하는 공간은 없다.

추진은 주로 내측 거푸집에서 반력을 받으며, 콘크리트의 가압반력도 추력으로 본체에 작용하기 때문에 방향제어 시 통상의 쉴드TBM 잭 선택 패턴으로 대응하는 것이 곤란한 경우가 있다. 또한 후동에서 종방향 거푸집과 내측 거푸집의 경합이나 간섭을 방지하기 위해 잭 선택에 의한 현장타설 콘크리트에 불균등한 응력이 작용하지 않도록 중절장치를 장착하는 것이 요구된다.

12.14.3 시공 및 시공관리

(1) 콘크리트

콘크리트는 충분한 유동성과 조기 강도발현이 요구된다. 이를 위해 현장타설 라이닝 공법의 개발 시 시공 시스템은 물론 시스템에 따른 콘크리트 배합도 동시에 검토되어 왔다. 콘크리트의 품질은 콘크리트 가압성, 충진성에도 영향을 미치므로 시공관리에서는 우선 콘크리트 배합 시 상태 즉 플레쉬 콘크리트 품질관리가 가장 중요하다. 주요한 품질관리 항목은 슬럼프 측정 및 압축강도 시험 등이다.

(2) 쉴드TBM 추진 및 콘크리트 가압

그림 12.14.2는 시공 과정을 나타내었다. 쉴드TBM 추진개시 시에는 테일 플레이트 단부와 기 타설 라이닝 콘크리트를 랩하여 두어 테일 플레이트와 라이닝 콘크리트가 경합상태가 된다. 쉴드TBM 테일 단부형상에도 영향을 받으나, 추진개시 직후에는 쉴드TBM 자세제어에 특히 신중할 필요가 있다.

쉴드TBM추진 중에는 추진길이에 따라 일정한 가압력으로 콘크리트를 가압하므로 쉴드TBM 잭과 프레스 잭을 연동하여 제어함은 물론 굴진시간 관리가 중요하다. 굴착 혹은 굴착토사 반출에 시간이 걸리면 콘크리트 유동성이 저하되어 악영향이 발생하게 된다.

설비 유지관리, 휴일 등 굴진을 정지할 때에는 링 간에 연직 조인트가 발생하므로 지수재를 사용하는 등 조인트부 처리를 하는 경우가 있다. 통상의 작업 사이클에서는 수 시간 내 후속 콘크리트를 타설하므로 특히 조인트부 처리를 실시하지 않는 경우가 많다.

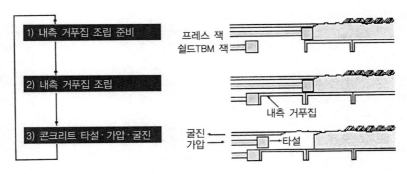

그림 12.14.2 시공 과정

(3) 작업환경 정비

현장타설 콘크리트 경화에 의해 열이 발생하므로 통상의 쉴드TBM에 비해 갱내 온도가 높아지는 경향이 있다. 따라서 마감 내경에 따라 일반적으로 작업이 집중되는 쉴드TBM 테일부 부근 등에는 환기 등 대책을 실시할 필요가 있다.

또한 콘크리트를 시공 사이클에 따라 확보할 필요가 있으며, 근처에 콘크리트 플랜트가 없는 경우나 야간에 콘크리트를 출하하지 않는 경우 등에는 발진기지 내에 콘크리트 제조 플랜트를 설치할 필요가 있다. 이 경우에는 발진작업장을 방음건물로 덮는 등의 대책이 요구된다.

12.14.4 시공실적

일본의 현장타설 라이닝 공법 시공실적은 18건이며, 합계 시공연장은 약 28km이다. 라이닝 구조별 개략 연장은 무근구조가 약 25km, 철근구조가 약 3km로서 시공실적 예는 표 12.14.1과 같다.

표 12.14.1 현장타설 라이닝 공법 시공실적 예

발주자	공사명	연장(m)	최대 토피(m)	토질	외경 (mm)	기종	비고
日本国有鉄道	東北新幹線御走町トンネル工事	16	18	홍적점성토	3,550	인력 굴착식	
東京都交通局	都営新宿線(10号線)江戸川工区建設工事	12	18	홍적점성토	7,450	이수식	
東日本旅客鉄道	信濃川第2水路トンネル工事	3,100	120	사암·실트암	8,400	반기계식	
相模原市	上溝南都市下水路整備工事	347	5	칸토 롬	2,600	인력 굴착식	
東京電力	蛇の目ミシン線管路化工事	177	5	칸토 롬	2,090	인력 굴착식	

표 12.14.1 현장타설 라이닝 공법 시공실적 예(계속)

발주자	공사명	연장(m)	최대 토피(m)	토질	외경 (mm)	기종	비고
横須賀市 (移管)	横須賀市安針塚下水道工事	41	3.2	이암	2,200	반기계식	
東京電力	野沢4丁目付近管路新設工事	1,005	20	고결 실트	2,750	기계식	
日本鉄道 建設公団	北陸新幹線(高崎·軽井沢間) 秋間トンネル工事	3,805	220	응회암	9,920× 10,700	반기계식	마제형
東京都下 水道局	新宿区南元町若葉2丁目付近 枝線工事	60	5	충적점성토·부식토 호층	3,490	이토압	
東京都下 水道局	文京区弥生1丁目千駄木1丁 目付近枝線工事	824	8	토·홍적사질토	2,910	이토압	
東京電力	野沢3丁目付近管路新設工事	820	28	고결 실트	2,850	기계식	
建設省中 国地方建 設局	岡南シールド工事	1,857	16.7	홍적모래자갈층	6,630	이수식	
北海道電 力	日高発電所新設工事のうち 土木工事(第2工区)	6,082	190	스필라이트질 용암이암	3,990	복합형 TVM	
NTTACE モール1 200- M2	昭和62年度淀橋局(西新宿) 加入者線路設備工事(土木)E 点~E'点	367	18.4	모래자갈층·점토층	1,480	이토압	
横浜市下 水道局	神奈川処理区左近山幹線下 水道整備工事	673.6	8	점성토·실트	1,510	이토압	
日本鉄道 建設公団	東北新幹線(八戸·新青森間) 三本木原トンネル工事	3,015	34.2	사질토·점성토	11,440	이토압	SENS
鉄道建設· 運輸施設 整備支援 機構	北海道新幹線(新青森·新函 館間)津軽蓬田トンネル工事	6,070 (3,880 + 2,190)	93.8	요모기타부층 : 모래자갈 ~자갈질 모래자갈 (1,000m) 세헤지부층 : 세~중사, 경 석질 모래자갈(1,400m) 스나카와자와부층 : 세립 사암(1,480m)	11,300	이토압	SENS (시공 중)

12.15 그 외 특수기술

12.15.1 회수형 쉴드TBM공법

회수형 쉴드TBM은 쉴드TBM 재이용을 목적으로 한 것으로서 12.12.1 축경 쉴드TBM과 닮은 구조를 가지고 있다. 굴착 외경을 가진 외동부과 구동부 등을 일체화한 내동을 조합한 쉴드TBM 이며, 도달 수직구가 필요없이 내동을 인발·회수하여 재이용하는 것이다.

일반적으로는 내동부을 인발한 후 갱내 운송하여 발진 수직구 측에서 회수하는 사례가 많다.

재이용 시에는 소정의 범위 내에서 다른 단면에도 사용이 가능하며, 동일 공구에서 복수 터널, 도달 수직구에서 인양이 불가능한 경우 등에서 코스트 다운 효과가 크다. 사진 12.5.1은 회수형 쉴드TBM 예, 그림 12.5.1은 회수형 쉴드TBM 개요도이다.

사진 12.15.1 회수형 쉴드TBM 예

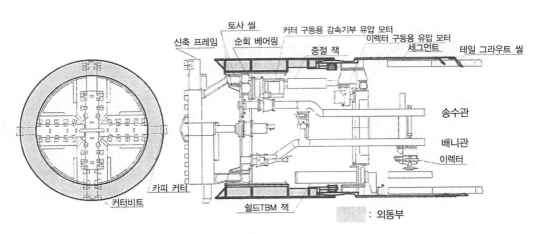

그림 12.15.1 회수형 쉴드TBM 개요도

12.15.2 컴팩트 쉴드TBM공법

컴팩트 쉴드TBM공법은 소구경 하수도 관로정비에 대해 기존 쉴드TBM공법의 합리화, 환경부하 저감을 목적으로 개발된 공법이다. 공기단축, 공사비 절감, 수직구 면적 효율화, 유지관리 효율화를 도모할 수 있으며, 그 요소기술로서 '4분할 3힌지 구조 기구부착 인버트 2차 라이닝 일체형 세그먼트', '후방설비 내포형 3분할 쉴드TBM', '가이드 롤러 부착 타이어식 무조타 운송 시스템'으로 구성된다.

그림 12.15.2는 기존 공법과 본 공법에 사용된 세그먼트를 비교한 것으로서 2차 라이닝 공정의 생략과 굴착단면의 축소를 도모하고 힌지형 세그먼트로 분할 수가 적기 때문에 조립시간 단축도 도모할 수 있다. 인버트는 내면이 평탄하여 공용 후 유지관리가 용이하며, 측구부는 무조타 반송 시스템의 가이드로 이용된다(사진 12.15.3 참조).

사진 12.15.2 및 그림 12.15.3은 본 공법에 사용된 쉴드TBM으로서 후방설비를 내포하여 3개 동체로 분할이 가능한 구조이며, 운송·보관이 용이하여 쉴드TBM 재이용이 가능하다. 또한 동체 별로 분할 발진하여 수직구 면적 효율화를 가능하게 한다.

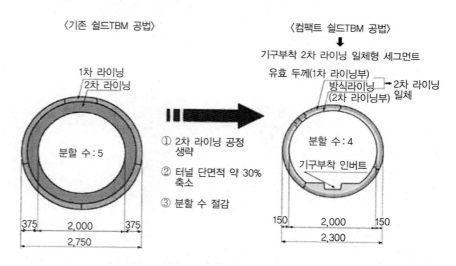

그림 12.15.2 컴팩트 쉴드TBM공법의 세그먼트

사진 12.15.2 컴팩트 쉴드TBM공법 예   사진 12.15.3 무조타 운송 시스템

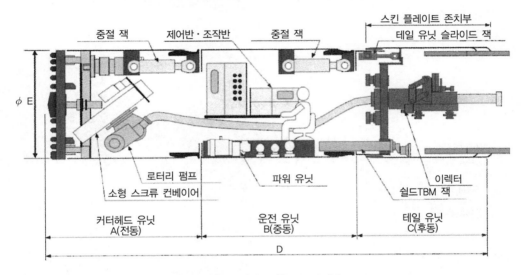

그림 12.15.3 컴팩트 쉴드TBM 개요도

12.15.3 기설관 철거 쉴드TBM공법

기설관 철거 쉴드TBM공법[31]은 도시부에 많은 노후화된 관이나 신규 사업에서 장애가 되는 기존관을 비개착으로 철거하면서 매립해가는 공법이다.

사진 12.15.4는 철거쉴드TBM의 예, 그림 12.15.4는 그 구조 개요를 나타내었다. 굴진 순서는 견인장치를 기존관에 고정하여 견인고정된 후동에 반력을 주어 도너츠 형상의 커터 내측으로 기존관을 끌어들이도록 하여 전동을 굴진한다. 전동 굴진이 완료된 후 배면에 충진재를 주입하면서 견인장치에 의해 후동을 끌어당긴다. 유입된 기존관은 쉴드TBM 내 대기압하에서 순차적으

로 안전하게 해체하여 반송한다.

사진 12.15.4 철거쉴드TBM 예

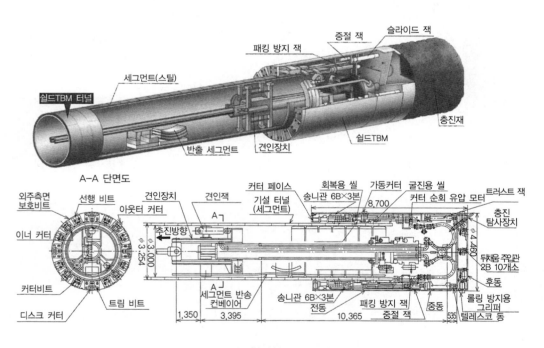

그림 12.15.4 철거쉴드TBM 개요도

참고문헌

1) 土木学会: トンネル標準示方書 [シールド工法]·同解説, p.193, 2006.

2) 最新のシールドトンネル技術編集委員会: 最新のシールドトンネル技術: p.55, pp.82～88, 技術書院

3) 鈴木他: シールドトンネルの新技術, pp.53～59, 土木学会, 1995.1.

4) 日本トンネル技術協会: トンネル技術ステップアップ研修会－シールドトンネル－, 2005.

5) 水野修介: 急曲線シールド第32回シールド工法講習テキスト, 日本プロジェクトリサーチ, p.69, 1990.

6) 小泉淳·村上博智·西野健三: シールドトンネルの軸方向特性のモデル化について, 土木学会論文報告集, 第394号, 1988.

7) 土木学会: トンネル標準示方書シールド工法·同解説, 2006.

8) 浦沢義彦·利光憲士·斉藤勝: 急勾配シールドの技術動向, トンネルと地下, 第25巻2号, pp.50～60, 1994.

9) 土木学会: トンネル標準示方書シールド工法·同解説, p.205, 2006.

10) 鉄道総合技術研究所: 鉄道構造物等設計標準·同解説シールドトンネル, pp.64～65, 1997.7.

11) 橋本定雄: 軟弱地盤における上下隣接シールド施工の実態と計測結果について, 土木学会論文集, 第352号/Ⅲ－2, pp.1～22, 1984.12.

12) 木村定雄, 矢田敬, 小泉淳: 併設して施工されるシールドトンネルの影響解析, トンネル工学研究発表会論文·報告集, 第1巻, pp.89～94, 1991.12.

13) 松本嘉司, 小山幸則, 清水満, 小林宏基: 併設シールドが先行トンネル断面力に及ぼす長期的影響の検討, トンネル工学研究論文·報告集, 第4巻, pp.327～332, 報告(5), 1994.11.

14) 木村定雄, 山下雄一, 清水幸範, 小泉淳: 併設シールドトンネルの影響評価について, トンネル工学研究論文·報告集, 第6巻, pp.327～332, 報告(46), 1996.11.

15) 田口博一, 上田日出男, 北野陽堂: 超近接シールドの計画と設計－京葉都心線西8丁堀トンネル－, トンネルと地下, 第19巻7号, pp.549～557, 1988.7.

16) 堀地紀行, 平嶋政治, 松本芳亮, 石井恒生: 軟弱粘性土地盤における併設シールドトンネルの現場計測とセグメントリングの擬似3次元構造解析モデル, 土木学会論文集, 第418号/Ⅲ－13, pp.201～210, 1990.6.

17) 山崎糸治, 福島健一, 小林隆, 片岡進: 世界初の超近接4線移行シールドの施工, 京都市地下鉄東西線, トンネルと地下, 第27巻2号, pp.107～116, 1996.

18) 種田昇, 高嶋雅彰, 西田義則, 和田幸治: 超近接併設トンネルを泥土圧シールドで挑む, トンネルと地下, 第34巻5号, pp.45～54, 2003.5.

19) 小野顕司, 清水一郎, 西田義則, 廻田貴志: 離隔30cm以下の併設泥土圧シールド, トンネルと地下, 第35巻2号, pp.21～30, 2004.2.

20) 川瀬修, 並川賢治, 遠藤蔵人, 西岡巌: 都心でわか国最大級の双設シールドトンネルを掘る, トンネルと地下, 第33巻3号, pp.15～27, 2002.

21) 原田哲伸, 寺島善宏, 篠原浩史, 北浦健: 中折れ式大断面シールドの急曲線到達とUターン再発進, トンネルと地下, 第38巻1号, pp.17～27, 2002.

22) 荒神敏郎, 江水淳, 後藤真吾, 柴田佳彦: 2,000tfの大断面シールドを立坑内でUターン—首都高速中央環状線新宿線 東中野～中野坂上間—トンネルと地下, 第37巻5号, pp.329～336, 2006.

23) 入江健二, 末富裕二, 川越勝: 側部先行・中央揺動型三連シールドで駅部を築く, 営団半蔵門線清澄工区, トンネルと地下, 第32巻10号, pp.39～48, 2001.

24) 小島直之, 長田光正, 木本剛, 谷口禎弘: 土木施工, 第41巻4号, pp.7～18, 2010.

25) 土木学会: トンネル標準示方書[シールド工法]・同解説, p.197～199, 2006.

26) 橿尾ほか, 隅田川を横断する泥土圧シールド, トンネルと地下, 第30巻6号, 1999.

27) 上橋浩, 吉川正, 田辺清, 斎藤雅春: 地下空間を開拓！新しい道路トンネル分合流部構築技術, 土木学会誌, Vol.92, No.3, pp.62～65, 2007.

28) 日本トンネル技術協会編: 現場技術者のためのシールド工事の施工に関するQ&A, p.Q47-1, 2009.

29) ECL協会: ECL工法ハンドブック, 1999.

30) 併進工法設計施工研究委員会編: 併進工法設計施工法(都市トンネル編), 1992.

31) 土橋浩, 濱井武, 倉持豊: 多様化するシールド掘進技術(11), 既設シールド撤去工法, トンネルと地下, 第36巻1号, pp.79～83, 2005.

제13장

쉴드TBM공법의 과제와 전망

제13장

쉴드TBM공법의 과제와 전망

쉴드TBM공법은 도시부에 터널을 구축하는 대표적 공법으로서 일본에서는 1960년대 후반부터 급속히 일반화되었다. 이에 따라 쉴드TBM공법, 세그먼트 표준화, 규격화가 이루어졌다. 이러한 표준화나 규격화는 쉴드TBM공법의 비약적인 보급을 이끄는 한편 쉴드TBM공법의 일반적인 개념을 고정화하였다. 그 사이 시공성이나 안전성을 중심으로 하는 공법 개선은 눈부실 정도였으나 경제성을 중심으로 하는 개선은 그다지 현저하지 않았다. 이는 하수도를 시작으로 제반시설의 지하화 요청이 급선무였으므로 저토피 지하의 연약한 지반을 대상으로 할 수밖에 없는 경우가 대부분이었기 때문이라고 사료된다. 즉, 도심부의 환경조건에 따라 경제성보다는 우선 안전하게 터널을 굴착하고 라이닝을 설치하여 가능한 조기에 공용하는 것이 제1의 목표였기 때문으로 추정된다.

대도심의 하수도나 전력, 통신 등 간선공사, 지하철망 정비는 이미 일단락되어 현재는 양보다 질의 시대, 구축보다 유지관리 시대로 이행되어 가고 있다. 이와 동시에 도로 하부 중·저심도 지하공간은 이미 폭주하여 인프라 시설은 보다 깊은 지하에 구축할 수밖에 없게 되었다. 또한 지상에 있을 필요가 없는 시설이나 지하에 있어도 문제없는 시설 등을 지하로 이설하여 지하 특유의 환경을 효과적으로 활용할 수 있도록 많은 시설을 지하공간에 신설함으로써 사회자본의 정비나 충실, 지상공간의 환경보전이나 재정비가 가능해졌다. 지금까지 환기나 방재 측면에서 지하화가 곤란하였던 도로도 환경문제나 주민문제도 있어 지하화할 수밖에 없는 상황이 되었다. 쉴드TBM공법은 '대심도 지하공간의 유효이용'과 '도로터널에 대한 쉴드TBM공법의 도입' 등을 계기로 새로운 시대로 돌입하고 있다. 여기서 키워드는 터널의 대심도화 및 대단면화이다. 이 장에서는 쉴드TBM 터널의 설계법에 대해 그 과제를 설명하고 쉴드TBM공법의 기술적 동향과 쉴드TBM공법의 주요 요소인 수직구, 쉴드TBM 장비, 라이닝, 시공방법 등에 대한 과제를 전망한다.

13.1 쉴드TBM 터널의 설계

쉴드TBM 터널은 입체 구조물로서 이를 3차원 구조로 가능한 충실히 평가하고 해석하는 것이 요망되며, 다른 구조물과 마찬가지로 실제로는 역학적으로는 단순화하여 해석하게 된다. 특히 쉴드TBM 터널은 다수의 조인트를 가진 장대 구조물이므로 이를 직접 해석하는 것은 매우 곤란하다. 일반적으로는 쉴드TBM 터널을 횡단방향과 종단방향으로 나누어 고려하고 있다. 쉴드TBM 터널에는 2차 라이닝이 있는 경우와 1차 라이닝만의 경우가 있으며, 쉴드TBM 터널은 지중 구조물이므로 구조계와 하중계를 완전히 독립적으로 모델화할 수 없다. 쉴드TBM 터널의 설계법을 고려할 때는 이를 항상 염두에 둘 필요가 있다.

최근 구조계 모델화는 미세하고 상세하게 하는 등 점점 복잡화하는 경향이 있으나, 하중계 모델화의 정밀도는 수십 년 동안 거의 변하지 않았다. 구조계 해석 정밀도와 하중계 추정 정밀도의 밸런스는 쉴드TBM 터널을 설계함에 있어 특히 중요하며, 용이하다고 해서 구조계 모델화의 정밀도만을 향상시켜도 쉴드TBM 터널의 실제 거동을 보다 잘 설명할 수 있는 것은 아니다. 설계 입장에서라면 구조해석의 정밀도가 향상되는 만큼 설계된 구조물에 여유가 없어지며, 하중계 평가를 잘못할 경우 큰 문제가 발생할 가능성이 있다는 점에 특히 주의해야 한다.

「터널 표준시방서 쉴드TBM공법 및 동해설」이 2006년 개정되어 기존의 「허용응력 설계법」에 추가적으로 「한계상태 설계법」이 도입되었다. 이에 따라 L2 지진동에 대한 쉴드TBM 터널의 지진검토가 용이하게 된 반면, 부재 강성이나 각종 스프링 정수를 지금까지의 선형범위를 넘어 비선형 영역까지 추정할 필요가 생겼다. 특히 비선형 영역의 스프링 정수는 지진 시만이 아니라 상시 설계에도 필요하므로 조인트 휨 시험이나 링 조인트 전단시험 등을 통한 검증이 다시 요구되는 상황이다. 한편 「허용응력 설계법」과 「한계상태 설계법」에 의한 경우에서 양측의 설계결과에 큰 차이가 발생하는 것은 설계 연속성의 관점에서 보면 피해야 한다. 이를 위해 「한계상태 설계법」에서는 기존의 설계법인 「허용응력 설계법」과 부합되도록 안전계수 등을 결정한다. 「한계상태 설계법」에 의한 설계실적이 이후 증가하면 그 특징을 살려 안전계수를 재검토해갈 필요가 있다.

13.1.1 구조계의 모델링

(1) 터널 횡단방향 구조 모델

쉴드TBM 터널의 횡단방향 모델은 제4장에서 설명한 것 처럼 '빔-스프링 모델'이 이후로도 실무에 많이 사용될 것으로 사료된다. 이 구조 모델의 첫 번째 특징은 세그먼트 조인트부를 각종 스프링으로 평가하는 것이다. 하중계의 문제를 제외하면 터널 횡단방향 구조해석 정밀도의 향상에 기여하는 가장 큰 요인은 조인트부의 스프링 정수 추정 정밀도에 있다. 현재까지 다양한 종류의 세그먼트 조인트가 개발되어 이러한 조인트의 회전 스프링 정수를 해석적으로 정밀도 높게 추정하는 것이 요구되었다. 지하하천이나 저류관 등 큰 내수압이 작용하는 터널에서는 세그먼트 조인트에 축인장력과 휨 모멘트가 작용한다. 이러한 경우에는 조인트 인장 스프링 정수 등도 필요하다. 또한 세그먼트 링을 지그재그 조합으로 하면 링 조인트 전단 스프링 정수를 결정할 필요가 있다. 현재는 이 값을 무한대로 하거나 실험적으로 구하고 있으나, 해석적으로 정밀도 높게 구하는 방법은 아직 확립되지 않았다. 현재의 '빔-스프링 모델'은 하중계가 명확하고 볼트 조인트를 사용하는 경우에는 거의 실물 거동의 95% 정도의 해석 정밀도를 가진다고 생각된다. 최근에는 세그먼트 폭이 1.5m를 넘는 광폭 세그먼트가 사용되고 있다. 이러한 광폭 세그먼트를 지그재그 조합으로 하는 경우에는 접합효과에 의해 인접하는 세그먼트에 전달되는 휨 모멘트가 그 폭 방향으로 동일하게 분포하지 않고 폭의 단부에 집중되는 경향이 있다. 이를 해석할 목적으로 '빔-스프링 모델'의 빔 부재를 쉘 요소로 치환한 '쉘-스프링 모델'도 제안되었다. 광폭 세그먼트의 설계시 유효한 모델이다.

2차 라이닝이 있는 쉴드TBM 터널의 횡단방향 구조 모델은 1차 라이닝과 2차 라이닝의 접합상태를 고려하여 분류할 수 있다. 양측 라이닝을 일체 구조로 취급하는 경우에는 양측 단면을 합성한 후 '빔-스프링 모델'을 적용하고 중합 구조로 취급하는 방법이 좋다고 판단되는 경우에는 '2층 링 빔-스프링 모델'을 적용할 수 있다. 전자의 경우에는 2차 라이닝을 포함한 조인트 스프링 정수의 추정방법이 해석 정밀도 향상으로 이어지며, 후자의 경우에는 양측 링 간 힘의 교환을 평가하는 스프링의 스프링 정수 결정방법이 해석 정밀도 향상을 위해 필요하다. 이러한 모델의 현재 해석 정밀도는 하중계가 명확하다면 거의 90% 정도로 추정된다.

(2) 종단방향 구조 모델

종단방향 구조 모델은 쉴드TBM 터널이 그 단면 치수에 비해 상당히 긴 구조물이기 때문에 이를 탄성 빔으로 모델링하는 것이 타당하다고 생각된다. 이 모델링은 링 조인트부의 강성저하 만을 평가하는 '등가강성 빔 모델'과 세그먼트 링을 빔으로 링 조인트를 회전 스프링이나 축방향 스프링으로 평가하는 '종단방향 빔-스프링 모델'이 있다. 전자는 간편하게 터널 전체의 변형이나 그에 따른 평균적 단면력을 구할 수 있는 한편 링 조인트부의 국소적 변형이나 단면력 산정에는 다소의 문제가 있는 듯하다. 후자는 쉴드TBM 터널 본체를 모델링할 때 입체구조 모델을 사용하는 점이 특징이다. 이 입체구조 모델은 쉴드TBM 터널의 횡단방향 거동과 종단방향 거동을 동시에 해석할 수 있는 모델이며, 계산기의 능력이나 계산시간에 제약을 받으므로 현재는 10~20

링 정도까지로 해석이 제한되어 있다. 입체구조 모델은 쉴드TBM 터널 도중에 개구부가 설치되는 경우 현재도 유효하게 이용되고 있다. '종단방향 빔-스프링 모델'은 '등가강성 빔 모델'보다 해석 정밀도가 높다고 여겨지나, 장대 터널인 경우 계산시간이 급격히 증가하기 때문에 '등가강성 빔 모델'에 의해 변형이나 단면력을 계산하고 그 결과로부터 정밀도 높은 평가가 필요하다고 생각되는 구간 만을 '종단방향 빔-스프링 모델'을 이용하여 변형이나 단면력을 산정하는 등의 작업을 수행하는 것이 좋다고 판단된다. 현재는 터널에 작용하는 하중이나 지반변위 등이 명확하면 이러한 모델에 의한 해석 정밀도는 실제 터널거동의 80~90% 정도라고 생각된다.

2차 라이닝이 있는 쉴드TBM 터널의 종단방향 구조 모델은 1차 라이닝과 2차 라이닝의 접합상태에 따라 다르며, 양쪽이 일체로 거동하는 경우에는 입체구조 모델을 매개로 일체 탄성 '종단방향 빔-스프링 모델'로 치환하는 방법이 제안되었다. 또한 양측이 중합 구조로 거동하는 경우에는 동일한 입체구조 모델을 매개로 각종 스프링이 2개의 빔 변형을 상호 구속하여 단면력이 전달되는 것 같은 탄성 '종단방향 2층 빔-스프링 모델'으로 치환하는 방법이 제안되었다. 전자에 대한 지상에서 실물 모형시험에 따르면 '종단방향 빔-스프링 모델'에서는 80% 정도의 해석 정밀도를 얻을 수 있었다. 한편 후자는 모형실험이 실시되는 정도의 단계로서 '종단방향 2단 빔-스프링 모델'의 경우 60~70% 정도의 해석 정밀도를 나타냈다. 쉴드TBM 터널 종단방향 실험은 그것이 모형실험임에도 불구하고 상당한 비용이 소요되므로 구조 모델을 검증하기 위한 실험 데이터가 적다. 특히 2차 라이닝을 가진 경우 종단방향 구조 모델 검증은 현재 2, 3 예의 모형실험에 의존하고 있다. 2차 라이닝이 있는 경우의 종단방향 구조 모델에 대해서는 많은 연구가 이루어지고 있다.

13.1.2 하중계의 모델링

(1) 횡단방향 설계에 사용되는 하중계

(a) 토압과 수압

쉴드TBM 터널의 횡단방향에 작용하는 하중는 일반적으로 구조계와 독립적으로 결정되는것, 구조계와 상호 관련을 가진 것으로 분류된다. 전자는 주동토압과 수압이 주요 사항이며, 취급방법은 수십 년 동안 거의 변하지 않았다. 쉴드TBM 터널의 다수가 연약한 지반 속에 구축되어 왔기 때문에 쉴드TBM 굴착에 의해 지반이 주동파괴를 일으킨다고 보며, 주동토압은 극한 평형론에 근거하여 추정되어 왔다. 이와 동시에 연약한 지반에서는 흙과 물을 분리하지 않고 일체로 토압과 수압을 산출하여 하중을 터널 라이닝에 작용시키는 방법이 적용되어 왔다. 이러한 개념은 일부 양호한 지반을 제외하면 거의 타당하다고 생각된다. 그러나 비교적 양호한 지반에서 수압은 명확히 관측되지만 쉴드TBM 터널에 작용하는 토압은 꽤 작으며, 설계 시 사용하는 토압의 반 이하 정도밖에 관측되지 않는 사례도 많다. 쉴드TBM 터널의 구축심도가 깊어짐에 따라 자립성이 높은 양질 지반과 조우하는 경우가 증가할 것으로 예상된다. 또한 도시화에 따라 현재는 구릉부의 양호한 지반도 쉴드TBM공법의 대상이 되는 사례가 증가하고 있다. 이처럼 지반 속에서는 터널에 작용하는 토압의 추정 정밀도가 쉴드TBM공법의 경제성 측면에서 중요하다.

일반적으로 터널 라이닝의 횡단면 방향 하중은 제4장 '관용하중계'가 사용되고 있다. 이 하중은 연직방향 하중과 수평방향 하중이 평형을 이루도록 결정하는 것이다. 터널 라이닝의 단면력 산정 시 라이닝을 완전 강성 일체 링이나 등가 강성링으로 평가하는 경우 이들과 '관용하중계'를 조합하는 것을 각각 '관용설계법' 및 '수정관용설계법'이라 명칭한다. '빔-스프링 모델'은 '관용하중계' 중 라이닝 변형에 따라 발생하는 저항토압을 지반 스프링으로 치환하는 것이다. 일반적으로 지반 스프링은 'Winkler' 가정, 즉 라이닝이 지반을 미는 방향으로 변형하는 경우 그 변형량에 비례하여 지반반력이 발생한다는 것이다. '빔-스프링 모델'에 의한 구조해석은 수계산에 의한 해석방법으로는 곤란하며, 계산기를 사용한 수치해석을 실시해야 한다. 이 때문에 발생하는 휨 모멘트의 (+), (-)에 따라 회전 스프링 정수의 (+), (-)를 선택하거나 지반 스프링이 작용하는 위치 결정 시 수렴계산을 이용하는 것이 일반적이다. 최근에는 비교적 자립성이 높은 양호한 지반을 대상으로 인장 측에도 지반 스프링을 작용시켜 평가하는 '전 주면 지반 스프링 모델'도 제안되었다. 이 경우 인장 측 스프링 정수는 Winkler형 지반 스프링 정수의 1/2 정도 된다는 연구결과도 있다. 어찌되었든 '빔-스프링 모델'은 비대칭 하중계나 비대칭 구조계, 원형 이외의 단면 등에도 적용할 수 있다.

'관용하중계'는 쉴드TBM의 굴착에 따른 지반응력 해방을 암묵적으로 고려한 하중계로서 라이닝 변형에 따라 발생하는 지반반력을 제외하면 실적으로 입증된 합리적인 하중체계로 사료된다. 라이닝에 작용하는 토압이나 수압을 추정하는 경우 우선 흙과 물을 일체로 볼 것인지 분리할 것이지가 문제이며, 다음으로 그 판정에 근거하여 측방토압계수나 지반반력계수를 어떤 값으로 할 것인지를 결정한다. 쉴드TBM 터널은 하중 밸런스에 의해 성립된 구조물이며, 특히 토압 및 수압은 라이닝에 발생하는 단면력을 산출하는 주요 하중이므로 그 평가의 정확성이 설계된 터널의 안전성을 좌우한다. 따라서 흙과 물의 취급방법을 판정할 때는 흙의 입도분포, 내부마찰각이나 점착력, N값, 투수계수 등 많은 지표를 이용할 필요가 있으며, 그 다음으로 측방토압계수나 지반반력계수를 결정하게 된다. 쉴드TBM 터널은 산악터널과는 달리 그 설계법이 확립되어 있다고 생각하는 기술자도 많으나 라이닝 횡단방향 설계 시 토압과 수압을 정밀도 높게 추정하는 것이 특히 중요함에도 불구하고 이를 결정함에 있어 경험 공학적인 색채가 강하다는 점은 충분히 염두에 두어야 할 사항이다.

(b) 상재하중의 영향

쉴드TBM 터널은 도로 하부에 구축되는 경우가 대부분이므로 상재하중이 터널 라이닝에 미치는 영향은 노면하중을 기초로 결정된다. 도로 하부 대심도를 터널이 통과하는 경우라면 터널 라이닝에 미치는 상재하중의 영향은 작아진다. 한편 사유지 하부를 통과하는 경우도 증가할 것으로 예상되므로 구조물 기초 등으로부터 전달되는 하중을 정밀도 높게 추정할 필요성도 높아진다. 구조물 기초 등에 의한 영향은 일반적으로 Boussinesq의 식이나 Westergaard의 식으로 산정하는 경우가 많으나, 실제 지반은 균일하지 않으므로 지반조건을 충분히 고려한 후 신중히 검토할 필요가 있다.

(c) 세그먼트 자중

세그먼트 자중의 크기와 그 작용방향은 명확히 알고 있으나, 세그먼트는 쉴드TBM 테일 내에서 조립되기 때문에 기존에는 안전 측으로 세그먼트 링이 특별한 지지없이 변형되고 그에 따라 발생하는 단면력을 라이닝 설계 대상으로 하였다. 중소구경 터널에서는 자중에 의한 단면력이 토압과 수압 등 그 외 하중에 의한 단면력에 비해 비교적 작기 때문에 이러한 취급방법으로도 그다지 문제가 없었다. 그러나 터널 단면이 커지고 세그먼트 자중이 증가하면 자중에 의한 단면력이 전하중에 의한 단면력의 50% 이상에 달하는 경우도 있다. 자중에 의한 단면력은 링 변형에 따라 발생하는 것이므로 링이 지중에 출현해도 그 변형은 회복하기 어렵다. 따라서 발생한 단면력은 기타 하중에 의한 단면력과 중첩시키게 된다. 자중에 의한 단면력을 작게 하기 위해서는 링이 지중으로 빠져나올 때까지 링을 조립위치에서 유지하여 변형되지 않도록 할 필요가 있다. 세그먼트 조립과 동시에 쉴드TBM 잭을 사용하여 확실히 기설치 링에 고정하면 링 변형을 억제할 수 있다. 또한 링이 지중으로 빠져나오는 것과 동시에 고화시간이 짧은 뒤채움 주입재를 주입하면 링 변형을 어느 정도 구속할 수 있다. 쉴드TBM 잭에 의한 세그먼트 유지, 테일 씰의 충분한 그리스 압 확보, 뒤채움 주입재료에 의한 세그먼트 링의 조기안정, 정원유지장치의 적절한 사용 등 세밀한 시공방법을 제시하면 링 자중에 의한 변형에 대해 설계상 명확히 지반반력을 고려하는 방법도 가능하다. 자중에 대해 지반반력을 고려하는 경우에는 주변 지반이 세그먼트 자중을 지지할 수 있는 조건을 정리하고 시공방법을 충분히 검토하여 설계자의 의도가 틀림없이 현장에 반영되도록 노력하는 것이 중요하다. 또한 이 경우 지반반력계수는 지반반력계수의 1/2~1/3 정도를 적용하거나 여기에 뒤채움 주입재 강도 등을 추가하여여 결정하는 경우가 많다.

(d) 내부하중

내부하중은 철도 열차하중이나 도로 자동차하중 등이 있다. 이러한 하중은 터널 인버트로부터 주변 지반에 직접 전달되기 때문에 일반적으로는 문제가 되지 않는다. 그러나 도로상판 등과 같은 하중이 터널 인버트부에 전부 작용되지 않고 터널 일부에 집중적으로 작용하는 경우에는 주의가 필요하다. 지하하천, 도수로 및 지하 조절지(調節池) 등과 같은 내수압이 작용하는 터널에서는 외부에서 작용하는 토압과 수압 이상으로 내수압의 영향이 커지기 때문에 평가 시 충분한 주의가 필요하다. 내수압이 작용하는 터널에서는 일반적인 설계의 지배적인 하중조건이 반드시 그 단면을 결정하는 조건은 아니라는 점에 특히 주의해야 한다.

(e) 시공 시 하중

시공 시 하중에는 잭 추력, 테일 씰압, 뒤채움 주입압, 이렉터 선회하중, 세그먼트 조립에 의한 하중 등을 들 수 있다. 이 중 잭 추력은 터널 라이닝이 받는 최대 하중이다. 세그먼트에 대한 쉴드TBM 잭의 편심량을 매우 작게 하고 극단적으로 편향된 잭 사용을 피하고 중절 기구를 적극적으로 적용하고 추종식 잭을 적용하는 등 쉴드TBM 장비상 대책을 강구하는 것 외 충분한 시공관리를 실시하는 등에 의해 그 영향을 최소한으로 억제할 수 있다. 특히 중소구경 쉴드TBM에서는 잭이 장착될 수 있는 위치와 테일 씰 및 세그먼트 두께의 관계에 따라 세그먼트에 편압이 작용하는 것을 피할 수 없는 경우도 많다. 적절한 장치를 적용하고 그 기능이 충분히 발휘될 수 있도록 세밀한 시공을 실시하는 것이 요구된다. 또한 곡선시공 시에는 당초 사행수정 시와 같이 모든 잭을 사용하여 극단적인 편심하중 발생을 피할 수 있도록 할 필요가 있다. 특히 잭의 일부를 사용하지 않는 경우에는 세그먼트 자중에 의한 변형을 유발시킬 수 있으므로 주의가 필요하다. 이 경우에 최소 잭압력은 링 간 마찰력에 의해 세그먼트 자중을 유지할 수 있는지 여부에 따라 결정된다.

테일 씰압은 통상적으로 문제가 되는 하중은 아니다. 그러나 테일 씰 간에 토사가 혼입되거나 뒤채움재가 역류하여 경화되면 세그먼트 링에 큰 편압이 작용하게 된다. 최근에는 쉴드TBM의 굴착심도가 깊어져 쉴드TBM의 테일 씰부에 큰 수압이 작용한다. 이에 저항가능한 충분한 그리스압을 유지하는 시공이 요구되고 있다. 특히 곡선시공이나 급격한 사행수정의 결과로 세그먼트 링이 쉴드TBM 내에서 편심을 일으키거나 토사나 뒤채움재가 클리어런스가 커진 개소에서 씰내에 부분적으로 유입되어 경화한다. 이에 따라 국소적인 편압이 세그먼트 링이 쉴드TBM 후동부를 빠져나왔을 때 세그먼트에 작용하고 큰 단면력을 발생시킨다. 뒤채움 주입재가 단시간에 경화되면 지반이 양호하게 되므로 이 단면력은 응력의 재분포로 인해 쉴드TBM과 세그먼트 링과의 클리어런스를 균일하게 되도록 시공이 요구된다.

뒤채움 주입압은 잭 추력과 같이 시공상 피할 수 없는 시공시 하중이지만 현재까지 설계상 충분한 검토가 수행되어 왔다고 하기 어려운 하중이다. 최근에는 시공기술의 향상에 의해 쉴드

TBM 장비의 후동부에 설치된 주입공에서 쉴드TBM의 굴진과 연계되어 뒤채움 주입을 수행하는 동시주입, 세그먼트 링에 지반에 들어갔을 때 즉시 세그먼트에 설치한 주입공에서 주입하는 반동시주입이 대부분이었다. 지반의 붕괴를 일으키지 않도록 조기에 확실한 주입을 하는 것과 동시에 과대한 주입압을 작용시키지 않는 관리기술을 확립하여 뒤채움 주입압의 영향을 작게 하는 것이 가능하였다. 일반적으로 뒤채움 주입은 주입압과 주입량을 관리한다. 주입압은 지반으로의 주입압과 장치의 선단압으로 관리되지만 최소한 지반으로의 주입압은 토수압 이상이 아니면 뒤채움재가 주입되지 않는다. 연약한 지반에서는 높은 주입압으로 단시간에 뒤채움재를 주입하도록 하면 주입공 부근에서 구슬모양의 덩어리가 되거나 하고, 한편 자립성이 양호한 지반에 높은 주입압을 작용시키면 뒤채움 주입재가 세그먼트 링의 배면에 균등하게 분포되는 반면 지반을 밀어 토수압 이상의 압력을 세그먼트 링에 작용시키게 된다. 뒤채움 주입량은 오버컷에 의한 지반굴착량과 Copy 커터를 사용하는 경우에는 그에 따른 여굴량 등 테일보이드의 크기를 고려하고, 지반의 이완량 등도 고려하여 결정한다. 일반적으로 쉴드TBM의 굴착은 직선부에서도 Pitching과 Yawing이 발생하고 테일보이드양은 계산상의 값보다 커진다. 연약한 지반에서는 막장은 자립하지 않기 때문에 지표면의 침하량이 커지는 경향이 있고, 그 대책으로 뒤채움 주입량을 크게 설정해왔다. 또한 굴착량에 대해 200%~300%도 주입한 예도 있다. 특히 뒤채움 주입재가 구슬모양으로 치우쳐서 주입되는 경우는 그 압력이 세그먼트 링에 편압으로 작용하거나 주변 지반이 크게 교란되어 2차 압밀에 의한 지표면 침하가 증가하거나 하는 예도 많이 있다. 지표면 침하를 억제하고 싶은 의도는 알겠지만 역효과가 되는 것이다. 한편, 자립성 좋은 양질의 지반에 대해서도 동일한 감각으로 주입하는 경향이 있고 최근에는 강제 세그먼트를 사용한 경우에 스킨 플레이트에서 좌굴이 발생하거나 주보가 좌굴을 일으키는 경우도 있다. 이와 같은 지반에서는 110%~150% 정도의 주입량이 타당한 것으로 사료된다. 양질의 지반에 있어서 높은 뒤채움 주입압으로 다량을 주입하는 경우는 세그먼트 링에 큰 압력이 작용한다. 이 압력은 세그먼트 링이 지반으로 빠져나왔을 때 최대의 하중이 되는 가능성이 있다. 한편 뒤채움 재료는 경화와 함께 수축한다. 이 때문에 뒤채움 주입압은 일시적인 하중으로 고려할 수 있다. 이러한 메커니즘은 현재까지도 명확하게 밝혀지지 않았고, 향후의 과제로 사료된다. 아울러 최근 도로터널에서 양질의 지반에 대해서도 뒤채움 주입압을 편압으로 작용시켜 세그먼트 복공의 설계를 수행하는 경우도 있었다. 안전 측의 설계임에는 틀림없으나 합리성을 결여된 불필요한 설계인 것으로 사료된다.

이렉터 선회하중이나 인양하중, 세그먼트 조립하중 등은 기존 세그먼트 본체에 미치는 영향이 작다고 생각되어 검토를 생략하는 경우가 많았다. 그러나 최근 세그먼트 자동조립이 실시됨에 따라 안전면의 제약이 줄어들어 시공속도 향상을 도모할 목적으로 이렉터 선회도 고속화되는 경향이다. 또한 쉴드TBM 터널의 대단면화에 따라 세그먼트 중량도 커지고 결과적으로 이렉터 선회하중이나 인양하중이 증가하고 있다. 볼트연결 이음 등을 사용한 세그먼트에서는 씰재를 Groove내에 충분히 압입하기 위해 이렉터에 큰 압착력이 필요하다. 세그먼트 조립에 적당한 조인트 구조로서 잭 추력을 이용하여 1동작으로 체결할 수 있는 기구 등이 적용된 경우도 늘고 있다. 이러한 경우에는 세그먼트에 특수한 조립하중이 작용하기 때문에 충분한 검토가 필요하다.

쉴드TBM 굴착심도가 깊어지면 수압이 커지므로 잭 추력이나 테일 씰압, 뒤채움 주입압도 커진다. 또한 대단면 쉴드TBM 터널에서는 세그먼트 라이닝 두께가 두꺼워져 조립 시 발생하는 하중이 커진다. 이후 필요에 따라 이러한 하중에 대해서도 적절한 검토를 실시해야 한다.

(f) 지진의 영향

최근에는 대단면 쉴드TBM 터널이나 병렬 쉴드TBM 터널 등과 같이 터널과 주변 지반의 상호작용을 무시할 수 없는 경우가 많아지고 있다. 이 때문에 주변 지반과 터널을 연동한 동적해석이 요구되는 경우도 있다. 지진 시 터널의 거동을 검토할 때 FEM 등에 의한 2차원 동적해석이 사용되는 경우도 있으나, 이때는 세그먼트 링을 지그재그 조립으로 하는 경우의 연결효과를 평가할 수 없다. 한편 FEM에 의한 3차원 동적해석에서는 터널의 축방향을 어디까지 고려할 것인지가 문제이며, 수 링 정도에 대해 지진 진동의 위상 차가 발생한다고 생각하기 어려우므로 해석을 위한 노력을 생각하면 거의 의미가 없다. 또한 수십 링, 수백 링으로 링 수를 늘려가면 계산용량이나 계산시간의 관점에서 해석이 곤란해진다. 일반적으로 쉴드TBM 터널의 질량은 원지반 흙의 질량에 비해 작기 때문에 쉴드TBM 터널 자체가 지반변위에 영향을 미친다고 생각하기 어렵고, 반대로 쉴드TBM 터널은 지반변위에 추종하여 변형된다고 보는 편이 합리적이다. 이 때문에 지진 시 지반변위를 FEM 등에 의해 산출하고, 지반 스프링을 매개로 터널에 작용하는 '응답변위법'이 적용되고 있다. 지반변위의 전부가 터널에 전달되는지 그 일부가 전달되는지는 지진 진동의 크기에 따른 지반 스프링 정수에 의해 평가하게 되며, 그 정량적 평가법은 아직 확립되지 않았다. 또한 터널 완성 후 그 내부에 구축된 구조체나 터널 내부 질량 등은 지진 시 거동에 영향을 미치는 경우가 있다. 예를 들어 2차 라이닝이나 도로터널의 상판 등이 이에 해당한다. 쉴드TBM 터널의 진 시 검토는 이러한 것도 염두에 둘 필요가 있다.

(g) 병렬시공의 영향

철도터널이나 도로터널에서는 상행선과 하행선이 근접시공되는 경우가 많다. 과거 병렬시공 영향은 후속 터널의 굴착에 의한 지반 이완이 원인이 되어 선행하는 터널에 대해 연직하중이 증가하는 것으로 평가해왔다. 이러한 개념은 개방형 쉴드TBM공법에서는 타당하다고 생각되나,

현재 밀폐식 쉴드TBM공법에서는 반드시 합리적은 아니다. 최근 현장계측 결과 등에 의하면 선행 터널은 지반 이완에 의한 영향을 받는 것이 아니라 후속 터널의 막장압이나 주입압에 의해 큰 영향을 받거나 후속 터널의 시공에 따른 지반 이완영향을 받는 것으로 확인되었다. 전자의 영향은 후속 쉴드TBM의 시공영향이 없어지면 해소되는 경향이 있으므로 시공 시 일시적인 하중으로 취급하는 것이 가능하다고 판단된다. 그러나 양호한 지반에서는 그 영향이 해소되지 않고 장기간에 걸쳐 잔류하는 경향도 확인되었다. 또한 뒤채움 주입재의 주입압이나 경화 시간 등에 대해서도 충분한 검토가 필요하다. 후자의 영향은 확실히 장기적으로 잔류하는 것이 확인되었으므로 그 영향을 충분히 검토하여 선행 터널의 라이닝 설계에 반영할 필요가 있다.

(h) 부등침하의 영향

지반의 압밀 등에 의한 지반침하 영향은 매설관에 작용하는 토압의 개념을 준용하여 연직하중 증가로 평가한다. 그러나 이에 의한 터널변형은 실측된 터널변형과 일치하지 않는다는 보고도 있으며, 이후 실측 데이터 누적과 그 평가방법 확립이 기대되는 상황이다.

(2) 종단방향 설계에 사용되는 하중모델

쉴드TBM 터널의 종단방향에 작용하는 하중에는 시공 시나 완성 후에 작용하는 일시적인 하중과 완성 후 장기간에 걸쳐 작용하는 영구적 하중이 있다.

시공 시에 작용하는 일시적인 하중으로는 급곡선 시공의 영향과 병렬시공 영향이 있다. 급곡선 시공의 영향은 쉴드TBM 잭 추력에 의한 축력과 그 편심에 따라 발생하는 힘의 모멘트로 평가된다. 이 편심하중은 급곡선 시공 시만이 아니라 일상적인 사행수정 시에도 발생한다. 대부분이 쉴드TBM 잭의 편향 사용에 의한 것이다. 이러한 편심하중은 일반적으로 터널을 2차원 탄성 빔으로 평가하여 그 단부에 집중하중으로 작용시켜 구조계산을 실시하는 경우가 많으며, 이후 실측 데이터와의 조합을 통해 그 적용성이나 3차원적 효과를 고려한 해석방법에 대해서도 검토를 추가해가는 것이 요망된다.

병렬시공의 영향은 후속 쉴드TBM 막장압이나 뒤채움 주입압 등이 선행 터널에 편하중으로 작용하는 것으로 검토하는 경우가 많다. 일반적으로 터널은 2차원 빔부재로 모델화하고 그 편하중은 분포하중으로 모델링하는 경우가 많다. 그러나 병렬시공 영향은 터널 상호 이격이나 주변 지반 상황, 터널의 휨강성, 이수식 쉴드TBM인지 토압식 쉴드TBM인지 등에 따라 달라지므로 터널 단면변형 영향 등 3차원적 효과를 고려하여 해석해야 하는 것이다. 현장계측 등에 의한 실측 결과와 그 조합에 근거한 정량적 평가방법의 확립이 요구된다.

터널 완성 후에 작용하는 일시적 하중에는 근접시공 영향과 지진 영향이 있다. 근접시공이 완성 후 터널에 미치는 영향은 근접시공과 터널의 위치관계, 근접시공 공종, 지반조건 등에 따라 다르므로 그 검토방법도 각각의 상황에 따라 개별적으로 고려할 수밖에 없다. 근접시공에 의한 영향은 강제적인 하중이나 변위로 평가하고 이것을 터널 종단방향 구조 모델에 적용하여 검토하는 방법이 일반적이다. FEM 등에 의해 그 영향을 직접 해석하는 방법도 있으나, 지반 평가나 3차원적 영향 평가 등에 과제가 남아 있다.

쉴드TBM 터널에 대한 지진 영향은 阪神·淡路 대지진에서도 명확히 알 수 있듯이 지상 구조물에 비해 매우 작아 일반부에 대해서는 특히 문제가 발생하지 않는다. 그러나 급곡선부나 수직구 설치부, 지반 급변부 등에서는 약간의 피해가 보이므로 어떠한 대책을 강구할 필요가 있다고 판단된다.

과거 쉴드TBM 터널의 내진검토에서는 응답변위법이 사용되어 왔다. 이것은 터널이 지중에 있는 긴 구조물이라는 점을 고려하면 타당한 방법이라고 사료된다. 최근에는 해석 정밀도를 향상시키기 위해 입력 지진파에 과거 지진동 관측파 등을 이용하여 지반변위를 산정하고 터널 종단방향 구조 모델에 이를 시간이력으로 적용하는 해석방법을 적용하는 예가 늘고 있다. 이 경우 검토에 이용되는 지진파는 그 대상지역의 지역특성이나 지반특성, 터널 중요도 등에 따라 다르므로 이를 근거로 조정하여 인공적으로 작성한 지진파를 적용하는 경우도 많다. 지진 관측결과의 누적이나 지반조건과 지진파의 특성 관계를 해명하여 보다 실제에 가까운 내진검토를 수행하는 것이 요망된다.

완성 후에 영구적으로 작용하는 하중으로는 지반침하 영향을 들 수 있다. 침하는 터널 종단방향에 대해서는 수직구 설치부 등을 제외하고 별로 큰 영향을 미치지 않으나, 부등침하는 링 조인트 밀림에 따른 누수나 세그먼트 본체에 대한 과도한 휨 등 큰 영향을 미친다고 생각된다. 지반 침하량을 정확히 평가하여 터널에 어떻게 작용시킬 것인지가 터널 안전성뿐만 아니라 경제적 라이닝 설계에 있어서도 중요하다.

13.1.3 구조계와 하중계의 상호작용

(1) 지반반력

과거부터 가장 많이 이용되어 오는 관용설계법이나 수정관용설계법은 터널변형에 따라 발생하는 지반반력을 터널 수평위치를 정점으로 상하 45° 범위의 3각형 분포 저항토압으로 평가해 왔다. 이에 대해 빔-스프링 구조 모델에 의한 방법에서는 주변 지반을 지반 스프링으로 평가하여 터널 라이닝 변위가 지반 측으로 발생하는 경우에는 압축 스프링을 적용하고 터널 라이닝 변위가 터널 내측으로 발생하는 경우에는 적용하지 않는 경우가 많다. 지반반력계수는 통상 0∼

$50MN/m^3$의 값이 사용되고 있으며, 이 값은 과거 쉴드TBM공법이 많이 적용되었던 충적층에서 홍적층까지의 영역에서는 개략 타당한 값이라고 판단된다. 그러나 쉴드TBM공법의 적용이 증가되면서 제3기층 등 양호한 지반에서는 보다 큰 지반반력계수를 사용하는 것이 가능하다고 판단된다. 이러한 지반에 대해서는 세그먼트 링의 강성을 작게 하고 지반반력을 유효하게 이용하여 경제적인 라이닝 설계가 가능해진다.

또한 초대단면 쉴드TBM 터널의 지반반력계수는 치수효과 등의 영향으로 중소구경 쉴드TBM 터널과는 다르다고 사료되므로 이후 현장계측 결과 등에 근거하여 지반반력계수를 적절히 평가하는 방법을 확립해갈 필요가 있다.

(2) 연직토압의 저감

지금까지 실시된 현장계측 결과에 의하면 실제로 터널에 작용하는 토압은 세그먼트 설계에 사용되는 토압에 비해 작은 경우가 많다. 설계 시 사용되는 토압 산정방법이 터널 라이닝 변형을 고려하지 않는다는 것을 그 원인 중 하나로 할 수 있다. 라이닝과 주변 지반을 연속체로 해석하는 방법이 몇 가지 제안되었으나, 이는 라이닝을 강성일체 링으로 평가하기 때문에 빔-스프링 구조 모델과 같은 상세한 구조계산이 불가능하다. 여기서 과거 라이닝 변형에 따른 작용토압의 저감을 무시해온 인장 측 지반 스프링으로 평가하는 방법이 제안되었다. 이 방법은 작용토압의 저감을 평가할 수 있으며, 빔-스프링 구조 모델의 적용이 가능하기 때문에 세그먼트의 합리적 설계를 기대할 수 있다. 실험결과에 따르면 인장 스프링의 스프링 정수는 수동측 스프링 정수의 1/2 정도이며, 그 설정방법은 아직까지 명확하지 않으므로 이후 실험이나 현장계측 등 결과를 근거로 확립해 갈 필요가 있다.

13.1.4 한계상태설계법

(1) 터널의 극한한계상태

터널의 극한한계는 주변 지반이 매우 연약하여 자립성이 없는 지반인 경우를 제외하고 라이닝 부재의 극한상태와 반드시 일치하지는 않는다. 이것은 터널 라이닝이 주변 지반으로 지지되는 고차 부정정 구조이기 때문이다. 따라서 터널의 극한한계상태는 라이닝 부재에 4개소 이상의 소성 핀을 형성하며, 주변 지반이 이를 지지할 수 없게 되는 상태라고 볼 수 있다. 현 시점에서는 이 상태를 정량적으로 정의하는 것은 어려우나, NATM으로 제시되는 주변 지반의 한계 변형에 대한 정의가 하나의 지침이 될 것으로 본다.

쉴드TBM 터널의 극한한계상태를 적절히 평가하는 것이 가능해지면 충적층 지반과 같은 자립성이 없는 지반에서는 라이닝 부재의 극한한계와 터널의 극한한계가 근접하여 현재 설계 개변과 일치한다. 한편 제3기층과 같은 자립성이 높은 양질 지반에서는 NATM에 의한 터널 라이닝 설계와의 차이가 작아진다. 그 결과 도시터널에서 산악터널에 이르기까지 통일적인 개념의 설계가 가능해질 것으로 사료된다.

(2) 터널의 사용한계

터널의 사용한계는 터널의 사용목적에 대해 그 기능이 손상되는 상태로서 터널변형 및 라이닝 균열 폭, 누수 등에 따라 설정된다. 터널변형에 대한 사용한계는 터널 사용목적, 내공여유 취급 방법, 건축한계 형상 등에 따라 결정된다. 현행 허용응력설계법에서는 이를 터널 외경의 약 1/150~1/200 이하로 하고 있다. 라이닝 균열 폭에 대한 사용한계는 일반 RC 구조물의 허용 균열 폭을 준용할 수 있으며, 터널 용도나 설치된 환경조건에 따라 일반적으로 0.1mm~0.25mm 정도이다. 터널 내로의 누수는 그 대부분이 세그먼트 조인트의 누수이다. 따라서 터널 누수에 대한 사용한계는 조인트의 벌어짐 양이 지수재료인 씰재 등의 지수가능한 벌어짐 양을 상회하는지 여부로 결정된다. 따라서 지수가능한 벌어짐 양을 크게 할 수 있는 씰재를 사용하면 일반적으로 누수에 대한 사용한계를 넓힐 수 있다. 토사지반의 터널 내 누수는 처리문제뿐만 아니라 터널 그 자체의 열화나 터널 주변 지반의 열화를 초래하여 결과적으로 터널변형이 증대하고 터널기능을 상실하게 된다. 누수가 없으면 터널 주변에 존재하는 물은 움직이지 않기 때문에 강제 세그먼트 라면 접하는 물은 산소결핍 상태가 되어 부식이 진행되지 않으며, 콘크리트 세그먼트의 경우에도 발생 균열이 사용한계 이내라면 균열 내부에 스며든 물은 이동하지 않으므로 콘크리트 중성화나 철근부식은 진행되지 않는다. 따라서 터널 용도에 따라 일반적으로 누수가 없는 터널에서는 터널 외측에 비해 터널 내측 쪽이 열악한 환경조건에 놓이게 되는 경우가 많다. 균열 폭에 대한 사용한계는 이러한 환경조건을 충분히 감안하여 결정할 필요가 있다. 또한 터널 내외를 불문하고 염분이나 산 등에 의한 콘크리트 중성화나 강재 부식은 그 농도에 의한 경우가 많고 물이 움직이지 않는 경우에도 농도는 희석 후에 재공급되는 경우가 있으므로 주의를 요한다.

13.2 쉴드TBM공법의 기술적 동향

13.2.1 대심도 지하의 유효이용과 쉴드TBM공법

일본 도심부의 고도 발전에 따라 도시부 인프라 시설은 지상 공간은 물론 도로 하부를 중심으로 중소심도의 지하공간도 이미 폭주하고 있는 상태이다. 자연환경을 지키면서 도시환경이나 사회환경 향상을 도모하고 일일 생활환경을 보다 충실히 하기 위해서는 대심도 지하의 유효이용을 도모하는 것이 필수 불가결하다.

대심도 지하 이용 형태를 생각할 때 우선 선상의 긴 구조물, 즉 터널을 말할 수 있다. 터널의 구축심도가 깊어지면 코스트 면이나 기술 면에서도 개착공법 적용은 곤란해져 NATM이나 쉴드 TBM공법을 적용할 수밖에 없다. 대심도 지하 지반은 자립성이 높고 강도도 큰 지반인 한편 지하수압이 높기 때문에 터널 구축에 NATM을 단독으로 적용하는 것은 어려우며, 차수를 목적으로 하는 보조공법의 병용이 부득이하다. 대심도 지하에 대한 신뢰성 높은 차수공법은 동결공법이나 치환공법밖에 없고 코스트나 공기 측면에서 대심도 지하의 터널 구축에 NATM을 적용하는 것은 곤란하여 쉴드TBM공법을 사용하는 이외 방법이 없다.

또한 지하에 대규모 공간을 구축하는 경우에도 쉴드TBM공법은 유효한 공법이다. 지하차도와 같은 면적으로 지하에 형성한 구조물은 얕은 곳에서는 개착공법이 유리하나, 부력이나 지하매설물 등과의 관계를 고려하여 적절한 토피를 확보할 필요가 있다. 어느 정도 깊이라면 경제성과 더불어 작용하는 큰 수압 때문에 이러한 구조물에 개착공법을 적용하는 것은 곤란하다. 이 경우 쉴드TBM공법을 사용하여 많은 사갱과 횡갱을 구축한 후 지반개량 등을 통해 횡갱 사이를 NATM 등으로 확폭하여 면적을 넓힌 구조물을 축조하는 방법이 유력하다. 이 경우에 사갱은 접근을 위한 구조물로 유효하게 이용될 수 있으나, 심도가 증가하면 적은 면적을 넓힌 구조물은 그 벽면에 작용하는 큰 토압이나 수압 때문에 비경제적이 될 뿐만 아니라 구조적으로도 성립이 곤란해진다. 그러한 경우에는 구 형태나 돔 형태를 띤 구조물이 유리하다. 이러한 구조물에서는 우선 그 외측에 급곡선 및 급경사 쉴드TBM 터널을 구축하고 확폭 구조물의 경우와 마찬가지로 그 후에 지반개량을 실시하여 NATM 등으로 내부를 굴착하는 것이 합리적이다. 직접 수직구 등에서 지반개량을 실시하고 지반을 확폭하여 이러한 구조물을 구축하는 방법도 생각할 수 있으나, 여기에는 효과적이며 신뢰성 높은 지반개량공법의 개발이 요구된다. 터널 구조를 제외하면 어떤 경우에도 대심도 지하의 유효이용에 빠질 수 없는 공법은 지반개량공법이며, 과거와 같이 지반강도의 개선에 중점을 둔 것과 달리 특히 차수성 향상을 목표로 하는 신뢰성 높은 공법 개발이 중요한 테마가 되었다. 또한 이러한 지하구조물에 접근하기 위해서는 수직구이나 사갱, 나선형 터널이 필요하게 되며, 이러한 구조물에도 쉴드TBM공법을 적용할 수 있다. 이러한 접근용 구조물은 공사 중에는 자재 반입이나 굴착토사의 반출 등을 위해 사용된다. 수직구에는 일반적으로 개착공법이나 케이슨 공법이 사용되며, 수직구 심도가 증가하면 연직방향으로도 쉴드TBM공법이 유효하게 사용될 수 있다. 현재 소구경으로 수직구와 횡갱을 연속하여 굴착하는 공법 등이 개발되어 실용화되었다. 물론 이러한 사갱이나 나선형 터널은 쉴드TBM공법에 의한 시공이 유리하다.

이처럼 쉴드TBM공법은 대심도 지하의 유효이용에 빠질 수 없는 공법으로서 새로운 발전이 요망되는 공법이다.

13.2.2 쉴드TBM공법의 대심도화와 장거리화 및 시공의 고속화

쉴드TBM공법의 대심도 지하에 대한 적용에 따라 최초에 문제가 된 것은 수직구 구축 비용이다. 쉴드TBM 터널의 시공심도가 깊어질수록 쉴드TBM 공사비에서 차지하는 수직구의 축조비용은 급격히 증대한다. 수직구의 구축 코스트를 절감하기 위한 가장 유효한 방법은 수직구 수 자체를 줄이는 것이다. 수직구 개소를 줄이면 결과적으로 쉴드TBM 터널 1개의 시공거리는 길어진다. 쉴드TBM이 장거리를 굴진하게 되면 조우하는 굴착지반이 여러 가지로 변화될 가능성이 높아지며, 막장 안정기구나 굴착기구, 제어기구 등 변화하는 지반에 대한 대응을 충분히 고려할 수 있는 시스템이 필요하다. 최근 이수식 쉴드TBM공법과 이토압식 쉴드TBM공법을 전환하여 사용할 수 있는 Mix 쉴드TBM공법도 개발되었으며, 장거리화에 의한 굴착 비트나 쉴드TBM 본체의 마모, 테일 씰이나 토사 씰, 후속설비의 열화 등도 중요한 문제로 대두되었다. 비트 마모감지 시스템이나 작업원이 직접 막장에 나가지 않고 비트를 교환할 수 있는 기계적 시스템 등의 개발도 이루어졌으며, 세그먼트나 기자재 반입, 굴착토사 반출, 동력 중계, 터널 내 환기, 작업원의 안전위생시설 등에 대한 배려도 중요해졌다.

시공이 장거리화되면 시공 속도를 올려 공기 단축을 도모하거나 쉴드TBM 터널을 지중에서 도킹시키는 등의 기술이 요구된다. 다시 말해 시공의 고속화이다. 쉴드TBM 터널의 고속 시공은 굴착 고속화와 세그먼트 조립의 고속화가 있으며, 일반적으로 쉴드TBM에 의한 지반 굴착과 라이닝 부재인 세그먼트 조립은 연속작업이므로 필요한 시간을 단축할 수 있으면 전체 공기 단축을 도모할 수 있다. 대심도가 되면 지반은 자립하기 쉽기 때문에 쉴드TBM 장비에 의한 지반 굴착 속도를 높이는 것은 어느 정도까지는 가능하다고 볼 수 있다. 그러나 고수압하에서의 굴진은 막장안정을 위해 굴착과 배토를 안정한 상태로 유지해야 하기 때문에 굴착속도 향상에는 한계가 있다. 한편 일련의 시공 싸이클 중에서 특히 시간을 요하는 것이 세그먼트 조립이다. 이것을 효율적으로 실시하기 위해서는 세그먼트 형상이나 재질, 조인트 구조나 조립장치 등에 대해서도 개량이나 연구가 요구된다. 쉴드TBM 장비에 의한 지반 굴착과 세그먼트 조립을 병행하는 방법도 개발되었으나, 쉴드TBM 장비가 고가가 되거나 쉴드TBM 장비 방향제어가 복잡해지는 등 시공상의 문제도 있어 아직 충분한 보급은 이루어지지 않고 있다.

시공 고속화로는 직접 연결되지 않으나, 공기를 단축할 목적으로 거리가 많이 이격된 2개의 수직구에서 쉴드TBM 장비를 발진시켜 거의 굴착 중간지점에서 양측을 도킹시키는 기술이 있다. 이 기술은 꽤 오래 전부터 개발되어 실용되고 있으며, 공기를 거의 반 정도로 단축할 수 있다. 도킹지점으로부터 어느 정도 이격된 위치까지 양측 쉴드TBM의 발진방향을 정밀하게 제어하여 정밀도 높게 양측을 도킹시키는 본 기술은 이미 충분히 확립되어 있다. 쉴드TBM의 지중접합방법은 크게 2가지로 분류할 수 있다. 첫 번째는 양측의 쉴드TBM을 가능한 한 접근시켜 동결공법 등에 의해 지반개량을 실시한 후 막장을 확폭하여 양측을 연결하는 방법으로서 東京湾횡단도로터널에 이 방법이 적용되었다. 양측을 어디까지 접근시킬 것이 가능한지에 따라 지중접합리스크가 달라지며, 한쪽 쉴드TBM의 최외주부에 사전에 설치해 둔 링 형태의 후드부분을 전방으로 밀어넣고 그 속에 다른 한쪽의 쉴드TBM을 인입, 도킹시키는 방법도 실용화되었다. 또 다른 방법은 양측을 기계적으로 접합시키는 방법으로 한쪽 쉴드TBM에는 관입하는 강제 링을 내장시키고 다른 쉴드TBM에는 그 관입 링을 인수할 수 있도록 경질 고무 등으로 만들어진 링 형태의 인입구를 설치한 것이 그 예이다. 관입 링을 인입구로 삽입하고 인수 링에 밀착시켜 기계적으로 접합한다. 이 방법은 외경이 다른 쉴드TBM 양측을 지중접합시킨 실적도 있다. 관점에 따라서는 후자 측이 합리적이라고 생각할 수 있으나, 장거리 쉴드TBM 굴착에 의해 관입 링이나 인수 링이 손상되거나 양측 링간에 굴착토사가 협착되면 기계적인 접합이 곤란하게 되는 리스크도 있다.

어느 방법을 적용할 것인지는 접합지점의 지반조건이나 수압의 크기, 굴진거리 등을 충분히 검토하여 선정할 필요가 있다.

13.2.3 쉴드TBM 터널의 대단면화

쉴드TBM공법이 본격적으로 도로터널에 사용된 것은 東京湾 횡단도로가 시작이다. 이를 계기로 도로터널의 구축에 대한 쉴드TBM공법 적용계획이 차례로 입안되어 首都高速道路 中央環状 新宿線에서는 쉴드TBM공법이 전면적으로 적용되었다. 中央環状 品川線이나 横浜環状北線은 현재 공사 중이며, 横浜環状南線, 横浜湘南道路, 東京湾 터널 및 外郭環状道路 등이 계획 중이다. 도로에는 비상주차대가 필요하므로 이를 터널 내에 수용하려면 꽤 큰 단면이 필요하다. 철도에서는 정거장을 제외하면 복선이 최대 단면이 되나 도로에서는 차선 수에 따라 단면은 얼마든지 커질 가능성이 있다. 쉴드TBM 기술의 발전에 따라 현재는 쉴드TBM 외경 15m급 터널의 구축이 가능하다. 1차선 도로로 10m급, 2차선 도로로 14m급, 3차선 도로로는 16m급, 4차선 도로로는 실제 18m급 등의 대단면 쉴드TBM이 필요하다.

대단면 원형터널은 지하하천이나 지하 조정지 등이 그 용도인 경우에는 내공단면이 전부 유효하게 이용될 수 있으나, 철도터널이나 도로터널 등에서는 단면 중앙부분이 주로 사용되며, 굴착단면이 커질수록 터널 상부와 하부에 쓸모없는 단면이 증가한다. 도로터널에서는 단면 상부에

환기시설, 하부에 비상 시 피난시설 등을 수용하고 있으므로 쓸모없는 단면의 증가를 피할 수 없다. 또한 그 부분 굴착 시 발생토의 처분도 공사 코스트에 직접 영향을 미친다. 따라서 대단면 쉴드TBM 터널에서는 쓸모없는 단면을 줄일 수 있는 단면 형상, 즉 사각형, 마제형, 타원형, 다심원형, 복원형, 복타원형 등 단면을 검토하며, 철도 등에서는 이미 실용되고 있다. 예를 들어 中央リニア 신칸센에서는 東京에서 名古屋까지 많은 구간이 터널로 이루어졌으며, NATM에 의한 시공구간이 많으나, NATM, 쉴드TBM공법에 의해서도 공사 중 발생하는 대량의 굴착토를 어떻게 처리할 것인지는 매우 큰 문제이다. 대규모 프로젝트에서는 그 구상이나 기획 단계에서 발생토 유효이용이나 처리방법 그리고 운송방법이나 운송로 및 운송거리 등의 문제를 충분히 검토해둘 필요가 있다.

대단면 쉴드TBM 터널이 대심도 지하에 구축되는 경우에는 터널 라이닝에 작용하는 토압은 미고결 토사지반에 비해 작을 것으로 예상되는 한편 라이닝에는 확실히 큰 수압이 작용한다. 이때문에 터널 단면은 원형이거나 원형에 근접한 형상으로 하는 것이 역학적으로 유리하다. 대심도 지하에서 원형 이외의 단면을 적용하는 경우에는 큰 단면력이 발생하기 때문에 세그먼트 두께가 두꺼워진다. 세그먼트 두께가 두꺼워지면 물량 증가에 따른 제작비용이 높아질 뿐만 아니라 두께만큼 굴착 단면도 증가하며, 중량이 무거워지기 때문에 시공성도 저하된다. 라이닝 두께를 작게 할 수 있으며, 큰 단면력에 저항할 수 있는 세그먼트 개발이 필요하다. 강제와 콘크리트를 유효하게 조합한 합성 세그먼트가 몇 가지 개발되었으나, 비용이 크고 합리적인 설계방법이 확립되지 않았으므로 현재까지 아직 특수한 세그먼트의 영역에 출현하지 못하고 있다.

터널 단면이 커지면 세그먼트 조립에 관한 기계화가 불가피하다. 세그먼트 조인트를 현재처럼 볼트 조인트로 하면 볼트 직경이 커져 인력 체결 시 소정의 체결력을 도입할 수 없으며, 세그먼트 중량이 커짐에 따라 조립작업도 고소작업이 된다. 따라서 세그먼트 재질이나 형상, 기계화에 적합한 조인트 구조 등에 관한 연구개발이 필요하다. 기계화에 적합한 조인트 구조로서 볼트가 아닌 '쐐기 구조'나 '핀 구조' 등 새로운 조인트 구조가 개발되고 있으며, 이 중에는 쉴드TBM 잭 추력만에 의해 체결이 완료되는 것도 있다.

한편 대단면 쉴드TBM에 의한 굴착에서는 단면내 상하 굴착지반이 다를 것으로 예상되므로 막장 안정성 확보가 어려우며, 굴착용 비트의 속도가 달라 쉴드TBM 외주부에 비해 내주부 굴착이 용이하지 않다. 비트 속도나 이동거리를 같게 할 수 있고 비트의 장수명화를 도모할 수 있는 평행 링크 기구를 사용한 쉴드TBM 장비가 개발되어 균일한 굴착이 가능해졌으나, 지반에 따라서는 막장 안정이나 굴착 불가가 우려되는 경우도 있다. 대단면 쉴드TBM에서는 쉴드TBM 잭 수가 많기 때문에 최적의 잭 패턴을 선택하는 것이 복잡하며, 쉴드TBM 방향제어도 어려워지는 문제도 있다.

자중에 의해 세그먼트에 발생하는 단면력은 중소 단면에서는 토압과 수압에 의한 단면력의 20% 정도인데 비해 세그먼트 외경이 12m급인 경우에는 40% 정도, 14m급에서는 60% 정도까지 증가한다. 세그먼트 링의 조립 시부터 이것이 지반에 출현할 때까지 링 자중에 의한 변형을 억제할 수 있다면 발생 단면력을 상당히 저감시킬 수 있다. 조립된 세그먼트를 쉴드TBM 잭으로 소정의 위치에 확실히 고정하고 세그먼트 링이 쉴드TBM 테일을 벗어나는 동시에 겔 타임이 비교적 짧은 재료를 연속적으로 뒤채움 주입하는 것이 유효하다. 이처럼 세밀한 시공을 통해 링 변형을 조정할 수 있으므로 자중에 의해 발생하는 단면력을 줄일 수 있으나, 실제 시공상으로는 상당히 어렵다. 대단면 터널에서는 세그먼트 링이 조립된 후 주입재가 경화하여 지반과 동일한 정도의 강도를 발현할 때까지 그 자중에 의한 변형을 효과적으로 지지하도록 정원유지기구가 반드시 필요하다. 최근에는 쉴드TBM 스킨 플레이트 내측에서 링을 지지하여 구속하는 기구가 나오며, 지하철 신선 건설에 전면적으로 사용되었으나 아직까지 널리 보급되지는 않고 있다.

13.3 쉴드TBM공법의 과제

13.3.1 수직구

대심도 지하에 쉴드TBM 터널을 구축하는 경우에 우선 문제가 되는 것이 수직구 구축이다. 이것을 설계와 시공으로 분리해보자. 수직구나 토류벽의 현행 설계에서는 비교적 저심도 지하에 구축되는 경우를 예상하여 상당한 안전율을 고려하고 있다. 시공법과의 관계에서도 설계에 사용하는 편압이 단적인 예이다. 토류벽 내측에 수직구를 구축하는 경우에는 토류벽을 가설 구조물로 볼 것인지 본체 구조물의 일부로 볼 것인지에 따라 다르겠으나, 수직구 굴착면이 50m 정도라면 토류벽 두께는 2m나 그 이상이 되는 것이 보통이다. 내측에 본체가 되는 수직구를 구축하게 되며, 그곳으로부터 외경 10m의 쉴드TBM이 발진하게 되면 라이닝 두께는 기껏해야 50~60cm 정도일 것이다. 토압이나 수압은 깊이 방향으로 변화하기 때문에 일률적으로 말할 수는 없으나 하중의 밸런스가 얼마나 중요한지 알 수 있다. 따라서 거기에 작용하는 토압이나 수압을 정밀도 높게 설정하는 것은 매우 중요하며, 수평방향 하중의 밸런스가 충분히 유지될 수 있도록 하기 위해 시공이 얼마나 중요한지 알 수 있다. 안전 측 설계는 나쁜 것이 아니나 그것이 과도해 지면 심도가 깊어질수록 비경제적 설계가 될 수밖에 없다. 토류벽이나 수직구 설계법은 대심도라는 조건하에서 재검토되어야 할 문제라고 사료된다. 특히 수직구는 깊은 지하에서 지표까지 여러 지반을 통과하기 때문에 그 내진검토도 중요한 과제인 한편 대심도 고수압 조건의 수직구 굴착 등 시공면에서 새로운 기술 개발이 이루어지고 있다. 20년 정도 사이에 수직구를 이수중에서 굴착하는 기술이나 무인화된 뉴메틱 케이슨 공법 등이 개발되어 실용화되었다. 과거부터 스트럿, 띠장, 프리로드, 링 빔, 역타, 순타, 선행굴착, 압기 케이슨, 압입 케이슨, 수중굴착, 차수벽, 선행 지중거더, 지반개량, 지하수위 저하공법, 복수공법 등 필요에 의해 각종 기술이 구사되었다. 현재 특수 용도의 수직구를 제외하면 수직구 굴착면은 50~60m 정도까지이며, 토류벽은 150m 정도까지 실적이 있다.

13.3.2 쉴드TBM

원형 이외의 단면 굴착기계에 관해서는 이미 아이디어 단계를 넘어 여러 타입이 실용화되어 왔다. 굴착단면 형상은 타원형이나 사각형, 2련이나 3련 복원형, 다심원형, 복사각형 등이 있다. 이들은 과거 원형 단면 쉴드TBM을 연결한 타입, 과거 면판이나 스포크를 회전시킴과 동시에 특수 Copy 커터나 요동식 커터, 유성(遊星) 커터 등을 조합한 타입, 스포크에 평행 링크기구를 조립한 타입, 붐 커터를 사용한 타입 등으로 분류된다. 굴착이나 굴착 스피드의 균일성, 굴착 잔여부분의 유무, 비트 선택이나 배치, 적용 가능한 지반조건, 장비추력이나 장비 토오크 등에 각각의 특징을 가지기 때문에 사용하는 세그먼트의 재질이나 형상을 포함한 종합적인 검토를 통해 용도에 적합하게 선택할 필요가 있다.

대단면 원형 터널에서는 외주부 비트에 비해 내주부 비트 절삭 스피드가 상당히 늦기 때문에 터널 중심부 굴착이 용이하지 않다. 따라서 외주부를 굴착하는 기구와 내주부를 굴착하는 기구를 분리한 복합 타입 쉴드TBM 장비개발도 선택의 하나이다. 비트 절삭길이의 차이에 따라 내외주 비트 마모가 크게 달라지므로 비트 재질이나 비트 교환시기 등에 대해서도 충분한 검토가 필요하다.

또한 큰 단면에서 쉴드TBM 본체의 강도나 강성이 문제가 되며, 특히 쉴드TBM 테일부는 보강이 어려워 소요 강도나 강성을 부여하기 위해서는 테일 플레이트를 상당히 두껍게 할 수밖에 없다. 10cm를 넘는 테일 플레이트가 요구되는 경우에는 테일 플레이트를 기둥구조로 하거나 합성구조로 하는 방법이 합리적이라고 판단된다. 이러한 경우에는 테일 클리어런스가 커지기 때문에 뒤채움 주입량도 증가하고 주입방법에도 연구가 필요하다. ECL 기술을 사용하여 과감히 세그먼트 외측에 2차 라이닝을 타설하는 아웃터 라이닝 개념도 유력하며, 초대단면 쉴드TBM은 중량이 크기 때문에 분할방법이나 운반방법, 현장에서의 조립방법 등도 지속적으로 검토해야 할 과제이다. 쉴드TBM 베어링 부분은 분할이 어렵기 때문에 베어링의 소형화 가능성이나 베어링 이외 지지방식 적용 가능성에 대해서도 이후 검토를 진행해갈 필요가 있다.

초대단면 터널의 경우에는 소구경 쉴드TBM을 연결하여 터널 외주부를 구축한 후 내측을 굴착하는 방법이 유효하다고 판단된다. 특히 터널 내측 굴착토는 건설 폐기물이 아니기 때문에 발생토 처리면에서도 유리한 공법이라고 생각된다. 그러나 이러한 쉴드TBM이 사전에 연결된 경우에는 문제 없으나 그렇지 않은 경우에는 각 터널 간 접합을 어떻게 할 것인지가 큰 과제이며, 시공법이나 공기, 공사비 등을 포함한 충분한 검토가 필요하다. 특히 터널 인버트 부근에서는 고수압이 예상되므로 안전성을 고려한 시공법 적용이 필수 불가결하다.

막장 안정성 측면에서 쉴드TBM 장비를 검토할 때 쉴드TBM 터널의 대단면화, 대심도화 및 장거리화에 따라 막장 토질에 따라 이수식 쉴드TBM과 토압식 쉴드TBM을 구분하여 사용하는 것도 필요하다. 어떤 경우는 이수식 쉴드TBM으로 하고 어떤 경우는 토압식 쉴드TBM을 사용할 수 있는 복합형 쉴드TBM 장비를 고려할 수 있으며, 아직 실적은 적으나 양쪽 기능을 장착한 쉴드TBM 장비가 이미 실용화되었다.

원형 이외 단면을 굴착하는 쉴드TBM공법은 터널 내공단면을 유효하게 이용할 수 있으며, 병렬터널의 경우 등에서 터널 수납 공간에 제약을 받는 경우에는 적용할 수밖에 없는 경우가 있으나 원형 단면에 비해 큰 단면력, 특히 큰 휨 모멘트가 발생한다. 터널이 대심도화되거나 대단면화되면 발생 단면력에 대해 라이닝 성능을 확보하는 것이 곤란하게 되어 경제성에도 의문이 생긴다는 것을 쉽게 예측할 수 있다. 이 때문에 사각단면 쉴드TBM은 지하 저심도부 기설 라이프라인계 구조물을 정리하여 하나로 정비하는 공동구화나 지하 저심도부 재정비를 도모하는 등의 목적으로 사용되는 경우에 유용하다. 사각형 쉴드TBM을 횡으로 연결하여 도시 하천 직하부에 분수로(分水路)를 만드는 조정지 조성에도 적용하고 있다.

쉴드TBM공법은 하천하부나 해저하부에 터널을 구축하는 방법으로 탄생하였기 때문에 수직구에서 발진하여 수직구에 도달하는 이미지가 정착되었다. 일본에서는 쉴드TBM공법에 의해 구축된 터널 대부분이 하수도였기 때문에 수직구에서 발진하여 수직구에 도달하는 이미지가 보다 강하며, 현재는 고정관념에 가깝게 되었다. 도로터널이나 철도터널에서 지상으로부터 지하로 들어가고 그 후 다시 지상으로 도달하는 경우에는 쉴드TBM을 지상에서 발진하여 지상에 도달시킨다든지 지표 근처 저토피 위치에서 발진하여 저토피 위치에 도달시킨다든지 하는 것은 수직구 구축비용을 생략하거나 절감할 수 있기 때문에 유리하다. 이러한 터널은 개착공법이나 케이슨공법 등을 사용하여 우선 수직구를 구축하고 쉴드TBM을 발진시키는 사이 또는 그 후에 경사부 옹벽구조나 박스구조를 개착공법으로 구축하고 이를 연결하는 방법이 현재 일반적으로 사용된다. 다른 공법과 비교하여 '지표면에 대한 영향이 적은 공법'이라는 점이 쉴드TBM공법의 특징으로 널리 인식되어 있기 때문에 지표면이 크게 침하되거나 붕괴되는 것은 위화감을 줄 수도 있다. 그러나 개착공법은 원래 옹벽부나 박스부의 흙을 지표까지 제거하기 때문에 지표 침하나 붕괴시키는 것과 결과적으로는 동일하다. 단, 터널 축과 직교하는 방향으로 발생하는 지반변위를 저지하기 위한 차단공법의 적용이 필요하다. 개착부는 강판이나 콘크리트 판, 강관판을 사용하는 토류공, SMW벽이나 지중 연속벽 등 토류공이 필요하기 때문에 터널 측방지반의 변위를 억제하기 위한 차단공은 지반에 따라 동등 이상의 성능을 가진 것을 사용한다. 지상발진이나 지상도달, 저토피 발진이나 저토피 도달의 문제점은 지하수위가 높은 경우 터널 라이닝에 작용하는 부력이다. 부력대책으로는 중량 추가나 여성토, 앵커, 지하수위 저하공법, 지반개량공법 등 몇 가지 선택사항을 고려할 수 있으며, 현재 결정적인 방법은 없다. 이후 연구개발이 요구되는 테마이다.

최근에는 철도나 도로 등을 하부 교차할 때 쉴드TBM공법을 사용하여 급속시공할 수 있는 언더패스 공법이 개발되어 실증시험을 거쳐 실용화되었다. 건널목에 의한 교통장애 해소나 도로 입체교차화 등을 위해 향후 현재보다 고속공사를 통해 환경부하가 작은 공법의 연구개발이 요구된다.

13.3.3 세그먼트

세그먼트 재질, 형상, 조인트 구조 등을 중심으로 특히 경제성과 시공성을 염두에 둔 개발이 진행되고 있다. 세그먼트 설계 시의 구조계 모델화는 꽤 명확해졌으며, 그 해석 정밀도도 높아지고 있는 듯하나, 하중계 평가는 이후에도 지속적으로 큰 문제의 하나라고 생각된다. 과거에는 비교적 저심도 지하에 터널이 구축되는 경우가 많고 연약한 지반이 그 대상이었기 때문에 Rankine이나 Coulomb의 토압분포가 비교적 현상을 잘 설명하는 경우가 많았다. 그러나 향후 보다 깊은 지하의 미고결이지만 잘 다져진 사질토층, 사력층, 제 3기 점성토층이나 연암층 등으로 대상지반이 바뀌었기 때문에 현재 관용되는 하중계를 그대로 적용하는 것은 비경제적인 경우가 많아 재검토가 급선무라고 하겠다. 이를 위해서는 토압, 수압 및 세그먼트 거동 등 현장계측이 필수 불가결하며, 관민이 하나되어 적극적으로 대응할 것이 요망된다. 특히 고결도가 높은 지반의 토압을 어떻게 평가할 것인지는 세그먼트의 경제적 설계를 고려할 때 매우 중요한 과제이다.

13.3.4 2차 라이닝

쉴드TBM 터널의 2차 라이닝은 과거 사행수정, 방수·방식, 마감공, 여분 강도에 대한 기대 등을 목적으로 설치되어 왔다. 도로터널에서는 이에 덧붙여 내화기능도 기대할 수 있다. 쉴드TBM 터널 전체의 큰 부분을 차지하는 하수도 터널은 마감공이 필수이므로 2차 라이닝을 시공하는 경우가 대부분이었으나, 굴착 정밀도 향상 및 세그먼트 방수공으로 사용되는 씰재의 개량으로 신뢰성이 비약적으로 향상되어 철도용 터널이나 전력구를 중심으로 2차 라이닝을 생략하는 경향이 높아지고 있다. 씰재의 장기 내구성에 대해서는 아직 약간 불안감도 있으나, 2차 라이닝 생략은 하나의 추세라고 볼 수 있다. 한편 터널의 장기 내구성 확보나 터널 완성 후 예상하지 못한 하중변동에 대한 대책으로서 적극적으로 2차 라이닝을 활용하자는 개념도 나오고 있다. 시트를 이용한 터널 방수공이 그중 하나이며, 터널에 작용하는 하중의 경시적 변화를 명확히 한 후 2차 라이닝을 구조부재의 일부로서 역학적 관점에서 평가하고자 하는 적극적인 예도 볼 수 있다.

2차 라이닝 시공 시 ECL 기술을 더욱 적극적으로 도입해도 좋을 것이다. 다시 말해 2차 라이닝 콘크리트를 타설하기 위해 중앙부를 슬라이딩 폼으로 바꾸고 이것을 내측 거푸집으로 , 세그먼트를 외측 거푸집으로 사용하여 굴착이 필요 없는 ECL 공법으로 2차 라이닝을 시공하는 방법이다. 굴착 중인 쉴드TBM 터널의 후방에서 이러한 형태로 2차 라이닝을 타설해 가면 공기단축을 효율적으로 도모할 수 있을 것이다. 또한 한편으로 동시 주입은 세그먼트를 내측 거푸집으로 하는 ECL 공법으로 간주할 수 있으며, 전술한 바와 같이 쉴드TBM 장비의 테일 클리어런스를 충분히 크게 하여 2차 라이닝을 세그먼트 링 외측에 타설하는 개념도 효과적이다. 이 경우 세그먼트와 2차 라이닝 간에 방수 시트를 설치하는 시스템이라면 매우 유효한 공법이 될 것이다. 또한 ECL 공법에서는 라이닝 콘크리트 타설공이 복수로 설치되는 반면 동시 뒤채움 주입용 주입공은 하나 또는 두 개 정도인 경우가 많아 뒤채움 주입재의 확실한 주입을 고려한다면 문제가 있다.

2차 라이닝을 구조부재로 생각하지 않는 경우에 있어서도 철도터널이나 현재 증가하고 있는 도로터널에서는 콘크리트 박락 방지를 위해 배근하는 경우가 많지만 철근과 철근 사이의 콘크리트는 명백히 무근이라고 생각할 수 있으므로 2차 라이닝에 배근하는 것 보다 SFRC 구조로 하는 편이 훨씬 합리적이라고 할 수 있다. SFRC는 신뢰성이 크게 높아져 현재 Fiber 등의 결함은 거의 보이지 않으며, 혼합이나 운반, 타설 등에도 특별한 기기를 필요로 하지 않고 통상적인 콘크리트와 거의 동일하게 취급할 수 있다. 철근 조립이나 이에 따른 방수 시트 파손 가능성 등을 고려하면 2차 라이닝에 휨 부재로서 큰 내력을 기대하지 않는 경우 터널 내구성 등에서도 우수한 효과를 발휘하는 SFRC 적용이 이후의 방향 중 하나라고 생각된다.

2차 라이닝을 생략하는 경우에는 터널 용도별로 2차 라이닝이 가진 기능을 충분히 검토하여 그 대체기능을 부여할 필요가 있는지 여부를 정확히 판단하는 것이 중요하다. 장기적인 터널의 방수성 확보가 특히 중요하며, 세그먼트의 정밀도 높은 조립기술이나 장기 내구성을 가진 씰재의 재질, 형상, 접합 방법, 접착 방법 등의 확립이 요구된다. 건설 후 40년을 경과한 쉴드TBM 터널에서는 방수공이 빈약하다는 점과 상관없이 많은 경우 2차 라이닝을 가지고 있기 때문에 일부 터널을 제외하고는 열화가 비교적 경미하다. 한편으로 2차 라이닝을 생략해 온 터널에서는 건설 후 20년도 되지 않아 누수에 의한 열화가 많이 보인다. 누수는 강재의 부식이나 콘크리트 중성화를 유발할 뿐만 아니라 터널 주변 지반의 열화도 촉진시켜 지반반력이 저하되어 터널변형이 커지며, 소요 단면을 침해하는 케이스도 나오고 있다. 쉴드TBM 터널의 내구성을 고려할 때 방수는 가장 중요한 과제이다.

2차 라이닝은 세그먼트에 의한 2차 라이닝과 함께 발주되는 경우가 많으며, 일반적으로 타설 비용은 단독으로는 타산이 맞지 않는 상황이다. 충분한 공사비가 제시된다면 문제는 없으나, 현재와 같은 상황에서는 시공업자에 있어서도 발주자에 있어서도 타설 비용 절감이나 공기 단축 관점에서 보면 2차 라이닝의 생략은 장점이 크다. 따라서 2차 라이닝이 가진 기능을 충분히 검토하지 않고 2차 라이닝을 생략하는 경향이 강하다. 그러나 쉴드TBM 터널은 리뉴얼이나 Scrap and Build가 용이하지 않다는 점을 고려하면 터널의 장기에 걸친 내구성 관점에서 2차 라이닝의 역할을 재검토해볼 필요가 있다고 본다. 해외에서는 2차 라이닝을 전문으로 도급하는 기업도 있으며, 2차 라이닝 평가와 그에 필요한 적절한 코스트가 확보되고 있는 듯하다.

13.3.5 터널의 확폭과 분기 · 합류

쉴드TBM공법의 그 외 과제의 하나로서 쉴드TBM 터널의 분기, 접합, 확대 문제가 있다. 이러한 기술은 이미 제안되어 일부 실용되고 있는듯하며, 다양한 상황에 따라 보조공법을 필요로 하는 경우도 많다. 보조공법의 하나로서 지반개량을 들 수 있으며, '강도'를 목적으로 하는 과거의 지반개량 기술에 추가적으로 특히 '차수'를 목적으로 한 신뢰성 높은 지반개량 기술의 개발이 급선무이다. 지반개량에서는 개량범위의 한정(즉 경제성)과 신뢰성 확보(보증)가 중요하며, 그 확인방법을 포함한 시공기술 확립이 강하게 요구되는 시점이다. 수평방향이나 상향으로의 확실한 주입기술은 쉴드TBM공법에 머무르지 않고 그 외 터널 공법이나 지하공간 대규모 굴착기술 등에 새로운 가능성을 열어 줄 것이다.

13.3.6 기존 터널의 보강 · 보수

현재 하나의 과제로서 기존 터널의 보강 · 보수, 리뉴얼 문제가 있다. 도시부의 터널은 내구연한이 다가 온다고 해서 이를 방치할 수는 없다. 보수나 보강을 통해 수명을 연장하고 경우에 따라서는 높은 코스트를 들여서라도 매립할 필요가 있다. 보수 · 보강으로 터널 내측에 2차 라이닝, 3차 라이닝, 4차 라이닝 등을 타설하는 것은 비교적 간단하나, 그때 내공단면이 감소되거나 합리적이라고 할 수 없는 경우도 많다. 기존 터널은 공용 중에 그 외측에 새로운 라이닝을 시공하는 기술이나 기존 라이닝을 철거하면서 새로운 라이닝을 구축하는 기술 개발이 유효할 것이다. 내측 거푸집이 기존 터널이라면 그 외측에 ECL 기술을 적용하여 라이닝을 타설하는 등이 효과적인 방법일 것이다. 또한 최후의 방법으로 내구연한이 다가온 터널을 확실히 매립하는 방법도 생각해두어야 하는 기술과제의 하나이다.

13.3.7 쉴드TBM 기계의 지상발진 및 저토피 발진과 지상도달

쉴드TBM공법은 하저나 해저 밑에 터널을 구축하는 특수공법으로 탄생하였다. 이 때문에 쉴드TBM의 발진과 도달은 수직구를 이용할 수밖에 없는 상황이었다. 일본 도시부의 대부분은 연약한 충적지반에 입지하고 있으므로 쉴드TBM공법이 도시터널을 구축하는 일반적인 공법으로 개발되어 온 것은 이미 언급한 바와 같으며, 그 대상의 대부분이 하수도였으므로 수직구로부터 쉴드TBM 발진이나 수직구 측으로 도달하는 것이 상식화, 고정화된 듯하다. 그러나 지상에서 지하로 들어가는 터널이나 반대로 지하에서 지상부로 나오는 터널에서는 특히 수직구를 필요로 하지 않는 경우도 많다. 이러한 경우에는 쉴드TBM이 지상에서 발진하거나 지상으로 도달하는 것이 충분히 가능하다고 볼 수 있다. 현재 이러한 경우로는 우선 수직구를 구축하고 수직구 내에서 쉴드TBM을 조립하여 발진시킨 후 또는 그 동시에 옹벽과 저판이 되는 경사로부나 상황에 따라 박스부를 구축하여 마지막에 이를 수직구에 접속시키는 방법을 들 수 있다. 이 방법은 당초 후속설비가 없는 상태로 쉴드TBM을 굴진했기 때문에 시공 스피드가 크게 떨어질 수밖에 없었다. 이러한 초기 굴진이 완료되면 쉴드TBM 후속설비가 설치되어(준비 전환) 그 기능을 전부 발휘할 수 있는 본 굴진으로 들어가게 된다. 그 후 쉴드TBM이 도달 수직구에 도달할 때까지는 시공 스피드가 유지되나, 경사부 수직구에 대한 접속은 발진시와 마찬가지 순서로 실시되는 경우가 많아 결과적으로 전체 공기가 길어진다. 최초에 경사부를 구축하고 경사로에서 저토피로 쉴드TBM을 발진시켜 도달 측 경사로부에 장비를 도달시키는 것이 가능하면 수직구 구축비용을 절감할 수 있으며, 발진 측 경사로부에는 당초부터 후속설비를 설치할 수 있으므로 초기굴진이나 준비 전환이 불필요하여 공기도 상당히 단축할 수 있다. 이것이 저토피 발진 및 저토피 도달의 개념이며, 더 나아가 경사부 구축도 쉴드TBM으로 하는 것이 지상발진 및 지상도달의 개념이다. 지반조건이나 환경조건, 특히 사용 가능한 공사대의 길이 등에 따라 원래 경사부 구축에는 개착공법을 적용하므로 터널 직상부 지표침하나 함몰은 문제가 되지 않는다. 이 경우 주의사항은 지표침하나 함몰이 터널 측방(터널 축 직각방향)으로 크게 진전되지 않도록 적절한 위치에 적절한 깊이의 차단벽을 사전에 구축할 필요가 있다는 점, 지하수위가 높은 경우에는 터널 부력대책을 충분히 고려해둘 필요가 있다는 점이다.

13.3.8 쉴드TBM공법의 비용절감

거의 수십 년간 쉴드TBM공법의 공사비는 상당히 절감되었다. 사회정세나 경제정세에 따라 어느 정도의 공사비 감소는 어쩔 수 없는 것이나 실상은 과도한 듯하다. 특히 2차 라이닝의 생략은 그 전형적인 예이다. 원래 2차 라이닝 시공 코스트는 그에 필요한 코스트를 낮추어 1차 라이닝 시공과 병행하여 타산이 맞도록 발주해왔다. 2차 라이닝을 생략함에 따라 발주 측은 코스트 절감 및 공기를 단축할 수 있는 한편 수주 측도 타산이 맞지 않는 2차 라이닝을 생략함으로써 양측의 이해가 일치한다. 결과적으로 2차 라이닝이 가진 기능을 고려하지 않고 안이하게 2차 라이닝을 생략하고 있는 것이다.

최근 쉴드TBM 사고가 갑작스럽게 많아지고 있다. 코스트 절감이나 공기 단축을 과도하게 하였기 때문에 쉴드TBM 공사 현장에서 여유가 없어진 것이라고 본다. 막장붕괴나 지표면 침하로 이어지는 아주 작은 징조를 눈치 채지 못하거나 그 징조를 인지하고서도 쉴드TBM을 멈추지 않고 그대로 통과시키려고 한 결과가 큰 사고를 유발한 경우가 급격히 늘고 있다. 씰재의 성능이 향상되어 무심코 보면 누수가 없는 깨끗한 터널이 완성된 것처럼 보이지만 실제로는 고품질로 내구성이 있는 터널이 완성되었다고는 생각할 수 없다. 적정한 가격경쟁은 필요하나, 공사량 감소에 따른 과도한 경쟁에 의해 저가격 입찰이 발생한다. 기업의 실적이나 배치예정 관리기술자의 실적이 기한제한에 걸릴 것 같아 적자를 각오하고 입찰하는 등의 행위는 부디 없었으면 하는 상황이라고밖에 할 수 없다. 소위 '품질확보'와 '저가입찰'이 거의 동시기에 이루어지게 된 것은 정말 얄궂은 상황이다. 공공사업비의 적절한 사용은 '코스트 절감'이 아니라 '적정한 코스트'에 있다. 새로운 기술개발의 결과로 인한 '코스트 절감'이나 '공기 단축'은 물론 환영할 만한 일이나, 단순히 기술제안만을 하는 것은 기업의 자살행위인 동시에 공사 중 사고발생이나 완성된 터널의 품질확보 관점에서 보면 그렇지 않아도 감소되고 있는 공공사업비의 쓸모없는 낭비라고밖에 할 수 없다. 사실 대기업을 제외하고 많은 기업의 연구부문이나 개발부문은 개점 휴업상태이다. 일본에서 쉴드TBM 기술이 도입된 이래 세계 제일의 수준에 도달할 때까지 이루어진 연구개발 성과가 기술을 전승할 여유도 없이 사라지려 하고 있다. 정말 유감스러운 상황이다. 도시 재생을 위해, 그리고 보다 쾌적하고 편리한 생활환경을 창조하기 위해 지하 유효이용은 필수 불가결하며, 쉴드TBM공법에 대한 한층 다양한 연구나 기술개발이 요구된다. '적정한 코스트'도 큰 과제의 하나이다.

2011年度 出版企画委員会 名簿

쉴드TBM 공법

초판발행 2015년 3월 18일
초판 2쇄 2021년 4월 30일

저　　자 일본 공익사단법인 지반공학회
역　　자 삼성물산(주) 건설부문 ENG센터/토목ENG팀
펴 낸 이 김성배
펴 낸 곳 도서출판 씨아이알

편 집 장 박영지
책임편집 김동희
디 자 인 김진희, 윤미경
제작책임 김문갑

등록번호 제2-3285호
등 록 일 2001년 3월 19일
주　　소 (04626) 서울특별시 중구 필동로8길 43(예장동 1-151)
전화번호 02-2275-8603(대표)
팩스번호 02-2265-9394
홈 페 이 지 www.circom.co.kr

I S B N 979-11-5610-122-2 93530
정　　가 32,000원